实战

前沿文化 编著

Office 2013
综合办公 案例版

科学出版社

北京

内 容 简 介

本书打破了脱离实际的单一软件讲解模式，完全从"学以致用"的角度出发，充分考虑职场办公应用需求，结合大量源于实际工作的精彩案例，系统全面地讲解了 Word、Excel、PowerPoint 在日常办公中的相关技能与操作技巧，力求使您在快速学会软件操作技能的同时，又能掌握商务办公文档制作的思路与经验。

全书 3 个部分共 12 章。第 1 部分：Word 应用篇（第 1~5 章）。结合相关典型案例，介绍了 Word 2013 的办公应用技能，内容包括：文档的编辑与排版功能、图文混排功能应用、Word 表格的编辑与应用、Word 样式与模板功能应用，以及 Word 的邮件合并、文档审阅、宏的高级应用技巧。第 2 部分：Excel 应用篇（第 6~10 章）。结合相关典型案例，介绍了 Excel 2013 的办公应用技能，内容包括：Excel 表格编辑与公式计算、表格数据的排序、筛选与汇总、图表与数据透视图表的应用，以及 Excel 数据的模拟分析与预算。第 3 部分：PowerPoint 应用篇（第 11~12 章）。结合相关典型案例，介绍了 PowerPoint 2013 的使用，包括幻灯片的编辑与设计、幻灯片的动画制作与放映等。

本书既适合于各行业办公人员和管理人员学习使用，也适合大中专学校作为计算机辅助教材，还可以作为电脑办公培训班的培训教材或学习辅导书。

图书在版编目（CIP）数据

实战：Office 2013综合办公：案例版/前沿文化编著.
北京：科学出版社，2016.1
ISBN 978-7-03-046796-6

Ⅰ．①实… Ⅱ．①前… Ⅲ．①办公自动化—应用软件
Ⅳ．①TP317.1

中国版本图书馆 CIP 数据核字（2016）第 001442 号

责任编辑：潘秀燕　魏　胜 / 责任校对：杨慧芳
责任印刷：华　程　　　　 / 封面设计：宝设视点

科学出版社 出版

北京东黄城根北街 16 号
邮政编码：100717
http://www.sciencep.com

北京市鑫山源印刷有限公司印刷
中国科技出版传媒股份有限公司新世纪书局发行　各地新华书店经销

*

2016 年 3 月第 一 版　　　　开本：720×980 1/16
2016 年 3 月第一次印刷　　　　印张：25 3/4
字数：626 000

定价：55.00 元（含 1DVD 价格）
（如有印装质量问题，我社负责调换）

◎ 本书的与众不同之处

这本Office图书，不是从零开始，而更重实际应用，非常适合缺乏实战经验与应用技巧的读者学习。

这本Office图书，不像市面上所谓的大而全、大砖块的图书，泛泛而谈，有用的、无用的都有，让读者花费金钱与时间学习完后，而实际工作中用不到书中内容的30%。

这本Office图书，采用"案例+逆向式"的写作手法，只给读者传授"最实用、最常用"的操作技能。真正帮助读者解决工作上"学得会"与"用得上"的两个关键问题。

您若不信，耽误您几分钟时间，请您仔细看看图书目录与写作内容，相信您会有不一样的感悟和收获！

因此，我们花费大量时间策划并精心编写了"实战"系列图书。全系列图书以各行业、各领域实际应用为线索，结合大量案例，采用"逆向式"的创新手法，系统并全面地讲解了Office 2013的办公应用，真正解决读者"学"与"用"的两个关键问题。

◎ 精心的内容安排

Office 2013是目前较流行的办公软件，它不但功能强大，而且能满足各种不同用户的办公需求，被广泛应用于行政文秘、人力资源、市场营销、财务管理等工作领域。其中Word、Excel和PowerPoint是Office办公软件中使用频率最高的三个组件。本书内容安排如下：

第1章 快速编辑办公文档——Word文档内容的录入与编辑
第2章 制作图文并茂的文档——编排与美化Word文档
第3章 制作办公表格——Word中表格的创建与编辑
第4章 实现高效办公——样式与模板的应用
第5章 团队协作办公——邮件合并、审阅和宏的应用
第6章 快速制作电子表格——Excel表格的编辑与设置
第7章 计算表格中的数据——Excel中公式和函数的应用
第8章 数据的统计与分析 ——排序、筛选与汇总表格数据
第9章 让数据更清晰明了——图表和数据透视图表的应用
第10章 深入的数据分析——数据的模拟分析与预算
第11章 制作静态的演示文稿——PPT幻灯片的编辑与设计
第12章 动态播放演示文稿——幻灯片的动画制作与放映

◎ 本书的相关特色

（1）**背景引导，思路清晰**。本书在讲解案例时还增加了"案例概述"、"制作思路"、"制作步骤"三个部分。"案例概述"主要给读者介绍该案例的作用、意义及效果展示。"制作思路"部分对本实例所涉及的重要知识点，以及该案例的制作方法与流程进行了提炼。"制作步骤"详细地介绍了该案例的具体制作步骤。

（2）**图文对应，易于操作**。本书在讲解时，一步一图，图文对应。在操作步骤的文字讲述中分解出操作的小步骤，并在操作界面上用"❶、❷、❸……"的形式标出操作的关键位置，以帮助读者快速理解和掌握。

（3）**栏目丰富，拓展延伸**。为了丰富读者的知识面和掌握案例练习中的要点及技巧，本书每章内容在讲解过程中还穿插了"高手点拨"和"知识拓展"栏目板块，介绍相关的概念和操作技巧，丰富读者的知识面。

◎ 实用的教学光盘

本书配送一张DVD多媒体教学光盘，包含了书中所有实例的素材文件和最终结果文件，方便学习时同步练习。并且包含全书41个重点应用案例的视频教学录像，播放时间长达611分钟，书盘结合学习，其效果立竿见影。

◎ 致谢与交流

本书由前沿文化与中国科技出版传媒股份有限公司新世纪书局联合策划。参与本书编创的人员都具有丰富的实战经验和一线教学经验，并已编写出版过多本计算机相关书籍。在此，向所有参与本书编创的人员表示感谢！

凡购买本书的读者，即可申请加入读者学习交流与服务QQ群（群号：363300209），有机会获得免费视频教学文件，而且还可参与不定期举办的免费IT技能网络公开课，欢迎加群了解详情。

最后，真诚感谢读者购买本书。您的支持是我们最大的动力，我们将不断努力，为您奉献更多、更优秀的计算机图书！由于计算机技术发展非常迅速，加上编者水平有限，书中疏漏和不足之处在所难免，敬请广大读者及专家批评指正。

编 者

2016年1月

图书阅读说明

知识要点——Excel数据管理知识

表格是数据管理的重要手段。现代办公应用中，主要是利用Excel对数据进行有效的管理，包括收集、存储、处理和应用数据。管理数据的目的在于充分有效地发挥数据的作用。下面就来了解使用Excel管理数据的基础知识。

同步训练——实战应用成高手

通过前面知识要点的学习，主要让读者认识和掌握Excel中的一些名词和基本概念，以及制作电子表格的相关技能与应用经验。下面，针对日常办公中的相关应用，列举几个典型的表格案例，给读者讲解在Excel中制表的思路、方法及具体操作步骤。

案例 01 创建员工档案信息表

案例描述

员工档案属于人事档案类，它是企业为加强对员工的管理，而建立起来的有关员工基本情况和其在用人单位中被招用、调配、培训、考核、奖惩等项中形成的有关员工个人经历、政治思想、业务技术水平以及工作表现等情况的文件材料。员工档案是用人单位了解员工情况的非常重要的资料，也是单位或企业了解一个员工的重要手段。

"员工档案信息"表格制作完成后的效果如下图所示。

素材文件：无
结果文件：光盘\结果文件\第6章\案例01_员工档案信息.xlsx
教学文件：光盘\同步教学视频\第6章_案例01.mp4

制作思路

在Excel中制作员工档案信息表的流程与思路如下。

创建表格并录入基本信息：公司员工的资料信息录入表属于纯在使用Excel创建这类表格时，首先需要清楚表格中要包含的内容规划出表格框架，然后在相应的单元格中录入各项内容的具体。

编辑单元格：Excel中制作表格和Word中制作表格还是有区别的单元格永远规划为方正的区域，要实现某些效果只能对单元格。

知识要点
介绍与本章案例相关的必备基础知识

同步训练
为本书重点模块，通过大量不同类型的典型案例讲授软件操作与实战技能

案例概述
描述案例制作效果和效果图展示，以及案例配套的原始素材、最终结果文件和视频教程在光盘中的具体位置

制作思路
将案例的核心制作流程和制作思路按照顺序罗列出来，方便读者一目了然

具体步骤
通过一步一图的形式详细讲解案例的具体制作过程，并在图上做了丰富的标注，方便读者对应步骤分步操作

知识扩展
对相关知识点进行知识延伸和补充式扩展讲解

高手点拨
对读者学习中涉及的必要知识和操作技巧进行提示说明

本章小结
针对本章所讲内容进行总结，帮助读者回顾并加深对重要知识点的记忆

具体步骤

在办公应用中，常常有大量的数据信息需要进行存储和处理，通常可以应用Excel表格进行数据存储。

1. 新建员工档案信息表文件

要存储数据信息，首先需要新建一个Excel文件，即通常情况下所说的"工作簿"。下面就来创建"员工档案信息"工作簿，具体操作方法如下。

01 执行"新建"命令。❶ 在"文件"菜单中选择"新建"命令；❷ 选择中间的"空白工作簿"选项，即可新建一个工作簿，如下图所示。

02 执行"保存"命令。❶ 在"文件"菜单中选择"另存为"命令；❷ 在中间选择"计算机"选项；❸ 单击"浏览"按钮，如下右图所示。

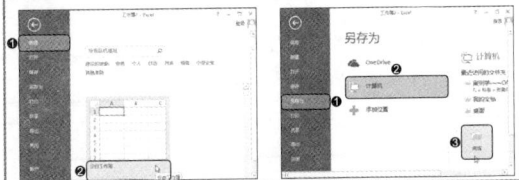

知识扩展　NOW函数

NOW函数用于返回当前日期和时间的序列号，该函数比较简单，也不需要设置任何参数，其语法结构为：NOW()。

高手点拨　更改工作表标签的位置

为突出显示工作表，亦可通过调整工作表的顺序，使工作表按从主到次的顺序进行调整，直接用鼠标光标拖动工作表标签即可调整工作表标签的位置，从而改变工作表标签的排列顺序。

本章小结

Excel为表格的存储和分析处理提供了最好的环境，是办公用户制表的主要软件。本章通过几个案例的制作，系统并全面地讲解了使用Excel 2013必知必会的基本操作知识。

光盘使用说明

如果您的计算机不能正常播放教学视频,请先单击"视频播放插件安装"按钮❶,安装视频播放所需的解码驱动程序

主界面操作

1	单击可安装视频所需的解码驱动程序
2	单击可进入本书多媒体视频教学界面
3	单击可打开书中实例的素材文件
4	单击可打开书中实例的最终结果文件
5	单击可浏览光盘文件
6	单击可查看光盘使用说明

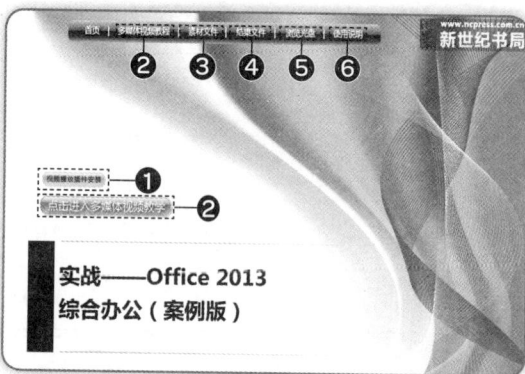

实战——Office 2013
综合办公(案例版)

播放界面操作

1	单击可打开相应视频
2	单击可播放/暂停播放视频
3	拖动滑块可调整播放进度
4	声音控制按钮。单击可关闭/打开声音
5	当前播放视频文件的光盘路径和文件名
6	单击按钮或者双击播放画面可以进行全屏播放,再次双击画面便可退出全屏播放

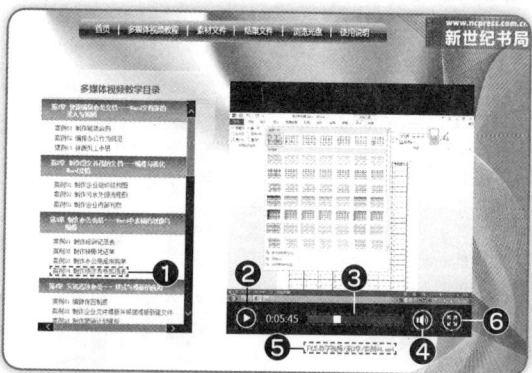

光盘文件说明

此文件夹包含播放视频教程所需的插件 ← 视频插件

素材文件 → 此文件夹包含书中实例的素材文件

此文件夹包含本书视频教程文件 ← 同步教学文件

结果文件 → 此文件夹包含书中实例的最终结果文件

第1部分　Word应用篇

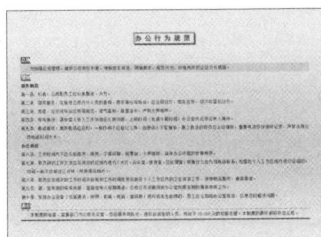

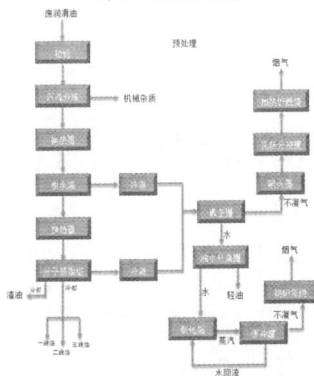

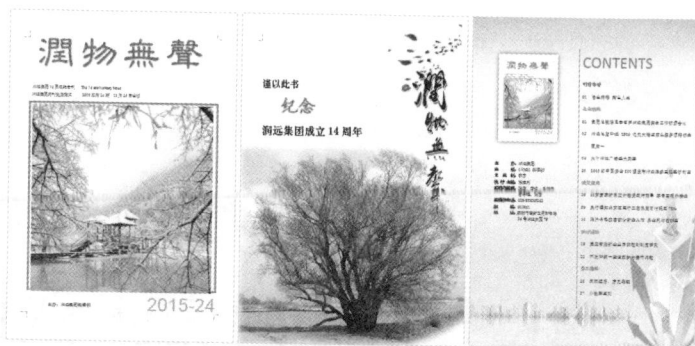

第3章 制作办公表格——Word中表格的创建与编辑 87

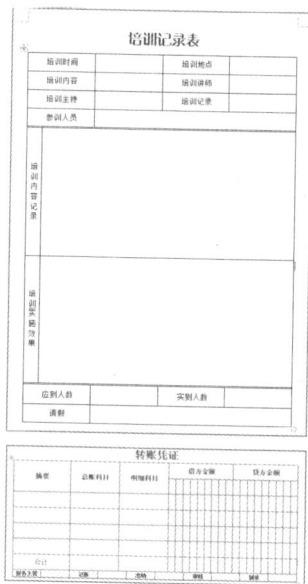

第4章 实现高效办公——样式与模板的应用 117

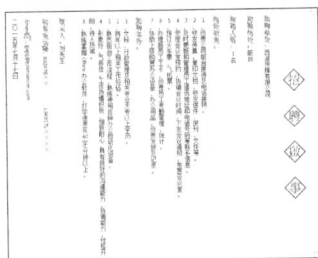

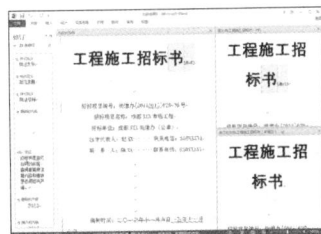

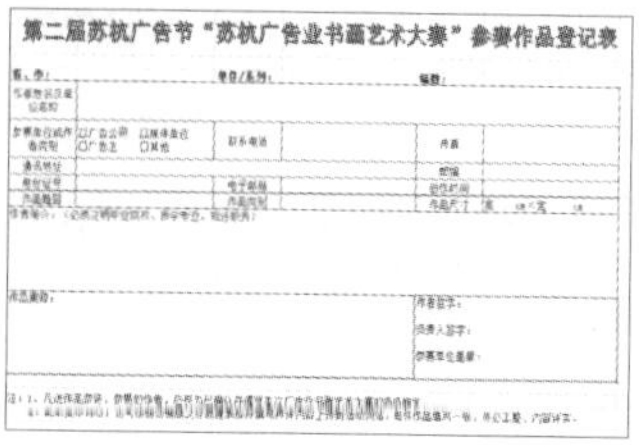

第7章 计算表格中的数据——Excel中公式和函数的应用 207

				数量单位，	台	
产品名称	一季度	二季度	三季度	四季度	合计数量	平均销售数量
Y400N-IFI	85	83	260	185	613	245.2
G480-IFI	62	85	134	120	401	160.4
Y480N-IFI	374	62	552	360	1348	539.2
Y470P-IFI	56	35	128	434	653	261.2
G480-IFI(H)	82	42	313	814	1251	500.4
B490A-ITH(L)	343	63	256	316	978	391.2
Yoga13-IFI	61	299	156	250	766	306.4
E49LB820	20	82	139	820	1061	424.4
S400-ITH	443	100	453	342	1338	535.2
U310-ITH	50	252	426	229	957	382.8
U410-IFI	46	40	80	120	286	114.4
S400-IFI	132	229	60	551	972	388.8
S400-ITH(H)	16	35	34	238	323	129.2
U310-IFI	60	40	26	360	486	194.4
最高销售数量：	443	299	552	820	1348	
最低销售数量：	16	35	26	120	286	
统计产品数量：	14					

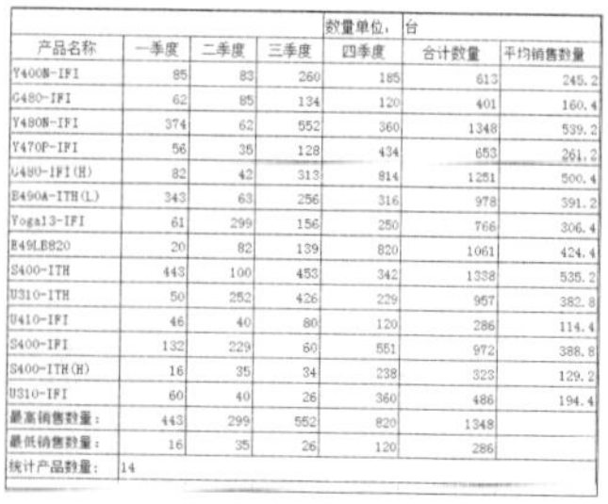

第8章 数据的统计与分析——排序、筛选与汇总表格数据 245

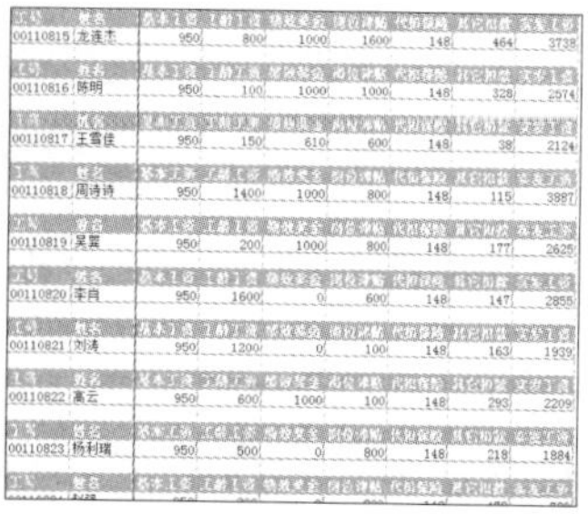

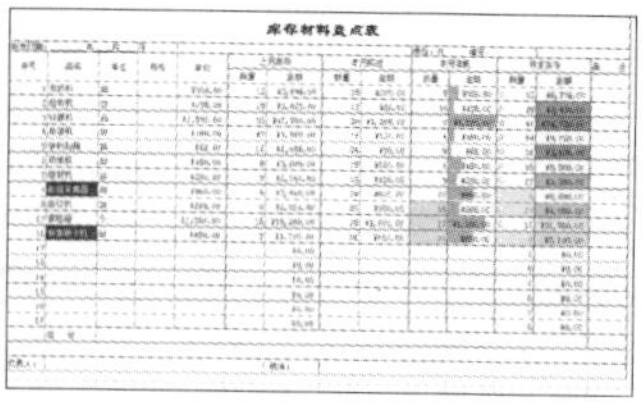

第9章 让数据更清晰明了——图表和数据透视图表的应用　　271

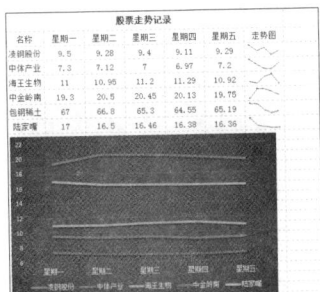

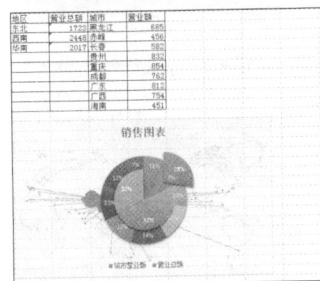

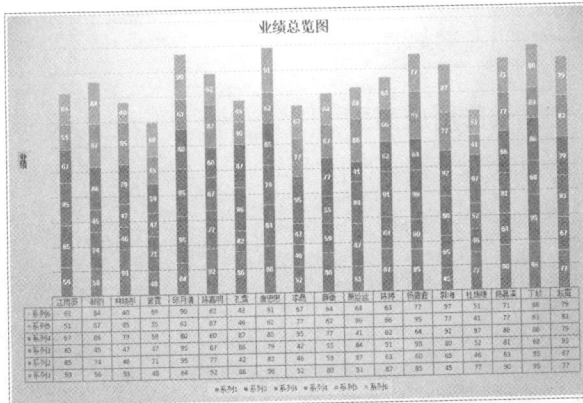

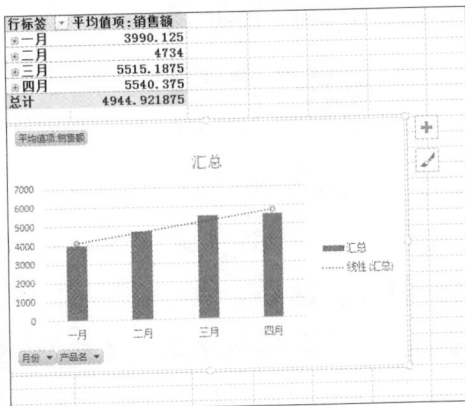

第10章 深入的数据分析——数据的模拟分析与预算 309

第3部分 PowerPoint 应用篇

第11章 制作静态的演示文稿——PPT幻灯片的编辑与设计 331

第12章 动态播放演示文稿——幻灯片的动画制作与放映

快速编辑办公文档——Word文档内容的

录入与编辑

第1章

本章导读

　　电子化、无纸化、自动化已成为现代商务办公的基本要求。在日常办公中，通常需要使用Word对文本进行输入和排版。而Word 2013则是Microsoft公司推出的强大的文字处理软件，使用该软件可以帮助办公人员轻松地创建专业而又美观的文档。本章将介绍Word的基本应用，包括输入文本，以及对文本、段落和页面等格式进行设置。

知识要点

- Word文档的基本操作
- 字符格式的设置
- 页面格式的设置
- 录入文档内容
- 段落格式的设置
- 格式的复制及应用

知识要点——Word编辑与排版的相关技能

如今，通过简单学习Word后，相信大家都能独自完成一份精美的图文并茂的文档，有时甚至小学生都可以完成。然而，根据调查，大多数的用户只把Word当作文字处理器来使用，且大约有80%的用户只使用了约20%的软件功能。那么，如果想提高排版效率，掌握排版艺术，就需要重新了解、掌握和使用Word软件了。

要点 01 提高文档的编排效率

Word是一个功能相对齐全的专业排版软件，在某种程度上能满足大多数用户的需求。它可以很方便地帮助用户创建和共享各类具有专业外观的文档。如何才能提高文档编排的效率？除了提高打字速度和操作熟练度以外，还能做些什么呢？

1. 认真编写文档内容

事实上，处理文档的最终目的是需要将一些思想、数据或制度进行归纳和传递。所以，我们应该将更多的精力放在编写文档内容等实质性的工作上，而非文档本身的编辑和排版。然后对内容进行编辑加工，最后对文档进行格式调整和美化。

2. 掌握编排文档的常规流程

如果认为文档的编排是一个不断地录入、不断地修改、不断地调整、不断地完善的过程，那就大错特错了。这里所提到的是Word排版，而非Word文字处理。二者在某些范围可能略有重叠，文字处理一般指对文字本身的处理，如录入/修改文字、设置字体、大小、颜色、字距、行距、特殊效果等。而排版则涵盖更大范围的版式设计，如纸张大小、页边距、页眉页脚、目录、索引等。

前面已经提到过，工作中的文档主要是对思想、数据或制度等信息的传递，注重的是文档的内容，但面对以文字内容为主的正式公文，要让阅读者看起来不乏味，还需要对文档效果进行编辑、排版。

虽然前面我们也提到了，可以先安心写作文档的内容，经过录入完成后再进行格式设置。当然，这个过程也可以逆转，在没有思考好具体的文档内容时，也可以提前设置好一些文档中可能会用到的格式，甚至做成文档模板。然后，再专心地编写文档内容，此时只需要在设置好格式的位置输入内容即可，无须再操心格式设置的问题。

有些人可能会认为，上面介绍的这两种方法在我们的日常工作中就是这样的，但还是难免会遇到各种繁琐而重复的工作，常常感到排版很累。实际上，文档处理过程中的有些工作确实需要逐一完成，而有些工作如果寻到了先后规律，就可以减少很多重复环节。下面给出工作中经常用到的排版流程。

（1）设置页面格式

编辑文档内容之前，不要急于动"笔"，首先要找好合适大小的"纸"，这个"纸"就是Word中的页面设置，即先设置纸张大小和页边距，确定版心位置。

（2）设置节

根据内容需要将整个文档划分为一个个的排版单元，使不同的单元经过后期设置呈现不同的大局效果。

（3）设置各种样式

最好把版心内容中可能涉及的各种页面元素（文字、图、表等）都设置成适当的样式，方便后期调用和管理，且可以实现许多自动化功能，如自动产生图表题注、自动生成目录等。

（4）做成模板

如果长期需要制作同一种或相似页面效果的文档，或希望自己辛苦调整的样式可以重复使用，建议将文档存储为模板。

（5）创作内容

在已经制作成模板的"空壳"内架构文档的主要组成部分，并借助Word文档结构图提供的大纲提示和快速定位功能来协助创作需要的内容。

其实，使用Word编排文档的流程是言人人殊的，每个人在实际操作中都可能总结出一套符合自己习惯的排版流程。而且，在不同工作情况下，流程也可能改变。例如，要制作的是一个工作总结类的文档，因为这类文档每隔一段时间就需要制作，虽然内容不同但形式大致相同，那就采用上面介绍的流程，在制作好的模板文件中修改关键内容即可快速完成；如果要制作的是一个全新的文档，那可能会将整个流程颠倒，先思考文档的内容，再对格式进行设置，然后创建为模板方便下次使用。

3. 提高编排效率的妙招

对文档进行排版是一个锦上添花的过程，这个过程不是主要的工作目的，但没有这个过程又不能在日后竞争日益激烈的工作中让自己的文档脱颖而出。那么，只有思考如何提高文档编排的效率了。除了前面介绍的文档编辑流程以外，在实际编排过程中还应借助Word中的一些软件功能来提高工作效率。

（1）使用文档结构图

Word文档结构视图不仅有益于阅读，还有益于写作。在视图栏中单击"页面视图"按钮（如左下图所示），或在"视图"选项卡"视图"组中单击"页面视图"按钮（如右下图所示），即可切换到页面视图。

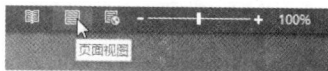

借由文档结构图的阶层式标题，创作者或排版者（乃至阅读者）可对整份文档内容一目了然。在"视图"选项卡的"显示"组中选中"导航窗格"复选框，即可切换到页面视图。"文档结构图+页面视图"的视图模式（如右图所示）是创作者的好帮手，对于辅助创作者深植架构轮廓有很大的帮助。

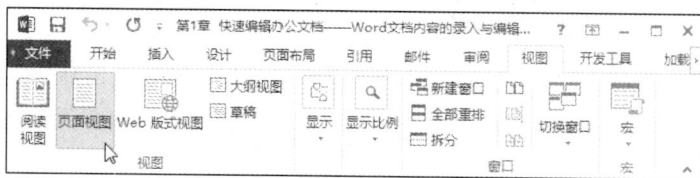

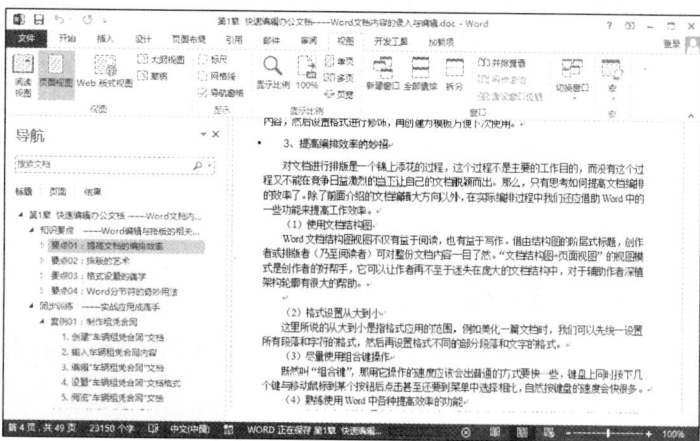

（2）格式设置从大到小

设置文档格式时，可以根据格式作用的范围从大到小进行设置。例如，美化一篇文档时，可以先统一设置所有段落和字符的格式，然后再设置格式不同的部分段落和文字的格式。

（3）尽量使用快捷键操作

快捷键又叫快速键或热键。电脑中的很多操作都可以通过某些特定的按键、按键顺序或按键组合来完成，如打开文档、关闭文档、复制内容、粘贴内容、查找内容等。很多快捷键往往与"Ctrl"键、"Shift"键、"Alt"键和"Fn"键等配合使用。

利用快捷键只需要在键盘上同时按下几个键即可，与移动鼠标到某个选项或按钮上选择或单击，甚至还要在弹出的下拉菜单中再次进行选择相比，使用快捷键的速度会快很多。在平时的排版中，快捷键的应用可以节省大量的时间，而且可以简化排版的操作。

（4）熟练使用Word中各种提高效率的功能

Word中提供了很多可以提高工作效率的功能，例如，使用"查找/替换"功能不仅可以快速查找或替换文档中所有目标文字，还可以对格式进行替换设置；再如，文本样式中不仅预置了一些作用于段落的整体格式，还预置了一些作用于文本的格式，另外还支持自定义样式，将设置好的样式保存起来后可以在文档其他地方快速使用该样式，也可以在新文档中快速应用该样式；还有，目录的自动生成功能，有些用户因为不知道Word中还有该功能，在进行专业论文的写作时，采用手动输入目录的方式建立文档的目录，费时费力而且容易出错，如果后期又对内容进行了编辑，导致页码变动时，那么这个过程又将重复一遍……

要点 02 格式设置的美学

大部分较为正式的公文中通常不用图形或图片之类的内容或修饰元素，为了体现公文的正式性，也不允许太多的修饰和色彩，甚至整篇文档就是由文字、字符构成。于是一些人就认为这样的文档不需要进行美化，美化了反而让人觉得文档不正式。但这种密密麻麻的文字又让人乏味，那么，应该如何改善这类纯文字类文档的整体效果呢？实际上，这类文档中不仅仅只有文字而已，它还包含了一些不易看到或没有想到的东西，那就是格式。在编排文档时，对页面、段落或文字进行合理的设置便可让文档本身枯燥的字符成为文档中主要的修饰元素。下面，就分别来认识一下页面格式、字符格式和段落格式。

1. 页面格式

很多用户习惯先录入内容，再设置各种格式，最后设置纸张的大小和方向等。由于默认采用的是A4纸，如果要将其修改为其他纸张大小，例如修改为B5纸，就有可能使整篇文档的排版不能很好地满足需求。所以，先进行页面设置，可以在编辑内容时直观地看到页面中内容的排版是否适宜，避免后期的修改。

页面设置包括对纸张大小、纸张方向、页边距、页眉页脚、节等内容进行设置，下面分别进行介绍。

（1）纸张的大小和方向

在为文档设置页面大小和方向时，应考虑文档的实际应用。如果将来要送往印刷厂印刷，最好将页面大小设置为将来成品的大小，而页面方向也应根据印刷中版面的排布来进行设置。如果文档只是通过打印机进行普通的输出，则对页面大小的设置并没有严格的要求。

（2）页边距

页边距的设置能够规划文档版心的位置，即正文的排放位置，在设置时应考虑文档的装订位置，是否需要在文档左侧或右侧留有装订线，或根据文档的奇偶页不同设置相应的装订线位置。

（3）页眉页脚

页眉和页脚显示在页边距中，通常用来显示文档的附加信息，如时间、日期、页码、单位名称、徽标等。其中，页眉在页面的顶部，页脚在页面的底部。

虽然页眉页脚显示的大范围已经定了，但我们仍然可以在"页眉和页脚工具-设计"选项卡的"位置"组中的数值框中设置页眉顶端和底端距离页面边缘（即纸张边缘，也称为天头地脚）的数值，进一步确定页眉页脚内容的显示范围，如下图所示。通常，页眉上部的留白比页脚下部的留白大时，视觉效果会更好；如果页面上下部位的留白太小，会给人拥挤感。

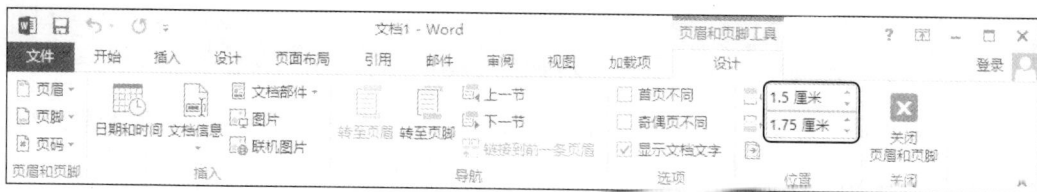

（4）节

由于页面设置的作用范围是节中，我们还可以通过插入分节符在同一文档中实现多种页面设置方案，如让页码混用罗马数字和阿拉伯数字（同一节内的形式只能是其中一种），让奇偶页的页眉页脚显示不同的内容，让各单元内容起始于奇数页等。但因为节不是一种可视的页面元素，一般人在对大型文档的排版中也没有体现这个概念，所以很容易被用户忽略。实际上，对文档进行排版时若少了节的运用，许多排版效果是无法实现的。对于该符号的运用，用户可在实际操作中多体验一番，插入节符号后我们可在"页眉和页脚工具-设计"选项卡的"导航"组中快速切换到各节内容，并进行页眉页脚设置。在该选项卡的"选项"组中可以为当前节设置首页不同和奇偶页不同的页眉页脚效果。其中，奇偶页不同的页眉页脚设置一般用于像书籍一样可以摊开阅读、有左右页之分的文档，即需要双面打印的文档。

2. 字符格式

设置字符格式可以改变字符的外观效果，包括对字体的形状、大小、颜色、字符间距等进行设置。Word可以非常灵活地设置文本的字符格式，常用的字符格式有如下几种。

（1）字体

字体是文字的外在形式特征之一，是文字的风格，也是文字的外衣。字体的艺术性体现在其完美的外在形式与丰富的内涵之中。我们平常所说的楷书、草书即是指不同的书写字体（也称书体）。在文档排版时，常用字体有"微软雅黑"、"宋体"、"黑体"、"楷体"和"隶书"等。如下图中的5组文字，从左到右分别应用了"微软雅黑"、"宋体"、"黑体"、"楷体"和"隶书"。

文档编排　　文档编排　　文档编排　　文档编排　　文档编排

知识扩展

有关字体

Word中可用的字体与电脑系统中安装的字体有关。通常情况下，Windows中文系统默认安装了"微软雅黑"、"宋体"、"黑体"和"隶书"等字体。如果需要使用系统中没有的其他字体，则需要在系统中安装相应的字体。另外需要注意的是，如果文档中使用了非系统默认安装的字体，在没有安装该字体的电脑中打开该文档时将无法看到所应用的字体效果。

（2）字号

字号是指字符的大小，在Word中可用汉字"五号"、"四号"……或数字12、14……表示，以汉字表示字符大小时，数字越小，文字显示得越大；以数字表示字符大小时则相反，不同字号大小的差距可参考下图。

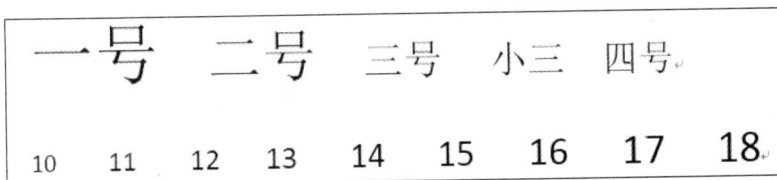

一号　二号　三号　小三　四号

10　11　12　13　14　15　16　17　18

字体和字号的选择

知识扩展

在设置文本的字体时，应根据文档的使用场合和不同的阅读群体的阅读体验进行设置。文字大小是阅读体验中的一个重要部分，用户需在日常生活和工作中留意不同文档对文字格式的要求。单从阅读舒适度上来看，宋体是中文各字体中阅读起来最轻松的一种，在编排长文档时使用宋体可以让读者的眼睛负担不那么重。这也是宋体被广泛应用于书籍、报刊等出版物的正文的缘故。

（3）字形

字形是指文字表现的形态，Word中的字形主要分为正常显示、加粗显示和倾斜显示。通常可以用不同的字形表示文档中部分内容的不同含意，或起到引起注意或强调的作用，不同字形表现效果如下图所示。

正常效果　　**加粗效果**　　*倾斜效果*　　***加粗并倾斜***

（4）下划线

下划线是出现在文字下方的线条，通常用于强调文字内容。Word中提供了多种类型的下划线，用户可根据实际情况来选用。下图所示为文字加上不同下划线的效果。

项目概况　　项目概况　　项目概况　　项目概况

（5）着重号

着重号的形式是小圆点（·），横排文字时点在文字的下方，竖排文字时点在文字的右边。通常用于强调非常重要的关键字、词或句，引起读者的注意。下图中就着重强调了制度的适用人员。

本办法适用于本公司及区域公司、项目公司全体员工。

（6）字体颜色

色彩可以体现心情，不同的色彩具有不同的心理暗示。例如，红头文件中会使用醒目的、代表权威象征的颜色作为文件头中的文字颜色。

字体颜色也就是文字的颜色。字体颜色的设置在字符格式设置中起着举足轻重的作用。对于字体颜色的选择，在文字上应用不同的色彩时，需要十分谨慎，要从文字的意思、颜色的意义以及使用颜色后文字的整体效果等方面进行考虑，切忌滥用颜色。

（7）突出显示

Word中提供了以不同亮色作为文字底色的功能，使用该功能可以突出显示底色上方的文字内容。

（8）字符间距

字符间距是指一组字符之间相互间隔的距离。字符间距影响了一行或者一个段落的文字的密度。在Word中可以通过"缩放"、"间距"和"位置"三种方式来改变字符间距。

- 缩放：在字符原来大小的基础上缩放字符尺寸（即设置文字水平方向上的缩放比例）。下图中的3组文字从左到右分别是正常情况下、缩放50%、缩放150%的效果。

> 设置字符间距　　设置字符间距　　设置字符间距

- 间距：用于设置字符与字符之间的空隙距离。下图中的3组文字从左到右分别是正常情况下、加宽2磅、紧缩2磅的效果。

> 设置字符间距　　设置字符间距　　设置字符间距

- 位置：用于调整文字向上或向下偏移（也就是相对于标准位置提高或降低字符的位置）。下图中的3组文字从左到右分别是正常情况下、提升5磅、降低5磅的效果。

> 设置字符间距　　设置字符间距　　设置字符间距

知识扩展 ▎设置文字效果

除了前面介绍的字符格式外，还可以利用"字体"对话框中的"文字效果"功能为文字加上特殊的格式或修饰，如删除线、双删除线、上标、下标、阴影、空心、阳文、阴文、小型大写字母、全部大写字母和隐藏效果等。

3. 段落格式

段落就是以回车键（即"Enter"键）结束的一段文字，它是独立的信息单位。字符格式表现的是文档中局部文本的格式化效果，而段落格式的设置则用来设计文档的整体外观。段落格式包括设置段落的对齐方式、段落缩进、段与段之间的间距、行间距、段落边框与底纹，以及段落编号与项目符号等格式。

（1）段落对齐方式

采用不同的段落对齐方式，将直接影响文档的版面效果。常见的段落对齐方式有以下几种。

- **左对齐**：把段落中每行文本一律以文档的左边界为基准向左对齐，如左下图所示。
- **居中对齐**：文本位于文档左右边界的中间，如中下图所示。
- **右对齐**：文本向文档右边界对齐，如右下图所示。

段落就是以回车键（即"Enter"键）结束的一段文字，它是独立的信息单位。字符格式表现的是文档中局部文本的格式化效果，而段落格式的设置则将帮助设计文档的整体外观。段落格式包括设置段落的对齐方式、段落缩进、段与段之间的间距、行间距、段落边框与底纹，以及段落编号与项目符号等格式。

段落就是以回车键（即"Enter"键）结束的一段文字，它是独立的信息单位。字符格式表现的是文档中局部文本的格式化效果，而段落格式的设置则将帮助设计文档的整体外观。段落格式包括设置段落的对齐方式、段落缩进、段与段之间的间距、行间距、段落边框与底纹，以及段落编号与项目符号等格式。

段落就是以回车键（即"Enter"键）结束的一段文字，它是独立的信息单位。字符格式表现的是文档中局部文本的格式化效果，而段落格式的设置则将帮助设计文档的整体外观。段落格式包括设置段落的对齐方式、段落缩进、段与段之间的间距、行间距、段落边框与底纹，以及段落编号与项目符号等格式。

- **两端对齐**：把段落中除了最后一行文本外，其余行的文本的左右两端分别以文档的左右边界为基准向两端对齐。这种对齐方式是文档中最常用的，平时看到的书籍的正文都采用这种对齐方式，如左下图所示。
- **分散对齐**：把段落的所有行的文本的左右两端分别以文档的左右边界为基准向两端对齐，如右下图所示。

段落就是以回车键（即"Enter"键）结束的一段文字，它是独立的信息单位。字符格式表现的是文档中局部文本的格式化效果，而段落格式的设置则将帮助设计文档的整体外观。段落格式包括设置段落的对齐方式、段落缩进、段与段之间的间距、行间距、段落边框与底纹，以及段落编号与项目符号等格式。

段落就是以回车键（即"Enter"键）结束的一段文字，它是独立的信息单位。字符格式表现的是文档中局部文本的格式化效果，而段落格式的设置则将帮助设计文档的整体外观。段落格式包括设置段落的对齐方式、段落缩进、段与段之间的间距、行间距、段落边框与底纹，以及段落编号与项目符号等格式。

知识扩展 左对齐与两端对齐的区别

相对于中文文本，左对齐方式与两端对齐方式没有什么区别。但是如果文档中有英文单词，左对齐将会使得英文文本的右边缘参差不齐，此时如果使用"两端对齐"方式，右边界就可以对齐了。

（2）段落缩进

段落缩进是指段落相对左右页边距向页内缩进一段距离。设置段落缩进可以使文档内容的层次更清晰，以方便读者阅读。缩进分为首行缩进、左缩进、右缩进及悬挂缩进。

- **左（右）缩进**：整个段落中所有行的左（右）边界向右（左）缩进，左缩进和右缩进合用可产生嵌套段落，通常用于引用的文字。
- **首行缩进**：首行缩进是中文文档中最常用的段落格式，即从一个段落首行第一个字符开始向右缩进，使之区别于前面的段落。一般会设置为首行缩进两个字符，这样以后按"Enter"键分段后，下一个段落会自动应用相同的段落格式，如左下图所示。
- **悬挂缩进**：将整个段落中除了首行外的所有行的左边界向右缩进，如右下图所示。

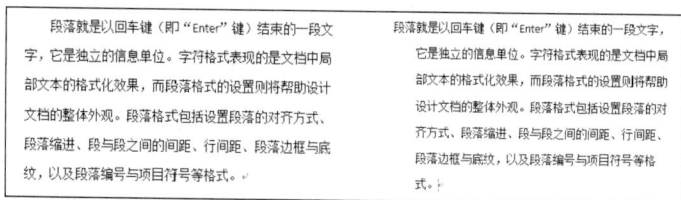

段落就是以回车键（即"Enter"键）结束的一段文字，它是独立的信息单位。字符格式表现的是文档中局部文本的格式化效果，而段落格式的设置则帮助设计文档的整体外观。段落格式包括设置段落的对齐方式、段落缩进、段与段之间的间距、行间距、段落边框与底纹，以及段落编号与项目符号等格式。	段落就是以回车键（即"Enter"键）结束的一段文字，它是独立的信息单位。字符格式表现的是文档中局部文本的格式化效果，而段落格式的设置则帮助设计文档的整体外观。段落格式包括设置段落的对齐方式、段落缩进、段与段之间的间距、行间距、段落边框与底纹，以及段落编号与项目符号等格式。

（3）段落间距

段落间距是指相邻两段落之间的距离，包括段前距、段后距及行间距（段落内每行义字间的距离）。相同的字体格式在不同的字距和行距下的阅读体验也不相同，只有让字体格式和所有间距设置成协调的比例时，才能有最完美的阅读体验。这也印证了那句话——"协调与平衡，永远是美学的第一课。"用户在制作文档时，不妨先尝试几种设置的搭配效果，最后选择最满意的效果进行编排。

要点 03 排版的艺术

目前有太多工作需要进行文字处理，如果你想让自己的文字以悦目的形式出现，就需要对其进行编排。所谓排版，就是在有限的版面空间里，将文字、图片、图形、表格、线条和色块等版面构成要素，根据特定内容的需要进行组合排列，把构思与形式直观地展现在版面上，让读者在接受版面信息的同时获得美的感觉和艺术的感染。

在Word中编排文档并非多么复杂的事情，只需要进行简单的排版学习，并在日常写作中逐步巩固各操作的应用、形成习惯，即可将自己编排的文档效果提升一个台阶。

同样一篇文章排版成不同的风格时，表现出的意义有可能会截然不同。所以，实际工作中，我们还需要根据文档的应用场合来确定排版的最终效果。各类行业不同类型的文章有一定的写作和排版标准，下面着重介绍常用的三类文档的排版要求和技巧。

1. 工作安排文档如何排版

随着办公自动化的发展，现在大部分的企业都通过电脑来办公，所以员工的很多工作都涉及文档的制作。我们可以根据文档阅读对象的不同，简单地将工作中的文档分为两类，一类是面向公司内部员工的文档，如公司的规章制度、通知、内部文件等；另一类是面向领导上司或上级部门，如报告、报表、总结、计划等。这两类文档在排版工作中略有不同，下面分别介绍。

（1）面向公司内部员工的文档

公司或组织内部的文档一般都有统一的文档规范，例如，文档中有统一的LOGO、页眉、页脚、标题样式、正文样式、不同级别内容的字体大小、行间距、字间距等。因此，在编排这类文档前，可以先制作好固定的模板文件，再根据不同的文档格式制作一些特殊模板，形成企业自有的一套文档模板。这样，员工在编辑文档时就可以根据需要选择最合适的模板文档来创建文件了，不仅节约了大家制作文档的时间，提高了工作效率，还能统一各部门、各员工呈报的各种文档的格式，以体现企业文化或组织管理的统一性。

员工在编排面向公司内部员工的文档时，如果没有模板文档可用需要重新创建模板，或者要编排的文档类型比较特殊，往后需要编辑该类文档的概率很小时，可根据如下原则来编排：

- 文章里字体不要超过两种，最好统一为一种字体，通常采用宋体、黑体等常规字体，切勿使用不正式的字体或艺术字。
- 文章里字号的设置越少越好，可以利用字体大小、字间距、行间距、段间距等表现出文档内容的层次结构。
- 除需要特别强调的内容外，同一级别的内容应采用相同的样式。
- 要强调的内容或有特殊意义的内容应采用统一的格式，例如文档中所有需要强调的内容均采用下划线，不是特别重要的或可选择阅读的使用浅色字表示等。
- 在这类比较正式的文档中最好不要为中文字使用斜体效果，否则容易让人反感。
- 颜色的运用不要超过两种，最好是一个颜色，当然需要标出重点内容也可以使用其他的颜色加以提示，但是切记不要过多。
- 少用图片进行修饰，以体现制度的权威性和严肃性。

总之，对此类文档进行排版时，若有统一规范的格式，切勿随意更改，如果没有统一规范，在排版时也尽量让文档简洁明了、效果整齐统一。例如，如下图所示为同一公司内部不同文档中的内容，但其整体格式是统一的。

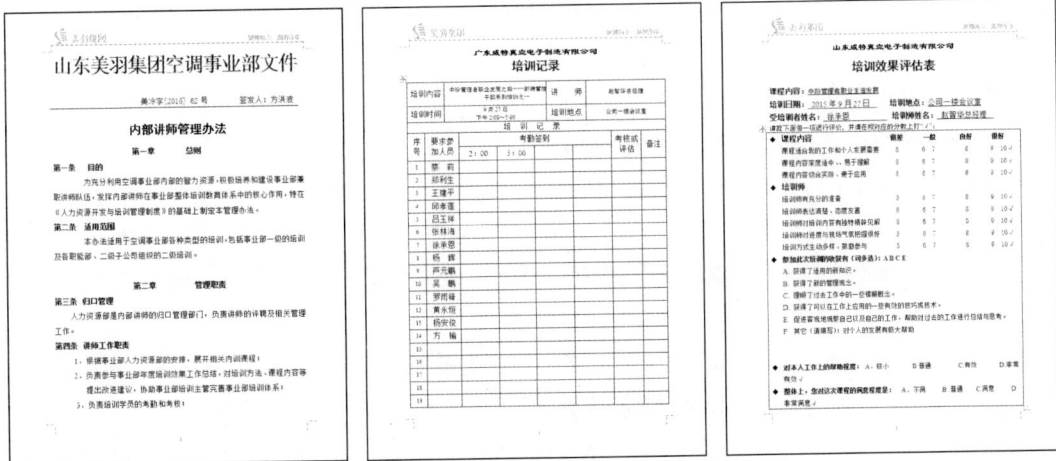

（2）提交上级领导或部门的文档

工作中，我们经常需要向上级领导或部门提交一些报告、报表、总结、计划、实施方案等。这类文档有明确的阅读者，在制作时除了需要精心准备文档的内容外，在文档的排版上也需要花点心思。只有让自己的文档效果更美观一些，才能给同事及领导留下好的印象，从而吸引他们认真地查看具体的内容。这类文档的格式还是比较统一的，可以考虑使用以下方法来进行美化：

- 尽量精简语言，做到主次明确、重点突出、层次清晰。文档中各级标题应使用大纲级别，因为领导通常是在电脑上查看此类文档，通过Word中的"导航"任务窗格可以快速浏览文档内容。
- 多采用图表、表格甚至图形的形式来进行表达，不仅可以美化文档，也可以让内容简单明了。
- 可适当为文字设置色彩，也可插入图片来修饰文档，但不可太随意，文档中使用颜色时应注意色彩意义及主色调的统一性，尽量不使用红色、紫色、橙色作为修饰（企业标准色除外）。
- 文档中加入页码、目录、引言、脚注、尾注、批注、超链接等元素，方便领导查阅文档及相关内容。

2. 商务应用文档如何排版

在日常生活和工作中，我们经常要用到会议通知、邀请函、报价表、招标书、项目企划书、各种各样的合同、商务信函和市场分析报告等文档。由于这些文档是面向公司客户、合作伙伴等具有商业往来的对象，所以也称为商务文档。

制作这类文档的目的非常明确，在排版过程中一定要小心谨慎，除了避免内容上的错误外，还需要特别注意各种细节。只有这样你才会在对方心中留下严谨的印象，让对方对你以及你的产品或服务产生信任。这类文档在文字内容和排版上可以比正式文档活泼一些，但仍不失严谨，排版时可以从以下方面来突破。

- 尽量避免应用长篇文字内容，可将较长的文字分解并精简为多个短小的段落，并配合图形来表达文字含义。
- 合理地加入修饰性内容，如表格、图形、图标、照片等，丰富文档内容。
- 丰富文档中的色彩，从视觉效果上吸引客户。
- 在添加丰富的修饰元素和色彩时，应保持文档各类元素风格的统一，主要体现在同级文字内容的字体、字号、间距、修饰形状上。例如，文档中有多个二级标题，它们的字体、字号、间距、修饰形状应保持一致，可在字体颜色和形状色彩的使用上有所不同，使文档修饰显得更丰富。
- 丰富文档的版式，特别是宣传型文档，可使用多栏版式，甚至使用表格进行复杂版式设计，总之，以突出主题和美化文档为目的。

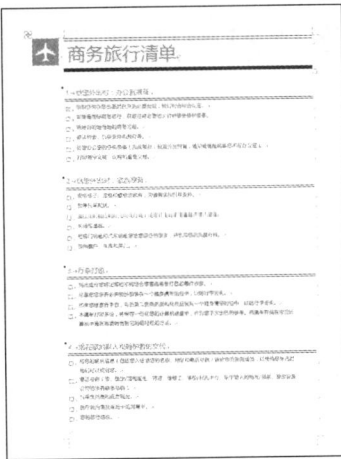

3. 图书、杂志如何排版

现代人对美的追求越来越高，对艺术的追求也是无处不在。诚然，使用Word编排文档也可以很艺术。在Word中，如果我们多花点心思对文档进行一番设计，便可以做出各种类型的专业文档，从而让自己的作品与众不同。

在制作图书、杂志、宣传册等商业化的文档时，可以充分发挥Word的编排功能。这类文档的制作就是一个设计过程，最终的结果取决于庞大的读者群，由于他们的年龄可能不同、职业可能不同、生活环境也可能不同，因此他们对文档效果的满意与否自然也是各不相同了。

因此，这类文档的排版重要的是要学会分析不同读者阅读文档的心理，然后有针对性地对文档进行设计和排版，为阅读者营造一种恰当的氛围，甚至为相应阅读者提供便捷的操作。多借鉴好的作品，久而久之排版技术自然就进步了。下面给出一组国外杂志内文的排版效果。

同步训练——实战应用成高手

通过前面知识要点的学习，主要让读者认识和掌握使用Word录入和编辑文档的相关技能与应用经验。下面，针对日常办公中的相关应用，列举几个典型的文档编排案例，为读者讲解在Word中编辑文档的基本方法及具体操作步骤。

案例 01 制作租赁合同

案例概述

车辆租赁合同是指出租方将车辆提供给承租方使用，承租方定期给付约定租金，并于合同终止时将车辆完好地归还出租方的协议。车辆租赁合同遵守一般的合同格式，合同内容应包含车辆租赁双方当事人的个人信息，所租赁车辆的情况以及租赁双方的权利义务约定等。本案例主要介绍创建文档，输入与编辑租赁合同内容，设置租赁合同文档格式以及阅览文档的相关知识。

“车辆租赁合同”文档制作完成后的效果如下图所示。

车辆租赁合同

甲方（出租方）：

车 型：

营业执照编号：□□□□□□□□□

乙方（承租方）：

租赁使用地点：三亚 区 街 号

营业执照编号：□□□□□□□□□

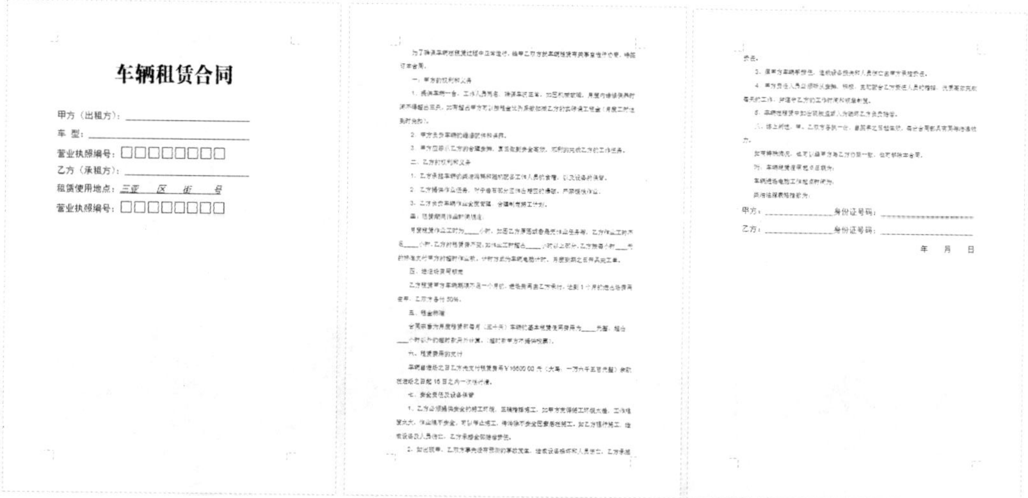

素材文件：光盘\素材文件\第1章\案例01\合同内容.txt、挖机租赁合同.docx

结果文件：光盘\结果文件\第1章\案例01\车辆租赁合同.docx

教学文件：光盘\同步教学视频\第1章\案例01.mp4

操作思路

在Word中制作“车辆租赁合同”文档的流程与思路如下。

一 创建并保存文档：在Word中制作任何一个文档时，首先需要创建并保存文档。

二 输入文档内容：首先输入合同的首页文本，再根据事先理清的文档中应包含的内容，在Word中分章按条地罗列并进行归纳总结各要点。

三 编辑文档内容：对文档内容输入完成后要通读全文，发现需要修改或处理的地方再通过合适的编辑文本的方法进行修改。

四 设置文档格式：为了突出文档内容的主次，增加可读性，可以对相应的文本或段落设置格式。

五 阅读文档：在Word中，任何一个文档编辑完成后，都可以使用不同的方式来进行阅读，并进一步完善文档的制作。本案例在最后讲解了阅读文档的多种方式。

具体步骤

在日常办公应用中，需要处理很多纯文本类的文档，这类文档的制作方式基本相同。本例将以车辆租赁合同为例，为读者介绍在Word中创建文档、输入与编辑文本、设置文档格式以及阅览文档的相关知识。

1. 创建"车辆租赁合同"文档

在编辑车辆租赁合同文档前，首先需要在Word 2013中新建文档（通常启动Word 2013软件后，软件将自动创建一个空白文档，用户可直接在该文档中输入内容），创建文档后应及时进行保存，以方便下次查看和编辑。下面就来创建"车辆租赁合同"文档。

01 单击"文件"选项卡。单击"文件"选项卡，如下左图所示。

02 执行新建文档命令。❶ 在弹出的文件菜单中选择"新建"命令；❷ 在中间的窗格中选择"空白文档"选项，如下右图所示。

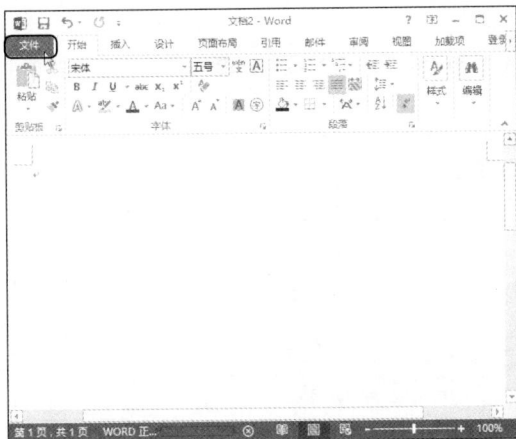

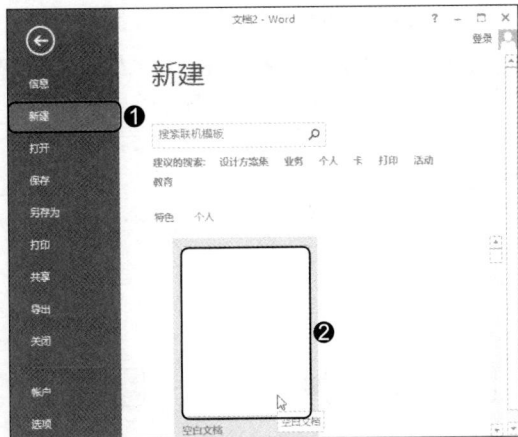

03 执行"另存为"命令。❶单击"文件"选项卡，在弹出的菜单中选择"另存为"命令；❷ 在中间的窗格中选择"计算机"选项；❸ 单击右侧的"浏览"按钮，如下左图所示。

04 保存文档。打开"另存为"对话框，❶ 在上方的下拉列表框中选择文件的存放位置；❷ 在"文件名"下拉列表框中输入文件名称；❸ 单击"保存"按钮，如下右图所示。

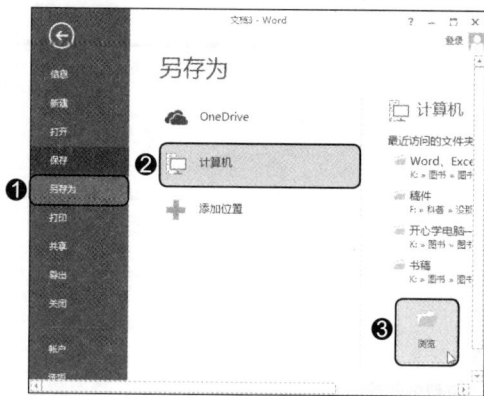

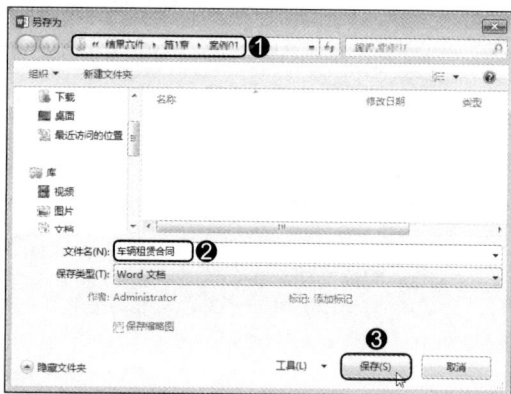

知识扩展 保存文件的其他方法

除以上方法可以保存文件外，还可以使用快捷键"Ctrl+S"或单击快速访问工具栏中的"保存"按钮。在对文档进行编辑和处理的过程中应不时地保存文档。只有在首次保存文件时才会打开"另存为"对话框，之后再保存文件时，文件将直接保存并替换上一次保存的文件。

2. 输入车辆租赁合同内容

将新建的"车辆租赁合同"文档进行保存后即可在其中输入所需内容了，具体操作步骤如下。

01 输入车辆租赁合同首页内容。❶ 将文本插入点定位于文档中，输入如下左图所示的车辆租赁合同首页的内容；❷ 将文本插入点定位于"营业执照编号："文本后。

02 执行插入符号命令。❶ 单击"插入"选项卡"符号"组中的"符号"按钮；❷ 在弹出的下拉菜单中选择"其他符号"命令，如下右图所示。

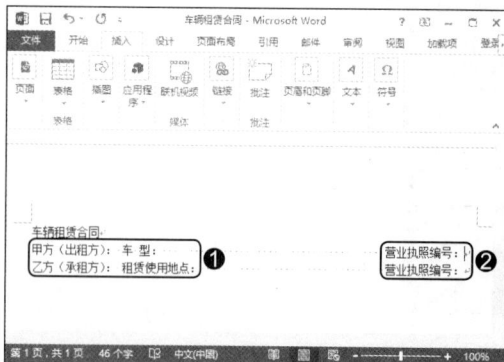

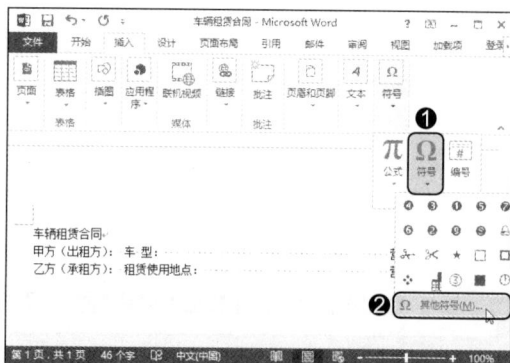

03 选择并插入符号。打开"符号"对话框，❶ 在"字体"下拉列表框中选择"普通文本"选项；❷ 在"子集"下拉列表框中选择"几何图形符"选项；❸ 选择"□"符号；❹ 单击"插入"按钮，即可插入方框符号，如下左图所示。

04 执行"插入分页符"命令。❶ 使用相同的方法在首页的相应位置继续插入方框符号；❷ 将文本插入点定位于需要插入分页符的位置；❸ 单击"插入"选项卡"页"组中的"分页"按钮，如下右图所示。

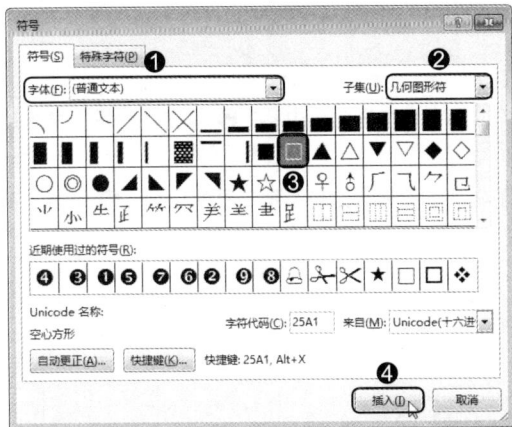

插入符号的注意事项

高手点拨

在Word中插入的符号来自于系统中所安装的字体，若插入符号的字体为不常用字体，则在没有安装该字体的电脑上打开该文档时无法查看到该符号的效果。

05 显示插入分页符的效果。经过上一步操作，文本插入点将自动切换到第二页的行首位置，如下左图所示。

06 移动文本。❶ 选择第一页中需要移动位置的文本；❷ 按住左键不放并拖动至需要移动到的文本前，再释放鼠标左键，如下右图所示。

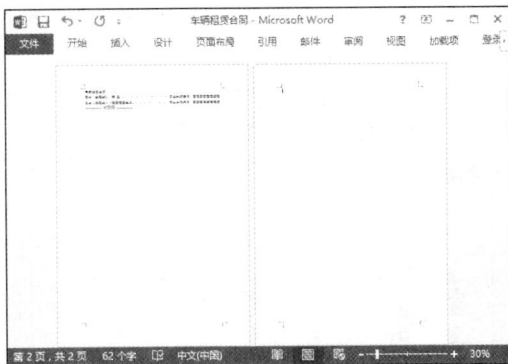

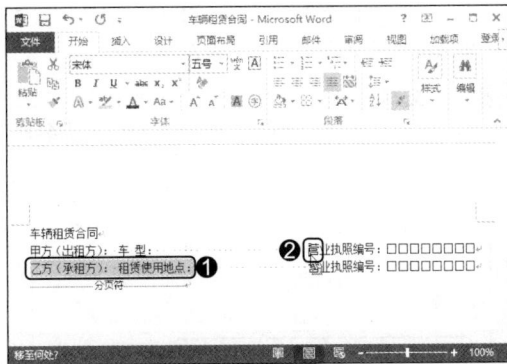

07 执行"剪切"命令。❶ 选择需要移动位置的文本；❷ 单击"开始"选项卡"剪贴板"组中的"剪切"按钮，如下左图所示。

08 执行"粘贴"命令。❶ 将文本插入点定位至剪切文本需要移动到的位置；❷ 单击"剪贴板"组中"粘贴"按钮，如下右图所示。

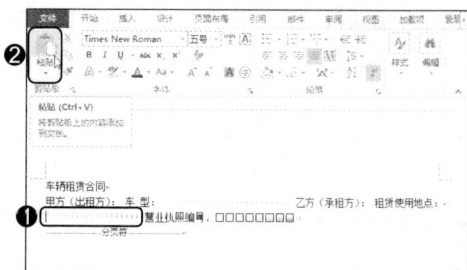

09 执行"复制"命令。打开素材文档，❶ 按"Ctrl+A"组合键选择全部内容；❷ 单击"编辑"菜单；❸ 在弹出的下拉菜单中选择"复制"命令，如下左图所示。

10 执行"粘贴"命令。切换至车辆租赁合同文档，❶ 将文本插入点定位至第二页的位置；❷ 单击"剪贴板"组中"粘贴"按钮，如下右图所示。

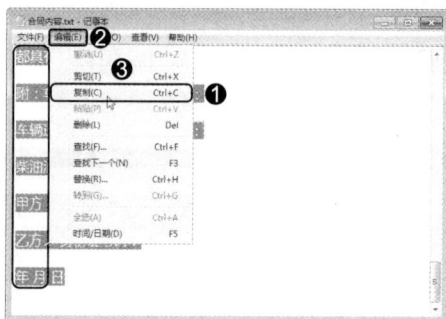

3. 编辑"车辆租赁合同"文档

当录入完文档内容后，通常需要对文档的内容进行审核，对于遗漏的内容进行添加，对于输入错误的内容进行修改，对于多余的内容进行删除等，这些操作也就是我们通常所说的文档编辑。下面对车辆租赁合同进行编辑，具体操作步骤如下。

01 插入漏输的文本。本例中要在第8项条款中增加一项条件"若有特殊情况，也可以经甲方与乙方协商一致，也可解除本合同。"。❶ 将文本插入点定位在要增加新文本的起始位置；❷ 直接在文档中输入需要增加的新文本即可，如下左图所示。

02 修改文本。本例需要将"车辆租赁合同"文档中的"挖机"文本修改为"车辆"文本。❶ 选择需要修改的"挖机"文本；❷ 在文档中重新输入需要修改为的新文本即可，如下右图所示。

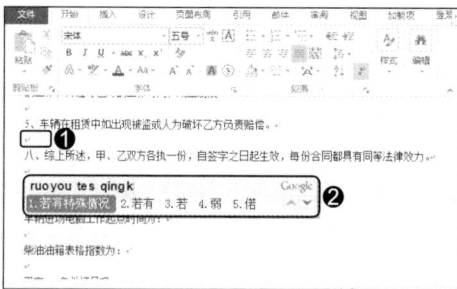

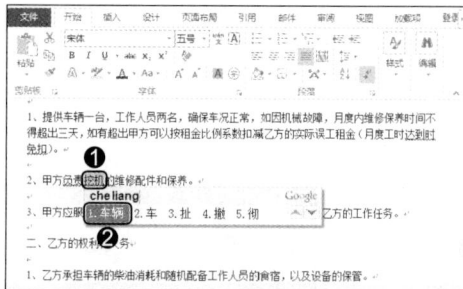

03 显示修改文本后的效果。经过上一步操作，即可将选择的"挖机"文本修改为"车辆"文本，如下左图所示。

04 **删除多余的文本**。当文档中有不需要的内容时，可使用删除操作将其删除。选择文档中的最后几行文本，按"Delete"键将其删除，如下右图所示。

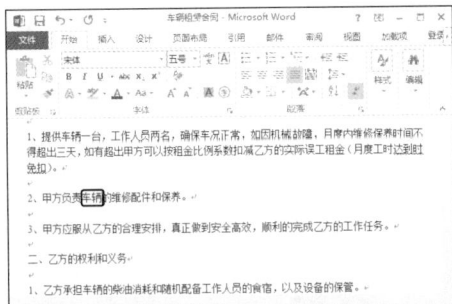

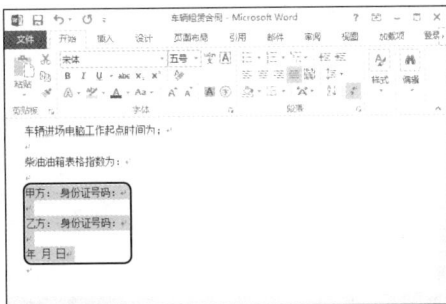

删除文本的方法

将文本插入点定位到文档中，按一次"Delete"键将删除文本插入点右侧的一个文本；按一次"Backspace"键将删除文本插入点左侧的一个文本。在选择文本的状态下，按"Delete"和"Backspace"键均可删除所选文本内容。

05 **执行"撤销"命令**。经过上一步操作，即可删除选中的文本。单击快速访问工具栏中的"撤销"按钮，如下左图所示。

06 **显示撤销后的效果**。经过上一步操作，恢复到执行上一步操作前的效果，如下右图所示。

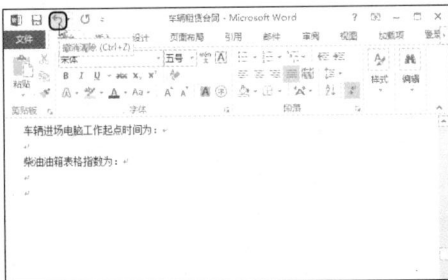

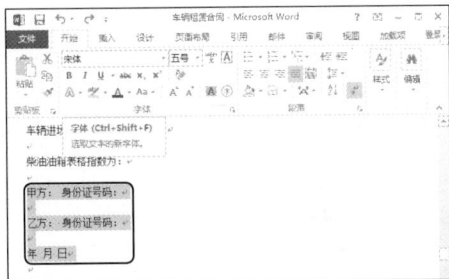

07 **执行"替换"命令**。单击"开始"选项卡"编辑"组中的"替换"按钮，如下左图所示。

08 **输入查找和替换内容**。打开"查找和替换"对话框，❶ 在"查找内容"下拉列表框中输入"挖机"；❷ 在"替换为"下拉列表框中输入"车辆"；❸ 单击"全部替换"按钮，如下右图所示。

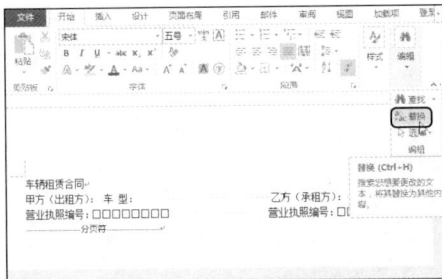

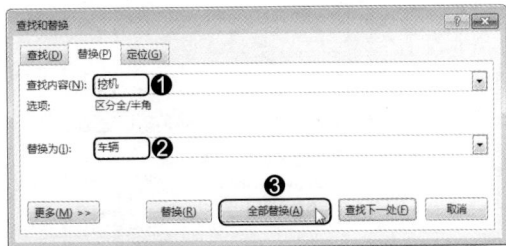

09 **确认替换内容**。打开提示对话框，单击"确定"按钮完成替换操作，如下左图所示。

10 **展开"查找和替换"对话框**。在"查找和替换"对话框中，单击"更多"按钮，如下右图所示。

提高文本录入的方法

为提高文档录入与编排的工作效率，通常可以先将文档中多次重复出现并且较长的短语或名词用一个简称或字符串代替，在录入完成后应用查找与替换功能进行替换。

11 选择"段落标记"命令。将文本插入点定位至"查找内容"下拉列表框中，❶ 单击"特殊格式"按钮；❷ 在弹出的下拉菜单中选择"段落标记"命令，如下左图所示。

12 执行替换空行的操作。❶ 将文本插入点定位于"查找内容"下拉列表框中，重复上一步操作，即设置"查找内容"为两个连续的"段落标记"；❷ 将文本插入点定位于"替换为"下拉列表框中，使用相同的方式设置"替换为"内容为段落标记；❸ 单击"全部替换"按钮，如下右图所示。

13 关闭对话框。❶ 在打开的提示对话框中单击"确定"按钮，完成替换操作；❷ 返回"查找和替换"对话框，单击"关闭"按钮，关闭"查找和替换"对话框，如下左图所示。

14 显示删除空行的效果。经过以上操作，即可将文档中的多余空行快速删除，完成后的效果如下右图所示。

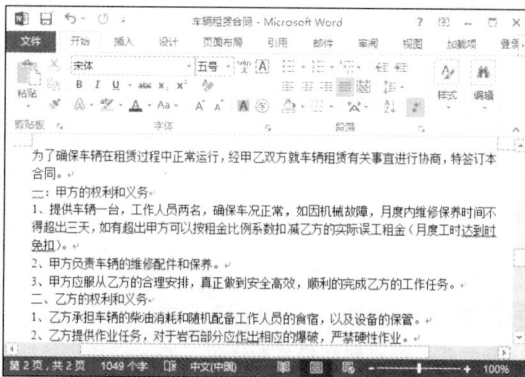

4. 设置"车辆租赁合同"文档格式

在确认文档内容准确无误后，通常还需要对文档的内容设置格式，以满足排版需要。下面通过对车辆租赁合同中各部分的字体和段落格式进行设置，使其条例更加清晰，格式更加规范，具体操作步骤如下。

01 选择设置格式的文本。❶ 按"Ctrl+A"组合键全选文档内容；❷ 单击"开始"选项卡"字体"组右下角的对话框启动器按钮，如下左图所示。

02 设置文本字体格式。打开"字体"对话框，❶ 在"中文字体"下拉列表框中选择"宋体"选项；❷ 在"西文字体"下拉列表框中选择"Arial"选项；❸ 设置字形为"常规"；❹ 设置字号为"五号"；❺ 单击"确定"按钮，完成全文默认字体格式设置，如下右图所示。

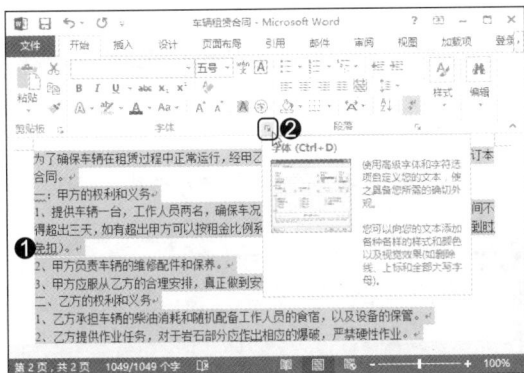

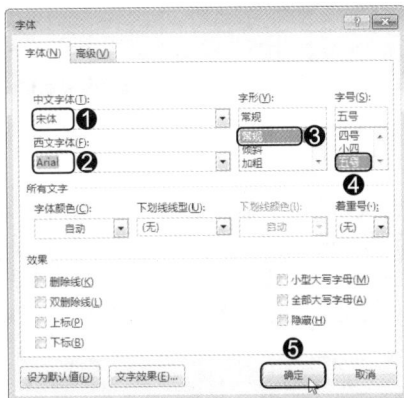

03 设置标题文本的字体格式。❶ 选择标题文字"车辆租赁合同"；❷ 在"字体"组中的"字体"下拉列表框中选择字体"汉仪粗宋简"，如下左图所示。

04 设置标题文本的字体格式。在"字号"下拉列表框中选择"小初"选项，如下右图所示。

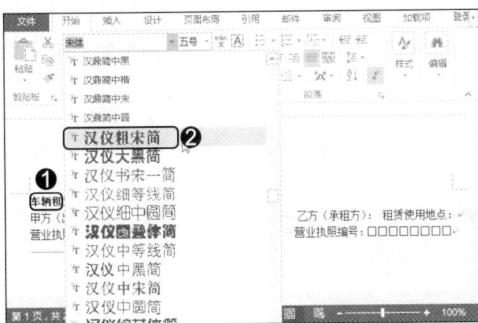

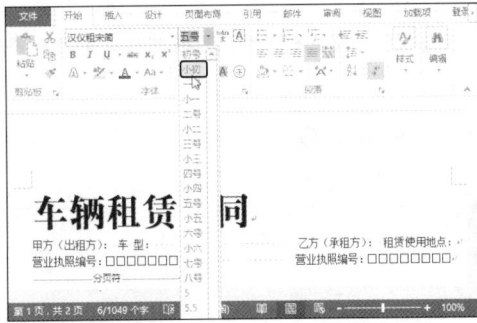

替换文档中的部分内容

在进行查找和替换操作时，如果有部分查找内容不需要进行替换，可以在"查找和替换"对话框中单击"查找下一处"按钮，Word将自动选择下一处查找内容，若所选择的内容需要进行替换则单击"替换"按钮，否则再单击"查找下一处"按钮继续查找下一处符合查找条件的内容。

05 设置首页正文文本格式。❶ 选择首页中标题文字下方的所有段落；❷ 在"字体"组中的"字体"下拉列表框中选择字体为"黑体"；❸ 在"字号"下拉列表框中选择"三号"选项，如下左图所示。

06 设置字体倾斜。设置完文档字号大小后，可以根据需要对首页文本内容进行重新调整。❶ 选择"租赁使用地点："文本后的文字内容；❷ 单击"字体"组中的"倾斜"按钮，如下右图所示。

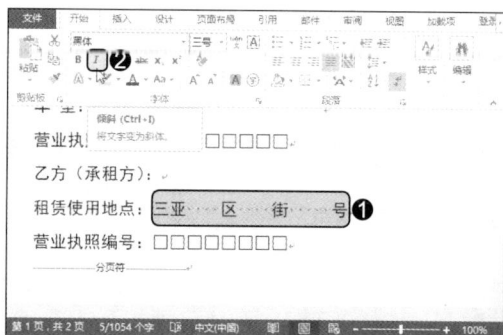

07 设置落款文本格式。❶ 选择文档末尾的三行落款签字文本；❷ 在"字体"组中设置字体为"黑体"，字号为"四号"，如下左图所示。

08 设置文本颜色。❶ 单击"字体"组中"字体颜色"按钮；❷ 在弹出的下拉菜单中选择"深红"选项，如下右图所示。

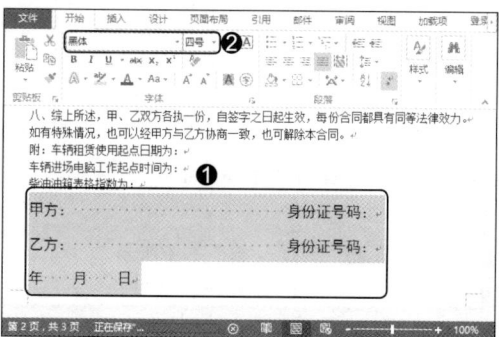

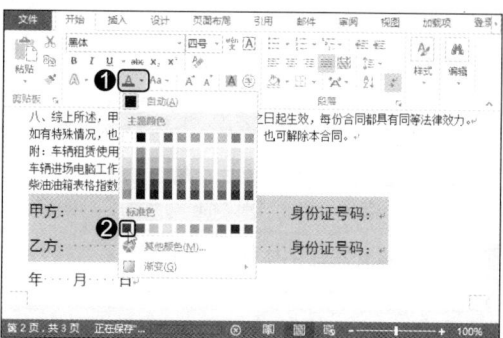

09 显示设置文本颜色的效果。经过以上操作，即可将选择的文本设置为红色，效果如下左图所示。

10 添加下划线。❶ 将文本插入点定位于"（出租方）："文字后；❷ 单击"字体"组中的"下划线"按钮，如下右图所示。

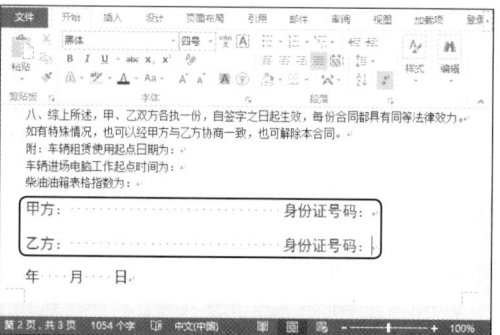

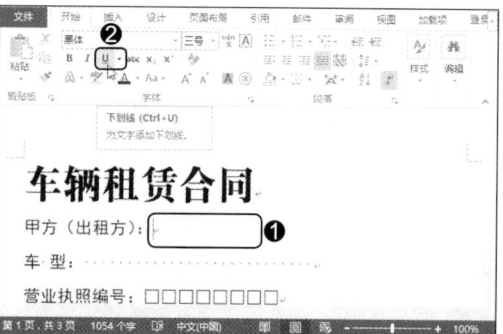

11 显示添加下划线效果。使用空格键添加下划线，使用相同的方法为合同中需要填写的空白区域加上下划线，完成后的效果如下左图所示。

12 设置填写方框的大小。❶ 选择需要设置大小的两处方框内容；❷ 在"字体"组中的"字号"下拉列表框中选择"小一"选项，如下右图所示。

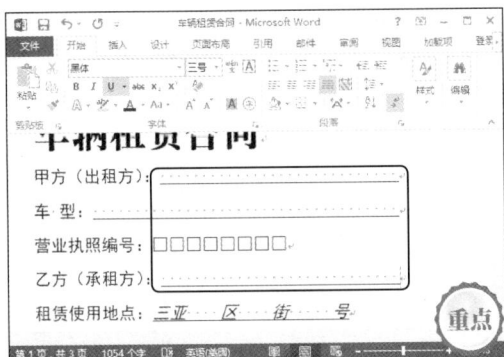

13 添加下划线。使用前面介绍的方法为文档末尾的三行落款签字文本添加下划线，效果如下左图所示。

14 设置标题文本居中对齐。❶ 将文本插入点定位至标题文本后；❷ 单击"段落"组中"居中"按钮，如下右图所示。

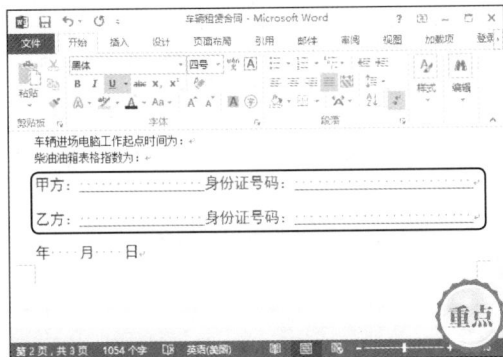

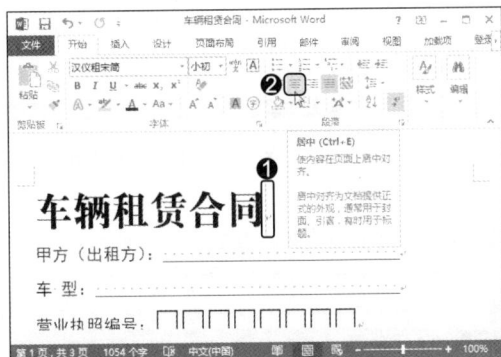

15 执行启动对话框的操作。❶ 选择标题文本；❷ 单击"开始"选项卡"段落"组右下角的对话框启动器按钮，如下左图所示。

16 设置标题文本的段落间距。打开"段落"对话框，❶ 在"间距"栏中"段前"和"段后"数值框中输入"2行"；❷ 单击"确定"按钮，如下右图所示。

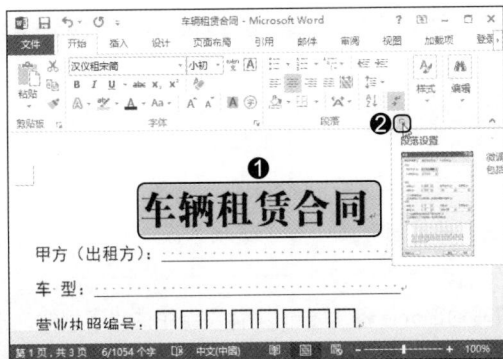

17 执行启动对话框的操作。❶ 选择第2页中的第一个段落；❷ 单击"段落"组右下角的对话框启动器按钮，如下左图所示。

18 设置段落缩进方式和行距。打开"段落"对话框，❶ 在"特殊格式"下拉列表框中选择"首行缩进"选项；❷ 在其后的"缩进值"数值框中输入"2字符"；❸ 在"行距"下拉列表框中选择"1.5倍行距"选项；❹ 单击"确定"按钮，如下右图所示。

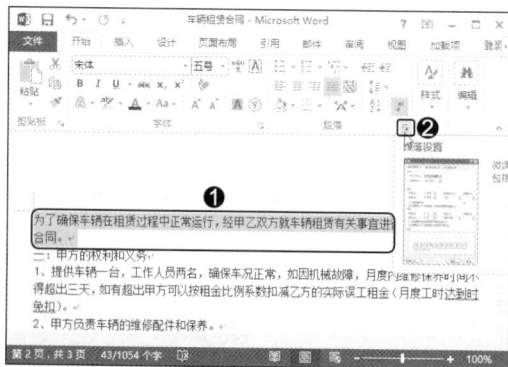

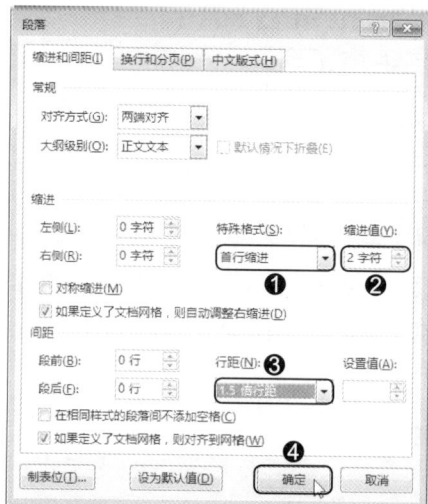

19 执行复制段落格式的操作。❶ 选择设置正文段落格式的段落；❷ 单击"剪贴板"组中的"格式刷"按钮，如下左图所示。

20 选择目标应用格式。当鼠标光标变为格式刷 形状时，移动鼠标到需要应用相同格式的段落中，按住鼠标左键不放并拖动即可复制格式，如下右图所示。

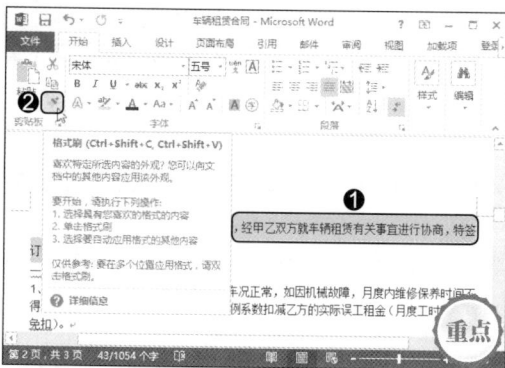

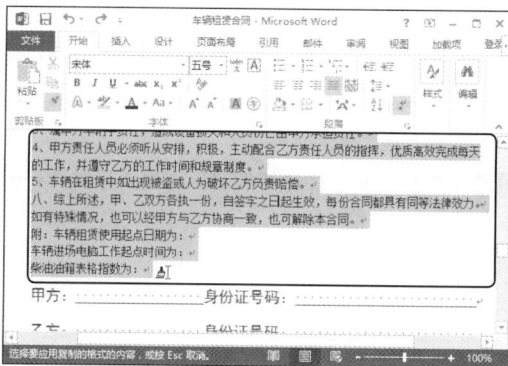

重复多次复制相同的格式

在选择要复制格式的源内容后双击"格式刷"按钮，再拖动鼠标复制格式可将复制的格式应用于文档的多处内容上，要停止应用格式刷可按"Esc"键或执行其他命令。

21 添加下划线。❶ 分别选择文档正文内容中需要填写的部分；❷ 单击"字体"组中的"下划线"按钮，为其添加下划线，如下左图所示。

22 设置段落对齐方式。❶ 选择文档中的最后一个段落；❷ 单击"段落"组中的"右对齐"按钮，使该段落居右对齐，如下右图所示。

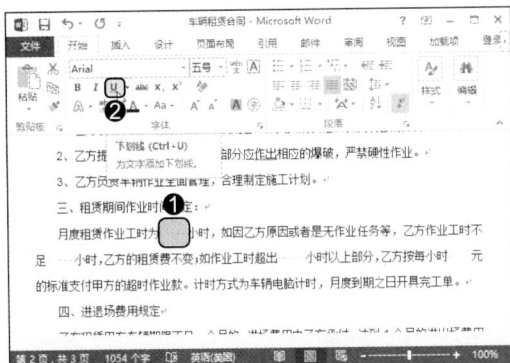

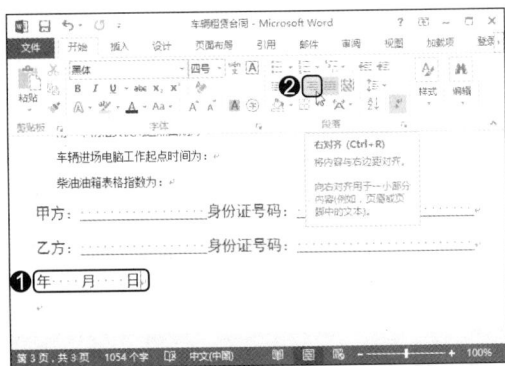

清除文字格式

在文字上应用了多种字体格式后，单击"开始"选项卡"字体"组中的"清除格式"按钮，可快速清除文字格式。

5. 阅览"车辆租赁合同"文档

在编排完文档后，通常需要对文档进行预览，查看排版后的整体效果，这里将以不同的方式对"车辆租赁合同"文档进行查看。

01 单击"阅读版式视图"按钮。在对文档进行查看时，为方便阅读文档内容，可使用"阅读版式"视图查看文档。单击"视图"选项卡"文档视图"组中"阅读版式视图"按钮，如下左图所示。

02 显示阅读版式的效果。经过上一步操作后，文档进入阅读版式视图状态。在该视图下，文档内容将以全屏方式显示于屏幕，不会以当前的页面格式进行显示，内容的自动换行、分页等均根据屏幕大小自动调整，单击右侧的按钮，如下右图所示。

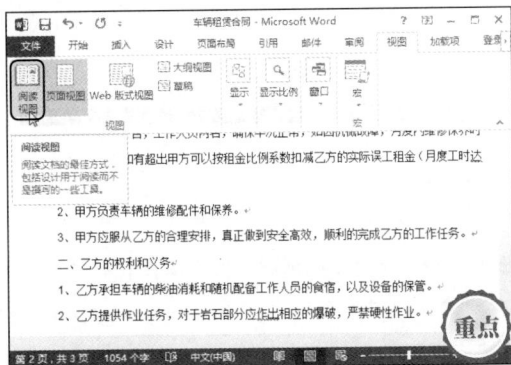

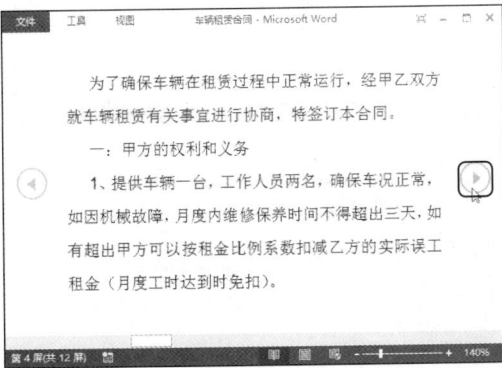

03 查看后续内容。经过上一步操作后，即可依次查看后面的内容。完成查看后，单击"视图"选项卡"文档视图"组中的"页面视图"按钮，即可切换回页面视图，如下左图所示。

04 显示出"导航"任务窗格。选中"视图"选项卡"显示"组中的"导航窗格"复选框，如下右图所示。

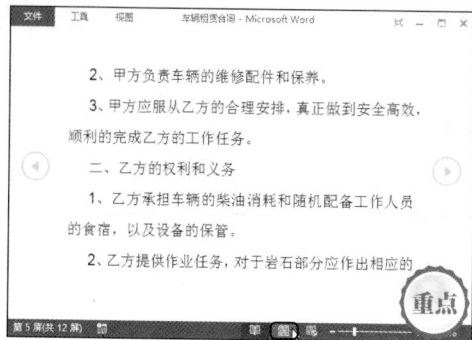

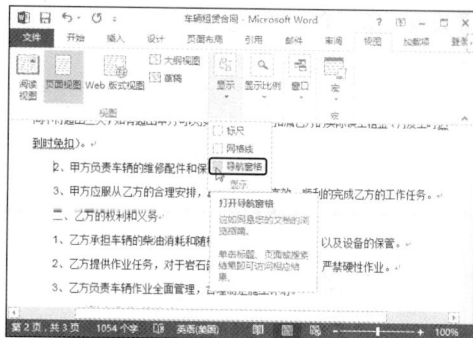

"导航"任务窗格的使用方法

知识
扩展

　　"导航"任务窗格中提供了三种查看方式：一是浏览文档中的标题，通过该功能可以查看文档的内容结构，快速跳转到文档中相应的位置；二是浏览文档中的页面，它通过每页的缩览图在一篇长文档中导航；三是通过搜索文档中的关键字进行浏览，我们只需在"导航"任务窗格的"搜索文档"文本框中输入需要搜索的关键字，Word便会在文档中搜索出关键字所在的位置。

05 选择要浏览内容的缩览图。经过上一步操作，即可在窗口左侧显示出"导航"任务窗格。单击"导航"任务窗格中列举出的页面缩览图，可快速转到文档中相应页的位置，如下左图所示。

06 执行多页命令。在查看文档时，可通过调整缩放比例来查看文档，即查看文档放大或缩小后的效果。单击"显示比例"组中的"多页"按钮，如下右图所示。

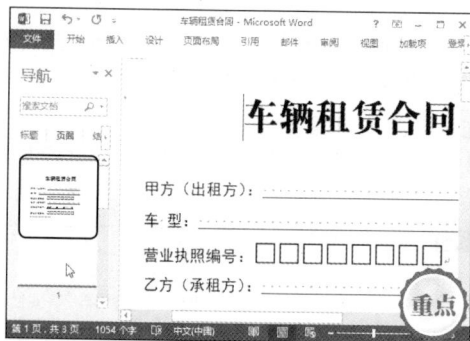

"导航"任务窗格中的列表

知识
扩展

　　"导航"任务窗格中的列表内容来源于文档中使用了标题样式的文本，只有使用了不同级别的标题样式后，在导航窗格里才会显示出列表内容。

07 显示多页效果。经过上一步操作，在当前窗口中便会显示出多页效果，比例自动调整后的效果如下左图所示。

08 执行拆分命令。在查看文档内容时，若要对比文档前后的内容，即同时能看到文档中两部分不同位置的内容，可使用拆分窗口功能。单击"视图"选项卡"窗口"组中的"拆分"按钮，如下右图所示。

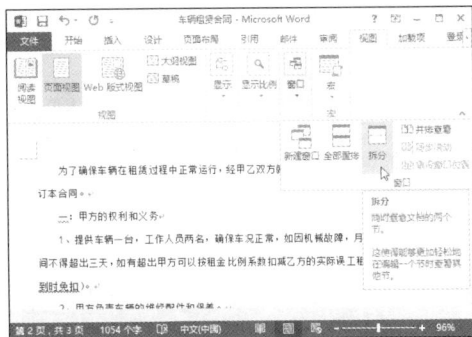

快速调整文档的显示比例

　　在"视图"选项卡"显示比例"组中单击"单页"按钮，可将视图调整为在屏幕上完整显示一整页的缩放比例；单击"页宽"按钮，可将视图调整为页面宽度与屏幕宽度相同的缩放比例；单击"显示比例"按钮后将打开"显示比例"对话框，在对话框中可选择视图缩放的比例大小。

09 单击拆分位置。当鼠标光标处出现一条拆分线时，将该线移动到文件需要拆分的位置并单击，如下左图所示。

10 查看文档不同部分的内容。单击窗口中要进行窗口分割的位置后，即可将文档窗口拆分为上下两个窗口，拖动窗口的滚动条可以查看文档不同部分的内容，如下右图所示。

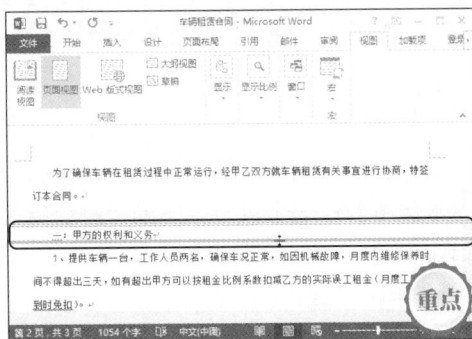

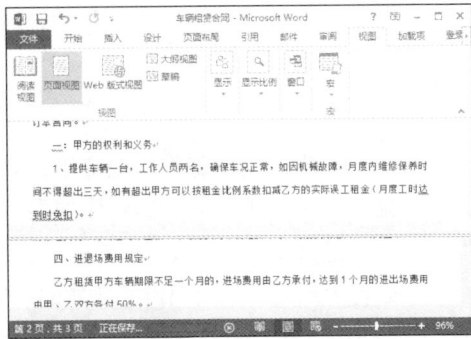

取消窗口的拆分

　　拆分窗口后，"拆分"按钮会变成"取消拆分"按钮，单击该按钮即可取消窗口的拆分。或者移动鼠标光标将拆分线拖动至窗口下方，也可取消窗口的拆分。

11 单击"并排查看"按钮。在对文档进行编辑时，有时需要参照另一个文档进行编辑或需要对比两个文档的差异，此时，可以使用并排查看功能快速对比两个文档。❶ 打开素材文件夹中的"挖机租赁合同"文件；❷ 在"车辆租赁合同"文档中单击"视图"选项卡"窗口"组中的"并排查看"按钮，如下左图所示。

12 选择需要对比查看的文档选项。打开"并排比较"对话框，❶ 在列表框中选择需要进行对比的另一个文档的文件名称选项；❷ 单击"确定"按钮，如下右图所示。

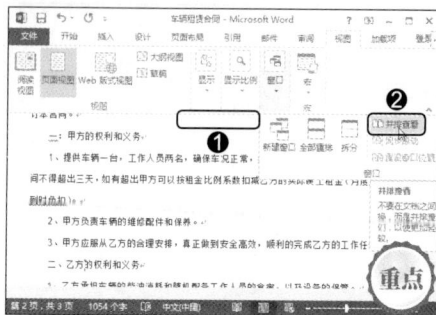

13 显示并排比较文档的效果。经过以上操作后，在打开的"车辆租赁合同"和"挖机租赁合同"文档会并排显示在屏幕上，当滚动鼠标滚轮时，两篇文档会同时翻页显示，如右图所示。

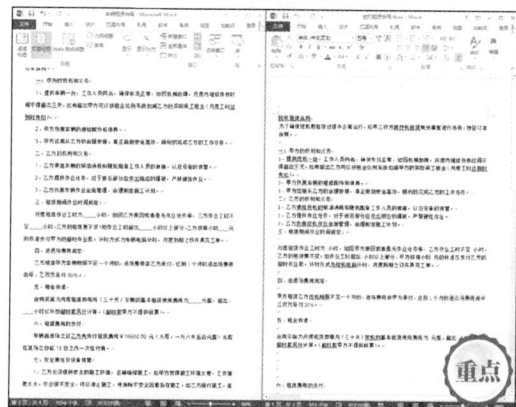

案例 02 编排办公行为规范

案例概述

　　为规范办公室人员的工作，提高工作效率，许多企业都根据自身情况编辑了办公行为规范，或张贴于办公室内，或将其制作成员工手册。本例将制作一个用于张贴的"办公行为规范"文档，内容已经制作完成，主要是进行后续的编排工作。

　　"办公行为规范"文档编排完成后的效果如下图所示。

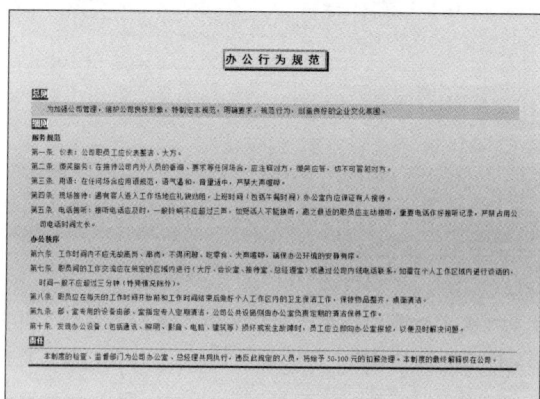

素材文件：光盘\素材文件\第1章\案例02\办公行为规范.docx
结果文件：光盘\结果文件\第1章\案例02\办公行为规范.docx
教学文件：光盘\同步教学视频\第1章\案例02.mp4

制作思路

在Word中制作"办公行为规范"文档的流程与思路如下。

一 设置文本格式：本例已经将文字内容编辑完成了，只需打开文档并对各标题设置不同的文本格式便于进行区分。

二 设置段落格式：为了突出文档中的重要内容，可以为相应的段落设置底纹或边框。

三 添加编号：为使文章中的条款内容更加清晰，可以在每一条内容前添加编号，如"第一条"、"第二条"……

四 设置文档格式：为了突出文档内容的主次，增加可读性，可以对相应的文本或段落设置格式。

五 打印预览文档：在打印文档时，可预先查看页面打印的效果，同时进行打印前的设置。

具体步骤

在办公应用的文档中，某些文档可能需要进行张贴和宣传，为加强文档的视觉效果，在编排文档时有必要对文档内容进行适当的修饰。本例将以编排办公行为规范文档为例，介绍文档修饰的过程。

1. 设置文档格式

在完成文档内容的输入和简单的格式设置后，我们还可以根据排版需要对文档格式进一步进行设置，如为文字和段落添加边框底纹、设置项目符号或编号等。下面将对办公行为规范文档的格式进行设置，具体操作方法如下。

知识扩展

"办公行为规范"文档的内容

办公行为规范文档中的内容是针对办公室人员的日常工作行为进行规范的，包括电话、传真、信函、网络等的使用规范；个人仪表形象的规范，人际交往礼仪的规范；会务工作的规范；印章、文书、档案的管理规范；安全、消防、保卫工作的规范；后勤人员的行为规范；保密工作的规范；外事工作的规范；职业道德的规范等诸多方面。制定"办公行为规范"文档不仅有助于促进良好风气的形成，而且有利于办公人员优良品德的培养。

01 打开“字体”对话框。打开素材文件夹中提供的“办公行为规范”文件，发现该文档中的基本格式已经设置完成，为使文档标题更加清晰醒目，可增加文章标题文字之间的距离。❶ 选择文档中的标题文本；❷ 单击“开始”选项卡“字体”组右下角的对话框启动器按钮，如下左图所示。

02 设置字符间距。打开“字体”对话框，❶ 单击“高级”选项卡；❷ 在“间距”下拉列表框中选择“加宽”选项；❸ 在“磅值”数值框中输入“6磅”；❹ 单击“确定”按钮，如下右图所示。

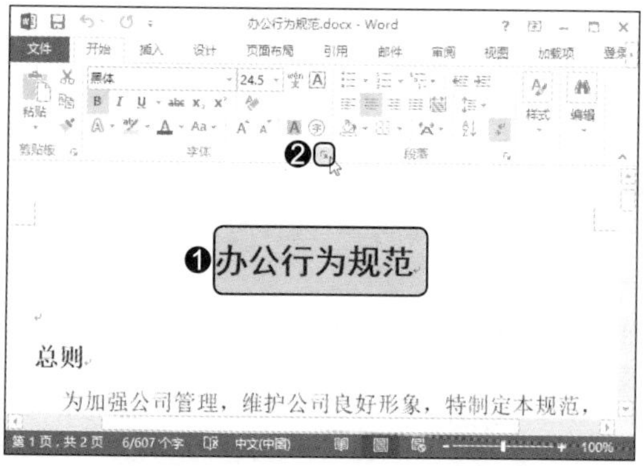

03 执行“边框和底纹”命令。本例还需要为标题文字添加文字边框，对标题文字进行强调。❶ 选择标题文字；❷ 单击“开始”选项卡“段落”组中的“下框线”下拉按钮；❸ 在弹出的下拉菜单中选择“边框和底纹”命令，如下左图所示。

04 设置边框。打开“边框和底纹”对话框，❶ 在“应用于”下拉列表框中选择“段落”选项；❷ 在“设置”栏中选择“阴影”选项；❸ 在“样式”列表框中选择线条样式为“双线”，在“颜色”下拉列表框中选择“深红色”，在“宽度”下拉列表框中设置线条宽度为“1.5磅”；❹ 单击“确定”按钮完成边框设置，如下右图所示。

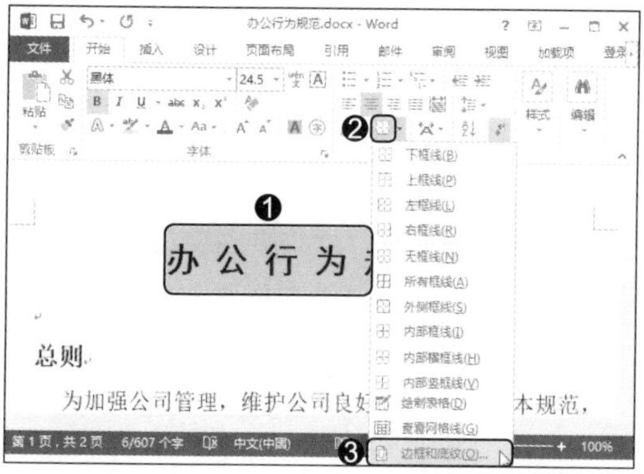

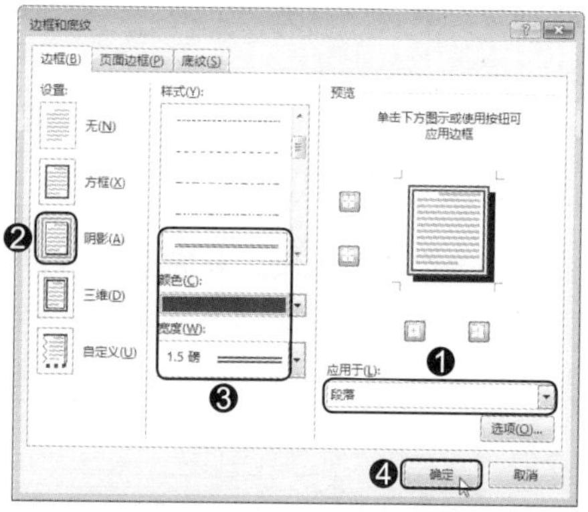

知识扩展

调整文字上下位置、缩放文字效果

在编排文档时，有时需要改变同一行中文字的上下位置，此时可以使用“字体”对话框“高级”选项卡中提供的“位置”功能，通过设置其提升或降低的值来改变文字的上下位置。此外，我们还可以设置文字字符的缩放效果，该功能也可以在“字体”对话框的“高级”选项卡中找到，通过设置其百分比可以改变文字的大小。

05 添加底纹颜色。❶ 选择要添加底纹的小标题文字；❷ 单击"开始"选项卡"段落"组中的"底纹"下拉按钮；❸ 在弹出的下拉菜单中选择底纹颜色为"深红色"，如下左图所示。

06 执行"边框和底纹"命令。❶ 选择要添加底纹的段落；❷ 单击"开始"选项卡"段落"组中的"边框"下拉按钮；❸ 在弹出的下拉菜单中选择"边框和底纹"命令，如下右图所示。

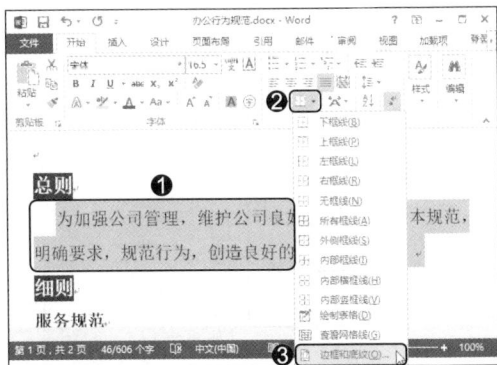

07 设置底纹效果。打开"边框和底纹"对话框，❶ 单击"底纹"选项卡；❷ 在"应用于"下拉列表框中选择"段落"选项；❸ 在"填充"下拉列表框中选择填充颜色为"红色40%"，在"样式"下拉列表框中选择"浅色上斜线"选项，设置颜色为"红色80%"；❹ 单击"确定"按钮，完成段落底纹设置，如下左图所示。

08 执行"边框和底纹"命令。❶ 选择文档中最后一个段落；❷ 单击"开始"选项卡"段落"组中的"边框"下拉按钮；❸ 在弹出的下拉菜单中选择"边框和底纹"命令，如下右图所示。

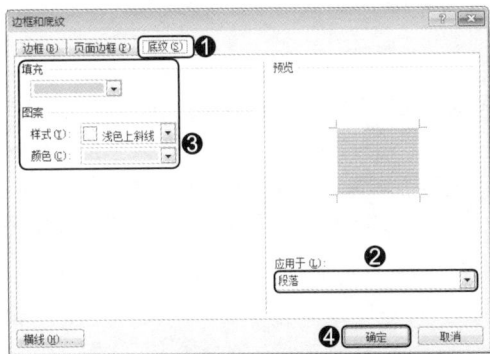

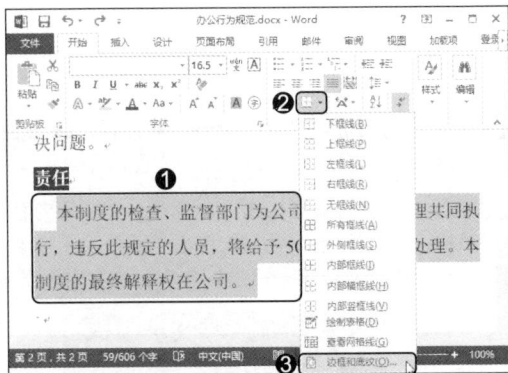

09 定义顶部边框样式。打开"边框和底纹"对话框，❶ 在"设置"栏中选择"自定义"选项；❷ 在"样式"列表框中选择线条样式为"直线"，在"颜色"下拉列表框中选择颜色为红色，在"宽度"下拉列表框中设置线条宽度为"0.5磅"；❸ 单击"预览"栏中的"顶部边线"按钮，如右图所示。

10 定义底部边框样式。❶ 使用相同的方法设置线条样式、颜色及宽度；❷ 单击"预览"栏中的"底部边线"按钮；❸ 单击"确定"按钮，如下左图所示。

11 选择段落。发现文档中的段落缩进不符合日常使用规范，因此需要为相应的段落设置缩进方式。❶ 同时选择本文档中的第二个和最后一个段落；❷ 单击"开始"选项卡"段落"组右下角的对话框启动器按钮，如下右图所示。

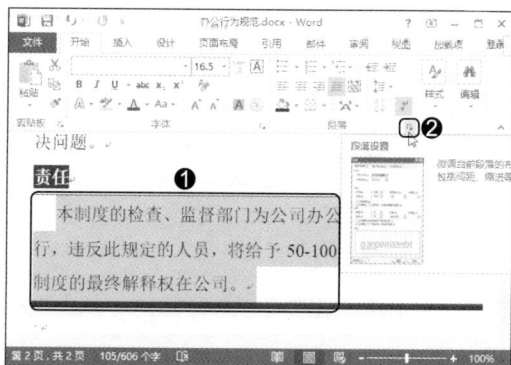

文字底纹和段落底纹的区别

　　文字底纹可应用于段落中的部分文字内容上，其底纹颜色或效果仅出现在所选的相应字符的底层；而段落底纹则是作用于整个段落的，其底纹色彩将出现于整个段落所在的一个矩形区域底层。在应用了文字底纹的段落中同时还可以应用段落底纹，文字底纹将显示于段落底纹的上层。

12 设置段落缩进。打开"段落"对话框，❶ 设置"特殊格式"下拉列表框右侧的"缩进值"为"2字符"；❷ 单击"确定"按钮，如下左图所示。

13 执行"定义新编号格式"命令。为使文章内容中的条款更加清晰，可以为条款内容加上编号。❶ 选择要添加编号的段落内容；❷ 单击"开始"选项卡"段落"组中的"编号"下拉按钮；❸ 在弹出的下拉菜单中选择"定义新编号格式"命令，如下右图所示。

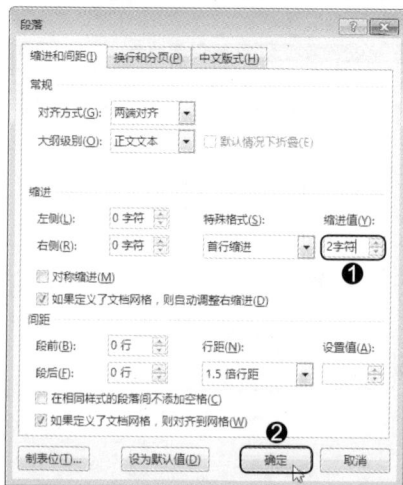

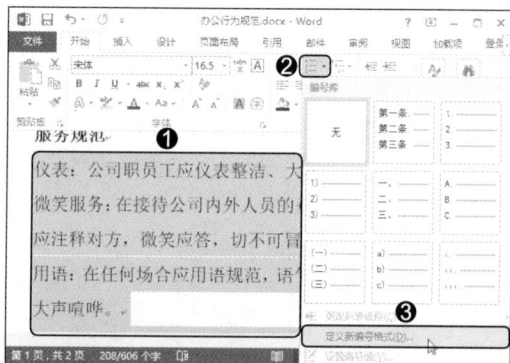

14 添加并设置编号。打开"定义新编号格式"对话框，❶ 在"编号样式"下拉列表框中选择"一，二，三（简）"选项；❷ 在"编号格式"文本框中的"一"字前加上文字"第"，在其后输入文字"条"；❸ 单击"确定"按钮完成编号定义，如下左图所示。

15 应用自定义编号。在上一步操作结束后，所选段落将应用新定义的编号样式。❶ 选择其他要应用该编号样式的段落；❷ 单击"开始"选项卡"段落"组中的"编号"下拉按钮；❸ 在"编号库"栏中选择新定义的编号样式，如下右图所示。

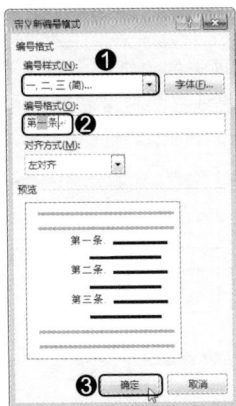

16 执行"设置编号值"命令。❶ 选择要进行连续编号的列表内容；❷ 单击"开始"选项卡"段落"组中的"编号"下拉按钮；❸ 在弹出的下拉菜单中选择"设置编号值"命令，如下左图所示。

17 设置编号起始数。打开"起始编号"对话框，❶ 在"值设置为"数值框中设置值为"六"；❷ 单击"确定"按钮，如下右图所示。

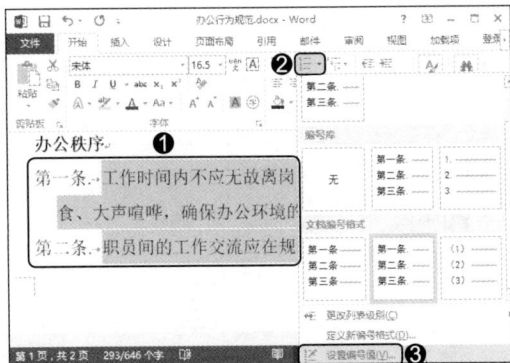

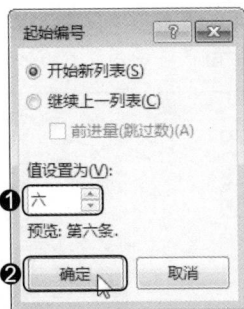

18 显示设置编号起始数后的效果。经过上一步操作，所选段落的起始编号便从第六条开始编号了，效果如右图所示。

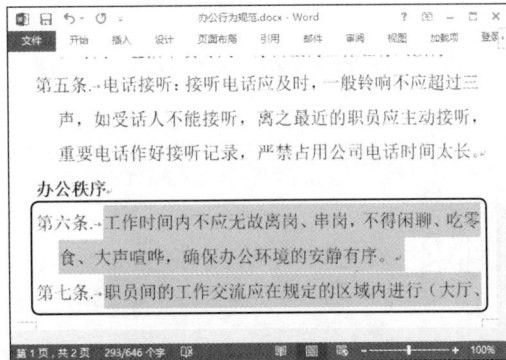

2. 设置页面格式

要将文档打印张贴，通常需要对纸张格式进行设置，同时可以在页面中加入一些修饰，具体操作方法如下。

01 执行"其他页面大小"命令。Word默认使用的纸张大小为A4，而本例需要使用A3大小的纸张进行打印，所以需要设置纸张大小。❶ 单击"页面布局"选项卡 "页面设置"组中的"纸张大小"按钮；❷ 在弹出的下拉菜单中选择"其他页面大小"命令，如下左图所示。

02 自定义页面大小。打开"页面设置"对话框，❶ 在"纸张"选项卡的"纸张大小"下拉列表框中选择"自定义大小"选项；❷ 在"宽度"和"高度"数值框中分别设置纸张的宽度和高度值；❸ 单击"确定"按钮，如下右图所示。

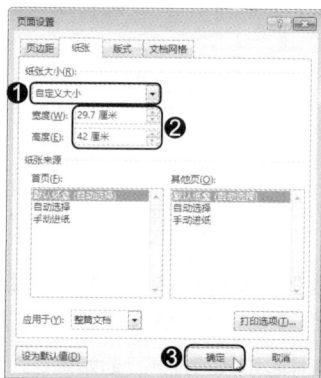

03 设置纸张方向。❶ 单击"页面布局"选项卡 "页面设置"组中的"纸张方向"按钮；❷ 在弹出的下拉列表中选择"横向"选项，如下左图所示。

04 设置页边距。❶ 单击"页面设置"组中的"页边距"按钮；❷ 在弹出的下拉菜单中选择"适中"命令，如下右图所示。

页边距

知识扩展

页边距是指纸张内容与纸张边缘之间的空白距离，通常调整页边距是为了使页面更加美观，同时，也可通过调整页边距使页面中能够容纳更多的内容。本例中就因为原来有一行内容在单独的一页中显示，为使该行内容能与前面的内容容纳于一页中，所以调整了页面边距。

05 确定后查看效果。经过上一步操作后，文档所有内容将在一页中完整显示，效果如下左图所示。

06 选择"填充效果"命令。❶ 单击"设计"选项卡"页面背景"组中的"页面颜色"按钮；❷ 在弹出的下拉菜单中选择"填充效果"命令，如下右图所示。

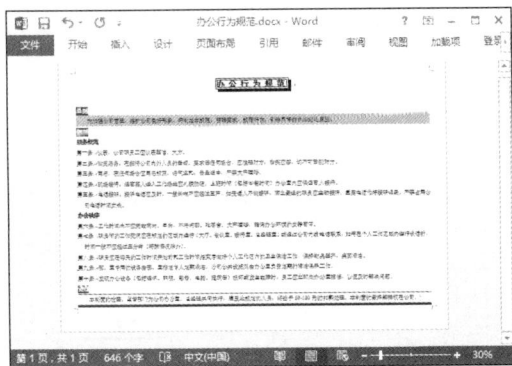

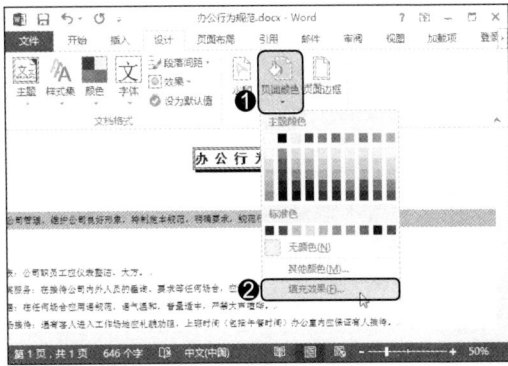

自定义页边距

如果需要使用的页边距在"页边距"下拉菜单中没有提供出来，可以在该下拉菜单中选择"自定义边距"命令，然后在打开的"页面设置"对话框的"页边距"组中分别设置上、下、左、右四个方向的页边距值。

07 设置颜色效果。打开"填充效果"对话框，❶ 在"渐变"选项卡中选中"双色"单选按钮，并分别设置两种颜色；❷ 在"底纹样式"栏中选中"水平"单选按钮；❸ 选择"变形"组中的第1个选项；❹ 单击"确定"按钮，如下左图所示。

08 确定后查看效果。经过上一步操作后，即可查看到设置的页面效果。单击"文件"选项卡，如下右图所示。

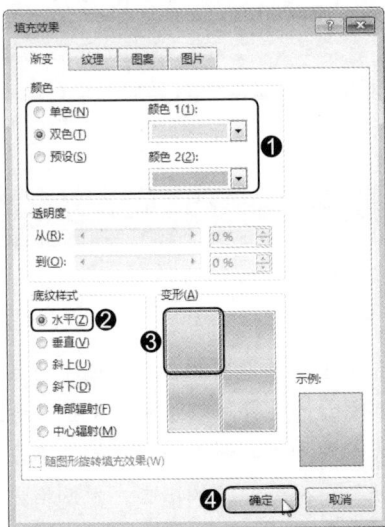

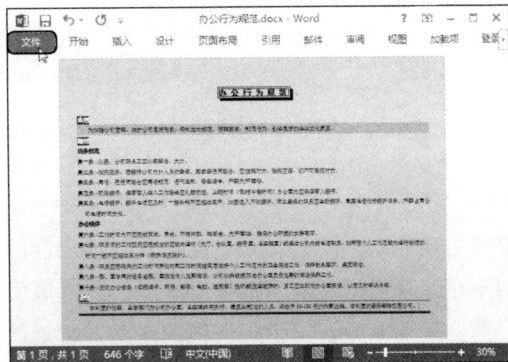

09 预览打印效果。❶ 在弹出的文件菜单中选择"打印"命令，在窗口右侧可预览到打印文档的效果，目前打印预览的效果没有背景颜色；❷ 单击中间栏底部的"页面设置"超级链接，如下左图所示。

10 设置打印选项。打开"页面设置"对话框，❶ 单击"纸张"选项卡；❷ 单击"打印选项"按钮，如下右图所示。

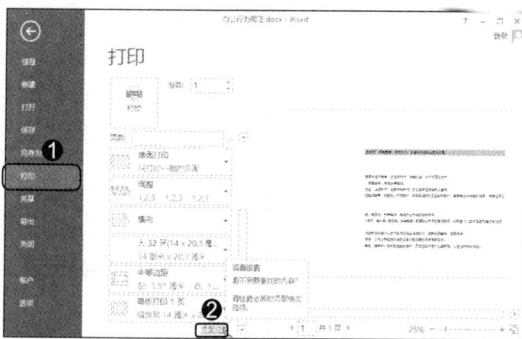

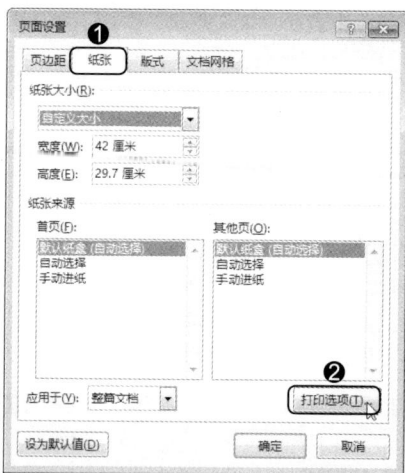

11 设置打印背景色和图像。打开"Word选项"对话框，❶ 单击"显示"选项卡；❷ 选中"打印选项"栏中的"打印背景色和图像"复选框；❸ 单击"确定"按钮，如下左图所示。

12 预览效果。返回"页面设置"对话框中单击"确定"按钮后即可预览更改后的打印效果，如下右图所示。

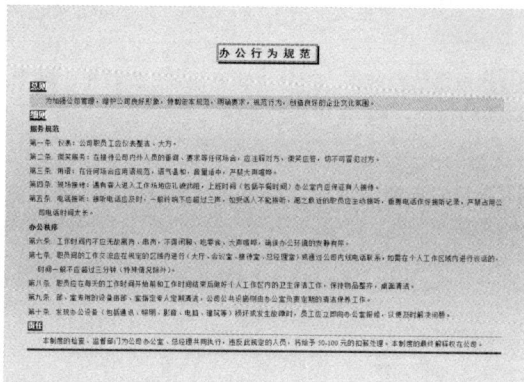

案例 03 排版员工手册

案例概述

　　"员工手册"是企业内的"法律法规"，主要覆盖了企业人力资源管理的各个方面规章制度的主要内容，同时又因适应企业独特个性的经营发展需要而弥补了规章制度上的一些疏漏。对于企业来说，合法的"员工手册"可以成为企业有效管理的"武器"；对于员工来说，它是了解企业形象、认同企业文化的渠道，也是员工工作规范、行为规范的指南。本例将为一个内容已经翔实的"员工手册"文档进行排版，完成后的效果如下图所示。

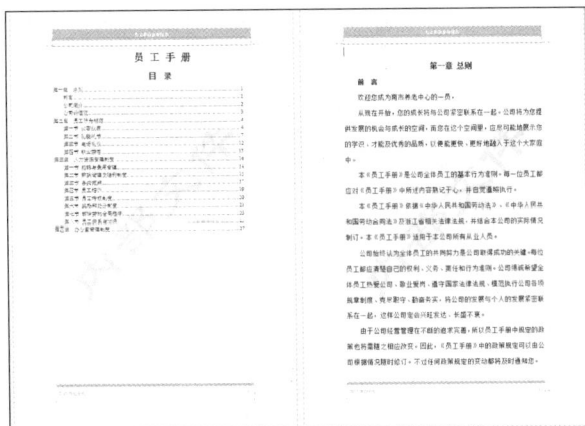

素材文件：光盘\素材文件\第1章\案例03\员工手册.docx
结果文件：光盘\结果文件\第1章\案例03\员工手册.docx
教学文件：光盘\同步教学视频\第1章\案例03.mp4

制作思路

在Word中制作"员工手册"文档的流程与思路如下。

一 设置制表位位置及格式：本例需要在正文内容开始前手动添加目录，为方便后期在录入目录内容时配合使用"Tab"键快速定位光标位置，从而实现快速对齐的功能，可以事先设置好制表位。

二 录入各级目录内容：制表位设置完成后，就可以录入目录内容了。在录入过程中，通过"Tab"键快速定位到文本插入点当前位置的下一个制表位置。

三 设置页眉内容：本例需要在文档中为每页页面顶部的页边距处添加页眉，通过输入一些指示性的文字，引导阅读者，同时对页面起到美化的作用。

四 添加页脚及页码：本例还需要在文档中为每页底部页面边距的空白位置添加一些页面修饰元素和页码数字，便于读者阅读。

具体步骤

在排版大篇幅文档时，常常需要快速对文档进行整体的修饰以及添加一些方便用户查看文档的元素，如目录、页眉、页码等，本节将带领读者通过排版员工手册，掌握Word排版相关知识点的应用。

1. 制作员工手册目录

在制作大篇幅文档时，通常需要为文档添加目录，使阅读者可以更方便、更快速地查看到文档的整体内容和需要查看到的信息。本案例将制作员工手册目录，具体操作方法如下。

01 显示标尺。❶ 单击"视图"选项卡；❷ 在"显示"组中选中"标尺"复选框，即可在窗口中显示标尺，如下左图所示。

02 添加制表位。❶ 将文本插入点定位于"目录"文字下方的行中；❷ 在标尺上刻度值为2的位置单击，添加第一个制表位；❸ 单击标尺上刻度为4的位置，添加第二个制表位；❹ 单击标尺上刻度为38的位置，添加第三个制表位，如下右图所示。

制表位

知识扩展　　制表位是Word文档中用于快速对齐内容的一种标记，通过设置制表位，在录入内容时配合使用"Tab"键，可以快速定位光标位置，从而实现快速对齐的功能。

03 设置制表位格式。❶ 双击标尺上任意制表符，打开"制表位"对话框；❷ 在"制表位位置"列表框中选择"37.93字符"选项；❸ 在"对齐方式"栏中选中"右对齐"单选按钮；❹ 在"前导符"栏中选中"2"单选按钮；❺ 单击"确定"按钮完成制表位设置，如下左图所示。

04 录入一级目录标题文字。录入一级标题文字内容后，按"Tab"键使文本插入点快速定位到页码位置，自动出现引导符，如下右图所示。

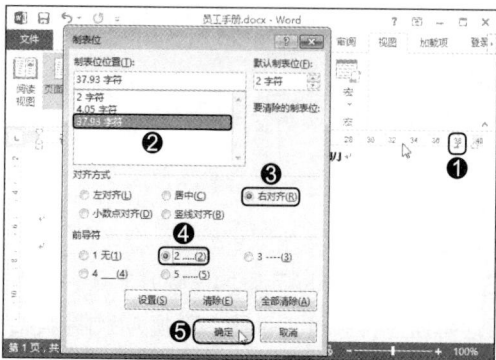

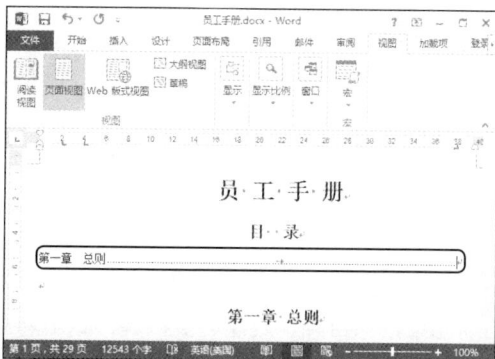

05 录入二级目录标题文字。❶ 输入页码数字后按"Enter"键切换至下一行；❷ 按"Tab"键将文本插入点定位于第1个制表位位置；❸ 录入二级目录标题文字，按"Tab"键使文本插入点快速定位于页码位置；❹ 输入页码数字，如下左图所示。

06 录入其他目录内容。用与前两步相同的方式录入目录中剩余的二级目录标题和一级目录标题，完成后的效果如下右图所示。

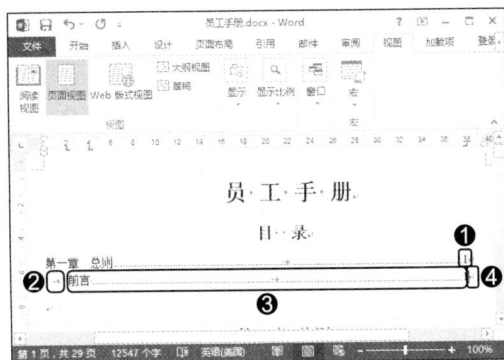

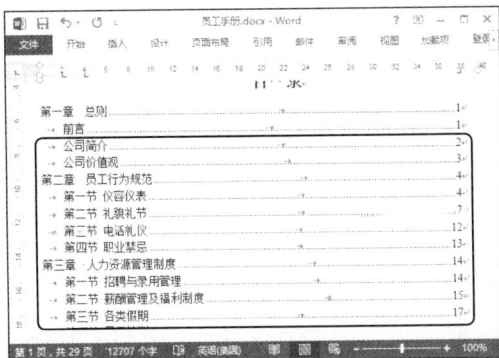

2. 添加页面修饰成分

在编排大篇幅文档时，可快速为文档中各页面添加一些修饰成分，如添加页眉页脚、页面背景等。本例将对员工手册文档中的每一页进行页面修饰，具体操作方法如下。

01 插入页眉。❶ 单击"插入"选项卡"页眉和页脚"组中的"页眉"按钮；❷ 在弹出的下拉菜单中选择要应用的页眉样式，如"镶边"样式，如下左图所示。

02 输入页眉内容。❶ 在页眉中输入文字内容；❷ 单击"页眉和页脚工具-设计"选项卡"关闭"组中的"关闭页眉和页脚"按钮，退出页面编辑状态，如下右图所示。

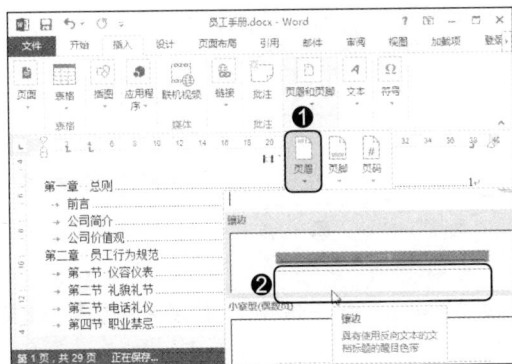

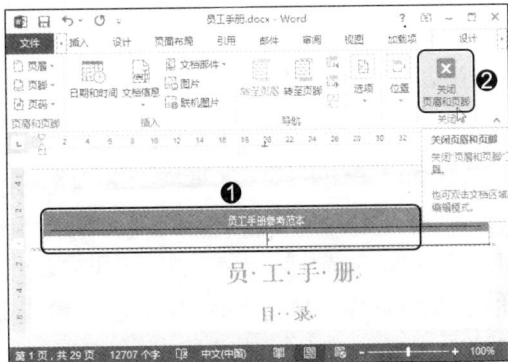

使奇数页和偶数页中页眉的内容不相同

在页眉编辑状态下，选择"页眉和页脚工具-设计"选项卡中的"奇偶页不同"选项，则可以使奇数页和偶数页的页眉不相同。设置完成后，分别在首页、奇数页和偶数页中添加不同的页眉内容即可。

03 查看页眉效果。缩小文档显示比例，查到经过上一步操作后只为第一页设置了页眉效果，如下左图所示。

04 执行"编辑页眉"命令。❶ 单击"插入"选项卡"页眉和页脚"组中的"页眉"按钮；❷ 在弹出的下拉菜单中选择"编辑页眉"命令，如下右图所示。

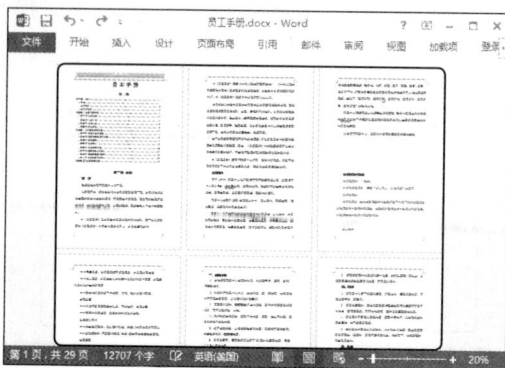

05 设置页眉选项。在"页眉和页脚工具-设计"选项卡的"选项"组中取消选中"首页不同"复选框，如下左图所示。

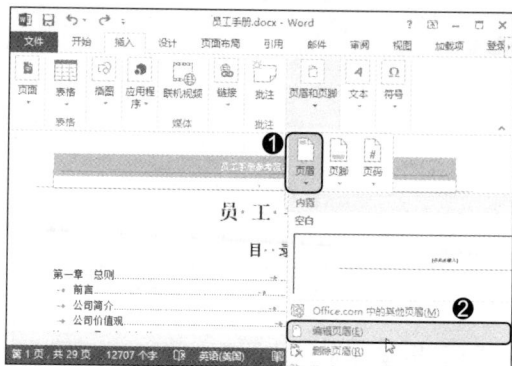

06 重新设置页眉。❶ 单击"页眉和页脚"组中的"页眉"按钮；❷ 在弹出的下拉菜单中选择要应用的页眉样式，如下右图所示。

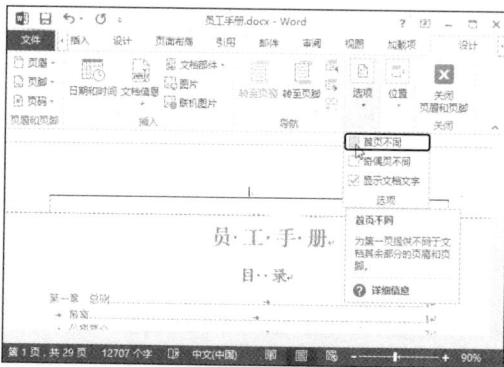

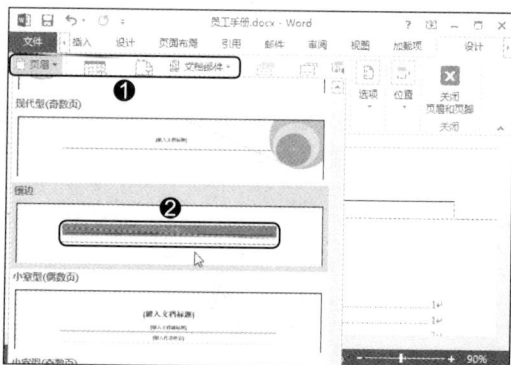

07 执行插入页脚命令。❶ 单击"页眉和页脚"组中的"页脚"按钮；❷ 在弹出的下拉菜单中选择要应用的页脚样式，如"怀旧"样式，如下左图所示。

08 输入页脚内容。❶ 在页脚中输入文字；❷ 单击"页码"按钮；❸ 在弹出的下拉菜单中选择"设置页码格式"命令，如下右图所示。

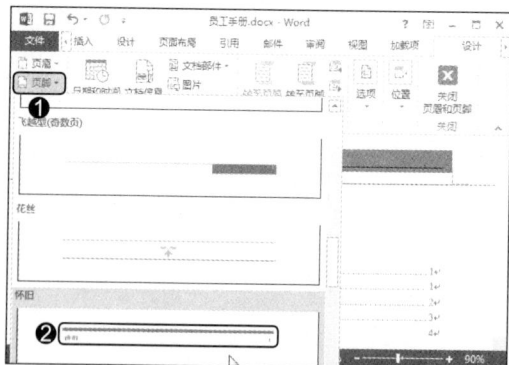

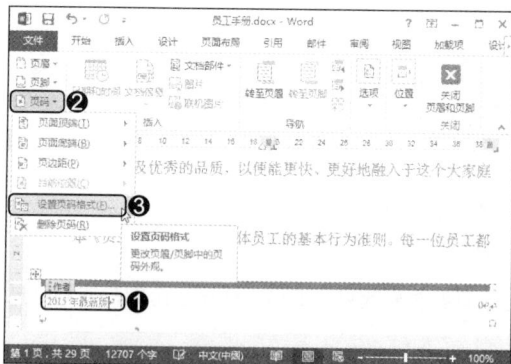

09 设置页码格式。打开"页码格式"对话框，❶ 在"编号格式"下拉列表框中选择要使用的页码格式；❷ 单击"确定"按钮完成设置；❸ 单击"页眉和页脚工具-设计"选项卡中的"关闭"按钮退出页眉页脚编辑状态，如下左图所示。

10 执行"自定义水印"命令。❶ 单击"设计"选项卡"页面背景"组中的"水印"按钮；❷ 在弹出的下拉菜单中选择"自定义水印"命令，如下右图所示。

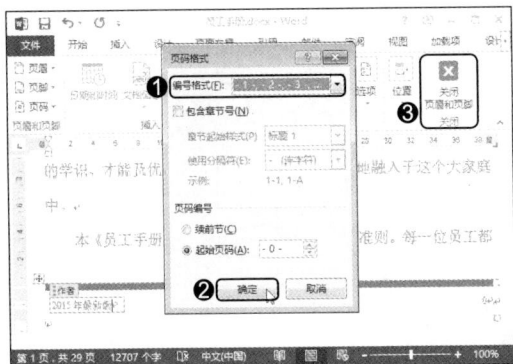
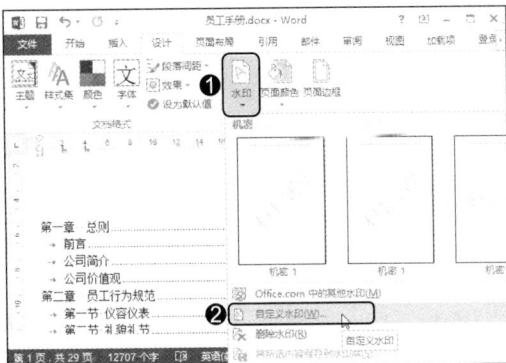

11 设置水印内容及格式。打开"水印"对话框，❶ 选中"文字水印"单选按钮；❷ 在"文字"下拉列表框中输入水印字样"内部文件"；❸ 在"字体"下拉列表框中设置水印字体样式；❹ 在"颜色"下拉列表框中选择颜色为"深蓝 …60%"；❺ 单击"确定"按钮，如下左图所示。

12 插入分页符。经过上一步操作后，返回文档中即可查看到在页面中添加的水印效果。❶ 将文本插入点定位在目录内容的后面；❷ 单击"页面布局"选项卡"页面设置"组中的"分隔符"按钮；❸ 在弹出的下拉菜单中选择"分页符"命令，如下右图所示。

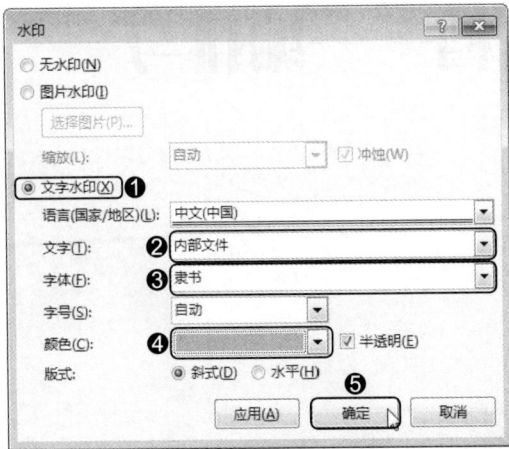
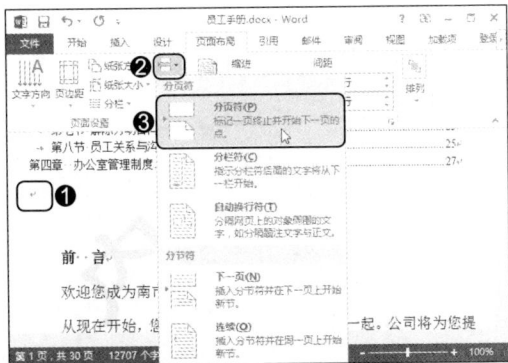

本 章 小 结

　　日常办公中，经常会使用Word录入和编排办公文档。当制作一份完整的纯文本办公文档时，首先需要将文本内容录入文档中，审核后对需要修改的部分进行简单的编辑；其次对文档格式进行设置，使其条理更加清晰、重点更加突出；最后为了体现其专业性和增加美观度，需要进行页面设置，再打印输出。

制作图文并茂的文档——编排与

美化Word文档

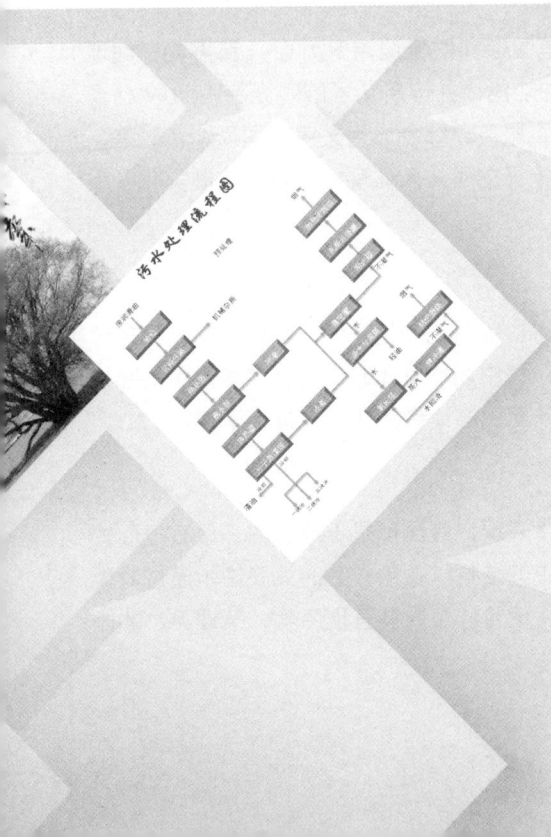

第2章

本章导读

　　在Word中除了对文档进行编辑和排版外，还提供了非常方便的图片插入和美化、图形绘制和修饰等功能，合理地使用这些功能，可以制作出更为专业的排版效果。本章将介绍Word中图形元素及图像的应用方法和技巧，从而能制作出图文并茂的精美文档。

知识要点

- 插入和编辑图片
- 绘制基本图形
- 艺术字、文本框的应用及设置
- SmartArt图形的使用
- Word中图形的样式设置
- 图像的版式设置

知识要点——图文混排相关知识

文档中除了文字外，常常还需要用到图形、图片等元素，这些元素有时只是作为修饰文档的成分，而有时会以主要内容的形式存在。文档中图片与图形等对象的排列和布局，直接影响着文档的整体效果。如何选择合适的对象，又如何来排布这些对象，也是一门学问。

要点 01 提高文档的可读性

文档的可读性主要应从两个方面来提高，一是文档的内容方面，另一个是内容的表现形式方面。

要提高文档的可读性，对主题的阐述要清晰，需要从文档内容着手，要提高所使用的字、词以及句的准确性，特别注意避免错别字和读不懂的语句。

本书重点从文档内容表现形式方面来探讨如何提高文档的可读性，具体可从如下几个方面来分析。

（1）突出主题

在排版和修饰文档时，不能只为了美观而排版，需要利用各种修饰来突出这个主题。在选择修饰图形或图片时，尽量选用能体现文档主题思想的图形或插图。

（2）美观性

无论是文档的版式设计、文字和段落格式，还是图形和图像应用等方面，都需要仔细地思考和分析。这就需要我们灵活地应用Word中的各种功能，并运用艺术的眼光将Word文档当成作品来设计，挖空心思让更为美观的形式为文档内容服务，综合应用文字、图形、色彩等，通过点、线、面的组合与排列，并采用夸张、比喻、象征的手法来体现视觉效果，既美化了版面，又提高了传达信息的功能。

（3）趣味性

趣味性可采用寓意、幽默和抒情等表现手法来获得，版面充满趣味性，可以让文档信息起到了画龙点睛的作用，从而更吸引人，打动人。排版过程中，尽量让制作的文档像风景画那样令人赏心悦目，让读者将阅读的过程视为一种享受，从而提高读者阅读的兴趣和乐趣。

（4）整体性

只讲表现形式而忽略内容，或只求内容而缺乏艺术表现，版面都是不成功的。只有把形式与内容和谐地统一在一起，强化各种编排要素在版面中的结构以及色彩上的关联性，通过对版面文字、图形、图形之间的整体组合与协调性的编排，使整体布局具有秩序美、条理美，才能获得更好的视觉效果。

（5）独创性

排版是运用审美特征对文档内容和各种对象进行构造。不同的信息，具有不同的排版形式。如果你能让这些信息充满鲜明的个性，那就基本成功了。所以，要敢于思考，敢于别出心裁，敢于独树一帜，在排版设计中多一点独创性。

要点 02 美化文档的元素

Word早已不是一个简单的文字编辑软件，它提供了大量排版文档、美化文档的功能，只要精心设计，Word同样可以做出各种类型的专业设计。

在Word文档中，除了文字就是各种对象，它们是构成文档的要素。因此要美化文档除了对文字进行编辑外，还应该在对象编辑上多下工夫。下面，就来看看可以美化文档的那些对象和相关技巧。

1. 艺术字、文本框在文档中的应用

文字排版是Word中最常用也是最基础的设计功能，无论是文字字体、段落的修饰还是页面版式、布局的规划，在Word中都能轻松搞定。

此外，要对文字进行一些特殊排版，还需要借助艺术字和文本框的使用，方法都很简单。艺术字和文本框主要是对文本的显示位置进行灵活处理。例如下列一些文字版式效果在Word中可轻松搞定。

2. 图形在文档中的应用

在文档中通常会使用文字来描述表达信息，但有一些信息的表达，可能用文字描述需要使用一大篇文字甚至还不一定能表达清楚，例如想要表达矿山光纤网络的拓扑结构，用下面一幅图形基本上可以说明一切，但如果用文字来描述，那基本上是没法说清楚的。这就是图形元素的一种应用。

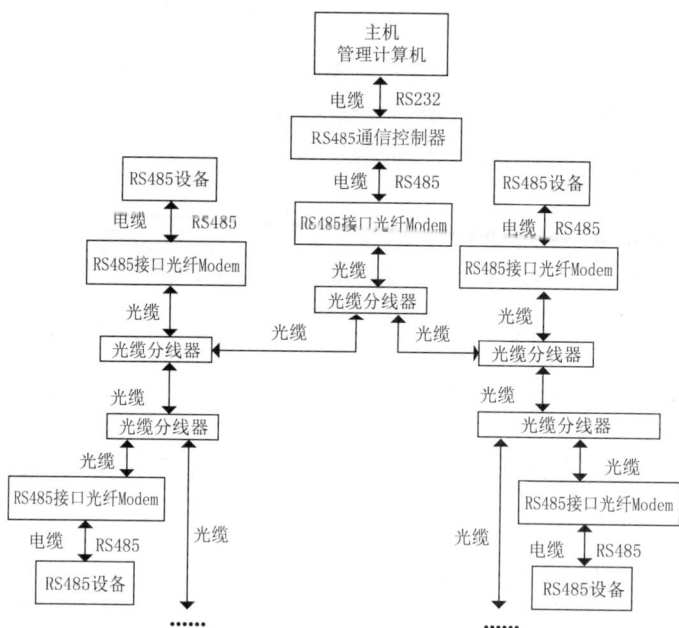

当然，图形元素除了帮助我们表达信息外，也可以起到规划页面版式的作用。例如划分页面结构、强调文档主题、控制段落摆放位置等，还可以利用形状来进行适当地修饰和美化页面，如下图所示的页面排版效果。

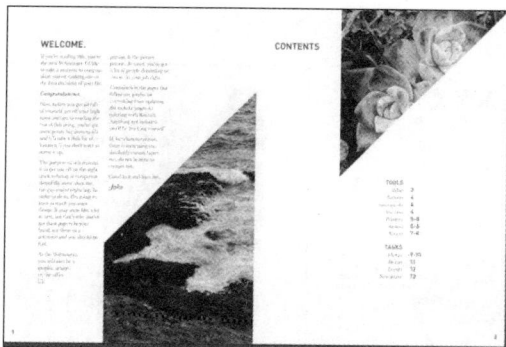

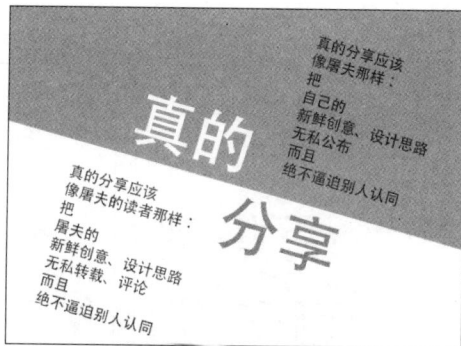

3. 图片在文档中的应用

俗话说"一图胜过千言万语",这是对图片在文档中不可替代的作用最有力的概括。文字的优点可以准确地描述概念、陈述事实,缺点是不够直观。图片正好能弥补文字的局限,将要传达的信息直接展示在观众面前。所以,"图片+文字"应该是文档传递信息较好的组合。例如,在制作产品介绍、产品展示等产品宣传类的文档时,就需要配上实物照片来更好地展示产品、吸引客户,同时还可以增加页面的美感,如下图的产品介绍文档。

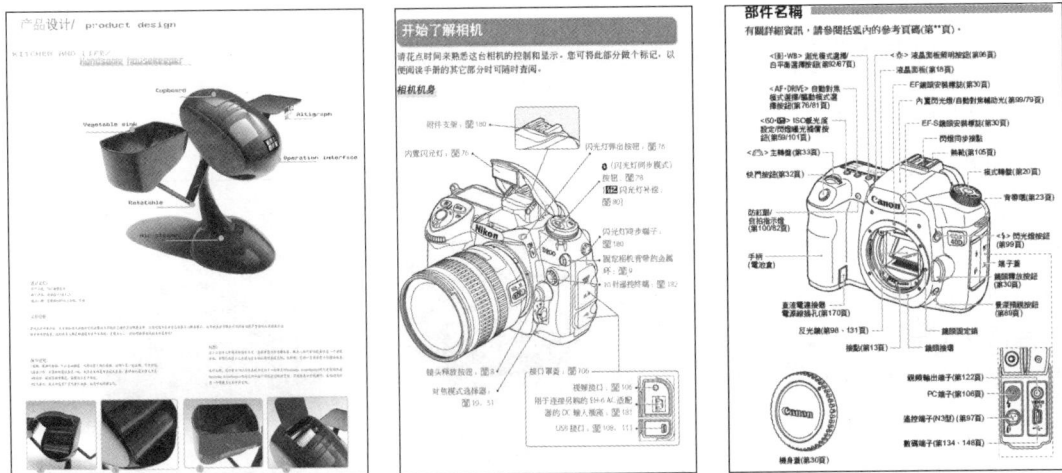

图片除了用作文档内容外,也可用于修饰和美化文档,例如作为文档背景,用小图片点缀页面等,如下图所示。

4. 其他对象在文档中的应用

在Word中还可以插入一些特殊的对象,比如超链接、视频等。当然,这类多媒体元素用在需要打印的文档中也就失去了价值。所以,通常应用在通过网络或电子方式传播的文档中,例如电子档的报告、电子档的商品介绍或网页等。

要点 03 图片的选择与设置

通过前面的介绍，已经了解了在Word文档中插入图形、图片、艺术字、文本框等对象，用户可以在日常生活中多学习与版面设计有关的知识，并多加总结和积累，相信可以制作出精美的文档效果。下面将对图片的选择与设置进行详细讲解。

1. 选择图片

图片设计是有讲究的，为文档配图时，主要应该注意以下几个方面。

（1）图片质量

图片与图形最主要的区别在于，图片是以点构成的，图形是由线条和形状构成得。所以，图形任意调整后都保持清晰的效果，图片经过放大等调整后就可以看到明显的方格子，也就是构成图像的点（像素），如右图所示。

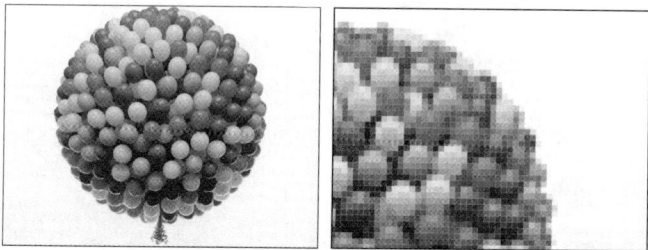

由于图片是由一个一个的像素点来构成，在表现内容的真实性和细节方面比矢量图形更到位，所以在文档中，可以应用图片来展示实物或用于背景修饰。而文档中需要使用的图片，我们可以自行利用相机拍摄，也可以通过在网络中收集。如果是前者，因为采用的是同一台设备，所以获取的图片像素和大小就比较一致，运用到文档中效果也比较好；如果是后者，在网络上四处搜集的图片大小和像素差别可能就很大了，如果不经过处理，直接放到一个文档中使用就容易导致在同一份文档中有的图片极精致，有的图片极粗糙（连锯齿都能看到）的情况，这当然会影响文档的整体水准了。制作文档之前，我们最好是准备高清的图片，就算找不到也要尽量选择像素接近的图片，要坚决抵制低质量的图片，它会让文档瞬间变成山寨货，降低文档的专业度和精致感。

此外，在选择图片时还应注意图片上是否带有水印。不管是做背景还是正文中的说明图片，第三方水印浮在那里，不仅图片的美感会大打折扣，还会让观众对文档内容的原创性起疑。如果实在要用这类图片，建议处理后再用。

（2）吸引注意力

观众只对自己喜欢的事物感兴趣，为了吸引观众的注意力，除了要完整表达文档信息外，在为文档配图时不仅要选择质量高的，还要尽量选择有视觉冲击力和感染力的图片。

（3）形象说明

图片要用的贴切，建议不使用与内容无关的配图。为文字配图，就是要让图片和文档内容相契合。若随意找些与主题完全不相关的漂亮图片插入文档，就会带给观众错误的暗示和期待，将他的注意力也转移到无关的方面，让人觉得文档徒有其表而没有内容。

（4）适合的风格

不同类型的图片给人感觉各不相同，有的严肃正规，有的轻松幽默，有的诗情画意，有的则稍显另类。在选取图片时应注意其风格是否与文档的整体风格相符。

2. 处理图片

Word虽不是专业的图像处理软件，但它提供了一些基础的图像编辑功能，可以对图片进行一些简单的编辑。利用这些功能，我们可以将一张普通的照片变得具有艺术感。

（1）调整图片大小

图片处理最基本的操作就是设置大小，不同大小的图片在文档中可表现不同的层次和主次性。在Word中插入图片后可以随意放大或缩小，但如果图片中包含有文字，就要保证能看清楚图中有用的文字信息，最好让图片中的文字大小和正文大小差不多。当然，如果图片中的文字信息是无用的，就没有必要按照这条规定来调整了，只要保证图片清晰，让它保持与上下文情境相匹配的尺寸。

在Word中放大图像后，Word软件会自动优化图像效果，会通过复杂的运算增加像素点，使图像放大后不会看到清晰的像素点，只会让图像变得有些模糊，当然目前也没有任何软件可以做到，在图像放大后不失真，因为原图中所包含的像素点是固定的。

（2）调整图片方向

同一幅图片，观众从不同角度观看可能会有不同的视觉效果，所以在排版文档时，有时候会刻意调整图像的方向，例如下面三组图像，实际上是同一幅图，只是旋转了图片的方向，表达的效果就千差万别了。

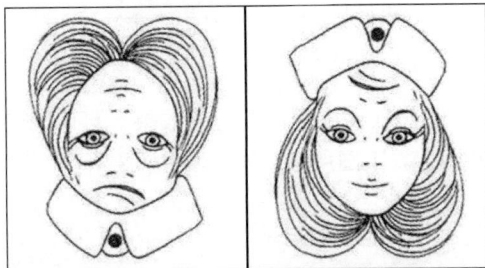

（3）裁剪图片

文档中收集的图片，可以根据页面的需要将其裁剪为合适大小。在文档中应用图像时，有时由于图片画面中包含了与文档不相干的内容，这时就可通过裁剪功能将其去除，只保留图像中所需要的区域。还有的图片可能画面版式并不适合工作的需要，这时还可通过裁剪其中的一部分内容对画面重新构图。如下图所示为同一幅图像，只因裁剪的区域不同，便给观众带来了不同的感受。

（4）调整图片色彩

在设计中，不同的色彩会带给人不同的心理感受，一幅图像应用不同的色彩效果，也会让图像拥有不同的意义。适当地调高图片色温可以给人温暖的感觉，调低色温给人时尚金属感。下图所示为同一图片设置不同色彩时的效果。

（5）调整图片艺术效果

在Word中，我们还可以为图像添加一些与专业图像软件中相似的滤镜效果，可以对图像进行艺术化地调整和修改，让图片看上去更有"调调"。下图所示为同一图片设置不同艺术效果时的效果。

（6）设置图片样式

在Word 2013中预定义了一些图片样式，选择这些样式可以在不改变原本图像效果的基础上为图像添加一系列修饰内容，例如为图片添加边框、裁剪图像、增加投影、增加立像效果等。下图所示为同一图片应用不同图片样式时的效果。

知识扩展

图片与文字的调和搭配

图版率越大的页面越容易吸引观众，然而，在文档中点缀图片，并不是把它拿来挤，拿来塞进文档。那种满是图片，又没有规律随意摆放图片的文档，不仅显得页面零散，降低了内容的专业性，使图片美化页面的效果大打折扣，还会让人抓不住重点，增加读者的认知负荷。宁可让图片有一致的分辨率与版面风格，留下一些空白，也不要把整个页面塞得像"沙丁鱼"罐头。

同步训练——实战应用成高手

通过前面知识要点的学习，主要让读者认识和掌握丰富Word版式的相关技能与应用经验。下面，针对日常办公中的相关应用，列举几个典型的图文混排案例，为读者讲解在Word中制作图文并茂文档的思路、方法及具体操作步骤。

案例 01 制作企业组织结构图

案例概述

　　组织结构图是一种用于表现企业、机构或系统中的隶属、管理、支持关系的图表，它形象地反映了组织和系统内各机构、岗位、上下级和左右级相互之间的关系，是组织结构的直观反映，也是对该组织功能的一种侧面诠释。企业组织结构图制作完成后的效果如下图所示。

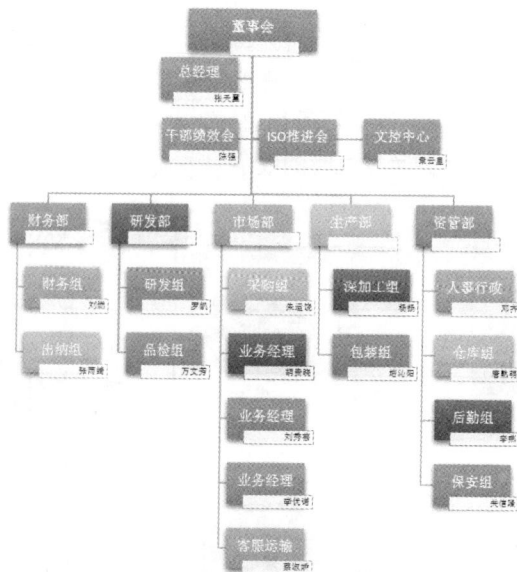

素材文件：无

结果文件：光盘\结果文件\第2章\案例01\集团架构图.docx

教学文件：光盘\同步教学视频\第2章\案例01.mp4

制作思路

在Word中制作企业组织结构图的流程与思路如下。

一　理清内容的结构： 在使用Word制作具有较复杂关系的结构图时，首先要清楚图中主要应包含的内容，每个内容下的细小分支和各内容间的关系。

二　选择合适的SmartArt图形： 系统提供了多种SmartArt图形布局，用户应根据需要展示的数据信息，选择合适的SmartArt图形布局。

三　在各形状中输入内容并编辑： 选择好布局后，就可以在各形状中输入相应的内容了，根据需要还可增加或减少形状。

四　修饰SmartArt图形： 当对形状中的内容添加完成后，为了让效果更加美观，还可以对SmartArt图形的颜色、效果、布局等进行完善。

具体步骤

　　组织结构图在办公应用中有着广泛的应用，我们可以使用形状工具进行绘制，但效率较低。Word 2013中为用户提供了用于体现组织结构、关系或流程的图表——SmartArt图形，本例就将通过应用SmartArt图形制作一个企业架构图，为读者讲解SmartArt图形的应用方法。

1. 应用SmartArt图形制作结构图

　　SmartArt图形是一种信息视觉表示形式。Word 2013中提供了8种类型的SmartArt图形布局，用户可以根据需要选择合适的SmartArt图形布局。本节主要介绍插入与编辑SmartArt图形，具体操作步骤如下。

01 执行插入SmartArt图形的操作。❶ 新建一个文档，并以"集团架构图"为名进行保存；❷ 单击"插入"选项卡"插图"组中的"SmartArt"按钮，如下左图所示。

02 选择SmartArt图形样式。打开"选择SmartArt图形"对话框，❶ 单击"层次结构"选项卡；❷ 在中间的列表框中选择要应用的图形样式；❸ 单击"确定"按钮即可插入SmartArt图形，如下右图所示。

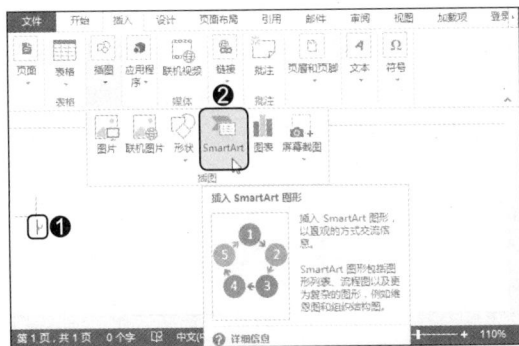

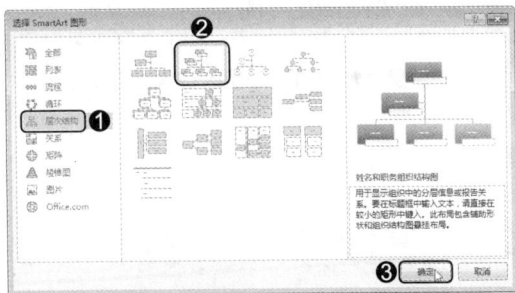

03 输入SmartArt图形文本。在插入的SmartArt图形中各形状内输入相应的文本内容，完成后的效果如下左图所示。

04 执行"编辑文字"命令。❶ 在SmartArt图形中的"总经理"形状下的小矩形上单击鼠标右键；❷ 在弹出的快捷菜单中选择"编辑文字"命令，如下右图所示。

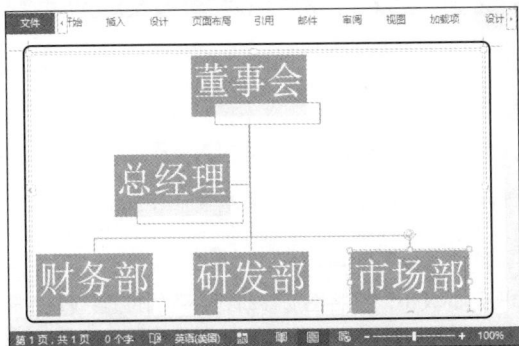

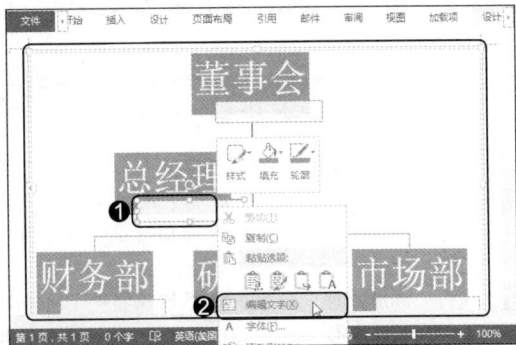

05 输入文本。此时，小矩形变为可编辑状态，输入需要的文本，如下左图所示。

06 执行"添加助理"命令。❶ 选择"董事会"形状；❷ 单击"SmartArt工具-设计"选项卡"创建图形"组中的"添加形状"下拉按钮；❸ 在弹出的下拉菜单中选择"添加助理"命令，如下右图所示。

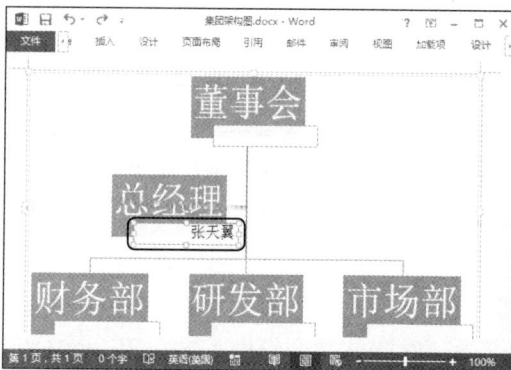

助理与添加形状的区别

知识扩展

助理是指下一级的部门；添加形状可以是相同等级的，可以选择形状的位置。

07 调整SmartArt图形位置。选择"财务部"、"研发部"、"市场部"以及相应的小矩形，按住鼠标左键不放并向下拖动调整距离，如下左图所示。

08 拖动调整添加的助理形状的位置。❶ 选择刚添加的助理形状；❷ 按住鼠标左键不放并拖动至左侧，如下右图所示。

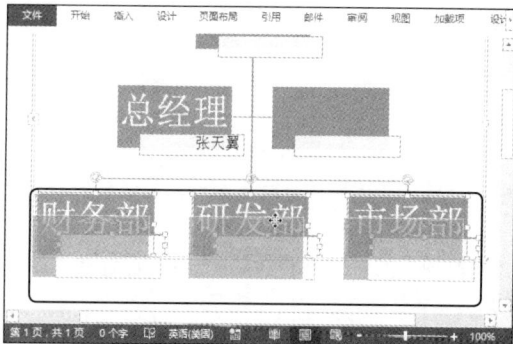

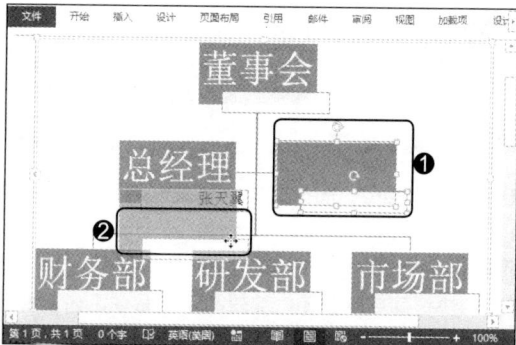

SmartArt图形编辑技巧

高手点拨

在编辑SmartArt图形时，单击"SmartArt工具-设计"选项卡"创建图形"组中的"升级"按钮 ⬆ 或"降级"按钮 ➡ 可以改变所选图形的级别。单击"文本窗格"按钮可以隐藏和显示SmartArt图形所对应的文本内容。

09 执行"添加助理"命令。❶ 适当调整整个SmartArt图形的大小，并将图形移动到合适的位置；❷ 选择"董事会"形状；❸ 单击"SmartArt工具-设计"选项卡"创建图形"组中的"添加形状"按钮；❹ 在弹出的下拉菜单中选择"添加助理"命令，如下左图所示。

10 调整助理形状的位置。❶ 选择刚添加的助理形状；❷ 按住鼠标左键不放并将其拖动至右侧，如下右图所示。

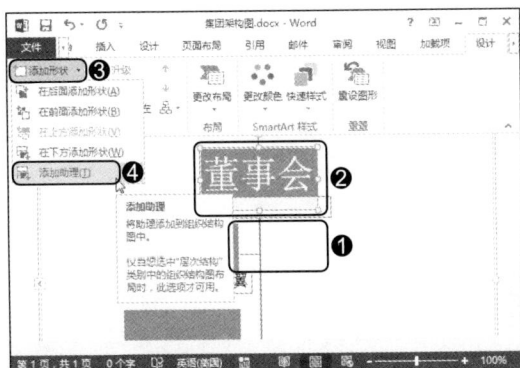

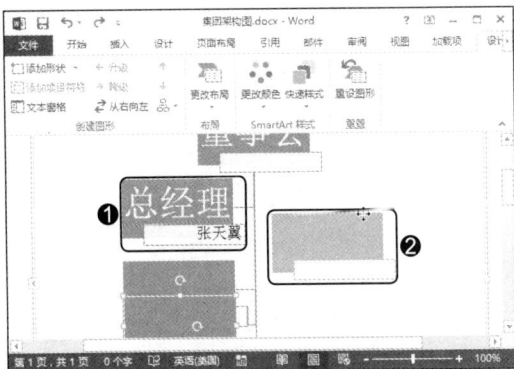

11 使用文本窗格添加文本内容。❶ 单击"创建图形"组中的"文本窗格"按钮；❷ 在展开的文本窗格中输入SmartArt图形的文本，如下左图所示。

12 显示编辑SmartArt图形的效果。经过以上操作后，编辑的SmartArt图形及内容效果如下右图所示。

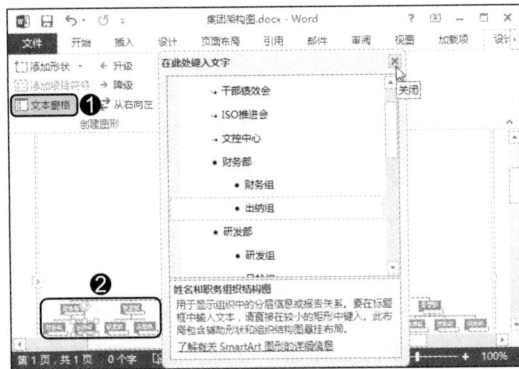

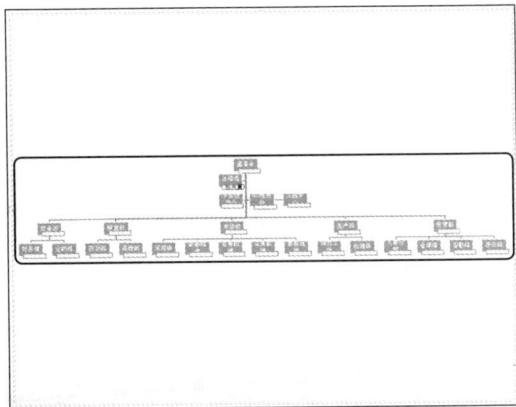

在SmartArt图形文本窗格中编辑文本的技巧

　　文本窗格中是以多级列表的方式呈现SmartArt图形中内容的层次结构的。在文本窗格中输入完一个形状中的文本内容后，按"Enter"键可以直接添加形状，如果要直接添加下一个已经存在的形状中的文本时，可以按键盘上的向下方向键进行切换。

2. 修改SmartArt图形

　　为使创建的SmartArt图形效果更加明确和丰富，可以对其内部图形的大小、形状和布局进行调整，具体操作方法如下。

01 修改形状大小。❶ 选择"董事会"形状；❷ 在"SmartArt工具-格式"选项卡的"大小"组中设置宽度为"1.2厘米"，如下左图所示。

02 更改形状样式。❶ 选择"总经理"形状；❷ 单击"形状"组中的"更改形状"按钮；❸ 在弹出的下拉菜单的"基本形状"栏中选择"折角形"形状，如下右图所示。

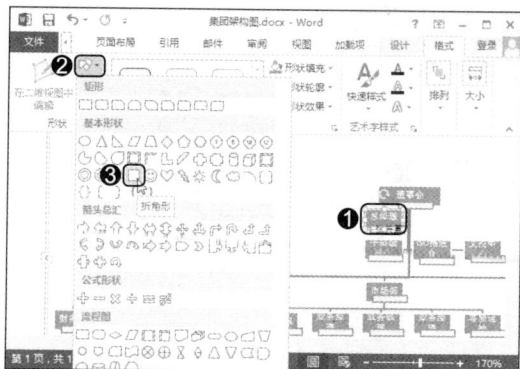

03 执行更改布局的操作。❶ 选择各部门形状；❷ 单击"SmartArt工具-设计"选项卡"创建图形"组中的"布局"按钮；❸ 在弹出的下拉菜单中选择"右悬挂"命令。

04 显示修改布局后的效果。经过上一步操作后，即可更改各部门图形的悬挂方式，效果如下右图所示。

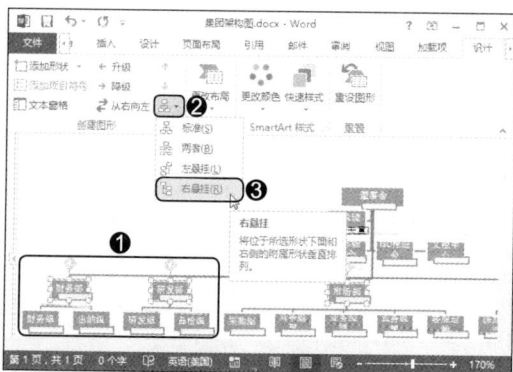

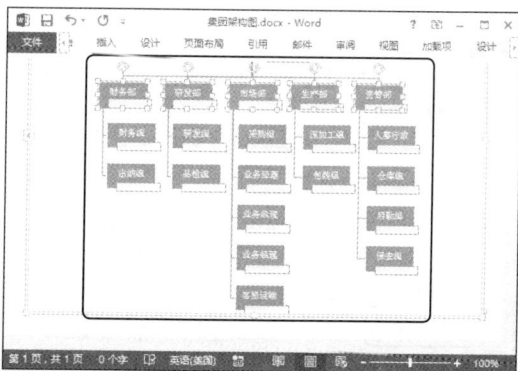

3. 设置组织结构图样式

制作好SmartArt图形的结构及内容后，为了使其更加美观，常常还需要为图形应用一些修饰。本节将为结构图添加一些整体的修饰效果和局部的修饰效果，具体操作方法如下。

01 执行更改颜色的操作。❶ 选择整个SmartArt图形；❷ 单击"SmartArt工具-设计"选项卡"SmartArt样式"组中的"更改颜色"按钮；❸ 在弹出的下拉列表中选择一种颜色方案，如右图所示。

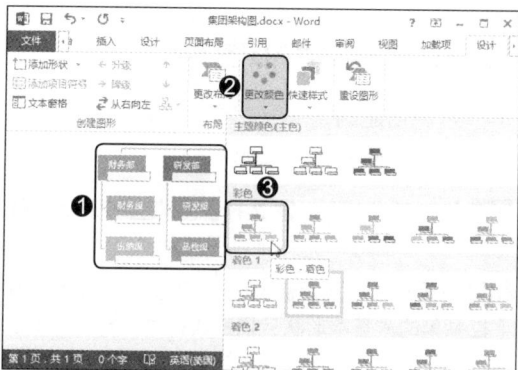

高手点拨

调整SmartArt图形的整体布局

使用"SmartArt工具-设计"选项卡"布局"组中的"更改布局"功能，可以更改SmartArt图形的整体布局类型，例如将表现层次结构的SmartArt图形更改为表现关系的图形。

02 选择SmartArt样式。❶ 单击"SmartArt工具-设计"选项卡"SmartArt样式"组中的"快速样式"按钮；❷ 在弹出的下拉列表中选择一种样式效果，如下左图所示。

03 执行编辑文字的命令。设置完形状颜色和样式后，❶ 在"干部绩效会"形状下方的小矩形上单击鼠标右键；❷ 在弹出的快捷菜单中选择"编辑文字"命令，如下右图所示。

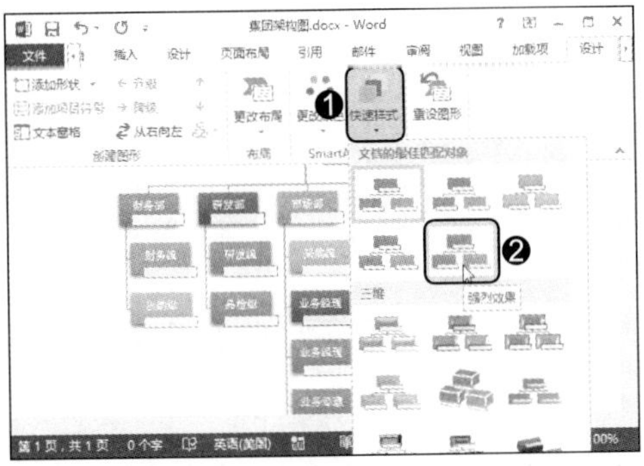

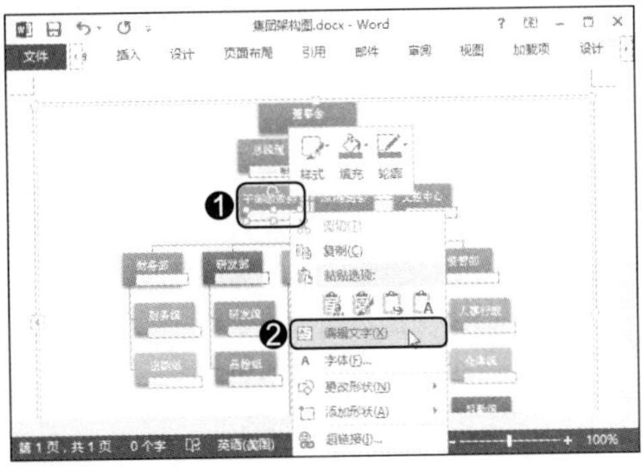

04 为小矩形添加文本。❶ 当小矩形处于编辑状态时，输入人物名称；❷ 使用相同的方法为其他小矩形添加文本，完成后的效果如右图所示。

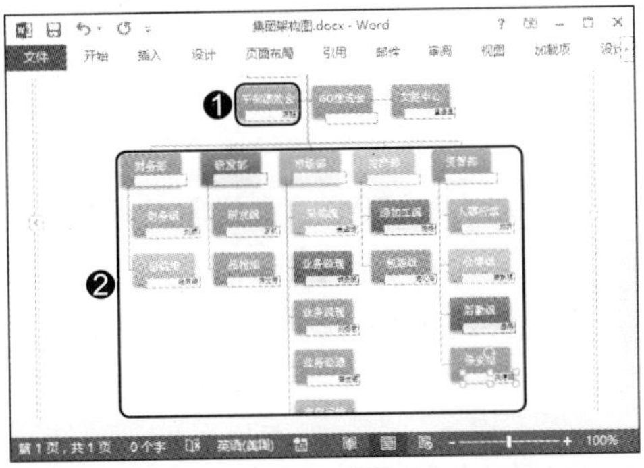

案例 02 制作污水处理流程图

案例概述

　　污水处理流程图是用图表符号形式表达污水处理的部分或全部阶段所完成的工作。这些过程的各个阶段均用图形块表示，不同图形块之间以箭头相连，代表它们在系统内的流动方向。

　　污水处理流程图制作完成后的效果如右图所示。

污水处理流程图

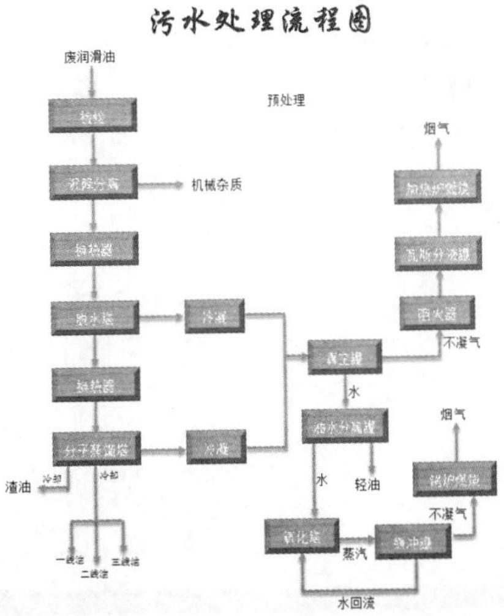

素材文件：无
结果文件：光盘\结果文件\第2章\案例02\污水处理流程图.docx
教学文件：光盘\同步教学视频\第2章\案例02.mp4

制作思路

在Word中制作污水处理流程图的流程与思路如下。

一 **制作流程图标题**：标题是文档中起引导作用的重要元素，通常标题应醒目，突出主题，同时可以为其加上一些特殊的修饰效果，本例将使用艺术字为文档设置标题。

二 **绘制流程图中的形状**：流程图中以大量的图形来表现过程，将这些图形依次绘制出来后也就完成了流程图的制作。

三 **修饰形状**：绘制好图形后，常常需要在图形上添加各种修饰，使图形更具艺术效果，从而更加具有吸引力和感染力。

具体步骤

以特定的图形符号加上说明表示算法的图，称为流程图或框图。它是流经一个系统的信息流、观点流或部件流的图形代表。在企业中，流程图主要用来说明某一个过程。这个过程既可以是生产线上的工艺流程，也可以是完成一项任务必需的管理过程。本例将以"污水处理"示意图的制作过程为例，为读者介绍在Word中使用与编辑形状和文本框的方法。

1. 制作流程图标题

在制作流程图之前，首先会制作流程图的标题名称，这样读者才会清楚制作流程图得用处。本节主要应用艺术字来制作标题文本以及修饰文本的相关知识。

01 **执行插入艺术字的操作。** ❶ 新建一个空白文档，并以"污水处理流程图"为名进行保存；❷ 单击"插入"选项卡"文本"组中的"艺术字"按钮；❸ 在弹出的下拉菜单中选择一种艺术字样式，如下左图所示。

02 **输入需要的文本。** 经过上一步操作后，即可在文档中插入一个显示有"请在此放置您的文字"的提示框，❶ 选择提示框中的所有文字；❷ 输入需要的艺术字标题文本；❸ 在"开始"选项卡的"字体"组中设置字体为"华文行楷"，如下右图所示。

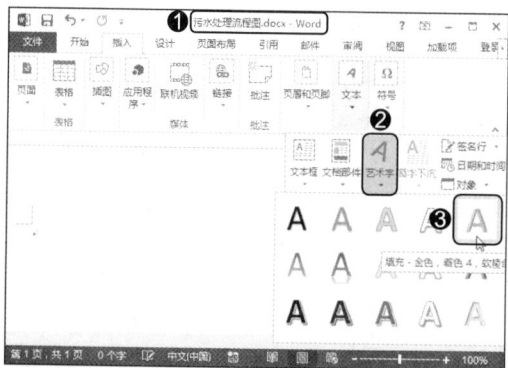

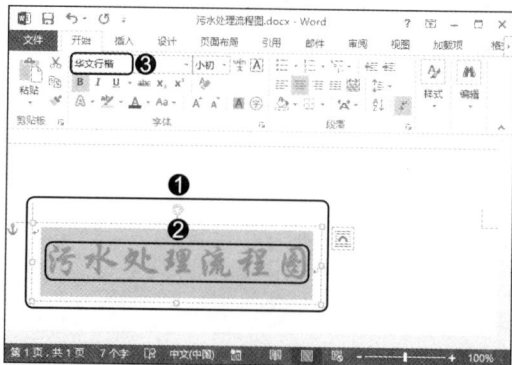

03 执行更改艺术字颜色的操作。❶ 选择艺术字；❷单击"绘图工具-格式"选项卡"艺术字样式"组中的"文本填充"按钮；❸在弹出的下拉菜单中选择"紫色"，如下左图所示。

04 设置艺术字边框颜色。❶ 单击"绘图工具-格式"选项卡"艺术字样式"组中"文本轮廓"按钮；❷ 在弹出的下拉菜单中选择"黑色、文字1"样式，如下右图所示。

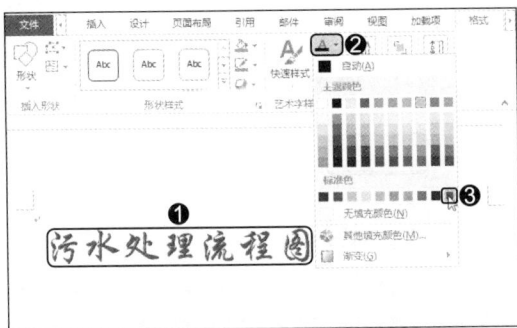

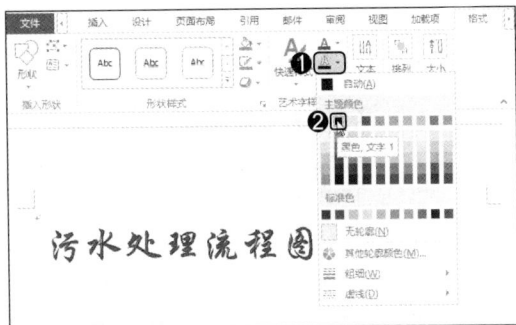

05 选择艺术字棱台的样式。❶ 单击"艺术字样式"组中的"文字效果"按钮；❷ 在弹出的下拉菜单中选择"棱台"命令；❸ 在弹出的下级子菜单中选择"柔圆"样式，如下左图所示。

06 设置艺术字对齐方式。❶ 单击"排列"组中的"对齐"按钮；❷ 在弹出的下拉菜单中选择"左右居中"命令，如下右图所示。

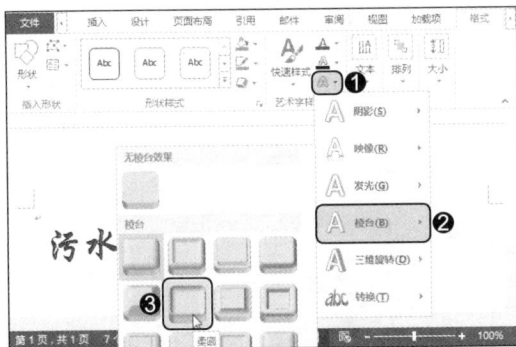

2. 绘制污水处理流程图

在对工作过程进行描述和表现时，为了使读者能更清晰地查看和理解工作过程，可以通过应用流程图的方式来表现工作过程。本节将开始制作的污水处理流程图，利用图示阐述整个过程，省去了大量文字描述，使读者一目了然。

01 执行插入矩形的操作。❶ 单击"插入"选项卡"插图"组中的"形状"按钮；❷ 在弹出的下拉菜单中选择"矩形"样式，如右图所示。

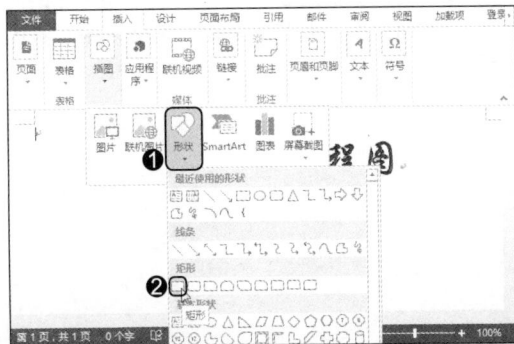

02 绘制矩形。按住鼠标左键不放并拖动绘制需要的矩形大小，如下左图所示。

03 执行复制绘制的矩形操作。❶ 选择绘制的矩形，并通过拖动鼠标将其移动到合适的位置；❷ 在按住"Ctrl+Shift"组合键的同时水平向下拖动鼠标复制矩形，如下右图所示。

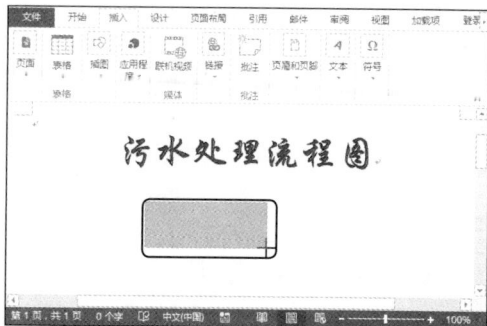

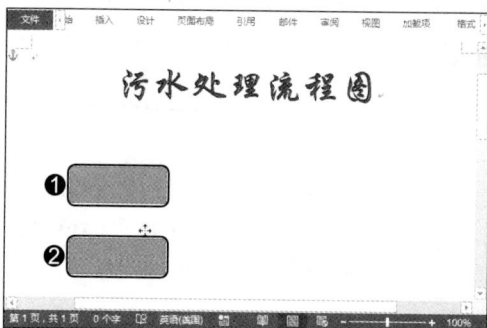

图形绘制技巧

高手点拨

在Word中绘制形状时，按住"Ctrl"键拖动绘制，可以使鼠标位置作为图形的中心点；按住"Shift"键拖动进行绘制则可以绘制出固定宽度比的形状，如按住"Shift"键拖动绘制矩形，则可绘制出正方形，按住"Shift"键绘制圆形则可绘制出正圆形。

04 复制矩形。❶ 使用相同的方法再向下复制4个矩形；❷ 按住"Ctrl"键的同时选择第4个和第6个矩形；❸ 在按住"Ctrl+Shift"组合键的同时水平向右拖动鼠标复制2个矩形，如下左图所示。

05 调整矩形的宽度。拖动鼠标光标调整刚复制的矩形的宽度，如下右图所示。

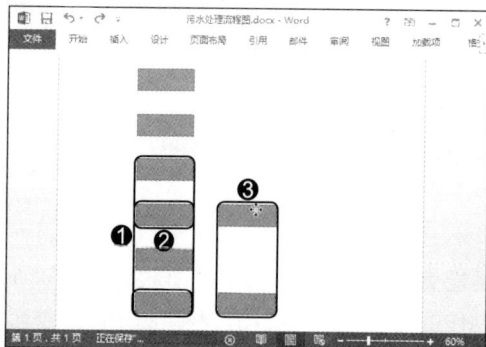

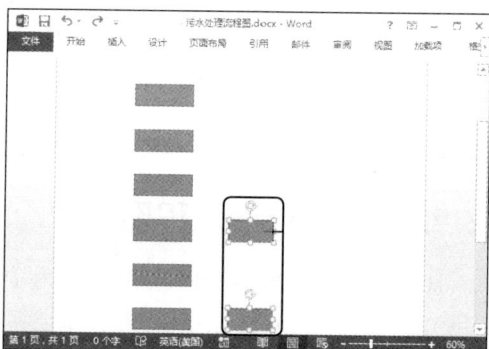

06 继续复制其他矩形。按住"Ctrl"键不放的同时继续拖动矩形复制其他矩形，最终效果如右图所示。

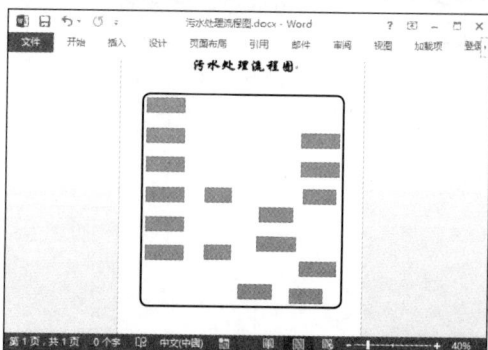

07 执行插入箭头样式的操作。❶ 单击"插入"选项卡"插图"组中的"形状"按钮；❷ 在弹出的下拉菜单中选择"箭头"样式，如下左图所示。

08 绘制箭头形状。按住"Shift"键的同时向下拖动鼠标绘制一个垂直的箭头形状，如下右图所示。

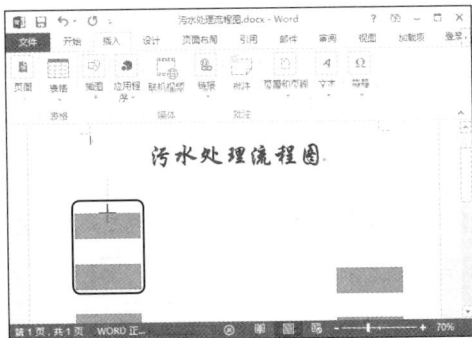

09 复制箭头形状。❶ 选择绘制的箭头形状；❷ 按住"Ctrl"键的同时拖动鼠标复制多个向下的箭头样式，如下左图所示。

10 执行旋转箭头方向的操作。❶ 复制并选择箭头形状；❷ 单击"绘图工具-格式"选项卡"排列"组中的"旋转"按钮；❸ 在弹出的下拉菜单中选择"向左旋转90°"命令，如下右图所示。

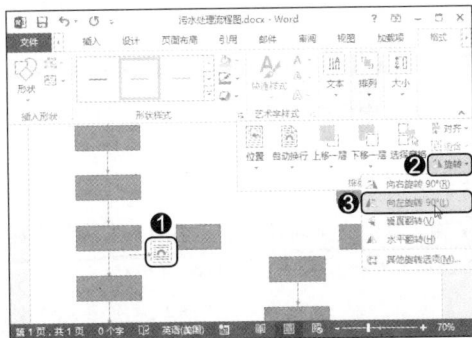

11 执行旋转箭头方向的操作。❶ 将旋转后的箭头形状移动到合适的位置，并复制到其他需要该样式的地方；❷ 选择箭头形状；❸ 单击"绘图工具-格式"选项卡"排列"组中的"旋转"按钮；❹ 在弹出的下拉菜单中选择"向左旋转90°"命令，如下左图所示。

12 执行锁定绘图模式的操作。❶ 将旋转后的箭头形状移动到合适的位置，并复制到其他需要该样式的地方；❷ 单击"绘图工具-格式"选项卡"插入形状"组中的"形状"按钮；❸ 在弹出的下拉菜单"线条"栏中的"直线"样式上单击鼠标右键；❹ 在弹出的快捷菜单中选择"锁定绘图模式"命令，如下右图所示。

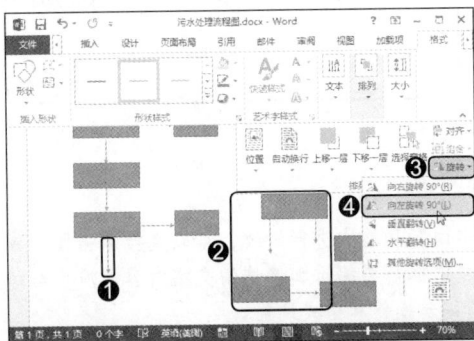

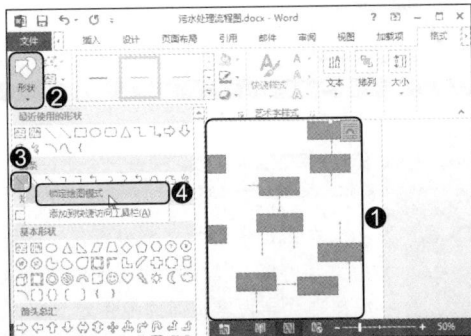

线条绘制技巧

在绘制线条时，如果需要绘制出水平、垂直或呈45度及其倍数方向线条，可在绘制时按住"Shift"键；绘制具有多个转折点的线条可使用"任意多边形"形状，绘制完成后按"Esc"键可退出线条绘制。

13 执行绘制直线的操作。经过上一步操作后，就可以锁定直线的绘制模式，可以连续绘制多条直线。按住"Shift"键的同时拖动鼠标依次绘制需要的直线，完成后的效果如下左图所示。

14 完善所有形状的绘制。查看后对需要添加和进一步完善的图形进行绘制和修改，最终效果如下右图所示。

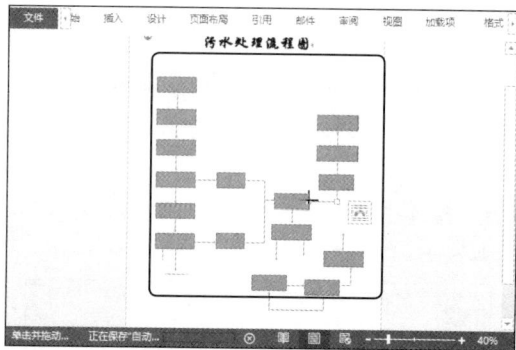

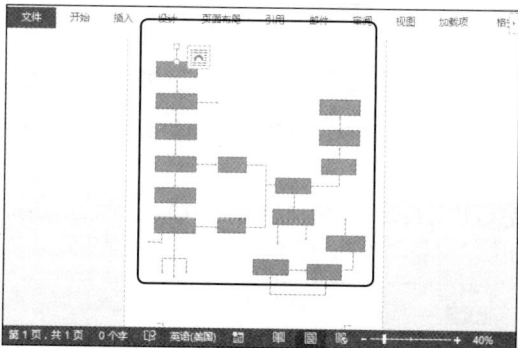

15 输入文字内容并设置格式。在流程图的形状中需要添加相应的文字说明，❶ 选择需要添加文字的形状，并输入文本；❷ 选择输入的文本后，在"开始"选项卡的"字体"组中设置字号为"四号"，如下左图所示。

16 输入其他文字内容。使用相同的方法为流程图中各图形添加文字内容，如右图所示。

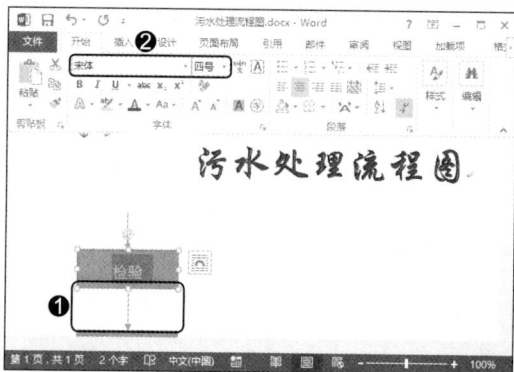

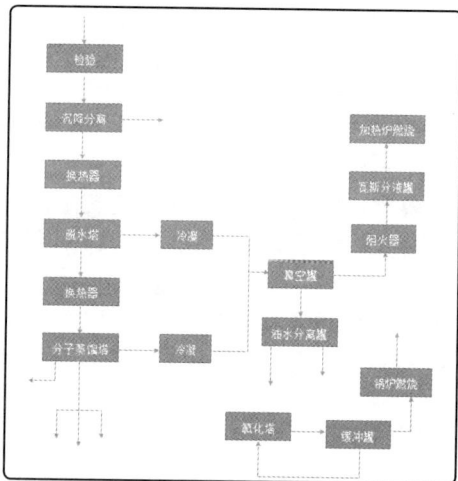

修改图形中的文字内容及格式

在图形中添加文字内容后，若要对文字内容和格式进行修改，可以直接单击图形中的文字内容，将文本插入点定位于文字中或选择需要编辑和修饰的文字内容，应用与编辑普通文字内容相同的操作对文字内容进行编辑操作和格式设置。

17 执行绘制文本框的命令。在制作的整个流程图图示中的某些位置还需要单独添加一些文字信息。❶ 单击"插入"选项卡"文本"组中的"文本框"按钮；❷ 在弹出的下拉菜单中选择"绘制文本框"命令，如下左图所示。

18 绘制文本框。按住鼠标左键不放并拖动绘制文本框，如下右图所示。

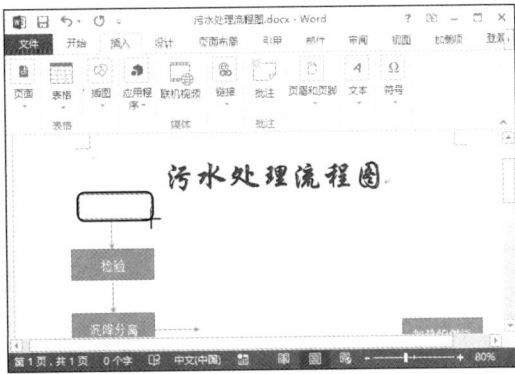

19 设置文本框字号大小并输入文字。❶ 绘制完文本框后，在"开始"选项卡的"字体"组中设置字号为"四号"；❷ 在文本框中输入文本；❸ 退出文本框的制作，再重新将文本插入点定位在文本框中，单击右侧出现的"布局选项"按钮；❹ 在弹出的快捷菜单中单击"填充"按钮；❺ 在弹出的下拉菜单中选择"无填充颜色"命令，如下左图所示。

20 取消文本框边框。❶ 再次在文本框上单击鼠标右键；❷ 在弹出的快捷菜单中单击"轮廓"按钮；❸ 在弹出的下拉菜单中选择"无轮廓"命令，如下右图所示。

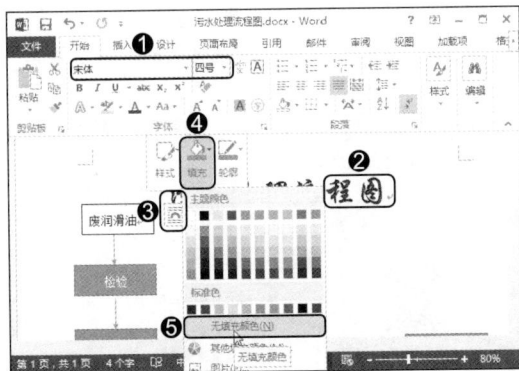

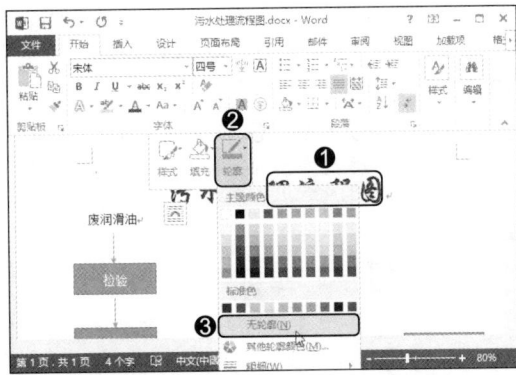

快速将现有文本内容转换为文本框形式

高手点拨

对已经编辑好的文档进行排版时，如果需要将文本放在文档的任意位置，以便设计出较为特殊的文档版式，就可以将文本内容编排在文本框中。但并不需要重新插入文本框并进行复制操作，只需先选择要排版在文本框中的文本内容，然后单击"插入"选项卡"文本"组中的"文本框"按钮，在弹出的下拉菜单中选择"绘制文本框"命令，即可直接将已经输入的文本转换为文本框形式。

21 执行复制文本框的操作。❶ 选择刚绘制的文本框；❷ 按住"Ctrl"键不放拖动鼠标进行复制，如下左图所示。

22 复制文本框并修改其中的文字。使用相同的方法复制多个文本框，并依次修改其中的文本内容，最终效果如右图所示。

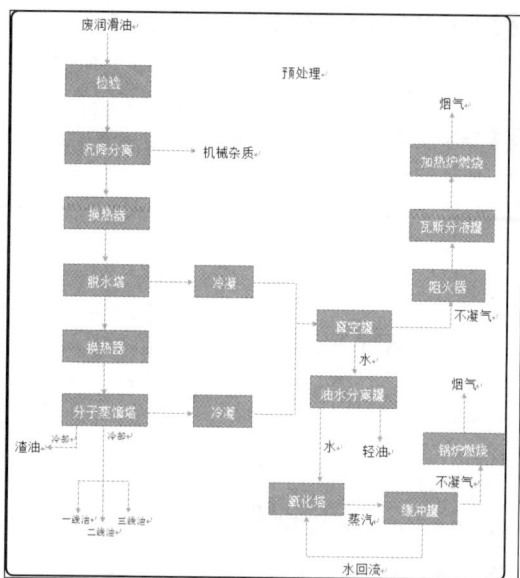

3. 修饰流程图

流程图绘制完成后，为了使图形更具艺术效果，可以对其进行格式设置。下面为本例中流程图的各图形加上不同的修饰元素，具体操作方法如下。

01 设置形状的棱台效果。❶ 选择流程图中的所有矩形形状；❷ 单击"绘图工具-格式"选项卡"形状样式"组中的"形状效果"按钮；❸ 在弹出的下拉菜单中选择"棱台"命令；❹ 在弹出的下级子菜单中选择"角度"样式，如下左图所示。

02 使用纹理填充形状。❶ 单击"形状样式"组中的"形状填充"按钮；❷ 在弹出的下拉菜单中选择"纹理"命令；❸ 在弹出的下级子菜单中选择"栎木"样式，如下右图所示。

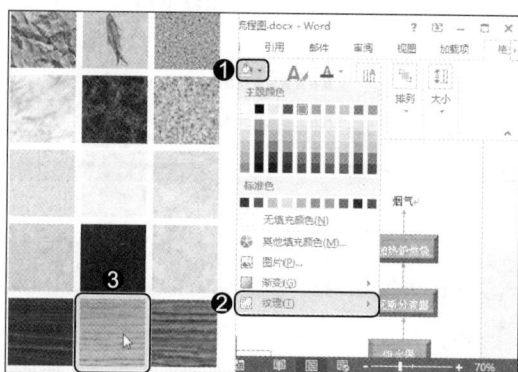

03 设置连接线的粗细。❶ 选择流程图中的所有连接线；❷ 单击"形状样式"组中的"形状轮廓"按钮；❸ 在弹出的下拉菜单中选择"粗细"命令；❹ 在弹出的下级子菜单中选择"3磅"命令，如下图所示。

04 设置连接线的颜色。❶ 单击"形状样式"组中的"形状轮廓"按钮；❷ 在弹出的下拉菜单中选择需要的颜色，如下右图所示。

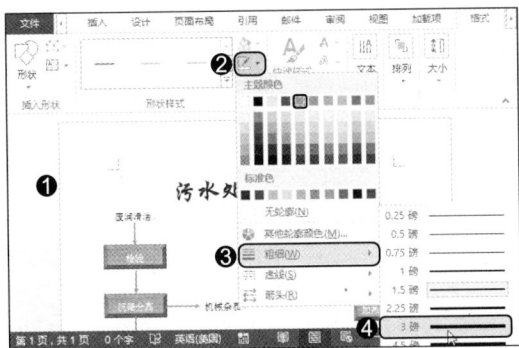

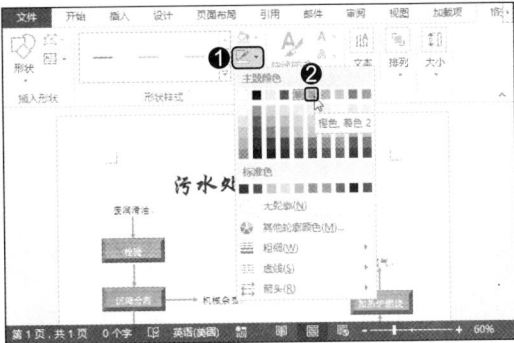

05 设置连接线的形状效果。❶ 单击"形状样式"组中的"形状效果"按钮；❷ 在弹出的下拉菜单中选择"阴影"命令；❸ 在弹出的下级子菜单中选择"向下偏移"命令，如下左图所示。

06 执行"选择对象"命令。❶ 单击"开始"选项卡"编辑"组中的"选择"按钮；❷ 在弹出的下拉菜单中选择"选择对象"命令，如下右图所示。

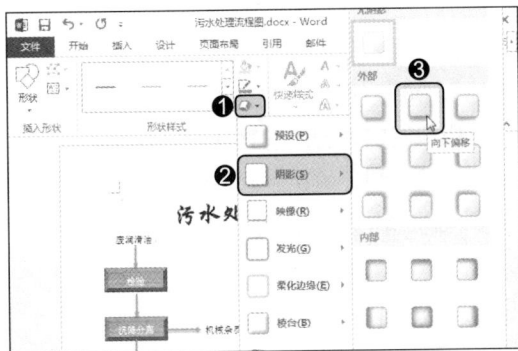

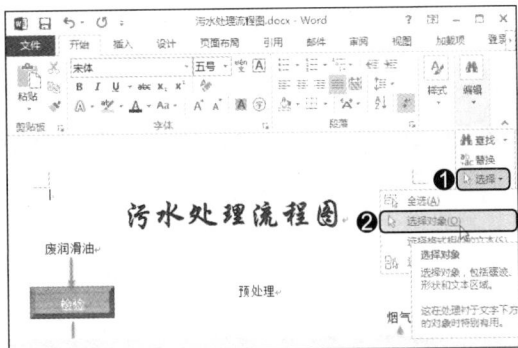

高手点拨

更改已经制作好的图形形状

创建好自选图形后，只需单击"绘图工具-格式"选项卡"插入形状"组中的"编辑形状"按钮，在弹出的下拉菜单中选择"更改形状"命令，并在其下级子菜单中选择需要修改后的形状样式即可快速编辑图形的形状外形。如果需要将已经插入的自选图形修改为其他系统中没有提供的形状，还可以在"编辑形状"下拉菜单中选择"编辑顶点"命令，并通过编辑顶点来完成。

07 框选图形。拖动鼠标光标框选文档中所有的形状、连接线和文本框，如右图所示。

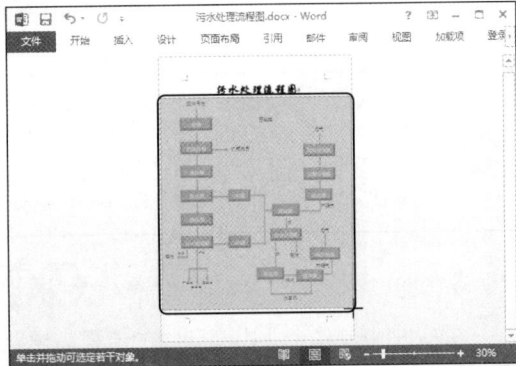

08 执行"组合"命令。❶单击"绘图工具-格式"选项卡"排列"组中的"组合"按钮；❷在弹出的下拉菜单中选择"组合"命令，如右图所示。

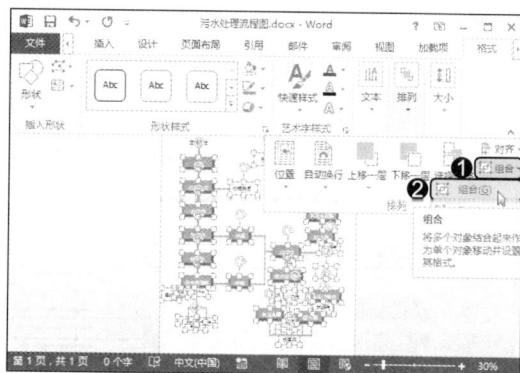

案例 03 制作企业内部刊物

案 例 概 述

现在很多企业都有自己的内部刊物，它是企业文化承载的载体，也是企业信息上通下达的沟通渠道和舆论宣传阵地。制作人要根据企业文化战略制定内刊的长期战略，保持办刊的长期性和连贯性。在内容表现形式上需要多元化，如添加图片和艺术字等，并排出各种合适的版式，最终做出客户认可、同行赞赏的刊物。企业内部刊物制作好的效果如下图所示。

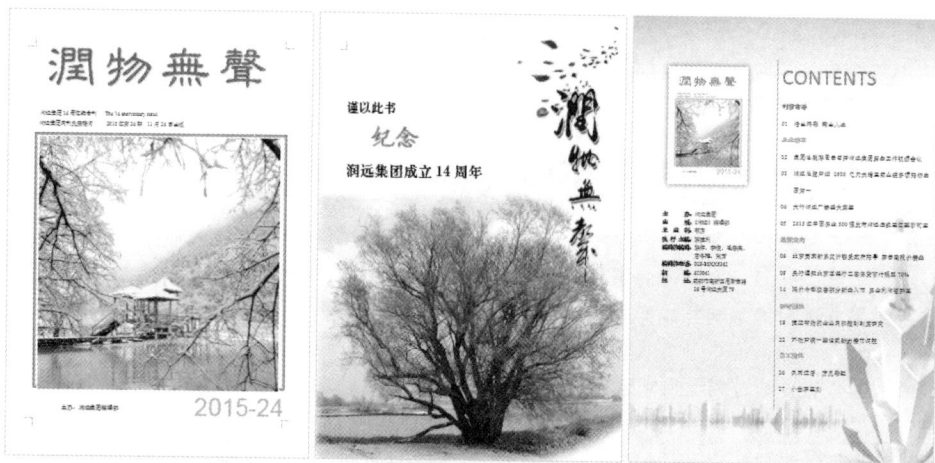

素材文件：光盘\素材文件\第2章\案例03\企业内刊内容.docx、封面.jpg、新枝.jpg、眺望.jpg、梅花.png、建筑.png、文字.jpg、插图.jpg、盆栽.jpg

结果文件：光盘\结果文件\第2章\案例03\企业内部刊物.docx

教学文件：光盘\同步教学视频\第2章\案例03.mp4

制 作 思 路

在Word中制作企业内部刊物的流程与思路如下所示。

一 **收集内容**：根据刊物所面临的对象和需要发出的信息需求，收集并选择合适的内容以及相关的素材。

二 **设计刊物封面**：任何刊物都有一个封面，它是读者对本刊物的第一印象，也是能把读者带入内容的向导。因此，需要根据本刊物要表达的主题为其制作一个合适、漂亮的封面。

三 **制作内容提要页**：将刊物中的内容标题提取出来制作成内容提要栏，可以使读者更快速地查看到刊物的主要内容，并找到需要的信息。该步骤在实际操作中应安排在将内容制作并排版后。

四 **设置刊物的页眉页脚**：刊物的奇偶页一般会放置不同的内容作为提示，但其设计都是相同的，我们可以事先分别为奇数页和偶数页设计好效果，再在后续操作中修改相应的文本内容即可。

五 **排版刊物内容**：为刊物设计好前期的统一效果后，就可以将准备好的内容合理地排版到相应的页面中了。

六 **浏览内容**：刊物作为一种正式发行的纸质文件，在印刷前都需要通读多遍，找出其中不妥的内容，再进行编辑加工。

具体步骤

在Word文档中为了表现某些特殊的内容或数据，可以在文档中插入图片、形状、文本框等对象，从而使文档达到图文并茂的效果。本例将以企业内部刊物的制作为例，为读者介绍在Word 2013中插入和编辑图片等多种对象的方法。

1. 设计刊物封面

企业内部刊物是企业进行员工教育、宣传推广的重要手段，封面是其不可缺少的部分。封面不仅可以起到引导阅读、美化文档的作用，漂亮的封面还可以给阅读者留下美好的印象。

Word 2013中提供了插入封面功能，使用该功能可以快速为文档添加封面。在插入封面时可选择软件中提供的封面模板，然后在封面页中的指定位置添加指定的内容，再根据需要调整各组成元素的位置、效果等，或添加新的效果即可，具体操作步骤如下。

01 设置页边距。❶ 新建一个空白文档，将其以"企业内部刊物"为名进行保存；❷ 单击"页面布局"选项卡"页面设置"组中的"页边距"按钮；❸ 在弹出的下拉菜单中选择"适中"命令，如右图所示。

02 插入封面页。❶ 单击"插入"选项卡"页面"组中的"封面"按钮；❷ 在弹出的下拉菜单中选择要使用的"运动型"封面效果，如下左图所示。

03 选择"更改图片"命令。由于封面模板中自带的那幅图像不符合本例企业内刊的封面要求，下面对图片进行替换操作。❶ 选择要替换的图片；❷ 单击"图片工具-格式"选项卡"调整"组中的"更改图片"按钮，如下右图所示。

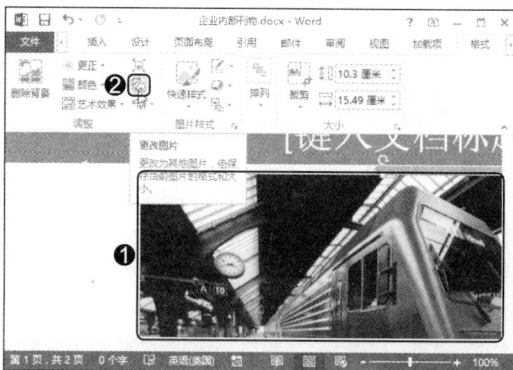

04 单击"浏览"超级链接。打开"插入图片"界面，单击"来自文件"栏中的"浏览"超级链接，如下左图所示。

高手点拨

在文档中选择比较难选的对象

　　在选择图形等对象时，若图形较小或其上压有文本内容，直接单击可能无法选择图形，此时，可以单击"开始"选项卡"编辑"组中的"选择"按钮，在弹出的下拉菜单中选择"选择对象"命令，然后再通过单击或框选的方式选择图形。

05 选择图片。❶ 在打开的"插入图片"对话框中选择要插入的素材图片"封面"；❷ 单击"插入"按钮进行插入，如下右图所示。

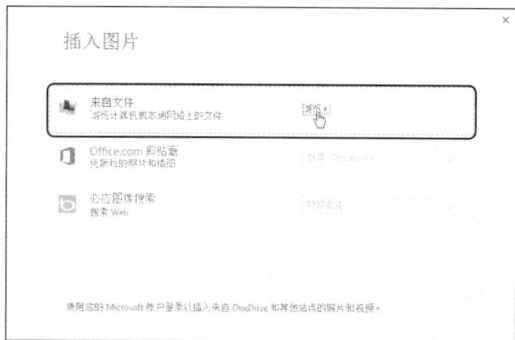

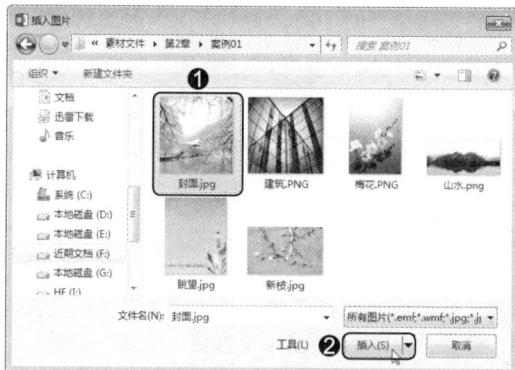

06 调整图片大小和位置。❶ 在"图片工具-格式"选项卡"大小"组中的"形状高度"数值框中设置图片高度，并按"Enter"键确认高度；❷ 单击"排列"组中的"位置"按钮；❸ 在弹出的下拉列表中选择"中间居中"选项，如下左图所示。

07 调整图片位置并删除多余的文本框。❶ 按键盘上的方向键向下移动图片在页面上的位置；❷ 选择该封面模板自带的右侧的文本框，按"Delete"键将其删除，如下右图所示。

调整图片的位置

知识
扩展

　　默认情况下，插入Word文档中的图片都是嵌入式的，我们可以通过在"位置"下拉菜单中选择相应的选项来快速调整图片在文档页面中的位置。

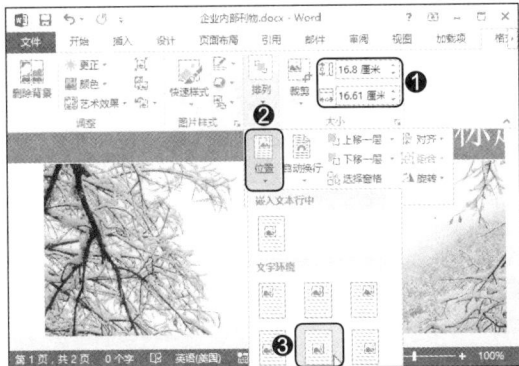

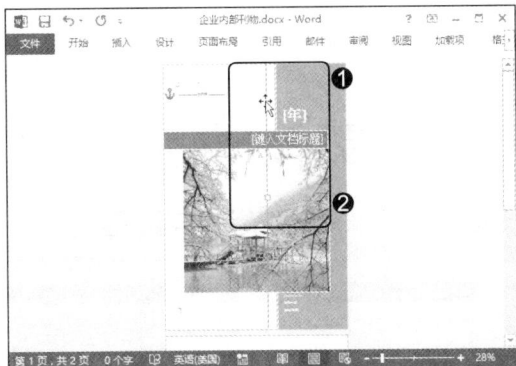

08 输入封面标题。封面页的整体效果确定后，还需在指定位置添加相应的内容，然后根据需要进行调整。❶ 单击封面中的标题内容文本框，在其中输入"润物无声"文本；❷ 在"开始"选项卡中设置文字字体为"汉鼎繁粗隶"、字号为"100磅"；❸ 单击"段落"组中的"居中对齐"按钮，如下左图所示。

09 设置文本框的填充颜色。❶ 调整文本框的位置；❷ 单击"绘图工具-格式"选项卡"形状样式"组中的"形状填充"按钮；❸ 在弹出的下拉菜单中选择"无填充颜色"命令，如下右图所示。

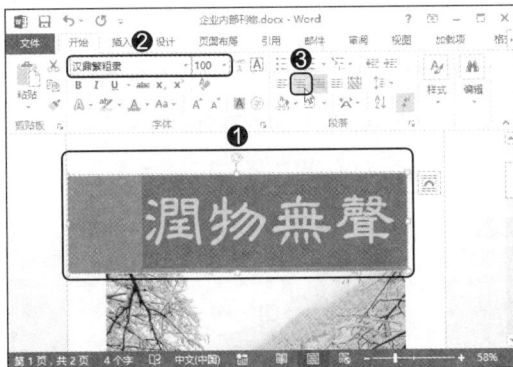

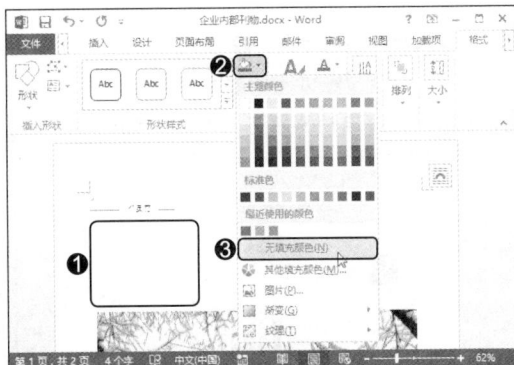

10 设置艺术字样式。本封面模板中的标题文本预设为普通文本，为了增加封面的美观性，现需要将其设置为艺术字效果。❶ 保持文本框的选择状态，单击"艺术字样式"组中的"快速样式"按钮；❷ 在弹出的下拉菜单中选择需要的样式，如右图所示。

11 执行"其他填充颜色"命令。❶ 单击"艺术字样式"组中的"文本填充"按钮；❷ 在弹出的下拉菜单中选择"其他填充颜色"命令，如下左图所示。

12 设置字体颜色。打开"颜色"对话框，❶ 单击"自定义"选项卡；❷ 在颜色列表框中需要的颜色处单击鼠标；❸ 单击"确定"按钮，如下右图所示。

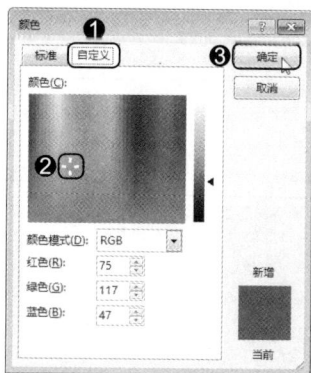

自定义颜色

　　在Office中设置颜色的下拉菜单中都可以通过选择"其他填充颜色"命令，在打开的对话框中自定义颜色。自定义颜色时，如果要凭感觉进行设定，只需要在列表框中需要的颜色处单击鼠标即可；如果设置颜色的精确值，可以在列表框下方的下拉列表框中选择颜色模式，然后输入具体的数值。

13 绘制图片外边框效果。❶ 使用形状工具在图片外侧绘制一个矩形；❷ 单击"绘图工具-格式"选项卡"形状样式"组中的"形状填充"按钮；❸ 在弹出的下拉菜单中选择"无填充颜色"命令，如下左图所示。

14 单击对话框启动器按钮。单击"绘图工具-格式"选项卡"形状样式"组右下角的对话框启动器按钮，如下右图所示。

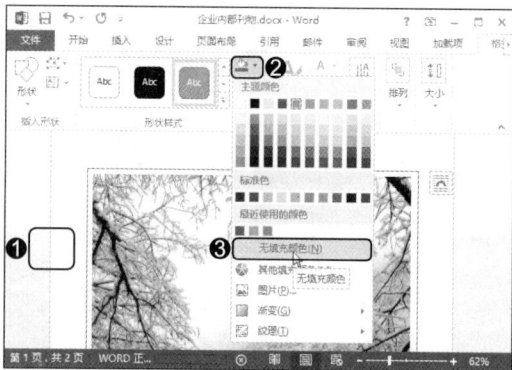

15 设置线条格式。打开"设置形状格式"任务窗格，❶ 在"填充线条"选项卡的"线条"栏中设置"宽度"为"5.5磅"；❷ 单击"复合类型"下拉按钮；❸ 在弹出的下拉菜单中设置需要的边框线类型，如下左图所示。

16 插入文本框。❶ 在图片的上方绘制一个文本框，并输入相应的文本；❷ 在开始选项卡的"字体"组中设置合适的字体格式，如下右图所示。

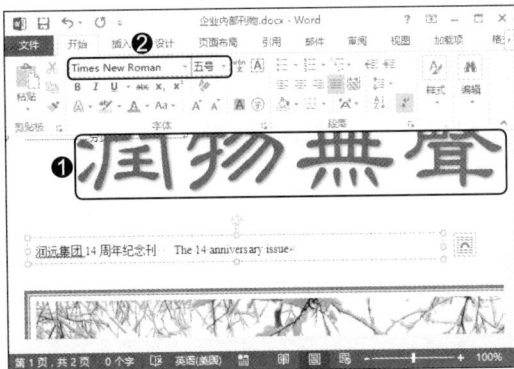

组合与取消组合图形

　　在排版文档时为了实现一些效果，我们通常会对多个对象或多种类型的对象进行编辑，此时便会有不同的实现方法。通过将这些简单的对象组合形成的复杂对象，在后期为了便于对其整体进行编辑，可以将它们进行组合，即使用"组合"命令将多个图形合为一个整体；若要对组合图形的内部形状进行修改，则需要取消图形的组合，该命令位于"绘图工具-格式"选项卡"排列"组中的"组合"下拉菜单中。

17 复制文本框。通过复制的方法向下拖动鼠标复制一个文本框，并修改其中的文本，如下左图所示。

18 设置图片的层次。❶ 选择图片；❷ 单击"图片工具-格式"选项卡"排列"组中的"上移一层"按钮；❸ 在弹出的下拉菜单中选择"置于顶层"命令，如下右图所示。

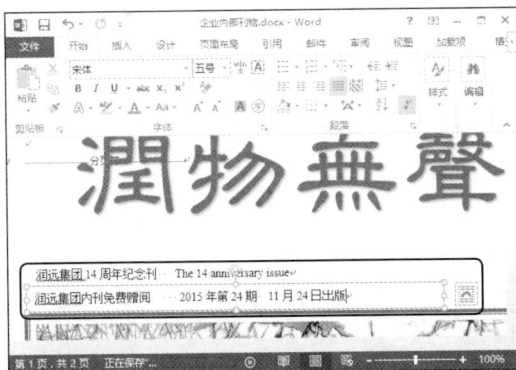

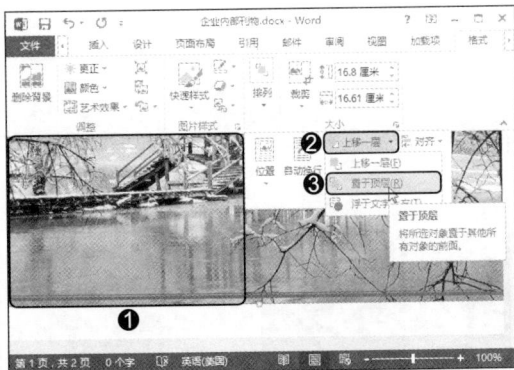

设置图片的环绕方式和层所在的位置

　　默认情况下插入文档中的图片都是嵌入型的，只有将图片环绕方式设置为"浮于文字上方"或"衬于文字下方"等非嵌入类型，才可以对图片设置更多的效果。在Word中我们可以将一篇文档想象成是由多张透明的胶片叠放在一起组成的，其中文字内容和嵌入型的图片是主要的一层，图片、图形、文本框等对象分别放置在其他层中，因此我们可以通过改变层的位置来调整对象所在的层位置。我们选择对象时只能选择位于最上层的对象，这也就是为什么有些对象能看到但却很难选中的原因。

19 插入文本框并设置艺术字样式。❶ 在图片的左下方绘制一个文本框，并输入相应的文字；❷ 单击"绘图工具-格式"选项卡"艺术字样式"组中的"快速样式"按钮；❸ 在弹出的下拉菜单中选择需要的艺术字样式，如下左图所示。

20 插入文本框并设置文字填充颜色。❶ 在图片的左下方绘制一个文本框，并输入相应的文字；❷ 单击"绘图工具-格式"选项卡"形状样式"组中的"文本填充"按钮；❸ 在弹出的下拉菜单中选择自定义的颜色，如下右图所示。

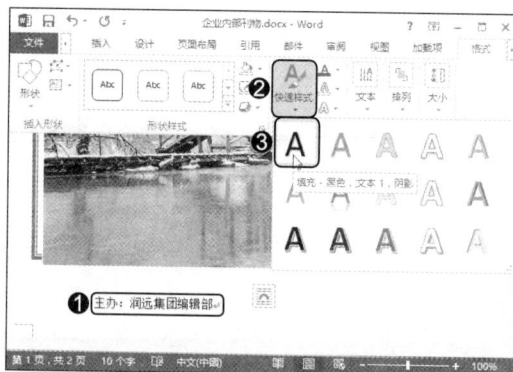

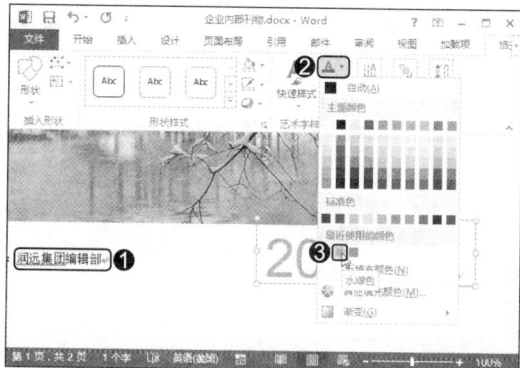

21 单击对话框启动器按钮。❶ 选择标题文本框中的文字；❷ 单击"开始"选项卡"字体"组右下角的对话框启动器按钮，如下左图所示。

22 设置字符间距。打开"字体"对话框，❶ 单击"高级"选项卡；❷ 在"间距"下拉列表框中选择"加宽"选项；❸ 在"磅值"数值框中设置值为"5.5磅"；❹ 单击"确定"按钮，如下右图所示。

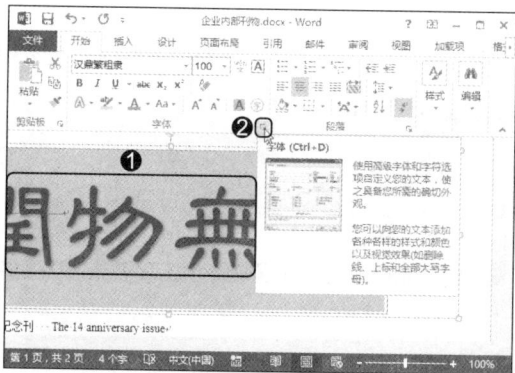

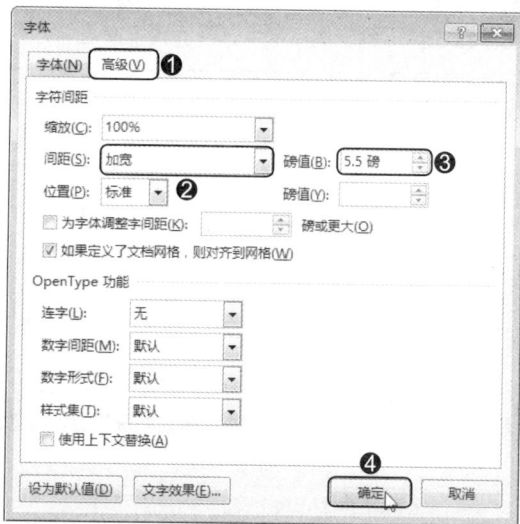

2. 制作诠释页

本期刊因为是企业周年纪念版，所以在封面的背后需要添加诠释页，说明一下该版与其他版本的不同之处。该页制作比较简单，只需插入合适的图片并配上几行简单的文字，再稍作修饰即可，具体的操作方法如下。

01 单击"联机图片"按钮。本例需要在诠释页的下方插入一张图片，但素材中没有提供，我们可以通过联机方式在线搜索需要的图片。❶ 将文本插入点定位在第二页中；❷ 单击"插入"选项卡"插图"组中的"联机图片"按钮，如下左图所示。

02 选择要插入的图片。打开"插入图片"界面，❶ 在"必应图像搜索"文本框中输入关键字"树"；❷ 单击其后的"搜索"按钮；❸ 系统便根据关键字将搜索到的图片展示出来，选择需要插入到文档中的图片；❹ 单击"插入"按钮，如下右图所示。

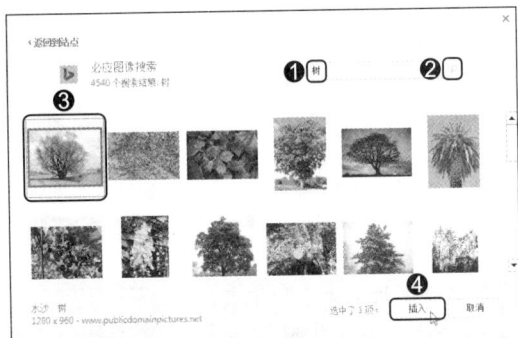

03 设置图片的环绕方式。经过上一步操作，系统便会将选择的图片下载并插入到文档中。❶ 单击"图片工具-格式"选项卡"排列"组中的"自动换行"按钮；❷ 在弹出的下拉菜单中选择"浮于文字上方"命令，如下左图所示。

04 将图片裁剪为形状。❶ 将图片移动到页面的下方；❷ 单击"图片工具-格式"选项卡"大小"组中的"裁剪"按钮；❸ 在弹出的下拉菜单中选择"裁剪为形状"命令；❹ 在弹出的下级子菜单中选择需要将图片裁剪为的形状，如下右图所示。

裁剪图片

高手
点拨

　　通常插入到Word文档中的图片的轮廓形状均为矩形，若要使图片轮廓形状呈现为其他形状，就可以使用本例中介绍的用图形对图像进行裁剪。如果只需要裁剪图片中不需要的部分，仍然保持图片的轮廓形状不变，则可以在选择图片后，单击"图片工具-格式"选项卡中的"裁剪"按钮，此时图片上将出现黑色裁剪位置控制器，拖动改变四周的控制器即可调整图片裁剪的位置。

05 设置图片的边缘柔化效果。为了让图片与另一张图片的融合更自然，需要对其边缘进行虚化处理。❶ 单击"图片工具-格式"选项卡"图片样式"组中的"图片效果"按钮；❷ 在弹出的下拉菜单中选择"柔化边缘"命令；❸ 在弹出的下级子菜单中选择边缘需要柔化的具体值，如右图所示。

06 调整图片的大小和位置。拖动鼠标光标调整图片的大小和位置，使图片左侧和下方虚化的部分隐藏起来，如右图所示。

07 插入并设置图片。❶ 插入素材文件中提供的"文字"图片；❷ 单击"图片工具-格式"选项卡"排列"组中的"自动换行"按钮；❸ 在弹出的下拉菜单中选择"浮于文字上方"命令，如右图所示。

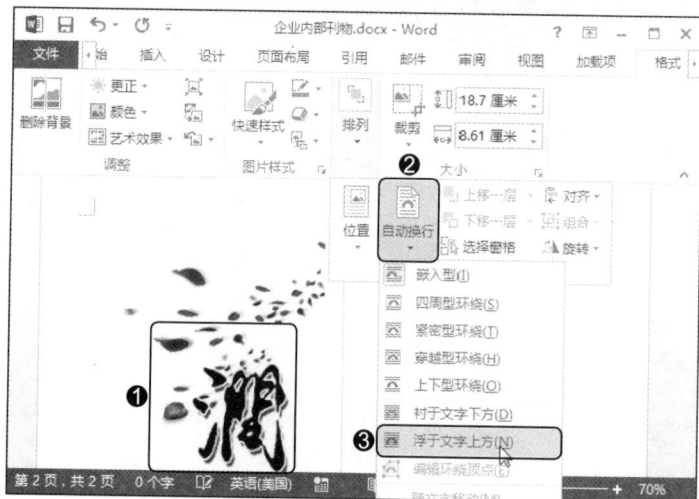

08 单击"删除背景"按钮。
❶ 拖动鼠标光标调整图片的位置，使其位于页面的右上方；❷ 单击"图片工具-格式"选项卡"调整"组中的"删除背景"按钮，如右图所示。

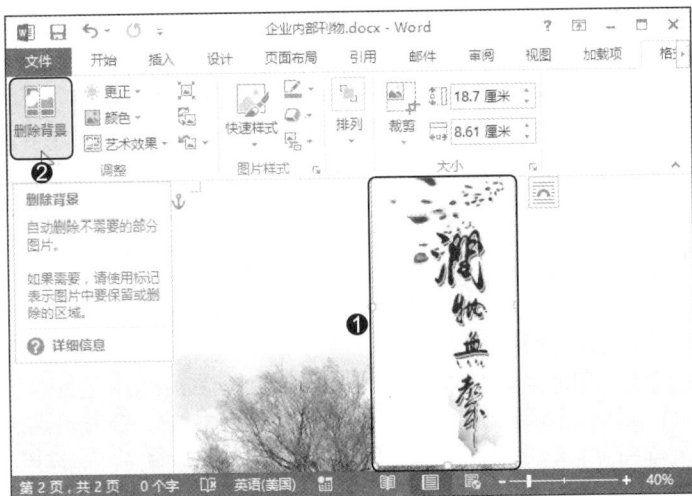

09 设置图片中需要保留的部分。经过上一步操作后，图片上将显示出桃红色的区域，❶ 拖动鼠标光标调整图片上显示出的矩形框，以框选图片上所有需要保留的区域；❷ 单击"背景消除"选项卡"优化"组中的"标记要保留的区域"按钮；❸ 在图片上需要保留的各位置处单击；❹ 单击"关闭"组中的"保留更改"按钮，如右图所示。

10 输入文本。❶ 在文档的合适位置输入需要的文本；❷ 在"开始"选项卡"字体"组中为它们依次设置合适的字体格式，完成后的效果如右图所示。

3. 设计内容提要栏

在杂志等出版物中通常都包含有内容提要栏，而该栏除列举刊物中的重要内容外，还常常用于放置刊物的基本信息，如主办单位、编辑部相关信息等。在设计和制作内容提要栏时，除了从"文本框"下拉菜单中选择模板中自带的内容提要栏样式外，还可以通过文本框及其他形状自行绘制。

01 **插入并设置图片。** 在排版杂志类的刊物时，时常会将图片作为页面背景，使整体效果得以提升。❶ 将文本插入点定位在第3页中；❷ 插入素材"眺望"，单击"绘图工具-格式"选项卡"排列"组中的"自动换行"按钮；❸ 在弹出的下拉菜单中选择"衬于文字下方"命令，如下左图所示。

02 **插入图形并设置轮廓色。** 本例中为了突出显示在图片上方输入的文字，需要将图片的中上部分颜色进行淡化。下面通过叠加图形的方法实现需要的效果。❶ 拖动鼠标光标调整图片的大小和位置，使其和页面大小一致；❷ 在图片中上部位插入矩形图形；❸ 单击"绘图工具-格式"选项卡"形状样式"组中的"形状轮廓"按钮；❹ 在弹出的下拉菜单中选择"无轮廓"命令，如下右图所示。

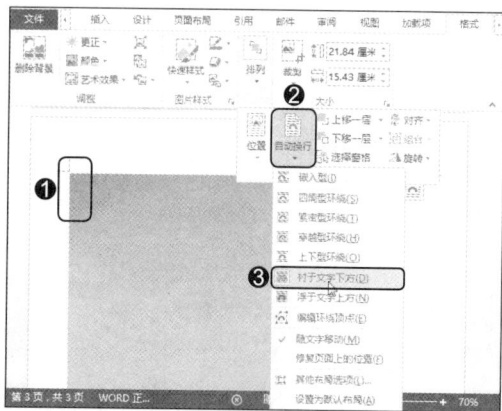

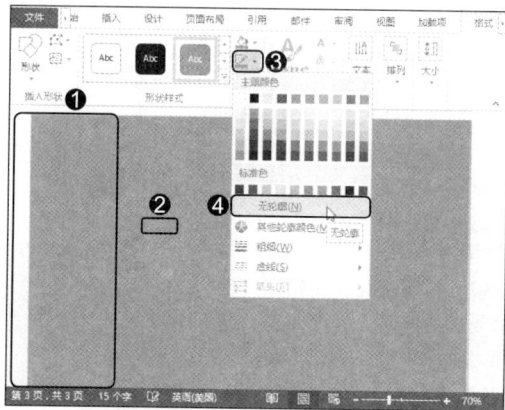

03 **设置渐变颜色。** ❶ 单击"形状样式"组右下角的对话框启动器按钮，打开"设置形状格式"任务窗格；❷ 单击"填充线条"选项卡；❸ 在"填充"栏中选中"渐变填充"单选按钮，如下左图所示。

04 **自定义渐变颜色。** ❶ 在"渐变光圈"栏中选择第一个渐变色块，并设置对应的颜色、位置、透明度和亮度值；❷ 单击"添加渐变光圈"按钮，在21%的位置添加一个渐变色块，并设置对应的颜色、位置、亮度和透明度值，如下右图所示。

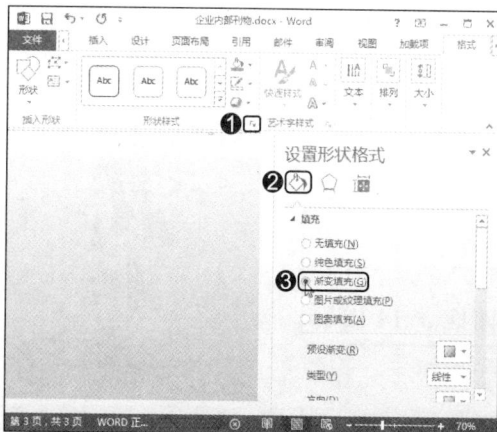

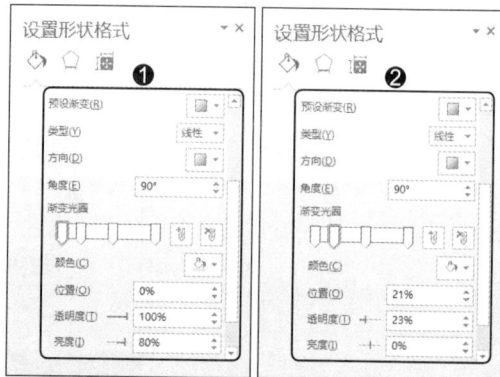

05 自定义渐变颜色。❶ 单击"添加渐变光圈"按钮 ，在55%的位置添加一个渐变色块，并设置对应的颜色、位置、透明度和亮度值；❷ 选择末端的渐变色块，并设置对应的颜色、位置、透明度和亮度值，如下左图所示。

06 选择"屏幕剪辑"命令。本例中将在第4页中插入封面的整体效果图。❶ 新建空白文档，单击"插入"选项卡"插图"组中的"屏幕截图"按钮 ；❷ 在弹出的下拉菜单中选择"屏幕剪辑"命令，如下右图所示。

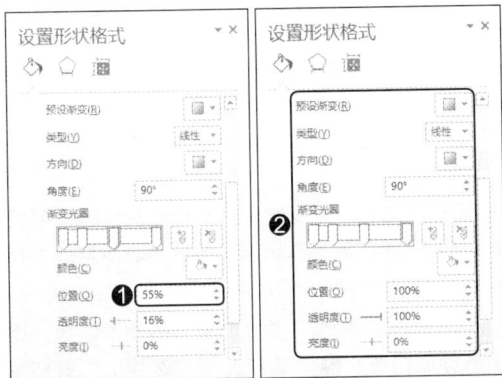

07 设置需要获取的屏幕截图。当屏幕出现灰色，鼠标光标变成＋形状时，在需要截取的画面上，按住鼠标左键不放并拖动截取需要的画面部分即可，如下左图所示。

08 剪切图片并设置图形的环绕方式。❶ 经过上一步操作即可将截取的屏幕图片插入到文档中，并调整图片的大小；❷ 按Ctrl+X组合键剪切该图片到剪贴板中，按Ctrl+V组合键将剪切的图片粘贴到"企业内刊"文档的第4页中；❸ 选择图片上方的图形；❹ 单击"绘图工具-格式"选项卡"排列"组中的"自动换行"按钮；❺ 在弹出的下拉菜单中选择"衬于文字下方"命令，如下右图所示。

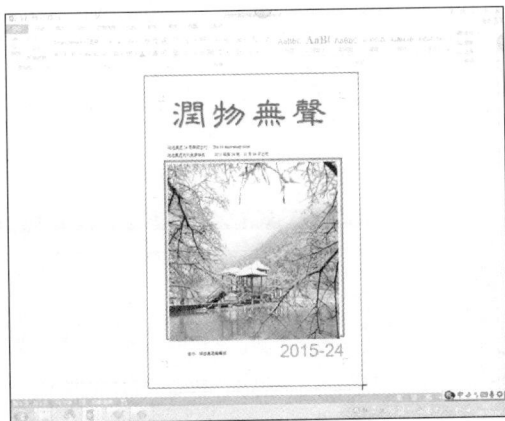

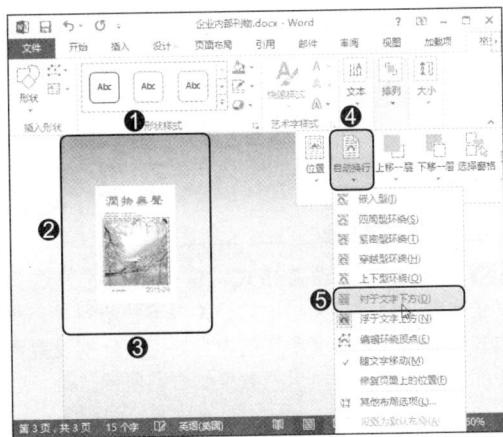

09 设置图片大小和样式。❶ 选择插入的屏幕截图；❷ 在"图片工具-格式"选项卡"大小"组中的"形状宽度"数值框中设置图片的宽度；❸ 单击"图片工具-格式"选项卡"图片样式"组中的"快速样式"按钮；❹ 在弹出的下拉列表中选择需要的图片样式，如下左图所示。

10 设置图片颜色。为了配合封面的效果，需要修改背景图片的颜色。❶ 选择背景图片；❷ 单击"图片工具-格式"选项卡"调整"组中的"颜色"按钮；❸ 在弹出的下拉菜单的"重新着色"栏中选择需要的图片颜色，如下右图所示。

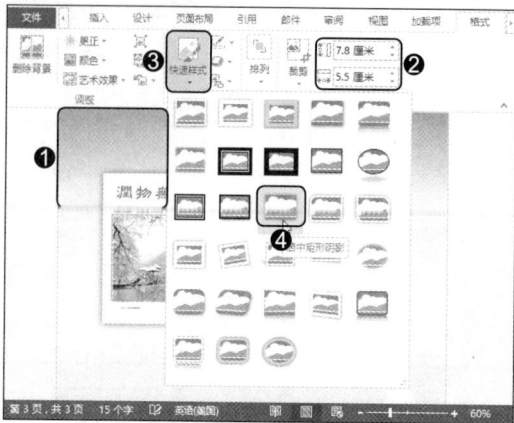

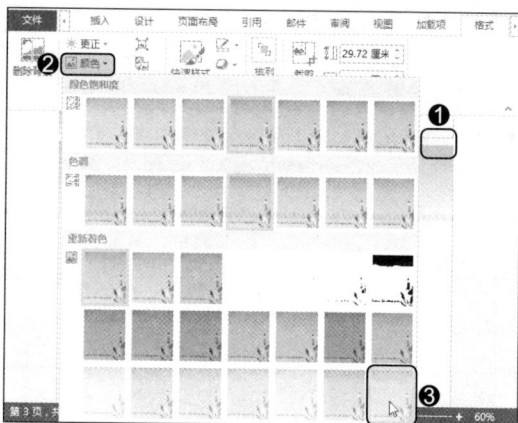

11 插入内容提要栏。Word 2013中提供了插入内容提要栏的功能，可以快速为文档添加内容提要栏。❶ 单击"插入"选项卡"文本"组中的"文本框"按钮；❷ 在弹出的下拉菜单中选择"边线型提要栏"命令，如下左图所示。

12 选择性粘贴内容。❶ 打开素材文件中提供的"企业内刊内容"文档，并复制需要的文本内容，返回"企业内刊"文档，选择刚插入的内容提要栏文本框中的标题内容；❷ 单击"开始"选项卡"剪贴板"组中的"粘贴"按钮；❸ 在弹出的下拉菜单中选择"只保留文本"命令，如下右图所示。

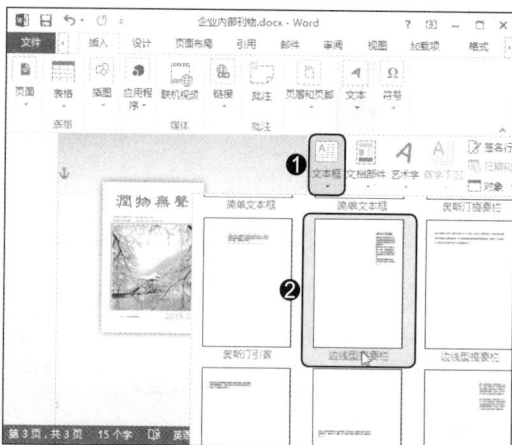

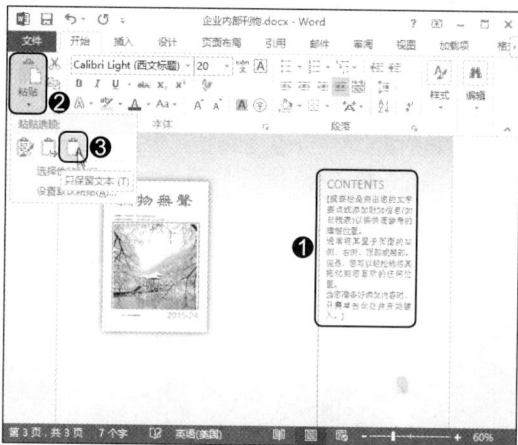

13 复制文本并设置格式。使用相同的方法将"企业内刊内容"文档中的相关内容粘贴到"企业内刊"文档的内容提要栏的内容处，并分别设置合适的文本格式，完成后的效果如右图所示。

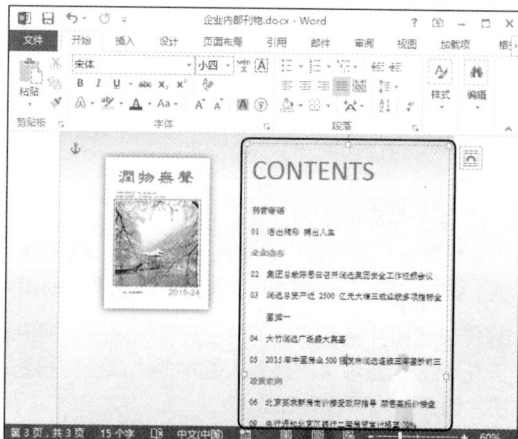

14 插入文本框输入其他相关内容。❶ 在屏幕截图下方插入一个文本框，并复制相关内容到文本框中，为文本设置格式；❷ 设置该文本框的填充和轮廓颜色均为无，并对齐前面部分的文字内容，效果如右图所示。

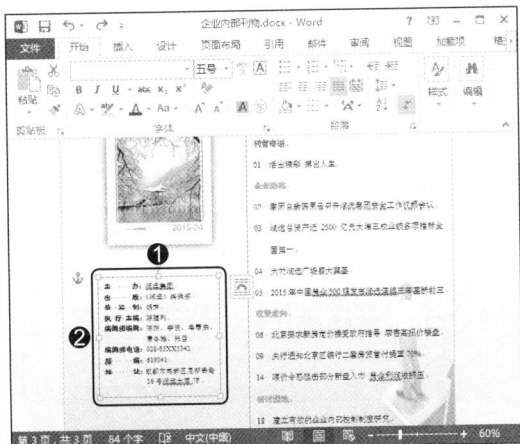

4. 排版刊物内容

接下来将排版内部刊物中的文章内容，除需要对文档中的内容设置字体格式和段落格式外，常常还需要借助图片和文本框等对象对页面的整体版式进行控制。

01 插入图片并设置环绕方式。本例需要在正文开始前添加一篇文章。❶ 将文本插入点定位在下一页开始处；❷ 插入素材文件中提供的"新枝"图片；❸ 单击"图片工具-格式"选项卡"排列"组中的"自动换行"按钮；❹ 在弹出的下拉菜单中选择"浮于文字上方"命令，如下左图所示。

02 调整图片大小和位置并粘贴文字。❶ 拖动鼠标光标调整图片的位置和大小，将其移动到页面顶部对齐；❷ 将"企业内刊内容"文档中的相关内容粘贴到刚插入的图片下方；❸ 在"开始"选项卡中设置字体为"宋体"，字号为"三号"，并加粗、居中显示，如下右图所示。

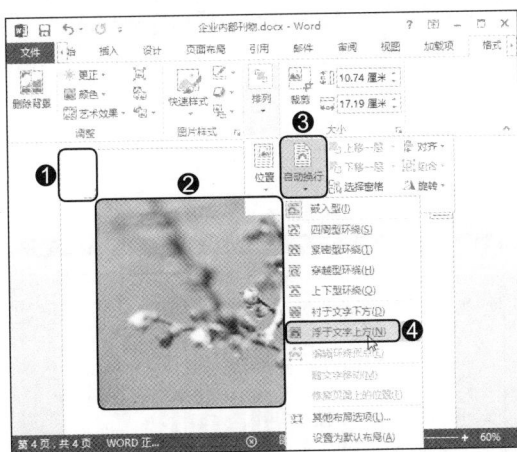

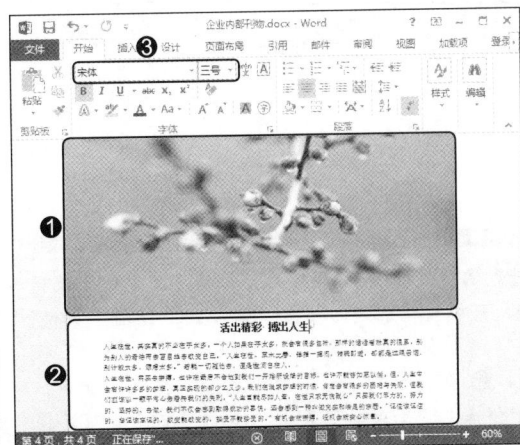

03 设置正文格式并进行分栏。❶ 设置正文字体为"楷体"，字号为"五号"，段落格式为首行缩进两个字符；❷ 选择所有正文内容，单击"页面布局"选项卡"页面设置"组中的"分栏"按钮；❸ 在弹出的下拉菜单中选择"三栏"命令，如下左图所示。

04 设置首字下沉。❶ 选择第一段中的第一个文字；❷ 单击"插入"选项卡"文本"组中的"首字下沉"按钮；❸ 在弹出的下拉菜单中选择"下沉"命令，如下右图所示。

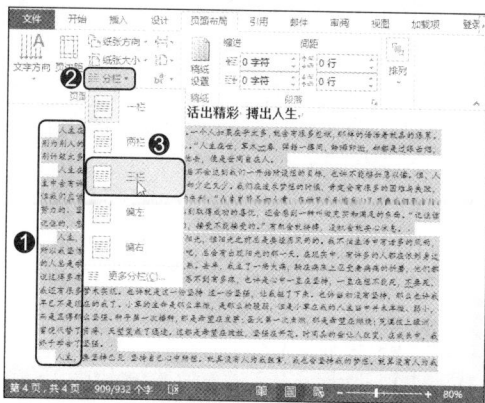

05 绘制刊头背景图形。本例中制作的企业内刊的刊头根据所属栏目的不同和奇偶页的不同而有所不同，下面就来制作"企业动态"栏目的偶数页刊头。❶ 在第5页的顶部绘制一个长方形，并设置轮廓颜色为无；❷ 单击"绘图工具-格式"选项卡"形状样式"组中的"形状填充"按钮；❸ 在弹出的下拉菜单中选择自定义的绿色，如下左图所示。

06 输入刊头栏目文字。❶ 在长方形的上方绘制一个文本框，输入文字"D"，并设置文字和文本框的格式；❷ 在刊头栏目标志右侧绘制一个文本框，输入"企业动态"文本的英文内容（去掉开头字母"D"），并设置文字和文本框的格式；❸ 在文本框中换行输入中文文本，并设置文字的格式，最终效果如下右图所示。

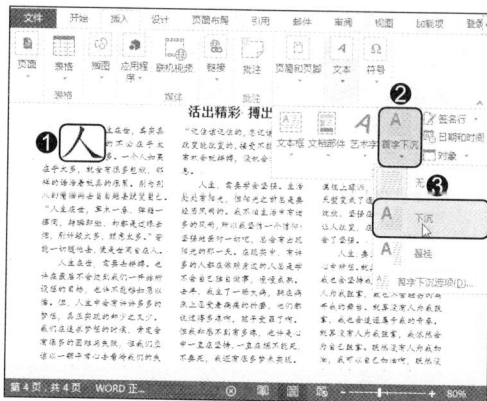

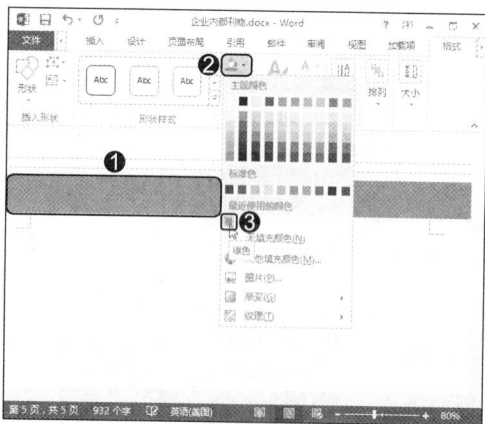

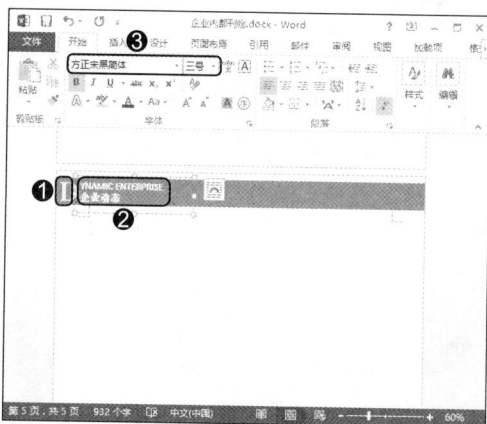

07 绘制装饰线条。❶ 在文本框右侧绘制一条斜线，并设置轮廓线为白色；❷ 单击"绘图工具-格式"选项卡"形状样式"组中的"形状轮廓"按钮；❸ 在弹出的下拉菜单中选择"粗细"命令；❹ 在弹出的子菜单中选择"1.5磅"命令，如右图所示。

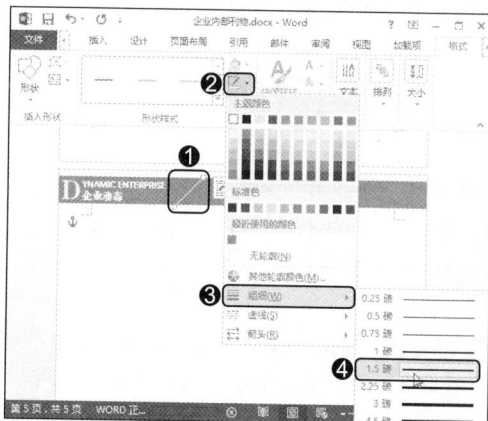

08 复制文本并设置格式。❶ 将"企业内刊内容"文档中的相关内容粘贴到"企业内部刊物"文档的第5页中；❷ 将标题文本拆分为两行显示，并设置合适的格式；❸ 为复制的正文内容设置字体为"宋体"，字号为"五号"，段落格式为首行缩进两个字符，完成后的效果如下左图所示。

09 插入图片并设置环绕方式。为丰富页面内容的排版效果，将在页面底部插入图片。❶ 在文字内容的后面插入素材文件中提供的"山水"图片；❷ 单击"图片工具-格式"选项卡"排列"组中的"自动换行"按钮；❸ 在弹出的下拉菜单中选择"浮于文字上方"命令；❹ 拖动鼠标光标调整图片的大小和位置，使其与页面底部对齐，如下右图所示。

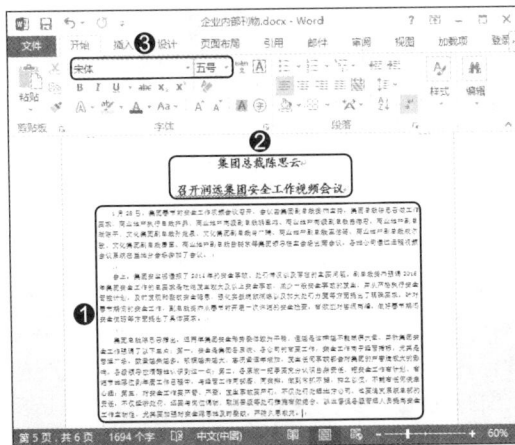

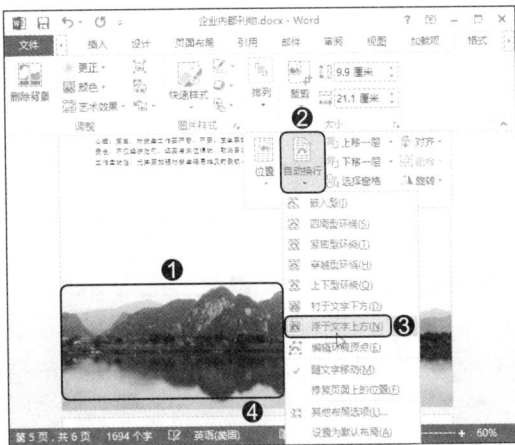

10 制作偶数页刊头。❶ 复制"企业动态"栏目奇数页制作的刊头背景图形到偶数页中，并调整至合适的位置；❷ 在长方形的右上方绘制一个文本框，输入页码内容，并设置文字和文本框的格式，完成后的效果如下左图所示。

11 复制文字内容。❶ 将"企业内刊内容"文档中的相关内容粘贴到第6页中；❷ 将标题文本拆分为两行，并使用格式刷工具将第5页中设置的标题格式复制到该页标题上；❸ 使用格式刷工具将第5页中的正文格式复制到该页正文上；❹ 选择第2行标题文字；❺ 单击"开始"选项卡"段落"组中的"右对齐"按钮，如下右图所示。

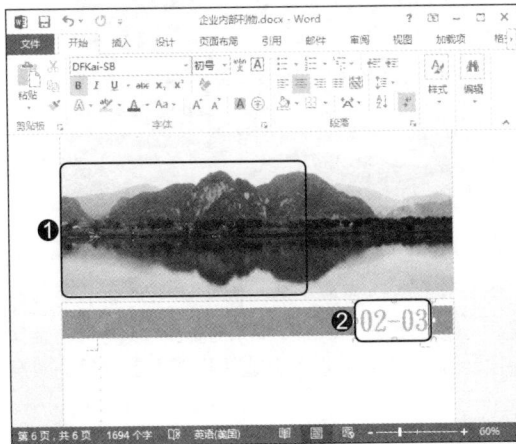

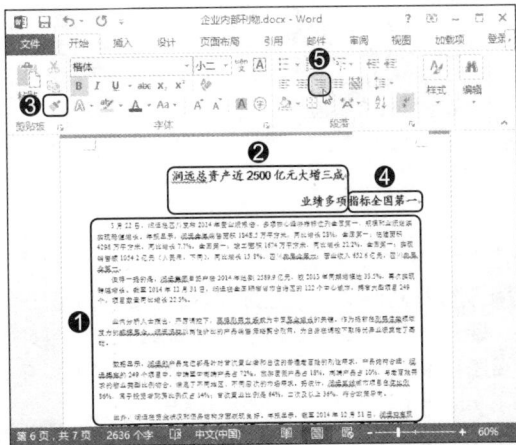

12 选择"边框和底纹"命令。接下来需要为总结性文字设置底纹颜色进行突出显示，❶ 选择第一段段落；❷ 单击"段落"组中的"边框"按钮 田▾；❸ 在弹出的下拉菜单中选择"边框和底纹"命令，如下左图所示。

13 **自定义颜色。** 打开"边框和底纹"对话框，❶ 单击"底纹"选项卡；❷ 在"填充"下拉列表框中选择"其他颜色"命令；❸ 打开"颜色"对话框，单击"自定义"选项卡；❹ 在下方的数值框中自定义颜色的RGB值；❺ 单击"确定"按钮；❻ 返回"边框和底纹"对话框，单击"确定"按钮，如下右图所示。

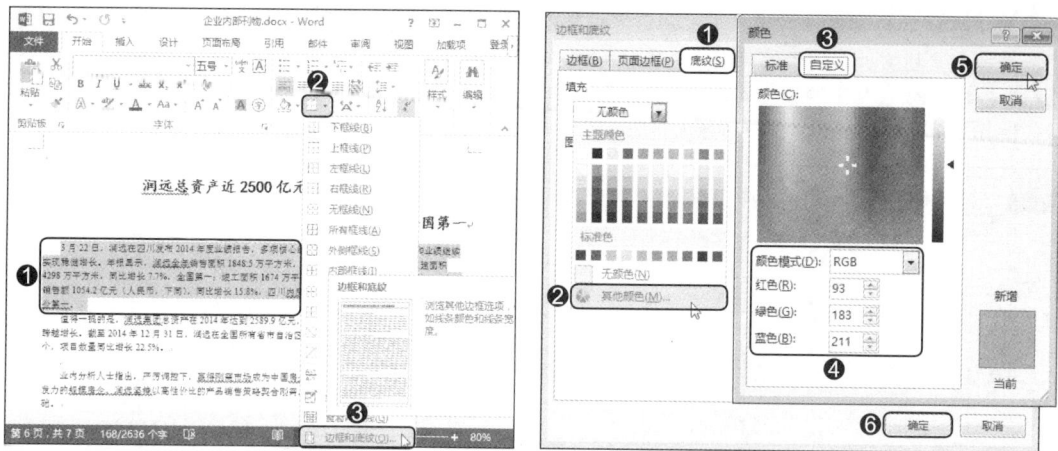

14 **插入图片并设置其环绕方式。** ❶ 设置字体颜色为白色；❷ 由于"企业动态"栏目中的第二篇文章内容没有填充满整个页面，可以插入图片补充版面。在最后一个段落前插入素材文件中提供的"插图"图片；❸ 单击"图片工具-格式"选项卡"排列"组中的"自动换行"按钮；❹ 在弹出的下拉菜单中选择"四周型环绕"命令，如下左图所示。

15 **裁剪图片。** ❶ 调整图片大小和位置；❷ 单击"大小"组中的"裁剪"按钮；❸ 拖动鼠标光标调整图片裁剪控制点的位置，将图片裁剪为如下右图所示的效果。

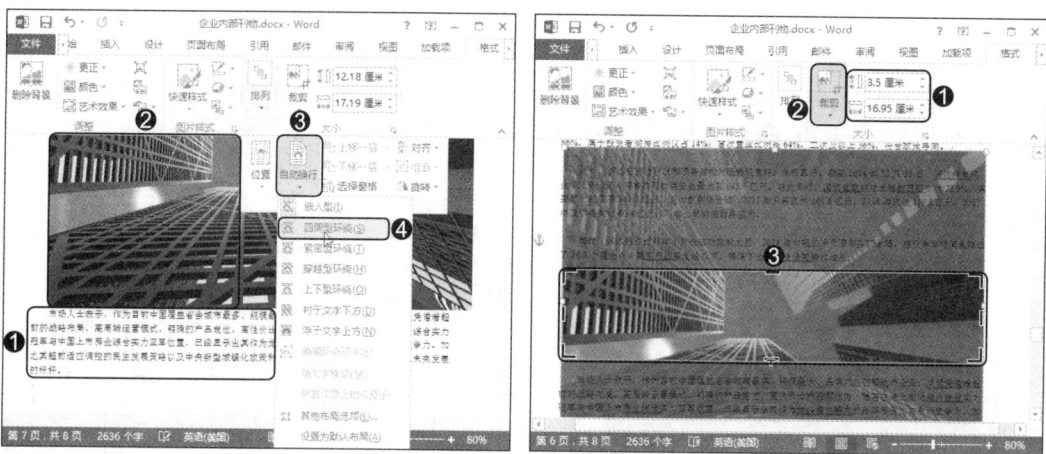

16 **制作标题效果。** "企业动态"栏目中的第三篇文章上方以色块加放大的标题来突出页面上部分内容。❶ 通过图形工具在第7页的上部绘制一个与页面宽度一致的矩形，并设置轮廓为无、填充为自定义的蓝色；❷ 在矩形图形的上方绘制两个文本框，依次输入标题文字，并设置合适的格式，完成后的效果如下左图所示。

17 **准确复制文本框并对齐所有图形。** ❶ 选择刚绘制的两个文本框；❷ 在按住"Ctrl+Shift"组合键的同时向下拖动鼠标光标精确复制两个新的文本框，并修改两个新文本框中的文字内容；❸ 选择刚插入的4个文本框；❹ 单击"绘图工具-格式"选项卡"排列"组中的"对齐"按钮；❺ 在弹出的下拉菜单中选择"左右居中"命令，如下右图所示。

18 复制正文内容并设置格式。❶ 将"企业内刊内容"文档中的相关内容粘贴到"企业内刊"文档第7页中；❷ 通过使用格式刷工具将第6页中正文的格式复制到第7页中刚复制的正文内容上；❸ 单击"页面布局"选项卡"页面设置"组中的"分栏"按钮；❹ 在弹出的下拉菜单中选择"两栏"命令，如下左图所示。

19 插入图片并设置环绕方式。❶ 插入素材文件中提供的"盆栽"图片，调整图片的大小和位置使其填充满整个页面的下方空白位置；❷ 单击"图片工具-格式"选项卡"排列"组中的"自动换行"按钮；❸ 在弹出的下拉菜单中选择"衬于文字下方"命令，如下右图所示。

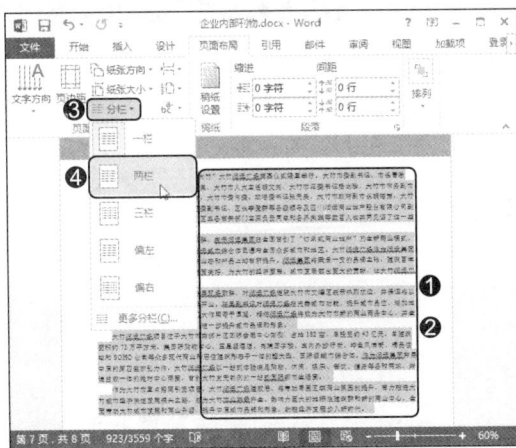

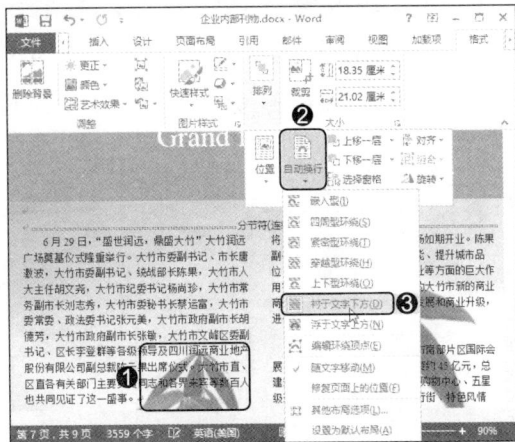

20 设置图片效果。❶ 单击"图片工具-格式"选项卡"调整"组中的"更正"按钮；❷ 在弹出的下拉菜单的"锐化/柔化"栏中选择"柔化25%"选项，如右图所示。

21 复制并修改顶部刊头。❶ 复制前面制作的刊头效果到第8页上方；❷ 修改页码文本框中的文字；❸ 插入素材文件中提供的"梅花"图片，并调整大小；❹ 在图片上方插入文本框，输入标题文本，并设置格式；❺ 插入"建筑"图片，并设置图片的环绕方式为"浮于文字上方"，调整大小和位置；❻ 在文档中图片的周围绘制3个文本框，调整其位置和大小至如下左图所示。

22 输入内容并设置段落格式。❶ 将"企业内刊内容"文档中的相关内容粘贴到"企业内刊"文档第8页中的第一个文本框中，并按"Ctrl＋A"组合键全选所有文本，设置段落格式为首行缩进两个字符；❷ 单击"绘图工具-格式"选项卡"文本"组中的"创建链接"按钮 🔗，如下右图所示。

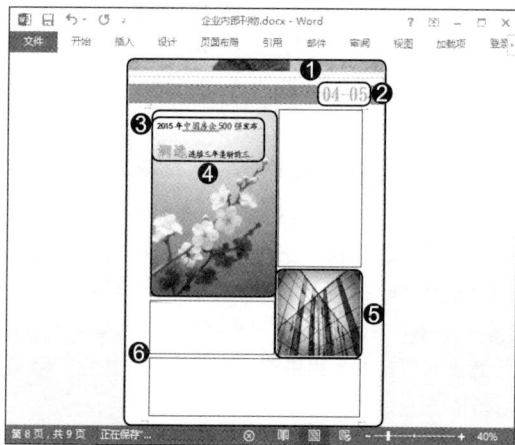

23 创建文本框链接。单击第2个文本框，建立文本框链接，如下左图所示。

24 再次创建文本框链接。❶ 选择第2个文本框；❷ 单击"绘图工具-格式"选项卡"文本"组中的"创建链接"按钮；❸ 再单击第3个文本框，如下右图所示。

25 设置文本框样式。❶ 选择第3个文本框；❷ 在"绘图工具-格式"选项卡的"形状样式"组中选择一种形状样式，如下左图所示。

26 编辑"政策走向"栏目刊头。❶ 复制第5页中制作的刊头效果到第6页顶部，修改文本框中的内容使其与"政策走向"栏目相符合；❷ 单击"审阅"选项卡"校对"组中的"字数统计"按钮；❸ 打开"字数统计"对话框，在其中查看统计信息后单击"关闭"按钮，如下右图所示。

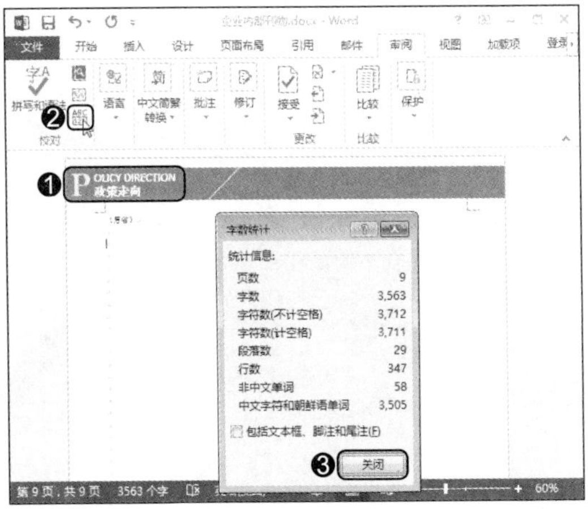

本 章 小 结

　　对于文档中难以用文字进行表述的内容，可以通过图片、流程图等进行说明。此外，在文档中插入各种对象，可以转换阅读时的氛围，让文档整体看起来更加活跃。本章学习的第一个重点在于Word中各种对象的插入和编辑操作，如插入形状、编辑形状、组合形状、设置形状效果等；另一个重点则在于图片的修饰，Word中增强了图片的编辑功能，可以对图片亮度、对比度、色调等效果进行编辑，还可以通过"删除背景"和"裁剪"功能将图片中多余的部分进行删除，最终让图片效果更佳。

制作办公表格——Word中表格的

创建与编辑

第3章

本章导读

在办公应用中，为了使某些特殊的内容或数据显示更直观、清晰，更具条理性，可以在Word文档中插入表格。另外，利用表格也可以对文档进行复杂的结构排版，丰富文档排版效果。本章将给读者介绍在Word中表格的应用，包括对表格的操作和修饰，以及如何利用表格排版文档。

知识要点

- 绘制或插入表格
- 单元格的合并及拆分
- 设置表格属性
- 表格的编辑、修改与调整
- 设置表格格式
- 应用表格中的计算功能

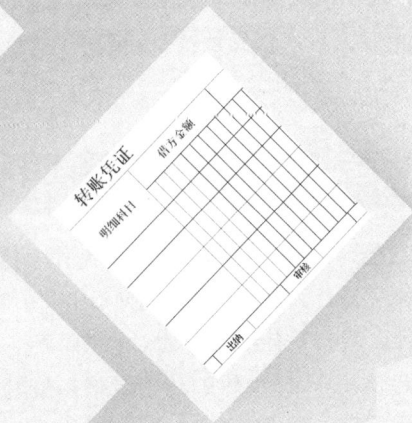

知识要点——表格的相关知识

　　日常办公中，经常需要制作一些仅应用于展示数据及结构的简单表格，如通讯录、课程表、报名表等。这类表格主要是为了让内容表现得更清晰直观，很少涉及数据的统计与分析，使用Word中的相关功能便可以快速创建。下面，将介绍表格的制作方法。

要点 01 哪些表格适合在Word中创建

　　使用表格可以清晰地展示数据、计算数据、分析数据，只要一提到在电脑中制作表格，可能很多人更多想到的是使用专业的表格制作软件Excel来完成。为什么还需要在Word中使用表格呢，Word中创建的表格与Excel中的表格又有何区别，什么情况下需要使用Word来创建表格？

　　带着这些问题，我们不妨先看看下面所列举的、使用Word创建的几个表格：应聘登记表、入职登记表、人事任命审批表、岗位说明表、员工考核表等。

　　从上述表格中，不难发现Word中建立的表格比较简单，一般只用于将各种内容呈现在表格中，与数据计算、分析几乎没有太大关系。制作这些表格的主要目的在于让文档中内容的结构更清晰、方便填写者快速填写相应内容。其实，Word中的表格也可以进行简单的运算，只是相比Excel的数据运算功能还是比较简单。

　　Word表格不像Excel功能那么多，但操作简单、容易上手，这也是Word中应用表格的优势。通常在制作一些以排版为主，以修饰内容为目的的简单表格时，可首选Word来制作完成。如涉及专业的数据计算和分析，则还是需要交给专业的软件处理。

要点 02 认识表格的组成部分

　　在Office中，表格是由一系列线条进行分割，形成许多格子用于显示数字和其他项的一种特殊格式。行、列、单元格是表格的三个基本组成部分。另外，根据单元格中内容性质的不同，表格中还可以有表头和表尾等元素，作为表格修饰的元素还有表格边框和底纹等。

（1）单元格

　　表格由横向和纵向的线条构成，线条交叉后出现的每个可以用于放置数据的格子便是单元格，如下图所示。在Word中，每个表格单元格中除了可以放置文字、数据外，还可用于放置图片、图形、甚至其他表格。

	单元格			

（2）行

　　表格中水平方向上的一组单元格称为一行。在用于表现数据的规整表格中，通常一行用于表示同一数据的不同属性，如下左图所示；也可用于表示不同数据的同一属性，如下右图所示。

年度	2011	2012	2013	2014	2015
企业租金	20000	24000	24000	28000	30000
广告费	50000	45000	48000	46000	49000
营业费	34000	36000	40000	32800	35000
调研费	8050	10000	9200	8600	10000
工资	34500	36200	35800	36000	35400
税金	8000	8000	10000	10000	11000
其他	6000	8000	7000	7800	8200

群体	10～20岁	21～30岁	31～40岁	41～50岁	50岁以上
女性	21%	68%	45%	36%	28%
男性	18%	58%	46%	34%	30%

（3）列

　　表格中纵向上的一组单元格便称为一列，列与行的作用相同。在用于表现数据的表格中，我们需要分别赋予行和列不同的意义，并且保持表格中任意位置这种意义不发生变化，以形成清晰的数据表格。例如，在一个表格中，每一行代表一条数据，每一列代表一种属性，那么在表格中则应该按行列的意义填写数据，否则将会造成数据混乱。

知识扩展

什么是"字段"与"记录"

　　在数据库表格中还有"字段"和"记录"两个概念，在Word或Excel表格中也常常会提到这两个概念。在数据表格中，通常把列叫做"字段"，即这一列中的值都代表同一种类型，例如调查表中的"10～20岁"、"21～30岁"等；而表格中存储的每一条数据则被称为"记录"。

（4）表头

表头用于指明表格行列的内容和意义，通常是表格的第一行或第一列，例如成绩表中第一行的内容有"群体"、"10～20岁"、"21～30岁"等，其作用是标明表格中每列数据所代表的意义，所以这一行是表格的表头。

（5）表尾

表尾是表格中可有可无的一种元素，通常用于显示表格数据的统计结果或说明、注释等辅助内容，位于表格中最后一行或列，如下图所示的表格中，最后一行为表尾，也称为"统计行"。

年度	2011	2012	2013	2014	2015
企业租金	20000	24000	24000	28000	30000
广告费	50000	45000	48000	46000	49000
营业费	34000	36000	40000	32800	35000
调研费	8050	10000	9200	8600	10000
工资	34500	36200	35800	36000	35400
税金	8000	8000	10000	10000	11000
其他	6000	8000	7000	7800	8200
总支出	160550	167200	174000	169200	178600

（6）表格的边框和底纹

构成表格行、列、单元格的线条称为边框，为了使表格美观漂亮，通常情况下需要对表格进行修饰和美化。除了常规设置表格内文字的字体、颜色、大小、对齐方式、间距等外，还可以对表格的线条和单元格的背景添加修饰，如下图所示的表格，采用了不同色彩的边框和底纹来修饰表格。

年度	2011	2012	2013	2014	2015
企业租金	20000	24000	24000	28000	30000
广告费	50000	45000	48000	46000	49000
营业费	34000	36000	40000	32800	35000
调研费	8050	10000	9200	8600	10000
工资	34500	36200	35800	36000	35400
税金	8000	8000	10000	10000	11000
其他	6000	8000	7000	7800	8200
总支出	160550	167200	174000	169200	178600

要点 **03** 选择表格对象

表格制作过程并不是一次性制作完成的，在输入表格内容后一般还需要对表格进行编辑，而编辑表格时常常需要先选择编辑的对象。在选择表格中不同的对象时，其选择方法也不相同，一般有如下几种情况。

- **选择单个单元格**：将鼠标指针移动到表格中单元格的左端线上，待指针变为指向右方的黑色箭头 ┓ 时，单击鼠标可选择该单元格，效果如下左图所示。

- **选择连续的单元格**：将文本插入点定位到要选择的连续单元格区域的第一个单元格中，按住鼠标左键不放并拖动至要选择连续单元格的最后一个单元格，或将文本插入点定位到要选择的连续单元格区域的第一个单元格中，按住"Shift"键的同时单击连续单元格的最后一个单元格，可选择多个连续的单元格，效果如下中图所示。

- **选择不连续的单元格**：按住"Ctrl"键的同时，依次选择需要的单元格即可选择这些不连续的单元格，效果如下右图所示。

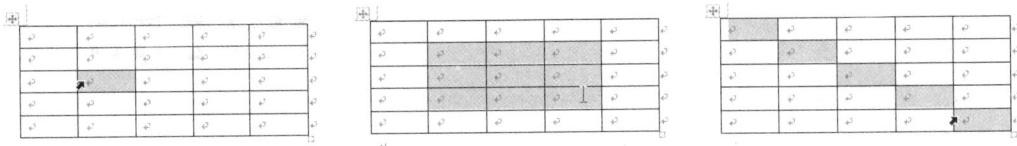

- **选择行**：将鼠标指针移到表格边框左端线的附近，待指针变为 形状时，单击鼠标即可选中该行，效果如下左图所示。

- **选择列**：将鼠标指针移到表格边框的上端线上，待指针变成 ↓ 形状时，单击鼠标即可选中该列，效果如下中图所示。

- **选择整个表格**：将鼠标指针移动到表格内，表格的左上角将出现 图标，右下角将出现 图标，单击这两个图标中的任意一个即可快速选择整个表格，效果如下右图所示。

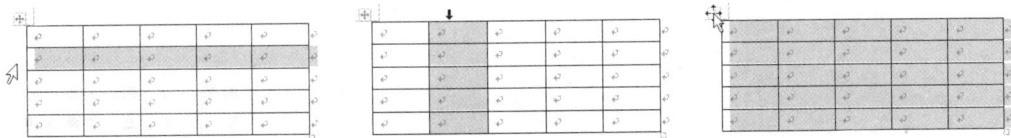

知识扩展

使用方向键快速选择相邻的单个单元格

按键盘上的方向键可以快速选择当前单元格上、下、左、右方的一个单元格。

要点 04 制作表格的方法

Word 2013提供了文档中表格的制作工具，可以制作出满足各种要求的表格。许多人对Word表格的制作还不是很熟悉，下面将表格的大致制作过程分为以下几个步骤。

1. 明确表格中需要展示的信息

要制作一个实用的、美观的表格是需要细心分析和设计的。在制作表格前，首先需要明确表格中要展示哪些数据内容，可以先将这些内容列举出来，然后再考虑表格的设计，例如个人简历表中可以包含姓名、性别、年龄、籍贯、电话等各类信息，先将这些信息列举出来。

2. 根据列表的内容进行分类

分析要展示内容之间的关系，将有关联的、同类的信息归为一类，尽量将同类信息整理在一起，并分析表格中要展示的数据，然后构思表格的大致布局，设计好表头。

在这个过程中，我们要仔细考虑，分析出表格字段的主次，按字段的重要程度或某种方便阅读的规律来排列字段。由于Word中的表格不适合用于展示字段很多的大型表格，表格中的数据字段过多超出页面范围后，不便于查看。所以，在设计表格字段时，还应尽量将横向上的表格字段数减少。例如，可将员工考核表中的信息分为各项考核标准及明细、考核评语、上层考核标准等几大类别。

当然，有些表格表现的是一系列相互之间没有太大关联的数据，对于这类表格的设计相对来说比较复杂，例如，我们要设计一个干部任免审批表，表格中需要展示审批中的各类信息，这些信息相互之间几乎没什么关联。在设计这类表格时，为了更清晰地排布表格中的内容，也为了使表格结构更合理、更美观，可以先在纸上绘制草图，反复推敲，最后在Word中制作表格。如下图所示是手绘的表格效果。

3. 制作表格大框架

根据表格内容中的类别，制作出表格的大框架，如下图所示。

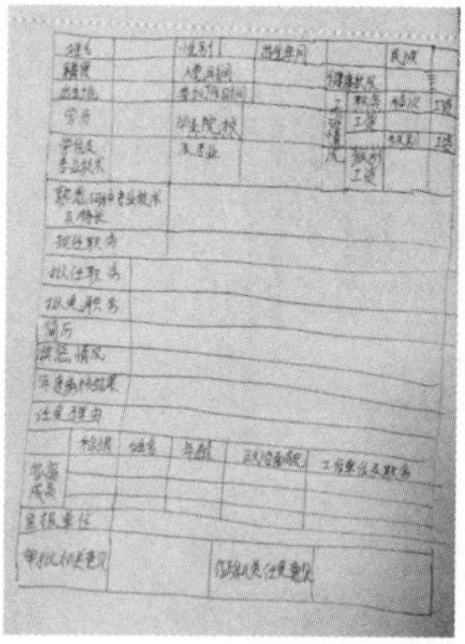

在Word中，创建表格的方法有很多，下面将从制作表格的两种不同方法来分别讲解Word文档中表格的制作技巧。

（1）通过命令制作表格

如果要创建的表格有整齐的行与列，表格比较方正、规则，就可以通过该方法来制作。

- 如果要制作的表格是一个8行10列以内的规则表格，此时可以单击"插入"选项卡"表格"组中的"表格"按钮，在弹出的下拉菜单的预设方格内通过拖动行列数的方法来创建表格，如下左图所示。

- 如果需要创建更多行数或列数的规则表格，此时可在"表格"下拉菜单中选择"插入表格"命令，通过在打开的"插入表格"对话框中指定行数、列数、固定列宽等参数创建表格，如下右图所示。

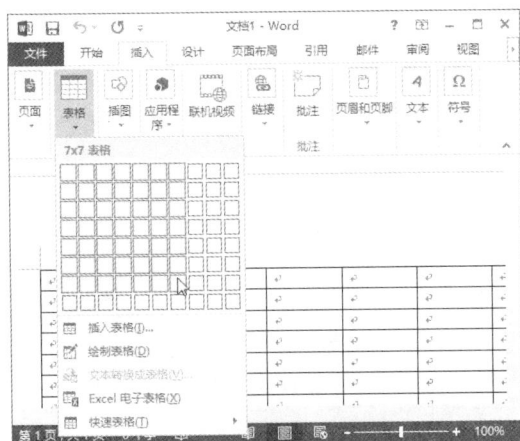

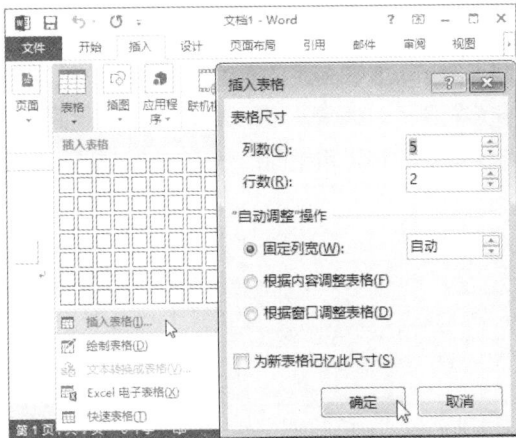

（2）手动绘制表格

当要创建"非方正、非对称"类表格时，使用手动绘制表格的方法会更便捷一些。在"表格"下拉菜单中选择"绘制表格"命令，当鼠标光标变为 ∅ 形状，就可以根据需要直接绘制出表格了，就像使用铅笔在纸上绘制表格一样简单。如果绘制错了，还可以单击"表格工具-布局"选项卡"绘图"组中的"橡皮擦"按钮 将其擦除。具体请参看本章具体案例的制作。

4. 输入表格内容

表格的大致框架完成后，接下来就是调整单元格的大小、输入文本等操作。在该过程中需要注意以下几点：

（1）保持整齐的行列

应用表格展示数据可以有效地节省空间，用最少的位置直观地展现更多的数据。要让表格中的数据足够清晰，首先要保持整齐的行和列，让数据有规律地排列。即使是不规则的表格，也要尽量对表格内的单元格进行分隔或者合并，进而形成"非单纯方阵"表格。如下图所示，表格最后两行的内容比上方的内容长，如果保持整齐的行列，上方单元格中的文字就会换行并留给填写者填写的空间会受影响，因此，采用合并单元格的方式，扩大单元格宽度，不仅保持了表格的整齐，也合理地利用了多余的表格空间。

姓名		性别		出生年月			民族		
籍贯		入党时间			健康状况				
出生地		参加工作时间			工 资 情 况	职务 工资	档次		工资金额
学历		毕业 院校 及专 长				级别 工资	级别		工资金额
学位或 专业技 术职务									
熟悉何种专业技术 及有何种专长									
现任职务									

（2）设置合理的对齐方式

例如下左图所示的表格，行列中的数据排列不整齐，表格就会显得杂乱无章，查看起来就不太方便了。通常，不同类型的字段，可采用不同的对齐方式来表现，但对于每一列中各单元格的数据应该采用相同的对齐方式，如下右图所示。

产品名称	生产厂址	单价	数量
网卡	深圳	25	150
耳麦	上海	30	120
音箱	浙江	180	160
键盘	北京	30	200
鼠标	北京	35	200
机箱	深圳	140	300
电源	深圳	200	100
摄像头	深圳	120	200

群体	10～20岁	21～30岁	31～40岁	41～50岁	50岁以上
女性	21%	68%	45%	36%	28%
男性	18%	58%	46%	34%	30%

（3）调整行高与列宽

表格中各字段的内容长度可能不相同，一般很少能做到各列的宽度统一，但通常可以保证各行的高度一致。在设计表格时，应仔细研究表格数据内容，是否有特别长的数据内容，尽量通过调整列宽，使较长的内容在单元格内不换行。如果实在有单元格中的内容要换行，则统一调整各列的高度，让每一行高度一致。如下左图中的表格中部分单元格内容过长，此时调整各列宽度及各行高度，调整后效果如下右图所示。

年度	2011	2012	2013	2014	2015
企业租金	20000	24000	24000	28000	30000
广告费	50000	45000	48000	46000	49000
营业费	34000	36000	40000	32800	35000
调研费	8050	10000	9200	8600	10000
工资	34500	36200	35800	36000	35400
税金	8000	8000	10000	10000	11000
其他	6000	8000	7000	7800	8200
总支出	160550	167200	174000	169200	178600

年度	2011	2012	2013	2014	2015
企业租金	20000	24000	24000	28000	30000
广告费	50000	45000	48000	46000	49000
营业费	34000	36000	40000	32800	35000
调研费	8050	10000	9200	8600	10000
工资	34500	36200	35800	36000	35400
税金	8000	8000	10000	10000	11000
其他	6000	8000	7000	7800	8200
总支出	160550	167200	174000	169200	178600

5. 修饰表格效果

数据表格中以展示数据为主，修饰的目的是为了更好地展示数据。所以，在表格中应用修饰时应以清晰展示数据为目标，不要一味地追求艺术。

通常表格中数据量大、文字多，为更清晰地展示数据，可使用常规的或简洁的字体，如宋体、黑体等；使用对比明显的色彩，如白底黑字、黑底白字等；为表格主体内容区域、表头、表尾采用不同的修饰进行区分，如使用不同的边框、底纹等。

Word 2013提供了丰富的表格样式库，用户在设置表格时可根据需要为表格选择适当的内置样式，快速完成表格格式套用，再对局部进行完善，从而提高工作效率。必要时还可以修改内置表格样式，使之变为用户自定义样式，以便后期使用。

同步训练——实战应用成高手

通过前面知识要点的学习，主要让读者认识和掌握Word中制表的相关技能与应用经验。下面，针对日常办公中的相关应用，列举几个典型的表格案例，给读者讲解在Word中制表的思路、方法及具体操作步骤。

案例 01 制作培训记录表

案例概述

在现代企业管理中，企业常常会为了提高人员素质、能力、工作绩效和对组织的贡献，而实施有计划、有系统的培养和训练活动。这是推动企业不断发展的重要手段之一，市场上常见的企业培训形式包括企业内训和企业公开课。培训人员一般会在每一次培训后填写一张记录表，用于记录本次培训的相关情况，进行备案及后期培训情况统计，效果如下图所示。

培训记录表

培训时间		培训地点	
培训内容		培训讲师	
培训主持		培训记录	
参训人员			
培训内容记录			
培训实施效果			
应到人数		实到人数	
请假			

素材文件：无
结果文件：光盘\结果文件\第3章\案例01\培训记录表.docx
教学文件：光盘\同步教学视频\第3章\案例01.mp4

制作思路

在Word中制作培训记录表的流程与思路如下。

一 **创建初始表格**：制作任何一个表格时，首先需要创建出表格的大体框架。本例将要制作的是一个8行10列的规则表格，可以使用拖动鼠标光标的方法来创建表格框架。

二 **输入表格内容**：根据需要罗列的表格数据，依次输入到相应的单元格中即可。

三 **编辑单元格**：根据表格内容和以后要在该表格中输入的内容，对单元格的大小进行调整，或者合并相应的单元格。

四 **美化表格**：根据单元格内容，为单元格设置合适的边框予以调整。

具体步骤

非数据表形式的表格是办公应用中经常用到的，这些表格不需要整齐的行列，主要用于展示一系列相互独立的并且是唯一的信息。例如，本例要制作的培训记录表，其中所表达的内容实质上只有一条记录，然后分解成不同的字段。下面通过本例的制作，为读者介绍在Word中制作和编辑规则表格的相关操作。

1. 创建规则表格框架

要制作行列数不多的规则表格，可应用Word中的拖动鼠标光标创建表格的方法来制作表格结构，本例中制作表格的具体操作步骤如下。

01 输入标题文字并插入表格。❶ 新建一篇空白文档，并以"培训记录表"为名进行保存；❷ 输入表格标题文字并设置合适的格式；❸ 单击"插入"选项卡"表格"组中的"表格"按钮；❹ 在弹出的下拉列表框中拖动鼠标插入一个4列8行的表格，如下左图所示。

02 统一设置表格行高。❶ 单击表格左上角的 图标，选择整个表格；❷ 在"表格工具-布局"选项卡"单元格大小"组中的"高度"数值框中设置单元格高度为"1厘米"，如下右图所示。

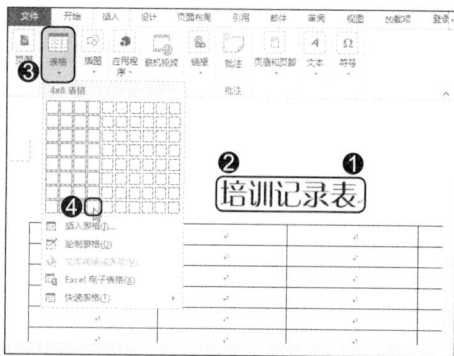

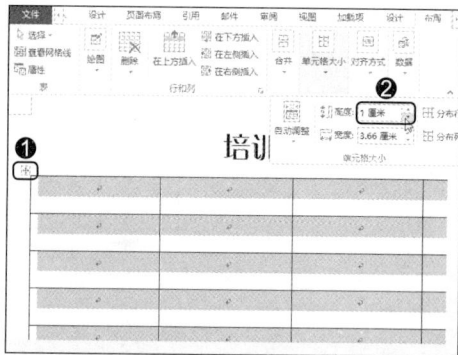

拖动行列数创建表格的弊端

在Word中通过拖动鼠标光标创建表格的方法，只能插入8行10列以内的简单表格。

高手点拨

2. 输入表格内容并调整单元格大小

制作好表格的框架结构后，就可以在表格中各单元格内添加相应的文字内容了，然后对表格进行相应编辑，如添加和删除表格对象、合并与拆分单元格、调整行高与列宽等，使其能满足实际需求。

01 统一设置单元格对齐方式。单击"对齐方式"组中的"水平居中"按钮，如下左图所示。

02 录入表格内容。❶ 在表格中各单元格内输入如下左图所示的表格内容；❷ 选择整个表格；❸ 在"开始"选项卡的"字体"组中设置合适的字体格式，如下右图所示。

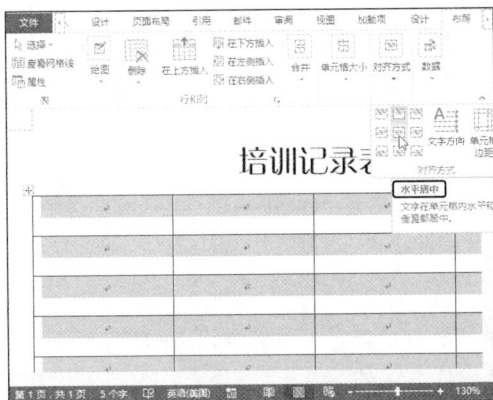

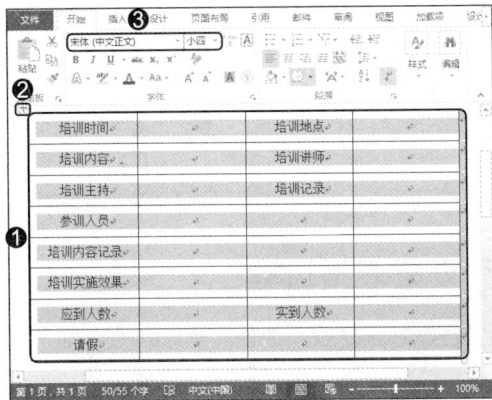

03 合并单元格。❶ 选择"参训人员"右侧的3个单元格；❷ 单击"表格工具-布局"选项卡"合并"组中的"合并单元格"按钮，如下左图所示。

04 设置单元格行高。❶ 使用相同的方法，分别合并"培训内容记录"、"培训实施效果"和"放假"单元格右侧的3个单元格；❷ 将文本插入点定位于"培训内容记录"右侧的单元格中；❸ 在"单元格大小"组中的"表格行高"为"7厘米"，如下右图所示。

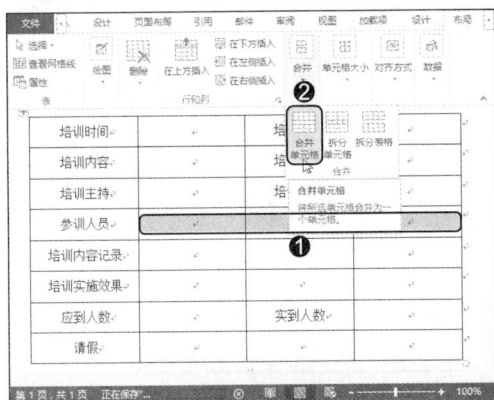

合并和拆分表格

在应用表格时，常常需要将多个单元格合并为一个单元格，或将一个单元格拆分为多个单元格，以制作出不规则的表格结构。

05 调整单个单元格的宽度。❶ 使用相同的方法，设置"培训实施效果"右侧的单元格的行高为"7厘米"；❷ 选择"培训内容记录"单元格；❸ 拖动所选单元格右侧的边框线，当鼠标指针将变为↔形状时，按住鼠标左键不放并拖动，如下左图所示。

06 调整其他单个单元格的宽度。使用相同的方法，调整"培训实施效果"单元格的宽度，如下右图所示。

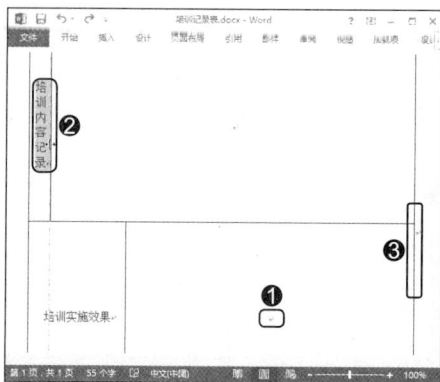

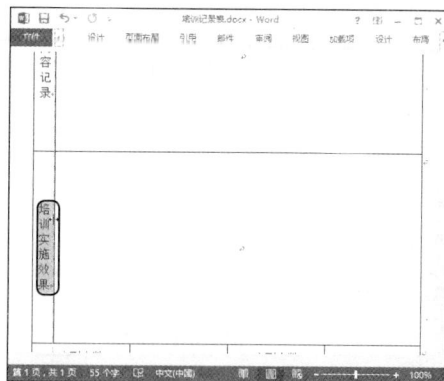

3. 设置表格边框

创建好表格后，为使其更加美观，可为表格添加各种修饰，如设置表格边框样式，设置单元格底纹样式等。本例只需要设置表格边框，具体操作方法如下。

01 设置单元格上边框。❶ 选择"培训内容记录"所在的行；❷ 在"表格工具-设计"选项卡"边框"组中设置边框样式为"双线"，宽度为"1.5磅"，颜色为"黑色"；❸ 单击"边框"按钮；❹ 在弹出的下拉菜单中选择"上框线"命令，如下左图所示。

02 设置单元格下边框。❶ 选择"培训实施效果"所在的行；❷ 单击"表格工具-设计"选项卡"边框"组中的"边框"按钮；❸ 在弹出的下拉菜单中选择"下框线"命令，如下右图所示。

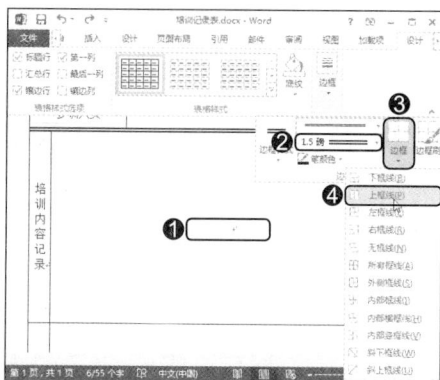

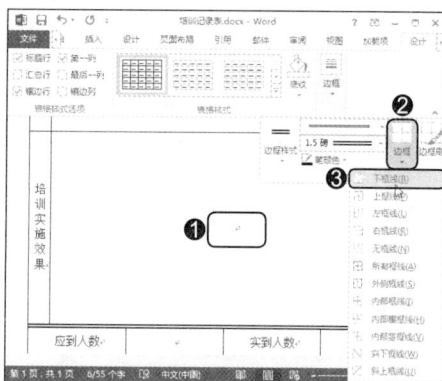

案例 02 制作转账凭证单

案例概述

转账凭证单是用以记录与货币资金收付无关的转账业务（不涉及现金和银行存款收付的各

项业务）的凭证，它是由会计人员根据审核无误的转账原始凭证填制的。在会计中，转账凭证单用以编制不涉及“现金”和“银行存款”科目的会计分录，是登记有关明细账与总分类账的依据。

转账凭证

摘要	总账科目	明细科目	借方金额	贷方金额
合计				
财务主管	记账	出纳	审核	制单

素材文件：无

结果文件：光盘\结果文件\第3章\案例02\转账凭证单.docx

教学文件：光盘\同步教学视频\第3章\案例02.mp4

制作思路

在Word中制作“转账凭证单”表格的流程与思路如下。

一 **创建初始表格：** 虽然转账凭证单看似一种不规则的表格，但其整体而言还是规则，因此我们可以通过插入表格的方法先制作出表格的大致框架。

二 **合并与拆分单元格：** 转账凭证单是一种涉及录入金额的会计用表，需要预留填写金额数据的区域，也就是那种很密集排布的单元格。因此，需要在现有的表格框架上对部分单元格进行合并和拆分。

三 **调整行高与列宽：** 根据单元格中需要填写的内容多少合理调整行高和列宽，预留出合适的位置。

具体步骤

在办公应用中有许多需要填写的表格，我们都可以在Word中来制作。本例将以转账凭证单为例，为读者介绍在Word中对单元格进行编辑的相关操作。

1. 创建表格框架

要制作复杂的表格，可以先对其简化，制作出大体框架，再进行细致处理。本例先为页面设置合适的格式，然后通过插入表格的方法制作表格的大致框架，具体操作步骤如下。

01 设置纸张大小。❶ 新建一个空白文档，并以“转账凭证”为名进行保存；❷ 单击“页面布局”选项卡“页面设置”组中的“纸张大小”按钮；❸ 在弹出的下拉菜单中选择“信封C5”命令，如下左图所示。

02 设置纸张方向。❶ 单击“页面设置”组中的“纸张方向”按钮；❷ 在弹出的下拉菜单中选择“横向”命令，如下右图所示。

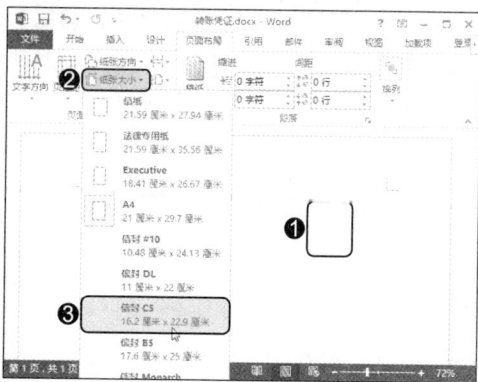

03 设置页边距。❶ 单击"页面设置"组中的"页边距"按钮；❷ 在弹出的下拉菜单中选择"窄"命令，如下左图所示。

04 插入表格。❶ 输入表格标题，并设置合适的格式；❷ 单击"插入"选项卡"表格"组中的"表格"按钮；❸ 在弹出的下拉菜单中选择"插入表格"命令；❹ 在打开的"插入表格"对话框的"表格尺寸"栏中设置列数为"5"，行数为"8"；❺ 单击"确定"按钮，如下右图所示。

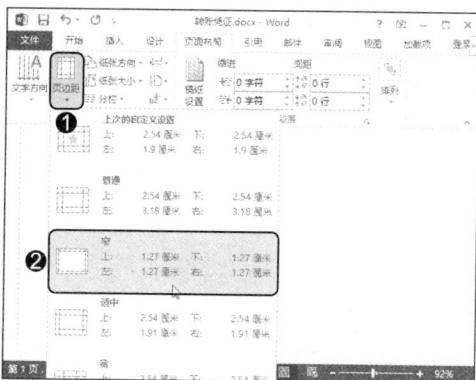

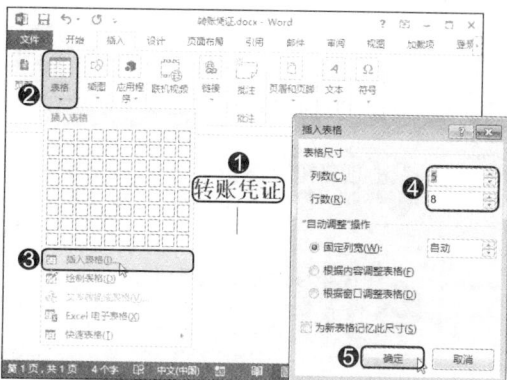

2. 编辑单元格

　　接下来对单元格进行合并和拆分操作，先制作好表格框架，再输入文本，最终根据要填写的内容调整单元格的大小，具体操作步骤如下。

01 合并单元格。❶ 在单元格中输入文本，并设置合适的字体格式；❷ 选择"摘要"及其下方的一个单元格；❸ 单击"表格工具-布局"选项卡"合并"组中的"合并单元格"按钮，如右图所示。

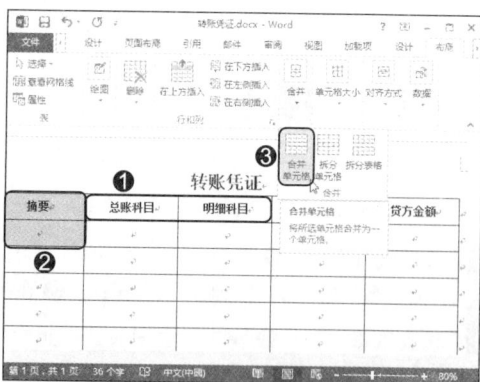

02 **设置单元格的对齐方式。**经过上一步操作，即可将选择的两个单元格合并为一个单元格。❶ 使用相同的方法合并其他单元格；❷ 选择整个表格；❸ 单击"表格工具-布局"选项卡"对齐方式"组中的"水平居中"按钮，如下左图所示。

03 **拆分单元格。**❶ 选择"借方金额"和"贷方金额"列中需要填写具体数据的单元格；❷ 单击"表格工具-布局"选项卡"合并"组中的"拆分单元格"按钮；❸ 在打开的"拆分单元格"对话框中取消选中"拆分前合并单元格"复选框；❹ 在"列数"数值框中设置要拆分的列数；❺ 单击"确定"按钮，如下右图所示。

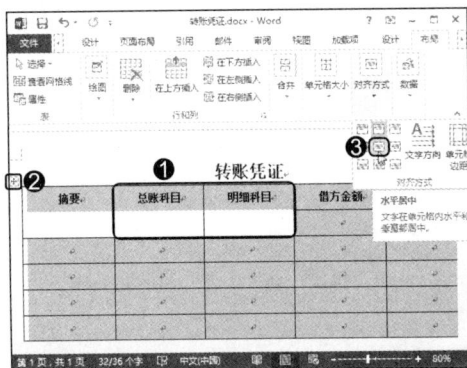

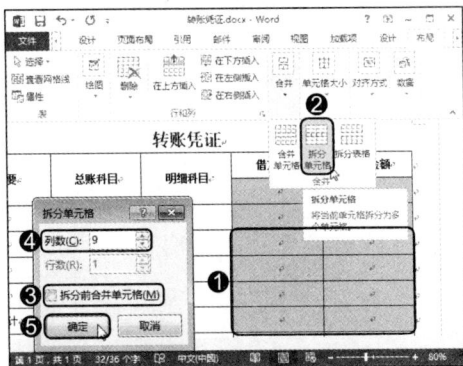

04 **设置单元格大小。**❶ 使用相同的方法将最后一行中的单元格均拆分为两个单元格，并在"开始"选项卡中设置该行单元格数据的字号为"11磅"，并加粗显示；❷ 选择"总账科目"和"明细科目"所在的列；❸ 在"表格工具-布局"选项卡"单元格大小"组中的"宽度"数值框中输入"3.5厘米"，如下左图所示。

05 **平均分布列。**❶ 通过拖动鼠标光标调整并对齐最后一列单元格的边框线；❷ 选择要平均分布的多列；❸ 单击"单元格大小"组中的"分布列"按钮，如下右图所示。

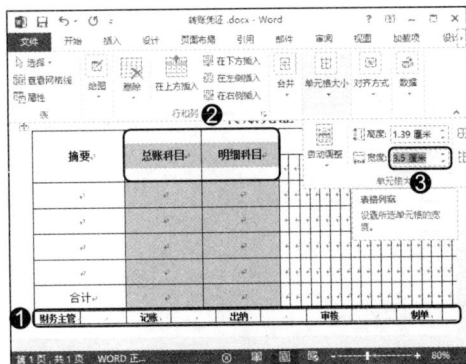

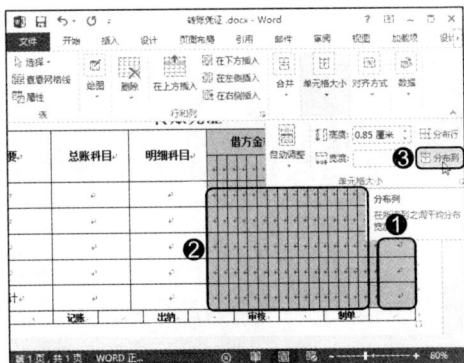

06 **显示平均分布列效果。**经过上一步操作，即可平均分布所选单元格的列宽，效果如右图所示。

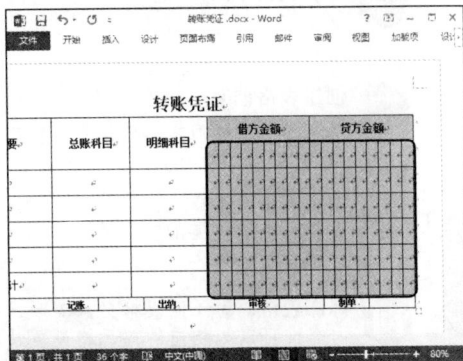

案例 03 制作办公用品申购单

案例概述

在企业中，有些部门根据工作需要经常要申领一些物件，这时就需要向上级部门提出采购申请。采购申请单就是为了采购物品而提出支钱的申请凭证。通常可以以统一格式的表格将采购申请相关的内容列出，如申请部门、申请物件、数量、申请理由、预期使用日期以及与物件相关的要求等。“办公用品申购单”表格制作完成后的效果如下图所示。

办公用品申购表

申请部门： 申请日期： 年 月 日

<table>
<tr><td>序号</td><td>名称</td><td>规格</td><td>单价</td><td>数量</td><td>金额</td><td>用途</td></tr>
<tr><td>1</td><td></td><td></td><td></td><td></td><td></td><td></td></tr>
<tr><td>2</td><td></td><td></td><td></td><td></td><td></td><td></td></tr>
<tr><td>3</td><td></td><td></td><td></td><td></td><td></td><td></td></tr>
<tr><td></td><td></td><td></td><td></td><td></td><td></td><td></td></tr>
<tr><td></td><td></td><td></td><td></td><td></td><td></td><td></td></tr>
<tr><td></td><td></td><td></td><td></td><td></td><td></td><td></td></tr>
<tr><td></td><td></td><td></td><td></td><td></td><td></td><td></td></tr>
<tr><td></td><td></td><td></td><td></td><td></td><td></td><td></td></tr>
<tr><td colspan="2">合计金额：</td><td colspan="5"></td></tr>
<tr><td colspan="3">申请人：</td><td colspan="4">申请部门经理审核：</td></tr>
<tr><td colspan="3">行政综合部审核：</td><td colspan="4">财务部审核：</td></tr>
<tr><td colspan="3">行政副总裁审批（审核）：</td><td colspan="4">执行总裁审批：</td></tr>
</table>

素材文件：无

结果文件：光盘\结果文件\第3章\案例03\办公用品申购单.docx

教学文件：光盘\同步教学视频\第3章\案例03.mp4

制作思路

在Word中制作“办公用品申购单”表格的流程与思路如下。

一 **绘制表格草图**：在使用Word编辑较复杂的表格时，需要清楚表格的大致构成部分，将需要安排的文本罗列一下，规划好需要排列的方式。

二 **创建表格框架**：由于本例制作初期将该表格的最终效果视作一个不规则表格来进行编辑，因此需要使用手绘方法来绘制一个大致的表格框架。

三 **编辑表格**：完成表格的整体设计后，就可以输入具体的内容，进行单元格的各种编辑，使表格更加完善了。

四 **修饰表格**：为了使表格更加美观，可以适当进行修饰。如果要突出表格中的部分内容，可以为相应的单元格设置边框、底纹等效果。

具体步骤

在企业办公中经常涉及申请环节，一般情况下，可以直接制作申请文档，但如果经常涉及某方面的申请，相关部门也可以准备好具体的申请表，当员工需要时给其发放进行填写即可。本例将以制作"办公用品申购单"表格为例，为读者介绍在Word中不规则表格的绘制及相关操作。

知识扩展

规则与不规则表格

规则表格也就是指那些行列线横平竖直的、排布非常整齐的表格。不规则单元格多是对某些单元格进行了合并，或调整了某一行或某一列中某一边框线形成的效果。它可以通过手动绘制，也可以通过拆分/合并单元格以及调整单元格大小等操作来完成。

1. 绘制表格框架

要制作不规则行列数的表格，可应用Word中的手动绘制表格功能绘制出表格框架。手动绘制表格是指用铅笔工具绘制表格的边线，其绘制过程类似于日常生活中用笔在纸张上绘制表格。在绘制过程中，若绘制的线条有误，则可以使用橡皮擦擦除相应的表格边线。本例中绘制办公用品申购表的具体操作方法如下。

01 执行"绘制表格"命令。❶ 新建一个空白文档，并以"办公用品申购单"为名进行保存；❷ 输入表格标题和提示文字，并设置合适的字体格式；❸ 单击"插入"选项卡"表格"组中的"表格"按钮；❹ 在弹出的下拉菜单中选择"绘制表格"命令，如下左图所示。

02 拖动鼠标绘制表格外边框。在页面中拖动鼠标光标绘制出表格的外边框，如下右图所示。

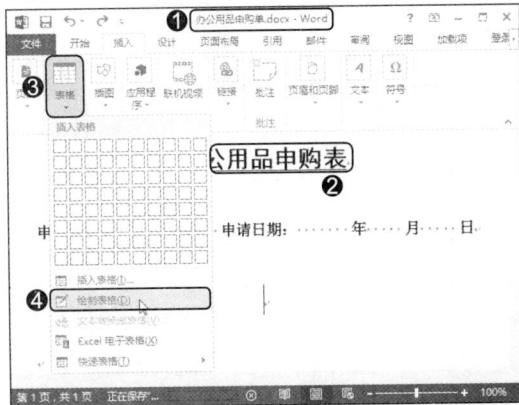

03 绘制表格内部线条。在表格外边框内拖动鼠标光标绘制出表格内部线条，对表格结构进行划分，如下左图所示。

04 绘制完表格结构。应用相同的方法绘制完表格结构，绘制完成后按"Esc"键退出表格绘制状态，效果如下右图所示。

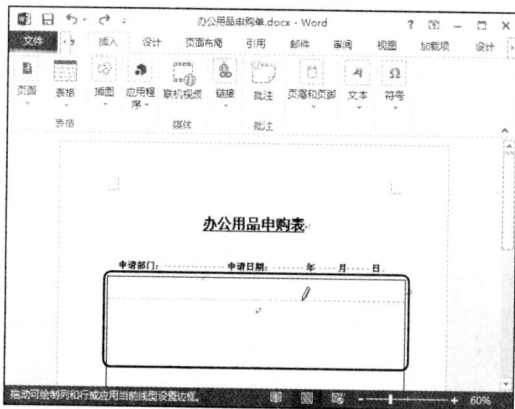

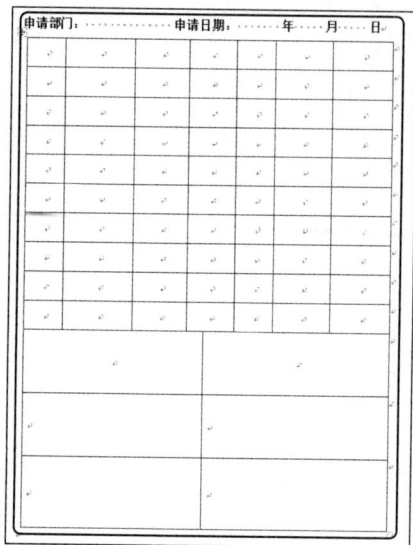

05 执行"橡皮擦"命令。❶ 单击"表格工具-布局"选项卡"绘图"组中的"橡皮擦"按钮；❷ 在表格中需要擦除的边线上单击，如下左图所示。

06 擦除不需要的线条。经过上一步操作，即可将选择的边线擦除。继续移动鼠标光标到其他要擦除的边线上单击，完成后按"Esc"键退出，效果如下右图所示。

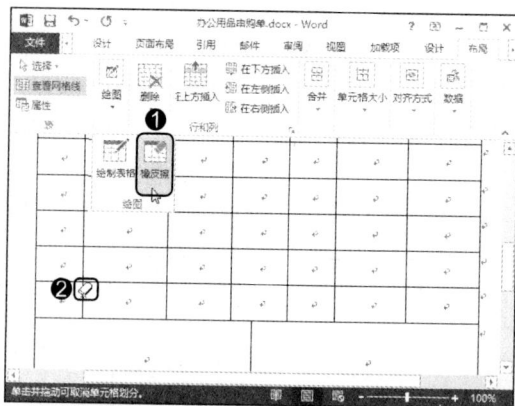

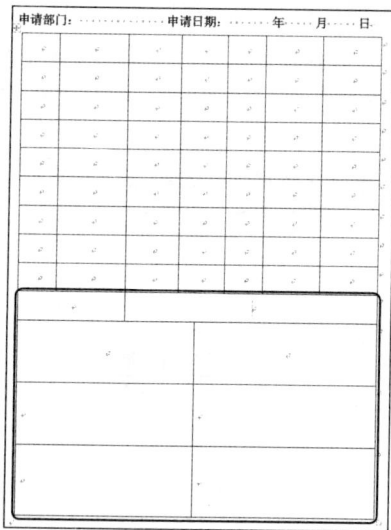

2. 制作办公用品申购表

创建好表格框架后，先输入单元格的内容，再针对内容调整各单元格的大小，最后为了使表格更加美观，可为其添加各种修饰。下面就来制作"办公用品申购单"文档中的表格，具体操作方法如下。

01 输入表格内容并设置文本字号。❶ 在表格中相应的单元格内输入文字内容；❷ 在"开始"选项卡的"字体"组中设置字号为"四号"，如下左图所示。

02 执行"水平居中"命令。❶ 选择除用于签字外的所有单元格；❷ 单击"表格工具-布局"选项卡 "对齐方式"组中的"水平居中"按钮，如下右图所示。

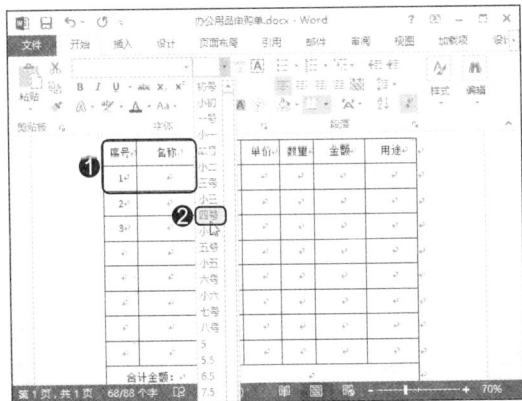

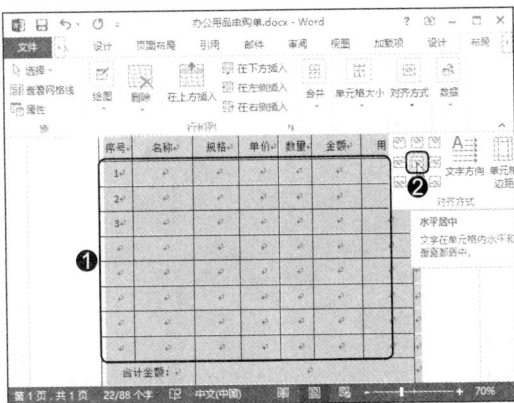

03 执行"中部两端对齐"命令。❶ 选择用于签字的所有单元格；❷ 单击"对齐方式"组中的"中部两端对齐"按钮，如下左图所示。

04 执行启动对话框的操作。❶ 选择整个表格；❷ 单击"表格工具-设计"选项卡"边框"组右角的对话框启动器按钮，如下右图所示。

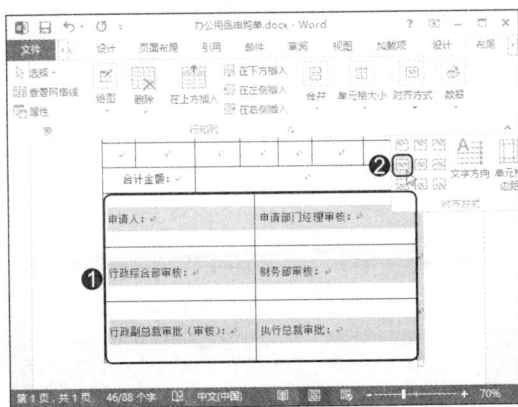

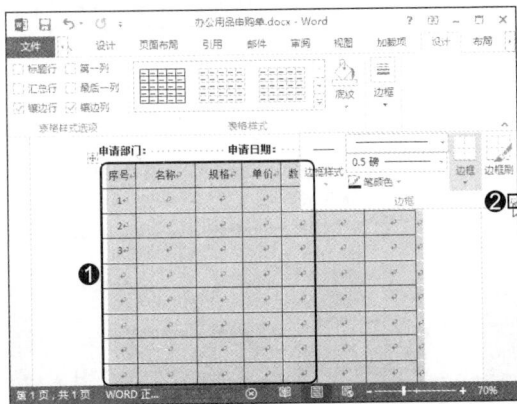

05 设置外边框线样式。打开"边框和底纹"对话框，❶ 在"设置"栏中选择"自定义"选项；❷ 在"样式"列表框中选择需要的边框线样式；❸ 在"宽度"下拉列表框中选择"1.5磅"选项；❹ 在"预览"栏中单击相应的按钮设置表格的外边框线；❺ 使用相同的方法，设置内部边框线的线样式，在"预览"栏中单击相应的按钮设置表格的内部边框；❻ 单击"确定"按钮，如右图所示。

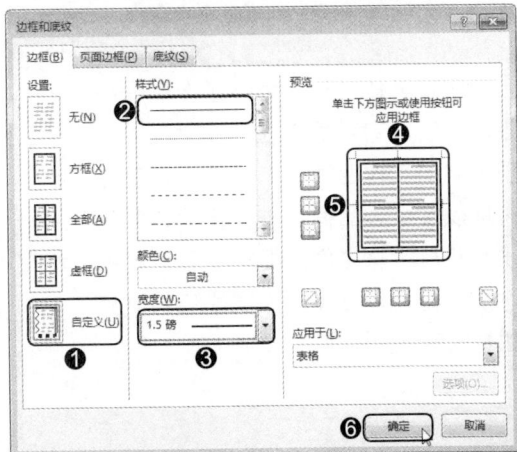

06 设置单元格下框线样式。❶ 在"表格工具-设计"选项卡"边框"组中设置边框线样式和边框线宽度；❷ 单击"笔颜色"按钮；❸ 在弹出的下拉菜单中选择需要的边框线颜色；❹ 单击"边框刷"按钮，如下左图所示。

07 绘制单元格下框线样式。在第一行单元格的下边框线上拖动鼠标光标，即可为该边框应用刚设置的样式，如下右图所示。

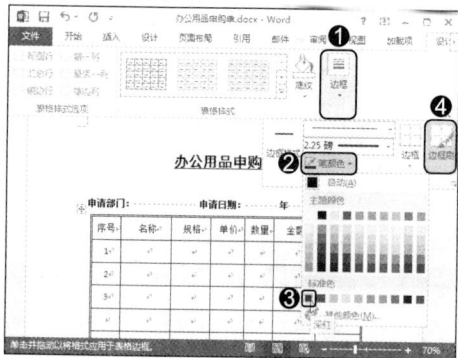

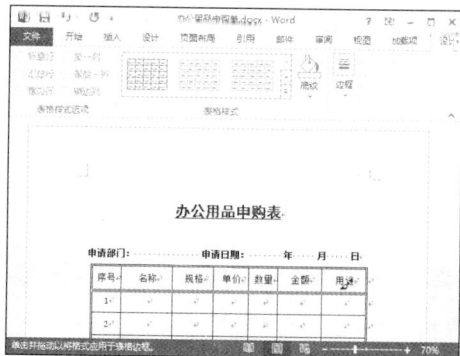

08 设置单元格底纹颜色。❶ 选择"合计金额："单元格；❷ 单击"表格样式"组中的"底纹"按钮；❸ 在弹出的下拉菜单中选择需要填充的颜色，即可为该单元格填充底纹颜色，效果如右图所示。

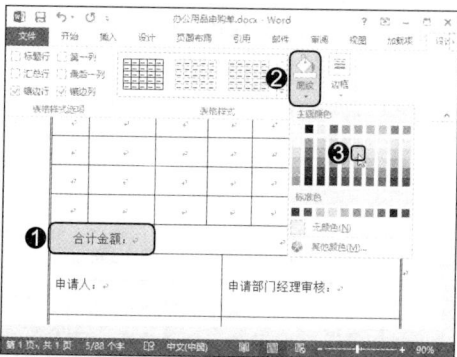

案例 04 制作绩效考核成绩表

案例概述

绩效考核过程中免不了要制作绩效考核表，它对员工在工作过程中体现出来的工作业绩、工作能力、工作态度以及个人品德等进行评价，并用于判断员工与岗位的要求是否相称的方法。绩效考核表制作完成后的效果如右图所示。

素材文件：无
结果文件：光盘\结果文件\第3章\案例04\绩效考核表.docx
教学文件：光盘\同步教学视频\第3章\案例04.mp4

制 作 思 路

在Word中制作绩效考核表的流程与思路如下。

一 **创建初始表格：** 本例在制作时首先要清楚表格中主要应包含的数据项，包括对基本数据、考核项目和要进行计算的数据项的罗列，并以适当的形式构建好表格框架。

二 **修饰表格：** 本例的重点是对数据进行计算，所以表格修饰方面就简单套用了预设的样式，再进行适当修改。

三 **计算表格数据：** 输入表格数据后，还需要使用公式计算出各员工的考核总成绩，并计算出各项考核项目的平均成绩。

四 **拆分表格：** 本例中制作的表格实际上可以拆分为两个部分，为了让各部分内容显示更加清楚，最后拆分为两个独立的表格。

具 体 步 骤

　　如需要收集或展示大量的信息和数据，此时需要对表格中的内容进行排序或简单计算等，Word 2013中的表格已经具备了这些功能，我们可以在文档中制作这类表格。本例将以绩效考核表为例，重点应用表格的拆分、套用格式和公式计算等功能。

1. 创建绩效考核表框架

　　通过前期对绩效考核表的规划和设计，得知其大部分为划分整齐的行列，因此，可以应用Word中的"插入表格"功能快速插入表格，然后应用合并单元格和拆分单元格的方式对表格中部分不规则的区域进行调整，具体制作步骤如下。

高手点拨

插入单个单元格的技巧

　　若要插入单个单元格，可先选择要插入单元格的右侧或上方的单元格，单击"表格工具-布局"选项卡"行和列"组右下角的对话框启动器按钮，在打开的"插入单元格"对话框中选中"活动单元格右移"或"活动单元格下移"单选按钮，即可在当前单元格的左侧或上方插入单元格，插入单元格后，其后的单元格会随之移动。

`01` **设置页边距。** ❶ 新建一个空白文档，将其以"绩效考核表"为名进行保存；❷ 单击"页面布局"选项卡"页面设置"组中的"页边距"按钮；❸ 在弹出的下拉列表中选择"适中"选项，如下左图所示。

`02` **插入表格。** ❶ 单击"插入"选项卡"表格"组中的"表格"按钮；❷ 在弹出的下拉菜单中选择"插入表格"命令；❸ 在打开的"插入表格"对话框的"表格尺寸"栏中设置列数为"7"，行数为"28"；❹ 单击"确定"按钮即可插入对应列数的表格，如下右图所示。

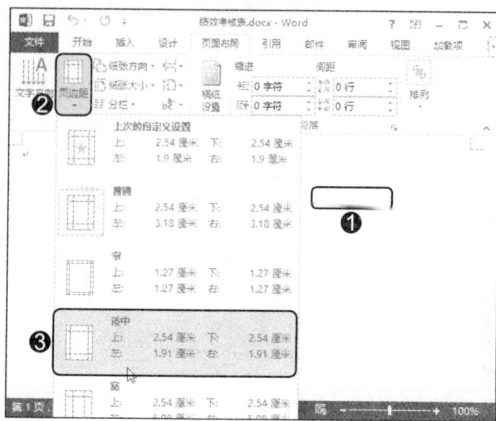

03 合并单元格。❶ 选择倒数第二行中的前两个单元格；❷ 单击"表格工具-布局"选项卡"合并"组中的"合并单元格"按钮将其合并为一个单元格，如下左图所示。使用相同的方法继续合并最后一行中的前两个单元格。

04 拆分单元格。❶ 选择最后一行中除第一个单元格外的所有单元格；❷ 单击"表格工具-布局"选项卡"合并"组中的"拆分单元格"按钮；❸ 在打开的对话框中选中"拆分前合并单元格"复选框；❹ 在"列数"数值框中输入"3"，在"行数"数值框中输入"5"；❺ 单击"确定"按钮，将所选单元格均拆分为5行3列，如下右图所示。

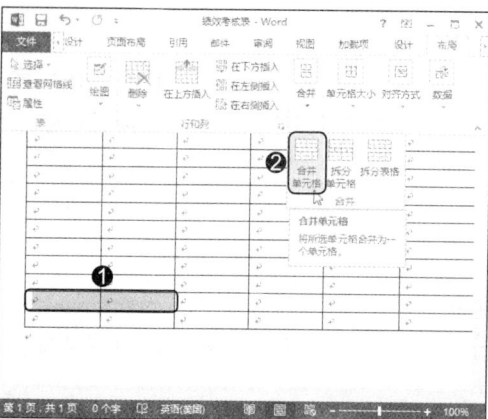

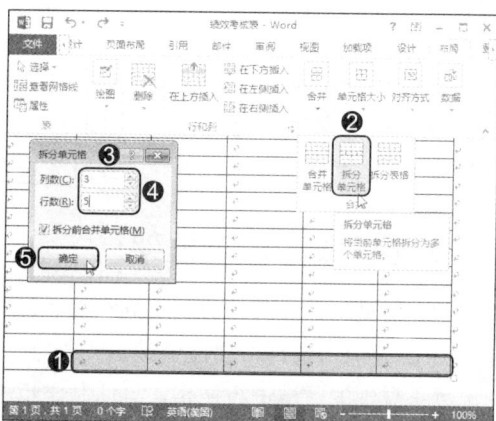

05 合并单元格。❶ 选择刚拆分得到的中间一列单元格；❷ 单击"表格工具-布局"选项卡"合并"组中的"合并单元格"按钮，完成表格初步框架的创建，如右图所示。

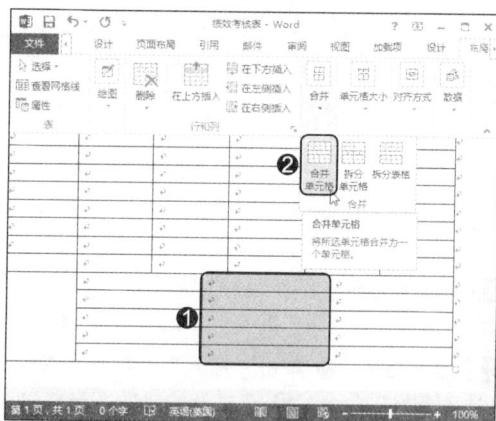

06 输入表格基本内容并插入列。❶ 在表格相应的单元格中添加对应的文字内容；❷ 本例中要在现有表格中"编号"列后增加一列"工号"，并在表格中增加一行。将鼠标光标移至表格第1列顶部，当鼠标光标变为↓形状时，单击选择该列单元格；❸ 单击"表格工具-布局"选项卡"行和列"组中的"在右侧插入"按钮，如下左图所示。

07 输入第2列标题并插入行。❶ 在上一步所选列的右侧插入的新列的第1个单元格中输入文字"工号"；❷ 在表格底部有文字内容上方的一行单元格最左侧单击，选择该行；❸ 单击"表格工具-布局"选项卡"行和列"组中的"在下方插入"按钮，如下右图所示。

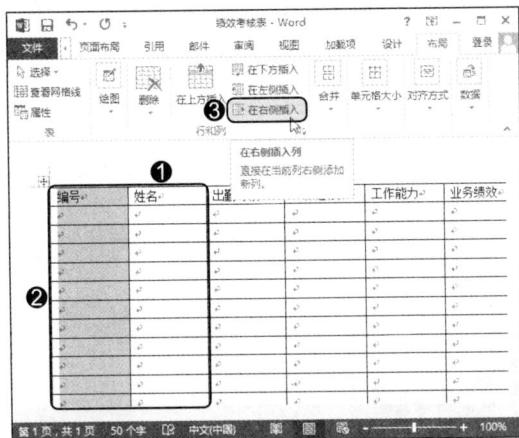

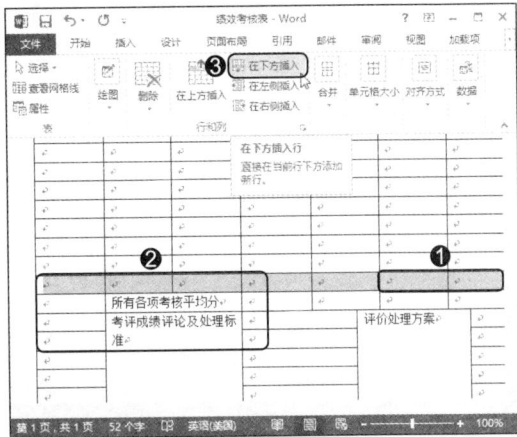

08 合并单元格并输入文本。合并第一列最后5个单元格，并输入相应的文字内容，如右图所示。

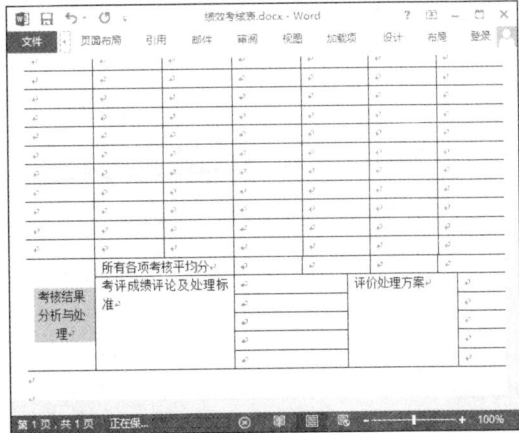

2. 为表格添加修饰

为使表格更加美观，本例将应用Word中的表格样式快速为表格应用修饰效果，并通过表格属性快速调整表格中各行高度及各列宽度。

01 应用表格样式。❶ 将文本插入点定位于表格中；❷ 在"表格工具-设计"选项卡"表格样式"组中的列表框中选择要应用的表格样式，如下左图所示。

02 选择"修改表格样式"命令。单击"表格工具-设计"选项卡"表格样式"组中列表框右侧的"其他"按钮，在弹出的下拉菜单中选择"修改表格样式"命令，如下左图所示。

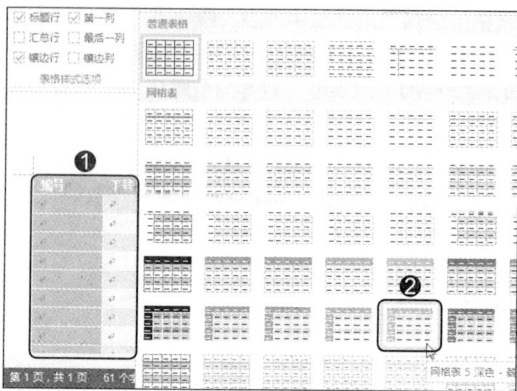

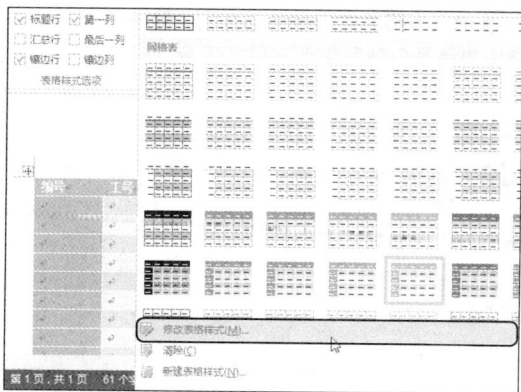

03 设置标题行字体颜色。打开"修改样式"对话框，❶ 在"将格式应用于"下拉列表框中选择"标题行"选项；❷ 设置字体颜色为"橙色"，如下左图所示。

04 修改末列样式。❶ 在"将格式应用于"下拉列表框中选择"末列"选项；❷ 设置填充颜色为"橙色"；❸ 单击"确定"按钮，如下右图所示。

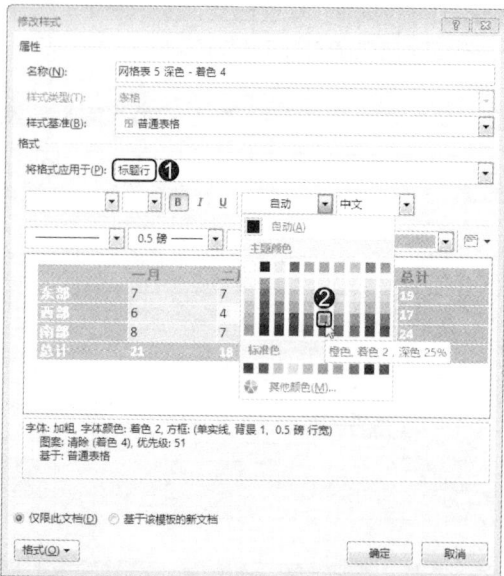

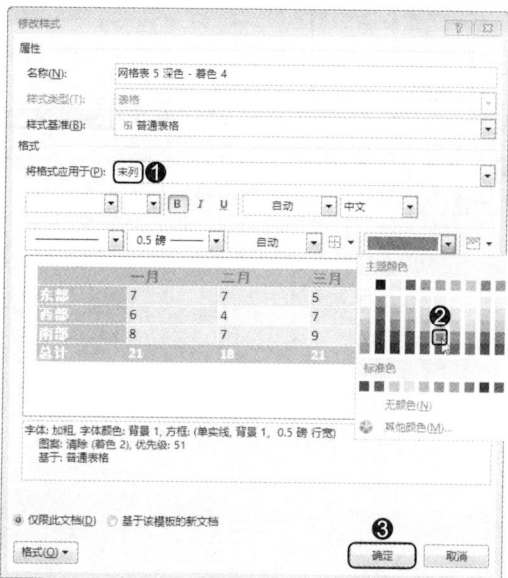

05 调整列宽。❶ 向左拖动鼠标缩小表格第一列的列宽；❷ 选择整个表格；❸ 单击"表格工具-布局"选项卡"表"组中的"属性"按钮，如右图所示。

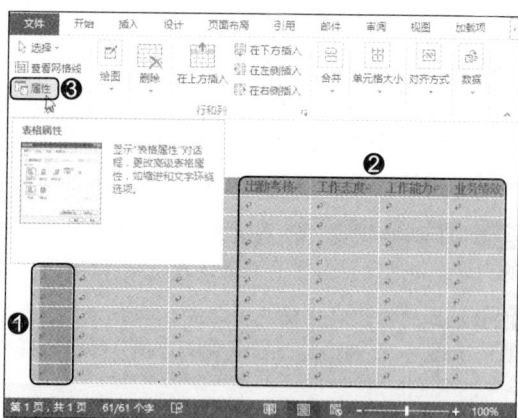

06 设置行高。打开"表格属性"对话框，❶ 单击"行"选项卡；❷ 选中"指定高度"复选框，并在其后的数值框中设置值为"1厘米"；❸ 单击"确定"按钮完成表格属性的设置，如下左图所示。

07 设置部分单元格的行高。❶ 选择表格中如下右图所示的部分单元格区域；❷ 在"表格工具-布局"选项卡"单元格大小"组中的"高度"数值框中设置行高为"0.6厘米"。

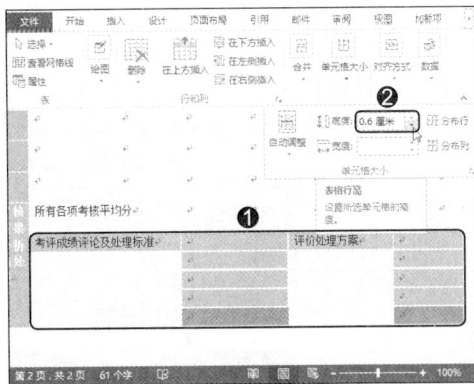

08 调整部分单元格的列宽。❶ 选择如下左图所示的单元格；❷ 向左拖动鼠标光标调整这两列单元格中间的边框线，使左列单元格列宽变小，右列单元格列宽变大。使用相同的方法，调整上一步中所选单元格行右侧两列单元格的边框线位置。

09 设置单元格内容对齐方式。❶ 选择标题行单元格；❷ 单击"表格工具-布局"选项卡"对齐方式"组中的"水平居中"按钮；❸ 选择表格中没有填写内容的中部单元格；❹ 单击"表格工具-布局"选项卡"对齐方式"组中的"中部两端对齐"按钮，如下右图所示。

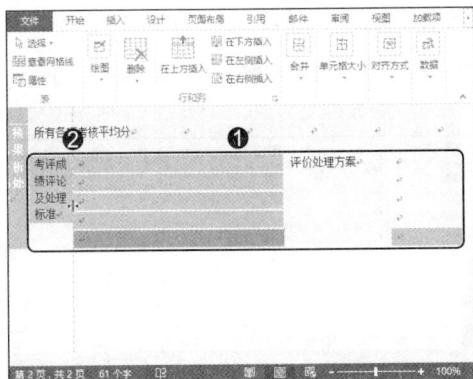

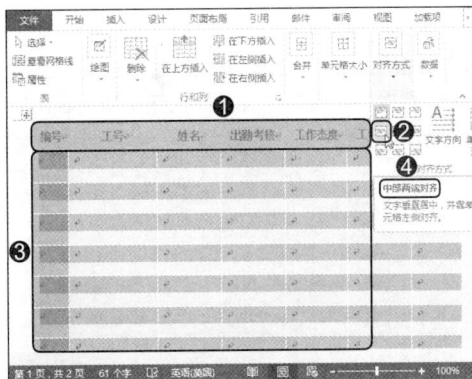

10 调整单元格文字方向。❶ 选择第一列最后一个单元格；❷ 单击"表格工具-布局"选项卡"对齐方式"组中的"文字方向"按钮更改文字方向；❸ 单击"对齐方式"组中的"中部居中"按钮，如右图所示。

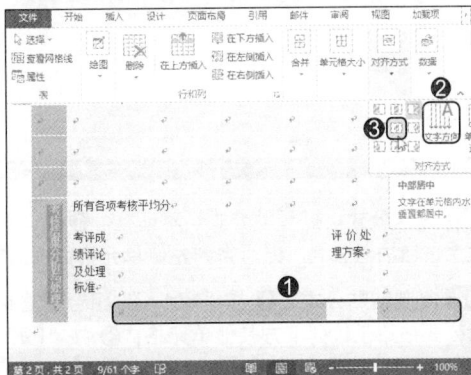

11 设置单元格对齐方式。❶ 设置"所有各项考核平均分"单元格的对齐方式为"居中对齐"；❷ 设置最后一行中输入了文字的两个单元格的对齐方式也为"居中对齐"，如下左图所示。

12 设置表格样式选项。在"表格工具-设计"选项卡"表格样式"选项组中取消选中"汇总行"复选框，改变最后一行的表格样式，如下右图所示。

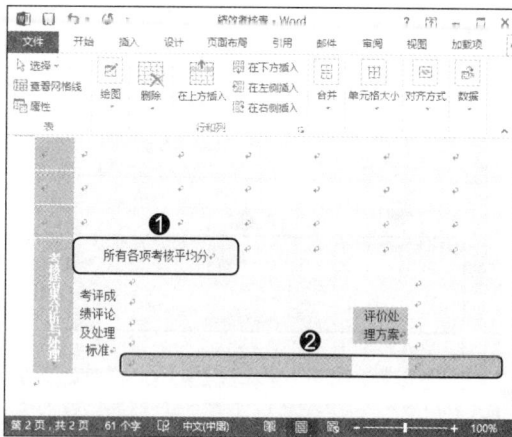

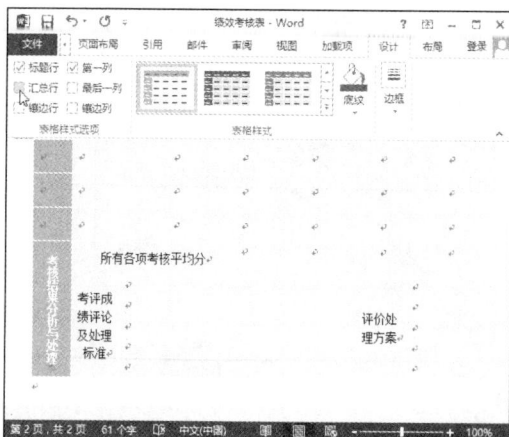

3. 填写并计算表格数据

本例的绩效考核表需要将考核成绩填入表格，并通过公式计算出需要的数据结果。下面就进一步来完善绩效考核表。

01 输入表格数据。在相应的单元格内输入各员工的相关信息及其各考核项目的成绩，如下左图所示。

02 单击"公式"按钮。❶ 将文本插入点定位在第2行最后一个单元格中；❷ 单击"表格工具-布局"选项卡"数据"组中的"公式"按钮，如下右图所示。

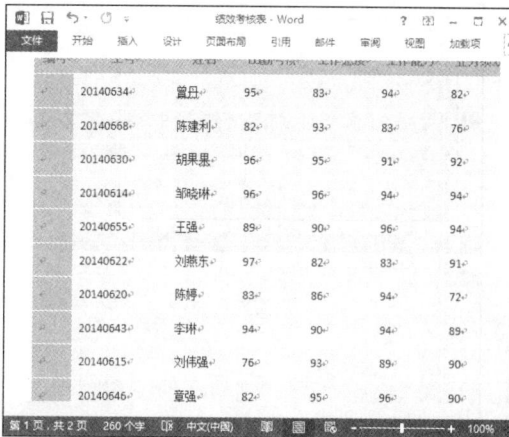

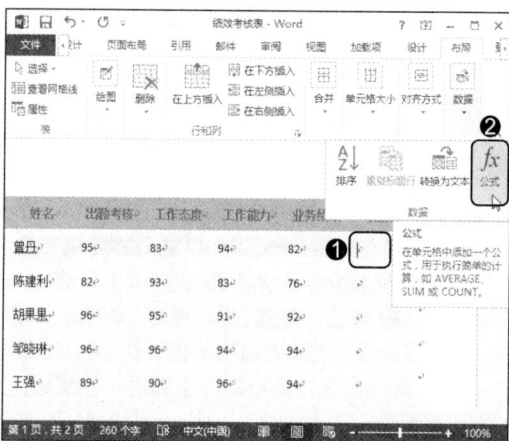

03 输入公式。打开"公式"对话框，❶ 在"公式"文本框中输入公式"=SUM(LEFT)"；❷ 单击"确定"按钮插入公式，即可得到左侧单元格数据的求和结果，如下左图所示。

04 复制粘贴公式。❶ 按"Ctrl+C"组合键复制上一步得到的公式结果；❷ 按"Ctrl+V"组合键将复制的公式粘贴于该列下方其他单元格；❸ 按"F9"键更新域代码使各行的公式计算出对应的结果，如下右图所示。

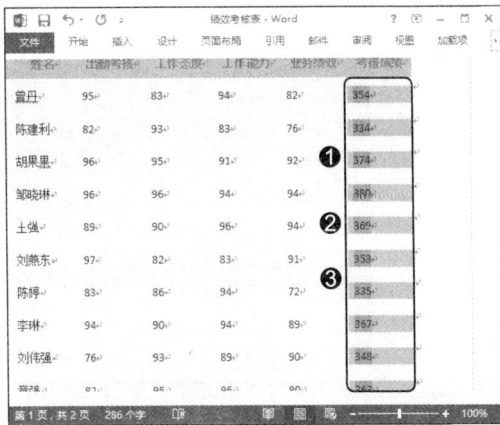

相关公式

知识扩展

　　在"公式"对话框中可以使用常见的运算符，如"+"、"-"、"*"、"/"等，也可使用常用的统计函数，如求和函数SUM、求平均值函数AVERAGE、计数函数COUNT等。在应用函数时，可直接使用参数LEFT、RIGHT、ABOVE、BELOW表示对当前单元格左、右、上、下方向的数据进行计算，使用这些参数时需要保证要进行计算的数据与公式所在单元格相邻且为连续排列的数据。

05 插入公式。 ❶ 将文本插入点定位在"所有各项考核平均分"行中的第3个单元格中；❷ 单击"表格工具-布局"选项卡"数据"组中的"公式"按钮，如下左图所示。

06 输入公式。 打开"公式"对话框，❶ 在"公式"文本框中输入公式"=AVERAGE(ABOVE)"；❷ 单击"确定"按钮插入公式，即可在当前单元格中得到上方单元格中数据的平均数，如下右图所示。

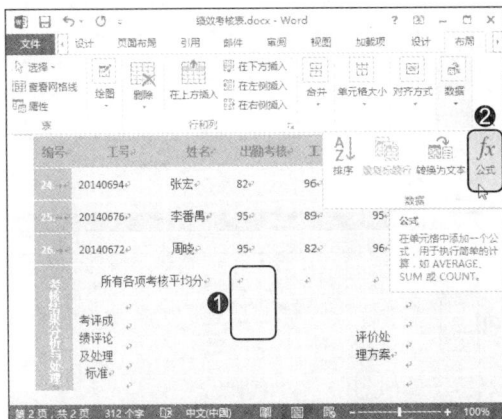

07 复制粘贴公式。 ❶ 将上一步得到的公式结果复制于该行中其他单元格内，并按"F9"键更新域代码得到各列数据的平均值；❷ 单击"表格工具-布局"选项卡"对齐方式"组中的"中部两端对齐"按钮，如下左图所示。

08 插入自动编号。 ❶ 选择第一列中要插入编号的单元格；❷ 单击"开始"选项卡中"编号"按钮；❸ 在弹出的下拉菜单中选择要使用的编号样式，即可在所选单元格内插入自动编号，如下右图所示。

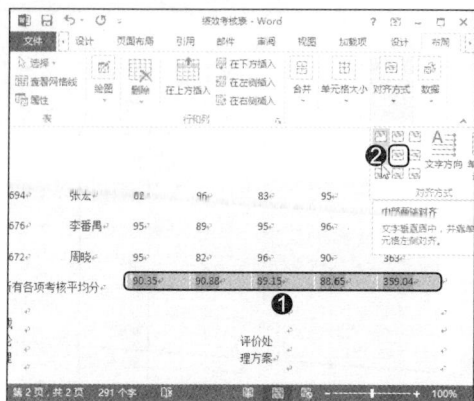

4. 拆分表格

本例中要将表格中"考核结果分析和处理"部分单独设置为一个独立的表格，具体操作方法如下。

01 设置标题行重复。❶ 选择表格中要在每一页中显示的标题行单元格；❷ 单击"表格工具-布局"选项卡"数据"组中的"重复标题行"按钮，即可使多页的表格在每一页中都显示出标题行，如下左图所示。

02 拆分表格。❶ 将文本插入点定位在"考核结果分析与处理"单元格中；❷ 单击"表格工具-布局"选项卡"合并"组中的"拆分表格"按钮，如下右图所示。

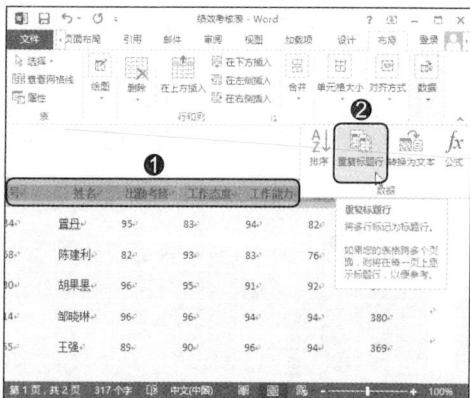

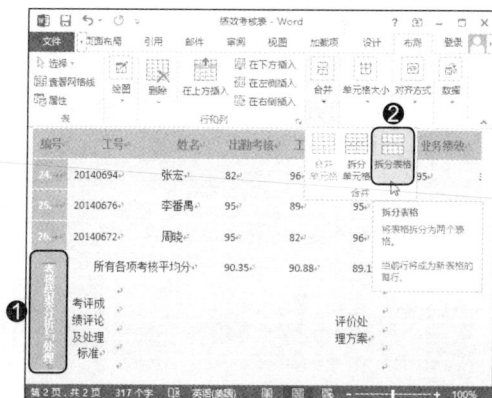

03 将公式结果转换为文本。表格被拆分后，表格中应用的公式则不能对上一个表格的数据进行自动计算了，此时需要将公式结果转换为文本。❶ 复制公式结果；❷ 单击"开始"选项卡"剪贴板"组中的"粘贴"按钮；❸ 在弹出的"粘贴选项"下拉菜单中选择"只保留文本"命令，即可将公式结果转换成文本，如右图所示。

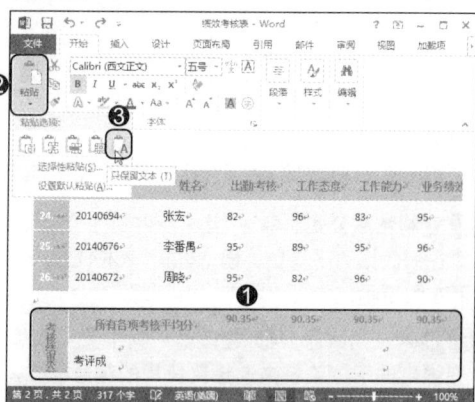

04 **设置单元格对齐方式。**保持单元格的选择状态，单击"表格工具-布局"选项卡"对齐方式"组中的"中部两端对齐"按钮，如下左图所示。

05 **设置表格样式选项。**在"表格工具-设计"选项卡"表格样式选项"组中选中"最后一列"复选框，改变最后一列的表格样式，如下右图所示。

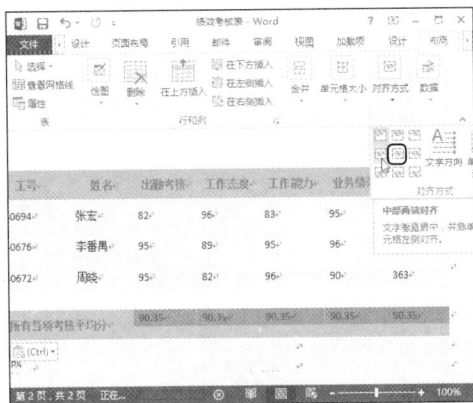

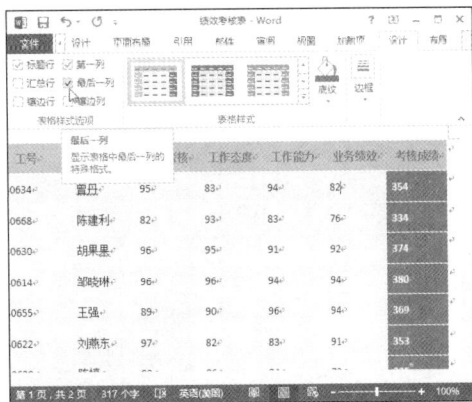

本 章 小 结

　　表格是展示数据最好的方式，也是高级排版的一种重要方式。本章学习的第一个重点在于Word中表格的各种操作，如插入表格、编辑表格、合并与拆分单元格、调整单元格、修饰表格等；另一个重点则在于表格的设计方式，只有设计合理的表格才能真正使数据或信息的展示更清晰美观。

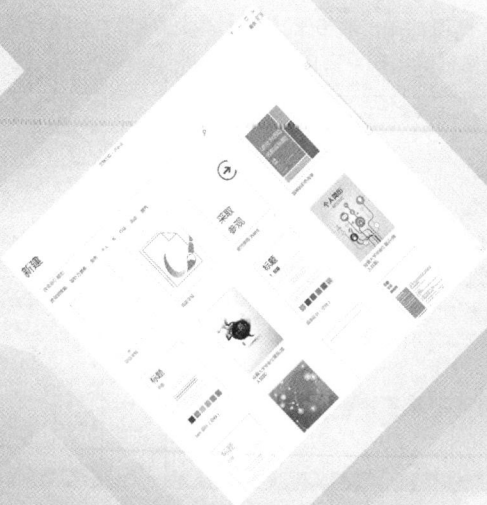

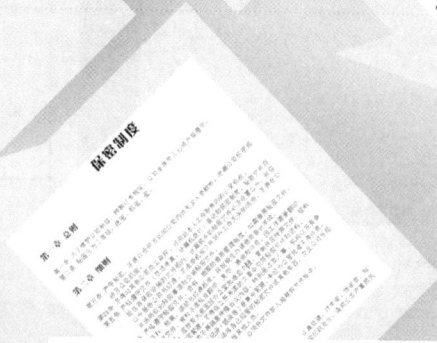

实现高效办公——样式与模板的应用

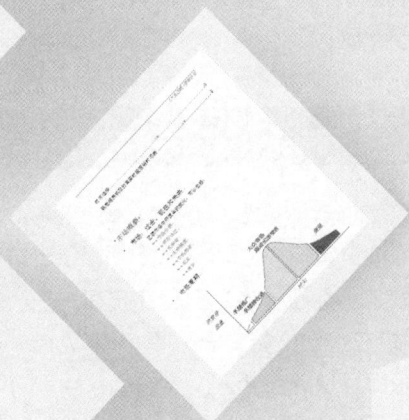

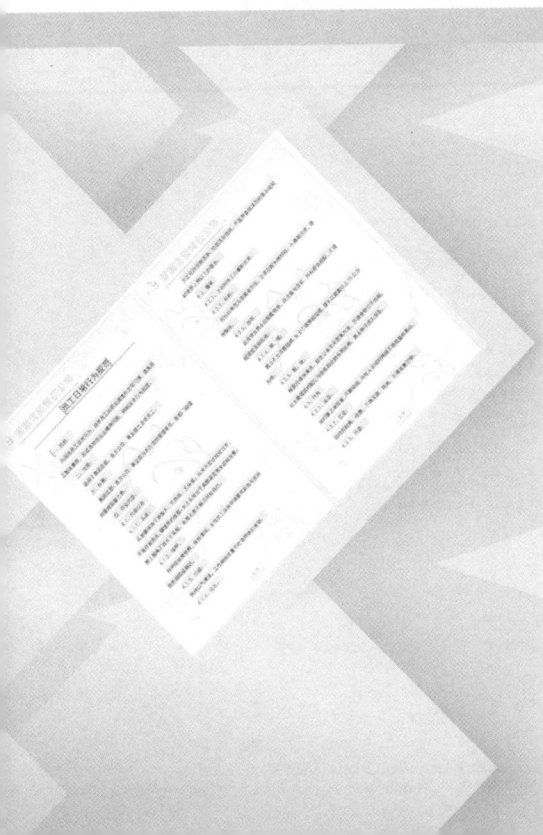

第 4 章

本章导读

在日常办公应用中，许多文档的格式是统一的，可以将这些常用的文档格式设置为样式。如果我们经常需要处理某些文档或该文档中的样式，则可以直接将文档制作为文档模板，在编写新文档时可以非常方便地调用其中的文本和相应的样式，本章将为读者介绍样式和模板的制作及其应用。

知识要点——样式与模板的相关知识

一提到样式和模板，什么是样式和模板，以及如何正确而又合理地使用它。那么，下面就一起来揭开它们的神秘面纱。

要点 01 认识样式

所谓样式，就是用以呈现某种"特定身份的文字"的一组格式（包括字体、字号、字间距、行间距、段间距、颜色、特殊效果、对齐方式、缩进位置……）。

文档中特定身份的文字（例如正文、页眉、大标题、小标题、章名、程序代码、图、表、脚注、目录、索引……）必然需要特定的呈现风格，并在整份文档中一以贯之。Word允许用户将这样的设置储存起来并赋予一个特定的名称，将来即可快速套用于文字身上。由此可见，样式主要用于提高文档的编辑效率，使文档中的文字具有统一的设置。

1. 样式的类型

根据样式作用对象的不同，样式可分为段落样式、字符样式、链接段落和字符样式、表格样式、列表样式5种类型。其中，段落样式和字符样式使用非常频繁。前者作用于被选择的整个段落，后者只作用于被选择的文字（文本字符）本身。

单击"开始"选项卡"样式"组右下角的对话框启动器按钮，打开"样式"任务窗格，单击左下侧的"新建样式"按钮，在打开的"根据格式设置创建新样式"对话框中可以查看到样式的5种类型。

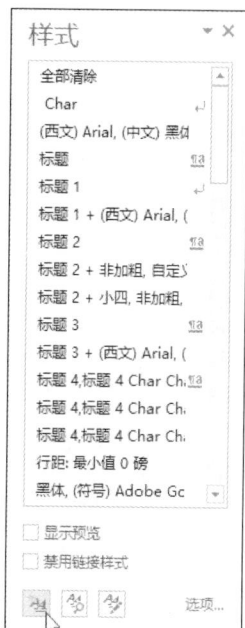

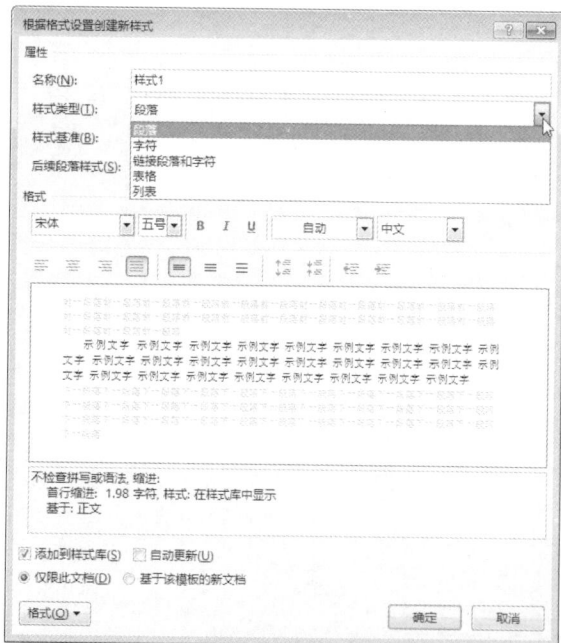

2. 样式在排版中的作用

很多人认为Word的默认样式太简陋，也不及格式刷用起来方便，所以他们更习惯于使用格式刷来批量设置文本格式。其实，这都是由于大家对Word样式的功能了解不深所致。

样式是Word排版的基础，也是整个排版工程的灵魂，尤其在长篇文档的排版工作中显得尤为重要。少了样式不称其为排版，下面就详细介绍样式在排版中的作用。

（1）系统化管理页面元素

文档中的内容除了文字就是图、表、脚注等，通过样式我们得以系统化地对整份文档中的所有可见页面元素加以归类命名，例如章名、大标题、小标题、正文、图、表、脚注……事实上，Word提供的内建样式中已经代表了部分页面元素的样式。

（2）快速同步同级标题的格式

样式就是各种页面元素的形貌设置。使用样式可以帮助用户确保同一种内容格式编排的一致性，从而减少许多重复的操作。因此，可见的页面元素都应该以适当的样式加以驾驭和管理，而不要逐一进行低阶调整。

（3）修改样式非常方便

使用样式后，日后打算调整整个文档中某种页面元素的形貌时，并不需要重新设置文本格式，只需要修改对应的样式即可快速更新一个文档的设计，在短时间内排出高质量的文档。

（4）实现自动化

Word提供的每一项自动化工程，例如目录和索引的收集，都根据用户事先规划的样式来完成。只有使用样式后，才可以自动化制作目录并设置目录形貌、自动化制作页眉和页脚……有了样式，排版不再是逐字逐行的辛苦爬梳，而是大块地泼洒，再加上少量局部微调。

要点 02 使用模板快速制作文档

Word文件除了可以保存为"docx"格式外，还可以保存为许多类型的文件，其中，有一种类型为"dotx"，这种文件类型就是Word模板文件。文档模板可以理解为一个已设置好外观效果仅缺少具体内容的特殊文档，甚至模板中文档已具有大致主题内容。建立文档模板是为方便文档编写者编写文档具体内容，而不需要太过于关注格式。

有的公司就将内部经常需要处理的文稿都设置成模板，这样员工就可以从公司电脑中调出相应的模板，然后在其中填写具体的数据即可。从而让整个公司制作的同类型文档格式都是相同的，不仅起到统一文档格式的作用，方便了查阅者的使用，还节省了时间，有利于提高文档编写者的工作效率。

在设计文档模板时，需要考虑文档中可能会应用的内容格式或元素，例如设置好整体文档中各级标题和正文统一的字体样式、段落样式，设置好统一的表格外观效果，可能会应用的图形、图片及修饰等，并提供一些便捷功能，方便文档编写者编写内容。文档模板通常可以应用文档保护功能来保护模板中不允许修改的文字或格式，防止文档编写者因误操作而改变了模板内容。

知识扩展 　制作模板的注意事项

在制作模板文档时，需要考虑到使用该模板的不同用户在使用模板时可能遇到的一些问题，并尽量让内容更加简洁明了，在经过详细的调研后再决定模板的呈现方式。为了让模板更加完善，在制作时还应定义一些合适的样式集合，注意命名的规则、不同段落样式的相互关系、格式的统一性等问题。

在Word中新建文档时，Word会列出一系列联机的模板供用户选择，如右图所示。模板的选择也是有一定技巧的，只有根据内容选择合适的模板，才能制作出需要的文档效果。另外，员工在基于模板制作文档时，建议不要将对文档进行的编辑操作保存到Normal模板中。如果用户需要安装外部获取的模板，只需将它们保存在Word安装时默认路径下的模板文件夹"Templates"中即可。

同步训练——实战应用成高手

通过对前面知识要点的学习，读者已经认识了样式和模板的相关知识与应用经验。下面，针对日常办公中的相关应用，列举几个典型的文档制作案例，给读者讲解在Word中制作和使用样式与模板的思路、方法及具体操作步骤。

案例 01 编排保密制度

案例概述

保密制度是企业或团队在从事经营管理活动中，根据活动内容的不同，将不对外公开的信息资料及内容进行保密而制定的法律、法规，从而制约相关人员共同遵守的保密规则或行为规范。"保密制度"文档中一般会提到制定该文档的原因、日常业务工作中需要保密的事项条款和触犯规定的惩罚等内容。本例将使用样式对一个内容详尽的"保密制度"文档进行修饰。

保密制度

第一章 总则

第一条 为了维护公司利益，特制订本规定，公司全体员工必须严格遵守。
第二条 秘密分为三等级：绝密、机密、密。

第一章 细则

第三条 严守秘密，不得以任何方式向公司内外无关人员散布、泄漏公司机密或涉及公司机密。
第四条 不得向其他公司员工窥探、过问非本人工作职责内的公司机密。
第五条 严格遵守文件（包括传真、计算机盘片）登记和保密制度。秘密文件存放在有保密设施的文件柜内，计算机中的秘密文件必须设置口令，并将口令报告公司总经理。不准带机密文件到与工作无关的场所。不得在公共场所谈论秘密事项和交接秘密文件。
第六条 严格遵守秘密文件、资料、档案的借用管理制度。如需借用秘密文件、资料、档案，须经总经理批准。并按规定办理借用登记手续。
第七条 秘密文件、资料不准私自翻印、复印、摘录和外传。因工作需要翻印、复制时，应按有关规定经办公室批准后办理。复制件应按照文件、资料的密级规定管理。不得在公开发表的文章中引用秘密文件和资料。
第八条 会议工作人员不得随意传播会议内容，特别是涉及人事、机构以及有争议的问题。会议记录（或录音）要集中管理，未经办公室批准不得外借。
第九条 调职、离职时，必须将自己经管的秘密文件或其他东西，交至公司总经理，切不可随意移交给其他人员。
第十条 公司员工离开办公室时，必须将文件放入抽屉和文件柜中。

第三章 责任

第十一条 发现失密、泄密现象，要及时报告，认真处理。对失密、泄密者，给予50-100元扣薪；视情节轻重，给予一定行政处分；造成公司严重损失的，送有关机关处理。

素材文件：光盘\素材文件\第4章\案例01\保密制度.docx
结果文件：光盘\结果文件\第4章\案例01\保密制度.docx
教学文件：光盘\同步教学视频\第4章\案例01.mp4

制作思路

在Word中为“保密制度”文档进行排版设计的流程与思路如下。

一 **使用预设的样式美化文档**：本例是一个比较常见的正式文档，不需要进行华丽的修饰，使用Word中预定义的标题样式即可。

二 **创建新样式**：由于预定义的样式太过常见，要想别出新意，可以稍微修改样式中的某些格式，并将其创建为新的样式，方便后期使用。

三 **修改样式效果**：如果对已经存在的样式的显示效果还不满意，则可再进行修改。

具体步骤

日常办公应用中需要处理的文档太多，当文档内容编辑好以后，通过合理的修饰或许就能给领导留下好的印象，但逐一进行格式的设置会耗费许多时间。要想轻松、高效地完成各项工作，方法是有很多的，而在文档编辑环节就可以使用样式来实现。本例将以排版“保密制度”文档为例，为读者介绍在Word中创建和应用样式的相关操作。

1. 使用样式

Word 2013中内置了很多样式，用户可以根据需要直接使用。为"保密制度"文档使用样式的具体操作步骤如下。

01 选择样式。❶ 打开素材文件中提供的"保密制度"文档，选择需要使用样式的第一个章名段落；❷ 单击"开始"选项卡，在"样式"组中选择需要使用的样式"标题2"，如下左图所示。

02 显示设置样式后的效果。经过上一步操作，即可对所选段落应用选择的样式。使用相同的方法为其他章名段落应用该样式，完成后的效果如下右图所示。

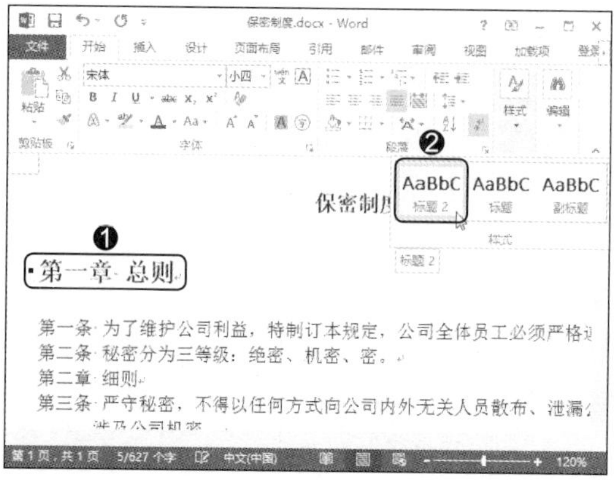

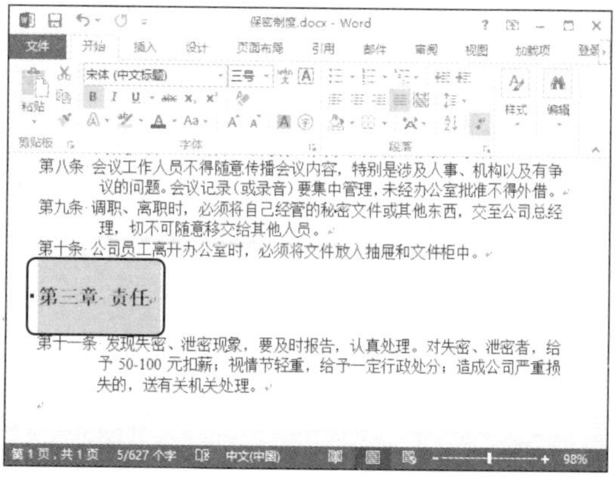

2. 创建样式

如果Word 2013中内置的样式不能满足工作需要，用户还可以自行创建新样式。本例为"保密制度"创建新样式的具体操作步骤如下。

01 为标题文本设置格式。❶ 选择标题文本；❷ 在"开始"选项卡中设置字体为"方正粗倩简体"、字号为"小一"，并设置字符间距为"加宽2磅"；❸ 单击"样式"组中的"其他"按钮，如下左图所示。

02 执行"创建样式"命令。在弹出的下拉菜单中选择"创建样式"命令，如下右图所示。

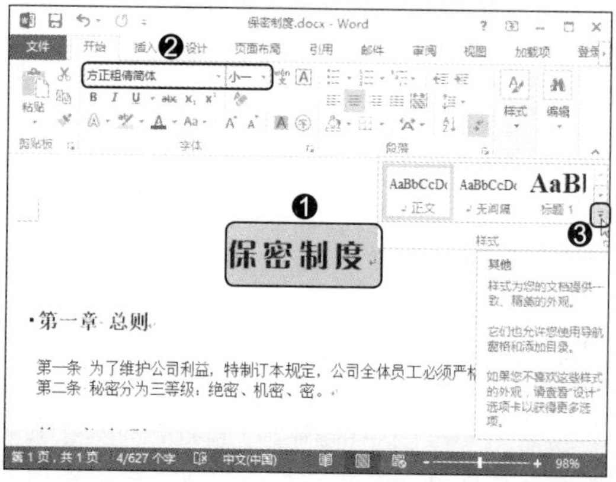

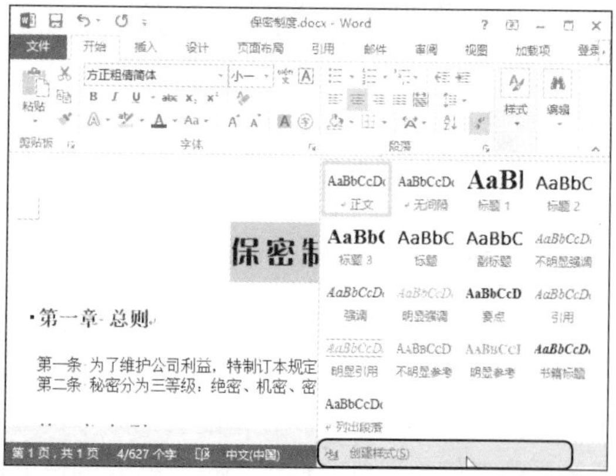

03 将所选内容保存为新快速样式。打开"根据格式设置创建新样式"对话框，❶ 在"名称"文本框中输入新样式的名称，如"自定义标题样式"；❷ 单击"确定"按钮，如下左图所示。

04 查看新建的样式。样式创建完成后会显示在样式列表中，如下右图所示。

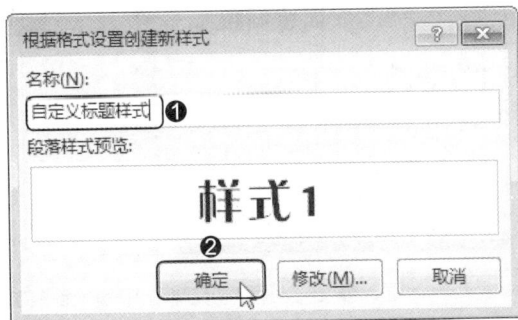

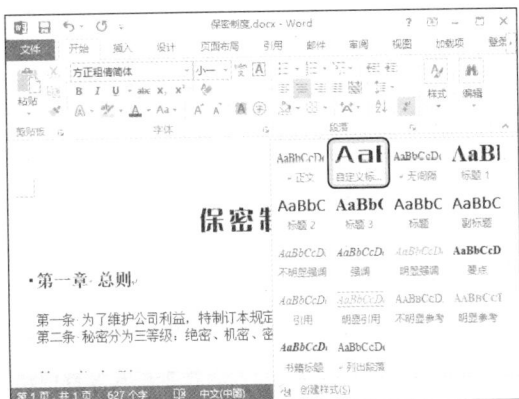

05 单击对话框启动器按钮。❶ 选择第3个段落；❷ 单击"段落"组右下角的对话框启动器按钮，如下左图所示。

06 设置段落缩进。打开"段落"对话框，❶ 在"缩进"栏中的"缩进值"数值框中输入"3.54"字符；❷ 单击"确定"按钮，如下右图所示。

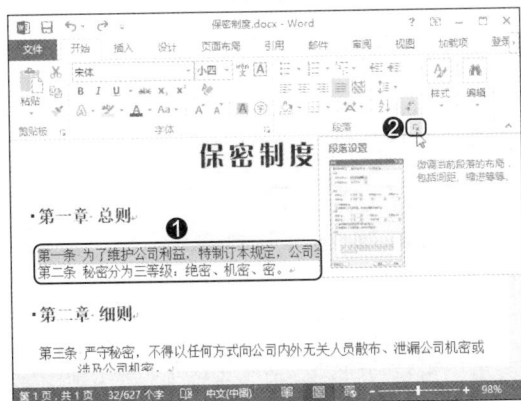

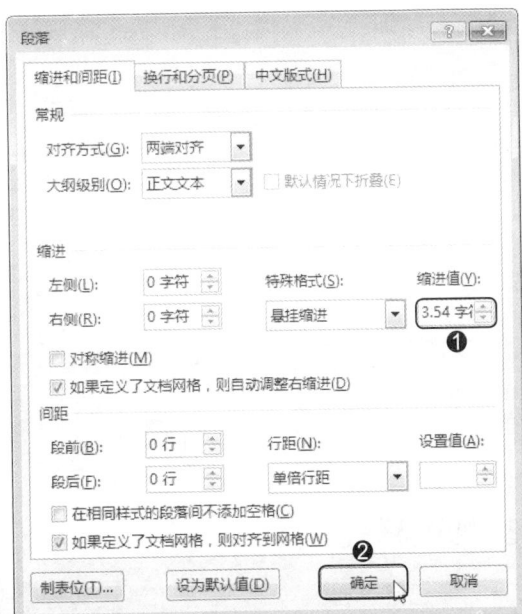

知识扩展

创建新样式的两种方法

　　本例讲解了创建新样式的两种方法，其一，通过下拉菜单创建快速样式可以将设置了各种字符格式和段落格式的文本直接保存为新的快速样式。其二，使用对话框来创建新样式，该方法主要用于在已有的样式基础上创建新样式。使用对话框创建新样式可以为样式进行更加详细的设置。

07 单击对话框启动器按钮。单击"样式"组右下角的对话框启动器按钮，如下左图所示。

08 单击"新建样式"按钮。打开"样式"任务窗格，单击任务窗格底部的"新建样式"按钮，如下右图所示。

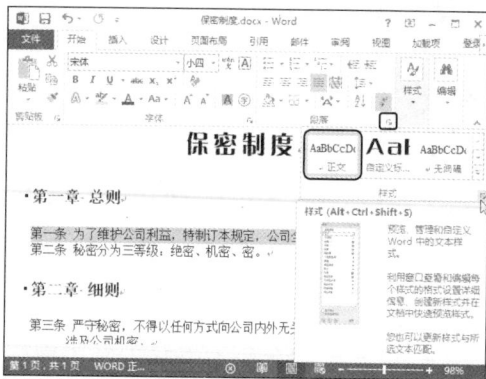

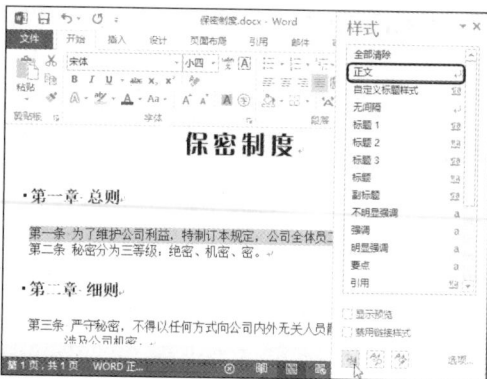

09 设置新样式的属性。打开"根据格式设置创建新样式"对话框，❶ 在"名称"文本框中输入新样式的名称；❷ 在"格式"栏中设置字号为"小四"、颜色为紫色；❸ 单击"确定"按钮，如下左图所示。

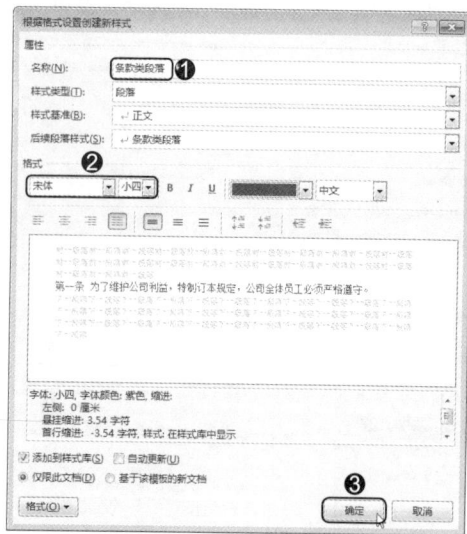

10 应用新样式。❶ 选择需要应用新样式的段落；❷ 在"样式"任务窗格的列表框中选择刚刚新建的样式选项，为这些段落快速应用新样式，如下图所示。

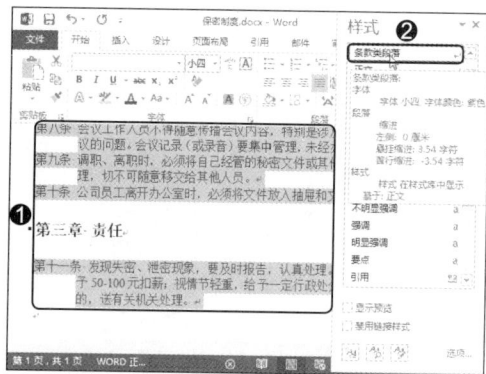

3. 修改样式

对于已经存在的样式，如果不满意其名称或效果，也可以进行修改。在Word 2013中不仅可以修改自定义的样式，也可以修改系统预设的样式，具体操作方法如下。

01 执行"修改"命令。❶ 在"样式"任务窗格中单击需要修改的"正文"样式名称右侧的下拉按钮；❷ 在弹出的下拉菜单中选择"修改"命令，如右图所示。

02 选择"段落"命令。打开"修改样式"对话框，❶ 单击"格式"按钮；❷ 在弹出的下拉菜单中选择"段落"命令，如下左图所示。

03 修改段落缩进。打开"段落"对话框，❶ 在"缩进"栏中的"特殊格式"下拉列表框中选择"首行缩进"选项；❷ 在"缩进值"数值框中输入"2字符"；❸ 单击"确定"按钮，如下右图所示。

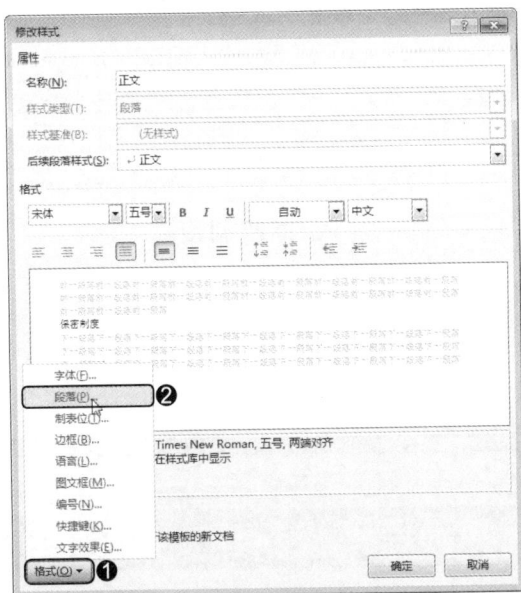

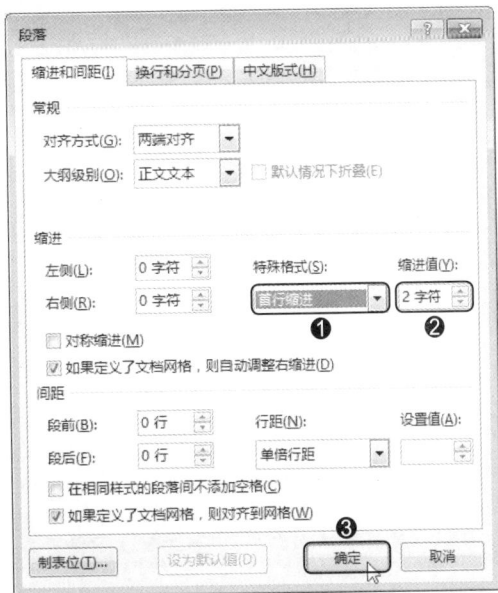

04 执行"修改"命令。❶ 在"开始"选项卡"样式"组中的列表框中需要修改的"标题2"样式名称上单击鼠标右键；❷ 在弹出的快捷菜单中选择"修改"命令，如下左图所示。

05 选择"段落"命令。打开"修改样式"对话框，❶ 单击"格式"按钮；❷ 在弹出的下拉菜单中选择"段落"命令，如右图所示。

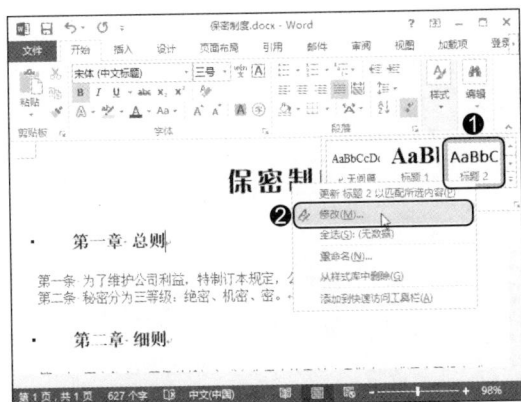

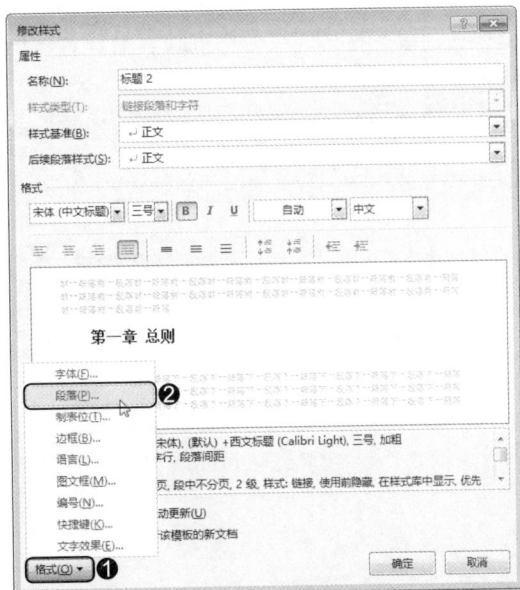

06 修改段落缩进。打开"段落"对话框，❶ 在"缩进"栏中的"特殊格式"下拉列表框中选择"无"选项；❷ 依次单击"确定"按钮，如下左图所示。

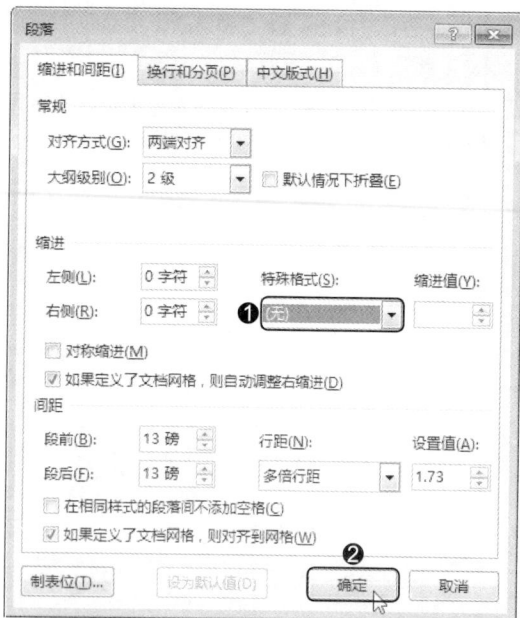

07 显示修改样式后的效果。经过上一步操作，文档中所有应用了"标题2"样式的段落会自动更新格式，效果如下图所示。

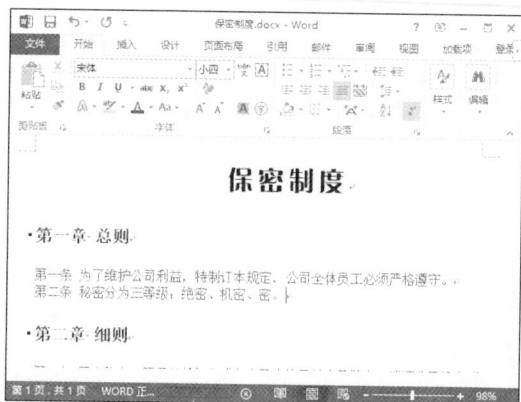

案例 02 制作企业文件模板并根据模板新建文件

案例概述

文件模板是作为创建其他文档的样板文档，它决定了文档的基本结构和文档设置，例如字符格式、段落格式、页面格式等其他样式。创建文件模板不仅有利于保持文件风格的一致，还能提高工作效率。

根据模板创建的"员工日常行为规范"文档效果如下图所示。

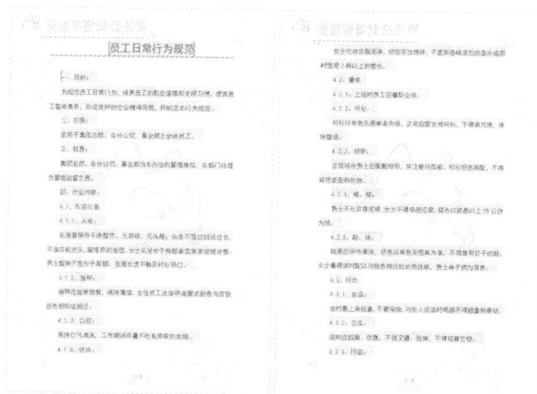

素材文件：光盘\素材文件\第4章\案例02\员工日常行为规范内容.docx、企业标志.jpg
结果文件：光盘\结果文件\第4章\案例02\员工日常行为规范.docx、文件模板.dotx
教学文件：光盘\同步教学视频\第4章\案例02.mp4

制作思路

在Word中根据模板创建"员工日常行为规范"文档的流程与思路如下。

一 将文档另存为模板文件：要制作模板文件，必须先将我们通常制作的普通文档另存为模板文件。

二 制作模板内容：在使用Word创建模板时，首先需要清楚文档中哪些元素是不需要后期编辑的，哪些元素是可以后期编辑的，然后将那些不需要后期编辑的元素添加到模板中，并设置好相应的样式。

三 保护模板文件：由于模板文件中的大部分内容是不需要再进行修改的，为防止用户进行编辑，可以对这些区域设置保护。

四 应用模板创建文档：创建模板就是为了方便后期的应用，为让读者了解使用模板的方法，本例在最后安排了使用模板创建文档的环节。

具体步骤

企业内部文件通常具有相同的格式，如相同的页眉页脚、背景、修饰、字体格式等，若将这些相同的元素制作在一个模板文件中，以后就可以直接应用该模板创建带有这些元素的文件了。本节将以"员工日常行为规范"文件的制作过程为例，为读者介绍在Word中创建企业文件模板和应用模板新建文件的方法。

1. 创建模板文件

要制作企业文件模板，首先需要在Word 2013中新建一个模板文件，同时为该文件添加相关的属性以进行说明和备注。下面创建"文件模板"的模板文件，具体操作步骤如下。

01 执行"另存为"命令。 新建一篇空白文档，❶ 单击"文件"选项卡，在弹出的文件菜单中选择"另存为"命令；❷ 在中间双击"计算机"选项，如下左图所示。

02 另存文件。 打开"另存为"对话框，❶ 选择文件存放路径；❷ 在"文件名"文本框中输入模板名称；❸ 在"保存类型"下拉列表框中选择"Word模板（*.dotx）"选项；❹ 单击"保存"按钮，如下右图所示。

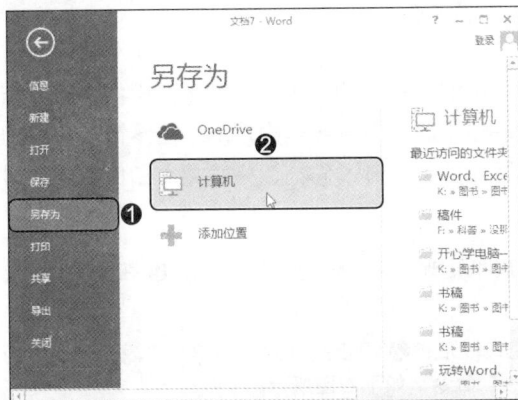

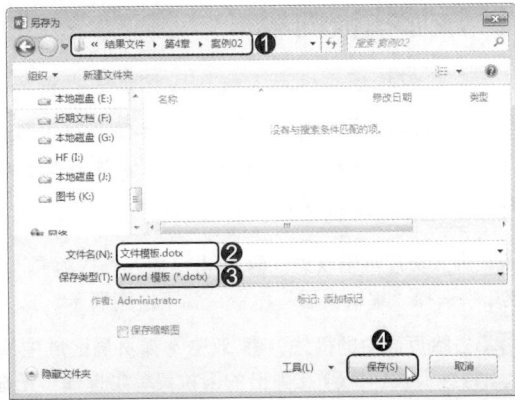

03 显示文件属性。❶ 在"文件"菜单中选择"信息"命令；❷ 单击"显示所有属性"超级链接，如下左图所示。

04 设置文件属性。在窗口右侧的"属性"栏中各属性后输入相关的文档属性内容即可，如下右图所示。

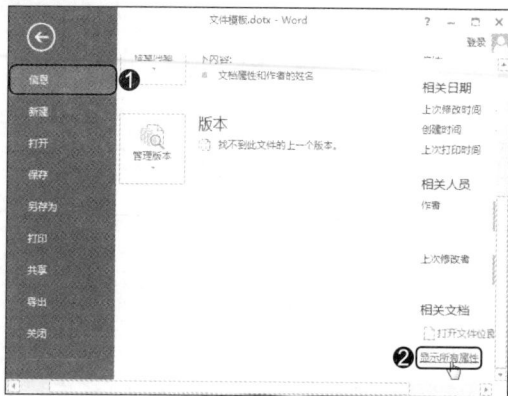

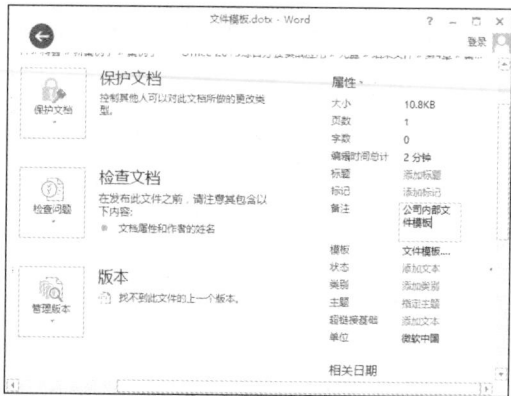

05 打开"Word选项"对话框。制作文档模板时，常常需要使用到"开发工具"选项卡中的一些文档控件。因此，要在Word 2013的功能区中显示出"开发工具"选项卡。在"文件"菜单中选择"选项"命令，如下左图所示。

06 自定义功能区。打开"Word选项"对话框，❶ 单击"自定义功能区"选项卡；❷ 在右侧的"自定义功能区"列表框中选中"开发工具"复选框；❸ 单击"确定"按钮，如下右图所示。

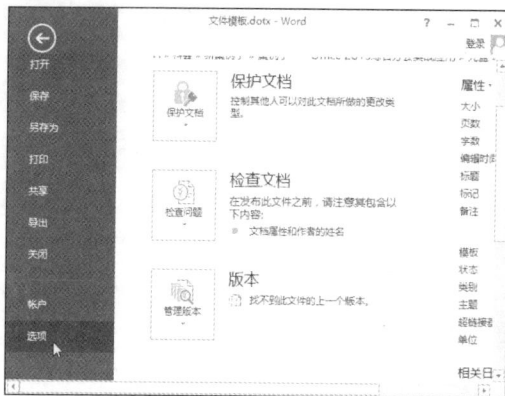

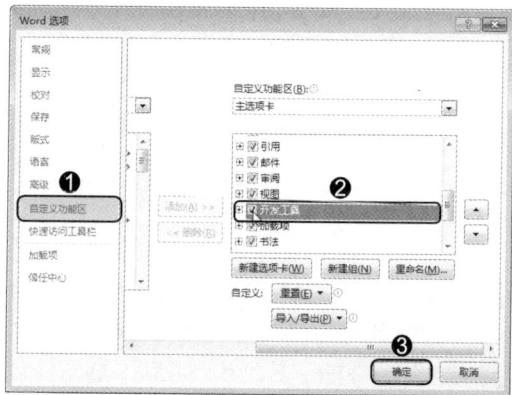

2. 添加模板内容

创建好模板文件后，就可以将需要在模板中显示的内容添加和设置到该文件中，以便今后应用该模板直接创建文件。通常情况下，模板文件中添加的内容应是固定的一些修饰成分，如固定的标题、背景、页面版式等，本例将添加页眉、页脚、背景修饰、格式文本和日期选取器内容控件等内容到模板文件中。

01 进入页眉编辑状态。❶ 单击"插入"选项卡"页眉和页脚"组中的"页眉"按钮；❷ 在弹出的下拉菜单中选择"编辑页眉"命令，如下左图所示。

02 去除页眉中的横线。❶ 双击选择页眉区域中的空白段落；❷ 单击"开始"选项卡"段落"组中的"下框线"按钮；❸ 在弹出的下拉菜单中选择"无框线"命令，如下右图所示。

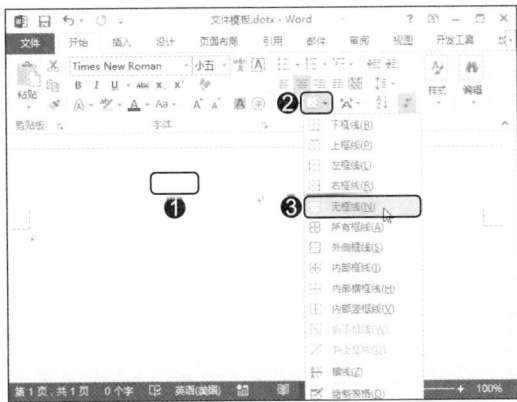

03 选择需要绘制的形状。❶ 单击"插入"选项卡"插图"组中的"形状"按钮；❷ 在弹出的下拉菜单中选择"矩形"样式，如下左图所示。

04 绘制形状。❶ 按住鼠标左键不放，在页眉区域中拖动绘制形状大小；❷ 单击"绘图工具-格式"选项卡"插入形状"组中的"编辑形状"按钮；❸ 在弹出的下拉菜单中选择"编辑顶点"命令，如下右图所示。

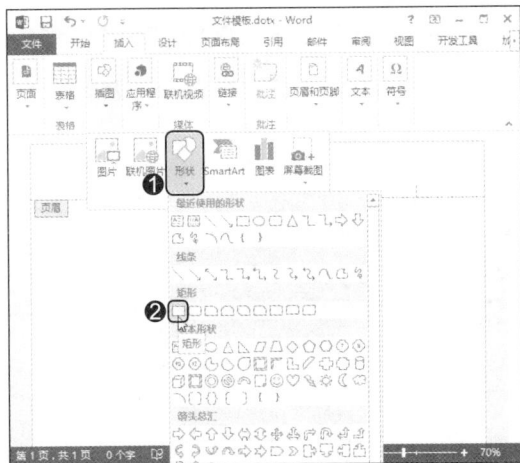

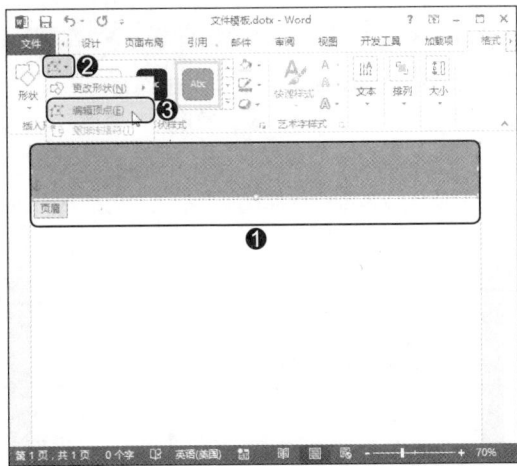

05 编辑形状顶点并设置格式。❶ 拖动鼠标光标调整形状上显示出的节点，直到达到需要的图形效果；❷ 在"绘图工具-格式"选项卡"形状样式"组中设置形状的填充颜色为"绿色，淡色80%"，边框为"无"，如右图所示。

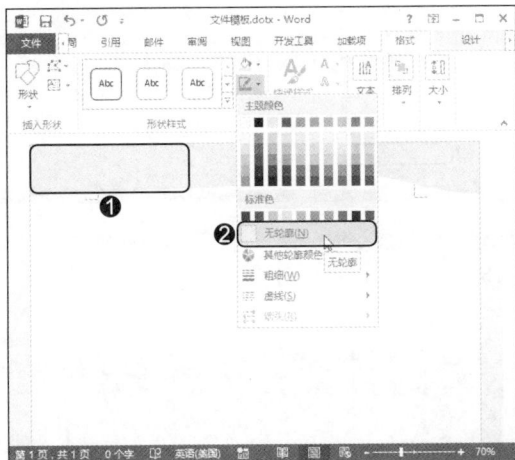

06 插入图片。❶ 单击"页眉和页脚工具-设计"选项卡"插入"组中的"图片"按钮；❷ 在打开的对话框中选择插入素材文件夹中提供的"企业标志.jpg"图片，如下左图所示。

07 设置图片位置。❶ 单击"图片工具-格式"选项卡"排列"组中的"自动换行"按钮；❷ 在弹出的下拉菜单中选择"浮于文字上方"命令；❸ 拖动鼠标光标调整图片的大小和位置，如下右图所示。

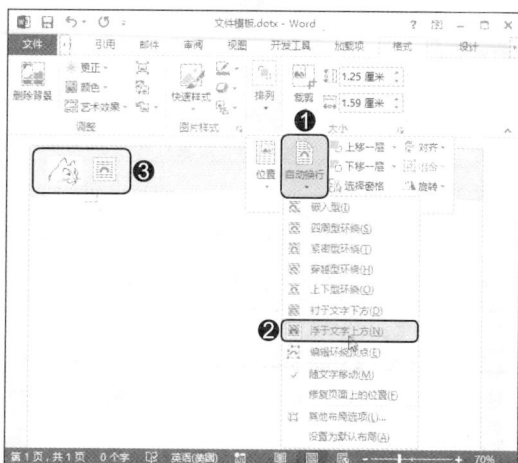

08 执行"设置透明色"命令。❶ 单击"图片工具-格式"选项卡"调整"组中的"颜色"按钮；❷ 在弹出的下拉菜单中选择"设置透明色"命令，如下左图所示。

09 清除图片背景。此时，鼠标光标将变为 形状，移动鼠标光标到刚插入图片的白色背景上单击，如下右图所示，系统即可拾取所选点的颜色，从而将图片中的所有白色设置为透明色。

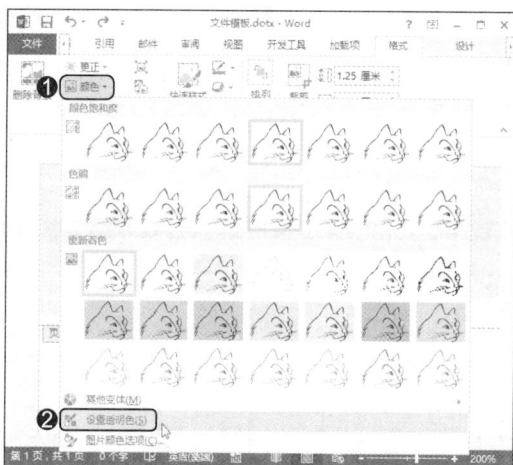

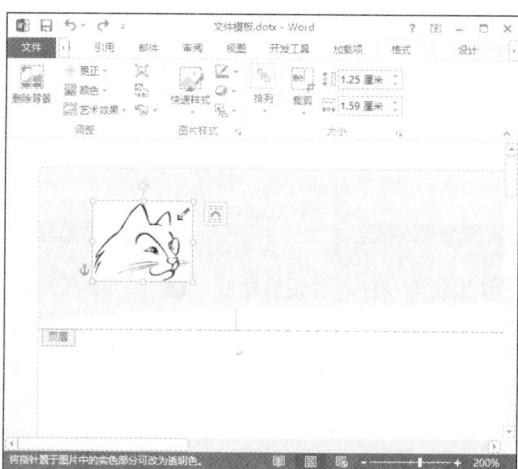

10 添加页眉文字。❶ 单击"插入"选项卡"文本"组中的"艺术字"按钮；❷ 在弹出的下拉列表中选择需要的艺术字样式，如下左图所示。

高手点拨

清除图片背景的方法

　　在Word中处理图片背景时，如果图片的背景为纯色填充，就可以使用本例中介绍的方法来设置透明色；如果图片背景较复杂，则应通过"删除背景"功能进行清除。

11 **编辑页眉文字。** ❶ 在艺术字文本框中输入相应的文字内容，并设置合适的格式，再将其移动到页眉中的合适位置；❷ 单击"页眉和页脚工具-设计"选项卡"导航"组中的"转至页脚"按钮，如下右图所示。

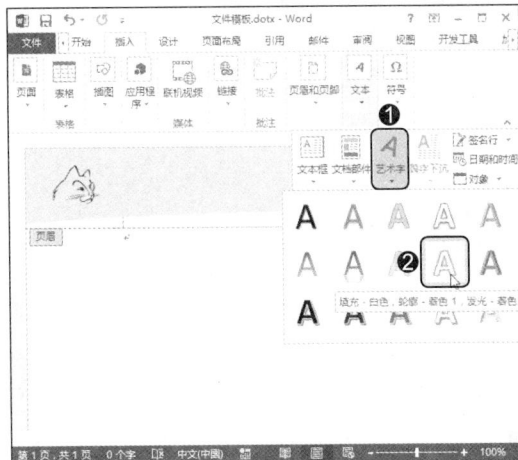

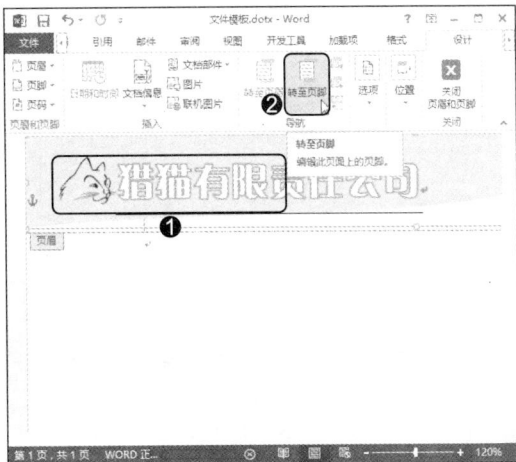

12 **绘制页脚背景矩形和页码区背景。** ❶ 在页脚区域绘制一个矩形形状作为页脚区域，并设置该矩形的位置、大小和形状样式；❷ 再绘制一个折角形作为显示页码的背景，并调整其大小、位置及形状样式至如下左图所示的效果；❸ 在折角形上单击鼠标右键，在弹出的快捷菜单中选择"添加文字"命令。

13 **设置页码格式。** ❶ 单击"页眉和页脚工具-设计"选项卡"页眉和页脚"组中的"页码"按钮；❷ 在弹出的下拉菜单中选择"当前位置"命令；❸ 在弹出的下级子菜单的"X/Y"栏中选择"加粗显示的数字"命令，如下右图所示。

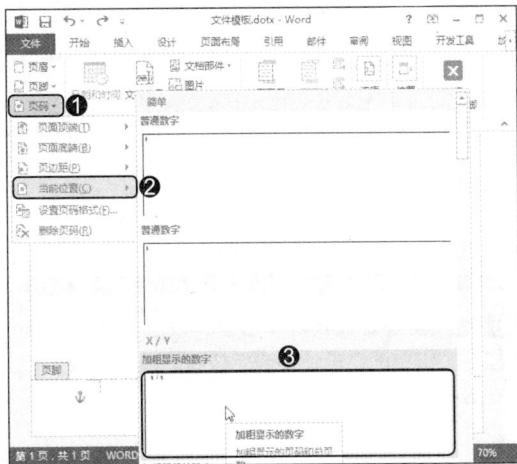

14 **执行"自定义水印"命令。** ❶ 在"开始"选项卡中设置刚插入的页码的字体格式；❷ 单击"设计"选项卡"页面背景"组中的"水印"按钮；❸ 在弹出的下拉菜单中选择"自定义水印"命令，如下左图所示。

15 **设置水印效果。** 打开"水印"对话框，❶ 选中"图片水印"单选按钮；❷ 单击"选择图片"按钮，并在打开的对话框中选择插入素材文件中提供的"企业标志.jpg"图片；❸ 单击"确定"按钮，如下右图所示。

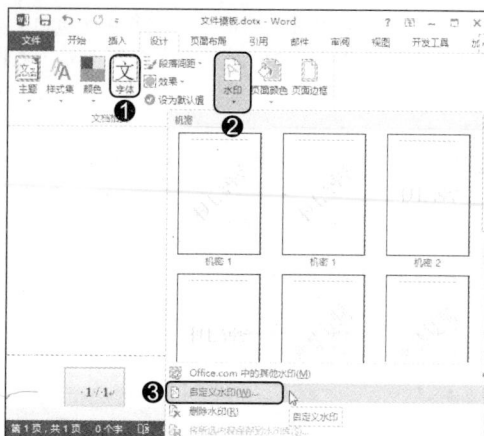

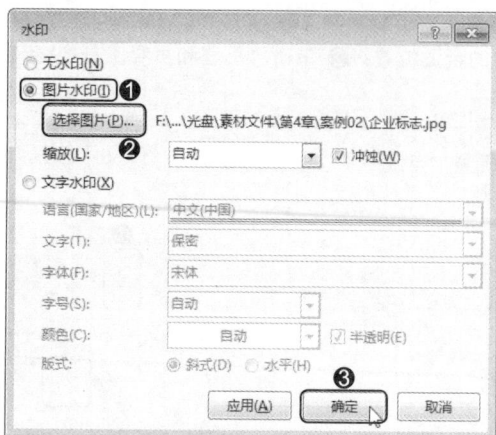

16 **编辑调整水印图片。** 返回文档中即可查看到插入的水印效果，**❶** 对该图片进行旋转，并复制多个水印图片，调整图片效果至如下左图所示；**❷** 单击"页眉和页脚工具-设计"选项卡"关闭"组中的"关闭页眉和页脚"按钮，退出页眉和页脚编辑状态。

17 **插入格式文本内容控件。** 在模板文件中通常要制作出一些固定的格式，可利用"开发工具"选项卡中的格式文本内容控件进行设置。这样，在应用模板创建新文件时就只需要修改少量文字内容即可。单击"开发工具"选项卡"控件"组中的"格式文本内容控件"按钮，如下右图所示。

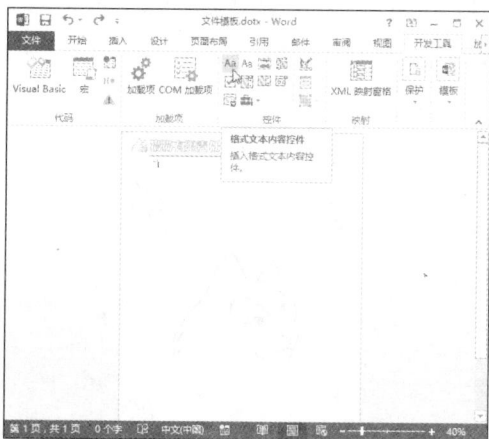

18 **切换至设计模式。** 单击"开发工具"选项卡"控件"组中的"设计模式"按钮进入设计模式，如右图所示。

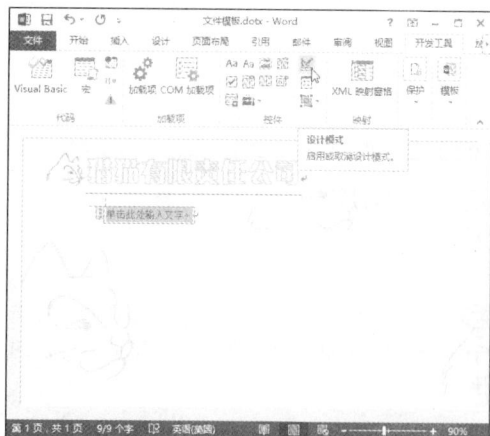

19 设置控件格式。❶ 修改控件中的文本为"单击此处输入标题",选中控件所在的整个段落;❷ 单击"段落"组中的"居中"按钮;❸ 在"字体"组中设置字体为"黑体"、字号为"小一",颜色为"黑色";❹ 单击"段落"组中的"边框"按钮;❺ 在弹出的下拉菜单中选择"边框和底纹"命令,如下左图所示。

20 设置段落下边框。打开"边框和底纹"对话框,❶ 在"应用于"下拉列表框中选择"段落"选项;❷ 设置边框类型为"自定义";❸ 设置线条样式为"双线",颜色为"绿色",线条宽度为"0.75磅";❹ 单击"预览"栏中的"下框线"按钮;❺ 单击"确定"按钮,如下右图所示。

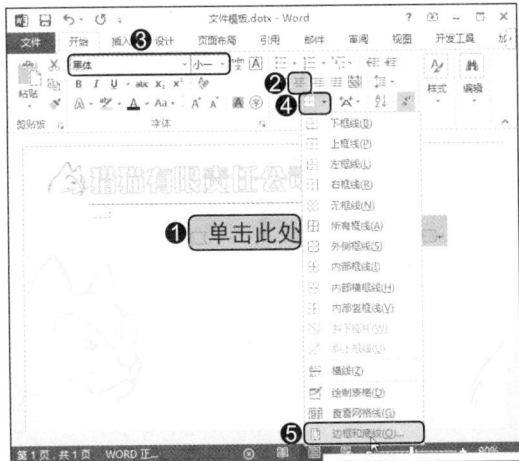

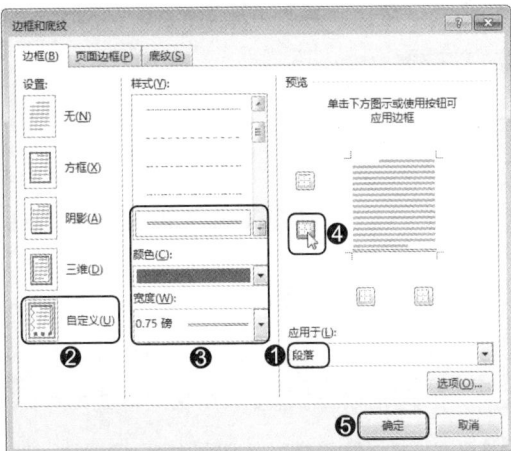

21 插入内容控件。❶ 在第3行处插入格式文本内容控件,修改其中的文本并设置合适的格式;❷ 单击"控件"组中的"控件属性"按钮;❸ 在打开的对话框中设置标题为"正文";❹ 选中"内容被编辑后删除内容控件"复选框;❺ 单击"确定"按钮,如下左图所示。

22 插入日期选取器内容控件。❶ 在文档合适的位置输入文本"文件发布日期";❷ 单击"开发工具"选项卡"控件"组中的"日期选取器内容控件"按钮,如下右图所示。

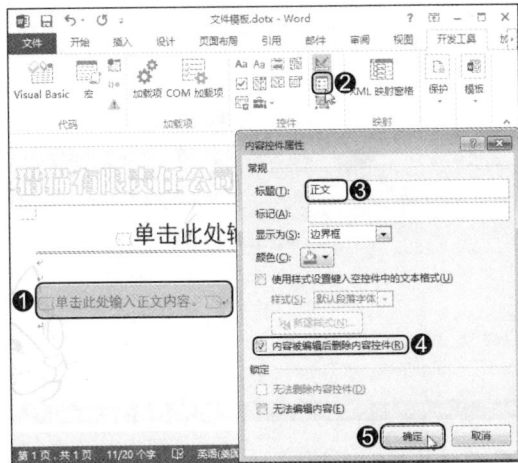

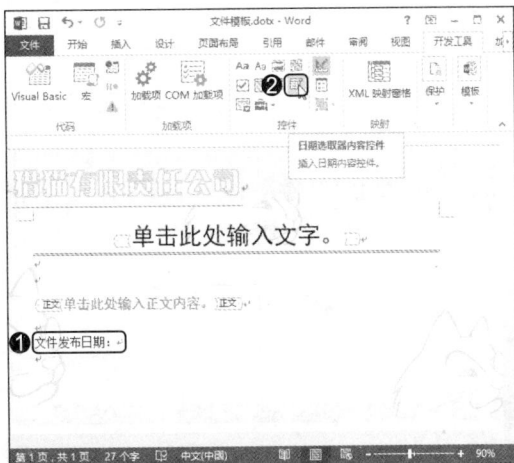

23 设置控件属性。❶ 单击"控件"组中的"控件属性"按钮;❷ 在打开的对话框中选中"无法删除内容控件"复选框;❸ 在"日期选取器属性"栏的列表框中选择日期格式;❹ 单击"确定"按钮,如下左图所示。

24 设置文本格式。❶ 选择日期控件所在的段落;❷ 单击"开始"选项卡"段落"组中的"右对齐"按钮;❸ 设置文本字体为"宋体",字号为"小四",如下右图所示。

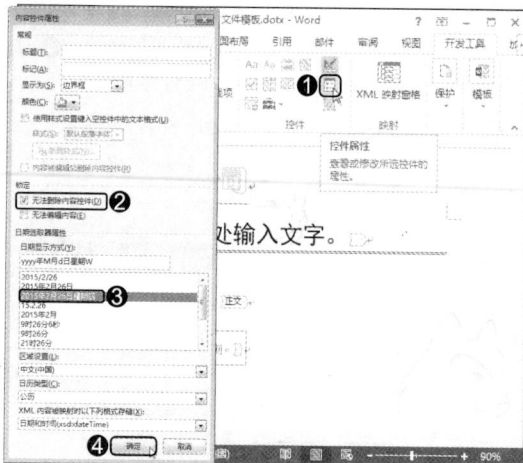

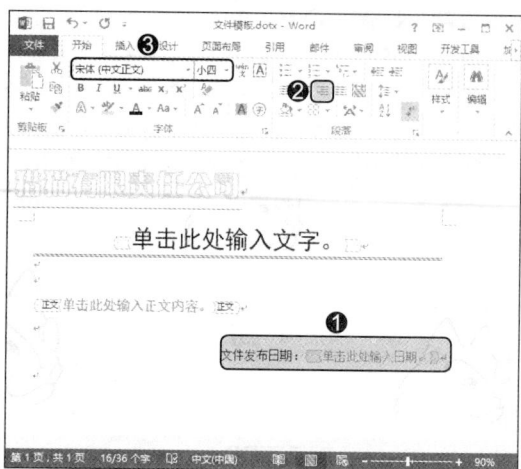

3. 定义文本样式

为方便在应用模板创建文件时能快速设置内容格式，可在模板中预先设置一些可用的样式效果，在编辑文件时直接选用相应样式即可。

01 新建样式。❶选择顶部标题段落；❷单击"开始"选项卡"样式"组列表框右侧的"其他"按钮；❸在弹出的下拉菜单中选择"创建样式"命令；❹在打开的对话框中设置样式名称为"文档标题"；❺单击"确定"按钮，如下左图所示。

02 执行"修改"命令。❶在"开始"选项卡"样式"组列表框中的"正文"样式上单击鼠标右键；❷在弹出的快捷菜单中选择"修改"命令，如下右图所示。

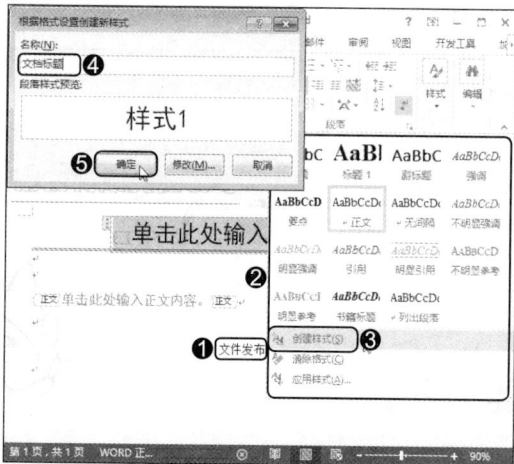

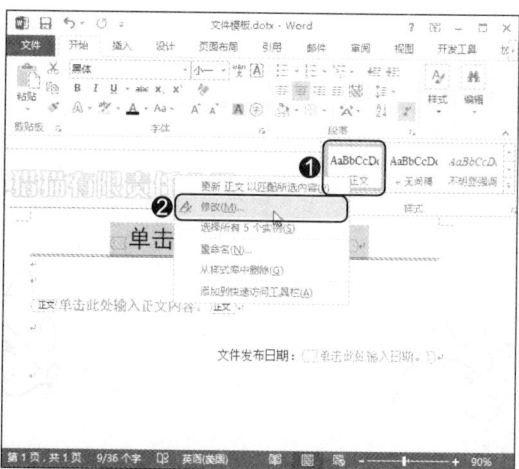

03 设置基本样式格式。打开"修改样式"对话框，❶在"格式"栏中设置文字的字体、大小、颜色等；❷单击"格式"按钮；❸在弹出的下拉菜单中选择"段落"命令，如下左图所示。

04 设置样式中的段落缩进。❶在打开的"段落"对话框中设置缩进为首行缩进2字符；❷单击"确定"按钮，如下右图所示。

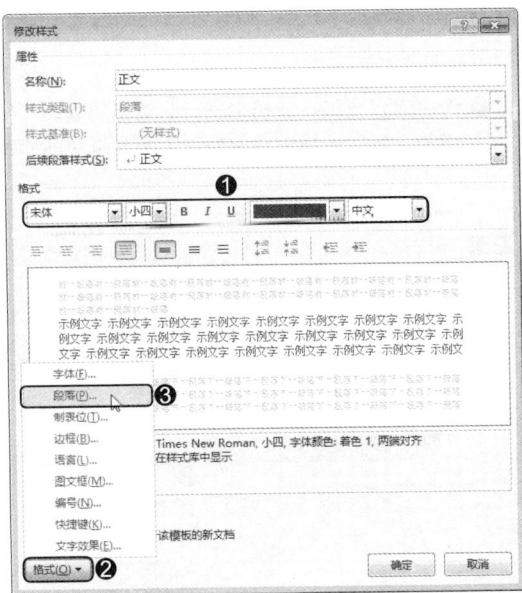

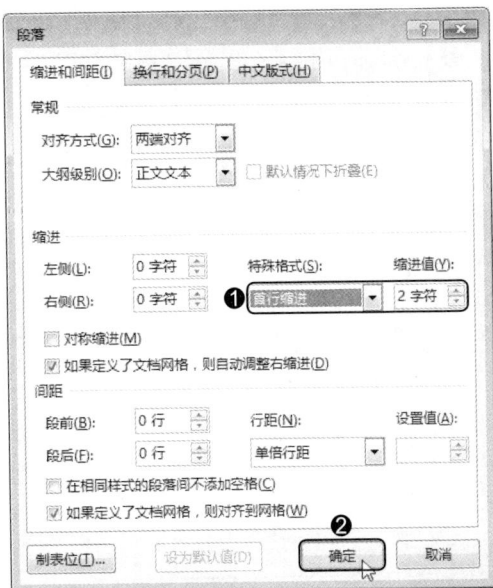

05 设置样式的应用范围。返回"修改样式"对话框，❶ 选中窗口底部的"基于该模板的新文档"单选按钮；❷ 单击"确定"按钮关闭对话框，如下左图所示。

06 关闭对话框。返回文档中看到页眉的文字采用了修改后的正文样式，❶ 双击页眉处，进入页眉页脚编辑状态；❷ 删除页眉文本前的空格；❸ 单击"页眉和页脚工具-设计"选项卡"关闭"组中的"关闭页眉和页脚"按钮，如下右图所示。

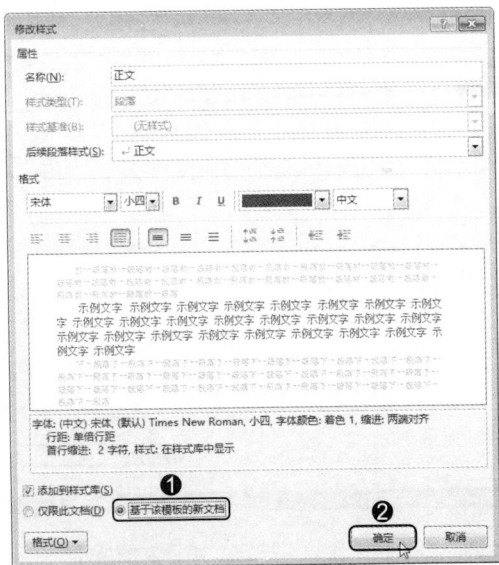

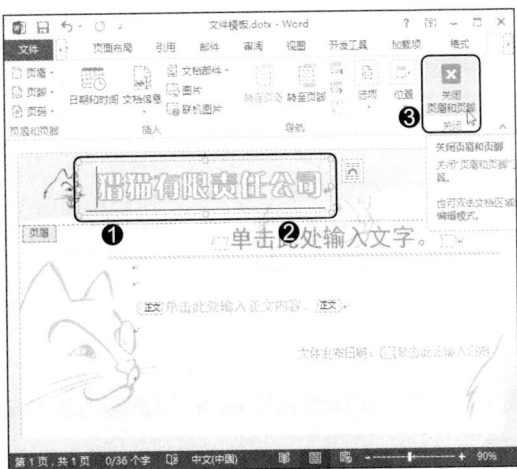

4. 保护模板文件

为了在应用模板创建新文件时用户只能对特定的内容进行修改，不影响到模板的整体结构及其修饰效果，应对模板文件进行保护。

01 执行"限制编辑"命令。❶ 在"文件"菜单中选择"信息"命令；❷ 单击右侧的"保护文档"按钮；❸ 在弹出的下拉菜单中选择"限制编辑"命令，如下左图所示。

02 设置编辑限制选项。打开"限制编辑"任务窗格，❶ 选中"仅允许在文档中进行此类型的编辑"复选框；❷ 选择文档中的标题文本内容控件；❸ 选中"限制编辑"任务窗格中"例外项"列表框中的"每个人"复选框，如下右图所示。

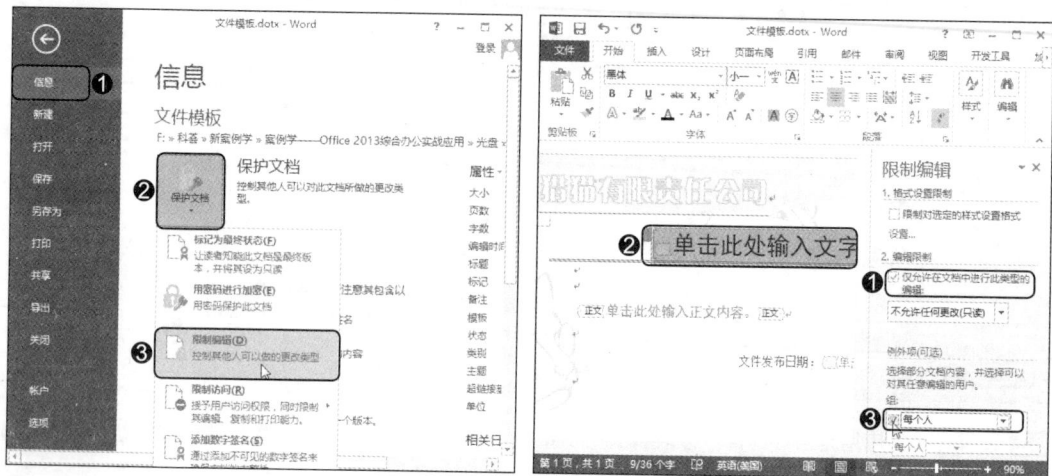

03 设置可编辑区域。❶ 选择文档中的"正文"格式文本内容控件；❷ 选中"限制编辑"任务窗格中"例外项"列表框中的"每个人"复选框，如下左图所示。

04 设置可编辑区域。❶ 选择文档中发布日期处的日期选取器内容控件；❷ 选中"限制编辑"任务窗格中"例外项"列表框中的"每个人"复选框，如下右图所示。

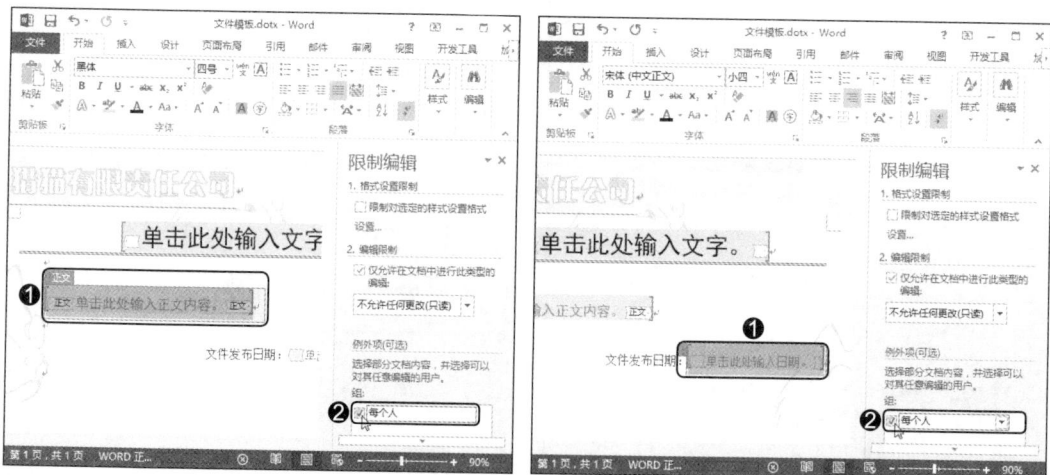

05 启动强制保护。单击"限制编辑"任务窗格中的"是，启动强制保护"按钮，如下左图所示。

06 设置保护方式及密码。打开"启动强制保护"对话框，❶ 选中"密码"单选按钮；❷ 在"新密码"文本框中设置文档保护的密码"****"，并在"确认新密码"文本框中再输入一次密码；❸ 单击"确定"按钮，如下右图所示。设置完成后保存文件并关闭即可。

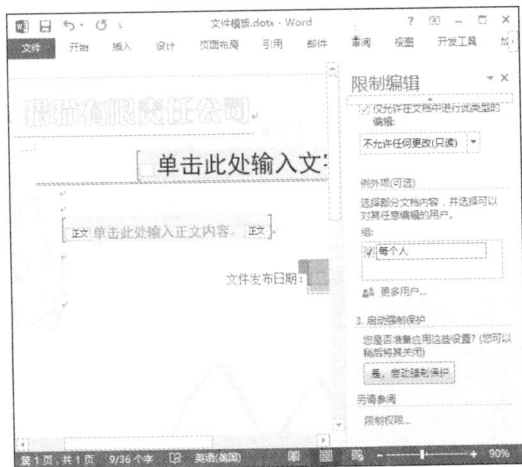

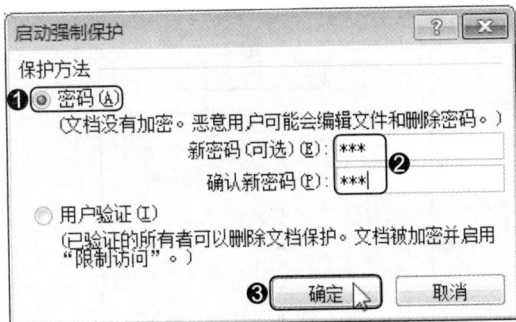

保护文档

当文档需要多次修改和编辑，或将文档作为模板而文档中有部分内容不需要被修改时，可对文档进行保护。在保护文档时，可在"限制编辑"任务窗格中设置禁止对指定样式的格式进行修改或对内容进行编辑，设置完成后需保存文件。

5. 应用模板新建办公日常行为规范文件

要应用模板创建新文件，可在系统资源管理器中双击打开模板文件，然后在模板中添加相应的内容，最后保存即可通过模板新建文件。下面就应用刚创建的文件模板新建"员工日常行为规范"文档。

01 **双击文件选项。**在资源管理中双击打开素材文件夹中的"文件模板"模板文档，如下左图所示。

02 **保存文件。**系统自动根据选择的模板新建一篇空白文档，将文件保存为"员工日常行为规范"，如下右图所示。

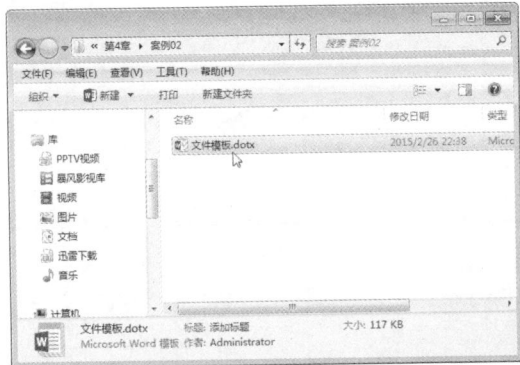

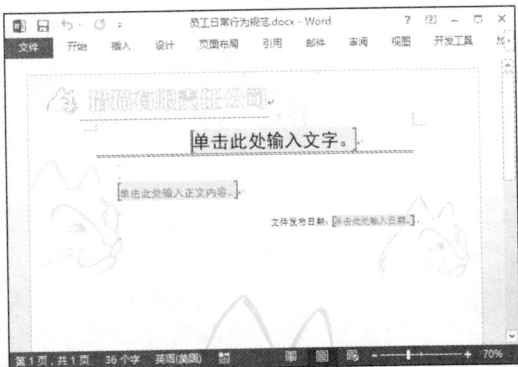

03 **添加文档内容。❶** 单击标题区域的格式文本内容控件，输入标题文字"员工日常行为规范"；**❷** 单击文档中的"正文"格式文本内容控件，将素材文件"员工日常行为规范"内容中的文字内容复制于该控件中，如下左图所示。

04 选择文件发布日期。❶ 单击文档末尾的"文件发布日期"文本右侧的日期选择器内容控件中的下拉按钮；❷ 在弹出的下拉列表中选择文件发布的日期，这里单击"今日"按钮，如下右图所示。

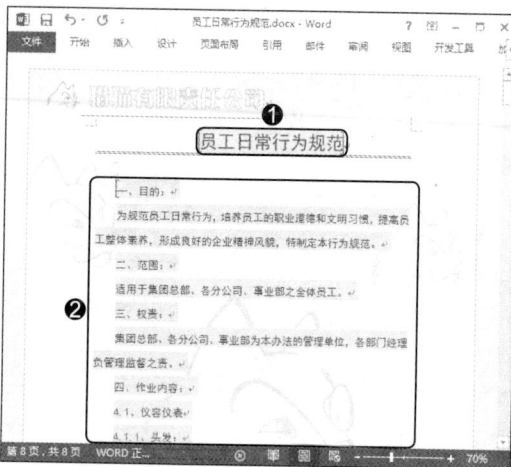

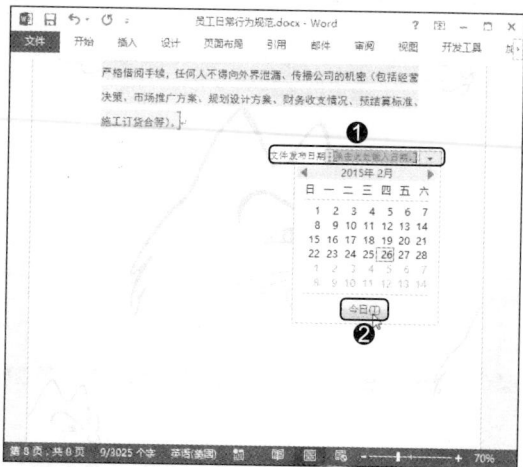

案例 03 制作营销计划模板

案例概述

营销计划是在对企业市场营销环境进行调研分析的基础上，制定的企业及各业务单位对营销目标以及实现这一目标所应采取的策略、措施和步骤的明确规定和详细说明。营销计划是企业的战术计划，在企业的经营过程中使用非常频繁，因此有必要制作该类模板方便后期直接调用。"营销计划"文档模板制作完成后的效果如下图所示。

素材文件：无
结果文件：光盘\结果文件\第4章\案例03\营销计划.dotx、自定义主题1.thmx
教学文件：光盘\同步教学视频\第4章\案例03.mp4

制作思路

在Word中制作"营销计划模板"模板文件的流程与思路如下。

一 **创建模板文件**：Office自带有很多模板，我们在制作模板时，可以先搜索并下载需要的模板，然后将适合的模板另存为模板文件。

二 **修改模板文件**：下载的模板经常并不是完全符合需要的，我们可以先对页面格式进行设置，然后查看文档的主题效果，根据需要进行修改，再将文档中常用的格式组合设置为样式。

三 **创建目录**：由于营销计划中包含的内容分为几大块，其下还可以细分为多个小节，因此可以为该文档添加目录。

具体步骤

　　网络上有大批模板，我们在使用它们时可以先调用相应的模板，然后在其基础上进行编辑和加工。本例将以修改营销计划模板文件为例，在更改文档页面格式和整体效果的同时，应用自动目录功能将文档中含有段落级别样式的内容生成目录。

1. 创建模板文件

　　要制作营销计划模板，首先需要在Word 2013中找到合适的模板，并根据该模板新建文件，然后将其转换为最新的文档格式，最后对模板进行保存，具体操作方法如下。

01 **搜索需要的模板。** ❶ 在"文件"菜单中选择"新建"命令；❷ 在文本框中输入"计划"；❸ 单击"搜索"按钮，如下左图所示。

02 **选择需要的模板。** 在搜索到的相关模板列表中选择需要的"基本营销计划"模板选项，如下右图所示。

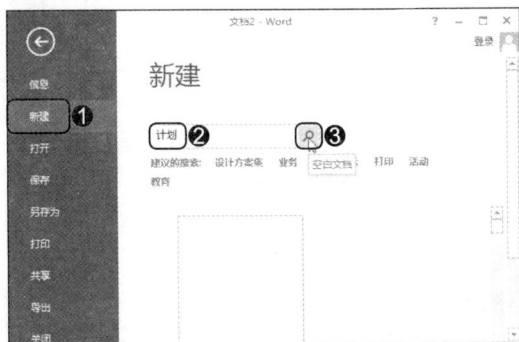

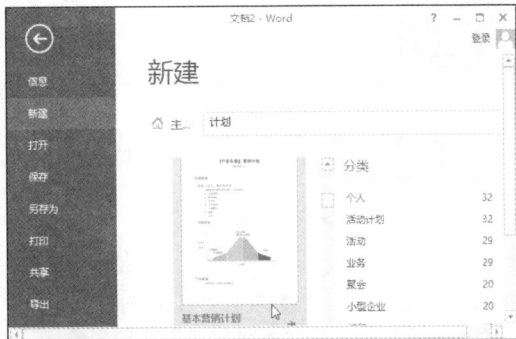

03 **根据模板创建文件。** ❶ 在打开的界面中可以翻页查看该模板的缩略效果；❷ 单击"创建"按钮即可下载该模板并创建新文件，如右图所示。

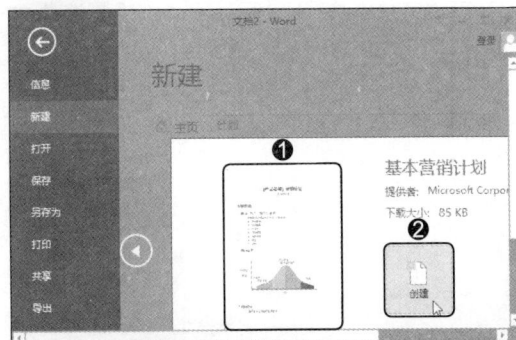

04 单击"转换"按钮。❶ 在"文件"菜单中选择"信息"命令；❷ 单击"转换"按钮，如下左图所示。

05 确认转换文件。在打开的提示对话框中单击"确定"按钮确认转换文件，如下右图所示。

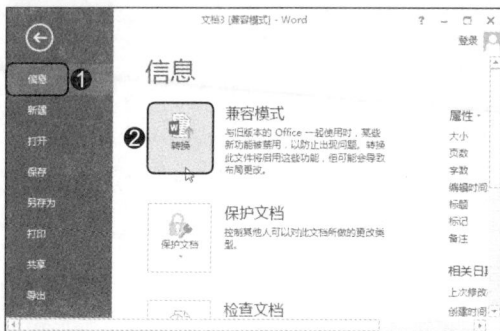

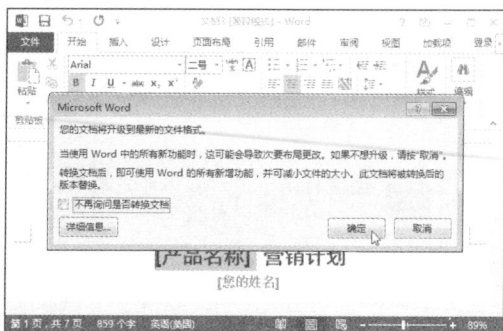

06 执行"另存为"命令。经过上一步操作后，文档标题栏中将不再显示[兼容模式]字样。❶ 在"文件"菜单中选择"另存为"命令；❷ 双击"计算机"选项，如下左图所示。

07 另存文件。打开"另存为"对话框，❶ 设置文件的保存位置；❷ 在"文件名"下拉列表框中输入名称；❸ 在"保存类型"下拉列表框中选择"Word模板"选项；❹ 单击"保存"按钮，如下右图所示。

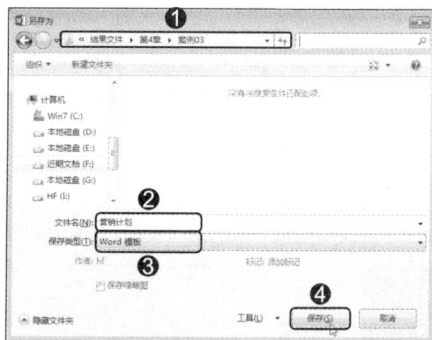

2. 在模板中设置页面格式

为了使通过模板新建的文档符合需要的页面格式，可以在创建模板后对模板的页面格式进行设置。接下来为"营销计划"模板文档设置纸张大小、页边距和页面背景。

01 设置纸张大小。❶ 单击"页面布局"选项卡"页面设置"组中的"纸张大小"按钮；❷ 在弹出的下拉菜单中选择"16开(18.4×26厘米)"命令，如右图所示。

02 执行"自定义边距"命令。❶ 单击"页面布局"选项卡"页面设置"组中的"页边距"按钮；❷ 在弹出的下拉菜单中选择"自定义边距"命令，如下左图所示。

03 设置页边距。打开"页面设置"对话框，❶ 在"页边距"栏中分别设置上、下、左、右4个方向的页边距值；❷ 单击"确定"按钮，如下右图所示。

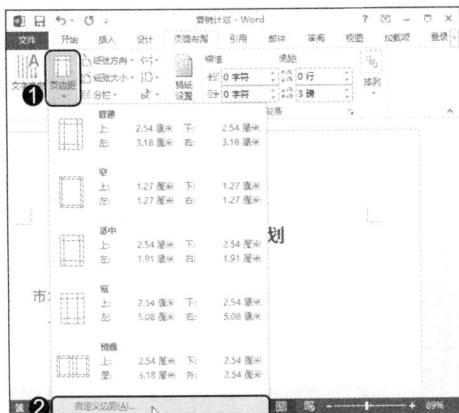

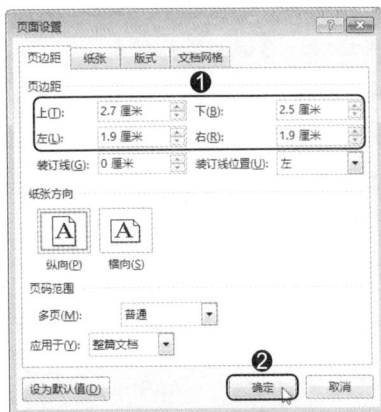

04 选择"填充效果"命令。❶ 单击"页面布局"选项卡"页面背景"组中的"页面颜色"按钮；❷ 在弹出的下拉菜单中选择"填充效果"命令，如下左图所示。

05 设置填充纹理效果。打开"填充效果"对话框，❶ 单击"纹理"选项卡；❷ 在列表框中选择需要的纹理效果；❸ 单击"确定"按钮，如下右图所示。

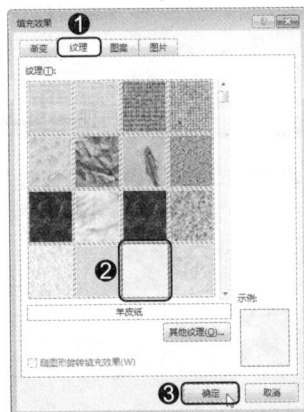

06 查看效果。返回文档中即可查看到设置的页面效果，如右图所示。

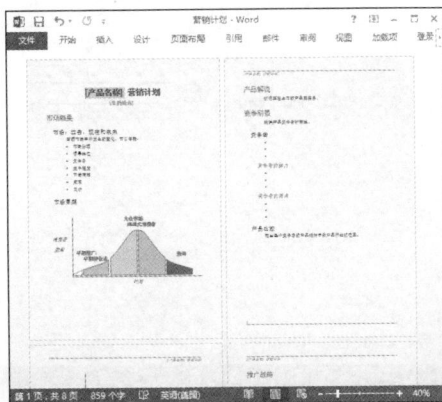

3. 在文档中设置样式

在Word 2013中提供了主题功能，通过它可快速更改整个文档中的总体设计，包括颜色、字体和图形效果。在文档中应用主题中的颜色、字体和图形效果后，在更改主题时这些应用了主题样式的内容会随主题的变化而变化。为方便在应用模板创建不同主题下的文件，可在模板中设置新样式以及修改默认的样式。

01 修改"标题"样式。❶ 在"开始"选项卡"样式"组的列表框中的"标题"样式上单击鼠标右键；❷ 在弹出的快捷菜单中选择"修改"命令，如下左图所示。

02 设置样式。打开"修改样式"对话框，❶ 在"字体颜色"下拉列表框中选择需要的颜色；❷ 单击"确定"按钮，如下右图所示。

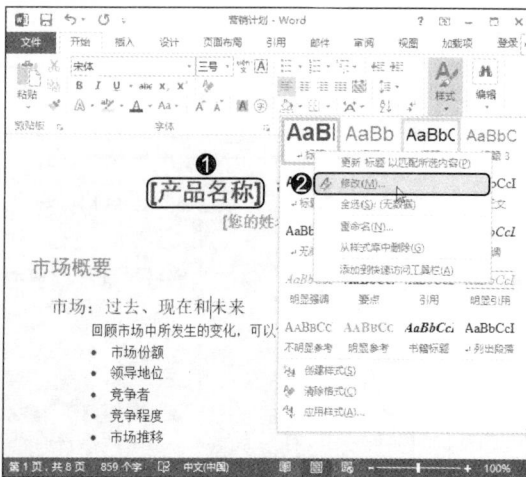

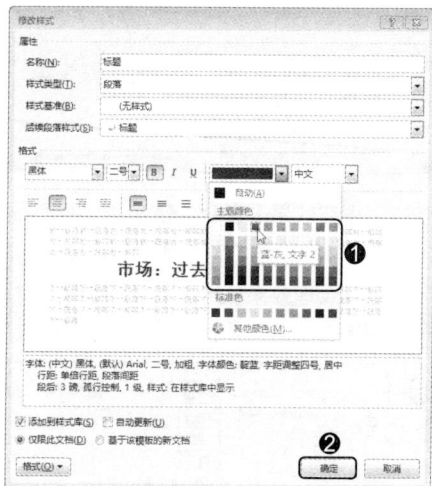

03 修改"标题3"样式。❶ 在"开始"选项卡"样式"组的列表框中的"标题3"样式上单击鼠标右键；❷ 在弹出的快捷菜单中选择"修改"命令，如下左图所示。

04 设置样式。打开"修改样式"对话框，❶ 在"字体颜色"下拉列表框中选择"蓝色，着色1"颜色；❷ 单击"确定"按钮，如下右图所示。

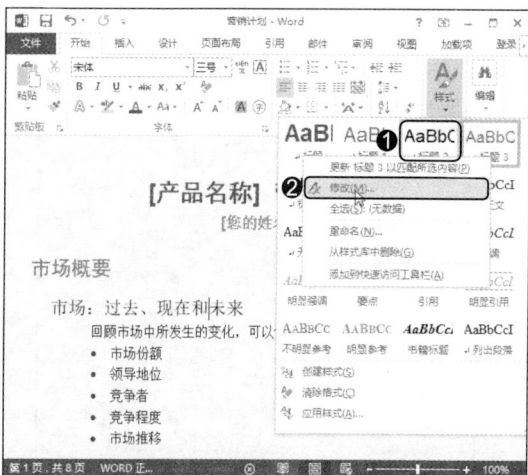

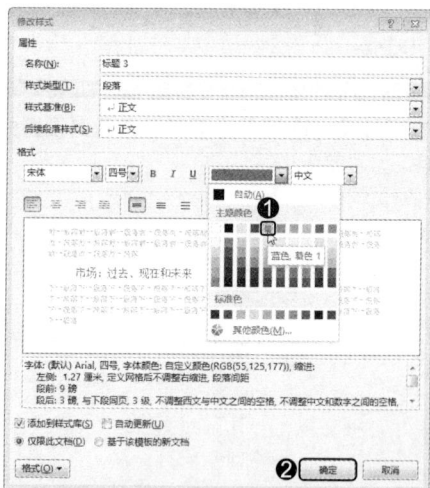

05 修改"项目符号列表前的段落"样式。❶ 单击"开始"选项卡"样式"组右下角的对话框启动器按钮，显示出"样式"任务窗格；❷ 单击"样式"任务窗格列表框中"项目符号列表前的段落"样式右侧的下拉按钮；❸ 在弹出的下拉菜单中选择"修改"命令，如下左图所示。

06 设置样式。打开"修改样式"对话框，❶ 选中"添加到样式库"复选框；❷ 在"字体颜色"下拉列表框中选择"黑色，文字1"颜色；❸ 单击"确定"按钮，如下右图所示。

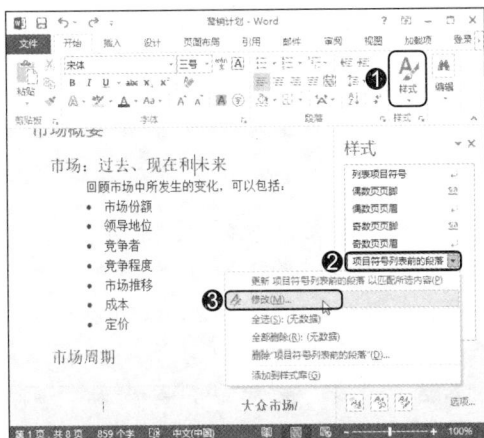

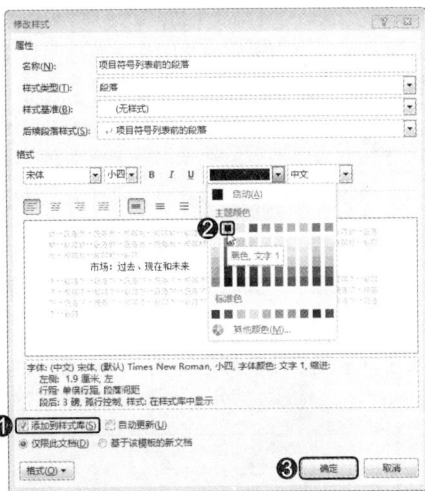

07 修改"列表项目符号"样式。❶ 单击"样式"任务窗格列表框中"列表项目符号"样式右侧的下拉按钮；❷ 在弹出的下拉菜单中选择"修改"命令，如下左图所示。

08 设置样式。打开"修改样式"对话框，❶ 在"字体颜色"下拉列表框中选择"蓝色，着色5"颜色；❷ 选中"添加到样式库"复选框，将样式添加到"快速样式"列表框中，如下右图所示。

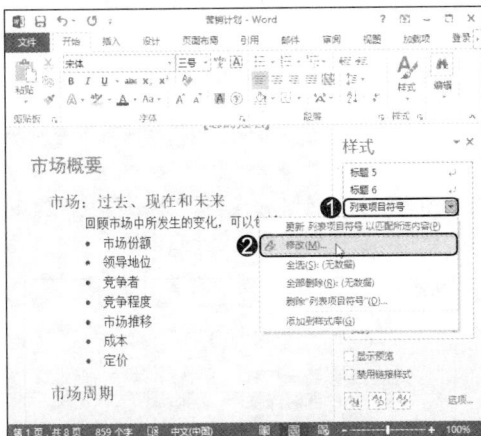

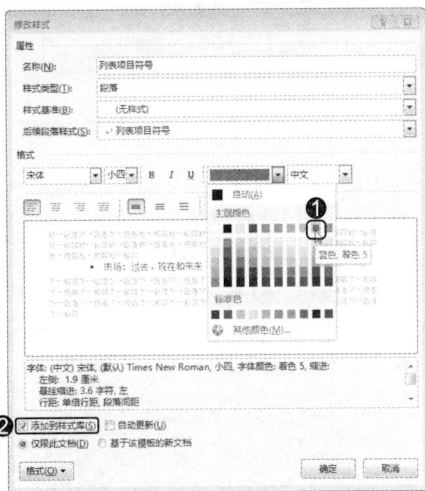

09 设置项目符号样式。❶ 单击"格式"按钮；❷ 在弹出的下拉菜单中选择"编号"命令；❸ 在打开的"编号和项目符号"对话框中单击"项目符号"选项卡；❹ 选择"文档项目符号"栏中需要的符号；❺ 单击"定义新项目符号"按钮，如下左图所示。

10 定义项目符号。打开"定义新项目符号"对话框，❶ 单击"字体"按钮；❷ 在打开的"字体"对话框中设置字体颜色为"蓝色，着色5"；❸ 依次单击"确定"按钮，如下右图所示。

11 设置图形颜色。❶ 选择文档中的图形对象；❷ 单击"绘图工具-格式"选项卡"形状样式"组中的"形状填充"按钮；❸ 在弹出的下拉菜单中选择需要的颜色作为该区域中的颜色，如下左图所示。

12 修改其他图形填充颜色样式。将各图形的填充颜色修改为"形状填充"下拉菜单中"主题颜色"栏中列举的颜色，并对文本框的大小进行适当调整，完成后的效果如下右图所示。

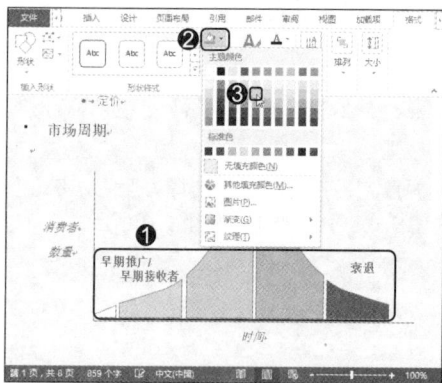

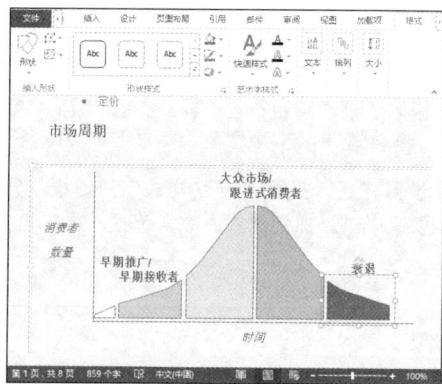

13 调整图形组成部分的位置。选择文档中图形的组成对象，通过拖动鼠标光标调整其在整个图形中的位置，如下左图所示。

14 设置图形的快速样式。❶ 选择饼图图形；❷ 单击"图表工具-设计"选项卡"图表样式"组中的"更改颜色"按钮；❸ 在弹出的下拉列表中选择"颜色3"选项改变图形颜色，如下右图所示。

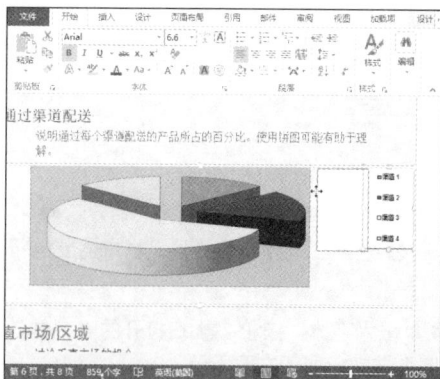

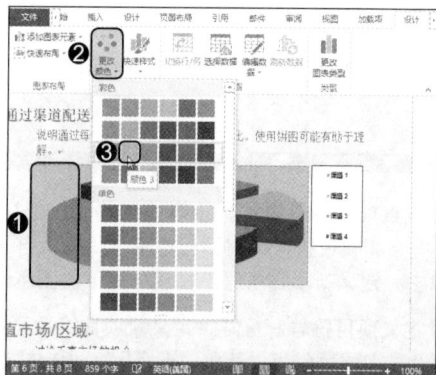

4. 修改文档主题

当文档中的内容样式应用了主题字体和主题颜色后，通过修改主题可以快速修改整个文档的样式，具体操作方法如下。

01 执行"修改"命令。❶ 单击"设计"选项卡"文档格式"组中的"主题"按钮；❷ 在弹出的下拉菜单中选择"龙腾四海"主题样式，如下左图所示。

02 执行"自定义颜色"命令。❶ 单击"设计"选项卡"文档格式"组中的"颜色"按钮；❷ 在弹出的下拉菜单中选择"自定义颜色"命令，如下右图所示。

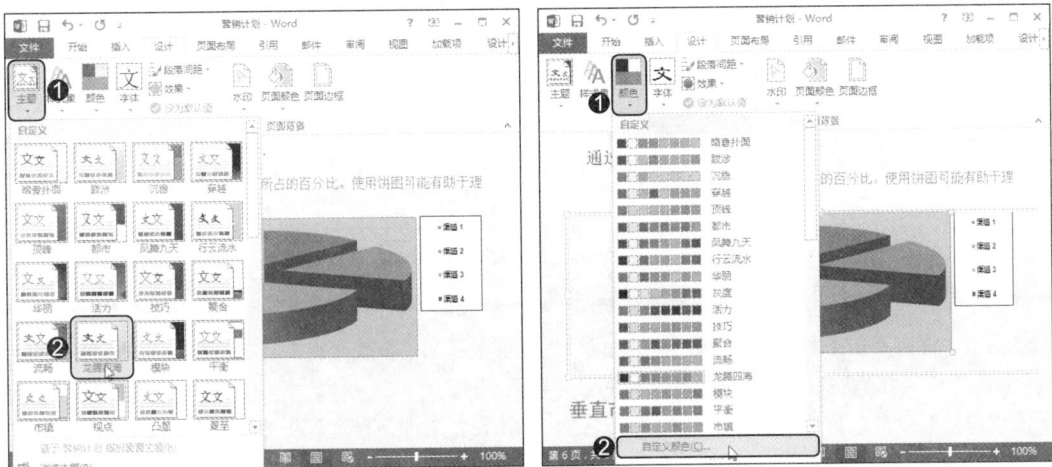

03 设置主题颜色。打开"新建主题颜色"对话框，❶ 单击"文字/背景-深色1"文本后的颜色选取按钮；❷ 在弹出的下拉菜单中选择"其他颜色"命令；❸ 打开"颜色"对话框，单击"自定义"选项卡；❹ 设置颜色的相关参数；❺ 单击"确定"按钮，如下左图所示。

04 设置其他主题颜色。返回"新建主题颜色"对话框，❶ 设置其他主题颜色；❷ 在"名称"文本框中输入自定义主题颜色的名称；❸ 单击"保存"按钮，如下右图所示。

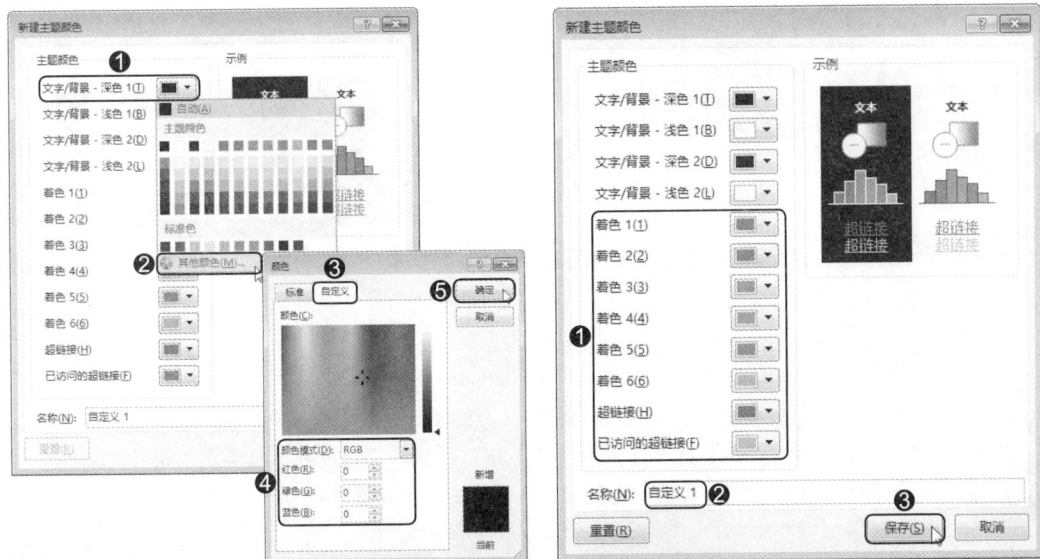

05 执行"自定义字体"命令。❶ 单击"设计"选项卡"文档格式"组中的"字体"按钮；❷ 在弹出的下拉菜单中选择"自定义字体"命令，如下左图所示。

06 设置主题字体。打开"新建主题字体"对话框，❶ 分别设置英文和中文标题及正文的字体样式；❷ 在"名称"文本框中输入新主题字体的名称；❸ 单击"保存"按钮完成主题字体的新建，如下右图所示。

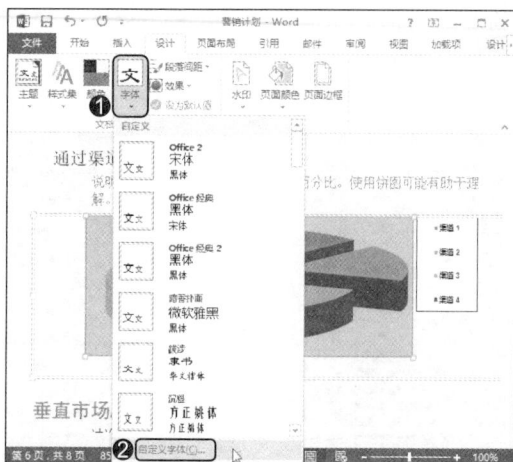

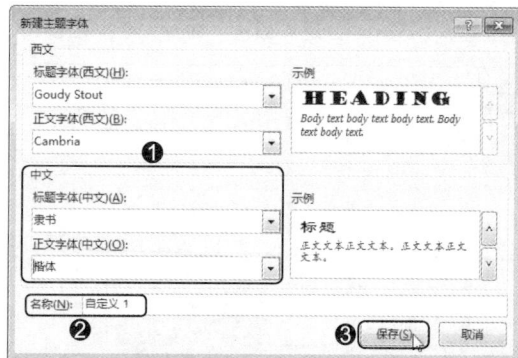

07 执行"保存当前主题"命令。❶ 单击"设计"选项卡"文档格式"组中的"主题"按钮；❷ 在弹出的下拉菜单中选择"保存当前主题"命令，如下左图所示。

08 保存主题文件。打开"保存当前主题"对话框，❶ 设置文件保存位置及文件名称；❷ 单击"保存"按钮即可，如下右图所示。

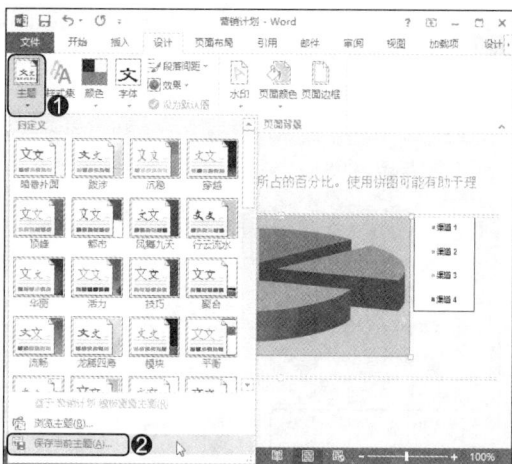

应用自定义的主题

　　将自定义的主题保存为主题文件后，若需要在Word文档中应用该主题，可以单击"设计"选项卡"文档格式"组中的"主题"按钮，在弹出的下拉菜单中选择"浏览主题"命令，在打开的对话框中选择需要使用的主题文件即可。

高手
点拨

5. 快速创建目录

　　Word 2013中提供了一个样式库，其中包含多种目录样式供用户选择，且在目录中自动包含了标题和页码。用户只需在创建目录之前，先在文档中标记目录项（即为文档中的标题段落应用级别样式），然后从样式库中选择目录样式，Word 2013就会自动根据标记的标题创建目录。

01 **插入空行并清除格式。**❶ 在标题下方插入一空行；❷ 单击"开始"选项卡"字体"组中的"清除所有格式"按钮清除该行的格式，如下左图所示。

02 **插入自动目录。**❶ 单击"引用"选项卡"目录"组中的"目录"按钮；❷ 在弹出的下拉菜单中选择"自动目录2"命令，如下右图所示。

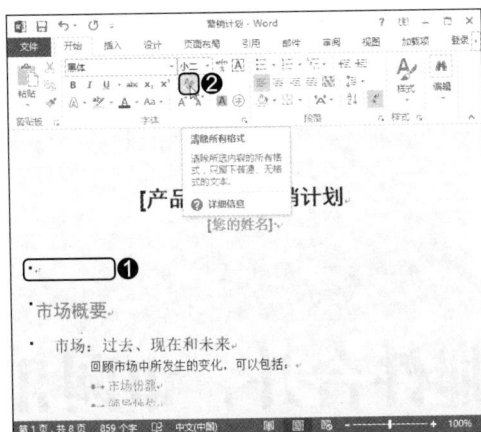

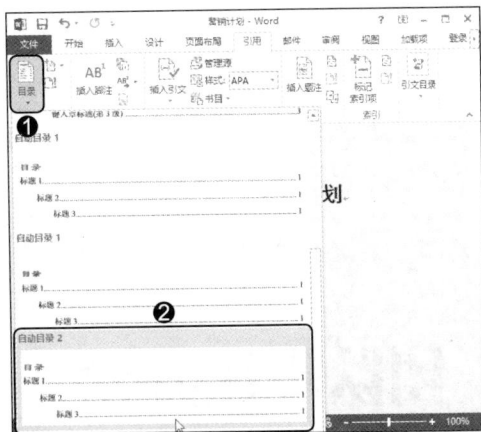

03 **执行"修改"命令。**经过上一步操作，即可自动插入目录。修改文档中的相关内容后，❶ 单击自动目录区域左上角的"更新目录"按钮；❷ 在打开的"更新目录"对话框中选择要更新的目录元素，如选中"更新整个目录"单选按钮；❸ 单击"确定"按钮即可根据当前文档中的内容完成目录的更新，如右图所示。

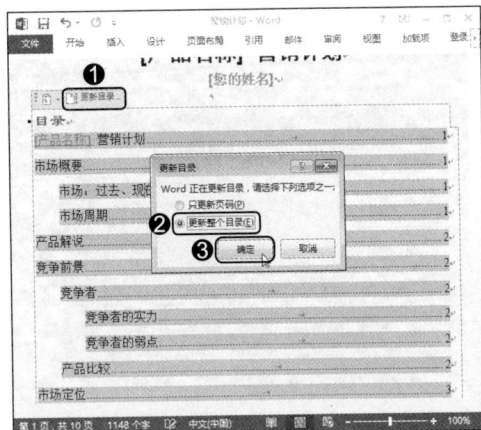

本 章 小 结

　　样式和模板是我们提高文档制作和编辑的有效途径。因此，本章学习的第一个重点在于Word中样式的各种操作，如使用样式、修改样式、创建样式等；另一个重点则在于模板的创建、下载和使用，只有学会样式的使用方法，再结合模板的选择与修改操作，才能快速创建属于自己的文档模板。

团队协作办公——邮件合并、审阅和

宏的应用

第 5 章

本章导读

　　Word 2013为用户提供了强大的文档编辑功能，除前面几章讲解的那些功能外，还可以应用一些特殊功能进行更高级的编排操作，以提高工作效率。本章将为读者介绍审阅功能、邮件合并功能、中文简繁转换功能等的应用。

知识要点

- 设置拼写和语法检查
- 批注的添加和修改
- 审阅文档
- 应用修订功能
- 使用邮件合并功能
- 控件的添加和应用

知识要点——Word其他功能应用的相关知识

团队协作能力是一个团队发展的关键，无论是在营销团队、研发团队、财务团队还是办公团队中，充分发挥团队成员的长处，合理地协作办公，便能使相关工作更加高质高效。Word 2013为办公人员提供了许多方便团队协作的功能，可以实现多人之间的交流，例如文档的多人修订、审阅、版本管理与控制等。

要点 01 多人协同编排文档

在现代办公中，大部分文档都不是一蹴而就的，一般都需要经历多次修改、审核才会最终定型。而办公应用中的文档通常是给他人看的，所以会涉及他人的意见和建议，甚至他人对该文档也会有相应的编辑操作（如多人协作完成一份文档）。

为了保证文档内容的逻辑性、准确性和严密性，当需要多人协同编排文档时，首先需要根据文档中涉及的内容和目标来安排相应的人员分工协作，然后将这个多人合力完成的稿件交由每个人逐一审阅、完善，最后再由一人或多人进行文档修订。当然，此过程中不可避免地会进行多次讨论，并且很可能需要重复多次审阅和修订，然后形成一份较完整的文档，再交给上级领导审批……

Word中为我们提供了一些多人协同编排文档的功能，充分利用这些功能可以大大提高团队工作效率，为自己并为团队节约宝贵的时间。团队协同编排文档前，一般会设计一个文档模板，为防止文档编写者因误操作而改变了模板内容，一般还会为模板启用文档保护功能。此外，还有一些功能是我们前面没有讲到的。

1. 文档校对

当多人对文档内容进行编辑后，由于不同人员在编辑时可能出现用词或表述不统一、错别字、标点符号、语法等错误，校对工作则显得非常艰巨了。

在Word中提供了一些基础的自动校对功能，如拼写检查、语法检查、语言转换和翻译等，以方便文档校对人员对文档内容进行校对。当文档中某些文字的下方出现蓝色波浪线时，则表示该内容或其附近可能存在语法错误。

由于拼写检查和语法检查均是自动完成，有可能一些特殊名词或语法描述在系统中并未收录，也会导致出现拼写或语法错误提示。另外需要注意的是，如果需要对文档中某些固定用词、表述及特定语法进行检查，通常只能用人工方式进行，或借助查找和替换功能，比如一旦发现文档中某个词语中包含错别字，则立刻使用查找替换功能搜索整篇文档中是否还有相同的错误。

2. 批注

批注是在文档空白处对文档内容进行批示或注解的特殊提示框。在Word中，文档批注不会影响文档内容，通常用于文档协同编排人员之间进行交流，无论是文档的起草者还是文档审阅或后期编排过程中的人员，均可在文档中添加批注。各编排人员相互查看到批注内容后可自行根据对方的意见对文档内容进行修改。

3. 修订

在进行多个协作编排时，如果需要对他人编排的内容直接进行修改，为尊重编写者，以原作者意见为主，可以在修订状态下对文档进行修改。修改文档后，文档中会保留所有修改过程及修改前的内容，并以特定的格式显示修订的内容，以便于原作者查看并确认是否进行相应的修改。

4. 更改修订

当修订者对文档进行修订后，通常由原作者对修订进行查看和更改，以确认是否接受或拒绝修订内容。当定位到文档中包含修订内容的位置时，如需要保留对方的修改可接受修订，拒绝修订可取消对方的修改。

5. 比较与合并文档

多人协作编排文档时，当大家都独立地对文档内容进行了一些修改后，就会导致每个人手中的文档内容不一致。此时，为了将多个文档整合为一个文档，可以使用Word中的文档比较功能，将多个不同版本的文档进行对比，查看不同版本中文档内容的异同，并且可将多个文档自动合并为一个文档。

要点 02 方便他人使用Word文档的技能

在多人协作编排文档时，要充分为文档编排者考虑，积极为大家提供方便，只有大家合作得轻松愉快，才能高质高效地完成工作。下面就来看看Word中都有哪些技能可以改善文档的可操作性。

1. Word中的域

Word中的域是一种特殊的文档内容，它其实是一种代码，可以用来控制许多在Word文档中插入的信息甚至实现一些特殊功能。例如文档中的页码、自动目录、表格公式、日期时间等。

在Word中，域有两种状态，一种状态为域结果；另一种状态是域代码。如下左图所示，是在文档中插入的页码，它实际上是一个域代码，目前显示为域结果了，也就是具体的页数；当把它切换到域代码状态后，其效果如下右图所示。

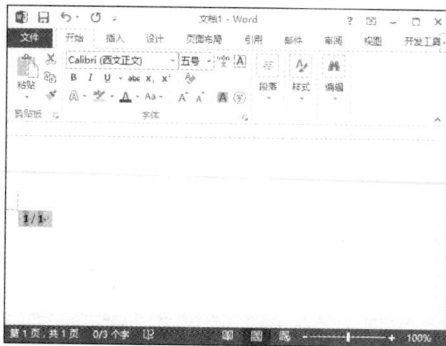

2. 控件

控件是计算机中的一种图形化的用户界面元素，通常用于展示内容或提供用户操作，实现人机交互功能，例如各种软件或程序中都会见到的文本框、下拉列表框、复选框等。在Word中，我们也可以将这些具有特殊功能和效果的控件插入文档中，如下图所示都是可以插入到Word文档中的控件，合理地利用开发工具中的一些功能或编写相应的程序代码，可使这些控件具备各种强大的功能。

3. 宏与代码

在Word中宏是一种批量处理的称谓，就是能组织到一起作为一个独立的命令使用的一系列word命令。在Word中可以通过录制或编写代码的方式来创建宏命令。

录制宏，是将用户在Word中所作的操作过程记录下来，自动转换为批处理命令，通常用于在Word中重复执行相同的操作，或将一些较复杂的过程保存起来，存放到模板中，方便模板使用者通过简单的方式调用。

编写代码是办公应用中较为高级的应用，在Word中编写代码时会启动Visual Basic编程环境，在该环境下，除了可以自行编写宏命令过程，还可以设计和开发Word中运行的应用程序。

4. 限制编辑

通过限制编辑功能可以对文档阅读者或修改者的操作进行限制，例如不允许文档查阅人修改文档内容；允许修订人添加批注和进行修订，但不允许修改内容；允许查阅人调整文档格式但不允许其修改内容；或者只允许文档编辑者对文档中局部内容进行修改等。这些限制编辑的功能，可以更好地帮助我们进行多人协作，从而让分工更明确，工作更轻松，并且还可避免由于不同人员的误操作相互造成影响。

当我们对文档进行限制时，可以设置一个只有自己才知道的密码，如果需要取消对文档的限制，需要输入该密码。

要点 03 Word文档与其他格式之间的转换

在电子时代，有些文档编辑完成后并不需要打印输出到纸面上，而是直接以电子（数字）方式保存和传播。但为了文档不被其他人随意窜改，一般不会直接将Word文档开放到外部环境。加上Word文档并不是一个便携式文档，它在不同的电脑环境下（如安装字体的不同）的呈现可能会有差异。因此，我们一般会将对外发布的Word文档转换为PDF。

PDF文件格式是Adobe公司开发的一种便携式文档格式，这种格式在不同平台上有着完全相同的表现（屏幕呈现），具有基本的压缩和保护（密码）能力，且尺寸较小、非常适合在网络上传播和使用。现在，很多产品的说明书都使用PDF格式，例如电子书籍、产品白皮书，包括很多产品的技术资料都是PDF格式。

随着电子文档的需求和用量的日益庞大，Word中已经提供了一些针对电子文档的功能。文档编辑完成后，单击“文件”选项卡，在“文件”菜单中选择“导出”命令，在中间选择“创建PDF/XPS文档”选项，单击右侧的“创建PDF/XPS”按钮即可将文档转换为PDF。

同步训练——实战应用成高手

通过前面知识要点的学习，主要让读者认识和掌握Word文档的高级排版技巧和多人协同编辑文档的相关技能与应用经验。下面，针对日常办公中的相关应用，列举几个典型的案例，给读者讲解在Word中编辑文档的一些高级思路、方法及具体操作步骤。

案例 01 制作招聘启事

案例概述

招聘启事是用人单位面向社会公开招聘有关人员时使用的一种应用文书，是企业获得社会人才的一种方式。招聘启事撰写的质量，会影响招聘的效果和招聘单位的形象。一般来说，招聘启事上都会包含以下4部分：（1）单位名称、性质和基本情况；（2）招聘人才的专业与人数；（3）应聘资格与条件；（4）应聘方式与截止日期；（5）其他的相关信息。

“招聘启事”文档排版完成后的效果如右图所示。

招聘启事
招聘单位：西游传媒有限公司
招聘岗位：前台
招聘人数：1名
岗位职责：
1.负责公司前台接待及电话接转。
2.收发传真、复印文档、收发信件、报刊、文件等。
3.及时更新和管理员工通讯地址和电话号码等联系信息。
4.受理会议室预约，协调会议时间，下发会议通知，布置会议室。
5.预订火车票、飞机票。
6.办理新员工工卡，负责员工考勤管理、统计。
7.协助上级购置办公设备、办公用品，负责发放及记录。
招聘条件：
1.文秘、行政管理及相关专业大专以上学历。
2.两年以上相关工作经验。
3.熟悉前台工作流程，熟练使用各种办公自动化设备。
4.形象好，气质佳，工作热情积极，细致耐心，具有良好的沟通能力、协调能力，性格开朗，待人热诚。
5.熟练掌握Office办公软件，打字速度在60字/分钟以上。
联系人：刘先生
联系电话：832478×× 1348175××××
Email：gugg@gninnimen.com
二〇一五年七月十七日

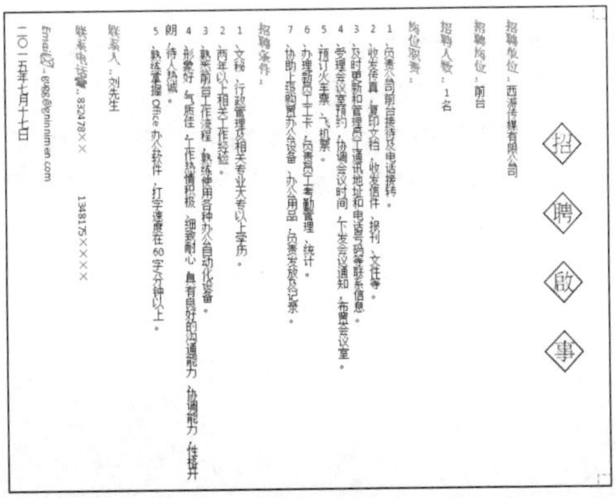

素材文件：光盘\素材文件\第5章\案例01\招聘启事.docx
结果文件：光盘\结果文件\第5章\案例01\招聘启事.docx
教学文件：光盘\同步教学视频\第5章\案例01.mp4

制作思路

在Word中制作招聘启事的流程与思路如下。

一 **改变文字方向**：由于本案例需要设置为竖直排版的效果，所以需要将素材文件中的水平排版先修改为竖直排版。

二 **将简体中文转换为繁体**：本例需要制作繁体的标题效果，由于已经输入了简体的中文，就可以直接将简体中文转换为繁体中文。

三 **输入带圈字符**：本例还需要在每个标题文字的外侧添加菱形的符号进行修饰，可以直接使用"带圈字符"功能进行设置。

四 **实现纵横混排**：由于将水平排版后的文字转换为竖直排版后，其中的阿拉伯数字也变为了竖直排版，不符合我们的查阅读习惯，因此要将这部分文字的排版方向调整回来。

具体步骤

办公应用中有些特殊的文档排版方式需要根据实际要求进行排版，这就涉及一些不太常见的排版技巧，如竖直排版、首字下沉、制作带圈字符效果、分栏排版、实现纵横混排等。本例将以排版"招聘启事"文档为例，为读者介绍在Word中实现一些特殊排版的相关操作。

1. 改变文字方向

Word中输入的文字默认排版方向为横向，如果要仿照古人书写诗词的形式，对整篇文档的文字进行从右到左、从上到下的纵向排版时，除了可以使用文本框对文字进行竖直排版外，还可以使用"文字方向"功能将文字按照任意方向进行排版。如将"招聘启事"文档进行竖直排版的具体方法如下。

01 执行"垂直"命令。打开素材文件中提供的"招聘启事"文档，❶ 单击"页面布局"选项卡"页面设置"组中的"文字方向"按钮；❷ 在弹出的下拉菜单中选择"垂直"命令，如右图所示。

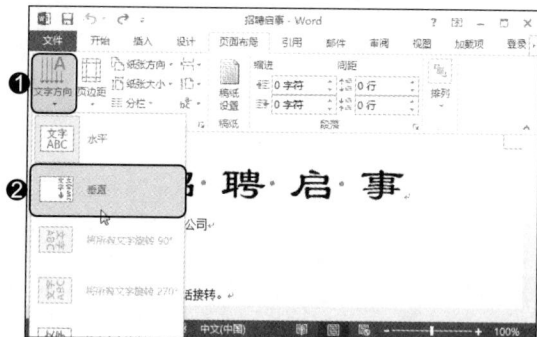

02 查看纵向排版效果。经过上一步操作后即可实现纵向排版，效果如右图所示。

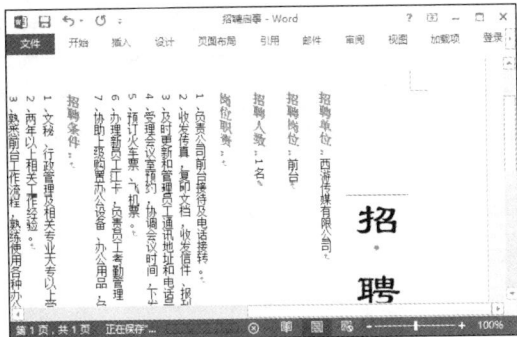

2. 中文的简繁转换

在制作一些仿效复古效果的文档或为了符合某些特殊地方（如台湾地区）的阅读习惯，我们会将文档中的中文显示为繁体效果。虽然可以使用中文输入法直接输入繁体，但如果文档内容已经存在，则可以通过Word中提供的繁简转换功能直接将简体中文转换为繁体中文，具体操作步骤如下。

01 执行"简转繁"命令。❶ 选择标题文字；❷ 单击"审阅"选项卡"中文简繁转换"组中的"简转繁"按钮，如下左图所示。

02 显示转换为繁体后的效果。经过上一步操作，即可将选择的汉字从简体转换为繁体，效果如下右图所示。

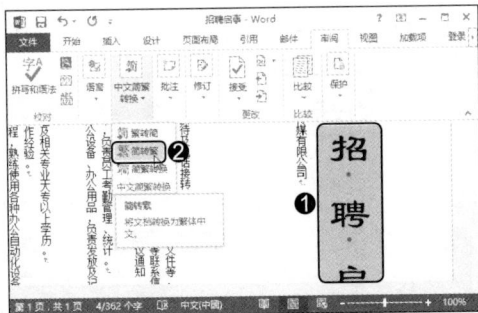
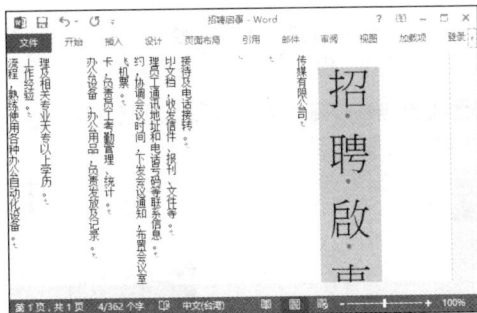

3. 输入带圈字符

在编辑Word文档时，常常需要输入带圈的字符，如带圈的数字序列❶❷❸、已注册符号®等。这样的带圈字符除了可以使用插入符号的方式来输入外，也可以利用Word 2013中提供的"带圈字符"功能来输入，具体操作方法如下。

01 执行"带圈字符"命令。保持标题文字的选择状态，单击"开始"选项卡"字体"组中的"带圈字符"按钮，如右图所示。

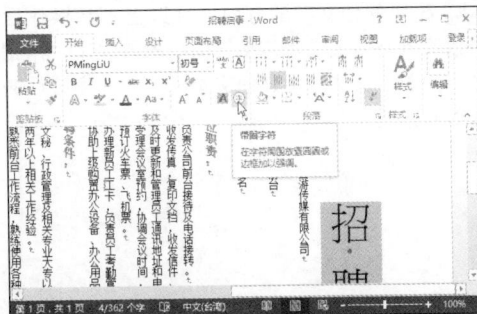

02 设置圈体效果。打开"带圈字符"对话框，❶ 在"样式"栏中选择"缩小文字"样式；❷ 在"圈号"列表框中设置圈号为菱形样式；❸ 单击"确定"按钮，如下左图所示。

03 为其他文字设置带圈效果。经过上一步操作后即可将所选文字的第一个字转换为带圈字符，继续为其他标题文字设置带圈效果，完成后的效果如下右图所示。

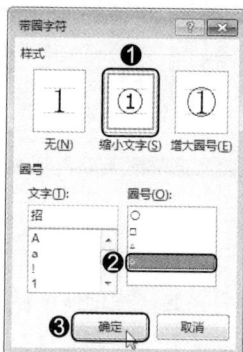

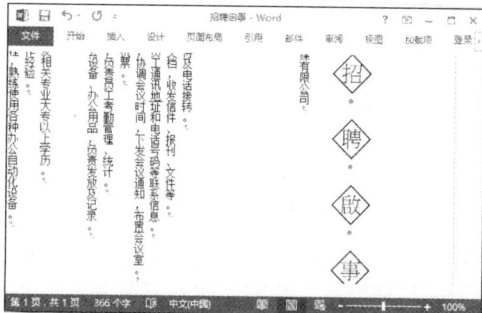

4. 实现纵横混排

在对文档中的文本进行纵向排版时，输入的数字和字母也会向左旋转，像是"躺"着的，有悖于用户的阅读习惯。如果想让这些数字和字母也能和文字一样"站"起来，可以利用 Word 2013中提供的"纵横混排"功能让它们正常显示，具体操作方法如下。

01 执行"纵横混排"命令。❶ 选择需要改变方向的文本；❷ 单击"开始"选项卡"段落"组中的"中文版式"按钮；❸ 在弹出的下拉菜单中选择"纵横混排"命令，如下左图所示。

02 设置纵横混排效果。打开"纵横混排"对话框，❶ 选中"适应行宽"复选框；❷ 单击"确定"按钮，如下右图所示。

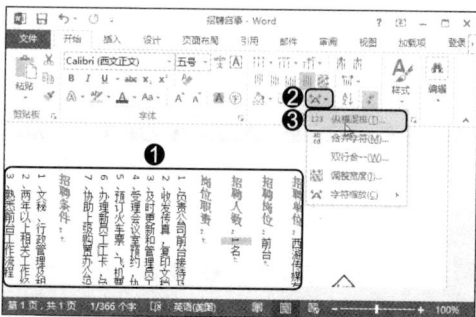

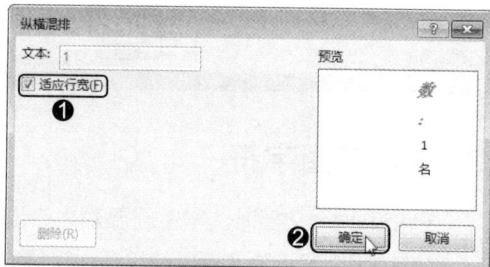

03 改变其他文字的方向。经过上一步操作后就可以看到将所选文本转换方向后的效果了，用相同的方法改变该文档中其他文本的方向，完成后的效果如右图所示。

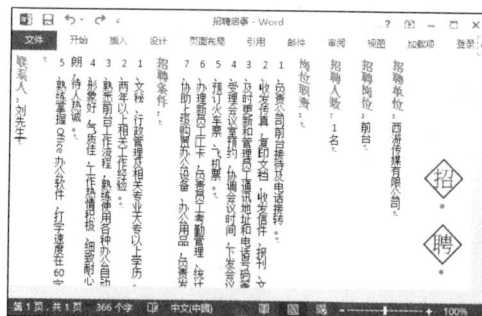

案例 02 制作员工表彰证书

案例概述

企业为了提高员工工作的积极性，对于表现突出的员工一般会在重要会议上进行公开表扬，并授予相应的表彰证书。这样不仅能对员工的付出做出肯定，还能激励其他员工向优秀者学习。本例制作的表彰证书效果如下图所示。

素材文件：光盘\素材文件\第5章\
结果文件：光盘\结果文件\第5章\案例02\员工表彰证书内容.docx、获奖员工.docx、2015年工作考核表彰证书.docx
教学文件：光盘\同步教学视频\第5章\案例02.mp4

制作思路

在Word中制作"员工表彰证书"表格的流程与思路如下。

一 **制作原始数据**：使用邮件合并功能之前，需要提供原始的主文档，和需要作为域进行替换的内容，因此需要准备好主文档和数据源。

二 **使用邮件合并数据**：将原始数据准备齐全后，就可以使用邮件合并功能将数据源中的数据导入到主文档中，再合并域批量生成各表彰证书的内容。

具体步骤

办公应用中经常需要使用内容大致相同的一些文档，我们除了可以使用模板文件的方法来制作外，有些文档还可以通过邮件合并的功能快速生成。例如，表彰证书中的内容大同小异，我们可以先将相同的内容统一制作出来，然后将不同的内容罗列到表格中，再通过邮件合并功能来快速填写到证书中预留的位置。

1. 创建主文档和数据源

　　制作合并邮件，首先需要编辑一个主文档。主文档是合并邮件中的主体，它是除了那些个别不同部分之外的公共部分。制作好文档后，还需要制作数据源文档。数据源文档需要制作成一个表格，将关键字以列排列，在各行中输入需要插入到主文档的内容。本例中制作主文档和数据源的具体操作步骤如下。

01 新建文档录入文字。❶ 新建一个空白文档，并以"员工表彰证书内容"为名进行保存；❷ 输入正文内容，并设置好标题及正文格式，如下左图所示。

02 设置纸张大小。❶ 单击"页面布局"选项卡"页面设置"组中的"纸张大小"按钮；❷ 在弹出的下拉菜单中选择"大32开"命令，如下右图所示。

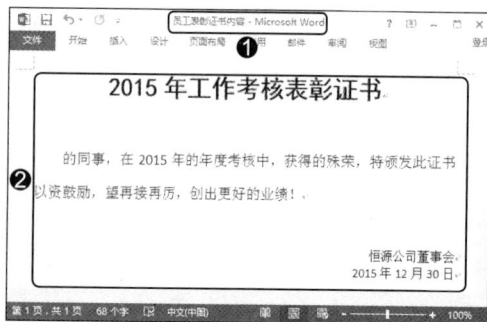
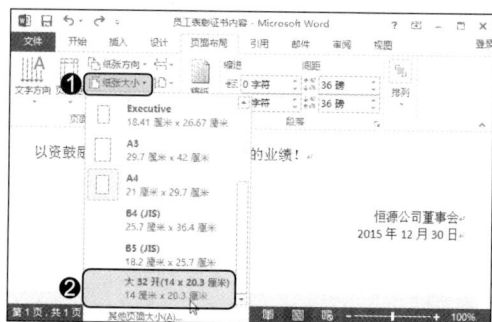

03 设置纸张方向。❶ 单击"页面布局"选项卡"页面设置"组中的"纸张方向"按钮；❷ 在弹出的下拉列表中选择"横向"选项，如下左图所示。

04 新建数据表。❶ 新建一个空白文档，并以"获奖员工"为名进行保存；❷ 根据颁发的证书数量，插入一个3列7行的表格，并在表格中输入获证书者的信息，如下右图所示。

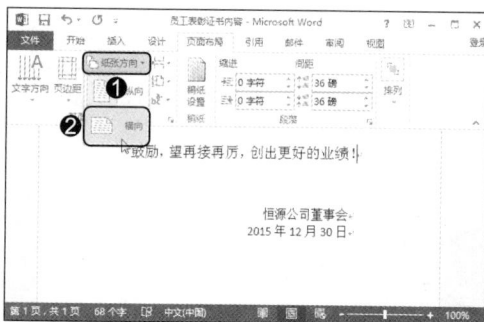
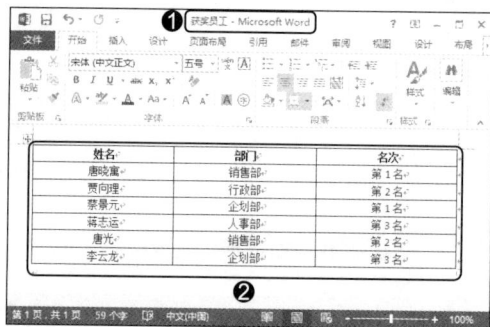

2. 应用邮件合并功能导入表格数据

　　在制作好邮件合并主文档与数据源文档后，就可以将数据源文档中的数据添加到主文档中了。向主文档中插入合并域的具体操作如下。

01 执行"使用现有列表"命令。❶ 在"员工表彰证书内容"文档中单击"邮件"选项卡"开始邮件合并"组中的"选择收件人"按钮；❷ 在弹出的下拉菜单中选择"使用现有列表"命令，如下左图所示。

02 选择数据源。打开"选取数据源"对话框，❶ 选择数据源文档存放的位置；❷ 选择数据源文档；❸ 单击"打开"按钮，如下右图所示。

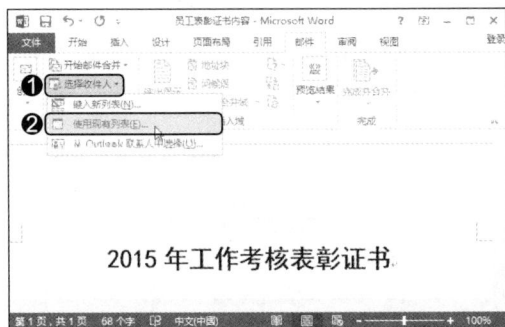

03 **插入域。** ❶ 将文本插入点定位在"的同事"文本的左侧；❷ 单击"编写和插入域"组中的"插入合并域"按钮；❸ 在弹出的下拉列表中选择"部门"选项，如下左图所示。

04 **选择"姓名"选项。** ❶ 将文本插入点定位在"同事"文本的右侧；❷ 单击"编写和插入域"组中的"插入合并域"按钮；❸ 在弹出的下拉列表中选择"姓名"选项，如下右图所示。

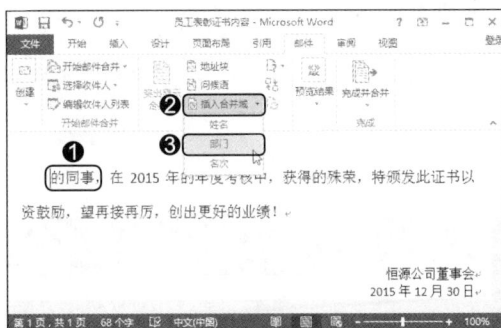

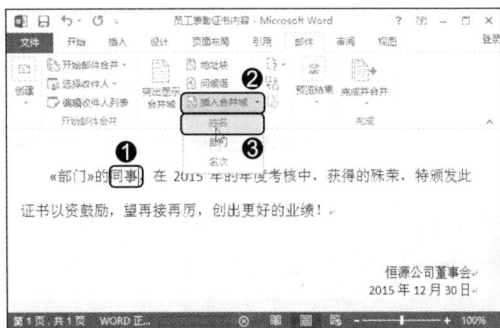

05 **选择"名次"选项。** ❶ 将文本插入点定位在"同事"文本的右侧；❷ 单击"编写和插入域"组中的"插入合并域"按钮；❸ 在弹出的下拉列表中选择"名次"选项，如右图所示。

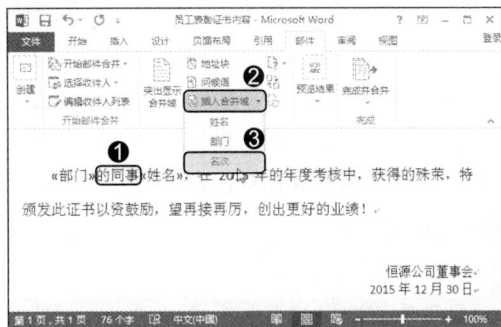

3. 合并域并批量生成表彰证书

在确认文档正确无误后，就可以对文档完成最终的制作了。具体操作方法如下。

01 **执行"编辑单个文档"命令。** ❶ 单击"邮件"选项卡"完成并合并"组中的"完成并合并"按钮；❷ 在弹出的下拉菜单中选择"编辑单个文档"命令，如下左图所示。

02 **选择合并方式。** 打开"合并到新文档"对话框，❶ 选中"全部"单选按钮；❷ 单击"确定"按钮，如下右图所示。

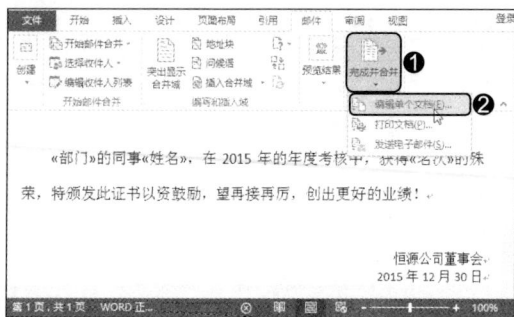

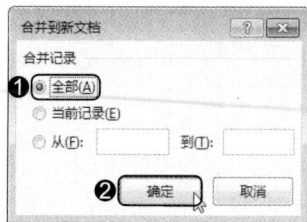

03 显示合并后的文档效果。经过上一步操作后，Word程序会自动生成一个合并邮件文档，如下左图所示。最后将其以"2015年工作考核表彰证书"为名进行保存。

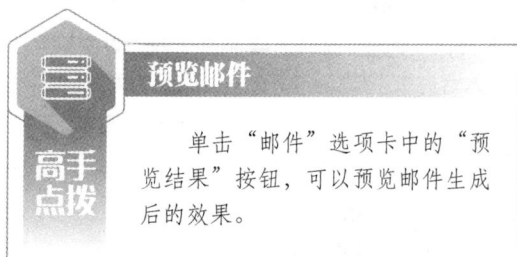

预览邮件

单击"邮件"选项卡中的"预览结果"按钮，可以预览邮件生成后的效果。

案例 03 修订并审阅招标书

案例概述

招标书又称招标通告、招标启事、招标公告，它是招标过程中介绍情况、指导工作，履行一定程序所使用的一种实用性文书。招标书主要将招标事项和要求公告于世，从而使众多的投资者前来投标，最终利用投标者之间的竞争达到优选买主或承包方的目的。招标书一般都通过报刊、广播、电视等大众传媒公开。在整个招标过程中，它是属于首次使用的公开性文件，也是唯一具有周知性的文件。

比较审阅前后的"工程施工招标书"文档的效果如右图所示。

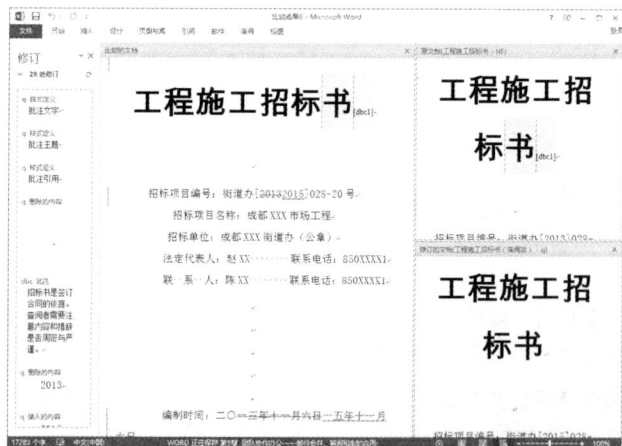

素材文件：光盘\素材文件\第5章\工程施工招标书.docx
结果文件：光盘\结果文件\第5章\案例03\工程施工招标书.docx
教学文件：光盘\同步教学视频\第5章\案例03.mp4

制作思路

在Word中制作和审阅招标书的流程与思路如下。

一 **修订文档：** 文档编辑完成后，可以发送给上级或同事查看文档内容，他们在查看的过程中可能会有些修改，为了区别文档原作者的编辑内容，可以在修订状态下进行编辑。

二 **审阅修订后的文档：** 他人修改文档内容后，一般还需要返回给文档制作者，由制作者再次确认这些意见是否有效，有效则进行相应的修改，否则直接删除意见即可。

具体步骤

招标书写作是一种严肃的工作，制作时不仅具有一定的格式，而且内容在编制过程中应遵守法律法规，能反映采购人的需求，还需要符合公正合理、公平竞争、科学规范的原则。因此，这类文档编辑完成后，常常还需要对内容进行修订或审核，一个完整的文件需要通过多次的修订和审核才能得到一个较为满意的效果。本例将以招标书的修订及审核为例，为读者介绍Word中的修订和审阅功能。

1. 修订招标书

通常工程施工招标书的制定可能需要多人多次修订才能完成，本小节将介绍文档内容的修订过程和方法。

01 执行"拼写和语法"命令。打开素材文件"工程施工招标书"，单击"审阅"选项卡"校对"组中的"拼写和语法"按钮，如下左图所示。

02 查看和分析错误内容。打开"语法"任务窗格，在其中的列表框中显示出了系统发现的第一条错误信息，提示存在输入错误或特殊用法，如下右图所示。分析后得知实际上是"公正处"中"正"字使用有误。

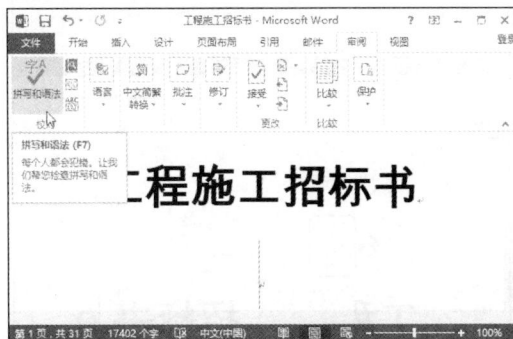

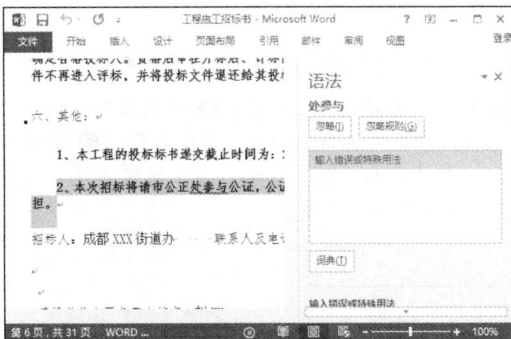

03 修改错误。❶ 在文档中选择要修改的文字"正"并输入正确的文字"证"；❷ 单击"语法"任务窗格中的"恢复"按钮即可修改当前的错误，如下左图所示。

04 忽略错误。经过上一步操作后，"语法"任务窗格中将显示出系统发现的文章中第二处错误内容，即"价材料"，提示存在输入错误或特殊用法，此时不需要对该错误进行更改，故单击"忽略"按钮，如下右图所示。

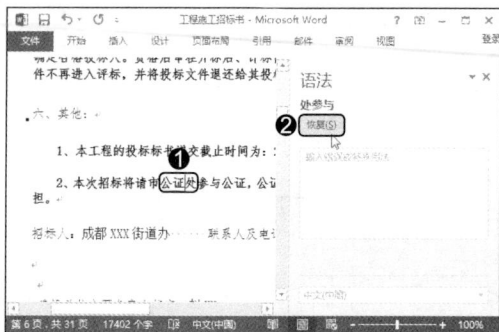

语法检查的不足之处

Word只能识别常规的拼写和语法错误，对于一些特殊用法就可能会识别为错误，此时需要用户自行决定是否修改。

05 查看其他错误。经过上一步操作后，"语法"任务窗格中将显示系统发现的文章中第3处错误内容，即"函部分"，应用相同的方法查看和分析错误内容并确定是忽略错误还是修改错误，单击"忽略"按钮，继续查看其他查找出的错误内容，如下左图所示。

06 完成语法检查。检查完毕后，会自动关闭"语法"任务窗格，并打开提示对话框，单击"确定"按钮，如下右图所示。

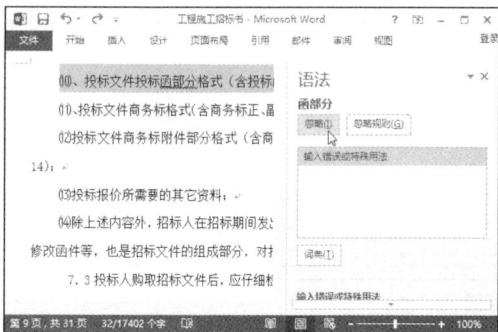

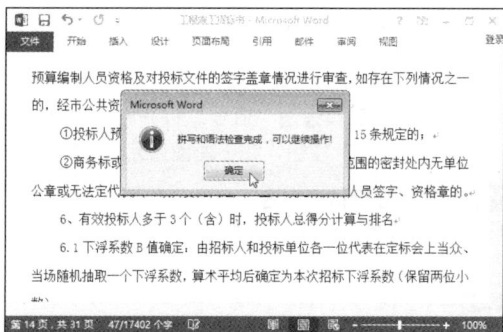

07 执行"新建批注"命令。❶ 将文本插入点定位在要添加批注进行说明的文字内容后；❷ 单击"审阅"选项卡"批注"组中的"新建批注"按钮，如右图所示。

08 输入批注内容。经过上一步操作，在文档窗口右侧将显示批注框，且文本插入点会自动定位到批注框中，❶ 输入批注的文本内容；❷ 单击文档中任意位置确认输入的批注内容，如下左图所示。

09 开启修订状态。单击"审阅"选项卡"修订"组中的"修订"按钮，进入修订状态，如下右图所示。

10 设置字体格式。❶选择需要编辑的内容；❷在"开始"选项卡中设置字号为"四号"，如下左图所示。

11 选择标记的显示方式。经过上一步操作后，可以发现在修订状态下编辑字体格式后，将在文档页面的左侧显示一条直线。❶ 单击"审阅"选项卡"修订"组中的列表框右侧的下拉按钮；❷ 在弹出的下拉列表中选择"所有标记"选项，如下右图所示。

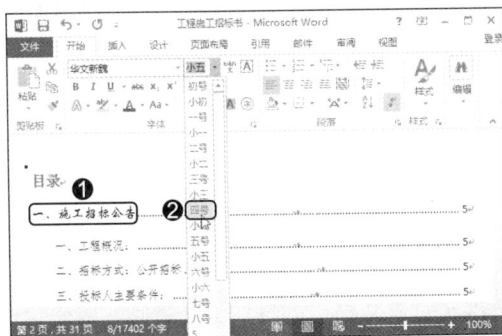

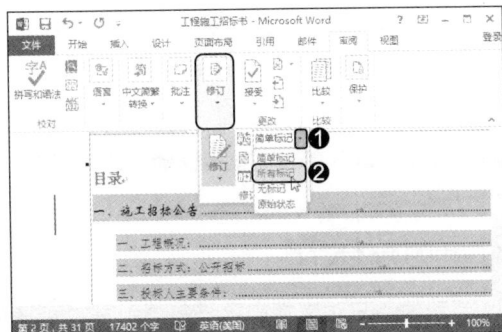

12 查看修订内容。经过上一步操作后，将在文档页面的右侧显示出具体的修订内容，如下左图所示。

13 修改文字。修改文章内容，此时，原内容将以其他颜色并应用删除线的格式进行显示，将修改后的内容显示为其他颜色并应用下划线格式，如下右图所示。

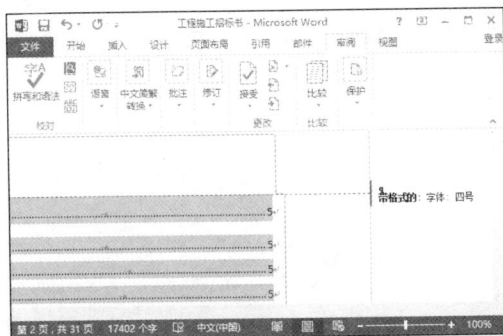

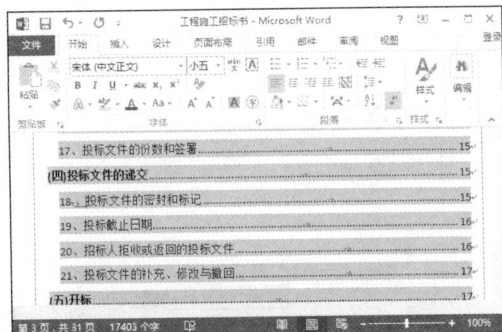

14 删除文字内容。删除文章内容，此时，该内容将以其他颜色并应用删除线的格式进行显示，如下左图所示。

15 **修改其他内容。** 用与编辑普通内容相同的方法对文章中的内容进行修改，如下右图所示。

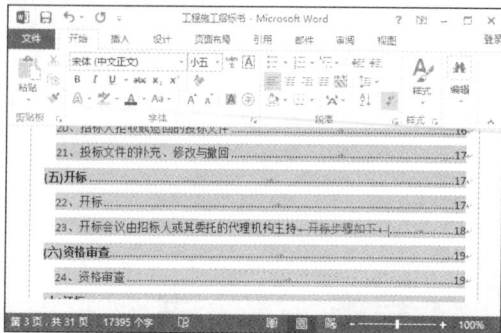

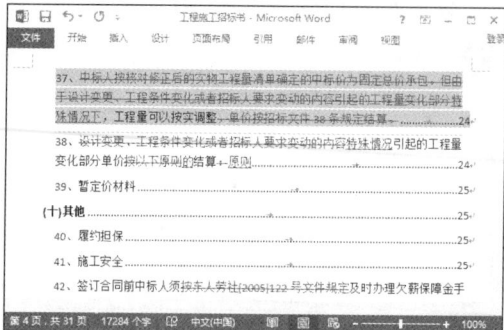

16 **隐藏修订标记。** ❶ 单击"审阅"选项卡"修订"组中的"显示以供审阅"下拉按钮；❷ 在弹出的下拉列表中选择"无标记"选项，即可隐藏修订时的修订标记，使文档显示为最终的效果，如下左图所示。

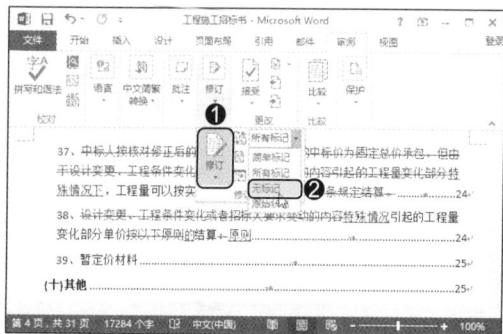

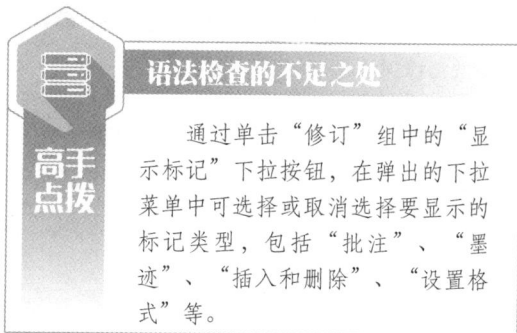

语法检查的不足之处

高手点拨

通过单击"修订"组中的"显示标记"下拉按钮，在弹出的下拉菜单中可选择或取消选择要显示的标记类型，包括"批注"、"墨迹"、"插入和删除"、"设置格式"等。

2. 审阅招标书

当其他用户对文档内容进行修订后，可能需要再次对该文档中的修订进行审阅，以确定是否同意该用户对文档进行的各种修改。下面就来审阅修订后的"工程施工招标书"文档。

01 **显示"修订"窗格。** ❶ 将前面制作的文档以"工程施工招标书（审阅后）"为名进行另存；❷ 单击"审阅"选项卡"修订"组中的"审阅窗格"下拉按钮；❸ 在弹出的下拉菜单中选择窗格的显示方式，如"垂直审阅窗格"，如下左图所示。

02 **显示修订标记。** ❶ 单击"审阅"选项卡"修订"组中列表框右侧的下拉按钮；❷ 在弹出的下拉列表中选择"所有标记"选项，即可显示出修订标记，如下右图所示。

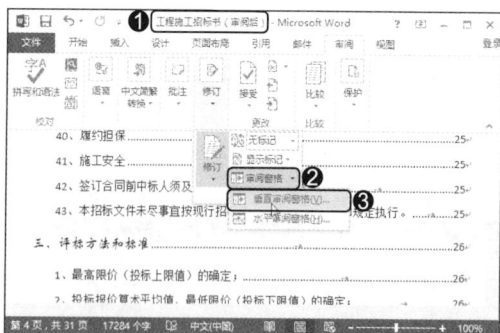

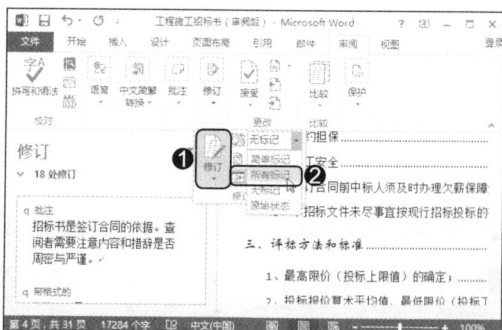

03 显示下一处修订。单击"审阅"选项卡"更改"组中的"下一处修订"按钮，即可快速切换至下一处修订，如下左图所示。

04 拒绝修订。❶ 在浏览修订操作时选择要拒绝的修订项；❷ 单击"审阅"选项卡"更改"组中的"拒绝并移到下一条"按钮，即可拒绝该处的修订，恢复到修订前的效果，并删除该条修订记录，如下右图所示。

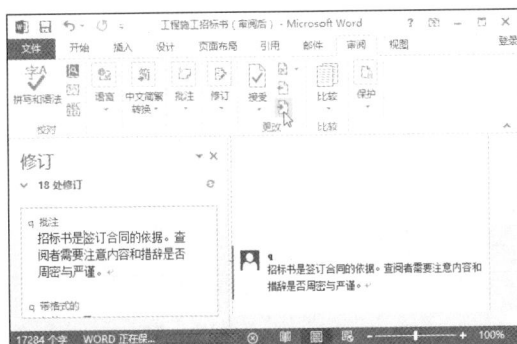

05 接受修订。❶ 在浏览修订操作时选择要接受的修订项；❷ 单击"审阅"选项卡"更改"组中的"接收并移到下一条"按钮即可，如下左图所示。

06 接受其他修订。如果确定剩余的修订项都需要接受，❶ 单击"审阅"选项卡"更改"组中的"接受并移到下一条"按钮下方的下拉按钮；❷ 在弹出的下拉列表中选择"接受所有修订"选项，如下右图所示。

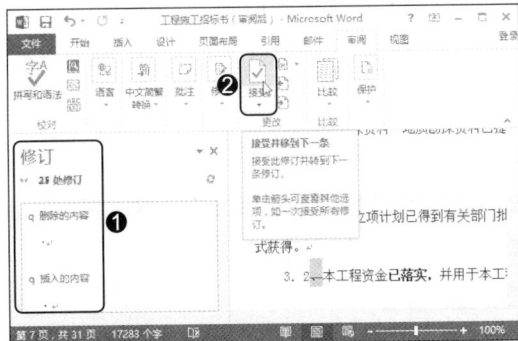

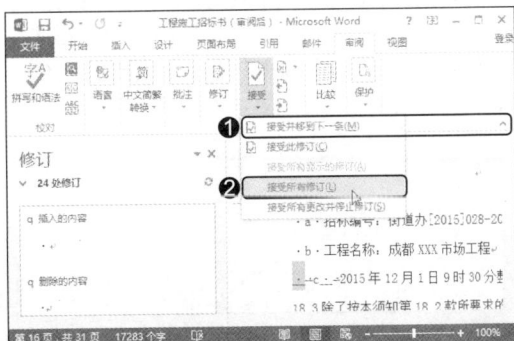

07 选择批注。单击"审阅"选项卡"批注"组中的"上一条"按钮或"下一条"按钮选择要删除的批注，如下左图所示。

08 删除批注。单击"审阅"选项卡"批注"组中的"删除"按钮，即可将所选批注删除，如下右图所示。

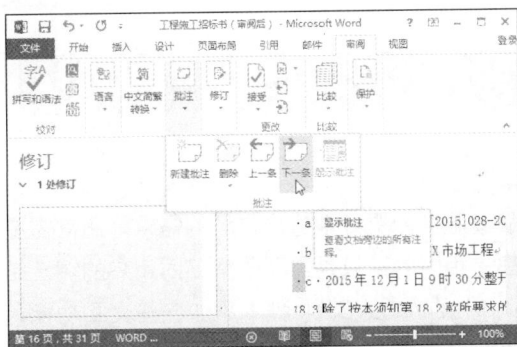

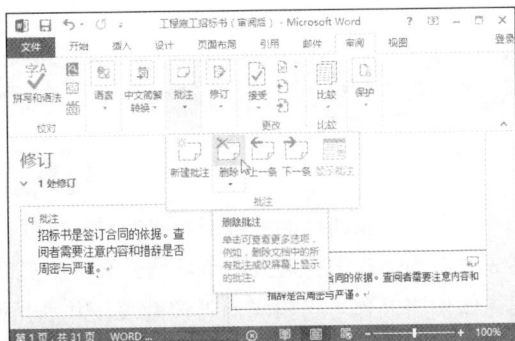

09 执行"比较"命令。❶ 单击"审阅"选项卡"比较"组中的"比较"按钮；❷ 在弹出的下拉菜单中选择"比较"命令，如下左图所示。

10 选择要进行比较的文档。打开"比较文档"对话框，❶ 在"原文档"下拉列表框中选择要进行比较的原始文档；❷ 在"修订的文档"下拉列表框中选择要进行比较的修订后的文档；❸ 单击"确定"按钮，如下右图所示。

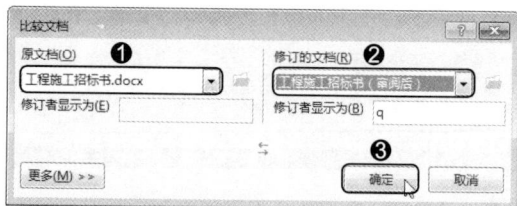

11 比较文档。经过上一步操作，将打开用于进行比较文档的新窗口，在该窗口中将显示出3个文档窗格，在主文档窗格中显示出文档修订状态的内容，在右上角的窗格中显示原文档的内容，在右下角的窗格中显示修订后的最终文档内容，在对文档内容进行操作时，3个窗格中的内容将同时变化，如右图所示。

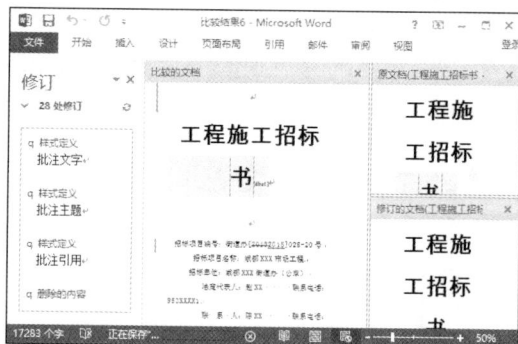

比较和合并文档

高手点拨

　　本例中采用了"比较"命令对两个文档进行比较，该功能只能显示两个文档的不同部分。被比较的文档本身不变，比较结果会显示在自动新建的第3篇文档中。如果要对多个审阅者所作的更改进行比较，则应选择"合并"选项，将多位作者的修订组合到一个文档中。

案例 04 制作问卷调查表

案例概述

　　企业在开发新产品或推出新服务时，为使产品或服务能更好地适应市场的需求，通常需要事先对市场需求进行调查。市场调查表中的提问都是相同的，只是需要收集不同用户的调查结果。本例将制作一份市场问卷调查表，并利用Word中的Visual Basic脚本添加一些交互功能，使调查表更加人性化，让被调查者可以更快速、更方便地填写问卷信息。制作好的"问卷调查表"文档效果如下图所示。

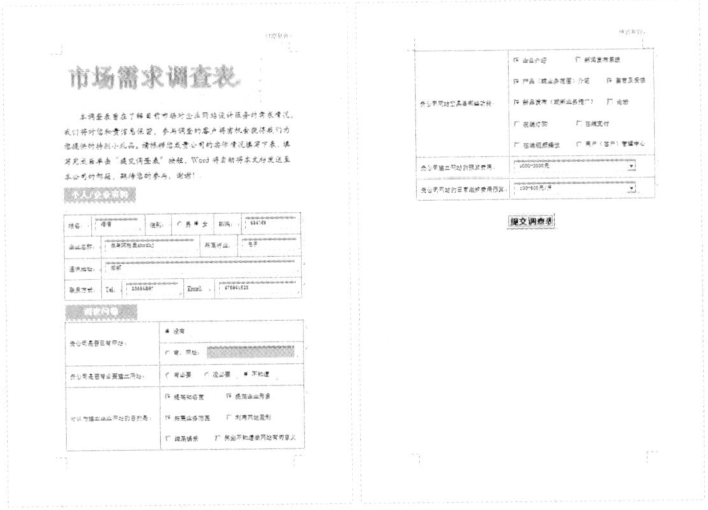

素材文件：光盘\素材文件\第5章\案例04\问卷调查表.docx
结果文件：光盘\结果文件\第5章\案例04\问卷调查表.docm
教学文件：光盘\同步教学视频\第5章\案例04.mp4

制作思路

在Word中制作问卷调查表的流程与思路如下。

一 **应用控件设计文档**：要制作调查表中的各种提问和选择答案等内容，首先需要插入相应的控件预留位置或答案。

二 **为控件添加代码**：插入有些控件后还不能实现自动选择操作，必须赋予相应的宏代码才能让单选按钮实现单选效果，让多选按钮实现多选效果等。

三 **测试程序**：编辑任何一个程序都是为了简化某些操作，编程结束后就应该测试劳动成果是否达到了预期的效果。

具体步骤

在本案例中主要应用将文档存为启用宏的文件、插入文本框控件、选项按钮控件、复选框控件、组合框控件、命令按钮控件，以及添加组合框列表项目、利用选项按钮控制文档框状态、为按钮添加保存文件和发送邮件的功能、保护并填写调查表。

1. 在调查表中应用ActiveX控件

ActiveX控件是软件中应用的组件和对象，如按钮、文本框、组合框、复选框等。在Word中可以嵌入ActiveX控件，从而使文档内容更加丰富，同时可针对ActiveX控件进行程序开发，使得Word文档也能具有复杂的功能。

01 **打开素材文件**。打开素材文件中的"问卷调查表"文档，❶ 在"文件"菜单中选择"另存为"命令；❷ 在右侧双击"计算机"选项，如下左图所示。

02 **将文件另存为启用宏的文档**。打开"另存为"对话框，❶ 选择文件存放路径；❷ 选择"保存类型"为"启用宏的Word文档"选项；❸ 单击"保存"按钮，如下右图所示。

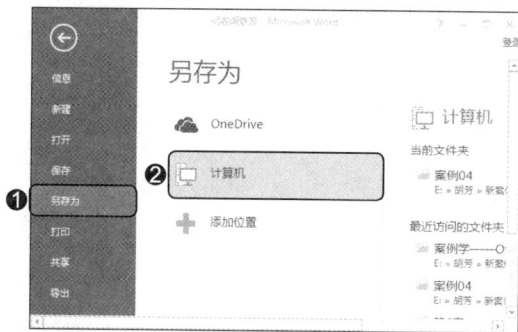

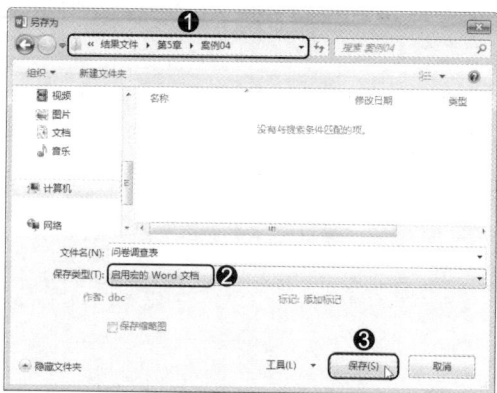

03 **插入文本框控件**。❶ 将文本插入点定位至"姓名"右侧的单元格中；❷ 单击"开发工具"选项卡"控件"组中的"旧式工具"按钮；❸ 在弹出的下拉列表中选择"文本框"选项，如下左图所示。

04 **调整文本框大小**。选择表格中的文本框控件后，拖动文本框四周的控制点调整文本框的大小，如下右图所示。

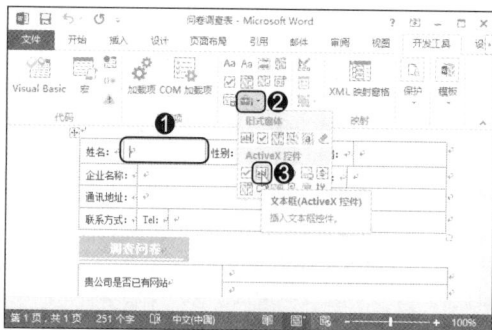

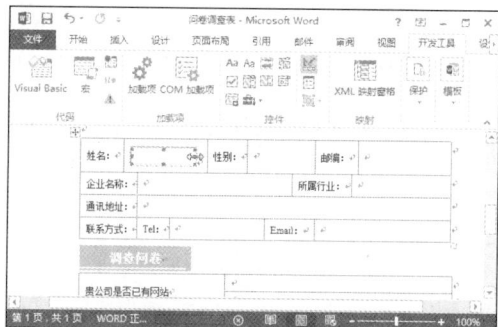

05 **插入其他文本框**。在问卷表中凡是需要用户直接输入信息填写的地方插入文本框，并调整文本框的大小，完成后的效果如下左图所示。

06 **插入1个选项按钮控件**。❶ 将文本插入点定位至"性别"右侧的单元格中；❷ 单击"开发工具"选项卡"控件"组中"旧式窗体"按钮；❸ 在弹出的下拉列表中选择"选项按钮"控件，如下右图所示。

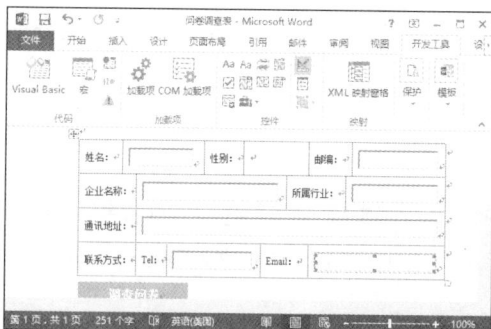

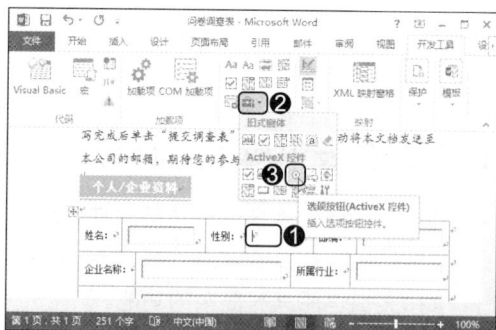

07 执行"属性"命令。经过上一步操作,即可在该单元格中插入一个单选按钮控件。单击"控件"组中"属性"按钮,如下左图所示。

08 设置GroupName属性并调整大小。打开"属性"对话框,❶ 在"Caption"属性右侧框中输入"男";❷ 在"GroupName"属性右侧框中输入"sex";❸ 单击"关闭"按钮,并调整控件大小,如下左图所示。

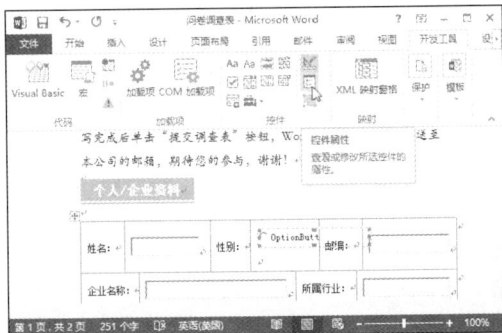

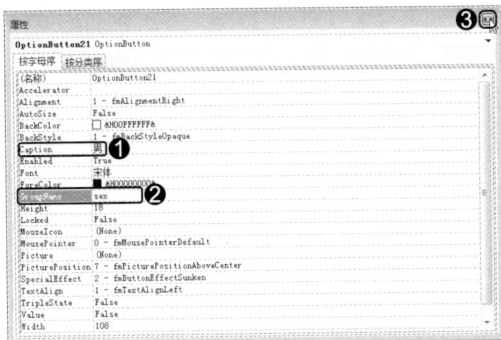

09 插入第2个选项按钮。重复操作第1步至第3步,设置其"Caption"属性为"女","GroupName"属性与前一个按钮相同,即为sex,如下左图所示。

10 插入第二组选项按钮。用相同的操作方法插入两个选项按钮,调整大小并应用Caption属性设置按钮标签文字;设置这两个选项按钮控件的GroupName属性值均为"group1",如下右图所示。

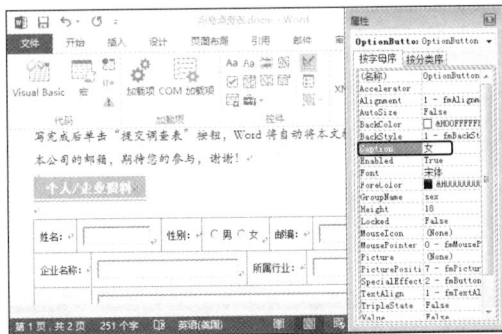

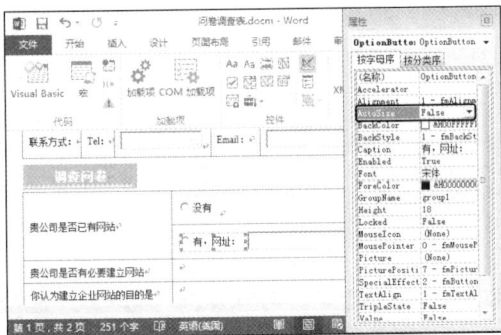

11 插入第三组选项按钮。用相同的操作方法插入第3组的3个选项按钮,调整大小并应用Caption属性设置按钮标签文字;设置这3个选项按钮控件的GroupName属性值均为"group2",如下左图所示。

12 插入1个复选框控件。❶ 将文本插入点定位于要插入单选按钮控件的位置;❷ 单击"开发工具"选项卡"控件"组中"旧式窗体"按钮;❸ 在弹出的下拉列表中选择"复选框"控件,如下右图所示。

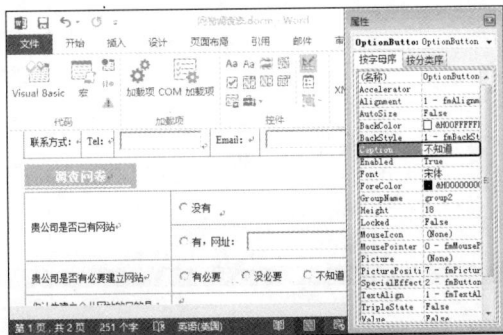

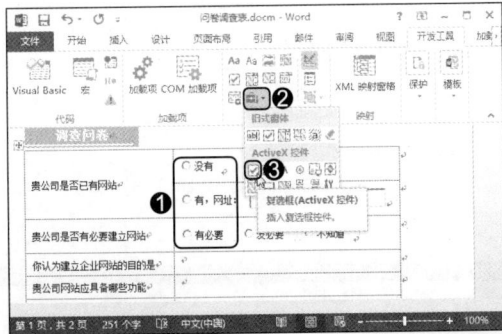

13 设置标签文字和组名。❶ 在"属性"按钮对话框的"Caption"右侧框中输入"提高知名度"；❷ 在 "GroupName"框中输入"group3"，如下左图所示。

14 插入其他复选框控件。再用相同的方式插入其他复选框，修改其标签内容，并设置各控件的 GroupName属性均相同（即为group3），如下右图所示。

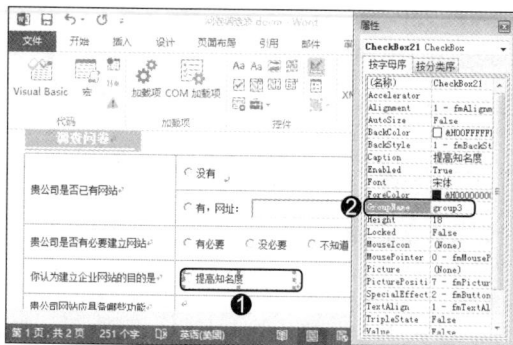

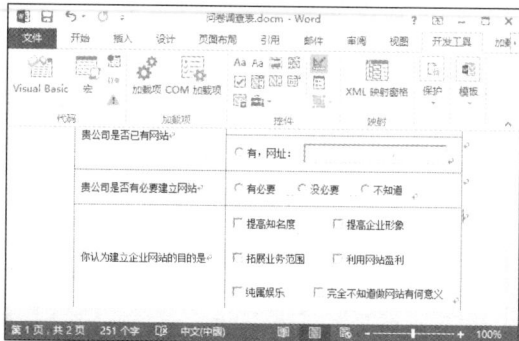

15 插入另一组复选框控件。在下一行中插入多个复选框控件，分别设置各控件的标签内容和各控件的 GroupName属性（设置为group4），如下左图所示。

16 插入1个组合框控件。❶ 将文本插入点定位于要插入下拉列表框控件的位置；单击"开发工具"选 项卡"控件"组中"旧式窗体"按钮；❷ 在弹出的下拉列表中选择"组合框"控件，如下右图所示。

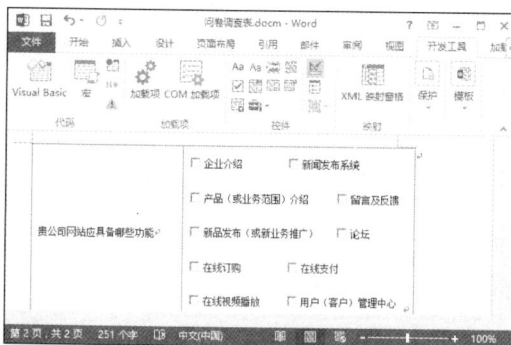

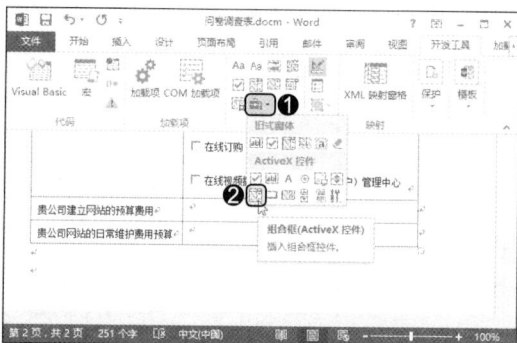

17 插入2个组合框。设置组合框大小，并在下一行中插入第2个组合框，效果如下左图所示。

18 插入按钮控件。❶ 将文本插入点定位于要插入按钮控件的位置；单击"开发工具"选项卡"控件" 组中"旧式窗体"按钮；❷ 在弹出的下拉列表中选择"命令按钮"控件，如下右图所示。

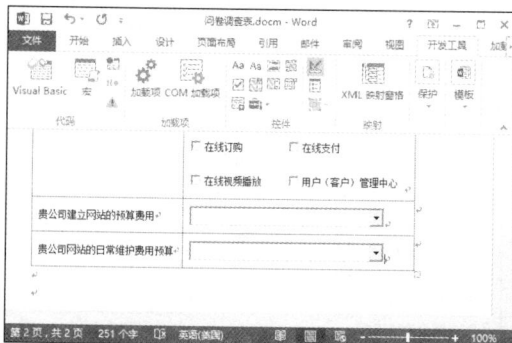

19 设置按钮属性。拖动调整按钮大小，并在"属性"对话框的"Caption"右侧框中输入"提交调查表"，在"Font"属性框中设置字体格式，如右图所示。

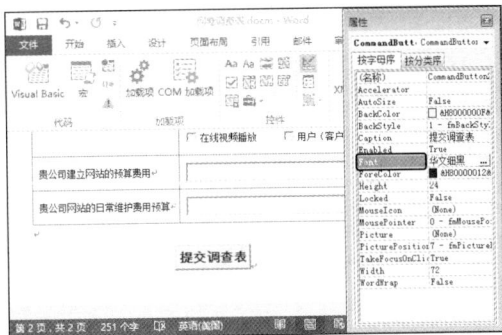

2. 添加宏代码

宏实际上是指在Microsoft Office系列软件中集成的VBA代码，应用宏代码可以使Word文档的功能更加强大。例如，本例中要让调查表中的控件具有一些特殊的功能，则需要为控件添加宏代码。

01 为控件命名并打开代码窗口。❶ 选择要添加列表项目的组合框；❷ 在"属性"对话框中设置名称"ComboBox21"；❸ 单击"开发工具"选项卡"代码"组中"Visual Basic"按钮，如下左图所示。

02 为控件添加代码。❶ 在Project组中的"ThisDocument"窗口中输入第1个组合框的选项代码；❷ 单击"保存"按钮；❸ 单击"关闭"按钮，如下右图所示。

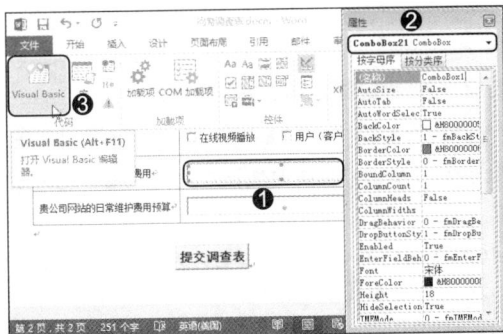

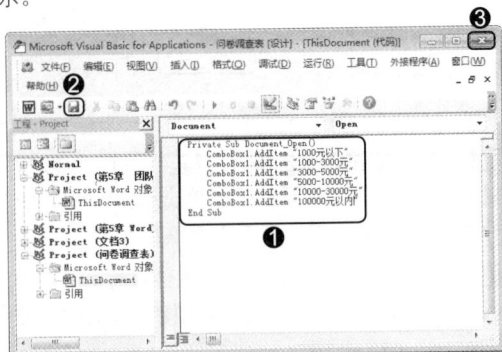

03 为控件命名。❶ 选择第2个组合框；❷ 在"属性"对话框中设置名称为"ComboBox2"；❸ 单击"开发工具"选项卡"代码"组中"Visual Basic"按钮，如下左图所示。

04 添加第2个组合框中的选项。❶ 在Project组中的"ThisDocument"窗口中复制第1个组合框的代码更正作为第2个组合框的选项代码；❷ 单击"保存"按钮；❸ 单击"关闭"按钮，如下右图所示。

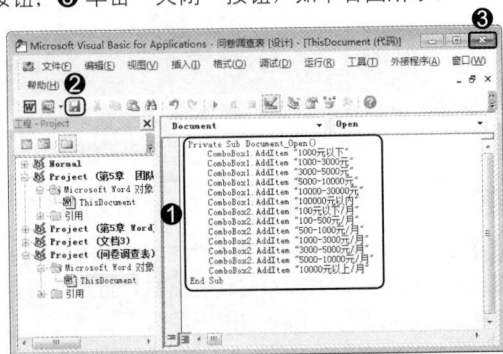

代码释义

高手点拨

　　本例用到的代码功能为：在文档打开时向名称为"ComboBox1"和"ComboBox2"的组合框控件中添加多条选项。其中各关键代码的作用如下。

　　"Private Sub"用于定义程序过程；"Document_Open()"则为文档打开事件，即该程序段在文档被打开时执行；"AddItem"为组合框控件对象的操作方法，用于向组合框控件内添加一条选项。详细的宏代码编写方式请参考相关书籍或资料。

05 设置文本框名称。❶ 选择"有，网址"右侧的文本框；❷ 在"属性"窗格的"名称"文本框中输入"website"，如下左图所示。

06 设置选项按钮名称并添加事件。分别设置"没有"和"有，网址"选项按钮的"名称"属性为nosite和OptionButton，双击"没有"选项按钮，如下右图所示。

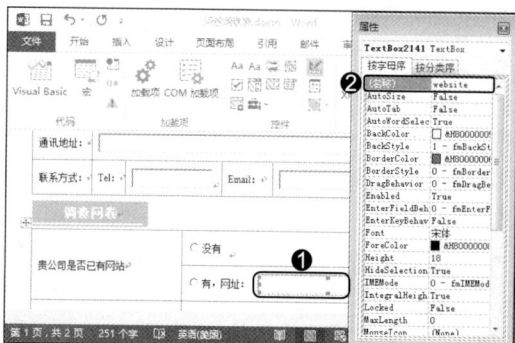

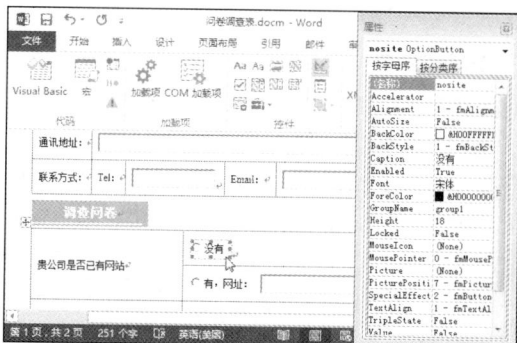

07 编写选项按钮单击事件过程。经过上一步操作后，将打开代码窗口。在nosite选项按钮的单击事件过程中输入代码，从而使鼠标单击时，website文本框无效（False），同时使该对象的背景颜色为灰色（&HC0C0C0），如下左图所示。

08 编写另一个选项按钮单击事件过程。添加havesite选项按钮的单击事件过程，website文本框有效（True），同时使该对象的背景颜色为白色（&HFFFFFF），如下右图所示。

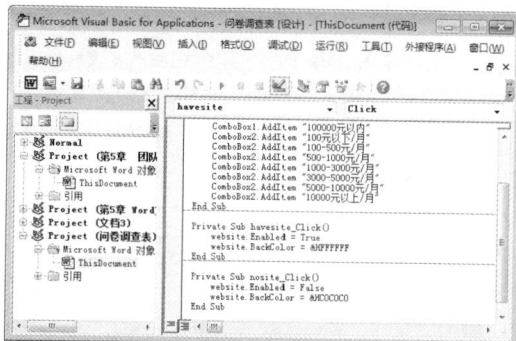

09 添加按钮事件单击过程。双击"提交调查表"命令按钮，如下左图所示。

10 利用代码保存文件。经过上一步操作后，将打开代码窗口，并自动生成该按钮单击事件过程代码。在代码过程中输入另存为的代码信息，将文件另存为至Word当前的默认保存路径，并命名该文件为"问卷调查信息反馈"，如下右图所示。

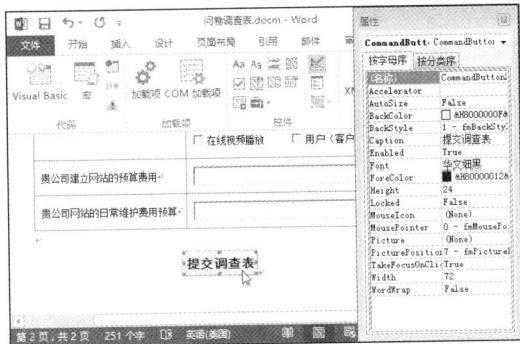

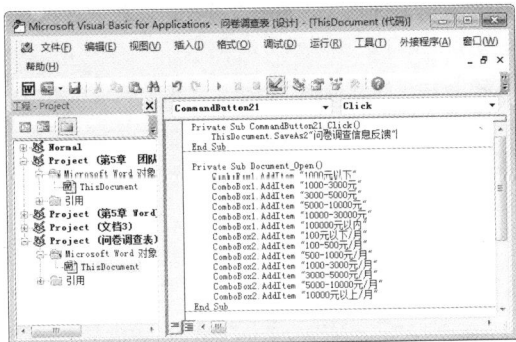

在代码中设置控件属性

在代码中要更改文档中某一控件属性，其格式为"对象.属性＝值"，控件的大部分属性均可通过程序进行控制，从而可以利用程序使控件在不同的情况下有不同的效果。本例中应用了控件的"Enabled"属性，该属性用于设置控件是否有效果，若其值为"True"，则该控件有效，若为"False"，则该控件失效；"BackColor"属性则用于设置控件的背景颜色，其值以十六进制的颜色值进行表示，在代码中应用"&H"标识值的类型为十六进制。

11 添加发送邮件代码。❶ 在保存文件的代码后添加邮件发送代码，即调用ThisDocument对象的SendForReview方法，设置邮件地址为http://casea126.com，设置邮件主题为"问卷调查信息反馈"，如右图所示；❷ 单击"保存"按钮；❸ 单击"关闭"按钮。

Visual Basic中语句的书写格式

Visual Basic中的语句是一个完整的命令。它可以包含关键字、运算符、变量、常数，以及表达式等元素，各元素之间用空格进行分隔，每一条语句完成后按"Enter"键换行，若要将一条语句连续地写在多行上，则可使用续行符，即使用"—"符号连接多行。

3. 完成制作并测试调查表程序

为保证调查表不被用户误修改，可将调查表进行保护。使用保护文档功能中的"仅允许填写窗体"功能，可使用户只能在调查表中的控件上进行填写操作，不能对文档内容进行其他任务操作（包括选择）。完成调查表的制作后，还需要对整个调查表程序功能进行测试，具体操作方法如下。

01 退出设计模式。编辑完控件后，单击"控件"组中的"设计模式"按钮，使文档中的控件实现具体的功能，如下左图所示。

02 执行"限制编辑"命令。单击"保护"组中"限制编辑"按钮，如下右图所示。

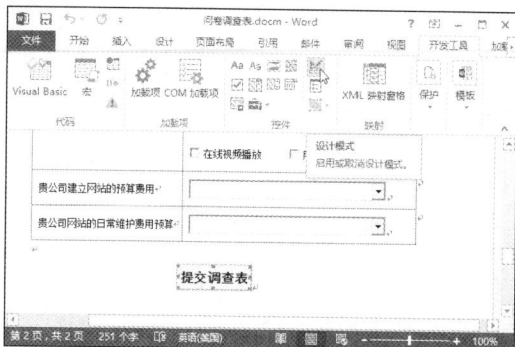

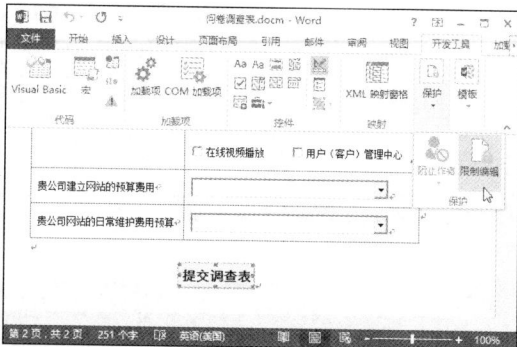

03 设置仅允许填写窗体。❶ 选中"仅允许在文档中进行此类型的编辑"复选框；❷ 在下方的列表框中选择"填写窗体"选项；❸ 单击"是，启动强制保护"按钮，如下左图所示。

04 输入强制保护的密码。打开"启动强制保护"对话框，❶ 在"新密码（可选）"和"确认新密码"框中输入密码，这里设置为"000"；❷ 单击"确定"按钮，如下右图所示。

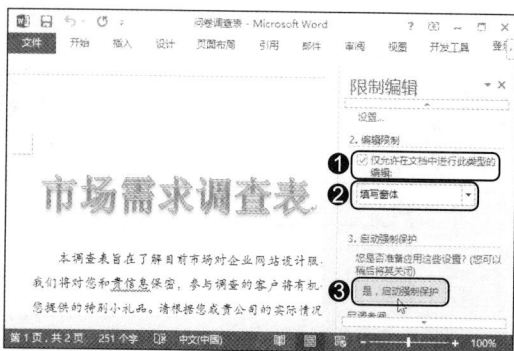

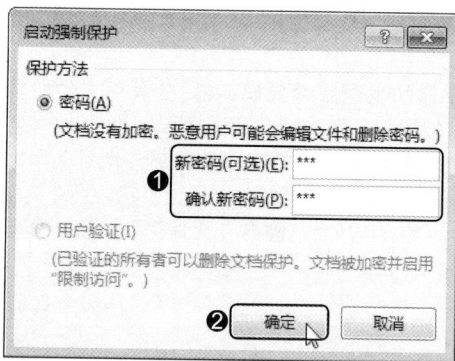

05 填写调查表并提交。❶ 在调查表文件中填写相关的信息；❷ 单击"提交调查表"按钮，如下左图所示。

06 发送邮件。经过上一步操作后，系统会自动启动Outlook软件，并填写收件人地址、主题和附件内容，单击"发送"按钮，如下右图所示。

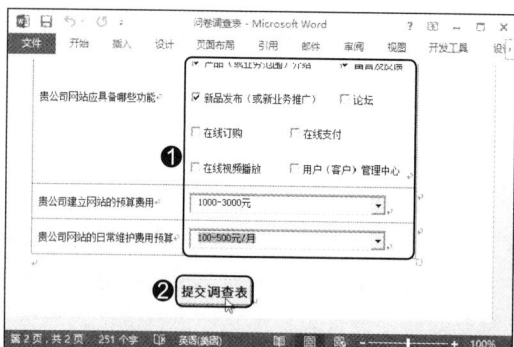

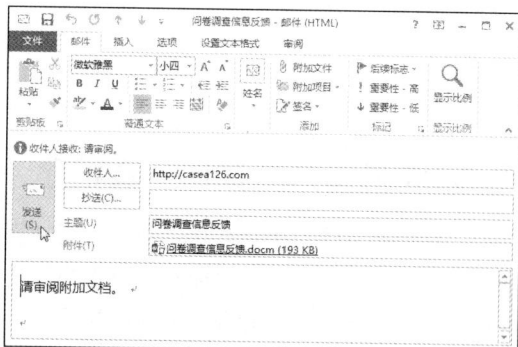

本 章 小 结

　　本章主要为读者介绍Word 2013较深层次的内容。虽然这些功能在制作一般文档时可能不会使用，但要深入了解Word，这些知识值得一学。本章首先讲解了文档排版中的一些技巧，然后介绍了如何使用邮件合并功能，接着讲解了团队合作中必会的审阅和修订文档功能，最后讲解了宏的应用。

快速制作电子表格——Excel表格的

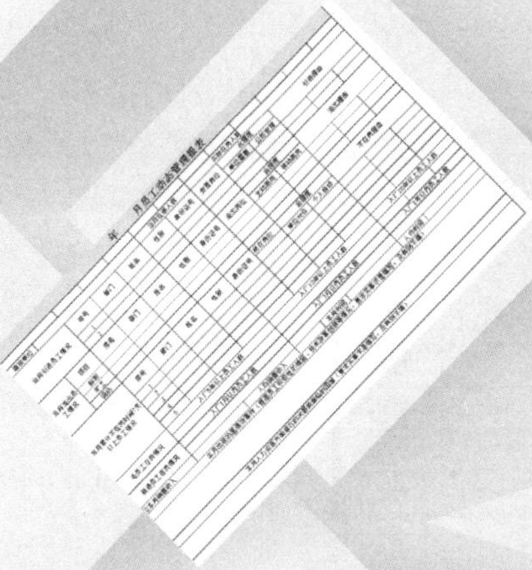

编辑与设置

第 6 章

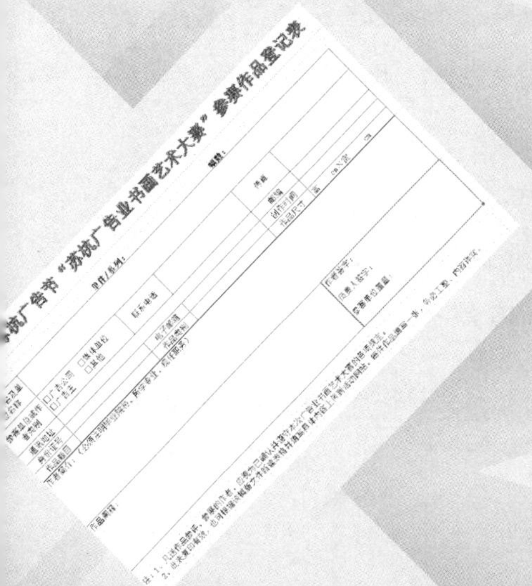

本章导读

在现代办公应用中，除了需要创建各类办公性的文档外，常常还需要对一些数据进行存储、管理、运算和分析。Excel就是Office办公套件中用于存储和处理数据的一个重要工具，它被广泛应用于各行业的办公领域，如财务、税务和统计等方面。本章我们将一同学习Excel软件的基础知识及基本应用，如表格数据的录入、存储及表格的修饰等。

知识要点

- 操作工作簿和工作表
- 编辑表格内容
- 设置单元格格式
- 录入表格内容
- 操作单元格
- 设置表格格式

知识要点——Excel数据管理知识

表格是数据管理的重要手段。现代办公应用中，目前主要是利用Excel对数据进行有效的管理，包括收集、存储、处理和应用数据。管理数据的目的在于充分有效地发挥数据的作用。下面就来了解使用Excel管理数据的基础知识。

要点 01 Excel在现代办公中的应用

一般来说，任何表格都可以用Excel来制作，尤其对需要进行大量计算的表格特别适用。但Excel不仅仅用于表格的制作，进行各种数据的运算，还能将枯燥的数据用图表进行显示、统计分析以及辅助决策等操作。

表格标题		
数据	文字	数值
自动填充	公式	函数
图表	图形对象	数据清单
排序	筛选	分类汇总

公式自动处理
图表直观显示
数据管理功能

Excel被广泛应用于管理、统计财经、金融等众多领域，尤其是人们在现代商务办公中使用率极高的必备工具之一，在公司、企业和政府机关的各个部门中应用广泛。Excel的灵活和强大填补了现有信息系统的许多盲点，成为商务管理中不可缺少的重要利器。

在企业信息化的时代，人事、行政、财务、营销、生产、仓库和统计策划等管理人员如果能利用Excel建立完善的数据库工作系统，并进行统筹运用，将会为公司的管理带来便利，也只有这样才能更加适应信息化社会的飞速发展。

要点 02 正确认识Excel中的那些名词

在正式使用Excel软件前，我们需要先了解Excel中的相关名词，明白这些名词的意义和作用后，可以让我们更快地应用Excel。

1. 工作簿

工作簿是计算和存储数据的文件，也是用户进行Excel操作的主要对象和载体，是Excel最基本的电子表格文件类型。在Excel 2013中，工作簿文件的扩展名为"xlsx"。每一个工作簿可以拥有许多不同的工作表，工作簿中最多可建立255个工作表。

默认情况下新建的工作簿名称为"工作簿1"，此后新建的工作簿将以"工作簿2"、"工作簿3"等依次命名。通常每个新建的工作簿中包含一张工作表，以"Sheet1"命名。

2. 工作表

工作表是Excel完成工作的基本单位，是显示在工作簿窗口中的表格。每一个工作表中由单元格按行列方式排列组成。工作表是工作簿的基本组成单位，是Excel的工作平台。工作簿中的每个工作表以工作表标签的形式显示在工作簿编辑区底部，以方便用户进行切换。

每个工作表都有一个名字，工作表名显示在工作表标签上，默认工作表的名称为"sheet1"，单击工作表标签右侧的"+"按钮可以新建工作表，新增一个工作表自动命名为"sheet2"。工作表是Excel存储和处理数据的最重要的部分，工作簿如同活页夹，工作表如同其中的一张张活页纸。我们也可以自己为工作表命名，方便对不同数据进行分类管理。

3. 单元格

单元格是工作表中的行线和列线将整个工作表划分出来的每一个小方格，它是Excel中存储数据的最小单位。在单元格中可以输入符号、数值、公式以及其他内容。

单元格通过行号和列标进行标记。单元格地址常应用于公式或地址引用中，其表示方法为"列标+行号"，如工作表中最左上角的单元格地址为"A1"，即表示该单元格位于A列1行。单元格区域表示为"单元格:单元格"，如A1单元格与B3单元格之间的单元格区域表示为A1:B3。

要点 `03` 单元格地址的多种引用方式

在Excel中使用公式对数据进行计算时，如果要直接使用表格中已存在的数据作为公式中的运算数据，则可以使用单元格的引用。

引用单元格进行数据间的计算是一个比较常用的操作。一个引用地址就能代表工作表上的一个或者多个单元格或单元格区域。在Excel中引用单元格，实际上就是将单元格或单元格区域的地址作为索引，目的是引用该单元格或单元格区域中的数据。因此，引用的作用就在于标识工作表中的单元格或单元格区域，并指明公式中所使用的数据的地址，尤其是在单元格中存储公式中可能变化的数据时，使用单元格引用的方法更有利于以后的维护。

通常，单元格的引用分为"相对引用"、"绝对引用"和"混合引用"3种，它们各自具有不同的含义和作用。下面就分别介绍相对引用、绝对引用和混合引用的使用方法。

1. 相对引用

相对引用是指引用单元格的相对地址，即被引用的单元格之间的位置关系是相对的。默认情况下，新公式使用相对引用，复制与填充公式时，Excel 2013使用的也是相对引用。如果公式所在单元格的位置改变，引用也随之改变。如果多行和多列地复制公式，引用会自动调整。

相对引用样式用数字1、2、3……表示行号，用字母A、B、C……表示列标，采用"列字母+行数字"的格式表示，如A1、E12等。如果引用整行或整列，可省去列标或行号，如1:1表示第一行；A:A表示A列。

2. 绝对引用

绝对引用和相对引用相对应，是指引用单元格的实际地址，被引用的单元格与引用的单元格之间的位置关系是绝对的，因此绝对引用不随单元格位置的改变而改变其结果。当把公式复制到其他单元格中时，公式中的单元格地址始终保持固定不变，结果与包含公式的单元格位置无关。在相对引用的单元格的列标和行号前分别添加"$"符号便可成为绝对引用。

3. 混合引用

混合引用是指相对引用与绝对引用同时存在于一个单元格的地址引用中。例如公式"=$A1+$C$5-A9"。混合引用具有两种形式，即绝对列和相对行、绝对行和相对列。绝对引用列采用$A1、$B1等形式，绝对引用行采用A$1、B$1等形式。

在混合引用中，如果公式所在单元格的位置改变，则绝对引用的部分保持绝对引用的性质，地址保持不变；而相对引用的部分同样保留相对引用的性质，随着单元格的变化而变化。具体应用到绝对引用列中，则是说改变位置后的公式行部分会调整，但是列不会改变；绝对引用行中，则改变位置后的公式列部分会调整，但是行不会改变。

要点 04 自定义数据类型的强大功能

利用Excel提供的自定义数据类型的功能，用户还可以自定义各种格式的数据。下面来讲解一下在"类型"文本框中经常输入的各代码的用途。

- "#"：数字占位符。只显示有意义的零而不显示无意义的零。小数点后数字若大于"#"的数量，则按"#"的位数四舍五入。如输入代码"###.##",则12.3将显示为12.30;12.3456显示为：12.35。

- "0"：数字占位符。如果单元格的内容大于占位符，则显示实际数字；如果小于占位符的数量，则用0补足。如输入代码"00.000"，则123.14显示为123.140；1.1显示为01.100。

- "@"：文本占位符。如果只使用单个@，作用是引用原始文本，要在输入数字数据之后自动添加文本，使用自定义格式为："文本内容"@；要在输入数字数据之前自动添加文本，使用自定义格式为：@"文本内容"；如果使用多个@，则可以重复文本。如输入代码"；；；"西游"@"部"，则财务将显示为西游财务部；输入代码"；；；@@@"，财务显示为财务财务财务。

- "*"：重复下一字符，直到充满列宽。如输入代码"@*-"。"，则ABC显示为"ABC--------------------"。

- "，"：千位分隔符。如输入代码"#,###"，则32000显示为：32,000。

- **颜色**：用指定的颜色显示字符，可设置红色、黑色、黄色，绿色、白色、蓝色、青色和洋红8种颜色。如输入代码："[青色];[红色];[黄色];[蓝色]"，则正数为青色，负数显示红色，零显示黄色，文本显示为蓝色。

- **条件**：可对单元格内容进行判断后再设置格式。条件格式化只限于使用三个条件，其中两个条件是明确的，另一个是除前两个条件外的其他。条件要放到方括号中，必须进行简单的比较。如输入代码："[>0]"正数"；[=0];"零"；负数"。则单元格数值大于零显示"正数"，等于零显示零，小于零显示"负数"。

同步训练——实战应用成高手

通过前面知识要点的学习，主要让读者认识和掌握Excel中的一些名词和基本概念，以及制作电子表格的相关技能与应用经验。下面，针对日常办公中的相关应用，列举几个典型的表格案例，给读者讲解在Excel中制表的思路、方法及具体操作步骤。

案例 01 创建员工档案信息表

案例概述

员工档案属于人事档案类，它是企业为加强对员工的管理，而建立起来的有关员工基本情况和其在用人单位中被招用、调配、培训、考核、奖惩等项中形成的有关员工个人经历、政治思想、业务技术水平以及工作表现等情况的文件材料。员工档案是用人单位了解员工情况的非常重要的资料，也是单位或企业了解一个员工的重要手段。

“员工档案信息”表格制作完成后的效果如下图所示。

员工基本信息表

工号	姓名	性别	年龄	部门	职务	生日	身份证号	学历	专业	电话	QQ	E-mail	住址
00150820	江雨薇	女		总经办	总经理	1976/5/2	513029197605020021	本科	机电技术	1354589****	81225***55	81225***55@qq.com	成都
00150821	郝韵	女		总经办	助理	1983/2/5	445744198302055000	专科	文秘	1389540****	50655***52	50655***52@qq.com	双流
00150822	林晓彤	女		总经办	秘书	1980/12/2	523625198012026000	专科	计算机技术	1364295****	15276***22	15276***22@qq.com	成都
00150823	曾贾	女		总经办	主任	1982/4/28	410987198204288000	本科	广告传媒	1330756****	60218***29	60218***29@qq.com	成都
00150824	邱月清	男		行政部	部长	1981/2/1	251188198102013000	硕士	工商管理	1594563****	59297***50	59297***50@qq.com	绵阳
00150825	陈嘉明	男		行政部	副部长	1975/4/26	381837197504262127	本科	电子商务	1397429****	13657***00	13657***00@qq.com	青白江
00150826	孔雪	女		财务部	出纳	1983/3/16	536351198303169255	本科	计算机技术	1354130****	81151***26	81151***26@qq.com	郫县
00150827	唐思思	女		财务部	会计	1980/12/8	127933198012082847	本科	财会	1367024****	19395***31	19395***31@qq.com	成都
00150828	李晟	男		财务部	审计	1972/7/16	123813197207169113	本科	财会	1310753****	32351***92	32351***92@qq.com	双流
00150829	薛画	女		人事部	部长	1984/7/23	431880198407232318	专科	信息工程	1372508****	10930***02	10930***02@qq.com	温江
00150830	萧丝丝	女		人事部	专员	1987/11/30	216382198711301673	本科	销售	1321514****	64813***56	64813***56@qq.com	员工宿舍
00150831	陈婷	女		技术部	部长	1985/8/13	212593198508133567	本科	广告传媒	1334786****	27830***22	27830***22@qq.com	员工宿舍
00150832	杨露露	女		技术部	专员	1988/3/6	142868198803069384	中专	信息工程	1396765****	97190***08	97190***08@qq.com	温江
00150833	郭海	男		技术部	设计师	1979/3/4	322420197903045343	本科	广告传媒	1375813****	98641***78	98641***78@qq.com	员工宿舍
00150834	杜媛媛	女		技术部	设计师	1982/10/3	335200198210036306	专科	广告传媒	1364295****	1225***12	1225***12@qq.com	青白江
00150835	陈晨溪	男		销售部	部长	1984/1/1	406212198401019344	中专	工商管理	1354130****	27385***28	27385***28@qq.com	双流
00150836	丁欣	女		销售部	副部长	1984/10/31	214503198410313851	中专	工商管理	1389540****	2847***85	2847***85@qq.com	成都
00150837	赵震	男		生产车间	主管	1985/11/10	127933198511100023	中专	电子商务	1367024****	81151***26	81151***26@qq.com	成都

素材文件：无

结果文件：光盘\结果文件\第6章\案例01\员工档案信息.xlsx

教学文件：光盘\同步教学视频\第6章\案例01.mp4

制作思路

在Excel中制作员工档案信息表的流程与思路如下。

一 **创建表格并录入基本信息：**公司员工的资料信息录入表属于纯数据的表格制作。在使用Excel创建这类表格时，首先需要清楚表格中要包含的内容，有序地罗列并规划出表格框架，然后在相应的单元格中录入各项内容的具体数据。

二 **编辑单元格：**Excel中制作表格和Word中制作表格还是有区别的，由于Excel中的单元格永远规划为方正的区域，要实现某些效果只能对单元格进行编辑。

三 **设置单元格格式：**为了使制作的表格效果更佳，可以为单元格设置合适的格式。

具 体 步 骤

在办公应用中，常常有大量的数据信息需要进行存储和处理，通常可以应用Excel表格进行数据存储。本例将以员工档案信息表的创建过程为例，为读者介绍在Excel中输入与编辑表格数据的方法。

1. 新建员工档案信息表文件

要存储数据信息，首先需要新建一个Excel文件，即通常情况下所说的"工作簿"。下面就来创建"员工档案信息"工作簿，具体操作方法如下。

01 执行"新建"命令。❶ 在"文件"菜单中选择"新建"命令；❷ 选择中间的"空白工作簿"选项，即可新建一个工作簿，如下左图所示。

02 执行"保存"命令。❶ 在"文件"菜单中选择"另存为"命令；❷ 在中间选择"计算机"选项；❸ 单击"浏览"按钮，如下右图所示。

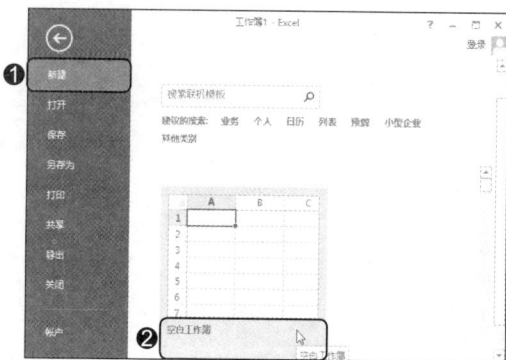

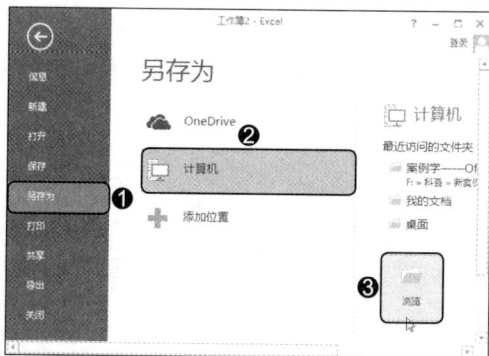

03 保存文件。打开"另存为"对话框，❶ 设置文件保存路径及文件名；❷ 单击"保存"按钮，如下左图所示。

04 更改Sheet1工作表的名称。❶ 双击Sheet1工作表的标签，输入文字内容"员工基本信息"；❷ 单击任意单元格，退出更改工作表名称状态，如下右图所示。

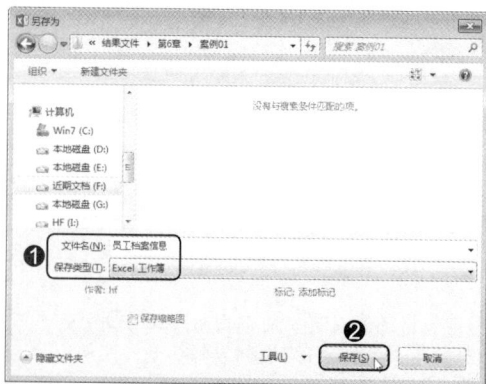

05 新建工作表。单击"员工基本信息"工作表标签右侧的"新工作表"按钮，即可新建一个名为"Sheet2"的工作表，如下左图所示。

06 设置工作表标签颜色。❶ 用前面介绍的方法将Sheet2工作表重命名为"员工数据统计表";❷ 在"员工基本信息"工作表标签上单击鼠标右键;❸ 在弹出的快捷菜单中选择"工作表标签颜色"命令;❹ 在弹出的下级子菜单中选择要应用的颜色"绿色",如下右图所示。

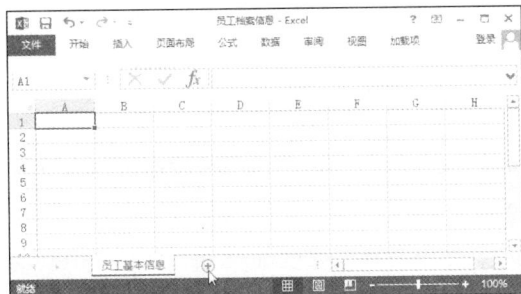

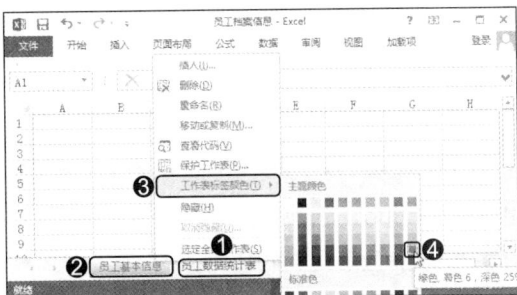

更改工作表标签的位置

为突出显示工作表,亦可通过调整工作表的顺序,使工作表按从主到次的顺序进行调整,直接用鼠标光标拖动工作表标签即可调整工作表标签的位置,从而改变工作表标签的排列顺序。

2. 录入员工基本信息

创建工作表之后就可以在相应的工作表中录入数据了。Excel允许用户在单元格中输入文本、数值、日期和时间、批注、公式等数据,而且可以利用填充功能快速填充数据。下面先在"员工基本信息"工作表中输入员工的基本信息数据,具体操作方法如下。

01 在第1个单元格中输入数据。单击"员工基本信息"工作表中的第1个单元格,将该单元格选中,直接在该单元格中输入文本内容,如下左图所示。

02 输入首行文本内容。录入第1个单元格中的内容后按"Tab"键快速选择右侧的单元格,继续录入第一行其他单元格中的表格数据,如下右图所示。

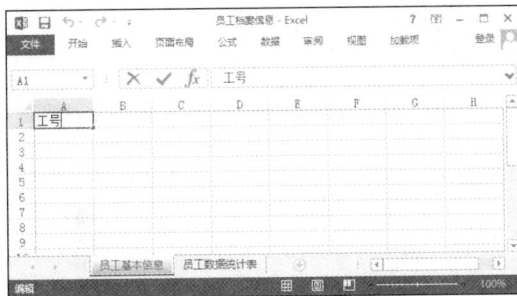

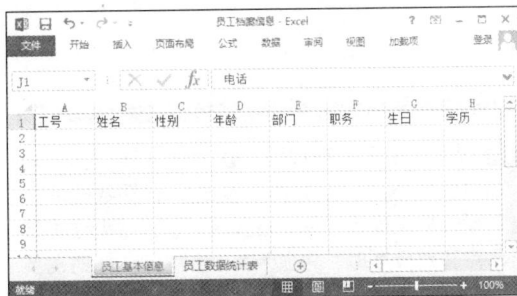

03 输入"姓名"列数据。选择第2列第2行的单元格(即B2单元格),输入第1个员工的姓名;按"Enter"键自动切换至下方单元格,再输入第2个员工姓名;用相同的方法依次录入所有员工的姓名,如下左图所示。

04 输入其他列数据。用相同的方法在相应列单元格中输入所有员工的职务、专业、电话、QQ和住址等,完成后效果如下右图所示。

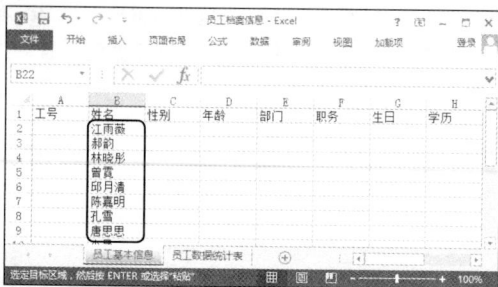

05 **输入单引号。** 选择A2单元格，在英文输入法状态下输入单引号"'"，如下左图所示。

06 **输入具体数值。** 接着在引号后输入要显示的数字内容，输入完成后按"Enter"键即可显示为如下右图所示的效果。

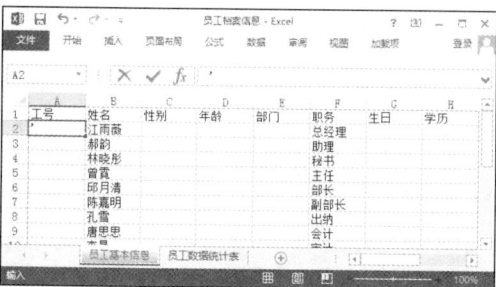

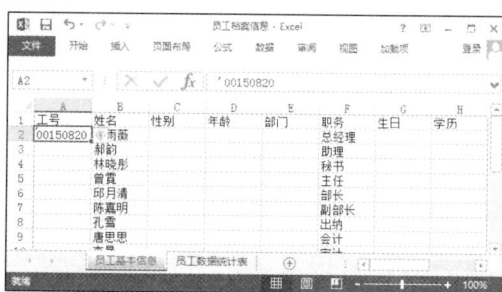

07 **将鼠标光标指向填充柄。** 选择A2单元格后，将鼠标光标移动到该单元格的右下角，此时鼠标光标将变成 **+** 形状，此时的鼠标光标被称为填充控制柄，如下左图所示。

08 **拖动控制柄填充数据。** 向下拖动填充控制柄，将填充区域拖动至A19单元格，即可完成连续编号的输入，如下右图所示。

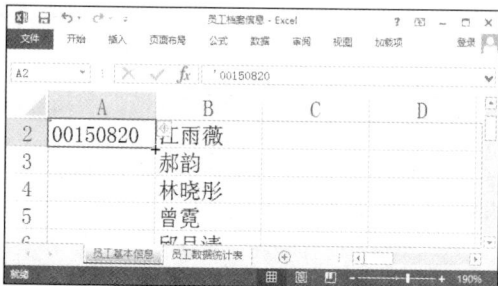

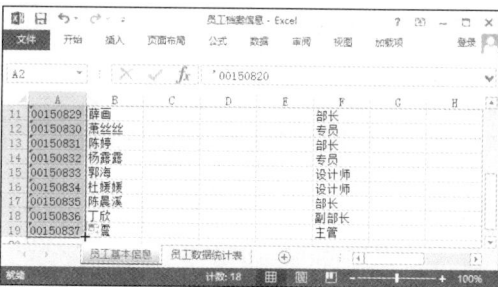

09 **输入"生日"列数据。** ❶ 在"生日"列中输入如右图所示的日期数据；❷ 输入日期数据后，当日期数据长度超过单元格区域，单元格无法直接显示完整的日期时，将显示为######，此时需要增大单元格的宽度。将鼠标光标移动到该列列号右侧的分隔线上并向右拖动，即可调整该列的列宽。

10 同时选择要输入"女"的单元格。 选择第1个要输入性别"女"的单元格，按住"Ctrl"键的同时逐个单击其他要输入相同数据的单元格，将所有需要输入"女"的单元格选中，如下左图所示。

11 同时输入数据。 输入"女"，然后按"Ctrl+Enter"组合键将该数据填充至所有选择的单元格中，如下右图所示。

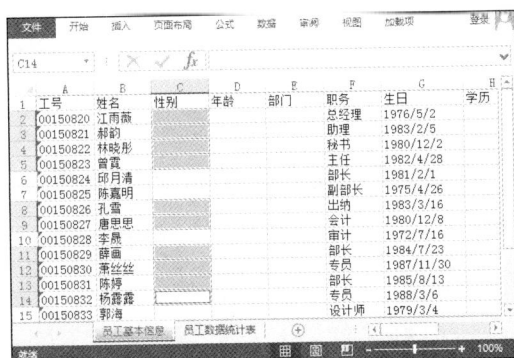

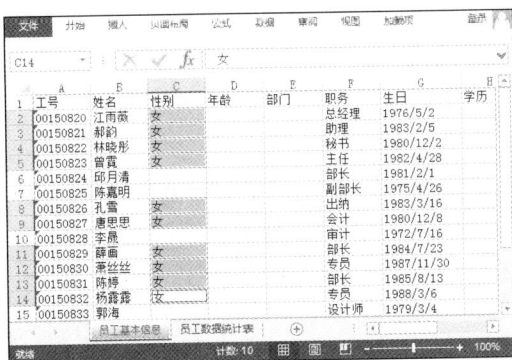

12 用相同的方法输入其他数据。 用相同的方法快速输入员工性别、部门和学历列的数据，如下左图所示。

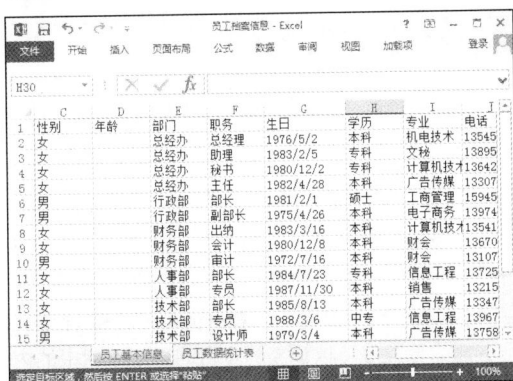

在单元格中编辑数据的方法

高手点拨

　　Excel中的很多文本编辑的方法与Word中的操作相似，如利用查找功能可快速查找出需要查看或修改的数据，在"查找和替换"对话框中单击"选项"按钮可切换至高级查找替换状态，通过设置相关的参数，可跨工作表查找数据，还可以根据格式查找数据。

3. 编辑单元格和单元格区域

　　在表格中录入数据后，有时需要对表格中的单元格或单元格区域进行一些编辑和调整，例如插入行或列、删除行或列等。下面就来编辑本例中的部分单元格与单元格区域，具体操作方法如下。

01 执行"插入"命令。 ❶ 单击第一行的行号选择该行；❷ 单击"开始"选项卡"单元格"组中的"插入"按钮，即可在所选行上方插入一个空行，如右图所示。

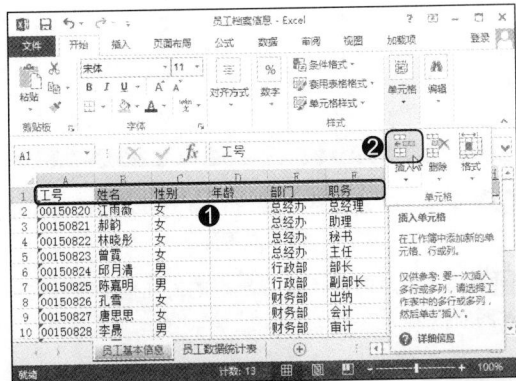

02 合并单元格。❶ 拖动选择A1:M1单元格区域；❷ 单击"开始"选项卡"对齐方式"组中的"合并后居中"按钮合并单元格区域，如下左图所示。

03 输入标题行文字内容并调整行高。❶ 在标题行中输入文字内容；❷ 选择第一行单元格，将鼠标光标移动到该行单元格的行号下方的分隔线即可调整该行的高度，如下右图所示。

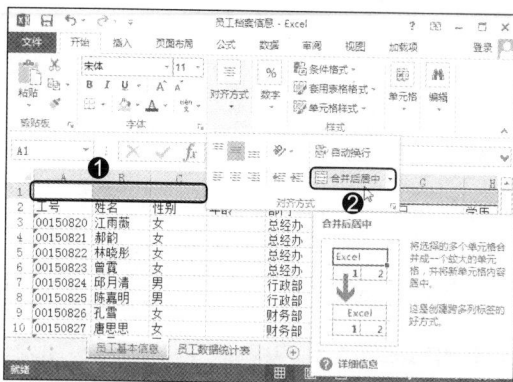

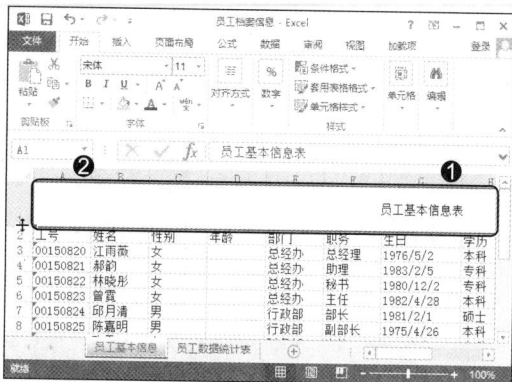

高手点拨 — 设置行高为具体数值

在行号上单击鼠标右键，在弹出的快捷菜单中选择"行高"命令，然后在打开的对话框中输入行高的具体数值即可。

04 执行"插入"命令。❶ 单击"学历"所在列的列号选择该列；❷ 单击"开始"选项卡"单元格"组中的"插入"按钮即可在所选列左侧插入一列空单元格，如下左图所示。

05 录入数据并调整列宽。❶ 在新插入列的第一个单元格中输入列标题文字"身份证号"；❷ 在下方的单元格中输入各员工的身份证号码；❸ 双击该列列号右侧的分隔线，以调整列宽自动适应该列中的内容，如下右图所示。

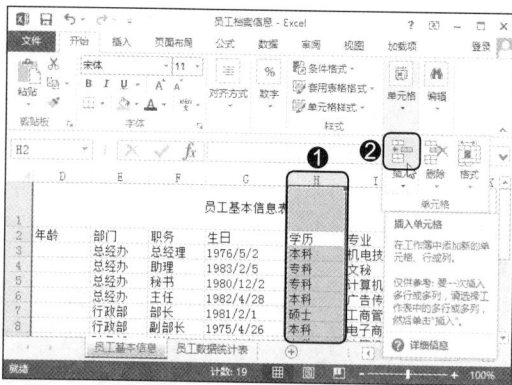

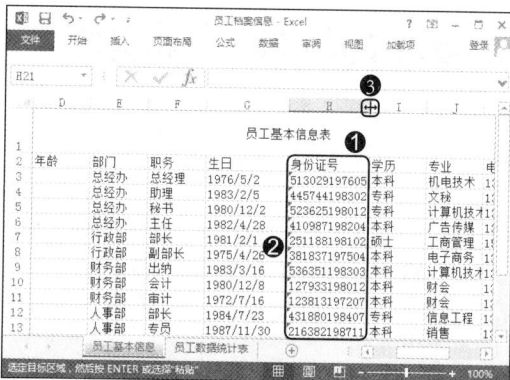

06 单击"新建批注"按钮。❶ 选择要添加批注的H2单元格；❷ 单击"审阅"选项卡"批注"组中的"新建批注"按钮，如下左图所示。

07 输入批注内容。❶ 在出现的批注框中输入批注的内容；❷ 单击任意单元格退出批注编辑状态，如下右图所示。

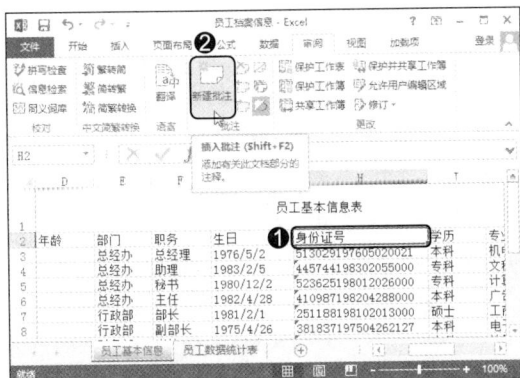

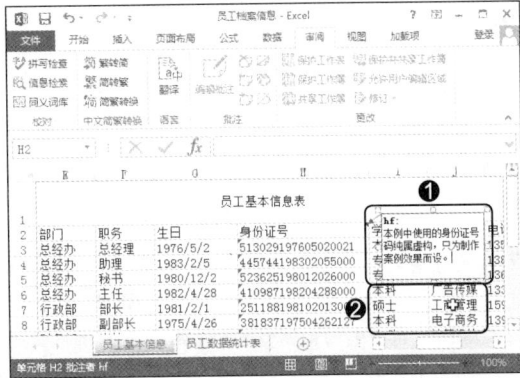

08 拆分窗格。❶选择C3单元格；❷单击"视图"选项卡"窗口"组中的"拆分"按钮，如下左图所示。

09 选择冻结窗格方式。❶单击"视图"选项卡"窗口"组中的"冻结窗格"按钮；❷在弹出的下拉列表中选择"冻结拆分窗格"选项，如下右图所示。

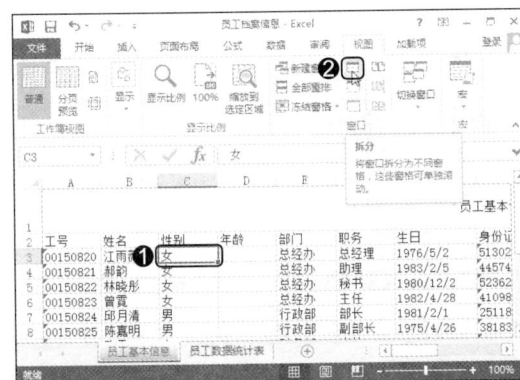

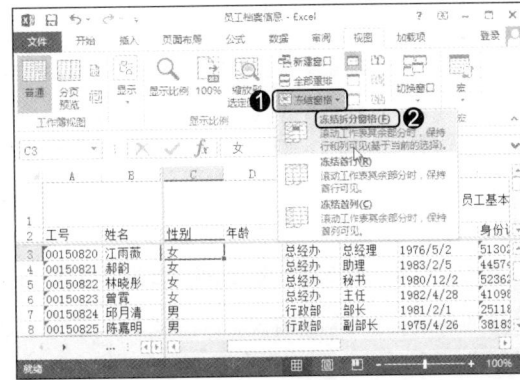

10 显示冻结窗格效果。经过上一步操作后，滚动鼠标滚轮查看工作表中的数据时，前两行和左侧两列数据的位置将始终保持不变，如右图所示。

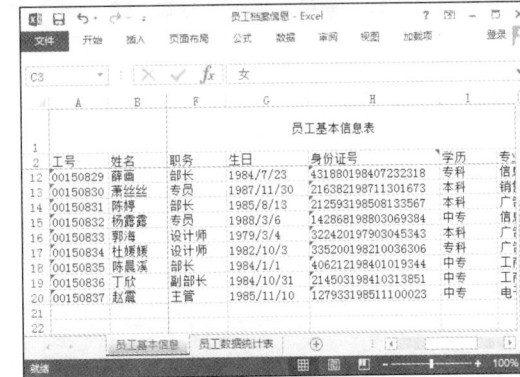

冻结窗格的不同方式

在"冻结窗格"下拉列表中选择"冻结首行"命令，将保持工作表的首行位置不变；选择"冻结首列"命令，将保持工作表的首列位置不变。

4. 表格及单元格格式设置

在Excel 2013默认状态下制作的工作表，其呈现的都是相同的文字格式和对齐方式，也没有边框和底纹效果。为了让制作的表格更加美观和适于交流，可以根据需要为其设置适当的单元格格式，包括为单元格设置字体格式、对齐方式、数字类型，添加得体的边框效果和底纹颜色等。下面就来为"员工基本信息"工作表添加各种修饰，具体操作方法如下。

01 设置表格标题文字样式。❶ 选择A1单元格；❷ 在"开始"选项卡"字体"组中设置字体为"方正北魏楷书简体"，字号为"18"磅；❸ 单击"加粗"按钮；❹ 单击"字体颜色"按钮，设置文字颜色为"金色，着色4，深色50%"，如下左图所示。

02 设置表头文字样式。❶ 选择A2:N2单元格区域；❷ 在"开始"选项卡"字体"组中设置字体为"创艺简中圆"，字号为"11磅"，加粗，并设置文字颜色为"灰色-25%，背景2，深色75%"，如下右图所示。

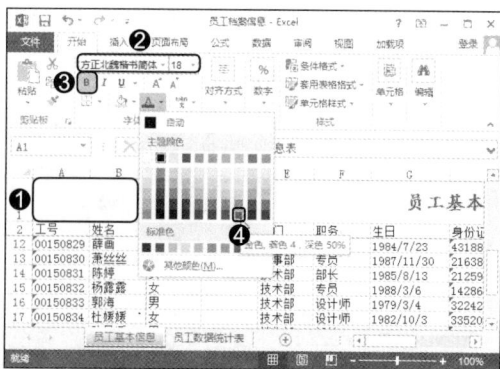

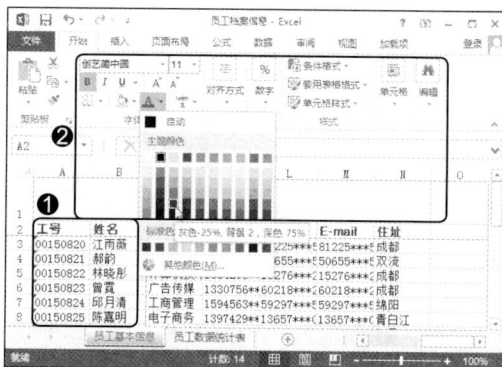

03 设置表头文字对齐方式。保持A2:N2单元格区域的选择状态，单击"开始"选项卡"对齐方式"组中的"居中"按钮，如下左图所示。

04 设置"生日"列单元格对齐方式。❶ 选择"生日"列中的G3:G20单元格区域；❷ 单击"开始"选项卡"对齐方式"组中的"左对齐"按钮，如下右图所示。

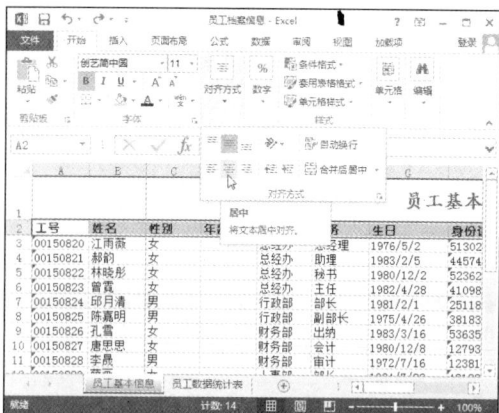

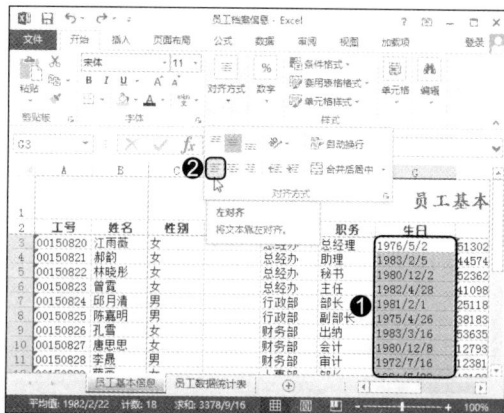

05 选择需要的日期格式。保持G3:G20单元格区域的选择状态，❶ 单击"数字"组中的"数据格式"下拉按钮；❷ 在弹出的下拉列表中选择"长日期"选项，如下左图所示。

06 设置列宽。经过上一步操作，即可将所选单元格区域的数字格式设置为长日期格式。❶ 选择C～N列单元格；❷ 双击列号右侧的分隔线，以调整列宽自动适应各列中的内容，如下右图所示。

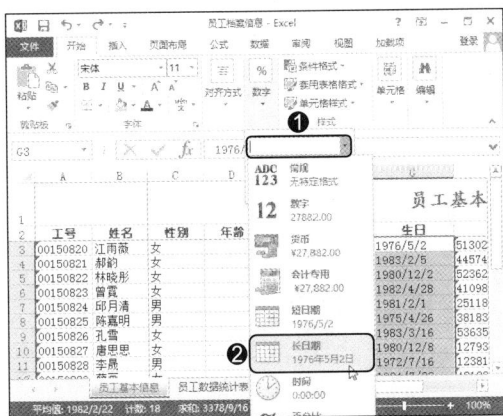

调整单元格的大小

高手点拨

　　在Excel中通过使用鼠标光标拖动行或列的分隔线可调整某一行的行高或某一列的列宽。如果要同时调整多行的行高或多列的列宽为一致，则可以在选择多行或多列单元格后再拖动其中一个分隔线调整行高或列宽，此时可同时调整所选多行的行高或多列的列宽。若是在选择多行或多列后双击行或列的分隔线，则可使所选内容的行高或列宽自动适应单元格中的内容。

07 启动"设置单元格格式"对话框。❶ 选择A2:N20单元格区域；❷ 单击"开始"选项卡"对齐方式"组右下角的对话框启动器按钮，如下左图所示。

08 设置外边框样式。打开"设置单元格格式"对话框，❶ 单击"边框"选项卡；❷ 在"颜色"下拉列表框中选择颜色为"深蓝"；❸ 在"样式"列表框中选择双线条样式；❹ 单击"外边框"按钮为所选区域添加外边框；❺ 单击"确定"按钮，如下右图所示。

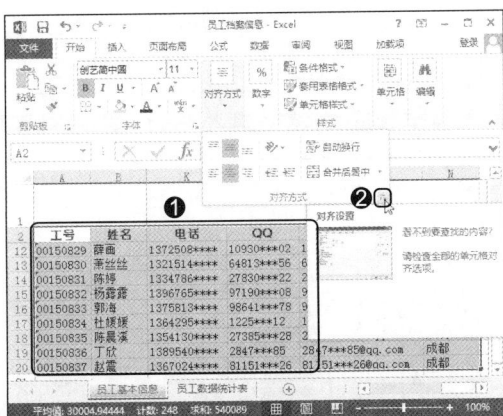

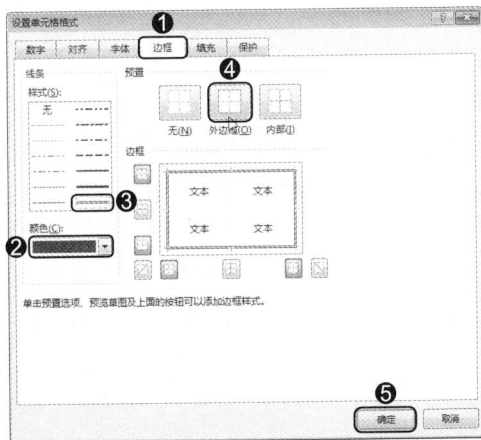

09 设置内部边框样式。❶ 在"样式"列表框中选择单线条样式；❷ 单击"内部"按钮为所选区域添加内部边框；❸ 单击"确定"按钮完成边框样式设置，如下左图所示。

10 单击对话框启动器。❶ 选择表头文字所在的A2:N2单元格区域；❷ 单击"开始"选项卡"对齐方式"组右下角的对话框启动器按钮，如下右图所示。

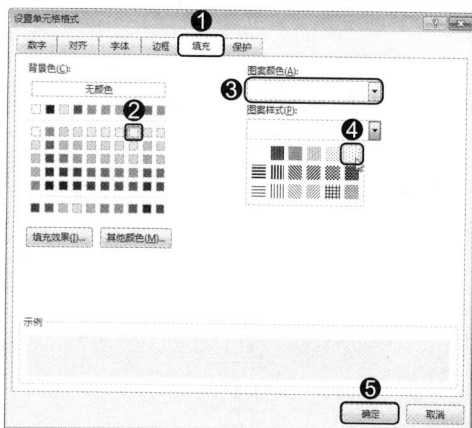

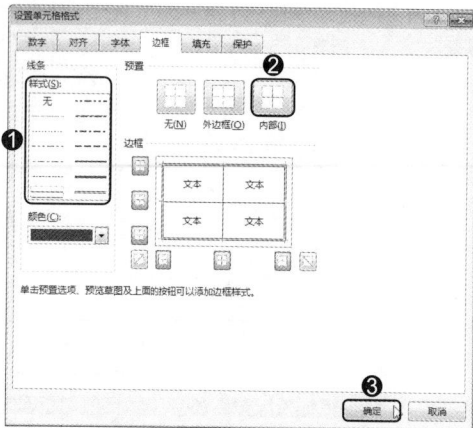

11 启动"设置单元格格式"对话框。打开"设置单元格格式"对话框，❶ 单击"填充"选项卡；❷ 在"背景色"栏中选择"浅蓝"颜色；❸ 在"图案颜色"下拉列表框中设置图案颜色为"白色"；❹ 在"图案样式"下拉列表框中选择需要的图案样式；❺ 单击"确定"按钮，如下左图所示。

12 执行"编辑批注"命令。由于默认情况下添加的批注，其批注框是自动隐藏的，要编辑已经隐藏的批注框，首先需要将其显示出来。❶ 选择"员工基本信息"工作表中添加了批注的H2单元格；❷ 单击"审阅"选项卡"批注"组中的"编辑批注"按钮，将批注文本框暂时显示出来，如下右图所示。

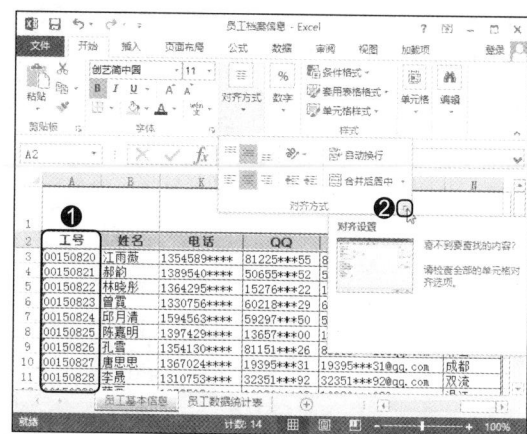

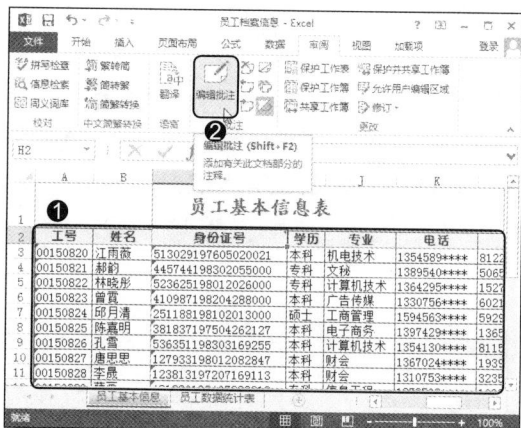

13 执行"设置批注格式"命令。❶ 在显示的批注文本框的外边框上单击鼠标右键；❷ 在弹出的快捷菜单中选择"设置批注格式"命令，如右图所示。

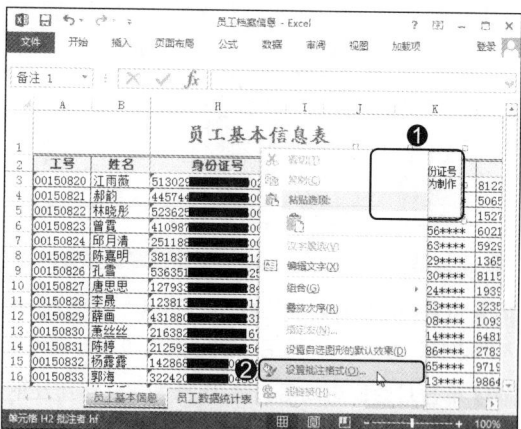

14 设置填充颜色。打开"设置批注格式"对话框，❶ 单击"颜色与线条"选项卡；❷ 在"填充"栏中设置填充颜色为"浅蓝"，透明度为"10%"；❸ 单击"确定"按钮，如下左图所示。

15 隐藏批注框。单击"审阅"选项卡"批注"组中的"显示所有批注"按钮，取消该按钮的选择状态，即可隐藏文档中的所有批注框，在插入有批注的相应单元格右上角只显示出一个红色的小三角形标志，如下右图所示。

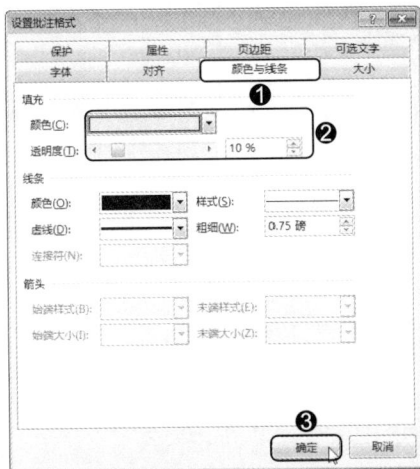

案例 02 制作员工每月动态统计表

案例概述

人力资源是社会各项资源中最关键的资源，是对企业产生重大影响的资源。因此，许多企业非常重视人力资源的管理。根据企业人力资源管理工作所涵盖的内容，我们可以将人力资源管理划分为六大模块，即规划、绩效、薪酬、招聘、培训以及员工关系。HR各大模块的工作各有侧重点，但是各大模块是紧密联系的，就像生物链一样，任何一个环节的缺失都会影响整个系统的失衡。员工每月动态统计表制作完成后的效果如下图所示。

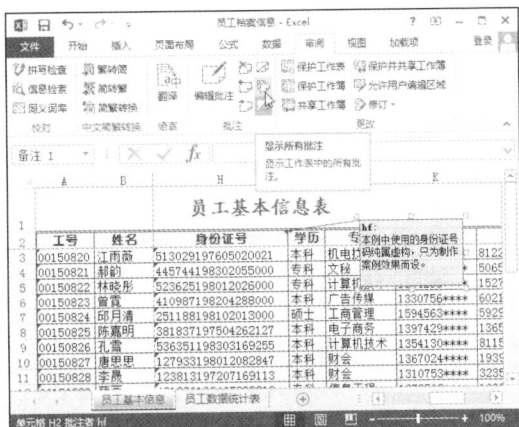

素材文件：光盘\素材文件\第6章\案例02\员工动态管理表.docx
结果文件：光盘\结果文件\第6章\案例02\员工每月动态统计表.xlsx
教学文件：光盘\同步教学视频\第6章\案例02.mp4

制作思路

在Excel中制作员工每月动态统计表的流程与思路如下。

一 创建表格并输入内容： 由于本例事先已经将表格内容整理到Word中了，这里通过复制内容和分列的方式导入原始数据。

二 设置单元格格式： 要实现某些效果还需要对单元格进行合并等操作，为了让表格效果更佳，可以对单元格格式进行设置。

三 复制工作表： 由于HR每个月都需要在"员工每月动态统计表"中进行填写，所以可以在该工作簿中复制多个工作表以备使用。

具体步骤

在人力资源管理中，HR需要根据不同的情况，不断地调整工作重点，以保证人力资源管理保持良性运作，并支持企业战略目标的最终实现。其中，每月对人员的动态作一次统计是必不可少的。为了提高工作效率，可以先制作一份员工每月动态统计表，然后根据人员流动等情况直接填写即可。制作员工每月动态统计表时会应用到输入与编辑文本、设置文本格式、添加边框和底纹以及复制工作表、重命名工作表等相关操作。

1. 输入与编辑文本

作为人事每月的管理报表，需要实时填充人员流动数据，从而加强人力资源的管理。在制作每月动态统计表时，首先需要输入文本和编辑文本格式，让表格更加完善。

01 执行复制文本操作。打开素材文件中提供的"员工动态管理表"文档，❶ 选择全部文档内容；❷ 单击"剪贴板"组中的"复制"按钮，如下左图所示。

02 粘贴文本内容。❶ 新建一个空白工作簿，并以"员工每月动态统计表"为名进行保存；❷ 选择A1单元格；❸ 单击"剪贴板"组中的"粘贴"按钮；❹ 在弹出的下拉菜单中选择"匹配目标格式"命令，如下右图所示。

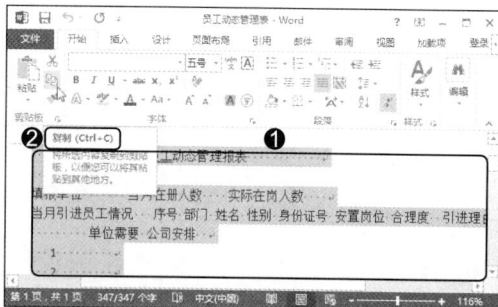

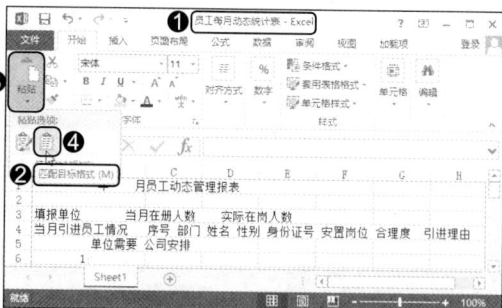

03 执行分列的操作。经过以上操作，即可将文本内容粘贴至Excel中。❶ 选择A3:A29单元格区域；❷ 单击"数据"选项卡"数据工具"组中的"分列"按钮，如下左图所示。

04 执行分列第1步。打开"文本分列向导"对话框，❶ 选中"分隔符号"单选按钮；❷ 单击"下一步"按钮，如下右图所示。

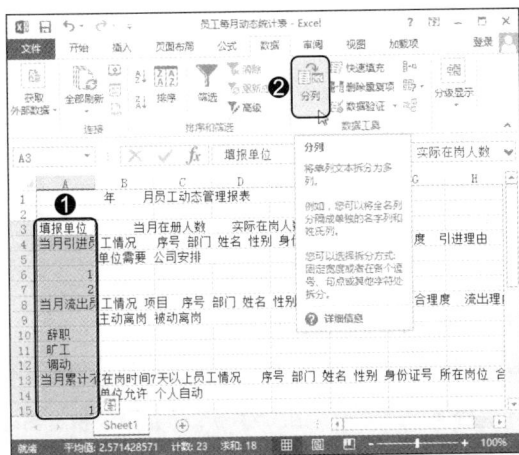

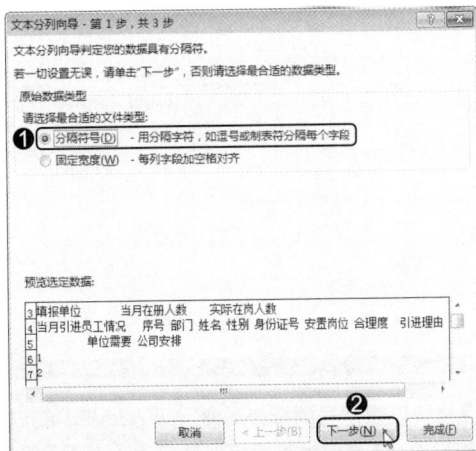

分列的相关知识

只有当需要分列的数据中包含相同的分隔符，且需要通过该分隔符分列数据时，才可以通过"分隔符号"进行分列。若在"原始数据类型"栏中选中"固定宽度"单选按钮，则可在"数据预览"栏中单击设置分隔线作为单元格分列的位置。

05 执行分列第2步。❶ 选中"分隔符号"栏中的"空格"复选框；❷ 单击"下一步"按钮，如下左图所示。

06 执行分列第3步。❶ 选中"常规"单选按钮；❷ 单击"完成"按钮，如下右图所示。

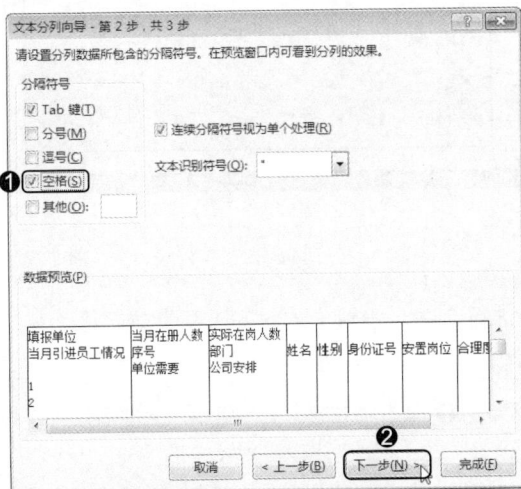

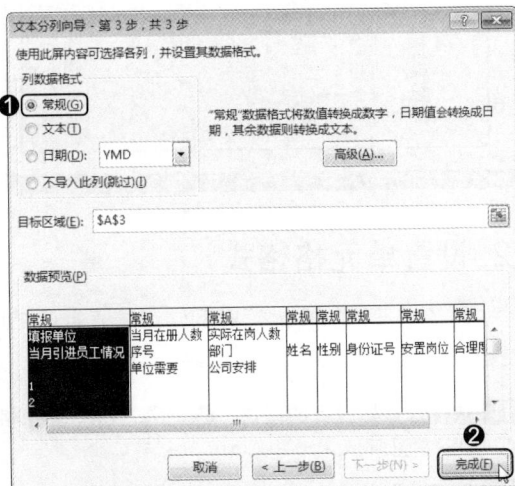

07 显示输入文本的最终效果。将文本从A列中分列出来后，需要手动调整某些文本的位置，最终效果如下左图所示。

08 设置标题行文本字体。❶ 选择A1单元格；❷ 在"字体"组中设置字号为"16磅"；❸ 单击"加粗"按钮，如下右图所示。

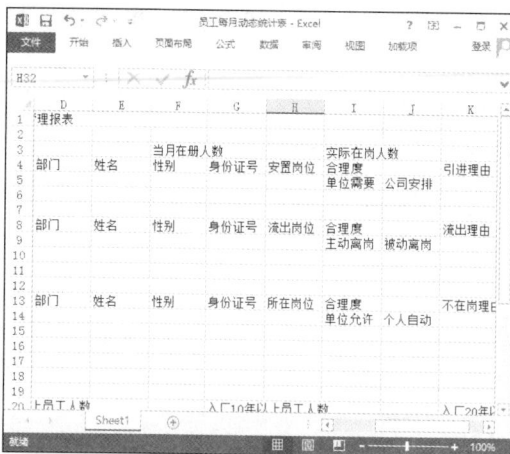

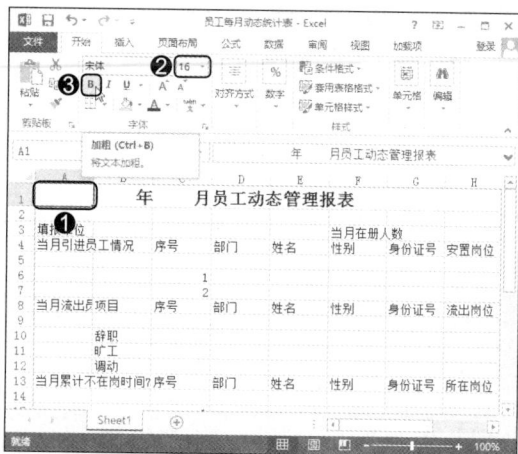

09 执行设置字号的操作。❶ 选择A3:M29单元格区域；❷ 单击"字体"组"字号"下拉列表框右侧的下拉按钮；❸ 在弹出的下拉列表中选择"10"选项，如下左图所示。

10 执行居中对齐命令。❶ 选择A3:M24单元格区域；❷ 单击"段落"选项卡"对齐方式"组中的"居中"按钮，如下右图所示。

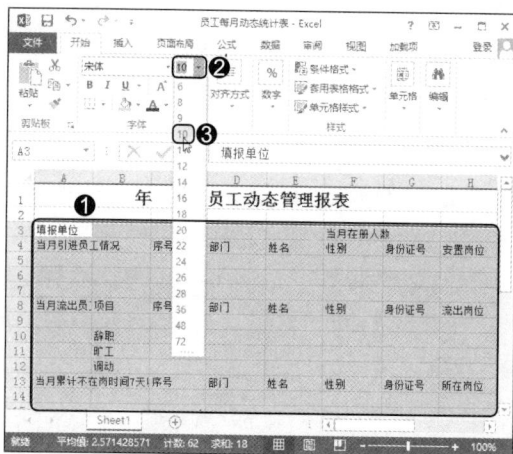

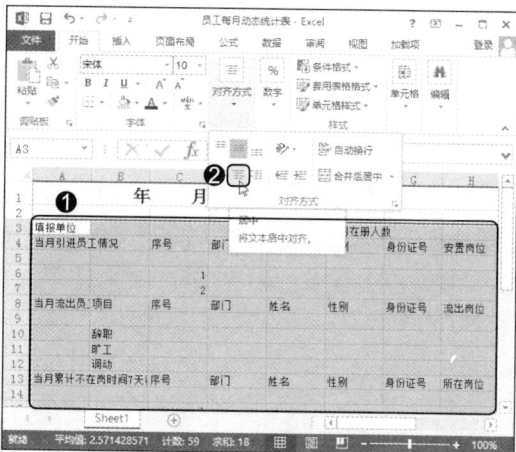

2. 设置单元格格式

为了让表格的整体效果更好，需要对单元格进行合并，设置文本对齐以及为单元格添加边框和底纹等相关操作，具体操作方法如下。

01 执行合并标题行的操作。❶ 选择A1:M1单元格区域；❷ 单击"对齐方式"组中"合并后居中"按钮，如下左图所示。

02 重复操作合并单元格。选择其他需要合并的单元格区域，使用相同的方法合并多个单元格，完成后的效果如下右图所示。

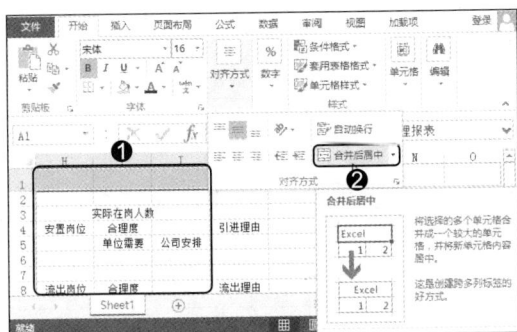

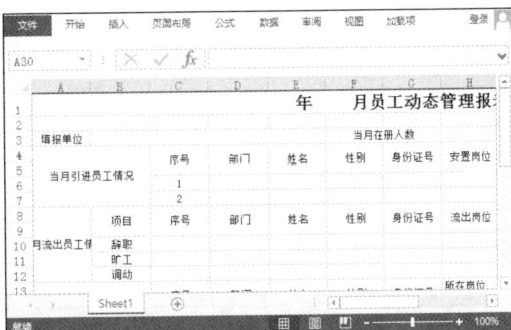

03 执行自动换行的操作。❶ 选择A8和A13单元格；❷ 单击"对齐方式"组中的"自动换行"按钮，如下左图所示。

04 执行添加边框线的操作。❶ 选择表格中包含文本的所有单元格区域；❷ 单击"字体"组中的"边框"按钮；❸ 在弹出的下拉菜单中选择"所有框线"命令，如下右图所示。

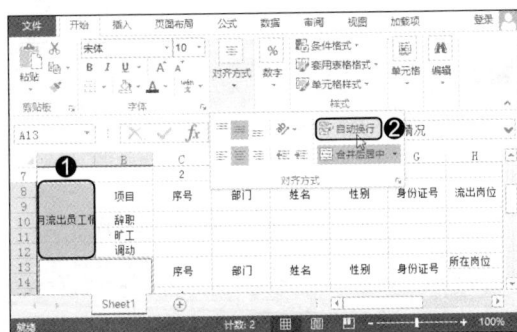

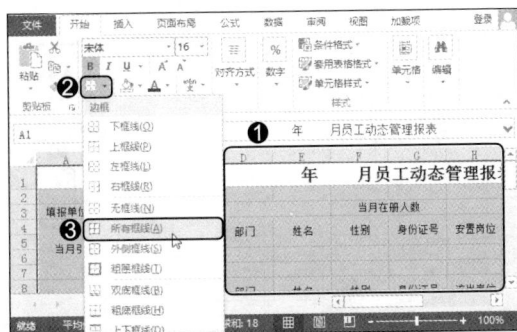

05 执行添加底纹的操作。经过上一步操作后，即可为所有单元格添加边框线。❶ 选择A1单元格；❷ 单击"字体"组中的"填充颜色"按钮；❸ 在弹出的下拉菜单中选择需要的颜色，如右图所示。

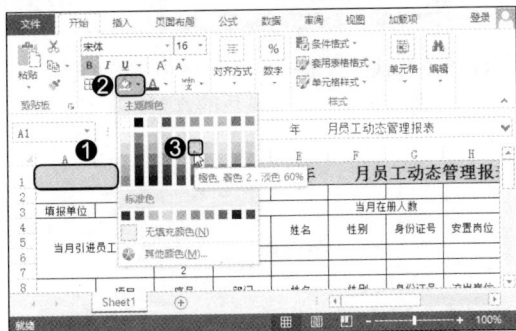

3. 工作表的操作

在工作表中制作完成后，需要制作多个相同的表格时，可以复制工作表，然后进行重命名操作。根据用户的爱好可以为工作表的标签添加颜色。

01 执行复制工作表的操作。选择Sheet1工作表标签，按住"Ctrl"键的同时向右拖动鼠标光标复制工作表，如下左图所示。

02 重复操作复制工作表。经过上一步操作后，复制得到的工作表默认名称为Sheet1(2)。使用相同的方法继续复制4张工作表，完成后的效果如下右图所示。

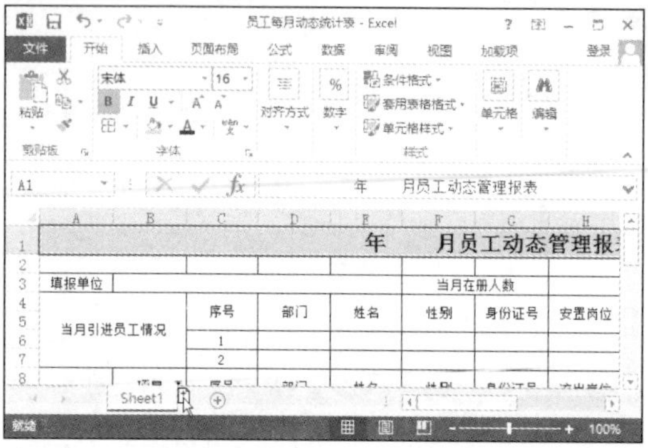

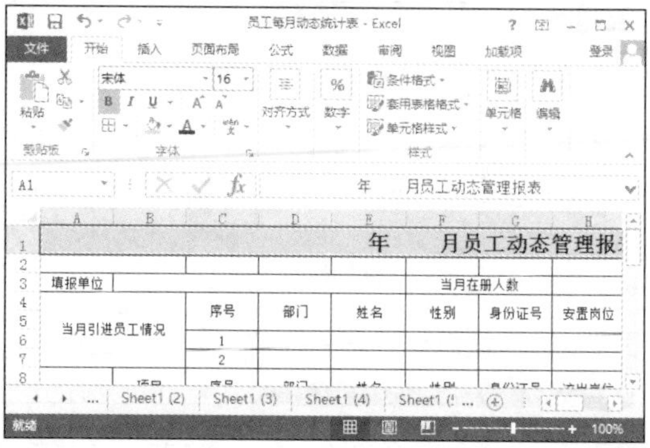

03 执行重命名工作表的命令。❶ 选择"Sheet1"工作表标签；❷ 单击"单元格"组中的"格式"按钮；❸ 在弹出的下拉菜单中选择"重命名工作表"命令，如下左图所示。

04 输入工作表名称。当工作表名称处于编辑状态时，❶ 输入新的名称；❷ 单击工作表的任意处，退出工作表名称的编辑状态，如下右图所示。

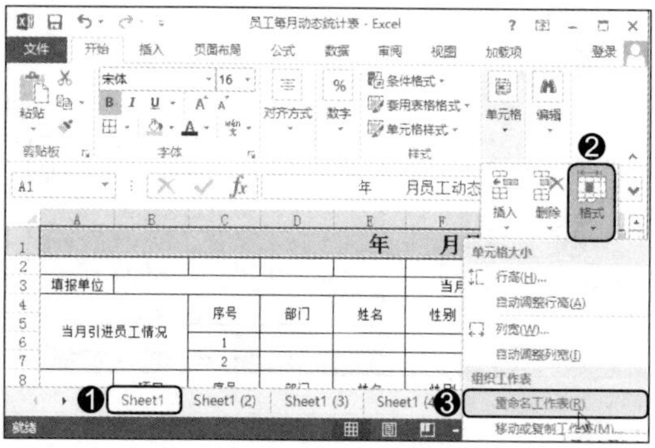

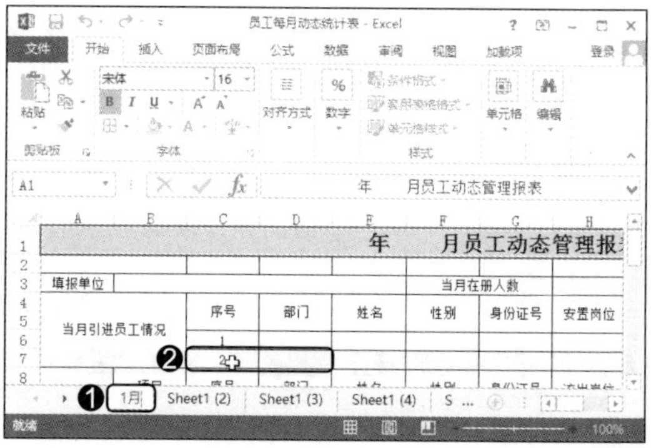

05 修改其他工作表的名称。使用相同的方法修改其他工作表的名称，完成后的效果如右图所示。

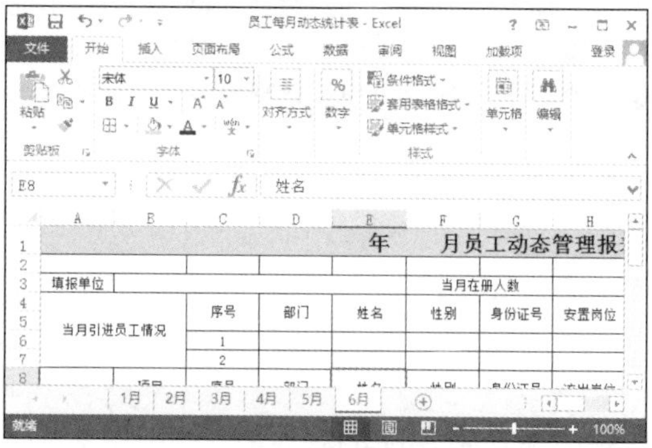

案例 **03** 制作登记表模板

案例概述

　　登记表是某活动或某项目开展过程中，各参与者用来填写与活动或项目有关的个人档案的登记表格，里面一般包含着参与者个人的基本信息、简历和相关评语等。

第二届苏杭广告节"苏杭广告业书画艺术大赛"参赛作品登记表

省、市：		单件/系列：			幅数：		
作者姓名及单位名称							
参赛单位或作者类别	□广告公司 □媒体单位 □广告主 □其他		联系电话		传真		
通讯地址					邮编		
身份证号			电子邮箱		创作时间		
作品题目			作品类别		作品尺寸	高 cm×宽	CB

作者简介：（必须注明毕业院校、所学专业、现任职务）

作品阐释：

作者签字：

负责人签字：

参赛单位盖章：

注：1、凡送作品参评、参展的作者，应视为已确认并遵守本次广告业书画艺术大赛的各项规定。
　　2、此表复印有效，也可根据该模版文件新建表格并填写具体内容上传到活动网站。每件作品填写一张，务必工整、内容详实。

素材文件：无

结果文件：光盘\结果文件\第6章\案例03\参赛作品登记表.xlsx、登记表.xltx

教学文件：光盘\同步教学视频\第6章\案例03.mp4

制 作 思 路

在Excel中制作"参赛作品登记表"表格的流程与思路如下。

一　制作标题： 本例将通过插入艺术字的方式制作表格标题。

二　输入并编辑表格内容： 根据表格中需要填写的内容来规划出表格的大致框架，并输入和编辑相应的单元格内容。

三　设置数据有效性： 由于有些单元格中可以填写的内容具有一定的局限，为了提示用户可以为这些单元格设置数据的有效性。

四　保存为模板文件： 为了保证工作表的安全，可以对工作表进行保护。工作中我们可能需要使用多种类型的登记表，为了便于以后制作这类表格，可以将该工作簿保存为模板文件。

具 体 步 骤

在办公应用中，经常需要制作一些登记类的表格，事先将可能要填写的内容分类列出来，并留下填写的区域让其他用户填写一些数据。本例将制作某艺术大赛的参赛作品登记表，为读者介绍在Excel中制作表格模板的方法，以及为单元格设置数据有效性和保护工作表的相关操作。

1. 制作艺术字标题

制作一些用于打印输出的表格时，可以为其制作一个漂亮得体的文档标题。本例中通过插入艺术字的方法来制作标题，具体操作步骤如下。

01 选择艺术字样式。❶新建一个空白工作簿，将其以"参赛作品登记表"为名进行保存；❷单击"插入"选项卡"文本"组中的"艺术字"按钮；❸在弹出的下拉菜单中选择艺术字样式，如下左图所示。

02 输入艺术字内容并设置字体。❶在艺术字文本框中输入如下右图所示的文字内容；❷设置艺术字字体为"宋体"，字号为"24"，并加粗显示。

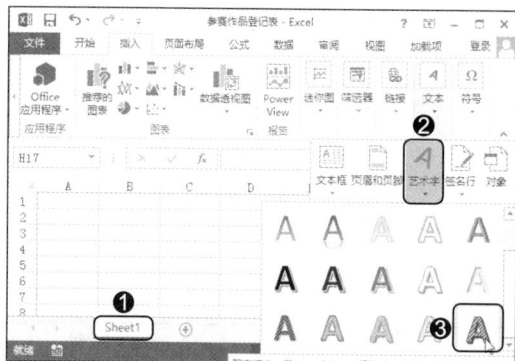

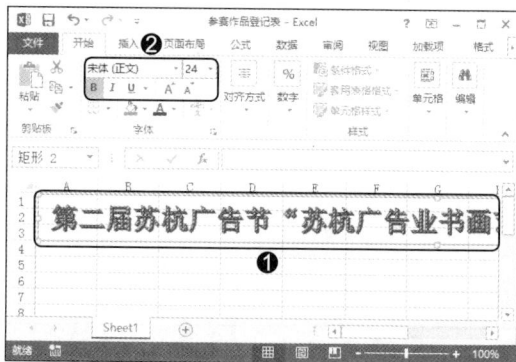

插入和编辑对象的方法

高手点拨

  制作某些特殊的表格时也需要插入各种对象，在Excel中插入和编辑图片、图形、艺术字、文本框的方法与在Word中的方法完全相同。

2. 输入并编辑表格内容

  登记表的用途就是用于记录各种信息的明细数据，以便相关组织或团队掌握被登记者的一些基本资料，所以需要根据要填写的内容拟定提示文字，以提醒用户需要填写的内容。本例中输入并编辑表格内容的具体操作步骤如下。

01 输入表格内容。❶拖动鼠标光标调整第1行的高度；❷在表格中合适位置输入如下左图所示的文本内容。

02 设置行高。❶选择第4～8行单元格；❷单击"单元格"组中的"格式"按钮；❸在弹出的下拉菜单中选择"行高"命令；❹在打开的对话框中输入"行高"为"17"；❺单击"确定"按钮，如下右图所示。

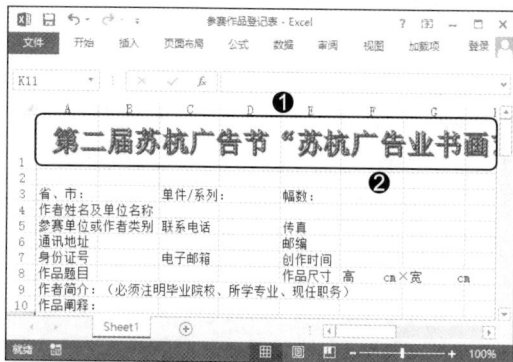

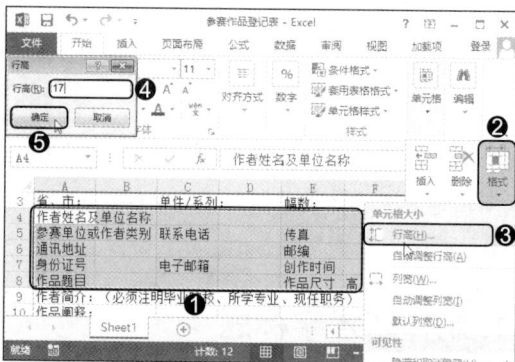

03 设置自动换行。❶选择A4:F10单元格区域；❷单击"对齐方式"组中的"自动换行"按钮，如下左图所示。

04 调整行高。❶ 选择第4和第5行单元格；❷ 向下拖动鼠标调整这两行的高度，如下右图所示。

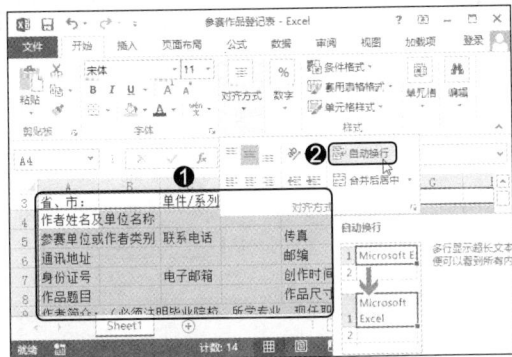

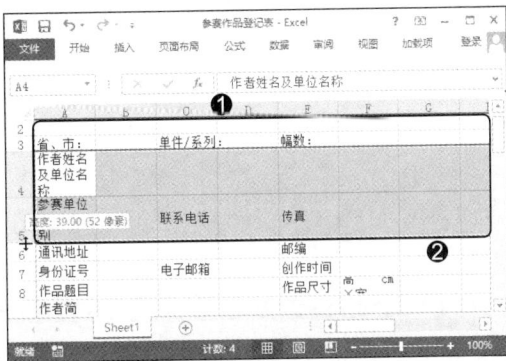

05 调整列宽。❶ 同时选择A、C、E3列单元格；❷ 向右拖动鼠标调整这3列的宽度，如下左图所示。

06 调整其他列的列宽。❶ 同时选择B、D列单元格；❷ 向右拖动鼠标调整这两列的宽度至如下右图所示。

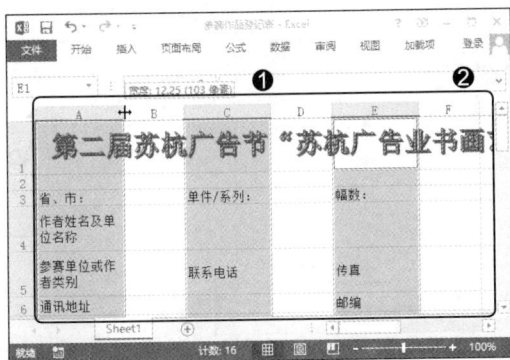

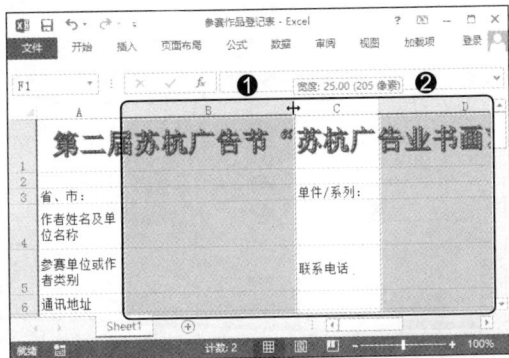

07 设置单元格对齐方式。❶ 选择A4:F10单元格区域；❷ 单击"开始"选项卡"对齐方式"组中的"居中"按钮，如下左图所示。

08 合并单元格。❶ 选择B4:F4单元格区域；❷ 单击"开始"选项卡"对齐方式"组中的"合并后居中"按钮，如下右图所示。

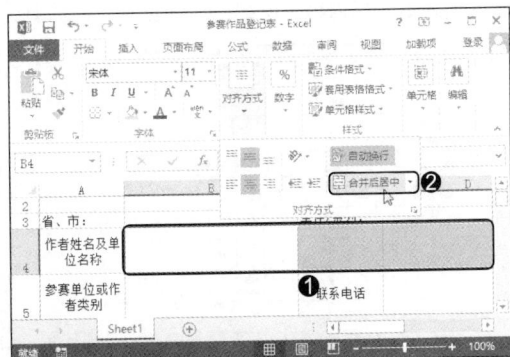

09 合并其他单元格。使用相同的方法继续合并B6:D6、A9:F9、A10:D10、E9:F10单元格区域，完成后的效果如下左图所示。

10 设置单元格对齐方式。❶ 选择F8单元格；❷ 单击"开始"选项卡"对齐方式"组中的"左对齐"按钮，如下右图所示。

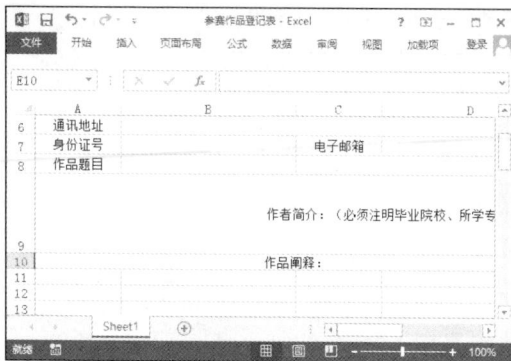

11 设置单元格对齐方式。❶ 同时选择A9、A10和E10单元格；❷ 单击"开始"选项卡"对齐方式"组中的"顶端对齐"按钮；❸ 单击"左对齐"按钮，如下左图所示。

12 单击"符号"按钮。在B5单元格中需要通过插入特殊符号的方法，输入复选项前方作为标记的复选框。❶ 选择B5单元格；❷ 单击"插入"选项卡"符号"组中的"符号"按钮，如下右图所示。

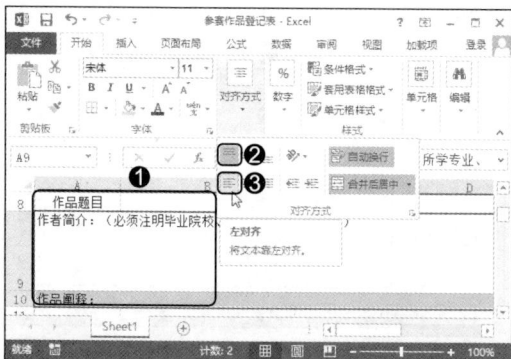

13 选择特殊符号。打开"符号"对话框，❶ 在"字体"下拉列表框中选择"普通文本"选项；❷ 在下方的列表框中选择需要作为复选框的特殊符号；❸ 单击"插入"按钮，如下左图所示；❹ 插入多个该符号后，单击右上角的"关闭"按钮关闭该对话框。

14 输入单元格内容。继续在B5单元格中输入其他文本，完成后的效果如下右图所示。

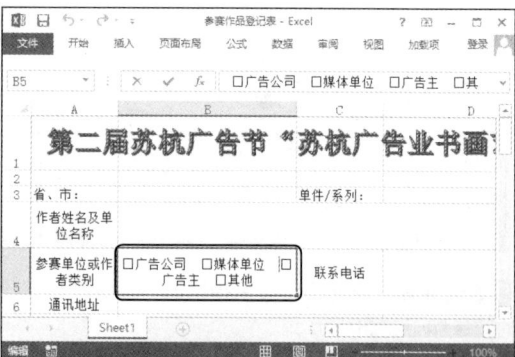

15 对单元格内容进行强制分行。❶ 将文本插入点定位在第3项复选项之前，按"Alt+Enter"组合键强制换行；❷ 单击"开始"选项卡"对齐方式"组中的"左对齐"按钮，如下左图所示。

16 输入内容并设置对齐方式。❶ 在C8单元格中输入如下右图所示的文本；❷ 单击"开始"选项卡"对齐方式"组中的"居中"按钮。

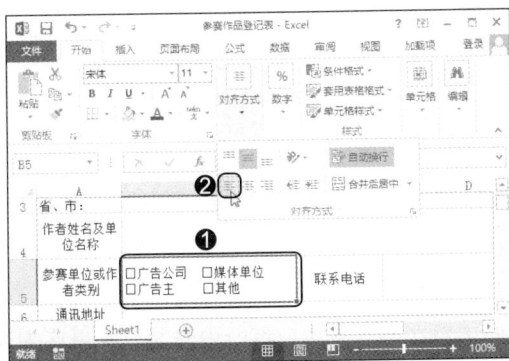

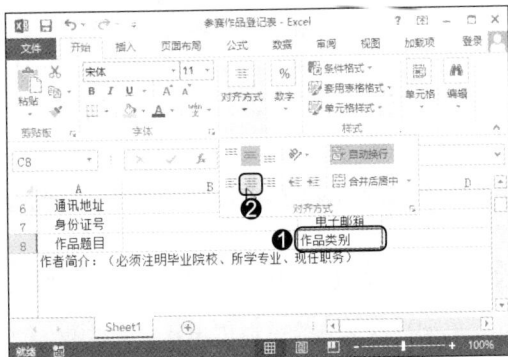

高手点拨

输入相同内容的方法

在Excel 2013中要输入相同的内容时，可以通过复制单元格的操作来实现，即先按"Ctrl+C"组合键复制数据，然后按"Ctrl+V"组合键进行粘贴。若要移动数据，可以先按"Ctrl+X"组合键剪切数据，然后按"Ctrl+V"组合键进行粘贴。如果要让多个单元格的格式相同，也可以通过使用"格式刷"工具复制单元格格式。

---

17 设置行高。❶ 选择第9和第10行单元格；❷ 单击"开始"选项卡"单元格"组中的"格式"按钮；❸ 在弹出的下拉菜单中选择"行高"命令；❹ 在打开的"行高"对话框中输入"行高"值为"85"；❺ 单击"确定"按钮，如下左图所示。

18 输入文本。通过前面讲解的强制分行的方法，在E10单元格中输入如下右图所示的文本。

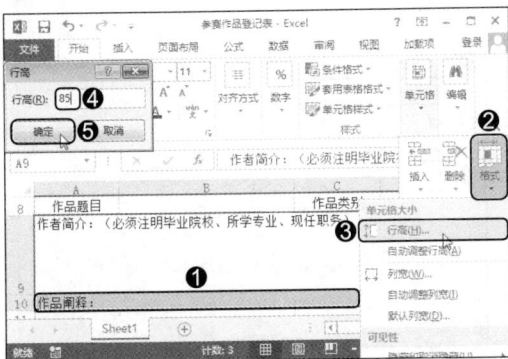

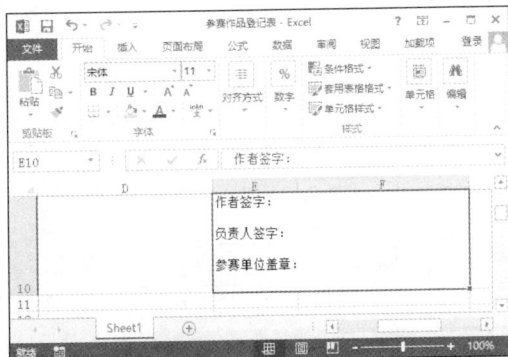

19 合并单元格并输入文本。❶ 选择A12:F12单元格区域；❷ 单击"开始"选项卡"对齐方式"组中的"合并后居中"按钮；❸ 在合并后的单元格中输入如下左图所示的文本；❹ 单击"对齐方式"组中的"左对齐"按钮。

20 设置字体格式和单元格边框。❶ 同时选择A3、C3、E3单元格；❷ 单击"开始"选项卡"字体"组中的"加粗"按钮；❸ 选择A4:F10单元格区域；❹ 单击"开始"选项卡"字体"组中的"所有框线"按钮，如下右图所示。

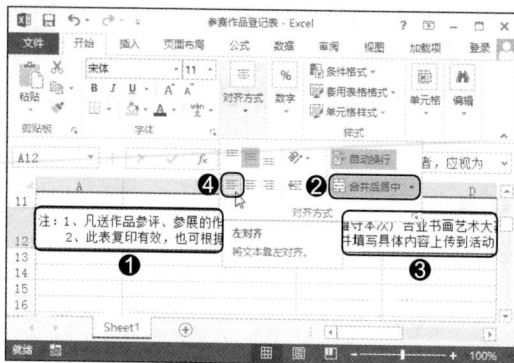

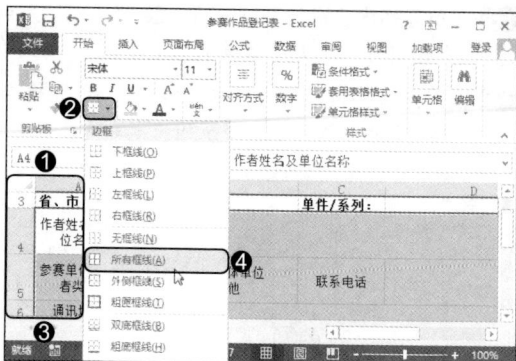

3. 规定单元格中可以填写的内容

本例最终将制作为模板表格，为尽量避免其他用户在填写表格数据时出错，可在表格需要进行内容限制的单元格中设置数据有效性，使模板更加方便易用，显得更加人性化。本例中需要给输入身份证号的单元格设置数据有效性对输入字符的个数进行限制，只允许输入刚好18位的字符；对输入创作时间的单元格设置数据有效性对日期数据进行限制，只允许输入填表前的某个日期，具体操作步骤如下。

01 单击"数据验证"按钮。❶ 选择B7单元格；❷ 单击"数据"选项卡"数据工具"组中的"数据验证"按钮，如下左图所示。

02 设置数据验证条件。打开"数据验证"对话框，❶ 在"允许"下拉列表框中选择"文本长度"选项；❷ 在"数据"下拉列表框中选择"等于"选项；❸ 在"长度"文本框中设置数据范围为"18"，如下右图所示。

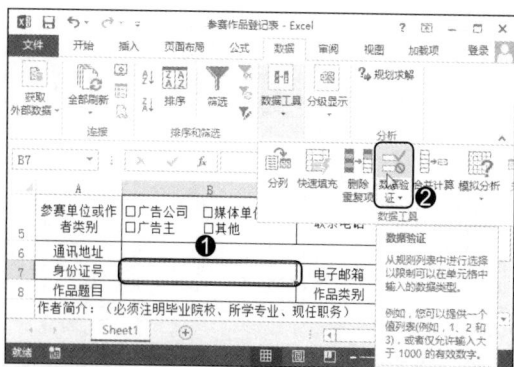

03 设置"出错警告"对话框。❶ 单击"出错警告"选项卡；❷ 在"样式"下拉列表中选择"停止"选项；❸ 在"标题"文本框中设置出错警告对话框中要显示的标题；❹ 在"错误信息"列表框中设置出错警告对话框中要显示的提示信息；❺ 单击"确定"按钮，如下左图所示。

04 单击"数据验证"按钮。登记表中的"创作时间"项仅允许填写登记时间之前的某一日期数据。❶ 选择F7单元格；❷ 单击"数据"选项卡"数据工具"组中的"数据验证"按钮，如下右图所示。

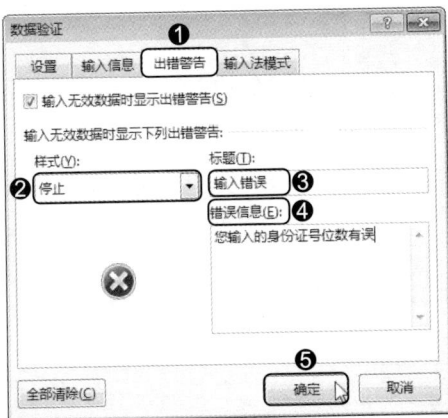

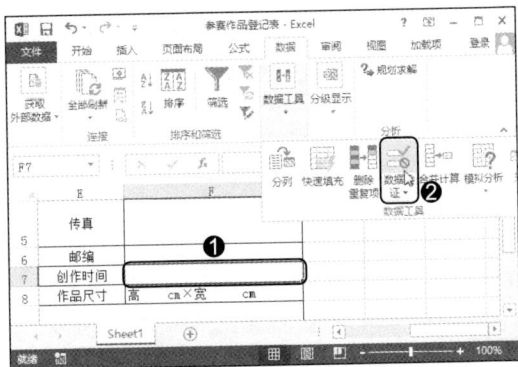

设置数据有效性

在设置单元格有效性条件时，若允许使用序列，序列来源可以自行输入具体的数据内容外，还可以引用表格中多个单元格或单元格区域中的数据作为序列来源。当被引用单元格中的数据发生变化时，该有效性条件中设置序列内容也会随之变化。

05 设置数据验证条件。❶ 打开"数据验证"对话框，在"允许"下拉列表框中选择"日期"选项；❷ 在"数据"下拉列表框中选择"小于"选项；❸ 在"结束日期"参数框中输入函数"=NOW()"，如下左图所示。

06 设置"出错警告"对话框。❶ 单击"出错警告"选项卡；❷ 在"样式"下拉列表中选择"警告"选项；❸ 在"标题"文本框和"错误信息"列表框中设置出错警告对话框中要显示的标题及提示信息；❹ 单击"确定"按钮，如下右图所示。

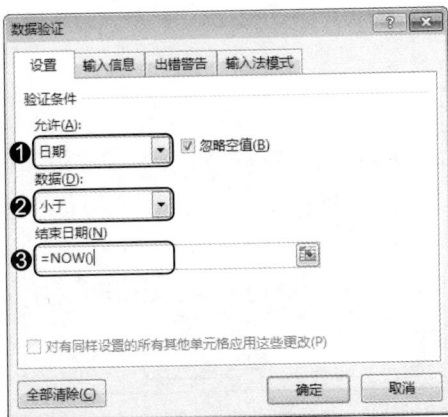

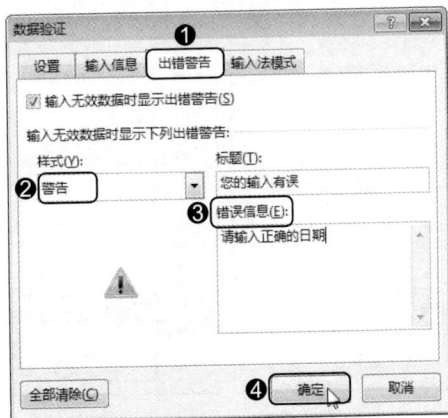

NOW函数

NOW函数用于返回当前日期和时间的序列号，该函数比较简单，也不需要设置任何参数，其语法结构为：NOW()。

4. 保护工作表并另存为模板

为防止用户对表格中固定的内容进行修改，可以对工作表进行保护，仅允许用户对指定单元格中的内容和对象进行修改，并将文件保存为模板文件。

01 取消单元格的锁定状态。❶ 选择需要用户自行填写内容的单元格和单元格区域；❷ 单击"开始"选项卡"单元格"组中的"格式"按钮；❸ 在弹出的下拉菜单中选择"锁定单元格"命令，取消单元格的锁定状态，如下左图所示。

02 选择"保护工作表"命令。要使单元格的锁定状态生效，对锁定的内容进行保护，需开启工作表的保护功能。单击"审阅"选项卡"更改"组中的"保护工作表"按钮，如下右图所示。

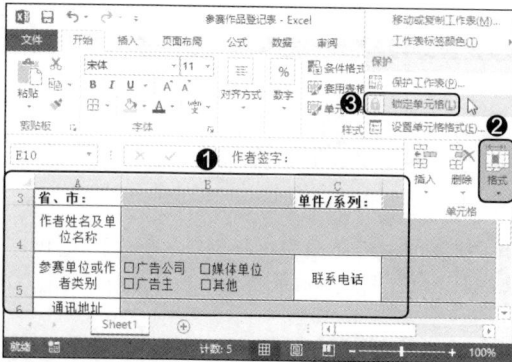

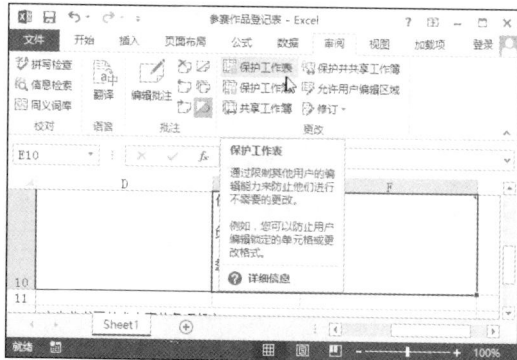

03 设置工作表保护的选项及密码。❶ 打开"保护工作表"对话框，取消选中"选定锁定单元格"复选框；❷ 选中"编辑对象"复选框；❸ 输入取消工作表保护的密码"123"；❹ 单击"确定"按钮，如下左图所示。

04 确认设置的工作表保护密码。打开"确认密码"对话框，❶ 重新输入一次密码；❷ 单击"确定"按钮确认密码即可保护工作表，如下右图所示。

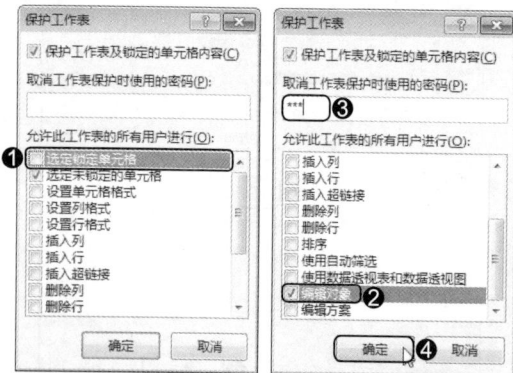

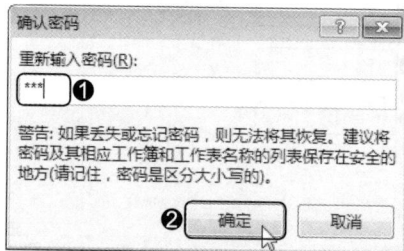

05 选择"另存为"命令。❶ 在"文件"菜单中选择"另存为"命令；❷ 在中间选择"计算机"选项；❸ 在右侧选择当前文件所在的文件夹，如下左图所示。

06 设置文件名称及类型。❶ 打开"另存为"对话框，设置文件保存名称；❷ 在"保存类型"下拉列表框中选择"Excel模板"选项；❸ 单击"确定"按钮即可保存模板文件，如下右图所示。

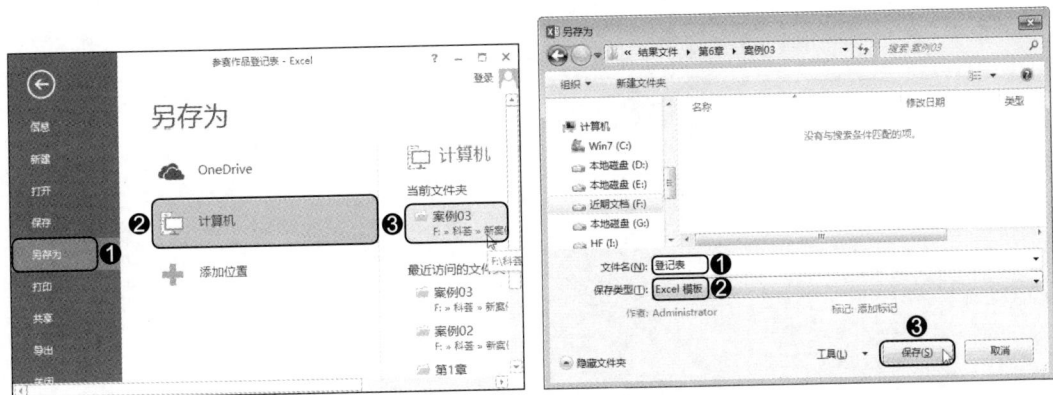

本 章 小 结

　　Excel为表格的存储和分析处理提供了最好的环境，是办公用户制表的主要软件。本章通过几个案例的制作，系统并全面地讲解了使用Excel 2013必知必会的基本操作知识。首先介绍了工作簿、工作表和单元格的基本操作；然后讲解了在工作表中编辑数据的方法；接着讲解了表格格式的编辑操作；此外，还讲解了工作簿窗口的常用操作技巧。

计算表格中的数据——Excel中公式和

函数的应用

第 7 章

本章导读

Excel 2013具有强大的数据计算功能，相比于其他计算工具，Excel的计算能力更快、更准、量更大。公式是实现数据计算的重要方式之一，函数可以简化和缩短工作表中的公式，尤其在用公式执行很长或复杂的计算时。本章主要介绍如何在Excel 2013中使用公式和函数计算数据。

知识要点

- 运算符的使用
- 名称的应用
- 输入函数的方法
- 单元格地址的引用
- 审核公式
- 常用函数的应用

知识要点——公式与函数的相关知识

在办公应用中，需要记录和存储各种数据，而这些数据记录和存储的目的无非是为了日后的查询或者计算和分析。Excel 2013具有强大的数据计算功能，而数据计算的依据就是公式和函数，利用输入的公式和函数对数据进行自动计算。

要点 01 公式的基础知识

Excel中的公式是存在于单元格中的一种特殊数据。公式区别于工作表中的其他文本数据的一个标志，它是由"="符号和公式的表达式两部分组成，以"="符号开始，其后是表达式，如"=A1+A2+A3"。Excel会自动对公式内容进行解析和计算，并显示最终的结果。例如在单元格内输入"=1+2"，输入完成后单元格中会显示"1+2"的计算结果"3"。

输入单元格中的公式可以包含以下5种元素中的部分内容，也可以是全部内容。

- **运算符**：运算符是Excel公式中的基本元素，它用于指定表达式内执行的计算类型，不同的运算符用于进行不同的运算。
- **常量数值**：直接输入公式中的数字或文本等各类数据，如"0.5"和"加班"等。
- **括号**：括号控制着公式中各表达式的计算顺序。
- **单元格引用**：指定要进行运算的单元格地址，从而方便引用单元格中的数据。
- **函数**：函数是预先编写的公式，可以对一个或多个值进行计算，并返回一个或多个值。

要点 02 认识公式中的运算符

运算符是公式中不可或缺的组成元素，运用不同的运算符，可以对数据进行不同的运算。Excel中计算用的运算符分为5种不同的类型：算术运算符、比较运算符、文本连接运算符、引用运算符和括号运算符。下面分别介绍在不同类型的运算中可使用的运算符。

1. 算术运算

算术运算是最常见的运算方式。Excel中的算术运算符也就是算术运算中所用到的加、减、乘、除。在Excel中，使用"+"表示算术加运算、使用"-"表示算术减运算、使用"*"表示算术乘法运算、使用"/"表示算术除法运算。例如，要计算"$3+2-5\times8\div2$"的结果，可以使用公式"=3+2-5*8/2"来计算。此外，在Excel中还可以使用"^"符号来表示乘方运算，例如要计算2的3次方"2^3"，可以使用公式"=2^3"。

2. 比较运算

在应用公式对数据进行计算时，有时需要在两个数值中进行比较，此时使用比较运算符即可。使用比较运算后的结果为逻辑值"TRUE"或"FALSE"，它们分别表示逻辑值"真"和"假"或者理解为"对"和"错"，也称为"布尔值"。例如，假如我们说1是大于2的，那么这个说法是错误的，可以使用逻辑值"FALSE"表示。

Excel中的比较运算主要用于比较值的大小和判断，而比较运算得到的结果就是逻辑值"TRUE"或"FALSE"。要进行比较运算，通常需要运算"大于"、"小于"之类的比较运算符，在Excel公式中使用">"符号表示"大于"、使用"<"符号表示"小于"、使用">="表示"大于等于"、使用"<="表示"小于等于"、使用"="表示"相等"、使用"<>"表示"不等于"。例如公式"=1>2"、"=100<=190"、"=90=80"等均为比较运算，各公式的意义分别为"1是否大于2"、"100是否小于等于190"、"90是否等于80"，其运算结果分别为"FALSE"、"TRUE"、"FALSE"。

3. 文本运算

在Excel中，文本内容也可以进行公式运算。一般情况下，文本连接运算符使用"与"（&）号可以连接一个或多个文本字符串，以生成一个新的文本字符串。如在Excel中输入="zw-"&"2011"，即等同于输入"=zw-2011"。

使用文本运算符也可以连接数值。例如，AI单元格中包含123，A2单元格中包含89，则输入"=A1&A2"，Excel会默认将单元格A1中的内容和单元格A2中的内容连接在一起，即等同于输入"12389"。

4. 引用运算符

引用运算符是与单元格引用一起使用的运算符，用于对单元格进行操作，从而确定用于公式或函数中进行计算的单元格区域。引用运算符主要包括范围运算符、联合运算符和交集运算符。

- 范围运算符"："（冒号），生成指向两个引用之间所有单元格的引用（包括这两个引用）。如"A1:B3"，表示单元格A1，A2，A3，B1，B2，B3。
- 联合运算符"，"（逗号），将多个单元格或范围引用合并为一个引用。如"A1,B3:E3"，表示单元格A1，B3，C3，D3，E3。
- 交集运算符" "（空格），生成对两个引用中共有的单元格的引用。如"B3:E4 C1:C5"，表示两个单元格区域的交叉单元格，即单元格C3和C4。

5. 括号运算符

括号运算符用于改变Excel内置的运算符优先次序，从而改变公式的计算顺序。每一个括号运算符都由一个左括号搭配一个右括号组成，在公式中，会优先计算括号运算符中的内容。例如，需要先计算加法然后再计算乘方，可以利用括号将公式中需要先计算的部分涵盖起来。如公式"=(A1+1) / 3"中，将先执行"A1+1"运算，再将得到的和值除以3。

在公式中还可以嵌套括号，进行计算时会先计算最内层的括号，逐级向外。Excel计算公式中使用的括号与平常数学计算式使用的不一样，比如数学公式"=(4+5)×[2+(10-8)÷3]+3"，在Excel中的表达式为"=(4+5)*(2+(10-8) / 3)+3"。如果在Excel中使用了很多层嵌套括号，相匹配的括号会使用相同的颜色。

要点 03 灵活运用单元格名称

Excel中使用列标加行号的方式虽然能准确定位各单元格或单元格区域的位置，但是并没有体现单元格中数据的相关信息。为了直观表达一个单元格、一组单元格、数值或者公式的引用与用途，我们可以为其定义一个名称。

1. 使用名称的好处

在Excel中，名称代表了一种标识，它可以引用单元格、范围、值或公式。使用名称有下列优点。

- 名称可以增强公式的可读性，使用名称的公式比使用单元格引用位置的公式易于阅读和记忆。例如，公式"=销售-成本"比公式"=F6-D6"更直观，特别适合于提供给非工作表制作者的其他人查看。

- 一旦定义名称之后，其使用范围通常是在工作簿级的，即可以在同一个工作簿中的任何位置使用。不仅减少了公式出错的可能性，还可以让系统在计算寻址时，能精确到更小的范围，而不必用相对的位置来搜寻源及目标单元格。

- 当改变工作表结构后，直接更新某处的引用位置，达到所有使用这个名称的公式都可以自动更新。

- 为公式命名后，就不必将该公式放入单元格中了，有助于减小工作表的大小，还能代替重复循环使用相同的公式，缩短公式长度。

- 用名称方式定义动态数据列表，可以避免使用很多辅助列，跨表链接时能让公式更清晰。

- 使用范围名替代单元格地址，更容易创建和维护宏。

2. 名称的命名规则

在Excel中定义名称时，不是任意字符都可以作为名称的，名称的定义有一定的规则。具体需要注意以下几点：

- 名称可以是任意字符与数字的组合，但名称中的第一个字符必须是字母、下划线"_"或反斜线"/"，如"_1PA"。

- 名称不能与单元格引用相同，如不能定义为"B3"和"C$12"等，也不能以字母"C"、"c"、"R"或"r"作为名称，因为"R"、"C"在R1C1单元格引用样式中表示工作表的行、列。

- 名称中不能包含空格，如果需要由多个部分组成，则可以使用下划线或句点号代替。

- 不能使用除下划线、句点号和反斜线以外的其他符号，允许用问号"？"，但不能作为名称的开头。如可以定义为"Wage？"，但不可以定义为"？Wage"。

- 名称字符长度不能超过255个字符。一般情况下，名称应该便于记忆且尽量简短，否则就违背了定义名称的初衷。
- 名称中的字母不区分大小写，即名称"Elec"和"elec"是相同的。

要点 04 函数的基础知识

Excel中内置了许多函数，每一个函数都可以理解为一组特定的公式，一个函数可以代表一个复杂的运算过程，所以，合理地应用函数可以简化公式。例如，要计算一组数值的平均值，如果用普通的公式表示，需要将这些数值全部加起来，然后除以这些数据的个数来得到平均值；如果用函数，只需要应用一个函数"Average"，将要计算平均值的所有数据作为函数的参数，即可得到平均值。

在Excel中，函数由两部分组成：一部分是函数名称；另一部分为函数参数，其基本格式为"函数名（参数）"。不同函数的函数名不相同，参数的个数和作用也不相同，如果函数中需要多个参数时，可使用英文半角的逗号","进行分隔。

要点 05 函数的分类有哪些

Excel 2013中提供了很多种函数，使用这些函数可以方便地对工作表中的数据进行计算。根据函数功能的不同，主要可划分为以下几类函数。

- **财务函数**：Excel中提供了非常丰富的财务函数，使用这些函数，可以完成大部分的财务统计和计算。
- **日期和时间函数**：用于分析或处理公式中的日期和时间值。
- **统计函数**：这类函数可以对一定范围内的数据进行统计学分析。例如，可以计算统计数据，如平均值、模数、标准偏差等。
- **文本函数**：在公式中处理文本字符串的函数，主要功能包括截取、查找或搜索文本中的某个特殊字符，或提取某些字符，也可以改变文本的编写状态。
- **逻辑函数**：该类型的函数只有7个，用于测试某个条件，返回逻辑值TRUE或FALSE。它们与数值的关系为：(1)在数值运算中，TRUE=1，FALSE=0；(2)在逻辑判断中，0=FALSE，所有非0数值=TRUE。
- **查找与引用函数**：用于在数据清单或工作表中查询特定的数值，或某个单元格引用的函数。常见的示例是税率表。
- **数学和三角函数**：该类型函数包括很多，主要运用于各种数学计算和三角函数计算。
- **工程函数**：这类函数常用于工程应用中，可以处理复杂的数字，在不同的计数体系和测量体系之间转换。例如，可以将十进制数转换为二进制数。
- **信息函数**：这类函数有助于确定单元格中数据的类型，还可以使单元格在满足一定的条件时返回逻辑值。

同步训练——实战应用成高手

通过前面知识要点的介绍，主要让读者认识和掌握在Excel中使用公式和函数的相关技能与应用经验。下面，针对日常办公中的相关应用，列举几个进行数据计算的典型案例，介绍在Excel中计算数据的方法及具体操作步骤。

案例 01 创建绩效表

案例概述

绩效的含义非常丰富，在不同的情况下，绩效有不同的含义。从字面上看，"绩"是指业绩，即员工的工作结果；"效"是指效率，即员工的工作过程（行为和素质）。即包括行为和结果两个方面，行为是达到绩效结果的条件之一。当对个体的绩效进行管理时，既要考虑投入，也要考虑产出。绩效表制作完成后的效果如下图。

	A	B	C	D	E	F	G	H
1	某电子公司加班绩效表							
2	姓名	职位	加班时间	主管	加班标准 员工	合计金额		
3								
4	黎晓	员工	15	80	60	900		
5	马小明	员工	18	80	60	1080		
6	刘艳	主管	20	80	60	1600		
7	赵静	员工	12	80	60	720		
8	吴容	员工	14	80	60	840		
9	李菲	员工	15	80	60	900		
10								
11								

Sheet1

素材文件：光盘\素材文件\第7章\案例01\绩效表.xlsx
结果文件：光盘\结果文件\第7章\案例01\绩效表.xlsx
教学文件：光盘\同步教学视频\第7章\案例01.mp4

制作思路

在Excel中制作绩效表的流程与思路如下。

一 计算普通员工的加班金额：从表中可以看出，公司根据员工的职位规定了不同加班情况下的加班工资，需要通过公式来计算该员工的加班总金额。

二 计算主管的加班金额：通过定义名称，利用在公式中调用名称的方法单独计算主管的加班金额。

三 审核公式：本例讲解了多种审核公式的方法。

━━━━━━━━━━━ 具体步骤 ━━━━━━━━━━━

在统计绩效时，会根据公司的具体规定制作相应的公式进行统一计算，为了避免计算出错，还可以使用审核公式等方法进行检查。本例将以某公司的绩效表制作为例，介绍在Excel中公式的相关操作。

1. 公式的输入与自定义

在Excel表格中要对数据进行计算，通常会使用函数和自定义公式两种方法进行计算。使用函数只需直接选择要计算的单元格或单元格区域即可；而自定义公式则需要根据键盘提供的算述运算符进行计算。本例中将通过插入函数和使用自定义公式两种方法来计算员工的加班费，具体操作步骤如下。

01 执行"插入函数"命令。打开素材文件中提供的"绩效表"工作簿，❶ 选择F4单元格；❷ 单击"编辑栏"中"插入函数"按钮，如下左图所示。

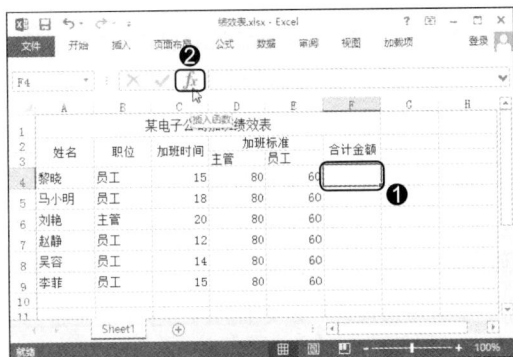

02 搜索要使用的函数。打开"插入函数"对话框，❶ 在"搜索函数"文本框中输入"乘积"；❷ 单击"转到"按钮，如右图所示。

03 选择要使用的函数。❶ 在"选择函数"列表框中会自动跳转到与关键字有关的函数，选择需要的函数"PRODUCT"；❷ 单击"确定"按钮，如右图所示。

04 选择参与计算的单元格。打开"函数参数"对话框，❶ 在"Number1"参数框中输入需要计算的第一个单元格，在"Number2"参数框中输入第二个需要计算的单元格；❷ 单击"确定"按钮，如下左图所示。

05 显示计算结果。经过上一步操作，即可在F4单元格中使用乘积函数计算出合计金额。❶ 选择F5单元格；❷ 在编辑栏中输入自定义公式"=C5*E5"，按"Enter"键确认计算，即可得到计算后的结果，如下右图所示。

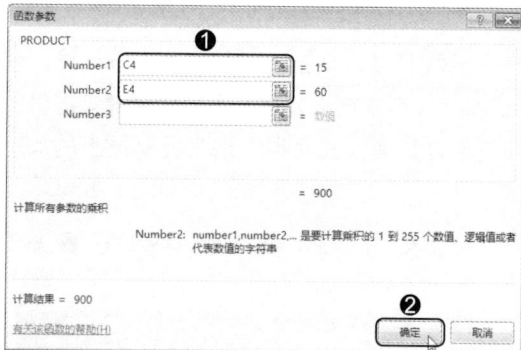

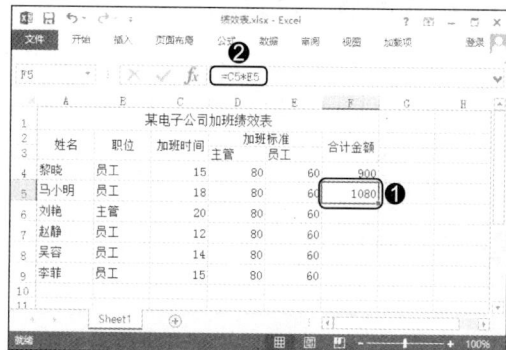

2. 使用名称

在Excel中，用户可以为单元格或者单元格区域命名，以便通过名称快速选择目标单元格区域，还可以将定义的名称应用于公式以及对名称进行管理等。本例将为主管的加班费计算标准定义名称，并通过名称的使用计算出主管的加班费，具体操作方法如下。

01 执行定义名称命令。❶ 选择D4单元格；❷ 单击"公式"选项卡"定义的名称"组中的"定义名称"按钮，如下左图所示。

02 输入单元格的名称。打开"新建名称"对话框，❶ 在"名称"文本框中输入要定义的名称；❷ 单击"确定"按钮，如下右图所示。

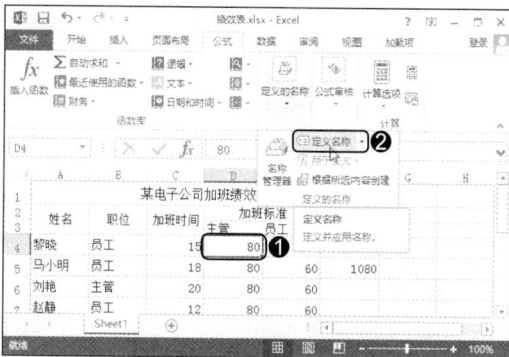

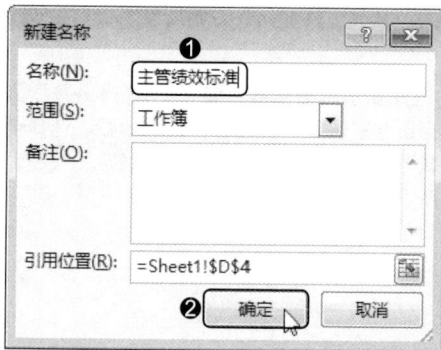

03 使用定义的名称计算合计金额。❶ 在F6单元格中输入公式"=C6*主管绩效标准"；❷ 单击编辑栏中的"输入"按钮，如下左图所示。

04 单击"名称管理器"按钮。经过上一步操作，即可将定义的名称应用于公式，计算出结果。单击"公式"选项卡"定义的名称"组中的"名称管理器"按钮，如下右图所示。

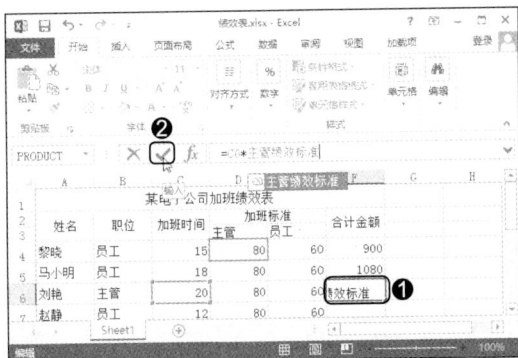

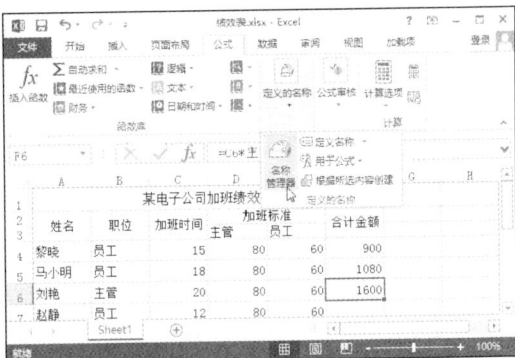

指定单元格以列标题为名称

在Excel中，如果需要创建多个名称，而这些名称和单元格引用的位置有一定的规则，例如需要以区域的首行或末行单元格内容来命名，此时可先选择要以列标题为名称进行定义的单元格区域，再单击"公式"选项卡"定义的名称"组中的"根据所选内容创建"按钮，然后在打开的对话框中选中"首行"复选框。

05 执行"编辑"命令。打开"名称管理器"对话框，❶ 选择"主管绩效标准"选项；❷ 单击"编辑"按钮，如下左图所示。

06 修改名称。❶ 在"名称"框中输入"主管"；❷ 单击"确定"按钮；❸ 返回"名称管理器"对话框；单击"关闭"按钮，如下右图所示。

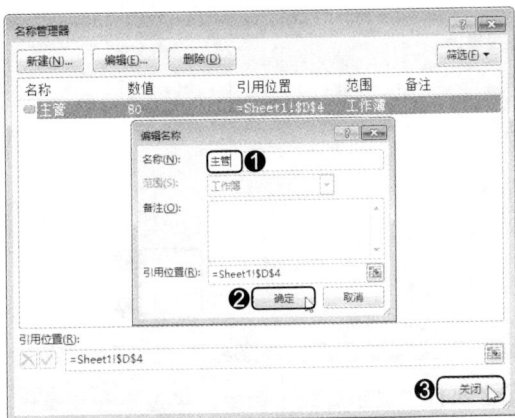

3. 公式审核

在通过公式计算数据后，用户还可以对公式进行审核，以确保计算的结果准确。本小节将介绍公式审核，如显示公式、公式错误检查等。

01 复制公式。❶ 选择F5单元格；❷ 单击"开始"选项卡"剪贴板"组中的"复制"按钮，如下左图所示。

02 粘贴公式。❶ 选择F7单元格；❷ 单击"开始"选项卡"剪贴板"组中的"粘贴"按钮，如下右图所示。

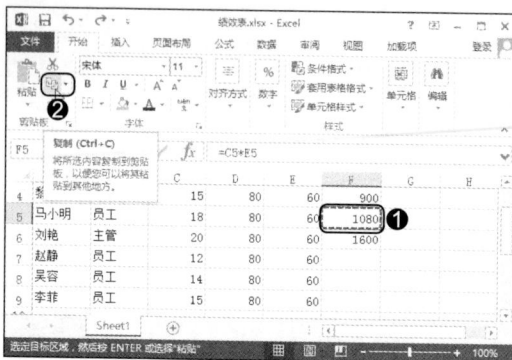

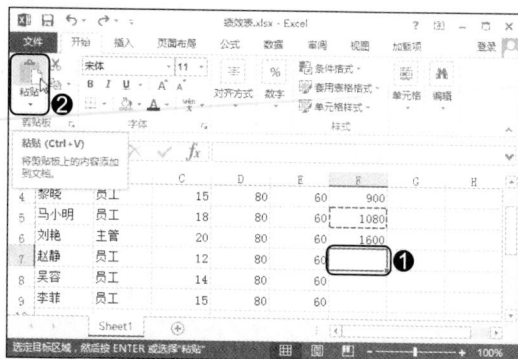

相对引用

知识扩展

　　本例中，将F5单元格中的公式复制到F7单元格中时，由于公式中采用的是相对引用，因此复制后的公式会重新引用对应的单元格。F5单元格中的公式"=C5*E5"，其中的C5和E5单元格分别是F5单元格左侧的第三个和第一个单元格，因此，复制到F7单元格中时，会自动引用F7单元格左侧的第三个和第一个单元格，即C7和E7单元格。

03 拖动复制公式。❶ 选择F7单元格；❷ 拖动控制柄至F9单元格，复制公式并得到相应的计算结果，如下左图所示。

04 执行"追踪引用单元格"命令。❶ 选择F4单元格；❷ 单击"公式"选项卡"公式审核"组中的"追踪引用单元格"按钮，如下右图所示。

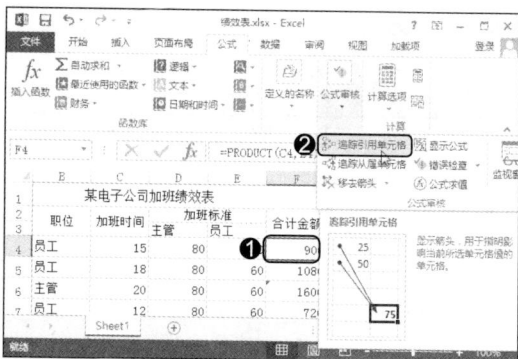

05 执行"显示公式"命令。经过上一步操作后，追踪引用单元格的效果如右图所示。单击"公式审核"组中的"显示公式"按钮。

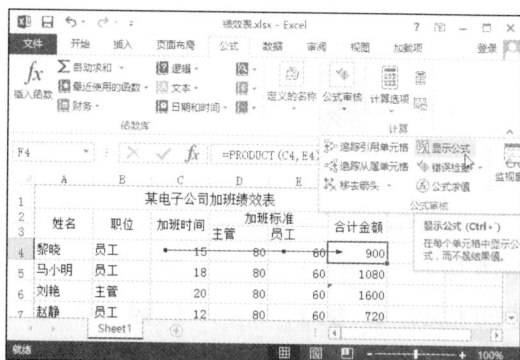

06 删除定义名称中的"管"。经过上一步操作后，显示计算公式效果如下左图所示。❶ 选择F6单元格中的"管"；❷ 单击"剪贴板"组中的"剪切"按钮。

07 取消显示公式。❶ 选择F5单元格；❷ 单击"公式审核"组中的"显示公式"按钮，如下右图所示。

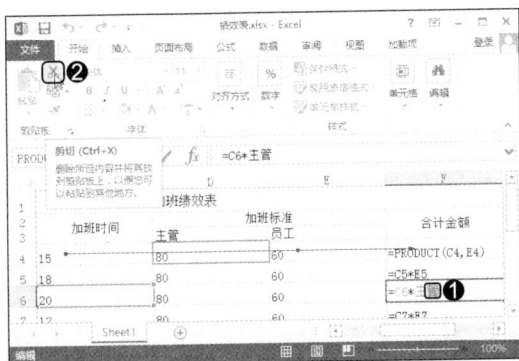

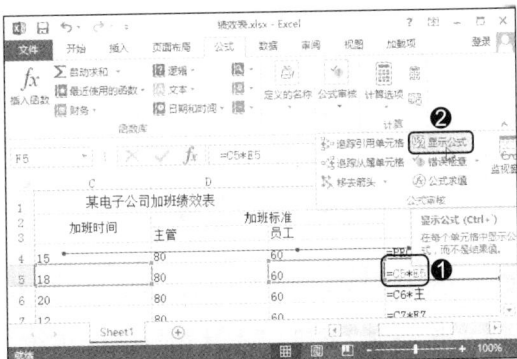

08 执行"错误检查"命令。单击"公式审核"组中的"错误检查"按钮，如下左图所示。

09 执行"在编辑栏中编辑"命令。打开"错误检查"对话框，单击"在编辑栏中编辑"按钮，如下右图所示。

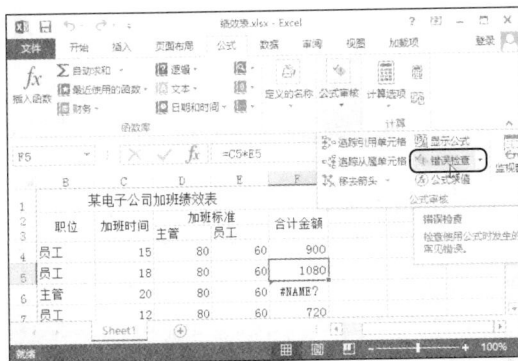

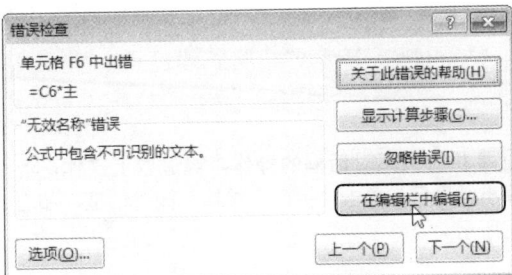

10 单击"继续"按钮。❶ 在编辑栏中输入正确的公式"＝C6*主管"；❷ 单击"继续"按钮，如下左图所示。

11 检查其他错误。❶ 编辑完公式后，单击"错误检查"对话框中的"下一个"按钮；❷ 打开提示对话框，单击"确定"按钮，如下右图所示。

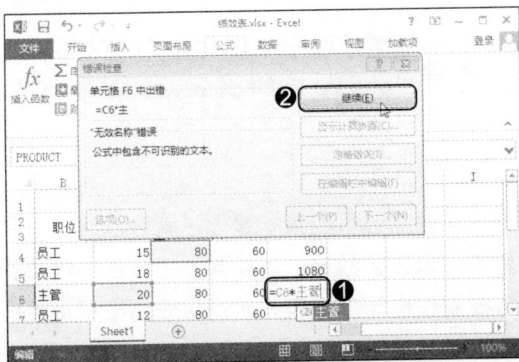

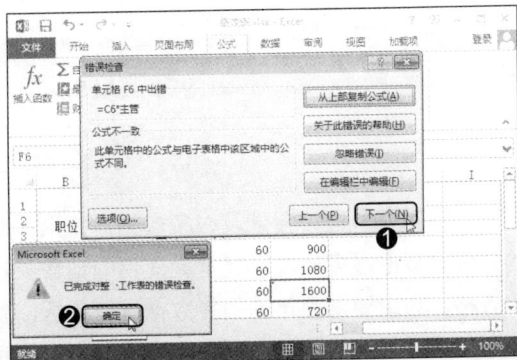

12 执行"公式审核"命令。❶ 选择F5单元格；❷ 单击"公式审核"组中的"公式求值"按钮，如下左图所示。

13 单击"求值"按钮。打开"公式求值"对话框，单击"求值"按钮，如下右图所示。

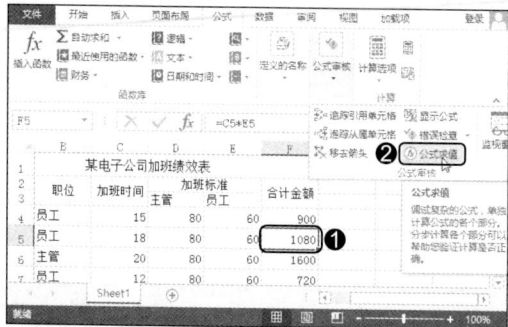

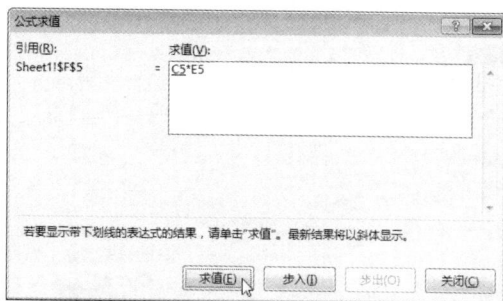

14 单击"求值"按钮。显示计算的第2步，单击"求值"按钮，如下左图所示。

15 单击"求值"按钮。显示计算的第3步，单击"求值"按钮，如下右图所示。

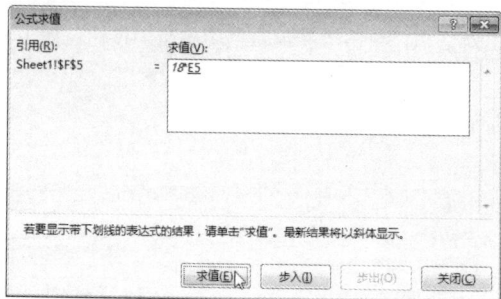

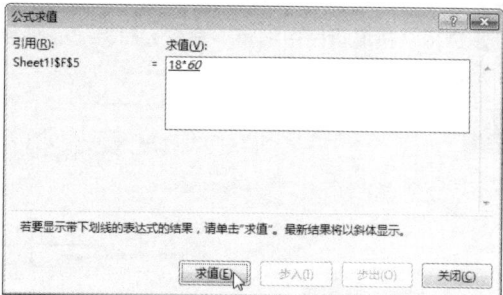

16 执行关闭对话框的操作。经过以上操作，计算出结果后，单击"关闭"按钮关闭对话框，如右图所示。

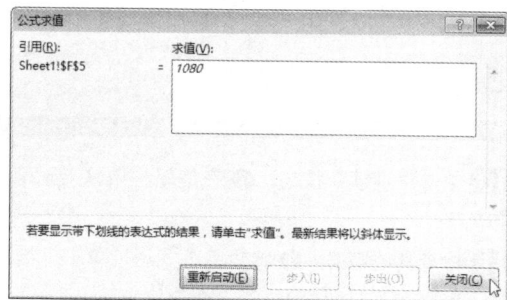

案例 02 制作年度报表

案例概述

产品销售过程中会涉及很多数据，如果平时将这些数据进行收集和整理，就可以通过不同的方位分析出很多问题。经常会使用的销售表是用来记录销售数据，以便向上级报告销售情况的表格。如果要对整年的销售数据进行分析，就需要制作出年度报表。年度报表是根据每月报表中的数据而生成的报表。"年度报表"制作完成后的效果如下图所示。

单位名称： 思锐科技有限公司						
				数量单位：	台	
产品名称	一季度	二季度	三季度	四季度	合计数量	平均销售数量
Y400N-IFI	85	83	260	185	613	245.2
G480-IFI	62	85	134	120	401	160.4
Y480N-IFI	374	62	552	360	1348	539.2
Y470P-IFI	56	35	128	434	653	261.2
G480-IFI(H)	82	42	313	814	1251	500.4
B490A-ITH(L)	343	63	256	316	978	391.2
Yoga13-IFI	61	299	156	250	766	306.4
E49LB820	20	82	139	820	1061	424.4
S400-ITH	443	100	453	342	1338	535.2
U310-ITH	50	252	426	229	957	382.8
U410-IFI	46	40	80	120	286	114.4
S400-IFI	132	229	60	551	972	388.8
S400-ITH(H)	16	35	34	238	323	129.2
U310-IFI	60	40	26	360	486	194.4
最高销售数量：	443	299	552	820	1348	
最低销售数量：	16	35	26	120	286	
统计产品数量：	14					

素材文件：光盘\素材文件\第7章\案例02\年度报表.xlsx
结果文件：光盘\结果文件\第7章\案例02\年度报表.xlsx
教学文件：光盘\同步教学视频\第7章\案例02.mp4

制作思路

在Excel中制作"年度报表"表格的流程与思路如下。

一 计算销量总和：年度报表不免需要对全年的销售量进行统计，这就需要使用求和函数。

二 计算平均销量：求平均值也是比较常见的一种函数运算，本例将计算出各季度的平均销量。

三 求最值：对于销量的各种最值，特别是最大和最小值都应有所了解，并分析产生最值的各种原因，有利于企业调整战略计划。

四 统计出销售的数量：对单元格数量的统计也是常用到的，所以本例最后对在销产品的种类进行了统计。

具体步骤

办公应用中制作的许多表格都需要进行数据运算，因此掌握常用函数的应用将非常有必要。本例将以年度报表表格的制作为例，介绍在Excel中常用函数的相关操作。

1. 计算年销售总量

在Excel表格中计算数据时，如果既可以通过自定义公式来完成，也可以通过函数来完成，则最好使用函数来完成，因为这样可以提高工作效率。

01 执行插入函数的操作。❶ 选择F4单元格；❷ 单击"公式"选项卡"函数库"组中的"插入函数"按钮，如下左图所示。

02 选择需要的函数。打开"插入函数"对话框，❶ 在"选择函数"列表框中选择"SUM"选项；❷ 单击"确定"按钮，如右图所示。

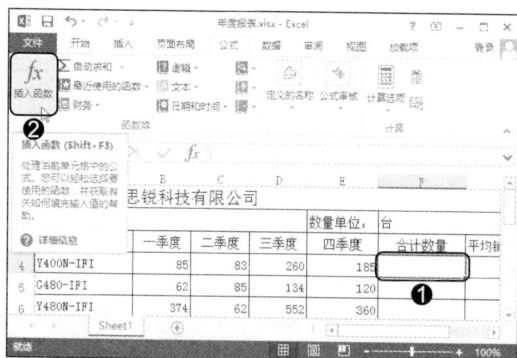

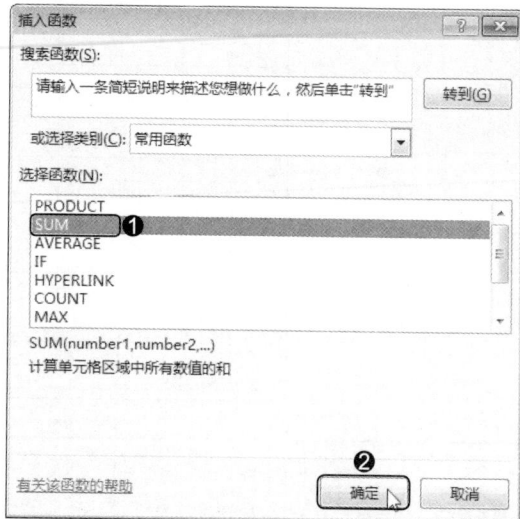

03 选择参与计算的区域。打开"函数参数"对话框，❶ 在"Number1"参数框中输入参与计算的数据单元格区域；❷ 单击"确定"按钮，如下左图所示。

04 执行"自动求和"命令。经过以上操作后，将计算出Y400N-IFI产品四个季度的销售总量。❶ 选择F5单元格；❷ 单击"公式"选项卡"函数库"组中的"自动求和"按钮，如下右图所示。

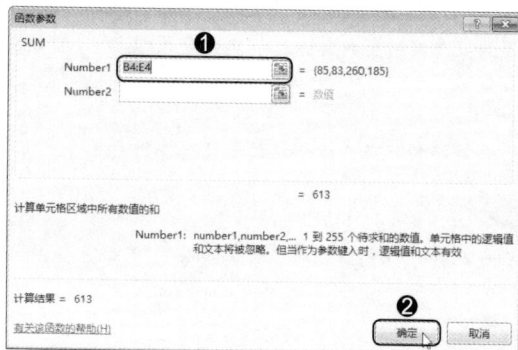

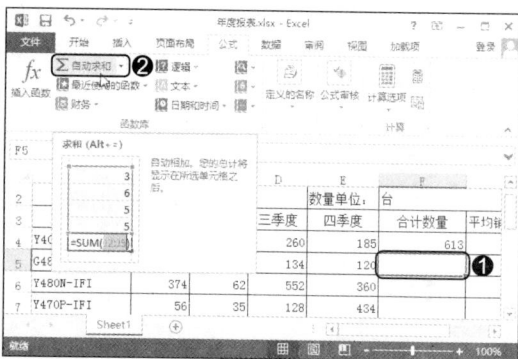

05 选择求和区域并确认计算。❶ 在表格中选择求和区域；❷ 单击编辑栏中的"输入"按钮，如右图所示。

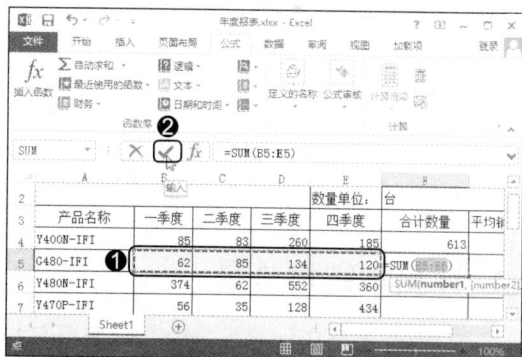

06 输入计算公式。经过以上操作后，将计算出G480-IFI产品四个季度的销售总量。在F6单元格中输入公式"=SUM(B6:E6)"，按"Enter"键计算出结果，如下左图所示。

07 使用填充柄填充数据。将鼠标指针移动到F6单元格的右下角，变成"+"形状时，按住左键不放而向下拖动填充公式至F17单元格，计算出所有产品的合计销量值，如下右图所示。

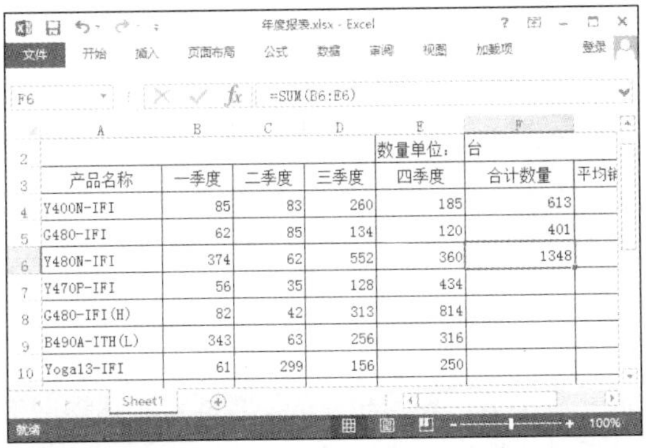

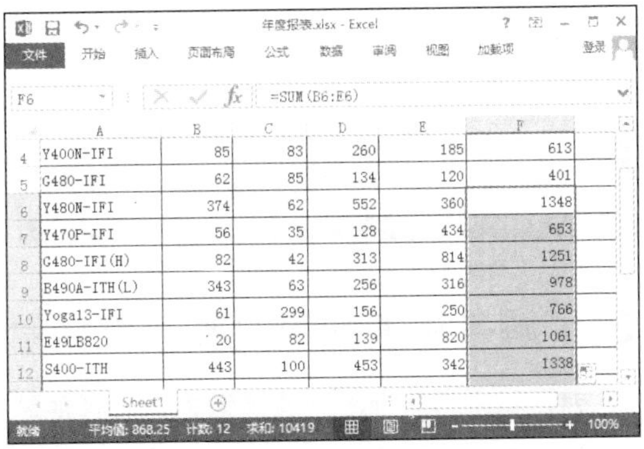

SUM函数

使用SUM函数可以对所选单元格或单元格区域进行求和计算，其语法结构为：SUM(number1,[number2],...])，其中，number1,number2,...表示1到255个需要求和的参数。例如，SUM(A1:A5)表示将单元格A1至A5中的所有数字相加；SUM(A1,A3,A5)表示将单元格A1、A3和A5中的数字相加。

2. 计算各季度的平均销量

在了解了各产品的销量总和后，还可以计算出各季度各产品的平均销量，具体操作方法如下。

01 执行"平均值"命令。❶ 选择G4单元格；❷ 单击"函数库"组中的"自动求和"按钮；❸ 在弹出的下拉菜单中选择"平均值"命令，如下左图所示。

02 选择计算平均值的区域并确认。❶ 在表格中选择参与计算平均值的区域；❷ 单击编辑栏中的"输入"按钮，如下右图所示。

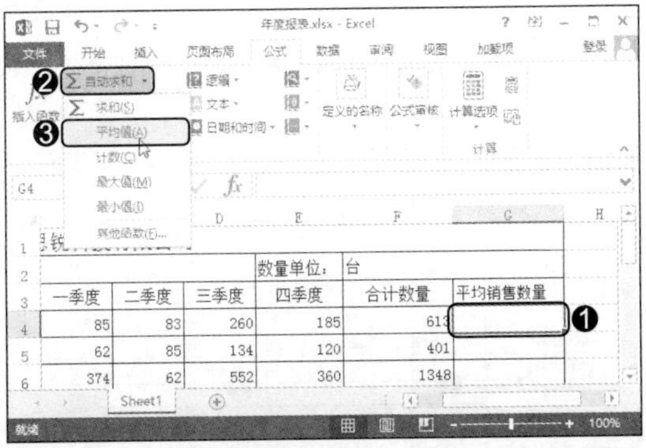

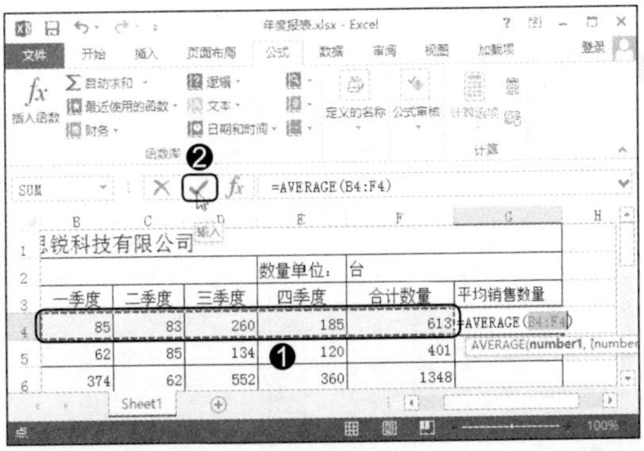

03 填充平均值公式。❶ 选择G4单元格；❷ 拖动填充控制柄至G17单元格，计算出所有产品每季度的平均销量值，如下左图所示。

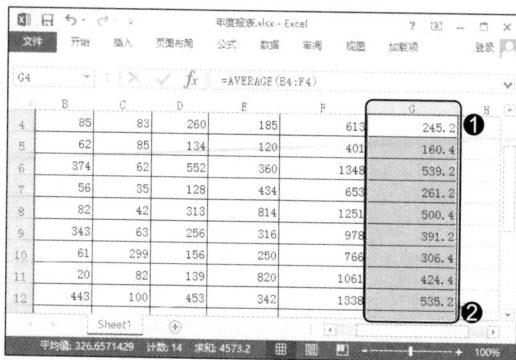

AVERAGE函数

AVERAGE函数用于将所选单元格或单元格区域中的数据先相加再除以单元格个数，即求平均值，其语法结构为：AVERAGE(number1,[number2],...)。

3. 了解各季度的最高和最低销量

对数据进行统计时，通常需要了解各种最大值和最小值，使用相应的函数即可快速返回这些最值。本例中需要了解各季度的最高和最低销量，具体操作方法如下。

01 执行"最大值"命令。❶ 选择B18单元格；❷ 单击"函数库"组中的"自动求和"按钮；❸ 在弹出的下拉菜单中选择"最大值"命令，如下左图所示。

02 选择计算区域并确认。❶ 在表格中选择参与计算最大值的区域；❷ 单击编辑栏中的"输入"按钮，如下右图所示。

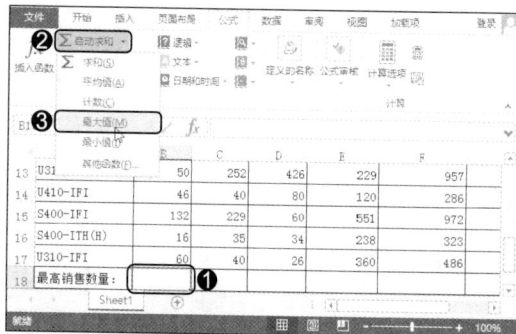

03 输入公式求最小值。在B19单元格中输入公式"=MIN(B4:B18)"，按"Enter"键计算出结果单元格，如下左图所示。

04 复制公式。❶ 选择B18:B19单元格区域；❷ 向右拖动填充控制柄至F19单元格，计算出所有产品每季度销量和总销量的最大/最小值，如下右图所示。

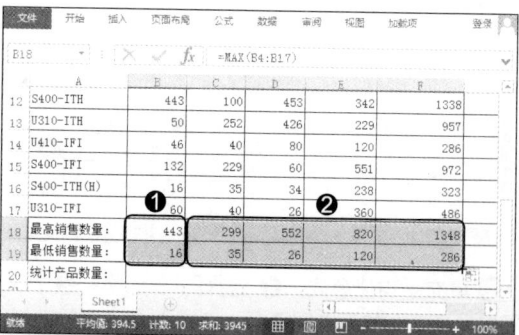

最值函数

　　MAX函数用于计算一组数据中的最大值，其语法结构为：MAX(number1,[number2],...)，其中的number1、number2为必需参数，后续数值为可选参数。与MAX函数的功能相反，MIN函数用于计算一组值中的最小值，其语法结构为：MIN(number1, [number2], ...)。

4. 统计销售的产品种类数量

　　如果想要统计出参与销售数据统计的产品类型有多少种，可以使用COUNTA函数来完成，具体操作方法如下。

输入计算公式。 在B20单元格中输入公式"=COUNTA(A4:A17)"，按"Enter"键计算出结果单元格，统计出产品的数量，如右图所示。

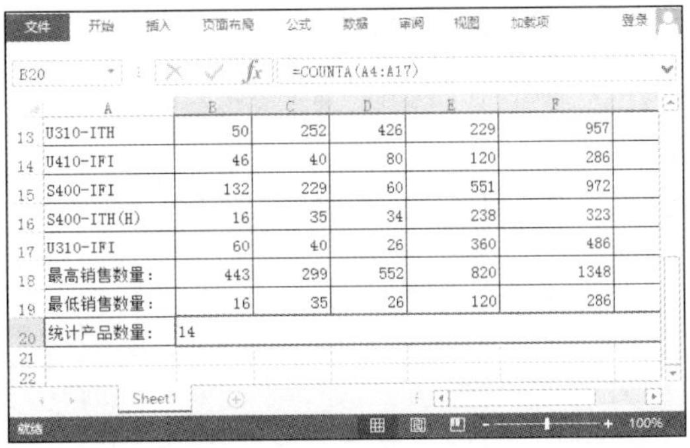

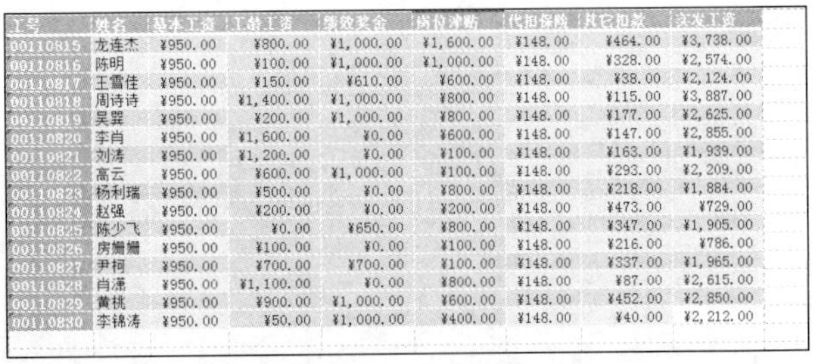

案例 03 制作员工工资条

案例概述

　　在企业中，各部门如果要增加人员，需要向上级部门提出人员增补申请，通常以统一格式的表格将人员增补申请的相关内容列出，如申请部门、岗位、人数、申请理由、预期到岗日期以及人员相关要求等。

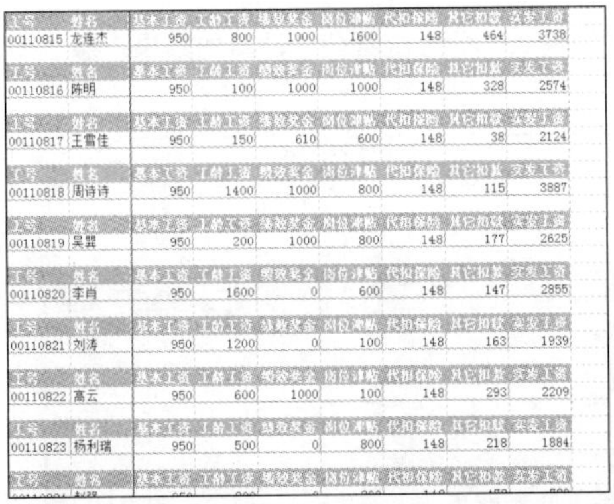

素材文件：光盘\素材文件\第7章\案例03\员工工资表.xlsx
结果文件：光盘\结果文件\第7章\案例03\员工工资表.xlsx
教学文件：光盘\同步教学视频\第7章\案例03.mp4

制作思路

在Excel中制作员工工资表的流程与思路如下。

一 **计算工资数据**：本案例提供的素材文件中已经给出了工资的明细数据，可直接使用函数来计算相关的值。

二 **分析工资数据**：本例通过为表格套用表格样式对工资数据进行简单分析，再通过函数对员工工资进行排序。

三 **制作查询表**：企业员工一般都只能查看自己的工资，输入自己的员工编号或其他唯一信息时，便可以查得工资的相关信息。本例就需要制作这样的一个查询表，主要是通过查询函数来实现。

四 **打印表格数据**：工资表制作好以后，还需要打印输出，可以打印整个工资表数据，也可以打印为工资条发放给员工本人。

具体步骤

企业需要对员工每个月的工资发放情况制作工作表，并制作打印员工工资条。某些情况下，还需要通过对工资中的某些组成部分进行分析。本例将应用公式快速制作员工工资条，并对工资数据进行分析，最后打印工资表和工资条。

1. 应用公式计算员工工资

员工的工资中除了固定的基本工资和固定的扣款部分外，还有一部分是根据特定的情况计算得出的，例如员工的绩效奖金、岗位津贴、工龄工资等，具体计算过程如下。

01 输入公式。打开素材文件"员工工资表"，❶ 选择H2单元格；❷ 在编辑栏中输入公式"=IF(E2<5,E2*50,E2*100)"，如下左图所示。

02 完成公式输入并查看结果。❶ 按"Enter"键确认公式的输入，即可查看公式计算的结果；❷ 拖动填充柄填充公式到整列，如下右图所示。

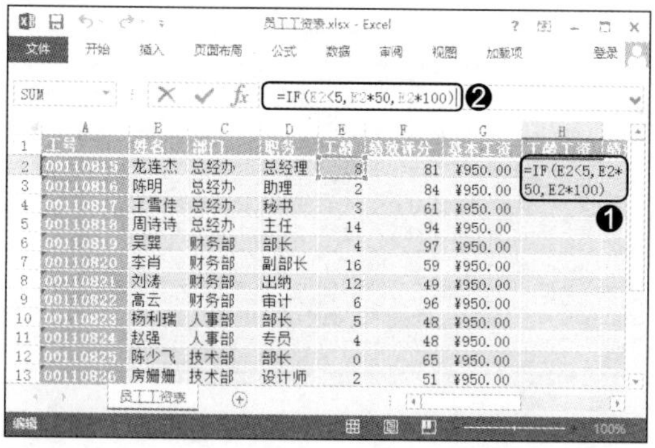

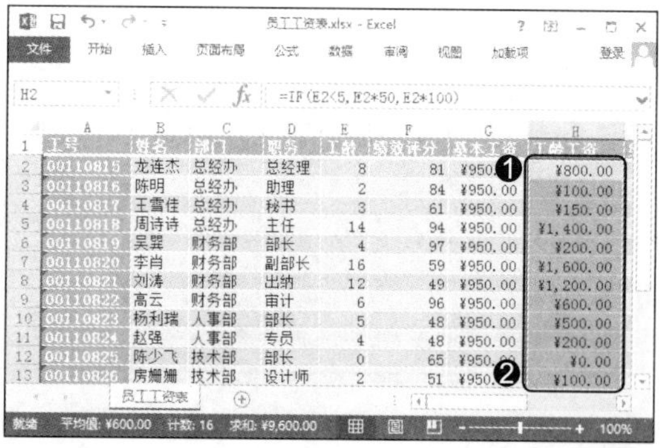

03 输入公式。❶ 选择I2单元格；❷ 在编辑栏中输入公式"=IF(F2<60,0,IF(F2<80,F2*10,1000))"，如下左图所示。

本例中工龄工资的算法

在不同的企业中，工龄工资的计算方式各有不同，本例中假设工龄工资的计算方式为：工龄在5年以内者按每年增加50元的标准计算，工龄在5年以上，按每年增加100元计算。使用IF函数，首先判断员工的工龄是否小于5，如条件满足，则将工龄时间乘以50，即按工龄每年50进行计算；否则将计算工龄时间乘以100，即按工龄每年100进行计算。

04 完成公式输入并查看结果。❶ 按"Enter"键确认公式的输入，即可查看公式计算的结果；❷ 拖动填充柄填充公式到整列，如下右图所示。

本例中绩效奖金的算法

通常员工的绩效奖金会根据该月的绩效考核成绩或业务量等计算得出，本例中假设绩效奖金与绩效评分成绩相关，且其计算方式为：60分以下者无绩效奖金，60~80分者以每分10元计算，80分以上者绩效资金为1000元。使用IF函数进行多重判断，首先判断绩效评分是否小于60分，若条件满足则返回"0"；否则再在绩效评分大于60的情况下继续判断绩效评分是否小于80，若条件满足则将绩效评分值乘以10，即按每分10元进行计算，否则返回"1000"。

05 新建岗位津贴标准表。❶ 新建工作表并重命名为"岗位津贴标准"；❷ 在表格中制作如下左图所示的表头内容，并进行适当修饰。

06 复制职务数据。❶ 选择"员工工资表"工作表中"职务"列数据；❷ 单击"开始"选项卡"剪贴板"组中的"复制"按钮，如下右图所示。

07 粘贴数据并删除重复项。❶ 将复制的内容粘贴于"岗位津贴标准"工作表中的A3单元格；**❷** 单击"数据"选项卡"数据工具"组中的"删除重复项"按钮，如下左图所示。

08 设置排序依据。 打开"删除重复项警告"对话框，**❶** 选中"以当前选定区域排序"单选按钮；**❷** 单击"删除重复项"按钮，如下右图所示。

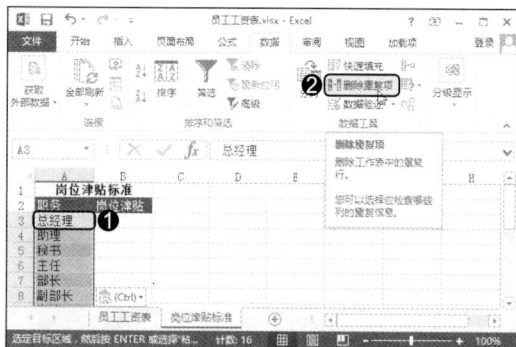

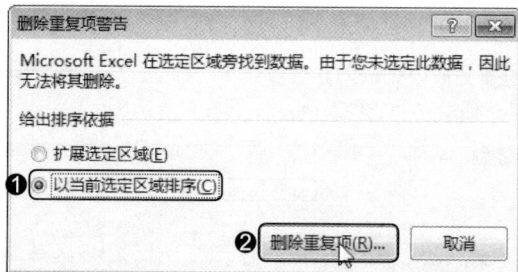

09 删除重复项。 打开"删除重复项"对话框，**❶** 取消选中"数据包含标题"复选框；**❷** 单击"确定"按钮，如下左图所示。

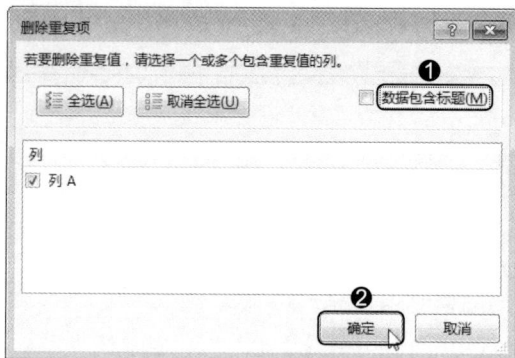

10 确定删除重复项。 打开提示对话框，提示发现的重复值数量，单击"确定"按钮，如下图所示。

11 录入相关数据。 在"岗位津贴标准"工作表中录入相关数据，如下左图所示。

12 输入函数。❶ 选择"员工工资表"工作表中的J2单元格；**❷** 在编辑栏中输入公式"=VLOOKUP(D2,岗位津贴标准!$A$3:$B$13,2,FALSE)"如下右图所示。

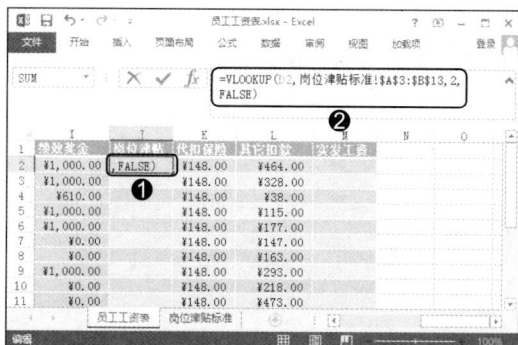

13 确认并填充公式。❶ 按"Enter"键确认公式的输入，即可查看公式计算的结果；**❷** 拖动填充柄填充公式到整列，计算出各员工的岗位津贴，如下左图所示。

14 输入数组公式。❶ 选择M2:M17单元格区域；❷ 在编辑栏中输入公式"=SUM(G2:J2)-SUM(K2:L2)"，并按"Ctrl+Enter"组合键在所选区域中填充公式，完成实发工资的计算，如下右图所示。

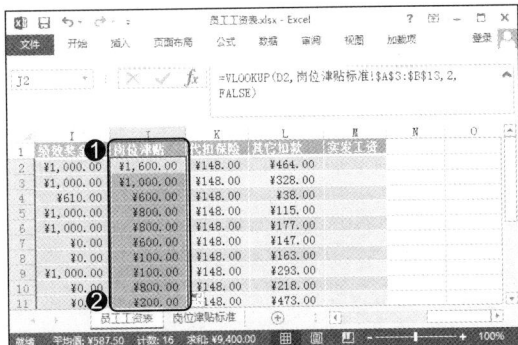

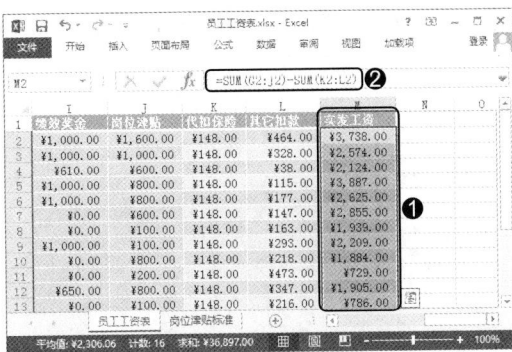

本例中员工岗位津贴的算法

　　许多企业为不同的工作岗位设置不同的岗位津贴，本例中为了更方便、快捷地计算出各员工的岗位津贴，在新工作表中列举了各职务的岗位津贴标准，然后利用VLOOKUP函数查询得到相应的数据。VLOOKUP函数用于查询表格区域中数据的第一列，得到对应某一行中指定列上的数据，其语法格式为：VLOOKUP(lookup_value, table_array, col_index_num, [range_lookup])。在本例中需要设置VLOOKUP函数的查找条件为"职务"；查询表格区域为"岗位津贴标准"工作表中的"岗位津贴"列数据单元格区域，并需要将该单元格区域的地址引用转换为绝对引用；然后设置Col_index_num参数为"2"，Range_lookup参数为"False"。

2. 分析员工工资

　　从某种意义上说，通过对工资中的某些组成部分进行分析可以了解该企业的一些数据。本节将对制作的"员工工资表"工作表中的数据进行分析。

01 复制并重命名工作表。复制"员工工资表"工作表，并将其重命名为"分析员工工资"，如下左图所示。

02 选择套用的表格样式。❶ 单击"开始"选项卡"样式"组中的"套用表格格式"按钮；❷ 在弹出的下拉菜单中选择如下右图所示的表格格式。

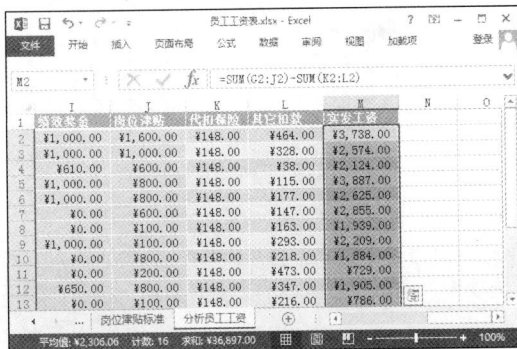

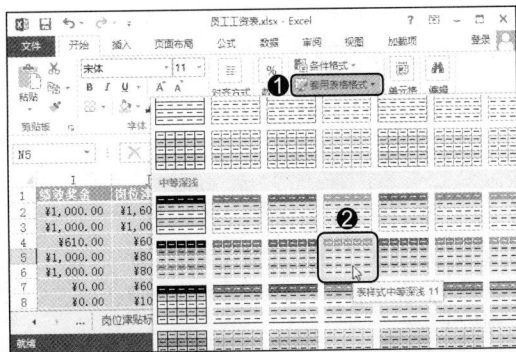

03 设置表格数据区域。打开"套用表格式"对话框，❶ 在参数框中设置表格数据来源为A1:M17单元格区域；❷ 选中"表包含标题"复选框；❸ 单击"确定"按钮，如下左图所示。

04 设置表格样式选项。在"表格工具-设计"选项卡中选中"汇总行"复选框，如下右图所示。

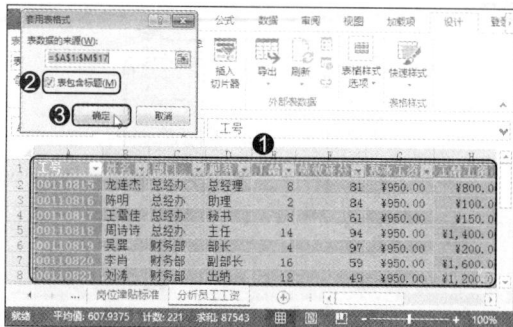

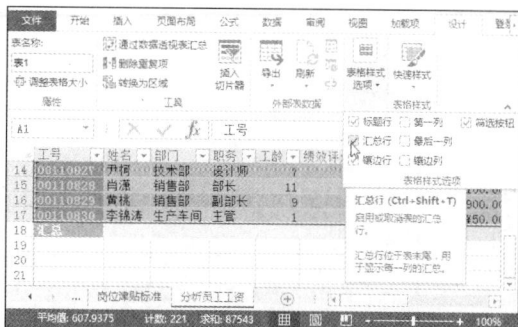

05 选择汇总方式。❶ 设置表格底部添加的汇总行的填充效果；❷ 单击E18单元格右侧出现的下拉按钮，在弹出的下拉列表中选择"平均值"选项，如下左图所示。

06 设置其他列的汇总方式。用相同的方法设置其他工资组成部分的汇总项，最终效果如下右图所示。

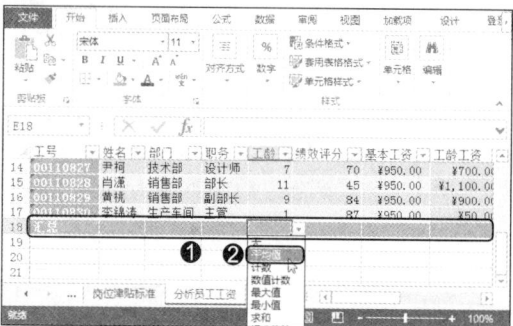

07 执行"根据所选内容创建"命令。❶ 选择M1:M17单元格区域；❷ 单击"公式"选项卡"定义的名称"组中的"根据所选内容创建"按钮，如下左图所示。

08 定义新名称。打开"以选定区域创建名称"对话框，❶ 选中"首行"复选框；❷ 单击"确定"按钮，如下右图所示。

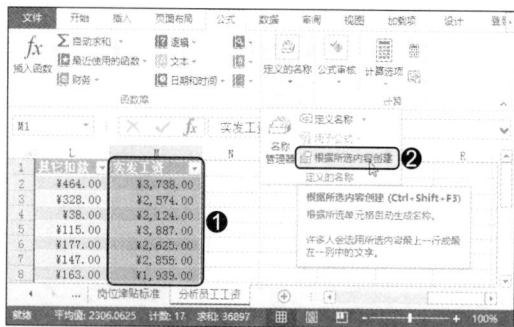

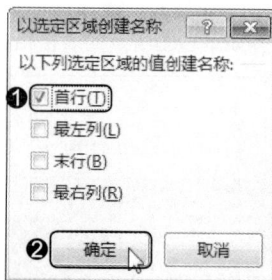

09 输入单元格列名称并插入函数。❶ 在N1单元格中输入"排名"文本，按"Enter"键确认输入，即可新建一列数据；❷ 选择N2单元格；❸ 单击"公式"选项卡"函数库"组中的"插入函数"按钮，如下左图所示。

10 选择RANK.EQ函数。打开"插入函数"对话框，❶ 在"或选择类别"下拉列表框中选择"统计"选项；❷ 在列表框中选择"RANK.EQ"函数；❸ 单击"确定"按钮，如右图所示。

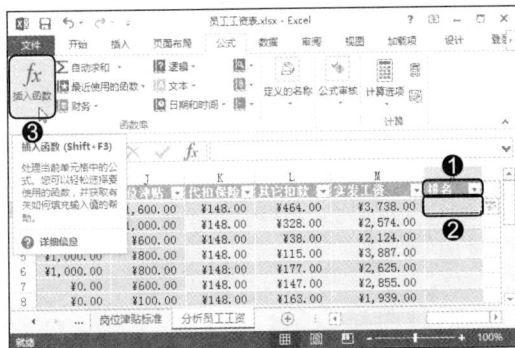

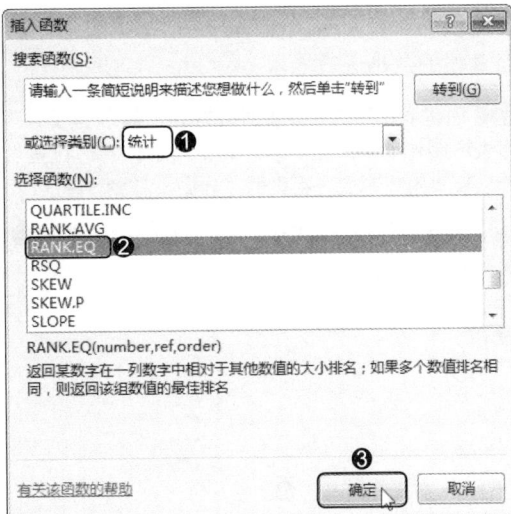

11 设置函数参数。打开"函数参数"对话框，❶ 设置Number参数为M2单元格，Ref参数为表格中定义为"实发工资"的单元格区域；❷ 单击"确定"按钮，如下左图所示。

12 确认函数的插入并查看结果。经过上步操作，即可在整列中得到排名计算结果，如下右图所示。

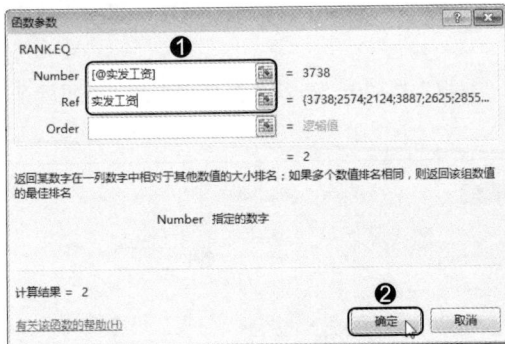

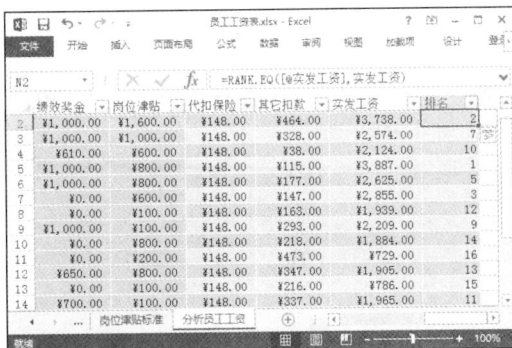

Excel 2013中的求排位函数

在Excel 2013中可以使用RANK.EQ或RANK.AVG函数计算一个数在一组数中的排名，也可以使用Excel早期版本中用到的RANK函数进行排名计算。RANK.EQ函数与早期版本中用到的RANK函数相同，与RANK.AVG函数的区别在于：有相同排位时，前者将得到最高排位，后者将得到平均排位。例如，假设在排名时有3个数据并列第3，应用RANK.EQ函数时可得到排名数为3，应用RANK.AVG函数则可得到排名的平均数4（即第3、4、5位的平均值）。

3. 创建工资查询表

在数据较多的表格中，为方便用户快速查找到一些数据信息，可应用Excel中的查询和引用函数快速查看到需要的重要数据信息，同时可将查找到的结果再次进行公式运算，转换为更为直观的数据进行显示。

01 创建表格结构并设置对齐方式。❶ 新建工作表并重命名为"工资查询表"；❷ 在"工资查询表"工作表中制作如下左图所示的表格效果，并进行适当修饰；❸ 选择C4:C12单元格区域；❹ 单击"开始"选项卡"对齐方式"组中的"居中"按钮。

02 设置单元格数字格式。❶ 选择C4单元格；❷ 在"开始"选项卡"数字"组的"数字格式"列表中设置数字类型为"文本"，如下右图所示。

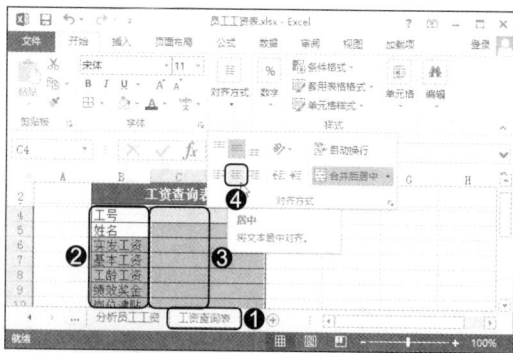

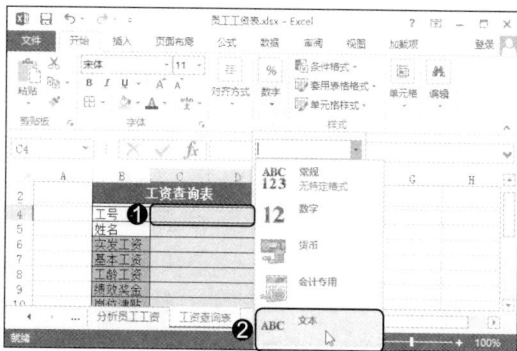

03 设置单元格数字格式。❶ 选择C6:C12单元格区域；❷ 在"开始"选项卡"数字"组的"数字格式"列表中设置数字类型为"货币"，如下左图所示。

04 设置单元格有效性。❶ 选择C4单元格；❷ 单击"数据"选项卡"数据工具"组中的"数据验证"按钮，如下右图所示。

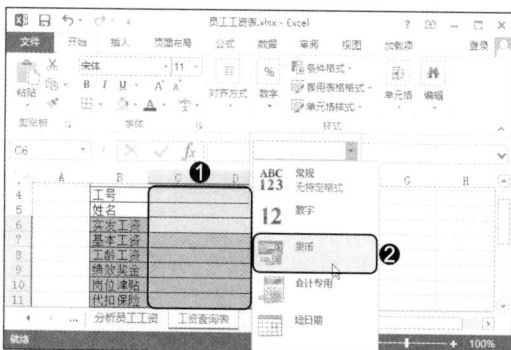

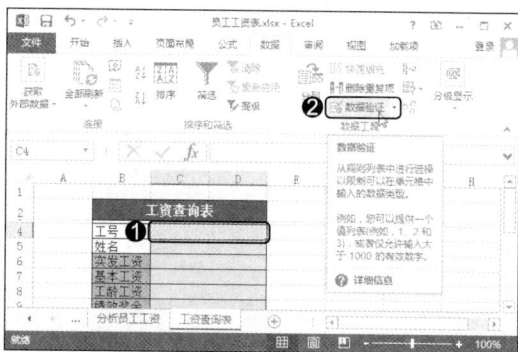

VLOOKUP函数的参数

VLOOKUP函数中的lookup_value参数为在表格或区域的第一列中搜索的值。该参数可以是值或引用。如果lookup_value参数值小于table_array参数第一列中的最小值，则VLOOKUP将返回错误值 #N/A；table_array参数为包含数据的单元格区域，可以使用单元格区域或区域名称的引用。该函数将在该参数中第一列搜索lookup_value参数的值，这些值可以是文本、数字或逻辑值，文本不区分大小写。col_index_num用于设置table_array参数中要返回的匹配值所在的列号；range_lookup用于指定查找方式是精确匹配还是近似匹配。

05 设置有效性条件。打开"数据验证"对话框，❶ 在"允许"下拉列表中选择"序列"选项；❷ 将文本插入点定位于"来源"参数框中；❸ 单击其后的"折叠"按钮，如下左图所示。

06 选择允许输入的序列。❶ 切换到"员工工资表"工作表；❷ 选择A2:A17单元格区域作为允许的序列来源；❸ 单击其后的"展开"按钮，如下右图所示。

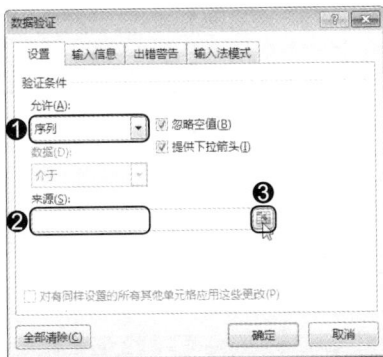

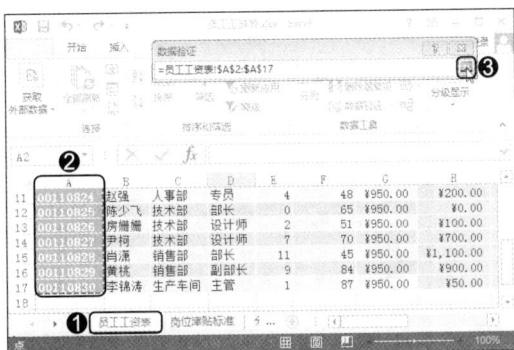

07 设置"出错警告"对话框。返回"数据验证"对话框，❶ 单击"出错警告"选项卡；❷ 设置出错警告对话框中要显示的标题及提示信息；❸ 单击"确定"按钮完成有效性设置，如下左图所示。

08 输入查询员工姓名的公式。❶ 选择C5单元格；❷ 在编辑栏中输入公式"=VLOOKUP(C4,员工工资表!A2:M17,2,FALSE)"，如下右图所示。

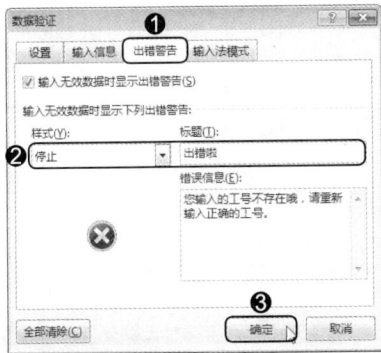

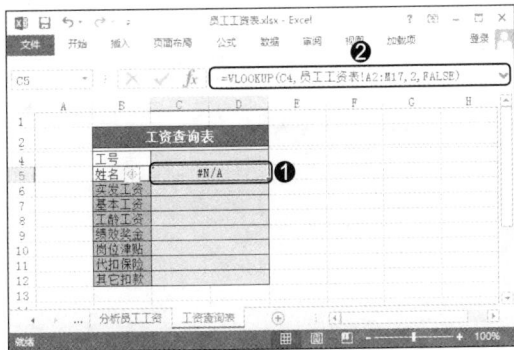

09 输入查询实发工资的公式。❶ 选择C6单元格；❷ 在编辑栏中输入公式"=VLOOKUP(C4,员工工资表!A2:M17,13,FALSE)"，如下左图所示。

10 输入查询基本工资的公式。❶ 选择C7单元格；❷ 在"编辑栏"中输入公式"=VLOOKUP(C4,员工工资表!A2:M17,7,FALSE)"，如下右图所示。

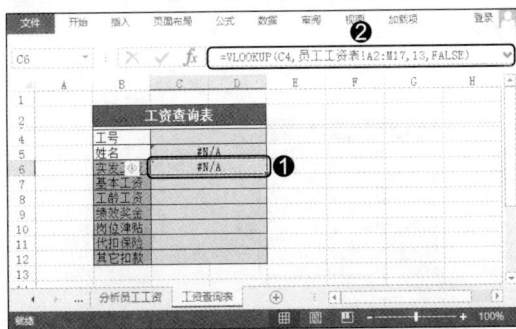

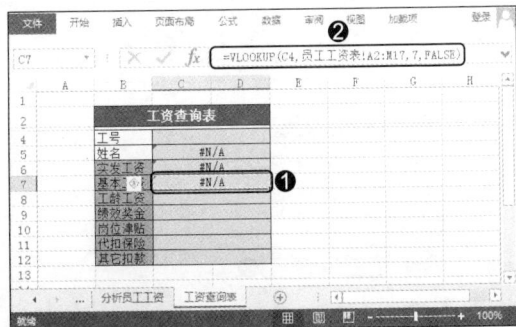

11 输入查询工龄工资的公式。❶ 选择C8单元格；❷ 在"编辑栏"中输入公式"=VLOOKUP(C4,员工工资表!A2:M17,8,FALSE)"，如下左图所示。

12 输入查询绩效奖金的公式。❶ 选择C9单元格；❷ 在"编辑栏"中输入公式"=VLOOKUP(C4,员工工资表!A2:M17,9,FALSE)"，如下右图所示。

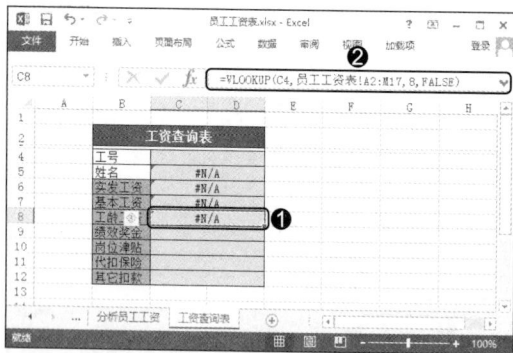

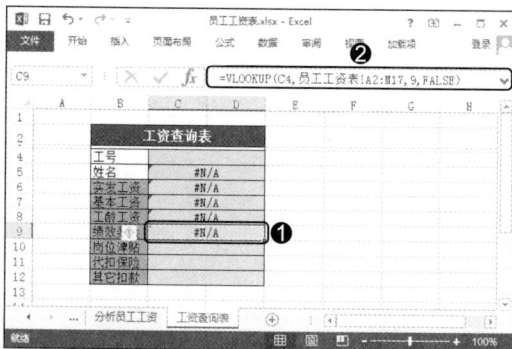

13 输入查询岗位津贴的公式。❶ 选择C10单元格；❷ 在"编辑栏"中输入公式"=VLOOKUP(C4,员工工资表!A2:M17,10,FALSE)"，如下左图所示。

14 输入查询代扣保险的公式。❶ 选择C11单元格；❷ 在"编辑栏"中输入公式"=VLOOKUP(C4,员工工资表!A2:M17,11,FALSE)"，如下右图所示。

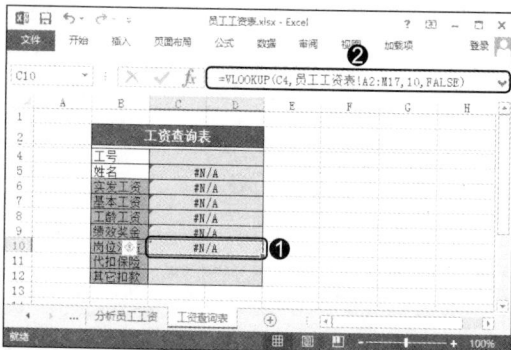

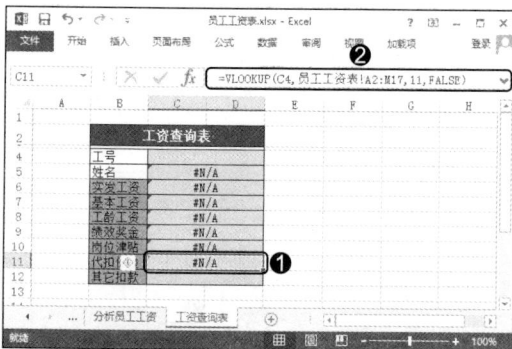

15 输入查询其他扣款的公式。❶ 选择C12单元格；❷ 在"编辑栏"中输入公式"=VLOOKUP(C4,员工工资表!A2:M17,12,FALSE)"，如下左图所示。

16 输入工号并查看结果。❶ 在C4单元格中输入员工工号，❷ 即可在下方的单元格中查看到各项工资组成部分的具体数值，如下右图所示。

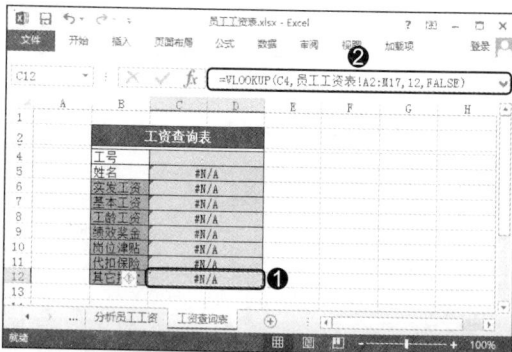

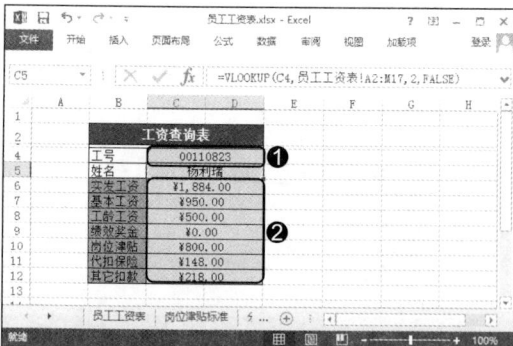

4. 打印工资表

工资表制作并审核完成后，常常需要打印出来，这里将介绍工资表打印前的准备工作以及打印工作表等操作。

01 隐藏工作表。❶ 选择要隐藏的"岗位津贴标准"、"分析员工工资"和"工资查询表"工作表；❷ 单击"开始"选项卡"单元格"组中的"格式"按钮；❸ 在弹出的下拉菜单中选择"隐藏和取消隐藏"命令；❹ 在弹出的级联菜单中选择"隐藏工作表"命令，如下左图所示。

02 隐藏列。❶ 选择"员工工资表"工作表中要隐藏的C、D、E、F列；❷ 单击"开始"选项卡"单元格"组中的"格式"按钮；❸ 在弹出的下拉菜单中选择"隐藏和取消隐藏"命令；❹ 在弹出的级联菜单中选择"隐藏列"命令即可将所选列隐藏，如下右图所示。

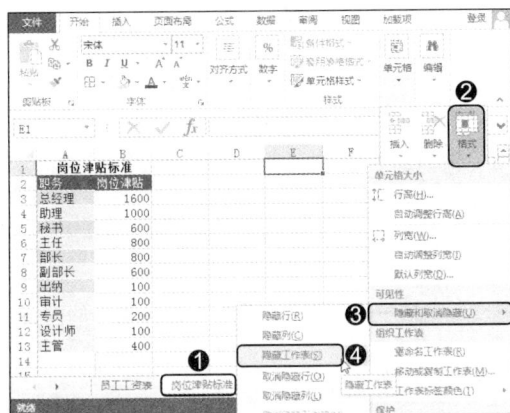

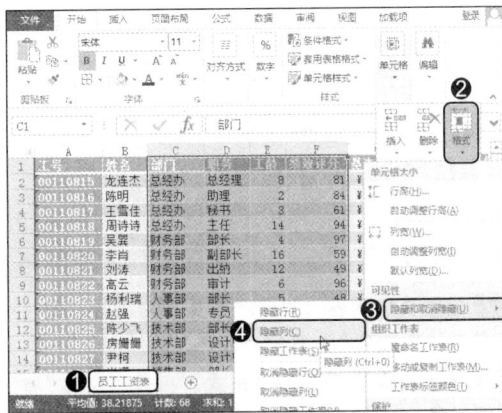

03 设置纸张方向。❶ 单击"页面布局"选项卡"页面设置"组中的"纸张方向"按钮；❷ 在弹出的下拉列表中选择"横向"选项，即可将纸张方向更改为横向，如下左图所示。

04 设置页边距。❶ 单击"页面布局"选项卡"页面设置"组中的"页边距"按钮；❷ 在弹出的下拉菜单中选择要设置的页边距宽度，如下右图所示。

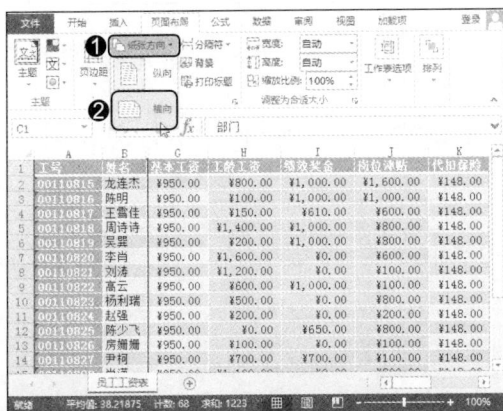

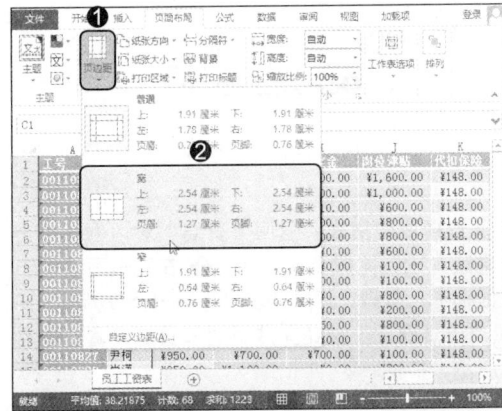

05 启动"页面设置"对话框。单击"页面布局"选项卡"页面设置"组中的对话框启动器按钮，如下左图所示。

06 自定义页眉。打开"页面设置"对话框，❶ 单击"页眉/页脚"选项卡；❷ 单击"自定义页眉"按钮，如下右图所示。

高手点拨

取消工作表的隐藏

工作表被隐藏后仍然存在于工作簿中，若要显示出隐藏的工作表，单击"开始"选项卡"单元格"组中的"格式"按钮，在弹出的下拉菜单中选择"隐藏和取消隐藏"命令，并在其级联菜单中选择"取消工作表隐藏"命令，在打开的对话框中选择要显示的工作表即可。

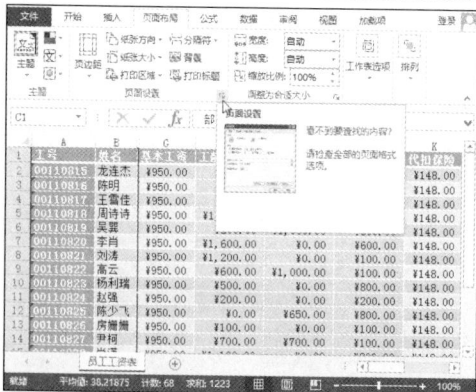

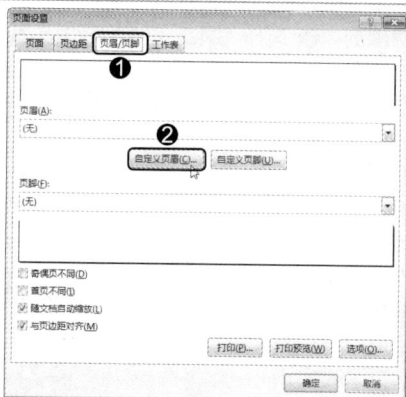

07 设置页眉内容。打开"页眉"对话框，❶ 在"中"文本框中输入页眉内容，并选择输入的内容；❷ 单击"格式文本"按钮，如下左图所示。

08 设置页眉内容的字体格式。打开"字体"对话框，❶ 设置页眉内容的字体格式如右图所示；❷ 单击"确定"按钮。

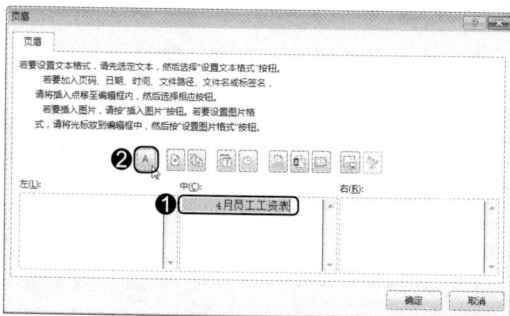

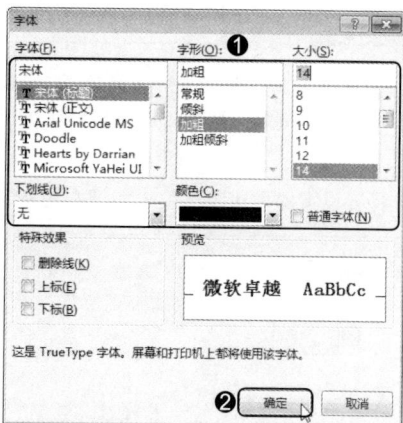

09 选择页脚格式。返回"页眉"对话框，单击"确定"按钮完成页眉设置。❶ 在"页面设置"对话框中"页脚"下拉列表中选择一个页脚样式；❷ 单击"确定"按钮完成页眉和页脚设置，如右图所示。

10 预览打印效果。在"文件"菜单中选择"打印"命令，在窗口右侧栏将显示表格打印的预览效果，如下左图所示。

11 设置页面缩放比例。在"页面设置"选项卡"调整为合适大小"组的"缩放比例"数值框中设置比例值为"130%"，如下右图所示。

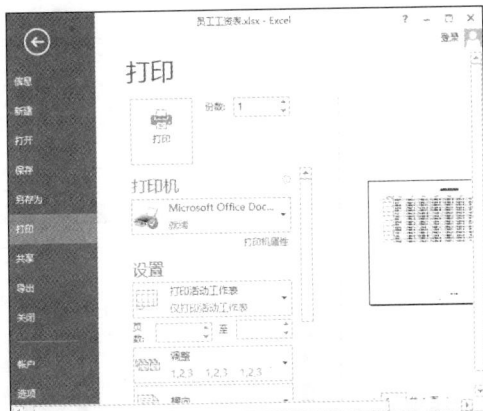

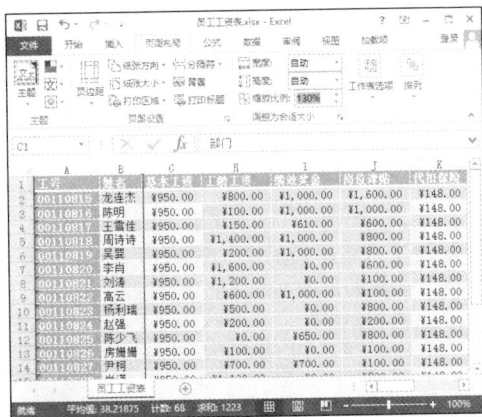

12 打印表格。❶ 在"文件"菜单中选择"打印"命令；❷ 在窗口中间栏中设置打印相关参数后单击"打印"按钮即可开始打印文档，如右图所示。

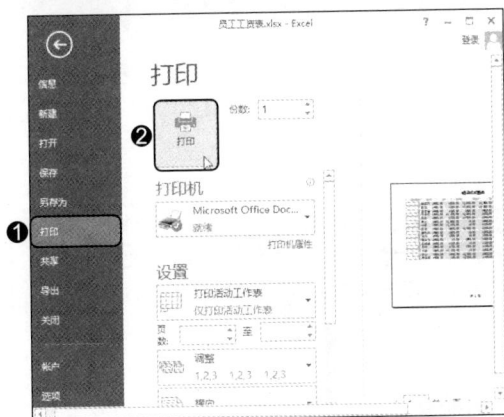

5. 制作并打印工资条

通常在发放工资时需要同时发放工资条，使员工能清楚地看到自己各部分工资的金额。本例将利用已完成的工资表，快速为每个员工制作工资条。

01 新建工作表并复制标题行。❶ 新建工作表，并命名为"工资条"；❷ 单击"员工工资表"工作表中第1行的行号选择该行；❸ 单击"开始"选项卡"剪贴板"组中的"复制"按钮，如右图所示。

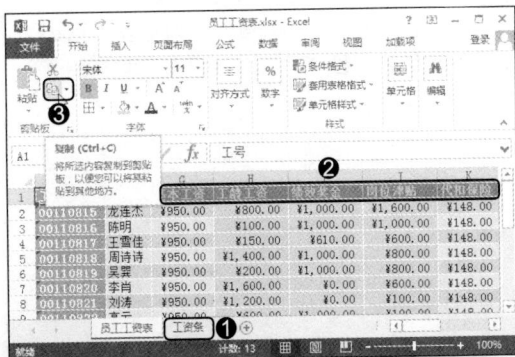

02 粘贴标题行内容。❶ 选择"工资条"工作表中的A1单元格；❷ 单击"开始"选项卡"剪贴板"组中的"粘贴"按钮将复制的标题行内容粘贴到第1行，如右图所示。

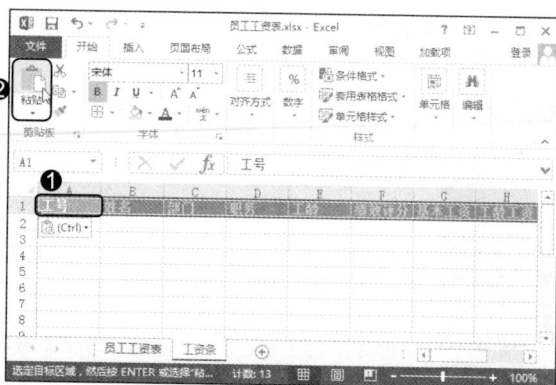

03 完成工资条结构制作。选择第2行单元格A1:M2，设置单元格边框样式如右图所示，完成工作条结构制作。

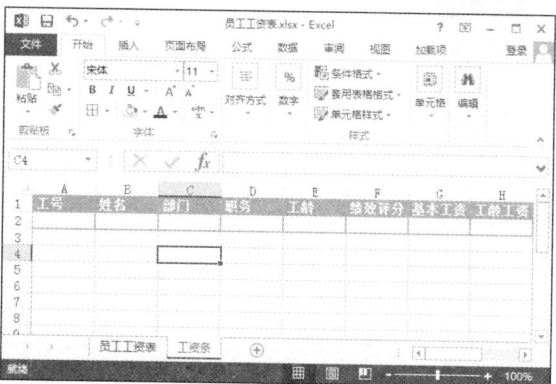

04 输入公式。❶ 选择"工资条"工作表中的A2单元格；❷ 输入公式"=OFFSET(员工工资表!$A$1,ROW()/3+1,COLUMN()-1)"，如右图所示。

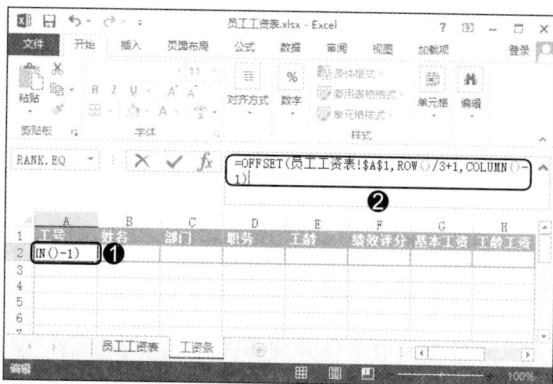

05 完成公式输入并查看结果。❶ 按"Enter"键确认公式的输入，即可查看到公式计算的结果；❷ 拖动填充柄将公式填充到整行，如右图所示。

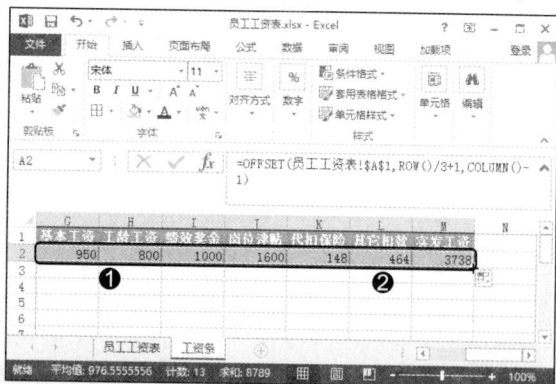

06 选择要进行填充的单元区域。选择A1:M3单元格区域,即工资条的基本结构加1个空行,如右图所示。

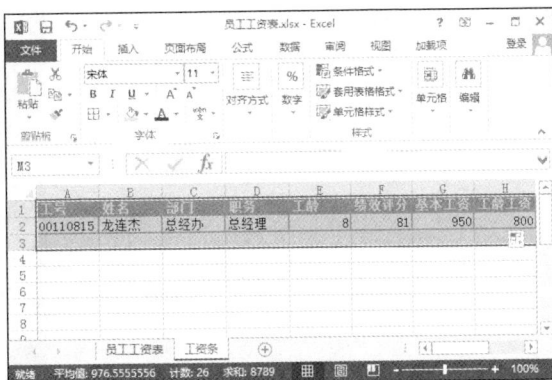

07 填充单元格完成工资条制作。拖动活动单元格区域右下角的填充柄,向下填充至第47行,即生成所有员工的工资条,如右图所示。

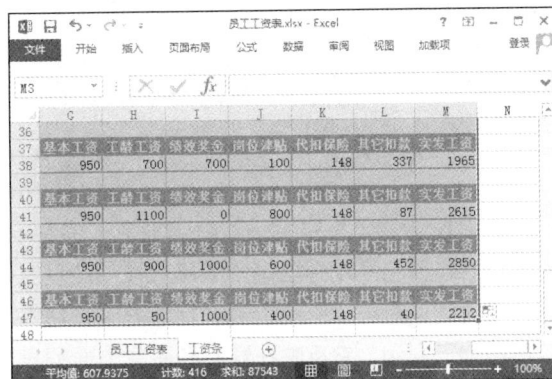

08 隐藏列。❶ 选择"工资条"工作表中的C、D、E、F列;❷ 在其上单击鼠标右键,并在弹出的快捷菜单中选择"隐藏"命令,如右图所示。

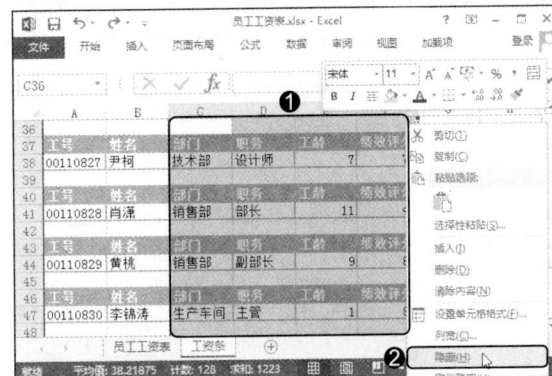

09 设置打印缩放比例。在"页面布局"选项卡"调整为合适大小"组中的"缩放比例"数值框中设置值为"105%",如右图所示。

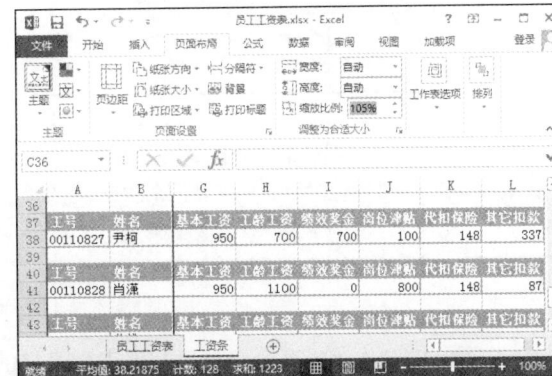

10 打印表格。❶ 在"文件"菜单中选择"打印"命令；❷ 在窗口中间栏中设置打印相关参数后单击"打印"按钮，如右图所示。

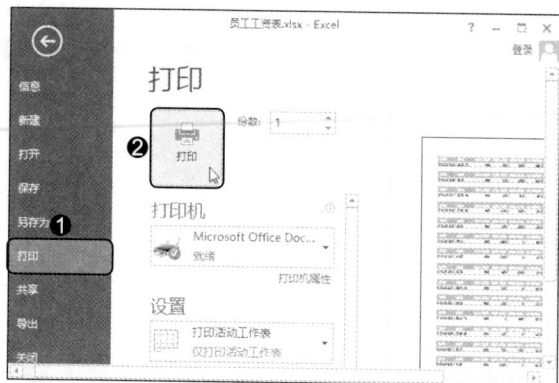

案例 04 制作投资公司项目利率表

案例概述

项目投资是一种以特定项目为对象，直接与新建项目或更新改造项目有关的长期投资行为。项目投资利率是企业投资项目过程中必须要评估的一项数据，也是投资项目的前置条件之一。投资利率是与投入的资金额相对的收益利率。如果购入了股票，且通过该公司的效率化经营而增加了利润，它反映在红利和股票方面的表现就是投资利率的上涨；相反，如果公司怠于经营，以红利金额的减少和股价下跌为表现形式的投资利率也将相应下降。

"投资公司项目利率表"制作完成后的效果如下图所示。

贷款总额：	6000000	贷款期限：		8 年利率		4. 30% 预计残值：		180000
时间	归还利息	归还本金	归还本利额	累计利息	累计本金	未还贷款	机器折旧值	机器带来的回报
2013/3/5	¥ –	¥ –	¥ –	¥ –	¥ –	¥ –	¥ –	¥ -7,673,141.13
2014/3/5	¥558,000.00	¥538,163.02	¥1,096,163.02	¥ 558,000.00	¥ 538,163.02	¥5,461,836.98	¥1,293,333.33	¥1,630,000.00
2015/3/5	¥507,950.84	¥588,212.18	¥1,096,163.02	¥ 1,065,950.84	¥ 1,126,375.20	¥4,873,624.80	¥1,131,666.67	¥1,286,400.00
2016/3/5	¥453,247.11	¥642,915.91	¥1,096,163.02	¥ 1,519,197.95	¥ 1,769,291.11	¥4,230,708.89	¥970,000.00	¥1,230,900.00
2017/3/5	¥393,455.93	¥702,707.09	¥1,096,163.02	¥ 1,912,653.87	¥ 2,471,998.20	¥3,528,001.80	¥808,333.33	¥1,025,400.00
2018/3/5	¥328,104.17	¥768,058.85	¥1,096,163.02	¥ 2,240,758.04	¥ 3,240,057.05	¥2,759,942.95	¥646,666.67	¥1,458,600.00
2019/3/5	¥256,674.69	¥839,488.32	¥1,096,163.02	¥ 2,497,432.73	¥ 4,079,545.38	¥1,920,454.62	¥485,000.00	¥1,354,200.00
2020/3/5	¥178,602.28	¥917,560.74	¥1,096,163.02	¥ 2,676,035.01	¥ 4,997,106.11	¥1,002,893.89	¥323,333.33	¥180,000.00
		投资现值：	¥6,055,161.75					
		报酬率：	2%					

素材文件：光盘\素材文件\第7章\案例04\投资公司项目利率.xlsx
结果文件：光盘\结果文件\第7章\案例04\投资公司项目利率.xlsx
教学文件：光盘\同步教学视频\第7章\案例04.mp4

制作思路

在Excel中制作"投资公司项目利率表"表格的流程与思路如下。

一　**分析表格中数据的关系：** 由于本例制作的表格比较专业，对于一个外行来说，很多名词本身就需要研究，所以在案例开始之前，可以先花点时间研究透表格中各项数据之间的关系。

二　**计算各项数据：** 本例制作的目的就是使用函数对贷款金额进行投资的数据进行计算，只要理清了表格中数据的关系，又掌握了相关函数的使用方法，便能很快得到结果。

———————— 具体步骤 ————————

使用财务函数对贷款金额进行投资，要求计算其归还利息、归还本金、归还本利额、累计利息、累计本金、未还贷款、机器折旧、投资现值和报酬率。例如向银行贷款6 000 000元，贷款期限为8年，年利率为9.3%，预计最后残值为180 000元，使用财务函数求出相关数据。在本实例计算过程中主要用到IPMT、PPMT、PMT、CUMIPMT、CUMPRINC、SYD、NPV和IRR函数。

1. 计算归还利息、归还本金、归还本利额和累计利息

当使用一笔款项作为投资使用时，需要在不同的日期中计算出相关的金额，例如计算归还利息、归还本金、归还本利额和累计利息分别是多少。

知识扩展

IPMT函数

IPMT（偿还利息部分）函数用于计算在给定时间内的利息偿还额，本例投资采用等额分期付款方式，同时利率为固定值。IPMT函数语法结构为：IPMT(rate,per,nper,pv,[fv],[type])，其中各参数的用法如下。

- rate：表示各期利率，通常用年利表示利率，如果是按月利率，则利率应为11%/12；如果指定为负数，则返回错误值"#NUM!"。
- per：为必需的参数，表示用于计算其利息的期次，即分几次支付利息，第一次支付为1。per必须在1到nper之间。
- nper：为必需的参数，表示投资的付款期总数。如果要计算出各期的数据，则可使用付款年限*期数值计算得出。
- pv：为必需的参数，表示投资的现值（未来付款现值的累积和）。
- fv：为可选参数，表示未来值，或在最后一次支付后希望得到的现金余额，如果省略fv，则假设其值为零；如果忽略fv，则必须包含pmt参数。
- type：为可选参数，表示期初或期末，0为期末，1为期初。

01 输入计算归还利息的公式。❶ 选择B4单元格；❷ 在编辑栏中输入公式"=-IPMT($F$1,YEAR(A4)-2013,$D$1,$B$1)"，如下左图所示。

02 输入计算归还本金的公式。❶ 选择C4单元格；❷ 在编辑栏中输入公式"=-PPMT($F$1,YEAR(A4)-2013,$D$1,$B$1)"，如下右图所示。

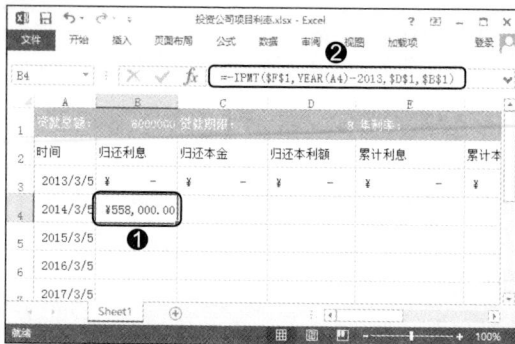

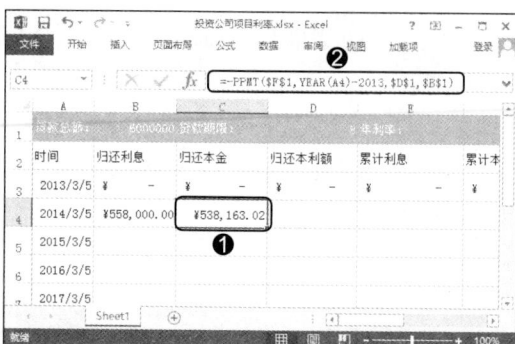

PPMT函数

基于固定利率及等额分期付款方式的情况下，使用PPMT函数可以计算贷款在给定期间内投资本金的偿还额，从而更清楚地确定某还贷的利息/本金是如何划分的。该函数的语法结构为：PPMT(rate,per,nper,pv,[fv],[type])，其中各参数的用法与IPMT函数中的相同。

03 输入计算归还本利额的公式。❶ 选择D4单元格；❷ 在编辑栏中输入公式"=-PMT($F$1,$D$1,$B$1)"，如下左图所示。

04 输入计算累计利息公式。❶ 选择E4单元格；❷ 在编辑栏中输入公式"=-CUMIPMT($F$1,$D$1,$B$1,1,YEAR(A4)-2013,0)"，如下右图所示。

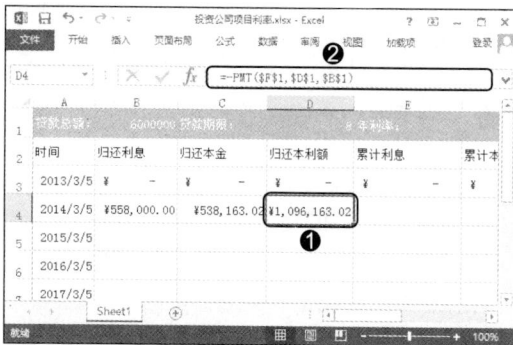

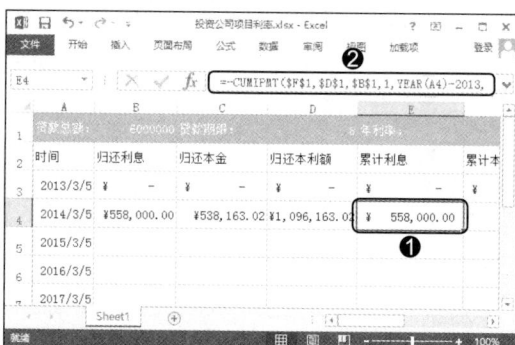

PMT和CUMIPMT函数

PMT函数可以基于固定利率及等额分期付款方式，返回贷款的每期付款额，其语法结构为：PMT(rate,nper,pv,[fv],[type])；如果需要计算一笔贷款的某一个时间段内还款额的利息总额，就需要使用CUMIPMT函数。该函数的语法结构为：CUMIPMT(rate,nper,pv,start_period,end_period,type)。其中，参数start_period表示计算中的首期，付款期数从1开始计数；参数end_period表示计算中的末期。

05 填充公式。❶ 选择B4:E4单元格区域；❷ 按住鼠标左键不放向下拖动填充公式至E10单元格，如右图所示。

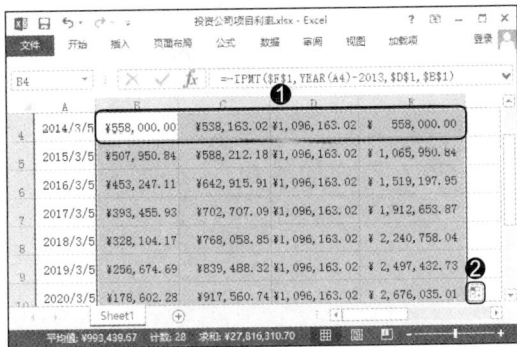

2. 计算累计本金、机器折旧、投资现值和报酬率

在投资估算中，往往需要计算出累计本金、未还贷款金额，机器在不同时间的使用期间折旧值不同，根据机器带来的回报值，计算出按年利率和机器带来的回报的投资现值，并按照输入的机器回报计算出报酬率。

01 输入计算累计本金的公式。❶ 选择F4单元格；❷ 在编辑栏中输入公式"=-CUMPRINC($F$1,$D$1,$B$1,1,YEAR(A4)-2013,0)"，如下左图所示。

02 输入计算未还贷款的公式。❶ 选择G4单元格；❷ 在编辑栏中输入公式"=$B$1-F4"，如下右图所示。

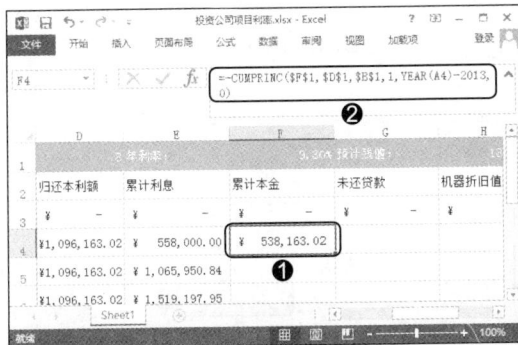
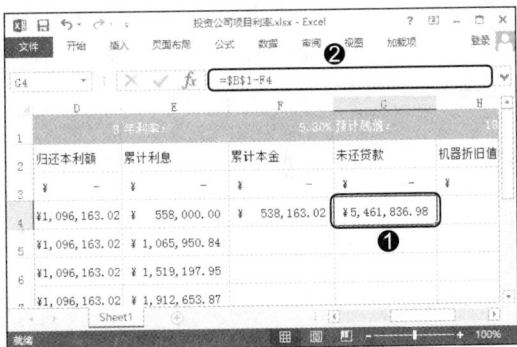

CUMPRINC函数

CUMPRINC函数用于计算贷款首期至末期期间累计偿还的本金数额，其语法结构为：CUMPRINC (rate, nper,pv,start_period,end_period,type)。

03 输入计算折旧的公式。❶ 选择H4单元格；❷ 在编辑栏中输入公式"=SYD($B$1,$H$1,$D$1,YEAR(A4)-2013)"，如下左图所示。

04 填充计算公式。❶ 选择F4:H4单元格区域；❷ 按住左键不放向下拖动填充公式至H10单元格，如下右图所示。

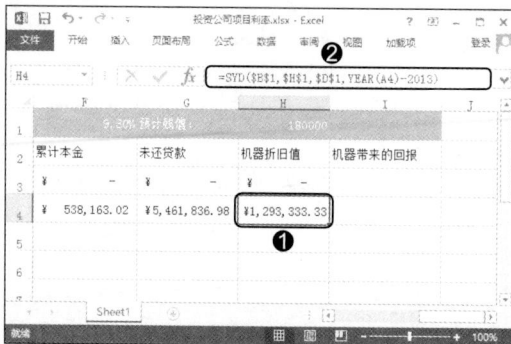

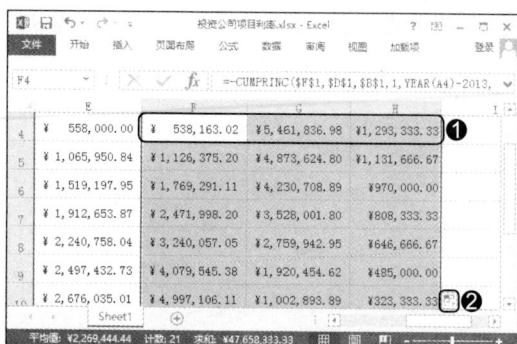

SYD函数

SYD函数用于计算某项资产按年限总和折旧法计算的指定期间的折旧值，其语法结构为：SYD (cost,salvage,life,per)，其中各参数的用法如下：

- cost：为必需的参数，表示资产原值。
- salvage：为必需的参数，表示资产在使用寿命结束时的残值。
- life：为必需的参数，表示资产的折旧期限。
- per：为必需的参数，表示期间，与life单位相同。

05 输入"机器带来的回报值"。在I4:I10单元格区域中输入"机器带来的回报值"，如下左图所示。

06 输入计算公式。❶ 选择I3单元格；❷ 在编辑栏中输入公式"=-(E10+F10)"，按"Enter"键计算出机器带来的回报值，如下右图所示。

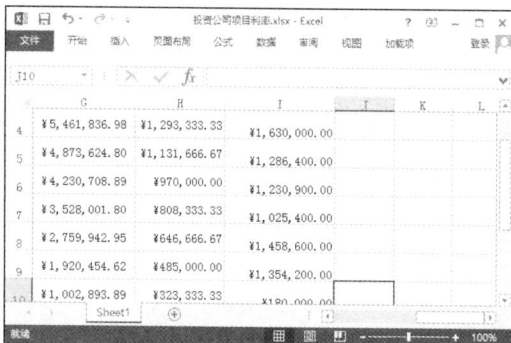

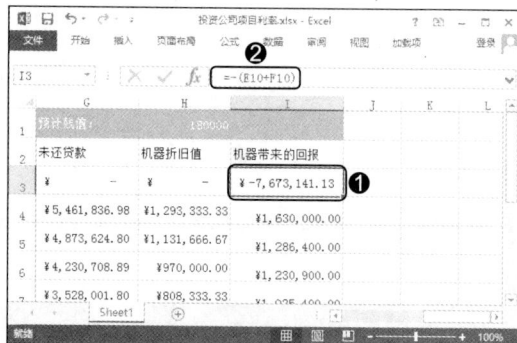

07 输入计算投资现值的公式。❶ 选择D12单元格；❷ 在编辑栏中输入公式"=NPV(F1,I4:I10)"，按"Enter"键计算出投资现值，如右图所示。

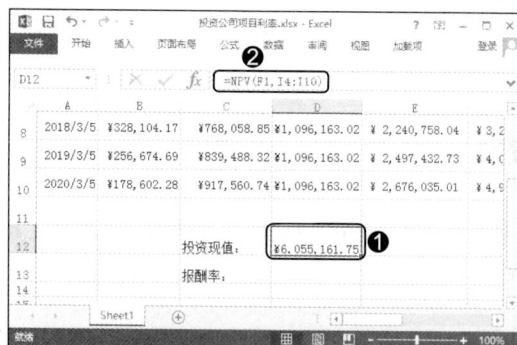

08 输入计算投资报酬率的公式。❶ 选择D13单元格；❷ 在编辑栏中输入公式 "=IRR(I3:I10)"，按 "Enter" 键计算出报酬率的值，如右图所示。

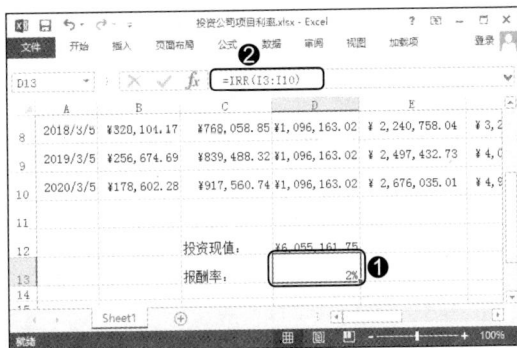

NPV和IRR函数

　　NPV函数可以根据投资项目的贴现率和一系列未来支出（负值）和收入（正值）计算投资的净现值，即计算一组定期内现金流的净现值。该函数的语法结构为：NPV(rate,value1,[value2],...)；IRR函数可以返回由数值代表的一组现金流的内部收益率。这些现金流不必均衡，但作为年金，它们必须按固定的间隔产生，如按月或按年。内部收益率为投资的回收利率，其中包含定期支付（负值）和定期收入（正值）。该函数的语法结构为：IRR (values,[guess])。其中，参数guess表示函数计算结果的估计值。大多数情况下并不需要该参数，省略guess，则表示假设它为0.1(10%)。

本 章 小 结

　　数据计算是数据分析的前提，也是数据处理的一种重要而常见的方式。本章学习的第一个重点在于Excel中公式的各种操作，如引用单元格、使用名称、复制公式等；另一个重点则在于常用函数的使用方式，由于篇幅有限，本书只能将插入函数的方法讲解给大家，并安排了常见的函数进行讲解，其他函数还有很多，使用方法基本相同，用户可以通过查看专门介绍函数使用方法的书籍进行深入学习。

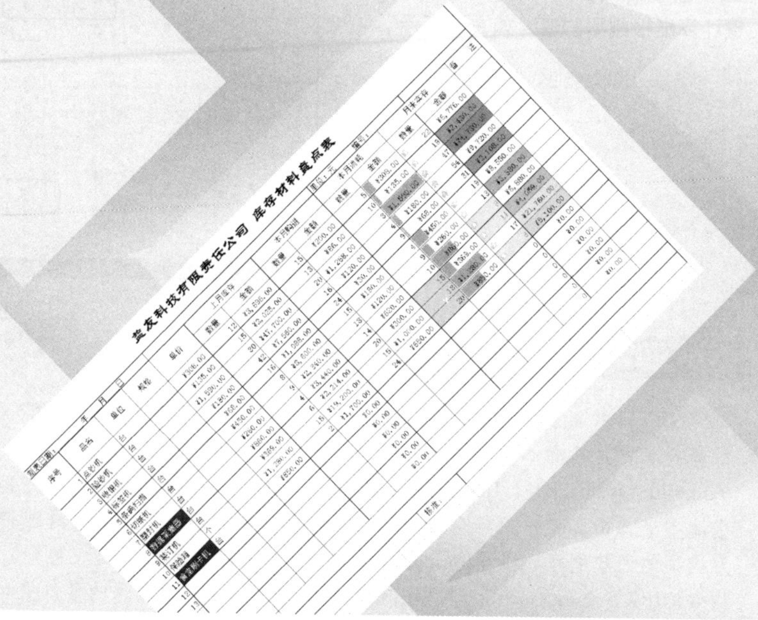

数据的统计与分析——排序、筛选与

汇总表格数据

第 8 章

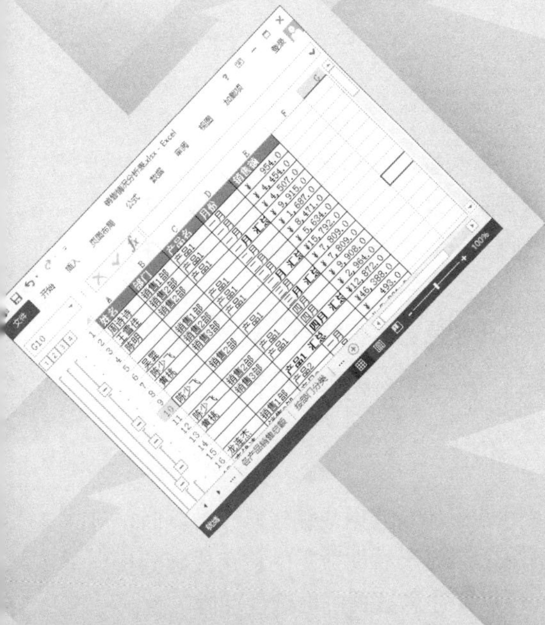

本章导读

Excel除了拥有强大的计算功能外，还能够对大型数据库进行管理与统计。通过对基础数据进行统计，可以更方便地得到自己或他人所关注的数据信息；通过对数据进行分析，可以从数据中找到新的解决方案和决策。本章将介绍应用Excel对表格数据进行排序、筛选以及分类汇总的方法和相关知识。

知识要点

- 应用条件格式
- 对数据进行排序操作
- 高级筛选的应用
- 设置条件格式
- 使用自动筛选根据条件筛选数据
- 利用分类汇总功能分级显示数据

知识要点——数据分析与处理的相关知识

当打开一个满是数据的表格时，也许并没有那么多的时间和精力去仔细查看每一条数据，甚至很多时候只是需要从这些数据中找到一些想要的信息，此时就需要对数据进行分析与处理，提炼出需要的数据项。

要点 01 数据分析的技巧

收集和存储数据的目的不仅仅只是为了"备案"，更多是为了从中获取更多有价值的信息，而很多时候只看数据的明细并不能看出什么，更不能指导用户做什么决策，通常都需要对数据进行理解和分析才能得出一定的结论，为下一步的工作做准备。那么，我们应该做些什么让数据更清晰呢？在此，笔者总结了一些方法供大家参考。

1. 合理安排数据顺序

在表格中，常常需要展示大量的数据和信息，这些信息应按一定的顺序从上至下的存放，并且每一列的数据也会存在先后顺序，按照人们通常的阅读习惯，查看表格数据时通常都是按从左至右、从上到下的顺序来查阅内容。所以，在排列数据时，从字段顺序来讲，也就是每一列的先后顺序都应该按照先主后次的顺序来排列；在安排各行数据的顺序时，也需要根据不同的数据查阅需要来安排顺序。

此外，还可以通过排序功能针对数值大小进行排序，或根据数据分类，例如根据年龄从大到小进行排序，或以"性别"字段进行排序，排序后性别为"男"的和性别为"女"的数据将自然地分隔开。

2. 突出显示重要数据

在分析数据时，常常需要根据一些特定的规则找出一些数据，然后再根据这些数据进行进一步的分析，而这些数据很有可能不是应用简单的排序就能发现的，或者已经利用排序展示了一些数据关系不能重新排序，这种情况下就需要从数据的显示效果上突出数据，如设置不同的单元格字体、字号、文字颜色、单元格背景等。

Excel 2013提供的条件格式非常丰富，如可以使用填充颜色、数据柱线、颜色刻度和图标集来直观地显示数据。使用该功能，可以根据设置的条件为单元格添加不同的样式。

3. 提高数据的准确性和唯一性

数据的准确性和唯一性是数据处理中基本的原则，但是在录入数据或编辑修改数据时，可能因为某些环节的疏忽大意让数据出现错误或重复的情况，这对于后期数据的应用或者分析，可能会造成很大的影响。所以，在录入和编辑数据时，一定要注意数据的准确性和唯一性。

要提高数据的准确性和唯一性，可以借助Excel提供的一些功能，例如数据有效性验证、删除重复项，甚至可以应用公式来效验数据的正确性。

4. 筛选出需要的数据

在大量数据中，有时候只有一部分数据可以供用户分析和参考，此时可以利用数据筛选功能筛选出有用的数据，然后在这些数据范围内进行进一步的统计和分析。Excel提供了"自动筛选"和"高级筛选"两种筛选方式。"自动筛选"功能会在数据表中各列的标题行提供筛选下拉列表框，用户可以从下拉列表中选择筛选条件，达到筛选数据的目的；利用"高级筛选"功能，用户可以自行定义筛选条件，并可以定义较为复杂的筛选条件。

5. 加入数据汇总信息

查看数据时，很多时候不是关注数据本身的信息，最关注的可能是数据的一些结果，也就是数据的汇总信息。使用分类汇总功能，可以在分类的基础上进行汇总操作，例如已经利用排序功能将"性别"字段中的相同数据集中在一起，然后利用"分类汇总"命令按照"性别"字段进行分类汇总工龄和年龄项，就可以分别得到男性员工和女性员工的平均年龄。

要点 02 了解Excel中数据排序的规则

数据排序是根据相关字段名将数据表格中的记录按升序或降序的方式进行排序。Excel 2013在对数字、日期、文本、逻辑值、错误值和空白单元格进行排序时会使用一定的排序次序。在按升序排序时，Excel使用如下表所示的规则排序；在按降序排序时则使用相反的次序。

排序内容	排序规则（升序）
数字	按从最小的负数到最大的正数进行排序
日期	按从最早的日期到最晚的日期进行排序
字母	按字母从A到Z的先后顺序排序，在按字母先后顺序对文本项进行排序时，Excel会从左到右一个字符接一个字符地进行排序
字母数字文本	按从左到右的顺序逐字符进行排序。例如，如果一个单元格中含有文本"A100"，Excel会将这个单元格放在含有"A1"的单元格的后面、含有"A11"的单元格的前面
文本以及包含数字的文本	排序次序为：0 1 2 3 4 5 6 7 8 9 （空格） ! " # $ % & ( ) * , . / : ; ? @ [\ ] ^ _ ` { | } ~ + < = > A B C D E F G H I J K L M N O P Q R S T U V W X Y Z
逻辑值	在逻辑值中，FALSE排在TRUE之前
错误值	所有错误值的优先级相同
空格	空格始终排在最后

要点 **03** 分类汇总数据的那些门道

在对数据进行查看和分析时，有时需要对数据按照某一字段中的数据进行分类排列，并分别统计出不同类别数据的汇总结果，此时可以使用Excel 2013中的"分类汇总"功能。

1. 走出分类汇总误区

初学Excel的部分用户习惯手工做分类汇总表，这真是自讨苦吃的行为。手工做汇总表的情况主要分为以下两类。

（1）只有分类汇总表，没有源数据表。此类汇总表的制作工艺100%靠手工，有的用计算器算，有的直接在汇总表里算，还有的在纸上打草稿。总而言之，每一个汇总数据都是用键盘敲进去的，算好填进表格的也就罢了，反正也没想找回原始记录。在汇总表里算的，好像有点儿源数据的意思，但仔细推敲又不是那么回事儿。经过一段时间，公式里数据的来由一定会完全忘记。

（2）有源数据表，并经过多次重复操作做出汇总表。此类汇总表的制作步骤为按字段筛选后选中筛选出的数据→目视状态栏的汇总数→切换到汇总表→在相应单元格填写汇总数；重复以上所有操作一百次。其间还会发生一些小插曲，如选择数据时有遗漏、填写时忘记了汇总数、切换时无法准确定位汇总表。长此以往，在一次又一次与表格的激烈"战斗"中，用户会心力交瘁，败下阵来。

2. 分类汇总的几个层次

分类汇总是一个比较有技术含量的工作，根据所掌握的技术大致可分为以下几个层次。

- 初级分类汇总，指制作好的分类汇总表是一维的，即仅对一个字段进行汇总。如求每个月的请假总天数。
- 中级分类汇总，指制作好的分类汇总表是二维一级的，即对两个字段进行汇总。这也是最常见的分类汇总表。此类汇总表既有标题行，也有标题列，横纵坐标的交集处显示汇总数据。如求每个月每个员工的请假总天数，月份为标题列，员工姓名为标题行，在交叉单元格处得到某员工某月的请假总天数。
- 高级分类汇总，指制作好的分类汇总表是二维多级汇总表，即对两个以上字段进行汇总。

3. 了解分类汇总要素

当表格中的记录愈来愈多，且出现相同类别的记录时，使用分类汇总功能可以将性质相同的数据集合到一起，分门别类后再进行汇总运算。这样就能更直观地显示表格中的数据信息，方便用户查看。

在使用分类汇总时，表格区域中需要有分类字段和汇总字段。其中，分类字段是指对数据类型进行区分的列单元格，该列单元格中的数据包含多个值，且数据中具有重复值，如性别、学历、职位等；汇总字段是指对不同类别的数据进行汇总计算的列，汇总方式可以为计算、求和、求平均等。例如，要在工资表中统计出不同部门的工资总和，可将部门数据所在的列单元格作为分类字段，将工资作为汇总项，汇总方式则采用求和的方式。

在汇总结果中将出现分类汇总和总计的结果值，其中，分类汇总结果值是对同一类别的数据进行相应的汇总计算后得到的结果；总计结果值则是对所有数据进行相应的汇总计算后得到的结果。使用“分类汇总”命令后，数据区域将应用分级显示，不同的分类作为第一级，每一级中的内容即为源数据表中该类别的明细数据。

同步训练——实战应用成高手

通过前面知识要点的介绍，主要让读者认识和掌握在Excel中对数据进行统计和分析的相关技能与经验。下面针对日常办公中的相关应用列举几个典型的案例，介绍在Excel中对数据进行分析、排序、筛选和分类汇总的思路、方法及具体操作步骤。

案例 01 制作盘点表

案例概述

盘点表主要是用于公司在盘点日所拥有的财产物资实有数进行清查，得出的数据记录后便可作为原始凭证，通常一式两份，一份由实物保管人留存，一份送交会计部门与账面记录核对。“盘点表”表格制作完成后的效果如下图所示。

库存材料盘点表

制表日期：　　年　月　日　　　　单位：元　　编号：

序号	品名	单位	规格	单价	上月库存		本月购进		本月消耗		月末实存		备　注
					数量	金额	数量	金额	数量	金额	数量	金额	
1	点钞机	台		¥308.00	12	¥3,696.00	15	¥200.00	5	¥308.00	22	¥6,776.00	
2	验钞机	台		¥135.00	15	¥2,025.00	13	¥86.00	10	¥135.00	18	¥2,430.00	
3	收银机	台		¥1,590.00	30	¥47,700.00	20	¥1,268.00	3	¥1,590.00	47	¥74,730.00	
4	标签机	台		¥180.00	42	¥7,560.00	16	¥120.00	4	¥180.00	54	¥9,720.00	
5	条码扫描	台		¥68.00	16	¥1,088.00	24	¥30.00	9	¥68.00	31	¥2,108.00	
6	切纸机	台		¥450.00	8	¥3,600.00	15	¥180.00	4	¥450.00	19	¥8,550.00	
7	塑封机	台		¥260.00	9	¥2,340.00	13	¥120.00	9	¥260.00	13	¥3,380.00	
8	数据采集器	台		¥860.00	4	¥3,440.00	14	¥620.00	10	¥860.00	8	¥6,880.00	
9	装订机	台		¥369.00	6	¥2,214.00	20	¥300.00	15	¥369.00	11	¥4,059.00	
10	保险箱	个		¥1,280.00	15	¥19,200.00	15	¥1,000.00	13	¥1,280.00	17	¥21,760.00	
11	食堂刷卡机	台		¥850.00	2	¥1,700.00	24	¥650.00	20	¥850.00	6	¥5,100.00	
12						¥0.00					0	¥0.00	
13						¥0.00					0	¥0.00	
14						¥0.00					0	¥0.00	
15						¥0.00					0	¥0.00	
16						¥0.00					0	¥0.00	
17						¥0.00					0	¥0.00	
	合　计												

负责人：　　　　核准：

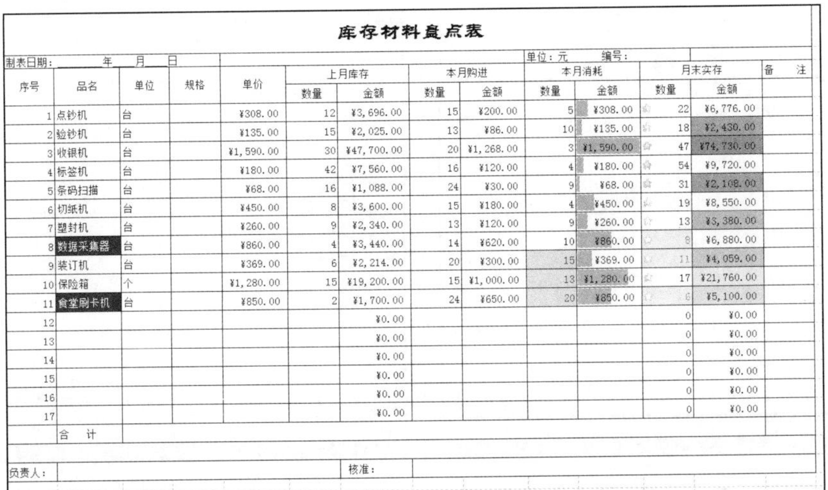

素材文件：无

结果文件：光盘\结果文件\第8章\案例01\盘点表.xlsx

教学文件：光盘\同步教学视频\第8章\案例01.mp4

制作思路

在Excel中制作盘点表的流程与思路如下。

一 创建初始表格：盘点表制作的目的就是记录各项明细数据。在编辑盘点表之前，首先需要输入盘点表的所有明细科目，然后根据盘点的结果将数据输入表格中。

二 应用条件格式标记特殊数据：本例需要使用条件格式对库存数量及本月数量进行标记。主要涉及各种条件格式的应用和设置方法以及自定义条件格式的方法。

具体步骤

如果公司是做销售的，每月都会对产品的数量做一次盘点，查看产品的销售情况，并进行简单的分析。本例将以制作某公司产品的盘点表为例，介绍在Excel中使用条件格式进行数据分析的相关操作。

1. 输入盘点表内容

要制作盘点表，首先需要将要盘点的明细科目罗列出来，然后将获得的数据——进行记录即可，本例中制作盘点表的具体操作步骤如下。

01 输入盘点表的项目名称及序号。❶新建一个空白工作簿，并以"盘点表"为名进行保存；❷在工作表中输入如下左图所示的项目名称及序号。

02 输入盘点表的数据。在项目名称列中输入盘点表的相关数据，如下右图所示。

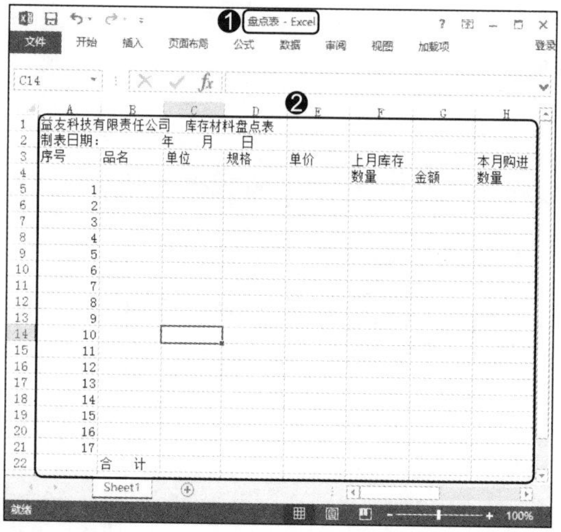

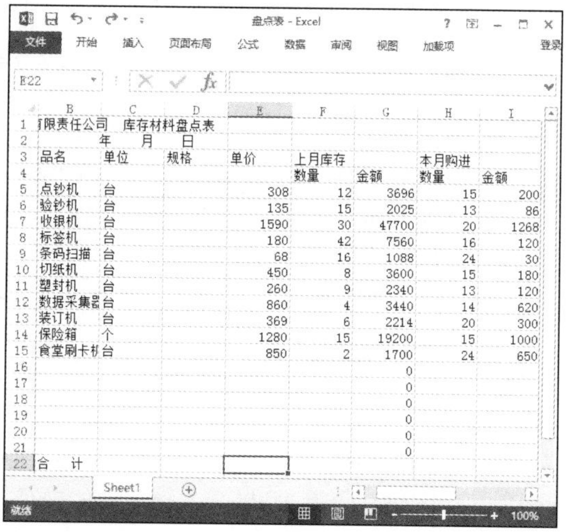

03 设置货币格式。❶选择输入货币数据的多个单元格区域；❷在"开始"选项卡"数字"组的下拉列表框中选择"货币"选项，如下左图所示。

04 合并单元格并调整列宽。❶根据下右图所示的效果对相应的多个单元格进行合并；❷拖动鼠标光标调整B列的列宽，使其中的数据全部显示。

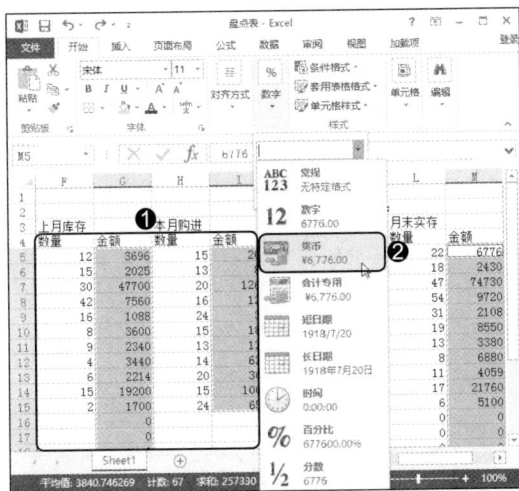

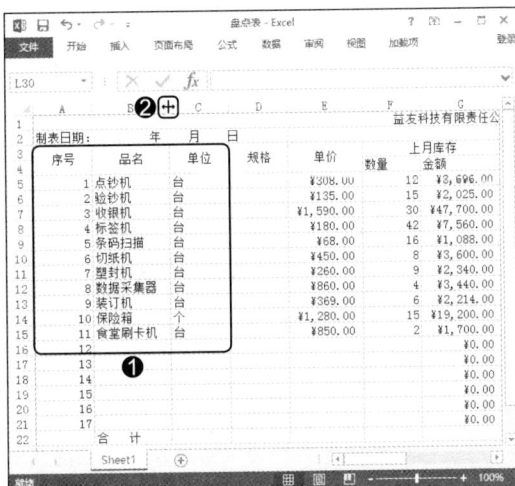

05 设置标题字符格式。❶ 选择A1单元格；❷ 在"字体"组中设置标题文本的字体为"华文隶书"，字号为"22"，并加粗显示；❸ 拖动鼠标光标调整该行单元格的行高，如下左图所示。

06 添加下划线。❶ 选择A1单元格；❷ 在编辑栏中选中"年"字前面的空白区域；❸ 单击"字体"组中的"下划线"按钮，如下右图所示。

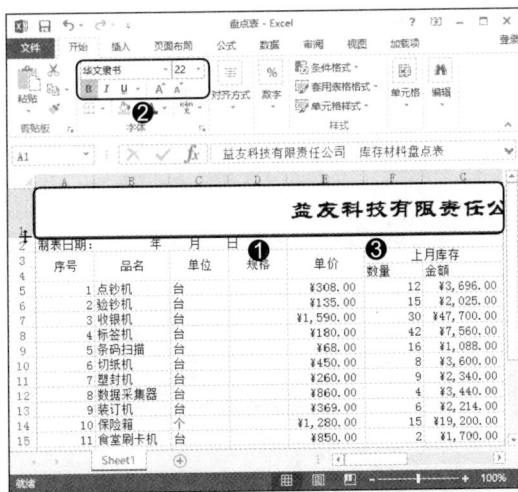

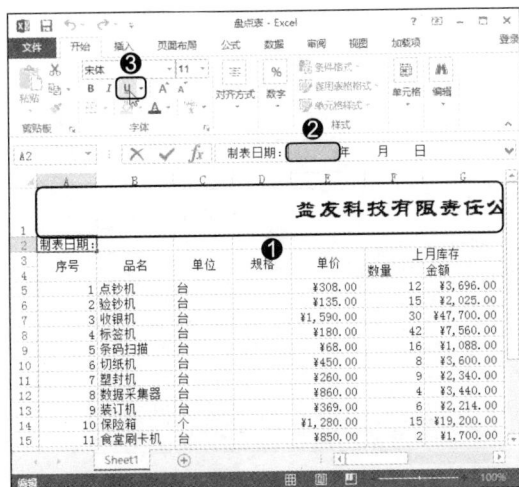

07 设置单元格对齐方式。❶ 使用相同的方法，在"月"和"日"前面加上下划线；❷ 选择F4:M4单元格区域；❸ 单击"对齐方式"组中的"居中"按钮，如下左图所示。

08 添加边框线。❶ 选择A1:M24单元格区域；❷ 单击"字体"组中的"边框线"按钮；❸ 在弹出的下拉菜单中选择"所有框线"命令，如下右图所示。

知识扩展

设置双下划线

Excel中可以为单元格数据添加"下划线"和"双下划线"两种类型的下划线，若需要设置双下划线，可以单击"下划线"按钮右侧的下拉按钮，在弹出的下拉列表中选择"双下划线"选项。

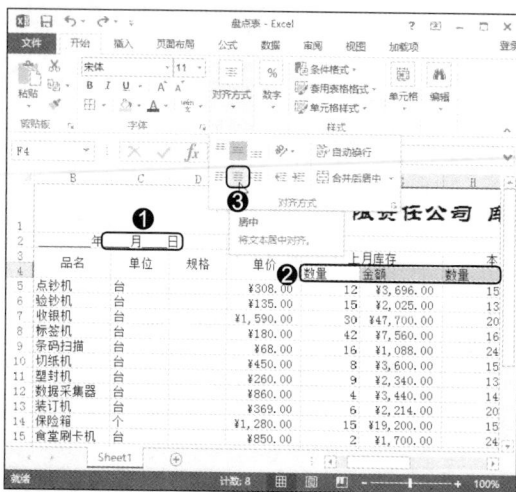

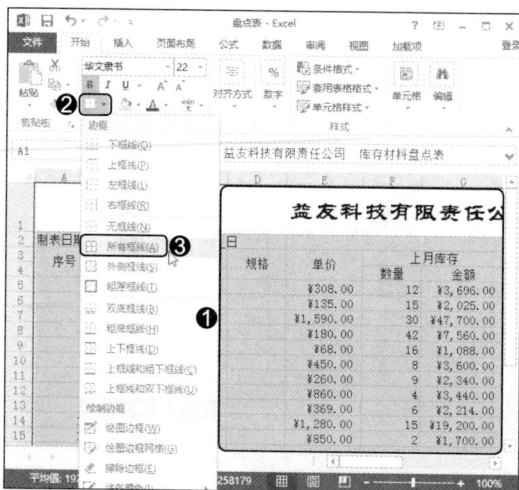

09 设置行高。❶ 选择第3~24行单元格；❷ 单击"单元格"组中的"格式"按钮；❸ 在弹出的下拉菜单中选择"行高"命令；❹ 打开对话框，输入行高值；❺ 单击"确定"按钮，如下左图所示。

10 合并单元格。❶ 选择C22:M22单元格区域；❷ 单击"对齐方式"组中的"合并后居中"按钮，如下右图所示。

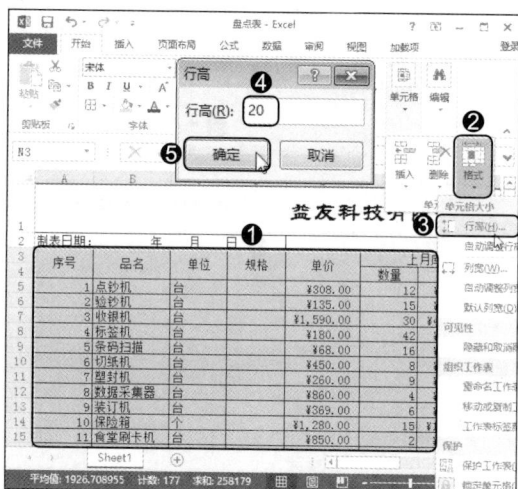

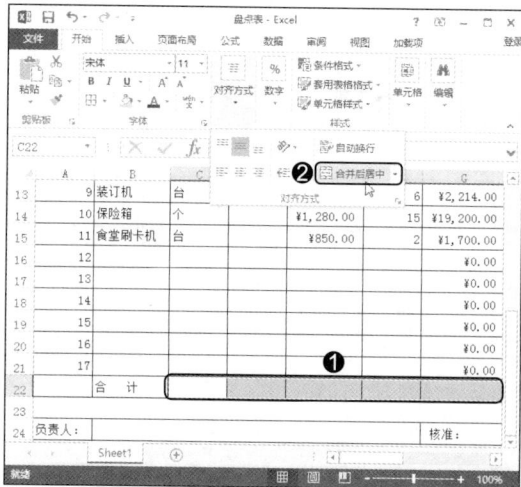

2. 标记盘点表

在盘点表中输入数据后，就可以对数据进行分析或处理了，如使用颜色将产品销售情况较好与较差的数据都标记出来，方便对产品的销售情况进行分析，具体的实现方法如下。

01 执行条件格式操作。❶ 选择J5:J15单元格区域；❷ 单击"样式"组中的"条件格式"按钮；❸ 在弹出的下拉菜单中选择"突出显示单元格规则"命令；❹ 在弹出的级联菜单中选择"大于"命令，如下左图所示。

02 设置条件。打开"大于"对话框，❶ 在左侧的参数框中输入数值10；❷ 在右侧的下拉列表中选择"浅红填充色深红色文本"选项；❸ 单击"确定"按钮，即可突出显示本月消耗超过10的数据，如下右图所示。

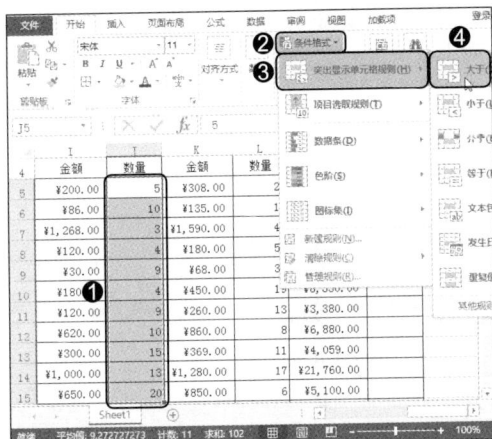

03 应用数据条显示本月消耗的金额。❶ 选择K5:K15单元格区域；❷ 单击"样式"组中的"条件格式"按钮；❸ 在弹出的下拉菜单中选择"数据条"命令；❹ 在弹出的级联菜单中选择需要的数据条样式，即可根据所选单元格区域中数据的大小显示数据条的长短，如下左图所示。

04 执行条件格式操作。❶ 选择L5:L15单元格区域；❷ 单击"样式"组中的"条件格式"按钮；❸ 在弹出的下拉菜单中选择"项目选取规则"命令；❹ 在弹出的级联菜单中选择"最后10项"命令，如下右图所示。

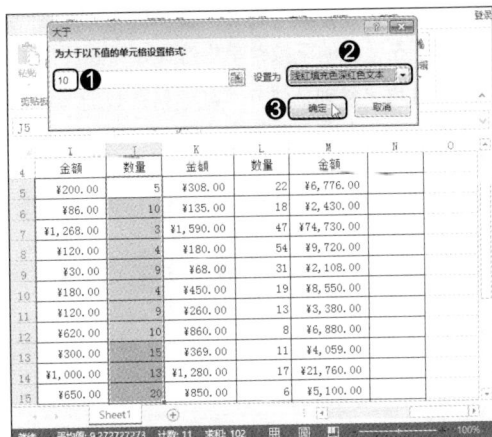

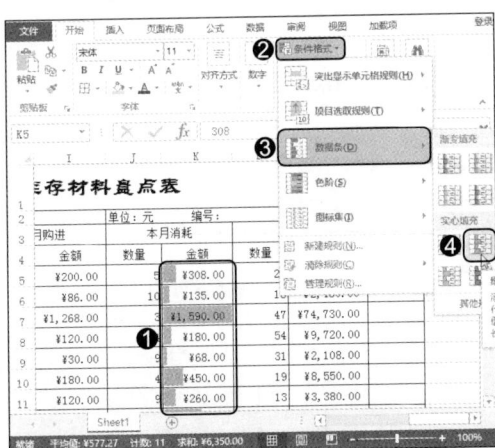

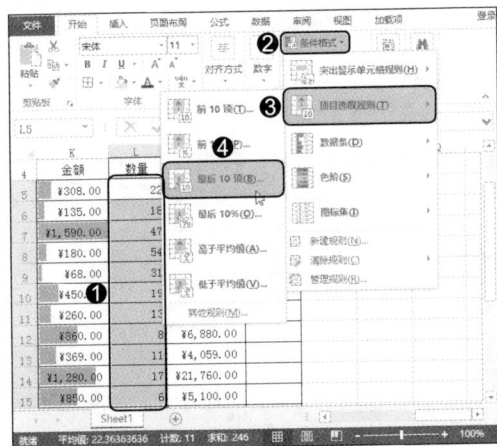

05 设置条件。打开"最后10项"对话框，❶ 在左侧的数值框中输入数值"3"；❷ 在右侧的下拉列表框中选择"黄填充色深黄色文本"选项；❸ 单击"确定"按钮，即可突出显示本月末剩余产品最少的三项数据，如右图所示。

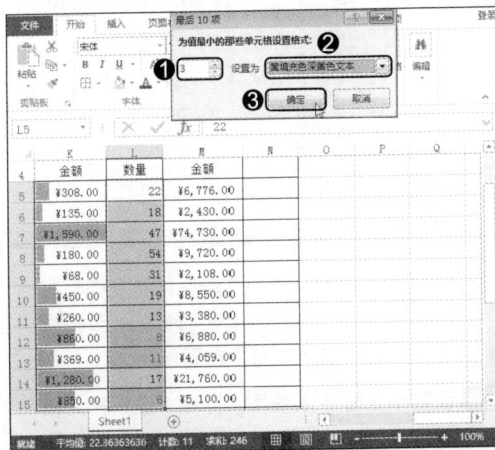

06 选择"新建规则"命令。保持L5:L15单元格区域的选择状态，❶ 单击"样式"组中的"条件格式"按钮；❷ 在弹出的下拉菜单中选择"新建规则"命令，如下左图所示。

07 设置格式规则。打开"新建格式规则"对话框，❶ 在"选择规则类型"列表中选择"基于各自值设置所有单元格的格式"选项；❷ 在"格式样式"下拉列表中选择"图标集"选项，并在"图标样式"下拉列表中选择"三个符号（星星）"选项；❸ 在下方的条件设置区域中设置类型均为"数字"，并设置具体参数值；❹ 单击"确定"按钮，如下右图所示。

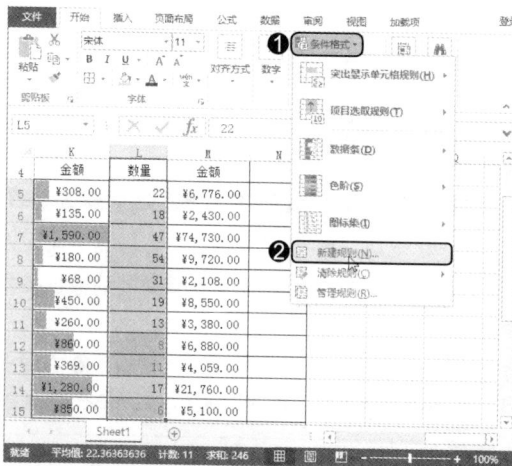

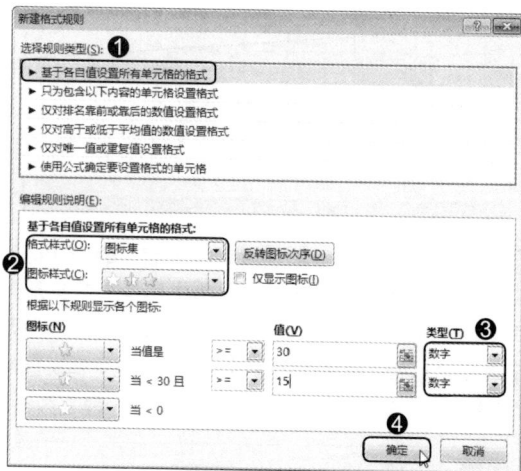

08 查看设置条件格式规则的效果。经过上步操作，此时"本月末剩余产品"列中的数据将应用设置的规则，效果如下左图所示。

09 新建条件格式规则。❶ 选择B5:B15单元格区域；❷ 单击"样式"组中的"条件格式"按钮；❸ 在弹出的下拉菜单中选择"新建规则"命令，如下右图所示。

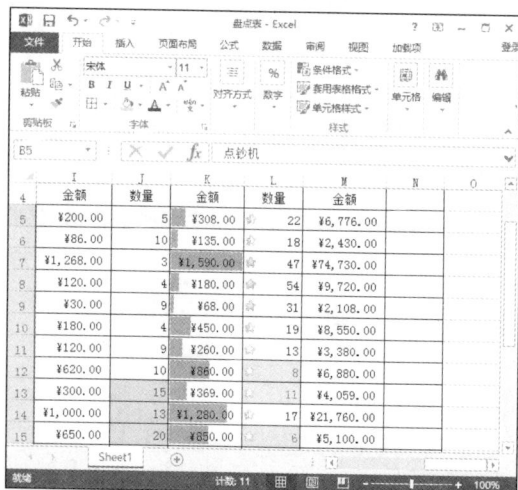

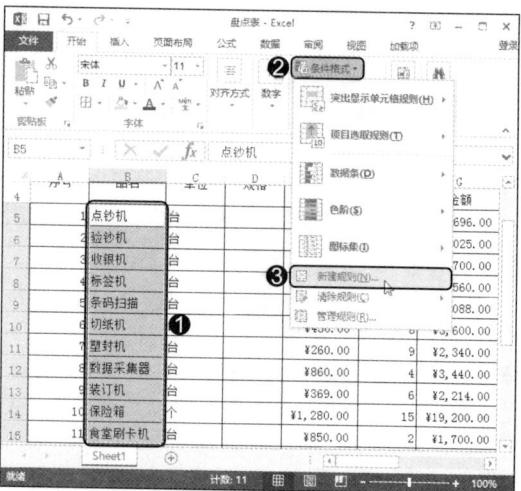

10 设置格式规则。打开"新建格式规则"对话框，❶ 在"选择规则类型"列表框中选择"使用公式确定要设置格式的单元格"选项；❷ 在"为符合此公式的值设置格式"参数框中输入公式"=($L5<10)"；❸ 单击"格式"按钮，如下左图所示。

11 设置单元格字体颜色。打开"设置单元格格式"对话框，❶ 单击"字体"选项卡；❷ 在"颜色"下拉列表中设置字体颜色为"白色"，如下右图所示。

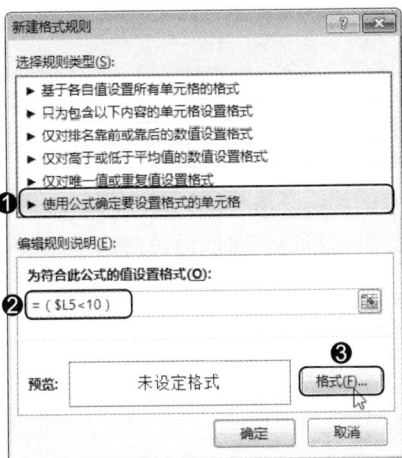

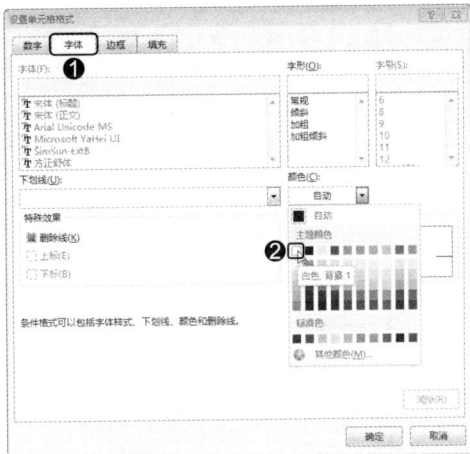

12 设置单元格填充颜色。❶ 单击"填充"选项卡；❷ 选择填充颜色为"深红"；❸ 单击"确定"按钮，如下左图所示。

13 查看设置条件格式规则的效果。返回"新建格式规则"对话框，单击"确定"按钮完成条件格式规则设置，即可看到应用条件格式后的效果，如下右图所示。

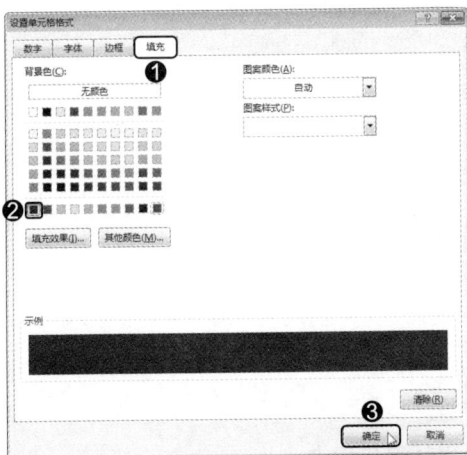

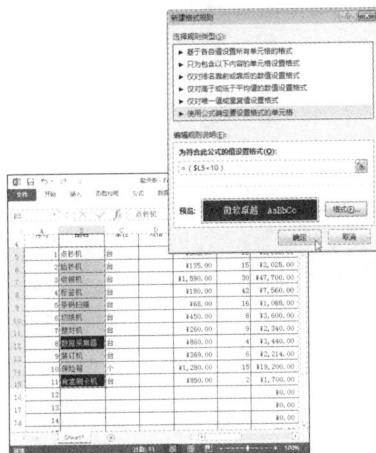

14 应用色阶显示月末存货的价值。❶ 选择M5:M15单元格区域；❷ 单击"样式"组中的"条件格式"按钮；❸ 在弹出的下拉菜单中选择"色阶"命令；❹ 在弹出的级联菜单中选择如右图所示的色阶样式。此时该列中将按数据从大到小的顺序为单元格应用填充蓝色/白色/红色，最大值显示为蓝色，最小值显示为白色，中间值显示为红色。

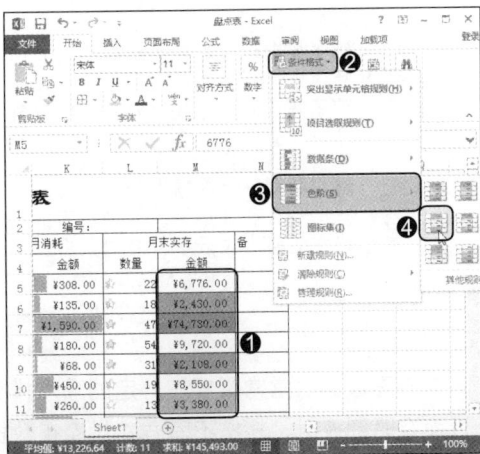

案例 02 分析库存明细表

案例概述

库存明细表是办公中的一种常用表格，它和盘点表的功能基本相同，是专门记录库存数据的表格，用户可以根据库存明细表的数据对产品进行分析与整理，可以通过筛选功能快速找到要查看存货的内容。对“库存明细表”中的数据进行分析后得到的效果如下图所示。

存货目录	存货地点	库存数量
一品类		
	A1-1-2	
		>=20

存货编号	存货名称	存货目录	存货地点	进货价格	销售价格	存货单位	库存数量	合计成本	合计销售额	预计利润
C012	集成电路	梵洁诗	A1-1-2	2	2.5	个	49803	99606	124507.5	24901.5
C008	高精电阻	梵洁诗	A1-1-2	0.5	1	个	6662	3331	6662	3331
QFA2060	脱模剂	干性	A1-1-2	4.97	5.5	瓶	5988	29760.36	32934	3173.64
C019	货品1*	一品类	北大仓库*			件*	4052			
C004	移动硬盘盒	耗材类	A1-1-2	50	60	台	4043	202150	242580	40430
C020	s3500c	成品	州白杨湾仓	1500	1500	个	4004	6006000	6006000	0
C018	CPU	一品类	A1-1-2	60	100	个	1977	118620	197700	79080
6564	电源板.PCE		深圳	500	1500	个	1482	741000	2223000	1482000
C021	石英石	一品类	北大仓库*	30	40	片	1074	32220	42960	10740
C006	RESISTOR	高精度电阻	A1-1-2	2	6	个	1003	2006	6018	4012
C020	s3500c	成品	北大仓库*	1500	1500	个	1000	1500000	1500000	0
C055	基笔记本电	112	A1-1-2	4200	4200	片	636	2671200	2671200	0
C104	源板.PCBt		州白杨湾仓	500	1500	个	601	300500	901500	601000
C068	汽车	100002	A1-1-2	520	850	台	560	291200	476000	184800
C094	电阻3K	电阻类	北大仓库*	20		片	504	10080	0	-10080
C067	冰箱	100002	北大仓库*	500	1000	台	500	250000	500000	250000
C071	空调	100001	北大仓库*	2000	4500	台	500	1000000	2250000	1250000
C075	大衣	111214	深圳	100	500	件*	500	50000	250000	200000
C116	保温箱	101350	州白杨湾仓	555	5556	件	440	244200	2444640	2200440
C076	鲨鱼	111214	深圳	666	888	片	400	266400	355200	88800
C032	底座	座便器	州白杨湾仓	45	50	台	367	16515	18350	1835
C001	座便器	一品类	A1-1-2	500	700	套	288	144000	201600	57600
C030	法官的风	座便器	北大仓库*			台	238			
C002	usb键盘	耗材类	A1-1-2	20	35	个	118	2360	4130	1770
C013	nokia6030	梵洁诗	州白杨湾仓			台	80			

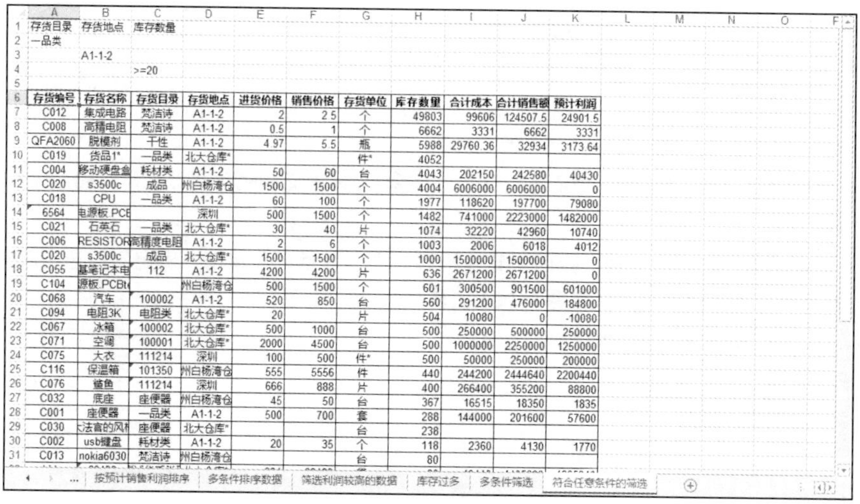

素材文件：光盘\素材文件\第8章\案例02\库存明细表.xlsx
结果文件：光盘\结果文件\第8章\案例02\库存明细表.xlsx
教学文件：光盘\同步教学视频\第8章\案例02.mp4

制作思路

在Excel中对库存明细表中的数据进行分析的流程与思路如下。

一 **排序数据**：对库存明细表进行查看时，常常需要按库存量的多少排列数据，以清楚地查看到各产品的库存数量；也可以根据存货目录或地点对数据进行排序，便于了解不同类别或不同仓库的存货数据。

二 **筛选数据**：对数据进行排序后，虽然能够一目了然地查看相应数据的具体排位，找出最大和最小值，但仍然不能快速找到符合要求的数据。此时可以使用筛选功能在表格中仅显示需要的数据。

具体步骤

在查看数据时常常需要按一定的顺序排列数据，以方便对数据进行查找与分析。本例中在分析库存明细表时，将按不同方式对库存数据进行排序，然后筛选出需要的数据。

1. 按库存多少进行排序

在Excel数据表格中，使用排序功能可以使表格中的各条数据依照某列中数据的大小重新调整位置。例如在库存明细表中根据库存数量的多少进行排序，具体操作步骤如下。

01 执行排序操作。打开素材文件中提供的"库存明细表"工作簿，❶ 复制"存货库存明细"工作表，并重命名为"按存货数量排序"；❷ 选择"库存数量"列中的任意单元格，如H2单元格；❸ 单击"开始"选项卡"编辑"组中的"排序和筛选"按钮；❹ 在弹出的下拉菜单中选择"降序"命令，如下左图所示。

02 显示排序结果。经过上步操作，即可将当前列中的数据按从高到低的顺序进行排列，效果如下右图所示。

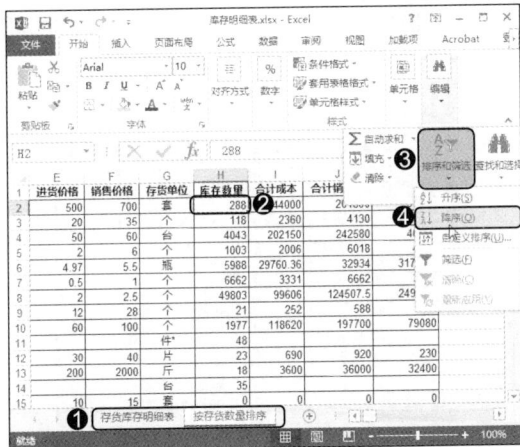

产品编码

库存明细表中一般为每个商品按规格设定一个唯一的编码，前面的几位数一般是产品的大类编码，后面的数据可能是商品名称或规格等。这样，了解商品的编码规则后，再用排序或筛选功能就多了一个可以查询的依据。

2. 应用表格筛选功能按预计销售利润的多少进行排序

将单元格区域转换为表格对象后，表格对象中将自动启动筛选功能，此时利用列标题下拉菜单中的"排序"命令可快速对表格数据进行排序。例如，本例将把数据单元格直接转换为表格区域，然后快速根据预计的销售利润的多少对表格数据进行降序排序，具体操作方法如下。

01 将单元格区域转换为表格。❶ 复制"存货库存明细表"工作表，并重命名为"按预计销售利润排序"；❷ 单击"插入"选项卡"表格"组中的"表格"按钮；❸ 在打开的"创建表"对话框中设置表数据的来源为表格中的A1:K57单元格区域；❹ 单击"确定"按钮，如下左图所示。

02 设置排序方式。经过上步操作，即可将所选单元格区域转换为表格对象。❶ 单击K1单元格右侧的下拉按钮；❷ 在弹出的下拉菜单中选择"降序"命令，如下右图所示。

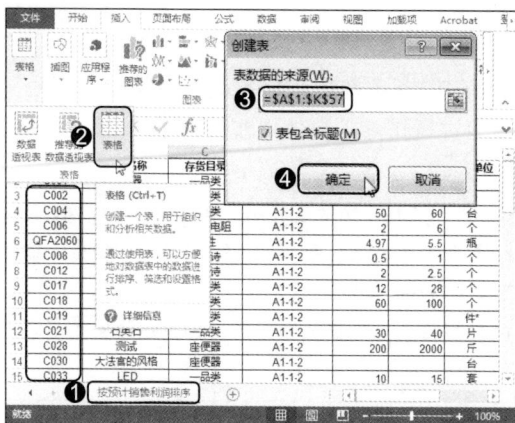

03 显示排序结果。经过上步操作后，即可依据"预计利润"列中的数据按从高到低的顺序对表格数据进行排序，效果如右图所示。

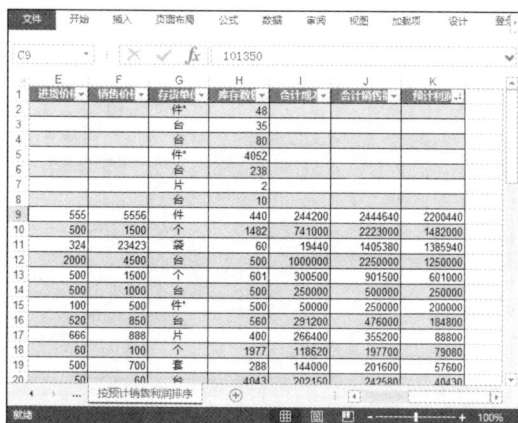

3. 根据多个关键字排序数据

　　在对表格数据进行排序时，有时进行排序的字段中会存在多个相同的数据，这时就需要让数据相同的数据项按另一个字段中的数据进行排序。例如，本例中将根据库存数量降序排列，库存数量相同的数据则依据库存成本降序排列；如果库存数量和成本都相同，则根据存货地点名称的笔画数进行升序排序，具体操作方法如下。

01 执行"自定义排序"命令。❶ 复制"存货库存明细表"工作表，并重命名为"多条件排序数据"；❷ 单击"数据"选项卡"排序和筛选"组中的"排序"按钮，如右图所示。

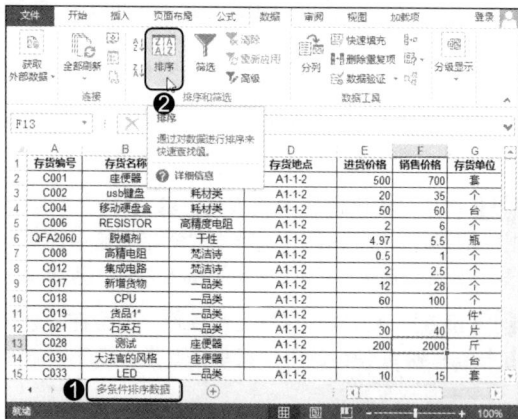

02 设置排序条件。打开"排序"对话框，❶ 在"主要关键字"行中设置"列"为"库存数量"，排序依据为"数值"，次序为"降序"；❷ 单击"添加条件"按钮；❸ 在"次要关键字"行中设置"列"为"合计成本"，排序依据为"数值"，次序为"降序"；❹ 再次单击"添加条件"按钮，在新添加的"次要关键字"行中设置"列"为"存货地点"；❺ 单击"选项"按钮，如右图所示。

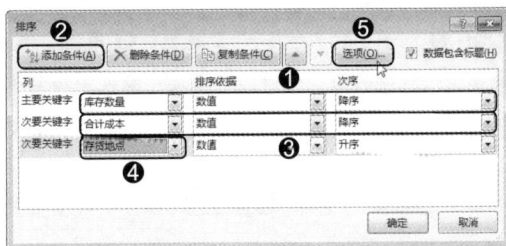

03 设置排序选项。打开"排序选项"对话框，❶ 在"方法"栏中选中"笔划排序"单选按钮；❷ 单击"确定"按钮；❸ 返回"排序"对话框，在最后一个"次要关键字"行中设置"排序依据"为"数值"，"次序"为"升序"；❹ 单击"确定"按钮完成排序选项设置，如下左图所示。

04 显示排序结果。打开"排序提醒"对话框，❶ 选中"将任何类似数字的内容排序"单选按钮；❷ 单击"确定"按钮，即可按设置的多个关键字排序表格数据，排序完成后的效果如下右图所示。

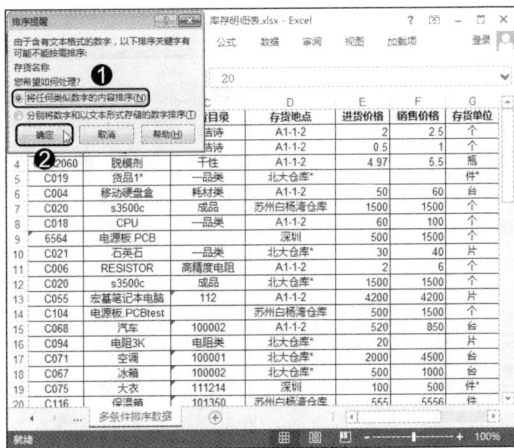

4. 利用自动筛选功能筛选库存表数据

为了方便数据的查看，可以将暂时不需要的数据隐藏，利用自动筛选功能可以快速隐藏不符合条件的数据，也可以快速复制出符合条件的数据。本例将根据不同的情况对库存明细表中的数据进行筛选，具体操作方法如下。

01 执行"筛选"命令。❶ 选择"存货库存明细表"工作表；❷ 单击"排序和筛选"组中的"筛选"按钮，如右图所示。

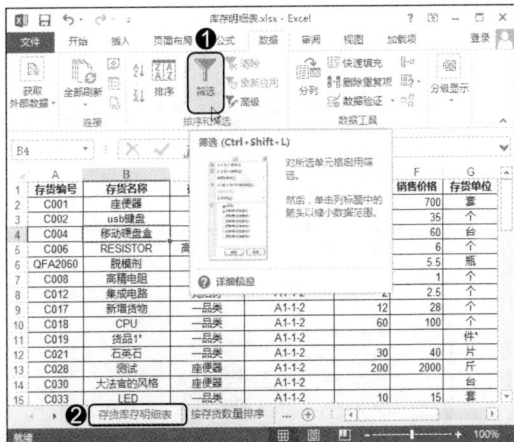

02 设置筛选条件。❶ 单击"存货地点"右侧的下拉按钮；❷ 在弹出的下拉菜单中取消选中"全选"复选框；❸ 选中"北大仓库*"复选框；❹ 单击"确定"按钮，如下左图所示。

03 显示筛选效果。经过以上操作，筛选出存货地点为"北大仓库*"的记录，效果如下右图所示。

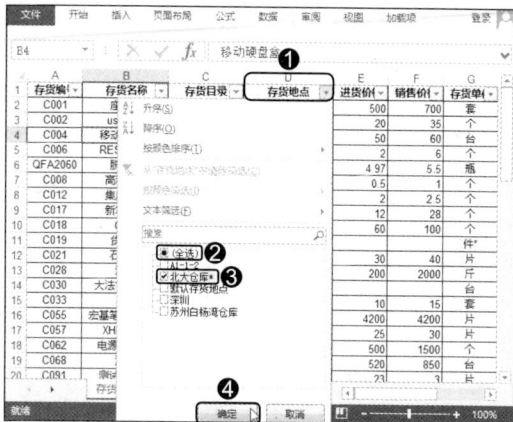

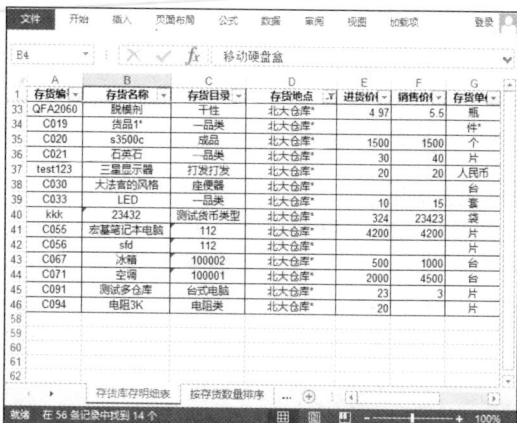

04 执行"数字筛选"命令。❶ 复制"按预计销售利润排序"工作表，并重命名为"筛选利润较高的数据"；❷ 单击K1单元格右侧的下拉按钮；❸ 在弹出的下拉菜单中选择"数字筛选"命令；❹ 在弹出的级联菜单中选择"大于"命令，如右图所示。

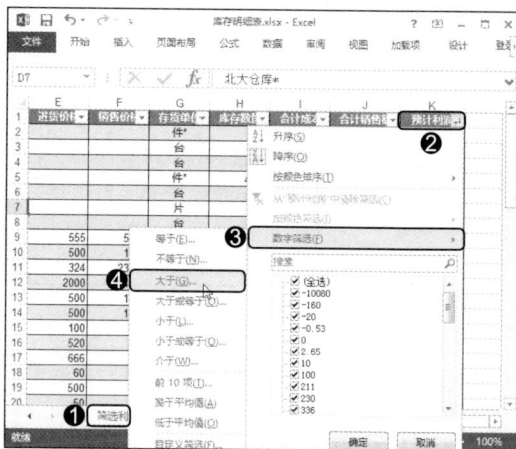

多个字段同时筛选

知识扩展

当设置了一个字段的筛选条件后，可以再设置其他字段的筛选条件，此时表格中显示的数据将同时满足多个字段的筛选条件。

05 自定义自动筛选方式。打开"自定义自动筛选方式"对话框，❶ 设置"显示行"为预计利润大于20000；❷ 单击"确定"按钮，如下左图所示。

06 显示筛选效果。经过以上操作，可筛选出利润大于20000的记录，效果如下右图所示。

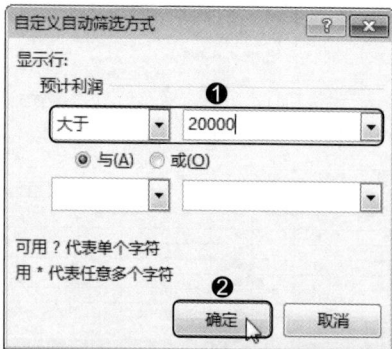

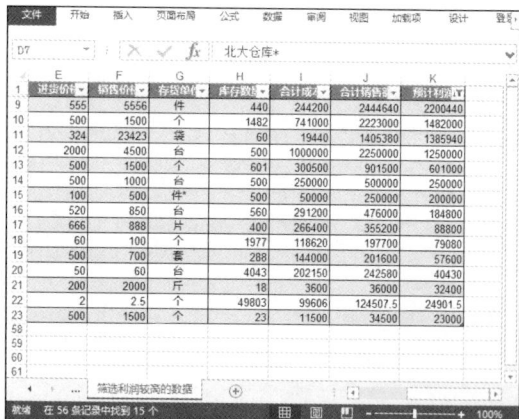

5. 利用高级筛选功能筛选数据

在对表格中的数据进行筛选时，为不影响原数据表中的显示，常常需要将筛选结果放置到指定的工作表或其他单元格区域，此时可应用高级筛选功能筛选数据。要使用高级筛选功能，首先需要在表格中任意空白单元格区域内列举筛选条件，然后再应用"高级筛选"命令。本例中进行高级筛选的具体操作方法如下。

01 制作条件区域并进行筛选。❶ 新建一个空白工作表，并命名为"库存过多"，分别在A1、A2单元格中输入"库存数量"和">=200"文本；❷ 单击"数据"选项卡"排序和筛选"组中的"高级"按钮，如下左图所示。

02 设置高级筛选列表区域。打开"高级筛选"对话框，在"列表区域"参数框中引用"按存货数量排序"工作表中的所有数据单元格区域（含列标题），如下右图所示。

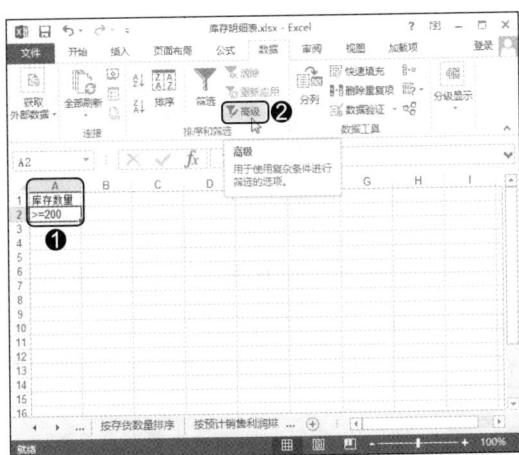

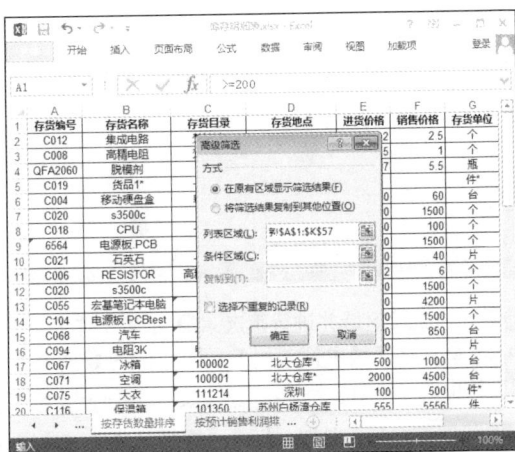

03 设置高级筛选条件区域和复制位置。❶ 在"条件区域"参数框中引用"库存过多"工作表中的A1:A2单元格区域；❷ 在"方式"栏中选中"将筛选结果复制到其他位置"单选按钮；❸ 在"复制到"参数框中引用"库存过多"工作表中的A4单元格；❹ 单击"确定"按钮，如下左图所示。

04 完成并查看筛选结果。经过上步操作后，即可在"库存过多"工作表中筛选出库存数量超过200的数据，该结果列表的位置从A4单元格开始，如下右图所示。

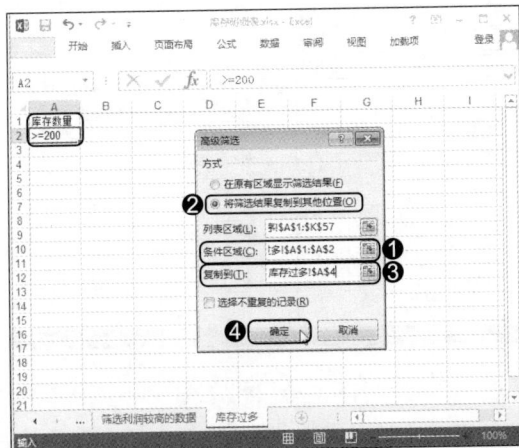

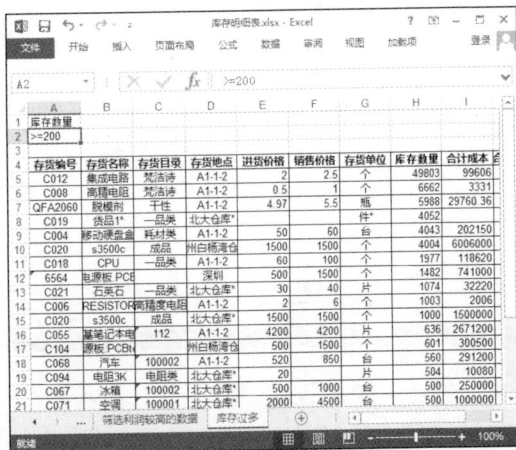

05 制作条件区域并进行筛选。❶ 新建工作表，并设置工作表名称为"多条件筛选"；❷ 在A1:C2单元格区域中输入如下左图所示的数据内容作为条件区域；❸ 单击"数据"选项卡"排序和筛选"组中的"高级"按钮。

06 设置高级筛选参数。打开"高级筛选"对话框，❶ 选中"将筛选结果复制到其他位置"单选按钮；❷ 在"列表区域"参数框中引用"按存货数量排序"工作表中的A1:K57单元格区域；❸ 在"条件区域"参数框中引用"多条件筛选"工作表中的A1:C2单元格区域；❹ 在"复制到"参数框中引用"所有科目合格"工作表中的A4单元格；❺ 单击"确定"按钮，如下右图所示。

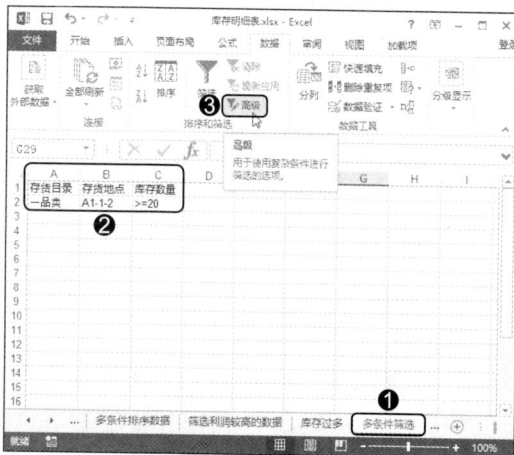

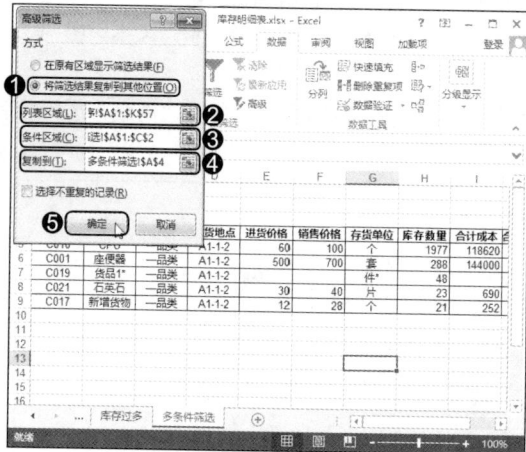

07 制作条件区域并进行筛选。❶ 新建工作表，并设置工作表名称为"符合任意条件的筛选"；❷ 在A1:C4单元格区域中输入如下左图所示的数据内容作为条件区域；❸ 单击"数据"选项卡"排序和筛选"组中的"高级"按钮。

08 设置高级筛选参数。打开"高级筛选"对话框，❶ 选中"将筛选结果复制到其他位置"单选按钮；❷ 在"列表区域"参数框中引用"按存货数量排序"工作表中的A1:K57单元格区域；❸ 在"条件区域"参数框中引用"多条件筛选"工作表中的A1:C4单元格区域；❹ 在"复制到"参数框中引用"所有科目合格"工作表中的A6单元格；❺ 单击"确定"按钮，如下右图所示。

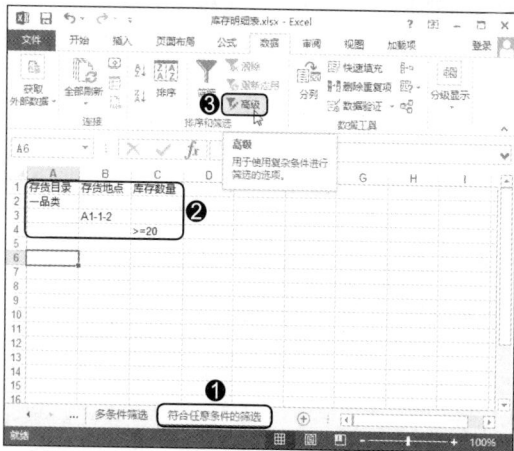

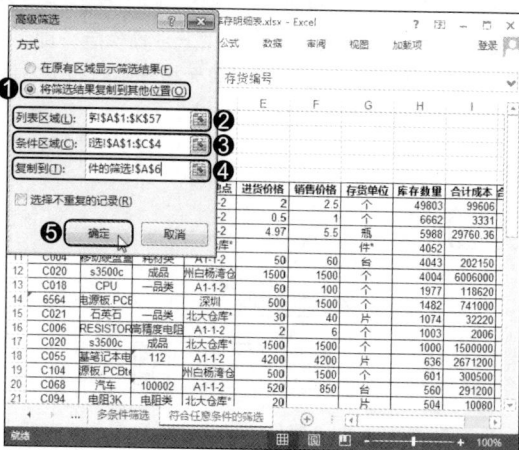

知识扩展

使用高级筛选功能的注意事项

在应用高级筛选功能前必须先制作条件区域，条件由字段名称和条件表达式组成。首先在空白单元格中输入要作为筛选条件的字段名称，该字段名必须与进行筛选的列表区中首行的列标题名称完全相同，然后在其下方的单元格中输入以比较运算符开头的条件表达式，若要以完全匹配的数值或字符串为筛选条件，则可省略“=”；若有多个筛选条件，即形成与关系，则可将多个筛选条件并排；若只需要满足多个条件中的任意一个条件，即形成或关系，则需要让这些筛选条件显示在不同的行中。

案例 03 制作销售情况分析表

案例概述

在日常办公应用中，常常需要对大量数据按不同的类别进行汇总计算。例如，在对销售情况进行分析时，需要对不同月份的销售情况进行汇总，或对不同部门的销售情况进行汇总，或对不同产品的销售情况进行汇总。本例将对销售情况分析表中的数据进行分析，效果如下图所示。

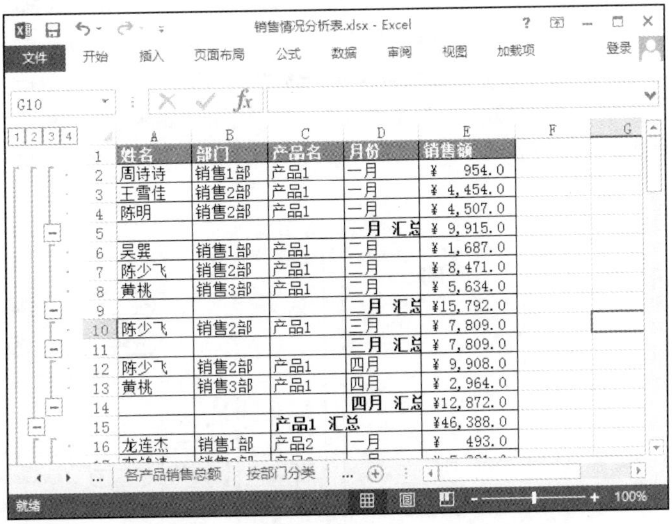

	A	B	C	D	E
1	姓名	部门	产品名	月份	销售额
2	周诗诗	销售1部	产品1	一月	¥ 954.0
3	王雪佳	销售2部	产品1	一月	¥ 4,454.0
4	陈明	销售2部	产品1	一月	¥ 4,507.0
5				一月 汇总	¥ 9,915.0
6	吴巽	销售1部	产品1	二月	¥ 1,687.0
7	陈少飞	销售2部	产品1	二月	¥ 8,471.0
8	黄桃	销售3部	产品1	二月	¥ 5,634.0
9				二月 汇总	¥15,792.0
10	陈少飞	销售2部	产品1	三月	¥ 7,809.0
11				三月 汇总	¥ 7,809.0
12	陈少飞	销售2部	产品1	四月	¥ 9,908.0
13	黄桃	销售3部	产品1	四月	¥ 2,964.0
14				四月 汇总	¥12,872.0
15			产品1 汇总		¥46,388.0
16	龙连杰	销售1部	产品2	一月	¥ 493.0

素材文件：光盘\素材文件\第8章\案例03\销售情况分析表.xlsx
结果文件：光盘\结果文件\第8章\案例03\销售情况分析表.xlsx
教学文件：光盘\同步教学视频\第8章\案例03.mp4

制作思路

在Excel中分析“销售情况分析表”数据的流程与思路如下。

一 **合并计算表格中的数据**：由于素材文件中提供的原始数据是将多个月的销售数据统计到一张表格中的，首先需要使用合并计算功能将各月销售总额统计出来。

二 **合并汇总**：对数据进行分析时，可以将同类的数据进行合并计算出相应的值。

三 **筛选数据**：合并汇总的数据结果还可以再次进行筛选，从而找到符合要求的数据。

具体步骤

　　销售过程中会产生大量的数据，通过记录这些数据并加以分析，便可了解到销售的各种情况，也可以发现很多销售趋势。本例将应用Excel中的合并计算和分类汇总功能对销售情况汇总表中的数据进行分析，并使用筛选功能按月份、部门等条件进行筛选等操作。

1. 应用合并计算功能汇总销售额

　　要按某一个分类将数据结果进行汇总计算，可以应用Excel中的合并计算功能，它可以将一个或多个工作表中具有相同标签的数据进行汇总运算。

01 执行合并计算的操作。打开素材文件中提供的"销售情况分析表"工作簿，❶ 新建工作表，并设置工作表名称为"各月销售总额"；❷ 在A1和B1单元格中输入如下左图所示的数据内容；❸ 选择A2单元格；❹ 单击"数据"选项卡"数据工具"组中的"合并计算"按钮。

02 设置合并计算参数。打开"合并计算"对话框，❶ 在"函数"下拉列表框中选择"求和"选项；❷ 在"引用位置"参数框中引用"数据表"工作表中"月份"和"销售额"列中的数据，即D2:E65单元格区域；❸ 在"标签位置"栏中选中"最左列"复选框；❹ 单击"添加"按钮；❺ 单击"确定"按钮，如下右图所示。

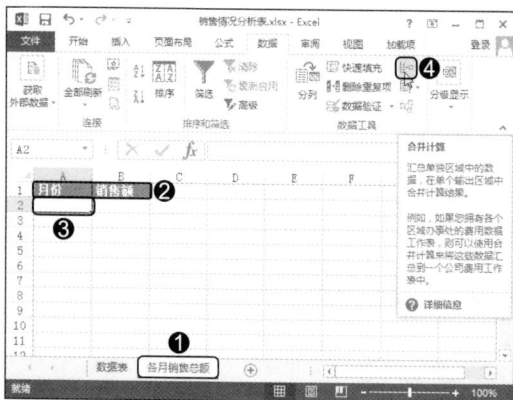

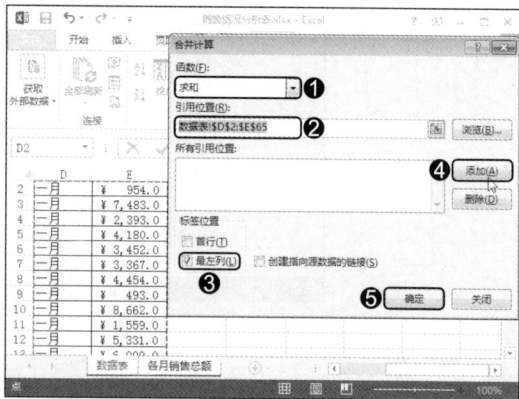

03 显示合并计算结果。经过以上操作，即可在"各月销售总额"工作表中显示合并计算的结果，如下左图所示。

04 执行合并计算的操作。❶ 新建工作表，并命名为"各产品销售总额"；❷ 选择A1单元格；❸ 单击"数据工具"组中的"合并计算"按钮，如下右图所示。

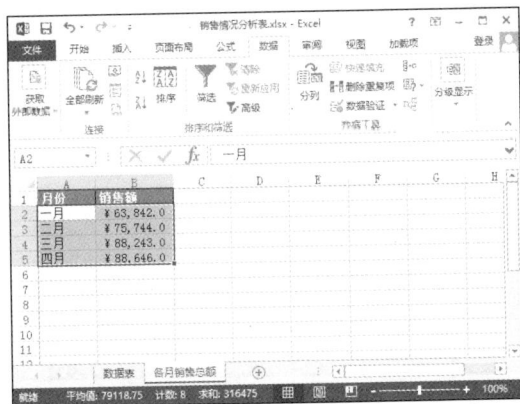

05 设置合并计算参数。打开"合并计算"对话框，❶ 在"引用位置"列表框中选中数据表中需要求和的区域；❷ 选中"最左列"和"创建指向源数据的链接"复选框；❸ 单击"添加"按钮；❹ 单击"确定"按钮，如下左图所示。

06 显示合并计算结果。经过以上操作，"各产品销售总额"表中可显示合并计算的结果。❶ 在顶部插入一行，添加列标题行；❷ 单击"删除"按钮删除结果中不需要的空列，如下右图所示。

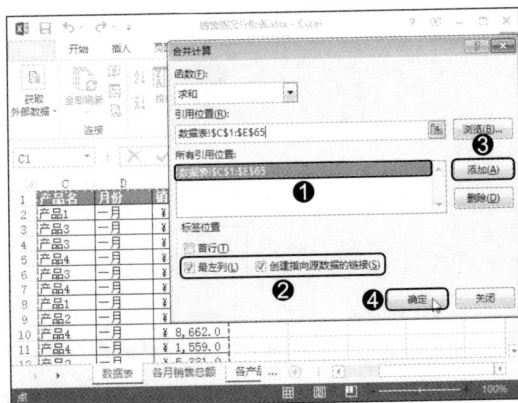

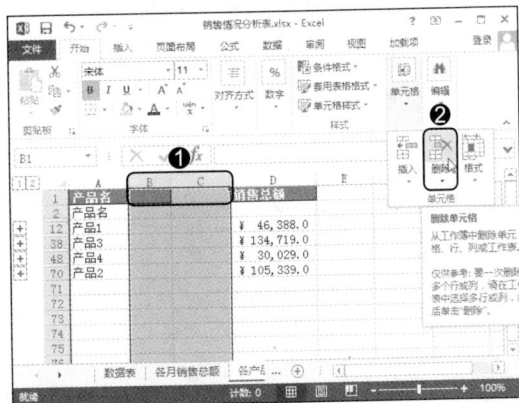

2. 应用分类汇总功能汇总数据

应用合并计算可以快速对某一类数据进行汇总计算，合并之后重在体现计算结果，无法清晰地显示出明细数据。为对不同类别的数据进行汇总，同时又能更清晰地查看汇总后的明细数据，可以使用分类汇总功能。在使用分类汇总前，需要先将要进行分类汇总的明细数据进行排序，使类别相同的数据位置排列在一起，从而实现分类的功能，然后再使用分类汇总命令按相应的分类进行数据汇总。

01 复制工作表并排序部门。❶ 复制"数据表"工作表，并重命名为"按部门分类"；❷ 选择B2单元格；❸ 单击"数据"选项卡"排序和筛选"组中的"升序"按钮，如下左图所示。

02 执行"分类汇总"命令。单击"分级显示"组中的"分类汇总"按钮，如下右图所示。

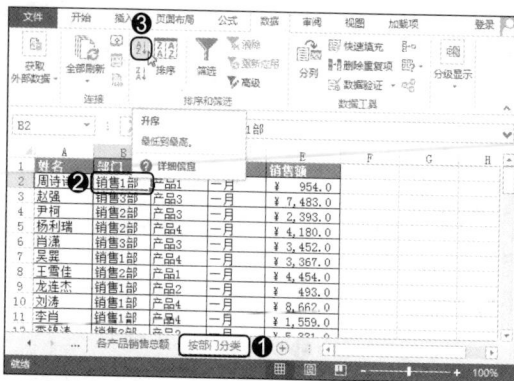

03 设置分类汇总的参数。打开"分类汇总"对话框，❶ 在"分类字段"下拉列表中选择"部门"选项；❷ 在"汇总方式"下拉列表中选择"求和"选项；❸ 在"选定汇总项"列表中选中"销售额"复选框；❹ 单击"确定"按钮，如下左图所示。

04 查看分类汇总效果。经过上步操作，即可让表格中的数据按"部门"字段进行分类，并汇总销售额。单击左侧窗格上方的按钮 2，即可查看各部门的销售总额，如下右图所示。

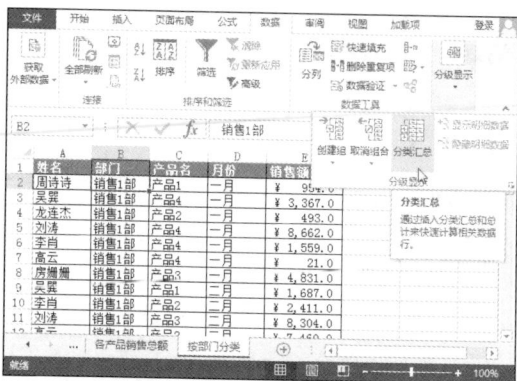

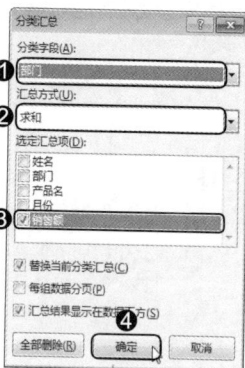

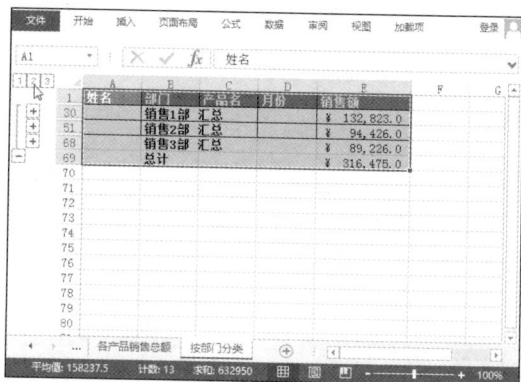

05 复制数据表并对姓名进行排序。❶ 复制"数据表"工作表，并重命名为"按姓名分类"；❷ 选择A2单元格；❸ 单击"排序和筛选"组中的"降序"按钮，如下左图所示。

06 执行"分类汇总"命令。单击"分级显示"组中的"分类汇总"按钮，打开"分类汇总"对话框，❶ 在"分类字段"下拉列表中选择"姓名"选项；❷ 在"汇总方式"下拉列表中选择"平均值"选项；❸ 在"选定汇总项"列表框中选中"销售额"复选框；❹ 单击"确定"按钮，如下右图所示。

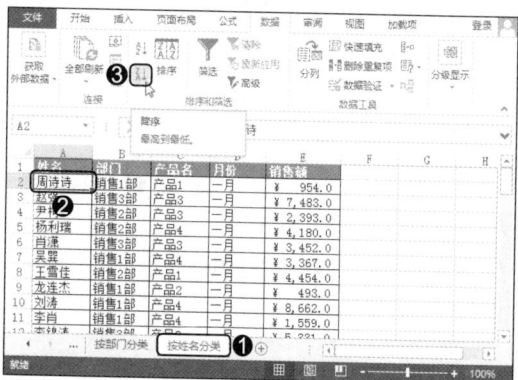

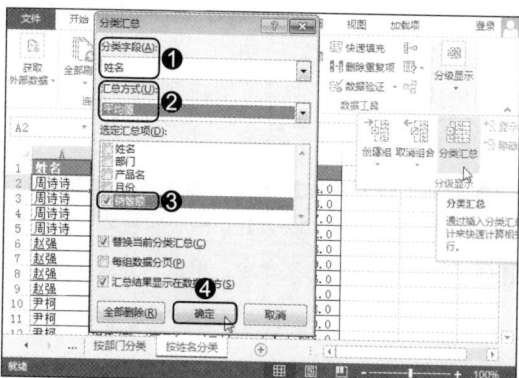

删除分类汇总

对表格中的数据进行分类汇总后，如果需要删除分类汇总的结果，再次执行"分类汇总"命令，在对话框中单击"全部删除"按钮即可。

07 显示按姓名分类汇总的结果。经过以上操作，即可按"姓名"字段进行分类，并以平均值方式汇总销售额，效果如下左图所示。

08 复制工作表并执行排序操作。❶复制"数据表"工作表，重命名为"按产品和月份分类"；❷选择C3单元格；❸单击"排序和筛选"组中的"排序"按钮，如下右图所示。

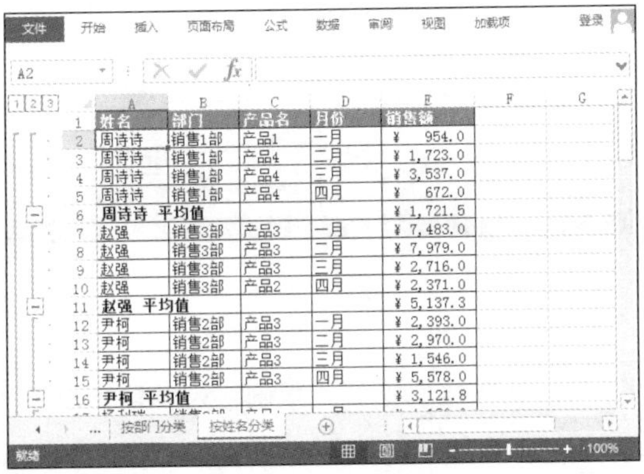

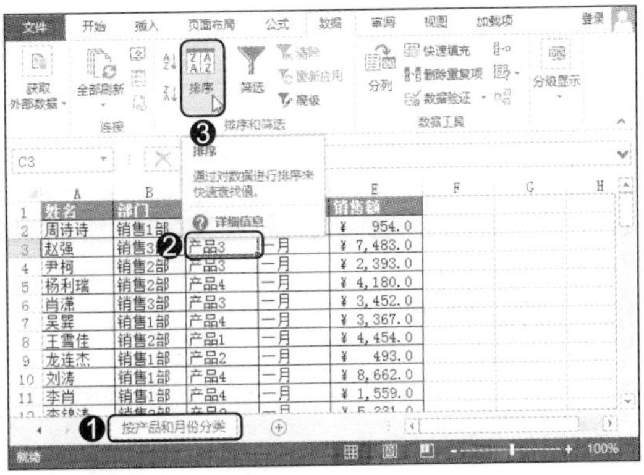

09 设置排序选项。打开"排序"对话框，❶设置"主要关键字"行的"列"为"产品名"，排序依据为"数值"，次序为"升序"；❷单击"添加条件"按钮；❸设置"次要关键字"行的"列"为"月份"；❹单击"选项"按钮；❺打开"排序选项"对话框，选中"笔划排序"单选按钮；❻单击"确定"按钮；❼返回"排序"对话框，设置次要关键字行的排序依据为"数值"，次序为"升序"；❽单击"确定"按钮，如下左图所示。

10 执行"分类汇总"命令。❶单击"分级显示"组中的"分类汇总"按钮；❷打开"分类汇总"对话框，在"分类字段"下拉列表中选择"产品名"选项；❸在"汇总方式"下拉列表中选择"求和"选项；❹在"选定汇总项"列表框中选中"销售额"复选框；❺单击"确定"按钮，如下右图所示。

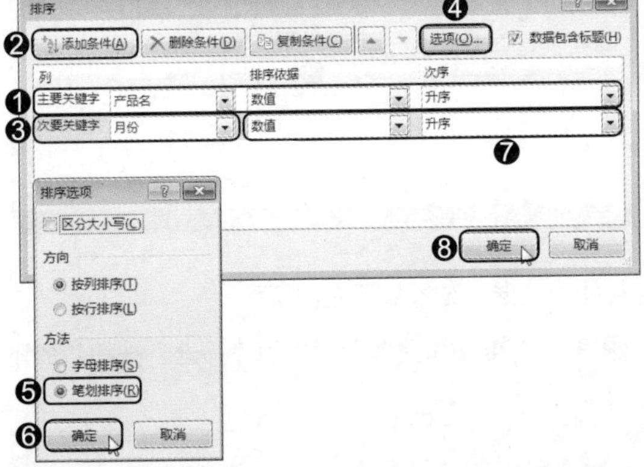

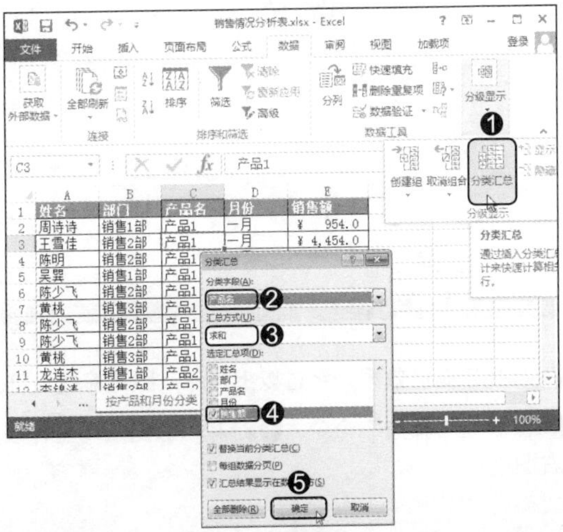

11 执行"分类汇总"命令。❶ 在分类汇总的工作表中选择任意一个单元格；❷ 单击"分级显示"组中的"分类汇总"按钮，如下左图所示。

12 设置分类汇总参数。打开"分类汇总"对话框，❶ 在"分类字段"下拉列表中选择"月份"选项；❷ 取消选中"替换当前分类汇总"复选框；❸ 单击"确定"按钮，即可将按产品和月份分类工作表中的数据多次分类汇总，如下右图所示。

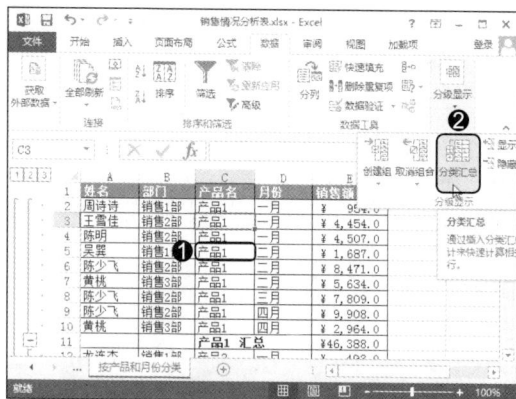

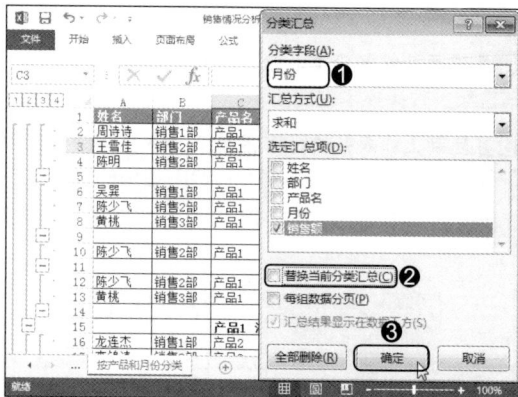

3. 筛选数据

要从表格的大量数据中快速找出需要的数据，可以使用筛选功能，本例将对销售情况汇总表中的数据进行筛选。

01 设置高级筛选条件。❶ 新建工作表，重命名为"按条件筛选"；❷ 在A1:B3单元格区域中输入如下左图所示的筛选条件；❸ 单击"排序和筛选"组中的"高级"按钮。

02 设置筛选参数。打开"高级筛选"对话框，❶ 选中"将筛选结果复制到其他位置"单选按钮；❷ 在"列表区域"、"条件区域"和"复制到"参数框中分别选择相应的位置；❸ 单击"确定"按钮，如下右图所示。

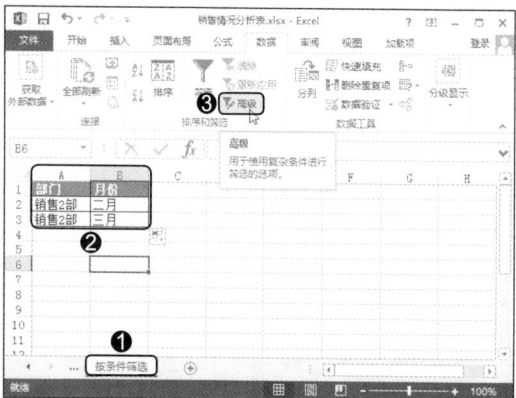

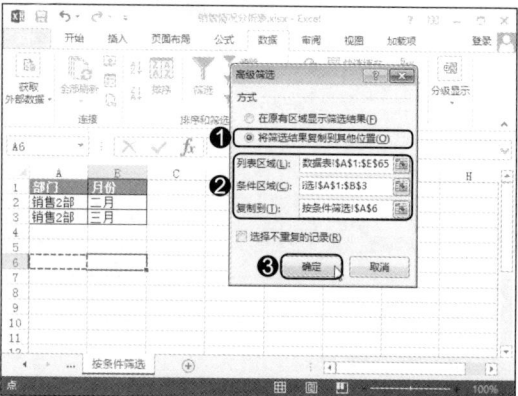

03 显示筛选效果。经过以上操作，即可筛选出符合条件的数据，结果如下左图所示。

04 执行"筛选"命令。❶ 选择"数据表"工作表；❷ 单击"排序和筛选"组中的"筛选"按钮，如下右图所示。

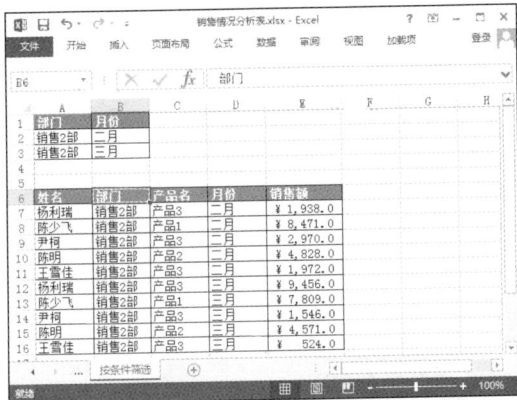

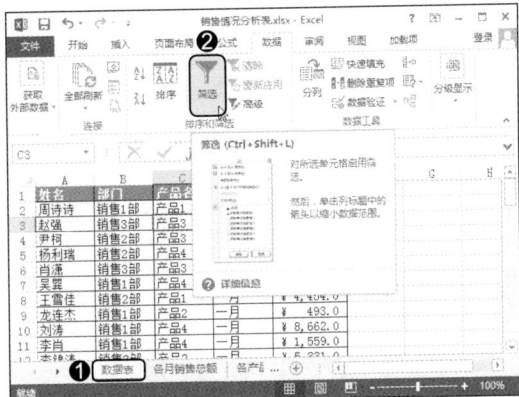

05 进行数据筛选。❶ 单击"销售额"列标题右侧的下拉按钮；❷ 在弹出的下拉菜单中选择"数字筛选"命令；❸ 在弹出的级联菜单中选择"前10项"命令，如下左图所示。

06 设置筛选条件和结果。打开"自动筛选前10个"对话框，❶ 设置显示最大为3项；❷ 单击"确定"按钮，如下右图所示。

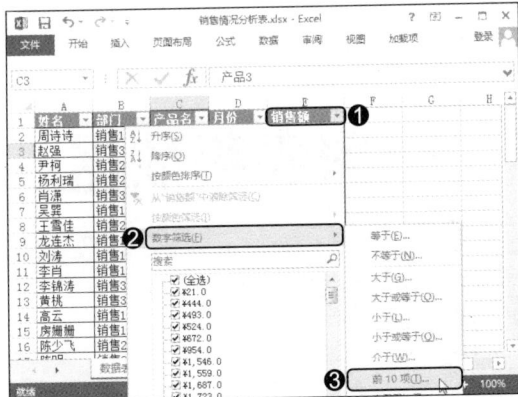

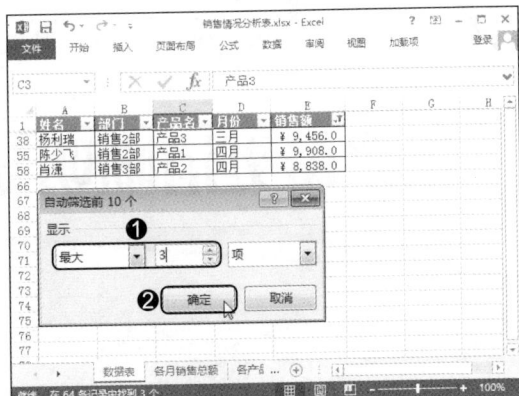

本 章 小 结

　　对数据进行处理和分析是记录数据的最终目的。本章学习的第一个重点在于使用 Excel对表格中的数据进行排序，只有按照需要对数据进行排列后才能方便进行后期的处理；另一个重点在于对数据的筛选、合并计算和分类汇总，这样才能清晰地显示真正需要的数据或信息。

让数据更清晰明了——图表和数据

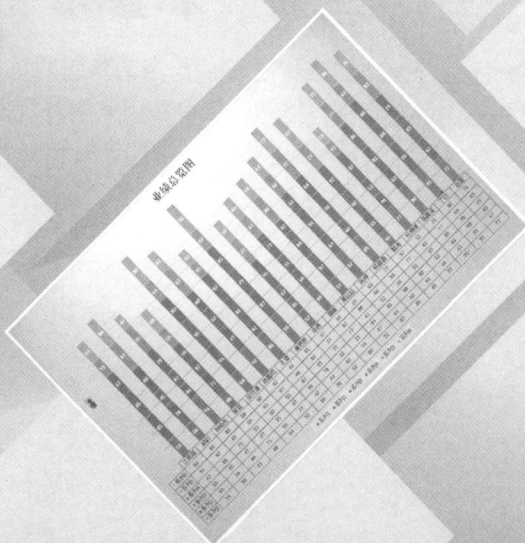

透视图表的应用

第 9 章

本章导读

在分析或展示数据时，如果可以将数据表现的更直观，不用查看密密麻麻的文字和数字，那么分析或查看数据一定会更轻松。因此有了另一种展示数据的方式——图表。它应用不同色彩、不同大小、不同颜色或不同形状来表现不同的数据，从而让人可以直观地看到数据的各种特征，以及多个数据之间的关系。本章将介绍Excel 2013中图表和数据透视图表的创建及编辑方法。

知识要点

- 创建图表
- 图表元素的修饰与调整
- 数据透视表的应用
- 图表的编辑与修改
- 迷你图的创建与应用
- 数据透视图的应用

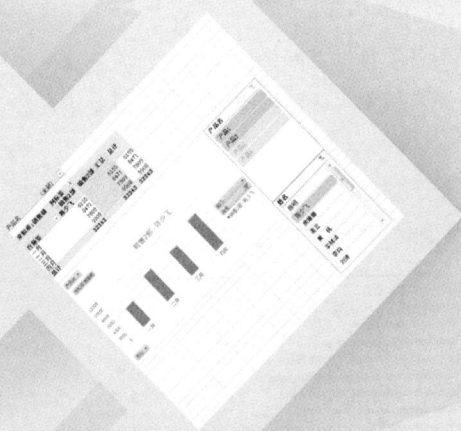

知识要点——图表与数据透视图表的相关知识

大量的数据和计算公式会让查看表格的人头痛，为了提高工作效率，可以将表格数据制作为图表。Excel提供了多种类型的图表用于展示数据，在使用这些图表前，需要先了解图表相关的各种知识，只有明白图表的作用及其应用范围，才能更好地应用图表来表现数据。

要点 01 图表类型的选择不是"小事"

图表是由图形来构成的，不同类型的图表中可能会使用不同的图形。众所周知图形的特点就是直观，例如形状大小不同、位置不同、颜色不同等信息一目了然，所以，利用图形的这些特性来表现数据，可以让数据更简洁、明了。

在数据统计中，可以使用的图表类型非常多，不同类型的图表表现数据的意义和作用是不同的。例如下图中的几种图表类型，它们展示的数据是相同的，但表达的含意可能截然不同，从第一个图表中主要看到的是一个趋势和过程，从第二个图表中主要看到的是各数据之间的大小及趋势；而从第三个图表中几乎看不出趋势，只能看到各组数据的占比情况。

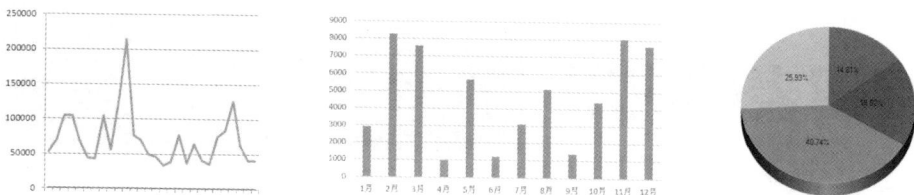

所以，只有将数据信息以最合适的图表类型进行显示时，才会让图表更具有阅读价值，否则再漂亮的图表也是无用的。接下来介绍一些简单明了的图表类型。

- **柱形图**：用于显示一段时间内数据的变化，或说明各项数据之间的比较情况。它强调一段时间内类别数据值的变化，因此，在柱形图中，通常沿水平轴组织类别，沿垂直轴组织数值，如下左图所示。

- **条形图**：用于显示各项目数据之间的差异，常应用于轴标签过长的图表中，以免出现柱形图中对长分类标签省略的情况。条形图中显示的数值是持续型的，效果如下右图所示。

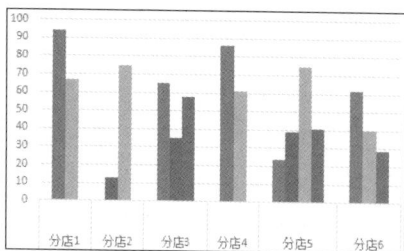

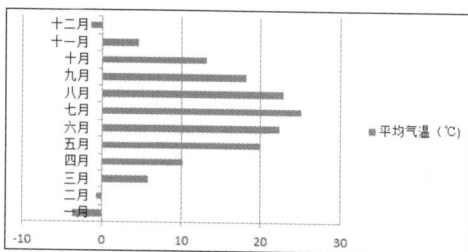

- **饼图**：用于显示一个数据系列中各项的大小与占比。饼图中的数据点显示为整个饼图的百分比，如下左图所示。它只显示一个数据系列的数据比例关系，如果有几个数据系列同时被选中，将只显示其中的一个系列。

- **圆环图**：类似于饼图，也用来显示部分与整体的关系，但是圆环图可以含有多个数据系列，圆环图中的每个环代表一个数据系列。圆环图包括闭合式圆环图和分离式圆环图。

- **折线图**：可以显示随时间变化的连续数据（根据常用比例设置），它强调的是数据的时间性和变动率，因此非常适用于显示在相等时间间隔下数据的变化趋势。在折线图中，类别数据沿水平轴均匀分布，所有数据值沿垂直轴均匀分布，如下右图所示。

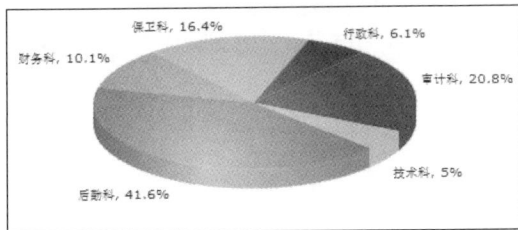

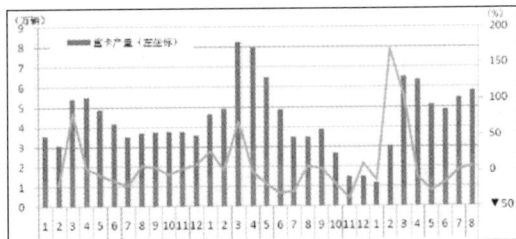

- **散点图**：类似于折线图，它可以显示单个或多个数据系列中各数值之间的关系，或者将两组数字绘制为xy坐标的一个系列。散点图有两个数值轴，沿横坐标轴（x轴）方向显示一组数值数据，沿纵坐标轴（y轴）方向显示另一组数值数据。散点图将这些数值合并到单一数据点，并按不均匀的间隔或簇来显示它们。散点图通常用于显示和比较成对的数据。

要点 02 图表的组成元素

一个完整的图表主要由图表区、图表标题、坐标轴、绘图区、数据系列、网格线和图例等部分组成。下面以柱形图的图表为例讲解图表的组成，如下图所示。

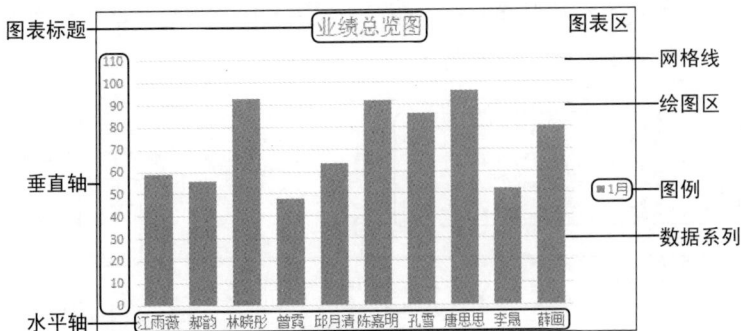

- **图表区**：在Excel中，图表是以一个整体的形式插入表格中的，它类似于一个图片区域，这就是图表区，图表及图表相关的元素均存在于图表区中。在Excel中可以为图表区设置不同的背景颜色或背景图像。

- **绘图区**：图表区中的矩形区域，用于绘制图表序列和网格线，图表中用于表示数据的图形元素也将出现在其中。标签、刻度线和轴标题在绘图区外、图表区内的位置绘制。

- **图表标题**：图表上显示的名称，用于简要概述该图表的作用或目的。图表标题在图表区中以一个文本框的形式呈现，可以对其进行各种调整或修饰。

- **图例**：图例是存在于图表区域中、绘图区以外的一种元素，是图表中所用图形或颜色的示例，用于说明图表中不同颜色或不同形态的图形表示的含意。通常图表中的系列会使用图例来表示。
- **垂直轴**：用于确定图表中垂直坐标轴的刻度值，有时也称数值轴。
- **水平轴**：主要用于显示文本标签，有时也称分类轴。
- **数据系列**：在图表中绘制的相关数据点，这些数据源自数据表的行或列。它是根据用户指定的图表类型以系列的方式显示在图表中的可视化数据。用户可以在图表中绘制一个或多个数据系列。

知识扩展 坐标轴

　　除饼状图和圆环图外，其他图表中还可以显示坐标轴，即图表中用于表现刻度的轴线。通常在图表中会有横坐标轴和纵坐标轴，在坐标轴上需要用数值或文字数据作为刻度和标签。在组合图表中可以存在两个横坐标轴或纵坐标轴，分别称为主要横坐标轴、次要横坐标轴、主要纵坐标轴和次要纵坐标轴。主要横坐标轴在图表下方，次要横坐标轴在图表上方，主要纵坐标轴在图表左侧，次要纵坐标轴在图表右侧。在Excel中，用户还可以为每个坐标轴添加坐标轴标题。

要点 03 懂点数据透视表

　　一个完整的数据透视表主要由数据库、行字段、列字段、求值项和汇总项等部分组成。而对数据透视表的透视方式进行控制需要在"数据透视表字段列表"任务窗格中来完成。如下图所示为某玩具店销售数据制作的数据透视表。

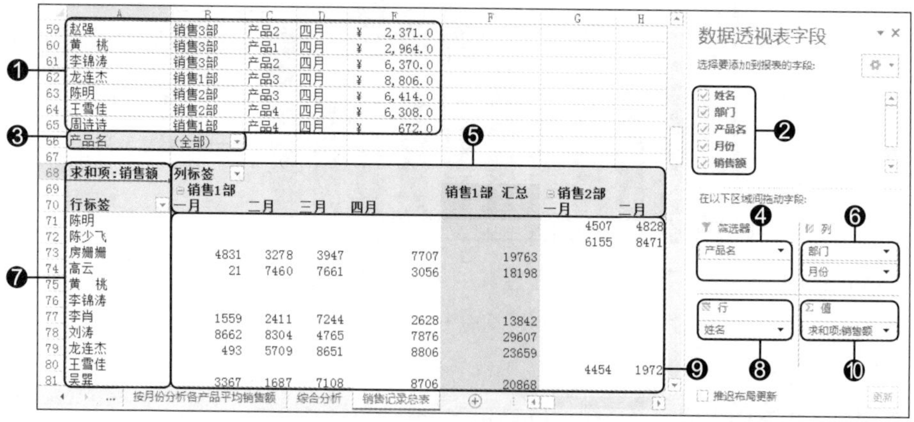

❶	数据库：也称为数据源，是从中创建数据透视表的数据清单、多维数据集
❷	字段列表：包含了数据透视表中所需要的数据字段（也称为列）。该列表框中选中或取消选中字段标题对应的复选框，可以对数据透视表进行或取消透视
❸	报表筛选字段：又称为页字段，用于筛选表格中需要保留的项，项是组成字段的成员

❹	筛选器：移动到该列表框中的字段即为报表筛选字段，将在数据透视表的报表筛选区域显示
❺	列字段：信息的种类，等价于数据清单中的列
❻	列：移动到该列表框中的字段即为列字段，将在数据透视表的列字段区域显示
❼	行字段：信息的种类，等价于数据清单中的行
❽	行：移动到该列表框中的字段即为行字段，将在数据透视表的行字段区域显示
❾	值字段：根据设置的求值函数对选择的字段项进行求值。数值和文本的默认汇总函数分别是SUM（求和）和COUNT（计数）
❿	值：移动到该列表框中的字段即为值字段，将在数据透视表的求值项区域显示

同步训练——实战应用成高手

通过前面知识要点的介绍，主要让读者认识和掌握Excel中普通图表和数据透视图表的应用技能与经验。下面针对日常办公中的相关应用为几个典型表格数据创建图表，讲解在Excel中创建图表和使用图表分析数据的思路、方法及具体操作步骤。

案例 01 使用迷你图和图表分析股票趋势

案例概述

股票是股份公司为筹集资金而发行给各个股东作为持股凭证并借以取得股息和红利的一种有价证券，可以转让、买卖或作价抵押，是资本市场的主要长期信用工具。股民在持有某公司相应数量的股票后，一般会开始注意该公司的发展状况以及股票的走势。通过把股票市场的交易信息实时地用曲线在坐标图上加以显示，可以得到股票的走势图，可以更方便查看数据的整个发展趋势。

为股票数据添加迷你图和折线图的效果如下图所示。

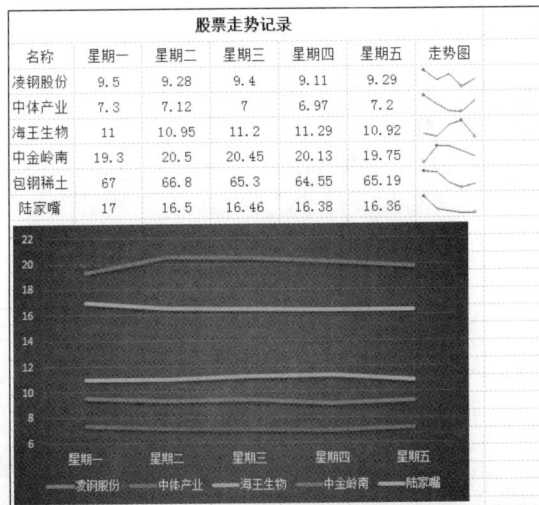

素材文件：光盘\素材文件\第9章\股票走势记录表.xlsx
结果文件：光盘\结果文件\第9章\案例01\股票走势记录表.xlsx
教学文件：光盘\同步教学视频\第9章\案例01.mp4

制作思路

在Excel中使用迷你图和图表分析股票数据的流程与思路如下。

一 创建迷你图：由于股票数据都是连续的，具有一定联系，在数据旁边放置迷你图可以十分直观地表现表格数据。本例先为不同的股票创建折线迷你图。

二 编辑迷你图：为了让创建的迷你图效果更佳，也方便查看某些数据，可以进行适当的修饰。

三 创建折线图表：图表比迷你图更利于数据的表现，本例将在系统推荐的图表中选择适当的形式来表现表格中的数据。

具体步骤

利用图表可以更清晰地展示数据之间的关系及变化情况，所以在各类型的数据分析中很常用。本例使用迷你图来表示股票走势记录表中的各项数据，再应用推荐图表功能快速插入合适的图表展示股票走势情况，有助于股民分析和了解相应股票的走势，进而制订下一个购买或抛售计划。

1. 创建迷你图

迷你图是比较新的功能，它是工作表单元格中的一个微型图表，可提供数据的直观表示。使用迷你图可以显示数值系列中的趋势，如季节性增加或减少、经济周期等，或者可以突出显示最大值和最小值。迷你图表分为折线迷你图、柱形迷你图和盈亏迷你图3种类型，根据查看数据方式的选择相应的迷你图类型即可。本例创建折线迷你图的具体操作步骤如下。

01 执行创建折线图的操作。打开素材文件中提供的"股票走势记录表"工作簿，❶ 选择G3单元格；❷ 单击"插入"选项卡"迷你图"组中的"折线图"按钮，如右图所示。

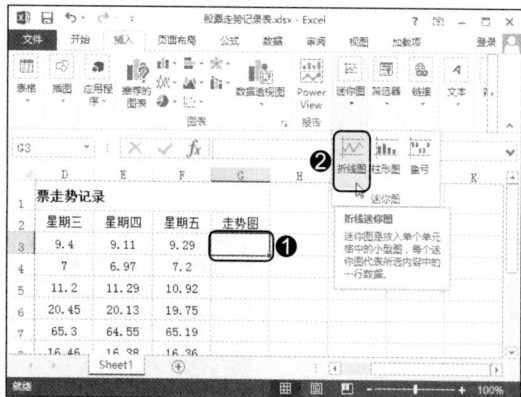

02 选择图表数据范围及存放位置。打开"创建迷你图"对话框，❶ 在"数据范围"参数框中输入图表数据区域；❷ 在"位置范围"参数框中输入图表存放的位置；❸ 单击"确定"按钮，如下左图所示。

03 填充图表。经过以上操作，即可看到创建的折线迷你图效果。❶ 选择G3单元格；❷ 按住左键不放拖动填充控制柄至G8单元格，填充迷你图后的效果，如下右图所示。

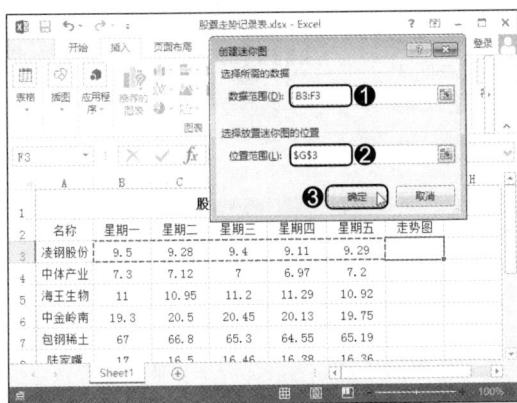

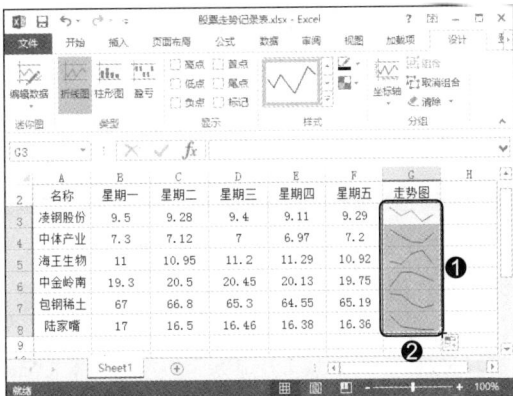

2. 编辑与美化迷你图

在表格中创建好迷你图后，都是默认的样式，为了体现出迷你图的效果，可以对图表进行编辑，如添加高点、低点、负点、首点、尾点、标记等相关选项的设置。如果要让图表更加美观，还可以对迷你图进行美化操作。

01 设置折线迷你图。❶ 选择G3单元格；❷ 单击"迷你图工具-设计"选项卡；❸ 在"显示"组中选中"高点"和"低点"复选框，如下左图所示。

02 设置迷你图颜色。❶ 单击"样式"组中的"迷你图颜色"按钮；❷ 在弹出的下拉菜单中选择"深红"颜色，如下右图所示。

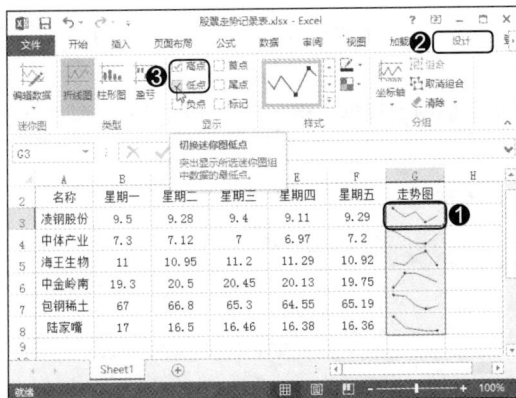

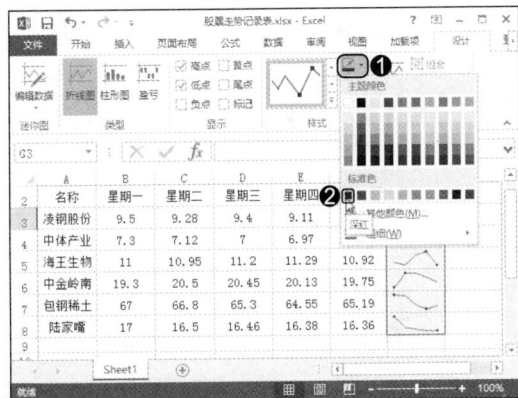

03 设置高点颜色。❶ 单击"样式"组中的"标记颜色"按钮；❷ 在弹出的下拉菜单中选择"高点"命令；❸ 在弹出的级联菜单中选择"紫色"颜色，如下左图所示。

04 设置低点颜色。❶ 单击"样式"组中的"标记颜色"按钮；❷ 在弹出的下拉菜单中选择"低点"命令；❸ 在弹出的级联菜单中选择"绿色"颜色，如下右图所示。

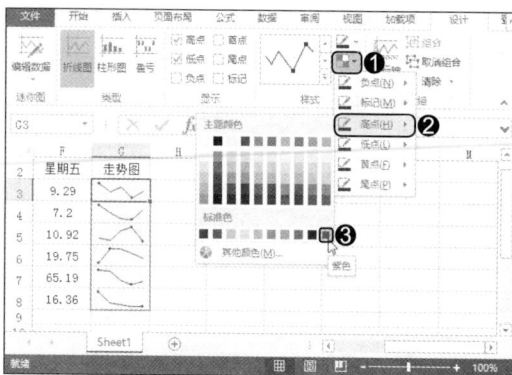

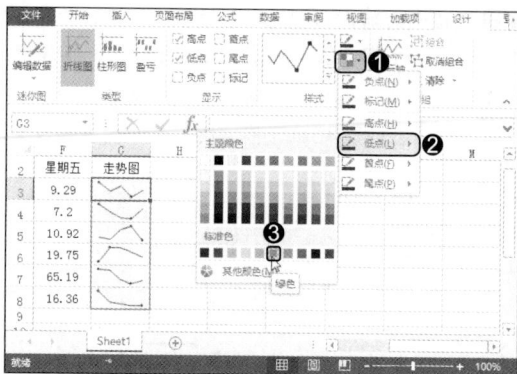

有关迷你图

知识扩展

　　迷你图并非真正的图表元素，它只能应用于单元格中。它的优势在于使用方便，比图表更为简洁，能成为表格的一部分，并且可以像公式一样通过单元格填充或复制来产生大量不同的图形。当通过填充方式得到一组迷你图时，它们会自动形成一个组，对其中任意一个迷你图进行编辑时，该编辑操作将会在该组所有迷你图中得到应用。如果只想对其中一个迷你图进行编辑，可先单击"迷你图工具-设计"选项卡"分组"组中的"取消组合"按钮后进行编辑操作。

3. 创建折线图

　　行或列中呈现的数据很难一眼看出分布形态，通过在数据旁边插入迷你图可以为这些数据提供直观的展示，而且只需占用少量空间，但迷你图只能表示相邻数据的趋势。如果要表示多个数据项之间的关系，可以使用图表。本例将通过推荐图表功能插入图表，具体操作方法如下。

01 插入图表。❶ 选择A2:F8单元格区域；❷ 单击"插入"选项卡"图表"组中的"推荐的图表"按钮，如下左图所示。

02 选择推荐图表。❶ 在打开的"插入图表"对话框左侧的列表框中选择要应用的图表类型"折线图"；❷ 单击"确定"按钮，如下右图所示。

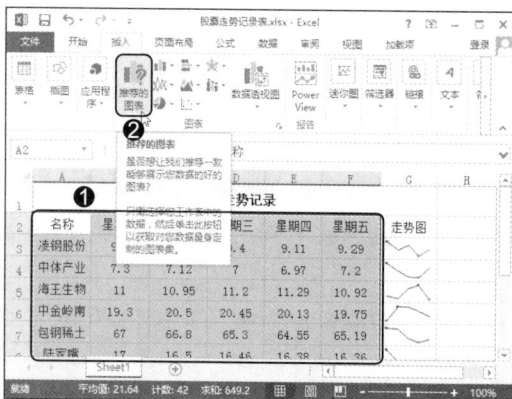

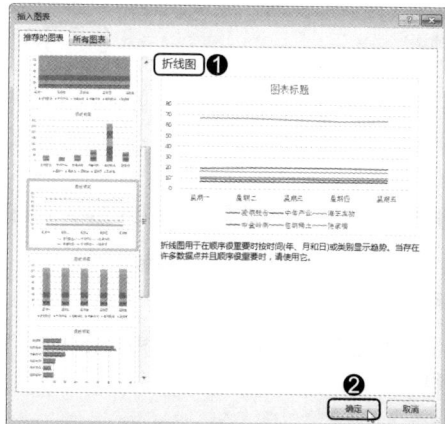

03 应用图表样式。❶ 选择生成的图表；❷ 单击"图表工具-设计"选项卡"图表样式"组中的"快速样式"按钮；❸ 在弹出的下拉列表中选择"样式6"样式，如下左图所示。

04 选择数据。单击"图表工具-设计"选项卡"数据"组中的"选择数据"按钮，如下右图所示。

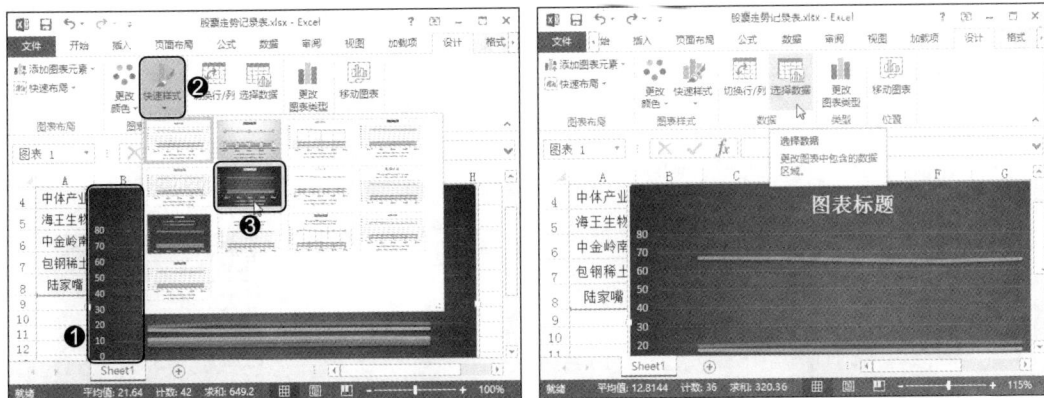

05 设置要显示的图例项。打开"选择数据源"对话框，❶ 在"图例项"列表框中取消选中"包钢稀土"复选框；❷ 单击"确定"按钮，如下左图所示。

06 删除图表标题。选择图表中的标题框，按"Delete"键将其删除，如下右图所示。

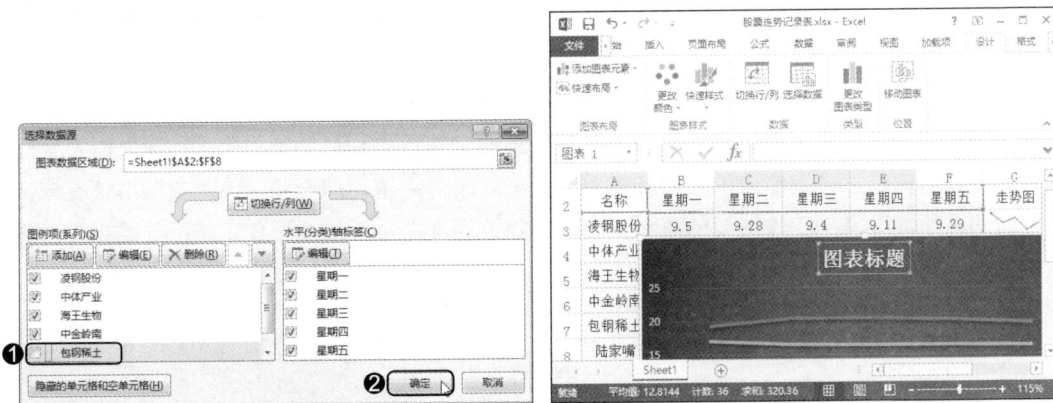

07 执行"更多轴选项"命令。❶ 单击"图表布局"组中的"添加图表元素"按钮；❷ 在弹出的下拉菜单中选择"坐标轴"命令；❸ 在弹出的级联菜单中选择"更多轴选项"命令，如右图所示。

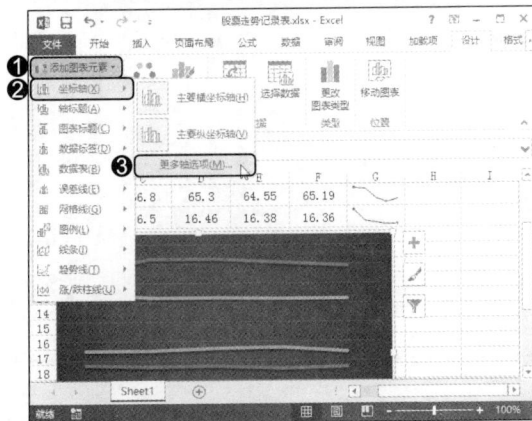

08 修改坐标轴刻度单位标签。打开"设置坐标轴格式"任务窗格，❶ 选择图表中的垂直轴；❷ 在右侧窗格的"坐标轴选项"选项卡"坐标轴选项"栏中设置"最小值"、"最大值"、"主要"和"次要"文本框，如下左图所示。

09 设置网格线。❶ 单击"图表布局"组中的"添加图表元素"按钮；❷ 在弹出的下拉菜单中选择"网格线"命令；❸ 在弹出的级联菜单中选择"主轴次要垂直网格线"命令，如下右图所示。

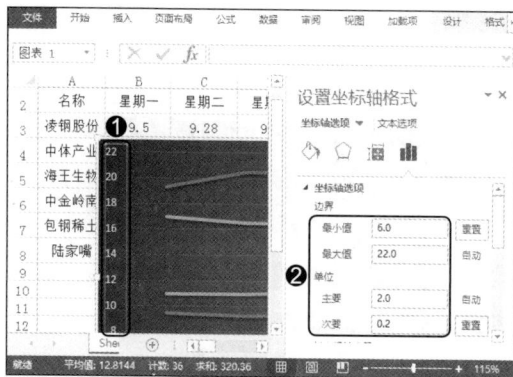

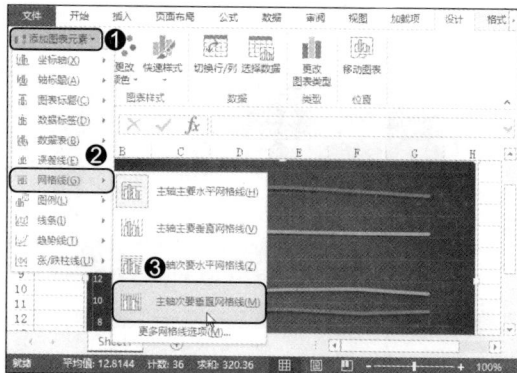

案例 02 利用柱形图分析员工业绩

案例概述

绩效是组织中个人或群体特定时间内的可描述的工作行为和可测量的工作结果，以及组织结合个人或群体在过去工作中的素质和能力，指导其改进完善，从而预计该人或该群体在未来特定时间内所能取得的工作成效的总和。因此，绩效管理中重视的并不仅仅是绩效结果，对绩效进行分析也是重要的一个环节。

利用柱形图分析"员工上半年绩效表"的效果如下图所示。

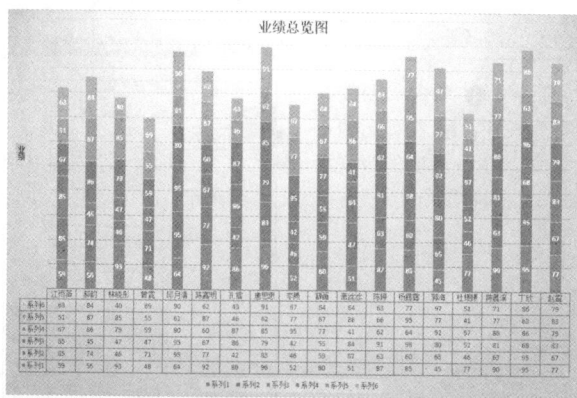

素材文件：光盘\素材文件\第9章\案例02\员工上半年绩效表.xlsx

结果文件：光盘\结果文件\第9章\案例02\员工上半年绩效图表.xlsx

教学文件：光盘\同步教学视频\第9章\案例02.mp4

制作思路

在Excel中制作"员工上半年绩效表"表格的流程与思路如下。

一 创建图表： 在使用图表分析这类表格中的数据时，首先需要清楚要分析的表格数据属于什么类型，要查看的是什么趋势或什么类别的数据效果，然后选择合适的图表对数据进行展示。

二 调整图表布局： 创建图表后，还需要对图表中的各组成部分进行设置，完善图表的整体布局效果。

三 设置图表格式： 图表设置完成后，最后对图表进行美化。

具体步骤

Excel的主要功能是存储和计算数据，因此日常办公中常用的表格多为纯数据存储和计算的表格，员工绩效表就是这类表格中的其中一种。本例将为员工绩效表中的数据创建图表，以图表的形式展示表中的数据，以方便用户查看不同数据间的关系，并对比数据。

1. 创建柱形图表

要对员工业绩情况进行查看与分析，首先需要根据员工业绩数据创建图表。本例将"员工上半年绩效表"工作簿中的数据创建为柱形图，通过柱形图可清楚地查看到各员工各月业绩的高低情况。

01 选择图表数据区域并创建图表。打开素材文件"员工上半年绩效表"，❶ 将文件以"员工上半年绩效图表"为名进行另存；❷ 选择B1:H19单元格区域；❸ 单击"插入"选项卡"图表"组中的"柱形图"按钮；❹ 在弹出的下拉菜单的"二维柱形图"栏中选择"簇状柱形图"选项，如下左图所示。

02 调整图表的位置及大小。选择创建出的图表，❶ 拖动图表，调整图表的位置到表格数据的下方；❷ 拖动图表区的中心或四个角调整图表区的大小，调整后的效果如下右图所示。

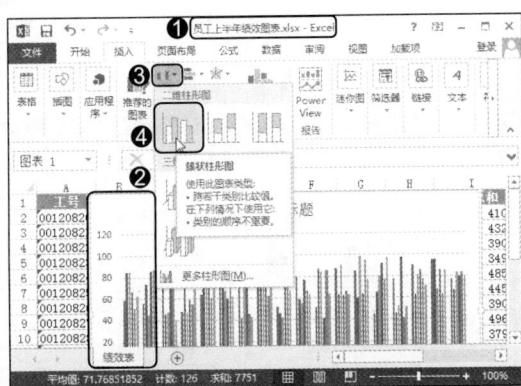

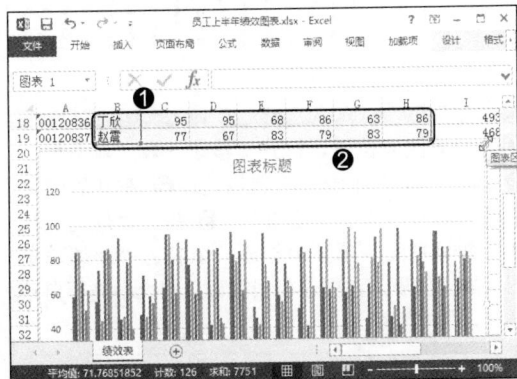

03 执行"更改图表类型"命令。❶ 选择图表；❷ 单击"图表工具-设计"选项卡"类型"组中的"更改图表类型"按钮，如下左图所示。

调整图表中各组成部分的大小

在调整图表大小时，图表的各组成部分也会随之调整大小。若不满意图表中某个组成部分的大小，也可以选择对应的图表对象，用相同的方法对其大小单独进行调整。

04 选择图表类型。打开"更改图表类型"对话框，❶ 在"所有图表"选项卡的左侧窗格中选择"柱形图"选项；❷ 在右侧列表区选择"堆积柱形图"图表样式；❸ 在下方推荐的效果中选择需要的效果样式；❹ 单击"确定"按钮，如下右图所示。

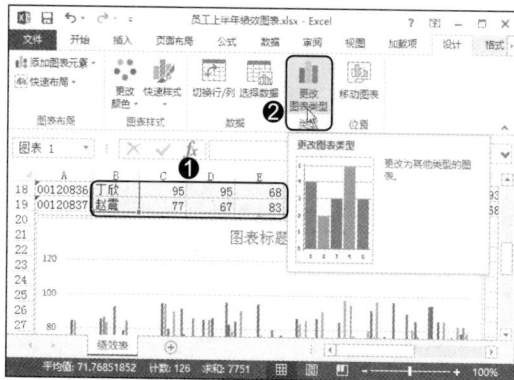

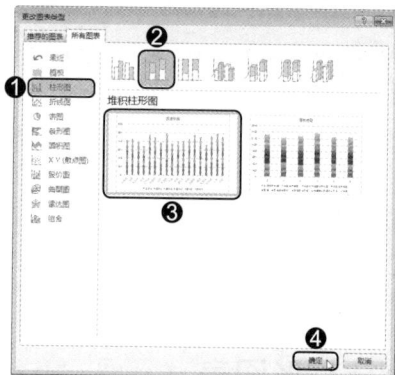

05 完成更改并查看图表。经过上步操作即可完成图表类型的更改，更改后的图表效果如下左图所示。

06 执行"移动图表"命令。❶ 选择工作表中的图表对象；❷ 单击"图表工具-设计"选项卡"位置"组中的"移动图表"按钮，如下右图所示。

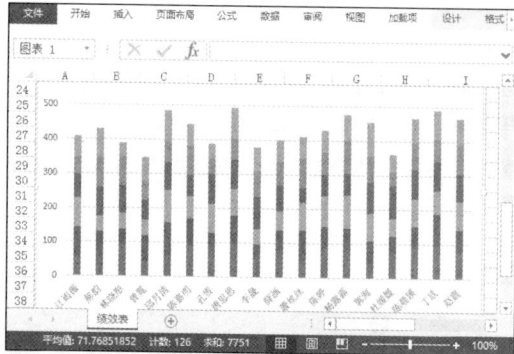

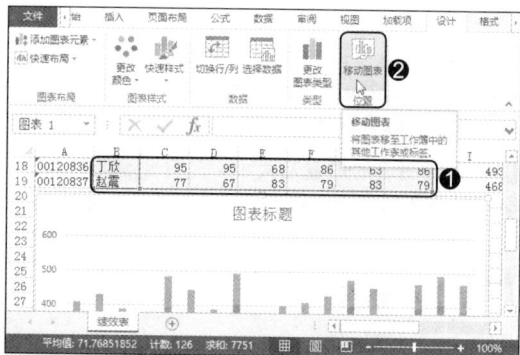

07 设置图表位置。打开"移动图表"对话框，❶ 选中"新工作表"单选按钮；❷ 在其后的文本框中输入"业绩总览图"；❸ 单击"确定"按钮，即可将图表单独制作成一个名为"业绩总览图"的工作表，该图表将根据窗口的大小进行自动调整，如右图所示。

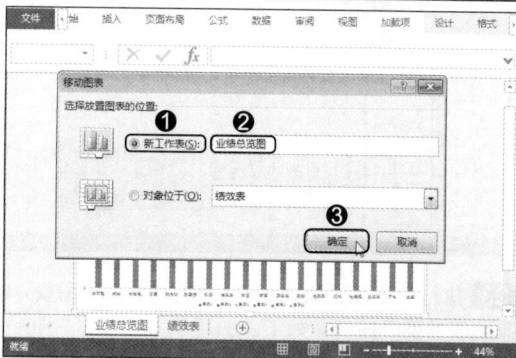

知识扩展

各种柱形图

簇状柱形图和二维簇状柱形图用于呈现比较多个类别的值；堆积柱形图和三维堆积柱形图用于显示单个项目与总体的关系，并跨类别比较每个值占总体的百分比。

2. 调整图表布局

创建图表后，用户还可以根据实际情况需要，对图表的组成部分重新进行布局，也可以设置各组成部分的参数和效果等，以使图表更能直观、形象地反映表格中的数据状态。

01 选择图表标题的显示位置。❶ 选择图表，单击"图表工具-设计"选项卡"图表布局"组中的"添加图表元素"按钮；❷ 在弹出的下拉菜单中选择"图表标题"命令；❸ 在弹出的级联单中选择"居中覆盖"命令，如下左图所示。

02 输入并设置图表标题。在图表上方的文本框中输入图表标题内容"业绩总览图"，并设置合适的格式，完成后的效果如下右图所示。

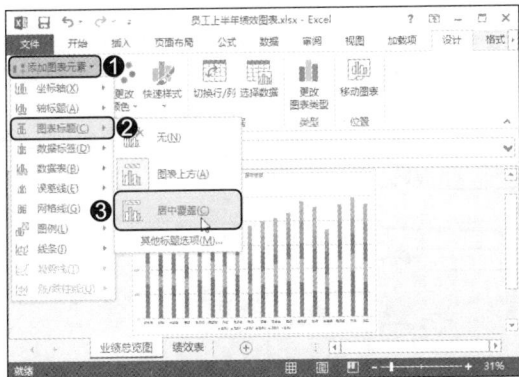

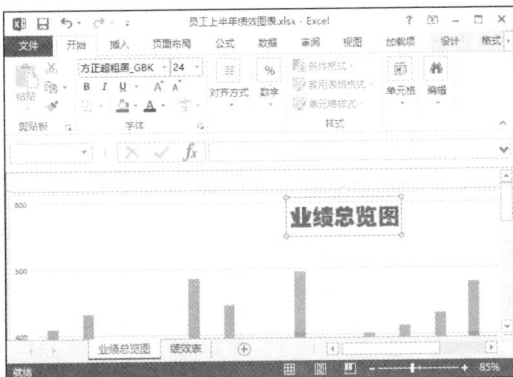

03 选择图表坐标轴标题的显示位置。❶ 选择图表后，单击"图表工具-设计"选项卡"图表布局"组中的"添加图表元素"按钮；❷ 在弹出的下拉菜单中选择"轴标题"命令；❸ 在弹出的级联菜单中选择"主要纵坐标轴"命令，如下左图所示。

04 输入坐标轴标题。❶ 在Y坐标旁出现的文本框中输入坐标轴标题内容；❷ 单击"图表工具-设计"选项卡"图表布局"组中的"添加图表元素"按钮；❸ 在弹出的下拉菜单中选择"轴标题"命令；❹ 在弹出的级联菜单中选择"更多轴标题选项"命令，如下右图所示。

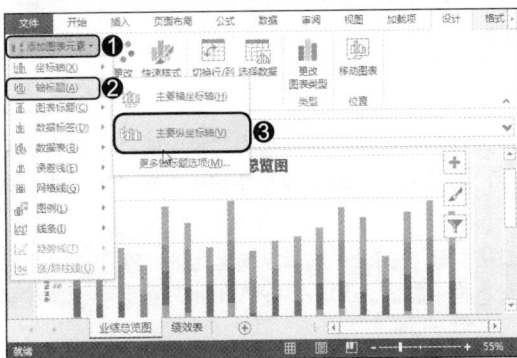

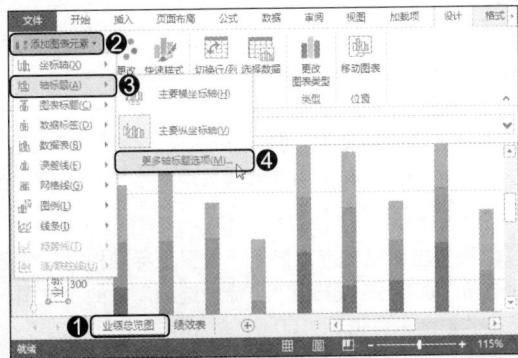

05 改变标题文本的排列方向。显示"设置坐标轴标题格式"任务窗格，❶ 单击"大小属性"选项卡；❷ 在"文字方向"下拉列表中选择"竖排"选项，如下左图所示。

06 设置图例格式。❶ 选择图表，单击"图表工具-设计"选项卡"图表布局"组中的"添加图表元素"按钮；❷ 在弹出的下拉菜单中选择"图例"命令；❸ 在弹出的级联菜单中选择"顶部"命令，如下右图所示。

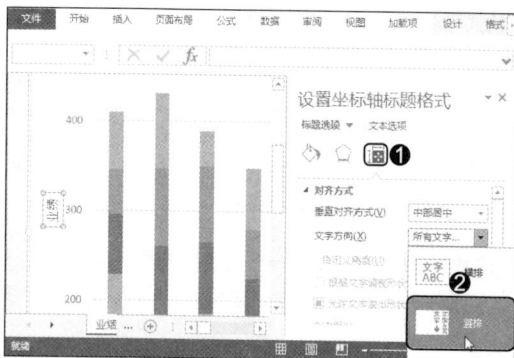

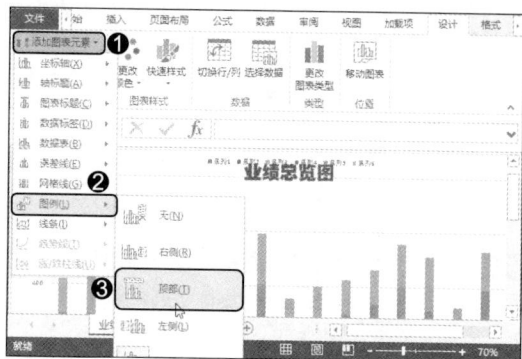

07 调整图例位置。经过上步操作，即可让图例显示在图表的顶部，但不符合需要。使用鼠标将其向下拖动一定的距离，完成后的效果如下左图所示。

08 设置数据标签的格式。❶ 选择图表，单击"图表工具-设计"选项卡"图表布局"组中的"添加图表元素"按钮；❷ 在弹出的下拉菜单中选择"数据标签"命令；❸ 在弹出的级联菜单中选择"数据标签内"命令，如下右图所示。

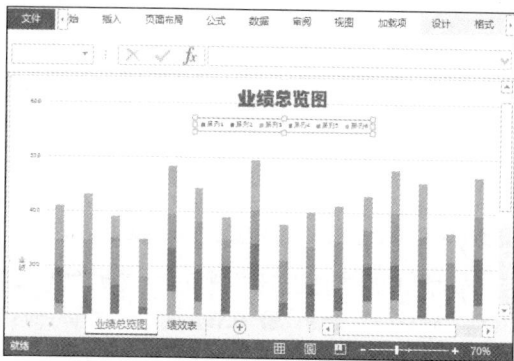

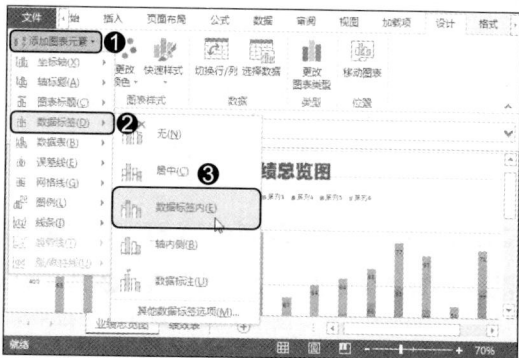

删除多余数据标签的方法

> 选择图表中的数据系列后，在其上单击鼠标右键，在弹出的快捷菜单中选择"添加数据标签"命令，也可为图表添加数据标签。若要删除添加的数据标签，选择数据标签然后按"Delete"键进行删除。

高手点拨

09 设置坐标轴格式。❶ 选择图表，单击"图表工具-设计"选项卡"图表布局"组中的"添加图表元素"按钮；❷ 在弹出的下拉菜单中选择"坐标轴"命令；❸ 在弹出的级联菜单中选择"更多轴选项"命令，如下左图所示。

10 设置坐标轴刻度。显示"设置坐标轴格式"任务窗格，❶ 在图表中选择纵向坐标轴；❷ 单击"坐标轴选项"选项卡；❸ 在"坐标轴选项"栏的"主要"文本框中输入"50"，按"Enter"键即可设置纵坐标轴的刻度单位值为"50.0"，如下右图所示。

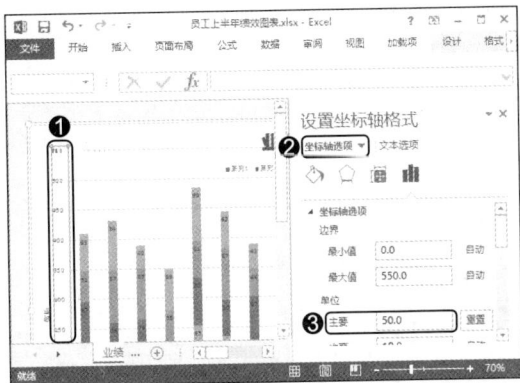

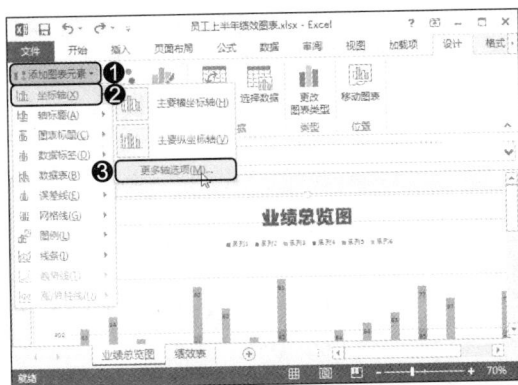

11 设置网格线格式。❶ 选择图表,单击"图表工具-设计"选项卡"图表布局"组中的"添加图表元素"按钮;❷ 在弹出的下拉菜单中选择"网格线"命令;❸ 在弹出的级联菜单中选择"主轴次要垂直网格线"命令,如下左图所示。

12 设置数据表格式。❶ 选择图表,单击"图表工具-设计"选项卡"图表布局"组中的"添加图表元素"按钮;❷ 在弹出的下拉菜单中选择"数据表"命令;❸ 在弹出的级联菜单中选择"显示图例项标示"命令,如下右图所示。

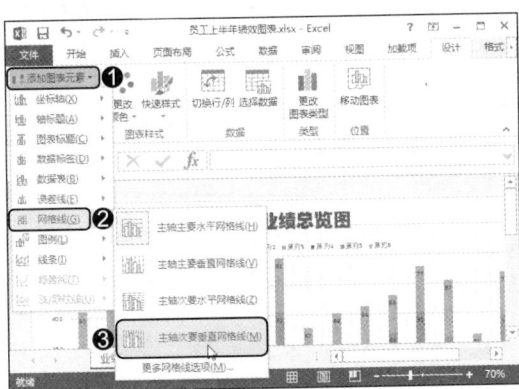

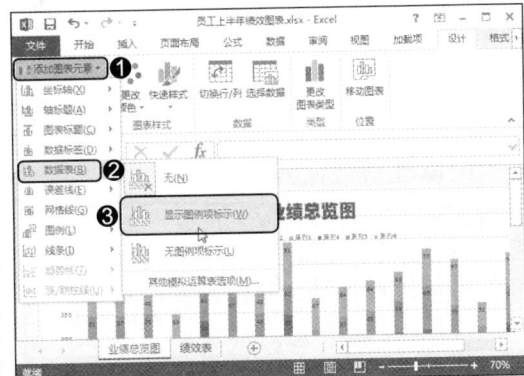

3. 设置图表格式

在Excel中应用图表时,为提高图表的美观度,使图表具有更好的视觉效果,可以设置图表中各元素的格式,并为图表添加各种修饰。

01 选择图表样式。❶ 选择图表,单击"图表工具-设计"选项卡"图表样式"组中的"快速样式"按钮;❷ 在弹出的下拉列表中选择要应用的图表样式,如右图所示。

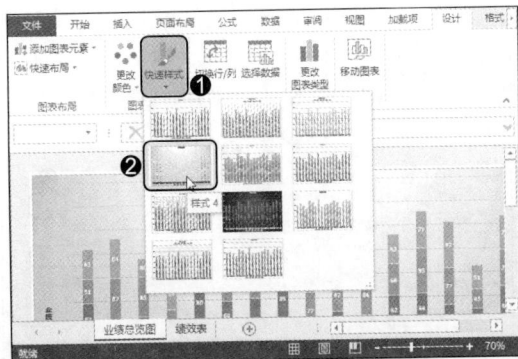

02 选择图表元素。❶ 选择图表，单击"图表工具-格式"选项卡"当前所选内容"组中的"图表元素"下拉列表框右侧的下拉按钮；❷ 在弹出的下拉列表中选择"垂直（值）轴标题"选项，如下左图所示。

03 设置填充颜色。❶ 单击"图表工具-格式"选项卡"形状样式"组中的"形状填充"按钮；❷ 在弹出的下拉菜单中选择"渐变"命令；❸ 在弹出的级联菜单中选择"浅色变体"栏中的"线性对角"命令，如下右图所示。

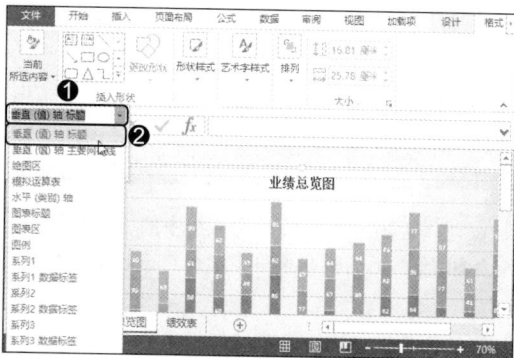

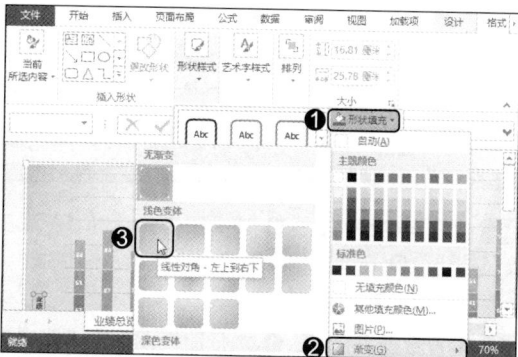

04 执行"设置所选内容格式"命令。❶ 在"图表工具-格式"选项卡"当前所选内容"组中的"图表元素"下拉列表框中选择"模拟运算表"选项；❷ 单击"设置所选内容格式"按钮，如下左图所示。

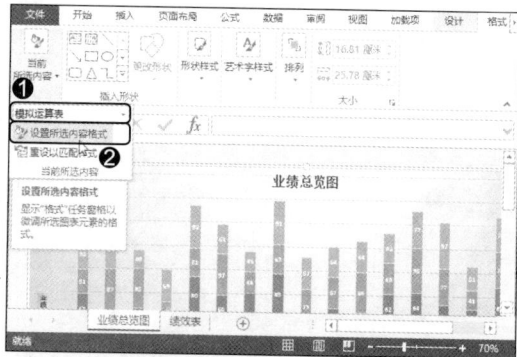

设置数据标签的其他方法

对图表中的数据系列设置数据标签，只是对某一个数据进行设置，如果要设置全部数据系列的数据标签，可以先在图表中选择需要设置的数据系列，然后再进行设置。

05 设置模拟运算表格式。显示"设置模拟运算表格式"任务窗格，❶ 单击"填充线条"选项卡；❷ 在"边框"栏中的"颜色"下拉列表中选择需要的颜色；❸ 在"宽度"数值框中设置线条宽度为"1磅"，如下左图所示。

06 设置填充颜色。❶ 选择图表中的某系列；❷ 单击"图表工具-格式"选项卡"形状样式"组中的"形状填充"按钮；❸ 在弹出的下拉菜单中选择需要修改为的颜色，如下右图所示。

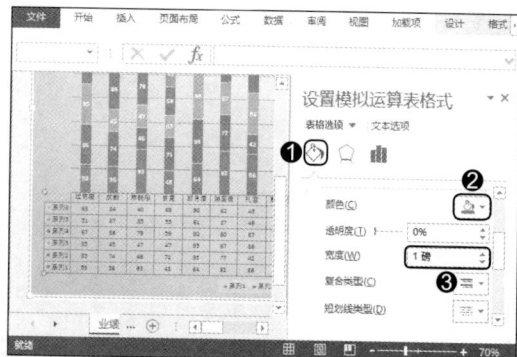

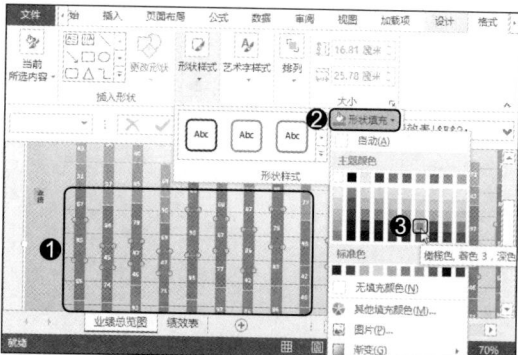

案例 03 制作饼图分析销售数据

案例概述

　　企业存在的目的或多或少都是为了盈利，每一个企业管理者都在不断探索适合该企业发展的营销方式，这就对每一个市场进行市场细分，对产品已有成绩的每个细节进行分析和总结。在进行分析和统计的过程中，常常需要应用图表来表现数据的变化情况。本例将利用饼图展现某公司在各地区的销售数据，完成后的效果如下图所示。

地区	营业总额	城市	营业额
东北	1723	黑龙江	685
西南	2448	赤峰	456
华南	2017	长春	582
		贵州	832
		重庆	854
		成都	762
		广东	812
		广西	754
		海南	451

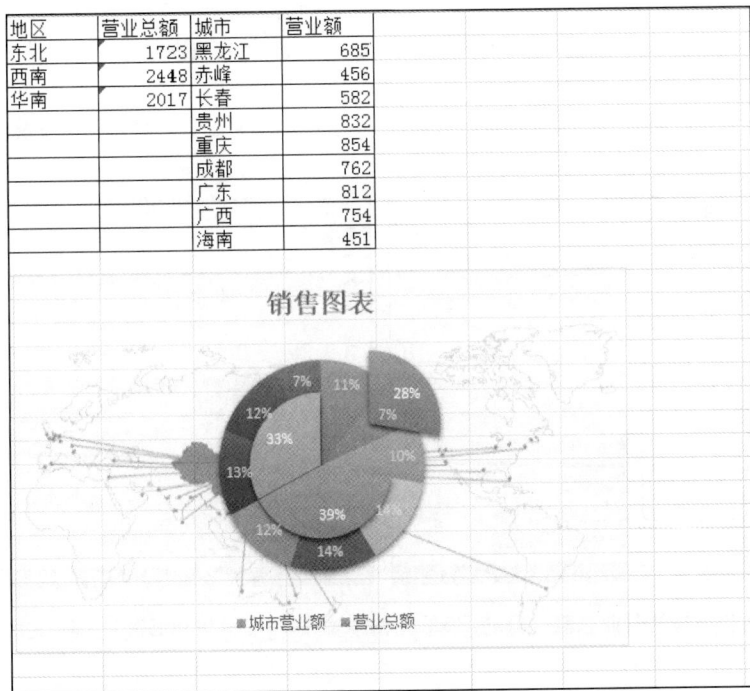

素材文件：光盘\素材文件\第9章\案例03\背景图片.jpg
结果文件：光盘\结果文件\第9章\案例03\销售图表.xlsx
教学文件：光盘\同步教学视频\第9章\案例03.mp4

制作思路

在Excel中使用饼图分析某公司销售数据的流程与思路如下。

一　创建饼图：本例需要制作一个相对复杂的饼图，首先需要将数据合理地安排到工作表中，然后创建饼图。

二　编辑饼图：为了让制作的饼图达到实际需要的效果，还应进行各种编辑。

具体步骤

在分析数据占比情况时，常常会用到饼图。在饼图中可以通过多个扇形来表现出各部分数据的占比情况。本例将应用饼图来分析某公司产品各地区的销售数据，主要介绍在Excel中输入饼图数据、创建和编辑饼图等相关操作。

1. 创建饼图图表

要使用饼图分析销售数据，首先需要准备好创建图表的数据源。本例需要从头开始制作，首先按要求输入表格数据，然后根据这些数据插入饼图，具体操作方法如下。

01 在表格中输入饼图数据。❶ 新建一个空白工作簿，并以"销售图表"为名进行保存；❷ 在A1:D10单元格区域输入如下左图所示的数据。

02 计算东北的营业总额。在B2单元格中输入公式"=SUM(D2:D4)"，计算出东北地区的营业总额，如下右图所示。

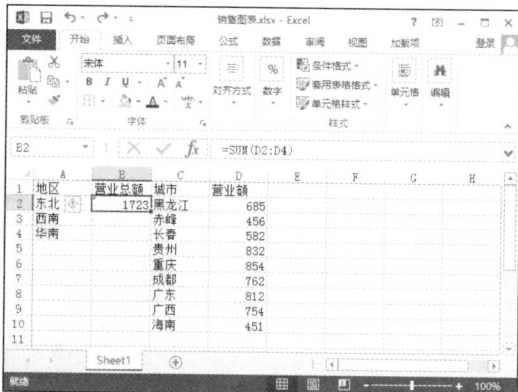

03 计算出西南和华南的营业总额。❶ 在B3单元格中输入"=SUM(D5:D7)"；❷ 在B4单元格中输入"=SUM(D8:10)"，如下左图所示。

04 为表格添加边框。❶ 选择A1:D10单元格；❷ 单击"字体"组中的"边框"按钮；❸ 在弹出的下拉菜单中选择"所有框线"命令，如下右图所示。

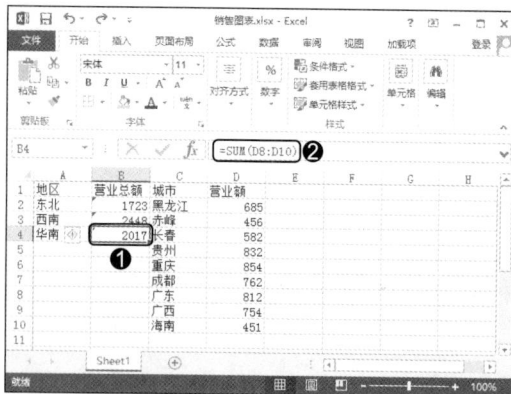

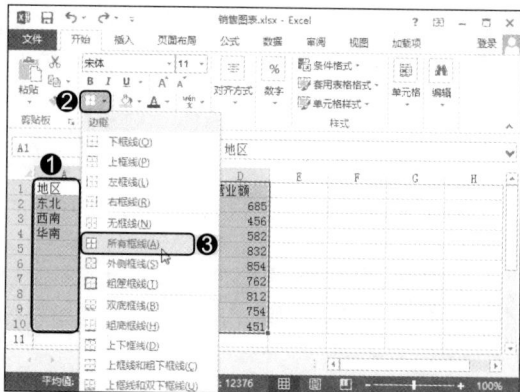

05 插入饼图。❶ 选择A1:B4单元格区域；❷ 单击"插入"选项卡"图表"组中的"饼图"按钮；❸ 在弹出的下拉列表中选择饼图样式，如下左图所示。

06 执行选择数据的操作。❶ 选择插入的饼图图表；❷ 单击"图表工具-设计"选项卡"数据"组中的"选择数据"按钮，如下右图所示。

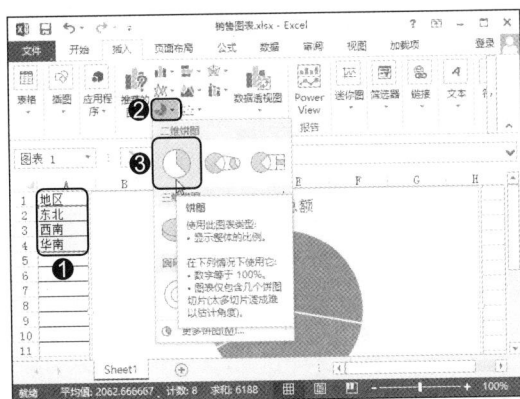

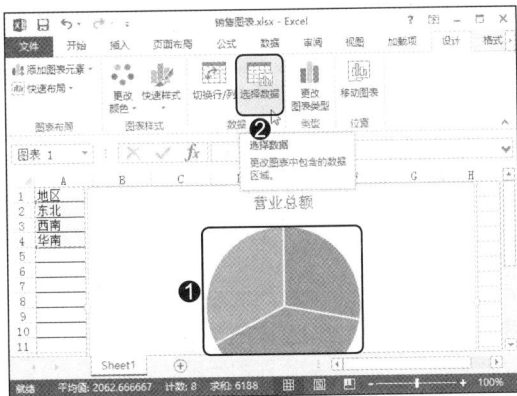

07 单击"添加"按钮。打开"选择数据源"对话框，单击"图例项"列表框上方的"添加"按钮，如下左图所示。

08 编辑添加数据系列。打开"编辑数据系列"对话框，❶ 在"系列名称"框中输入名称；❷ 在"系列值"参数框中选择营业额数据区域；❸ 单击"确定"按钮，如下右图所示。

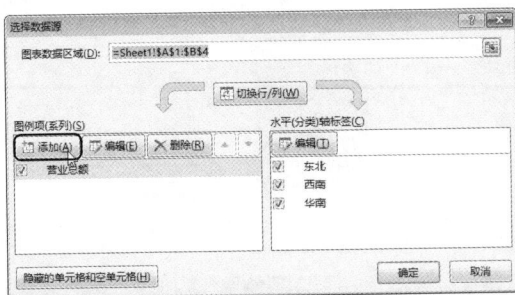

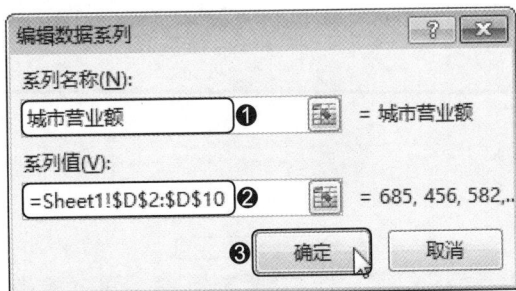

09 执行编辑城市营业额操作。返回"选择数据源"对话框，❶ 在"图例项"列表框中选择"城市营业额"复选框；❷ 单击"水平轴标签"列表框上方的"编辑"按钮，如下左图所示。

10 选择轴标签所在区域。打开"轴标签"对话框，❶ 在"轴标签区域"参数框中选择城市数据区域；❷ 单击"确定"按钮，如下右图所示。

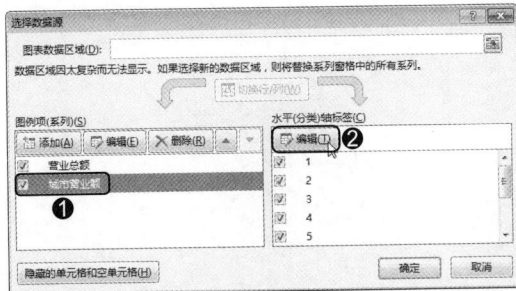

11 执行编辑营业总额命令。返回"选择数据源"对话框，❶ 在"图例项"列表框中选择"营业总额"复选框；❷ 单击"水平轴标签"列表框上方的"编辑"按钮，如下左图所示。

12 选择轴标签区域。打开"轴标签"对话框，❶ 在"轴标签区域"参数框中选择城市数据区域；❷ 单击"确定"按钮；❸ 返回"选择数据源"对话框，单击"确定"按钮，如下右图所示。

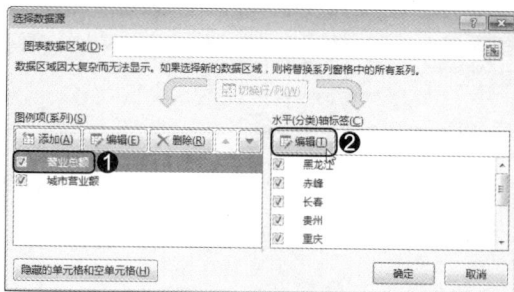

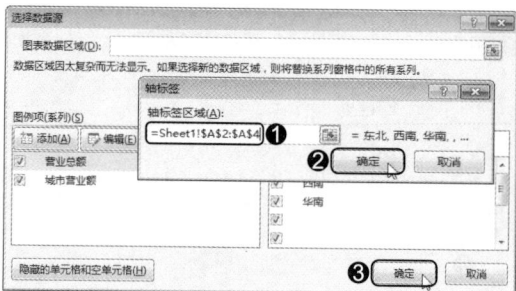

13 执行"设置数据系列格式"命令。❶ 在图表上单击鼠标右键；❷ 在弹出的快捷菜单中选择"设置数据系列格式"命令，如下左图所示。

14 选择次坐标轴。显示"设置数据系列格式"任务窗格，❶ 在"系列选项"选项卡中选中"次坐标轴"单选按钮；❷ 单击"关闭"按钮，如下右图所示。

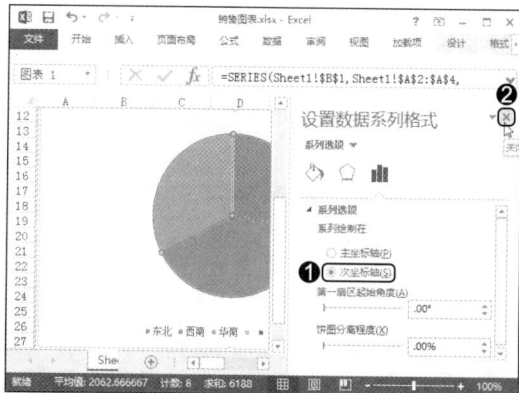

15 选择城市营业额系列。❶ 选择图表；❷ 单击"图表工具-格式"选项卡"当前所选内容"组中列表框右侧的下拉按钮；❸ 在弹出的下拉菜单中选择"系列'城市营业额'"命令，如下左图所示。

16 拖动调整图表大小。按住鼠标左键不放并拖动调整图表中该数据系列的大小，如下右图所示。

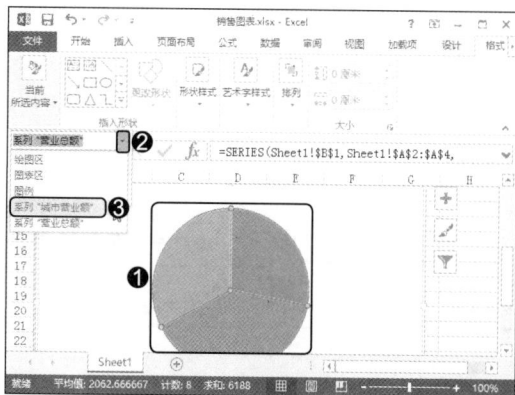

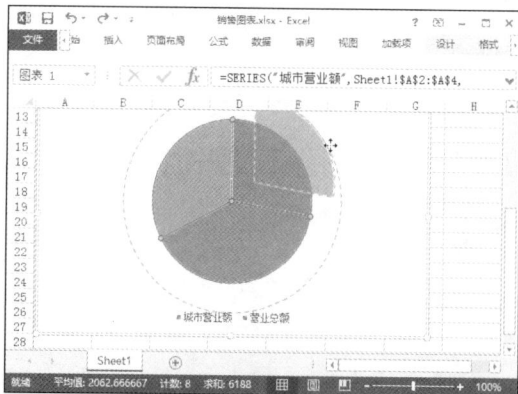

调整饼图大小的注意事项

高手点拨

　　在调整饼图的图层大小时，单击选择图表后即可对图表的大小进行调整。如果单击两次图表扇区，则会只选择某一扇区，拖动则会分离该扇区。

17 调整饼图扇区。分别选择调整大小后的各扇区，按住鼠标左键不放并拖动调整其位置，完成调整后的效果如下左图所示。

18 为营业总额层添加数据标签。❶ 在饼图的内部图层区域单击鼠标右键；❷ 在弹出的快捷菜单中选择"添加数据标签"命令；❸ 在弹出的级联菜单中选择"添加数据标签"命令，如下右图所示。

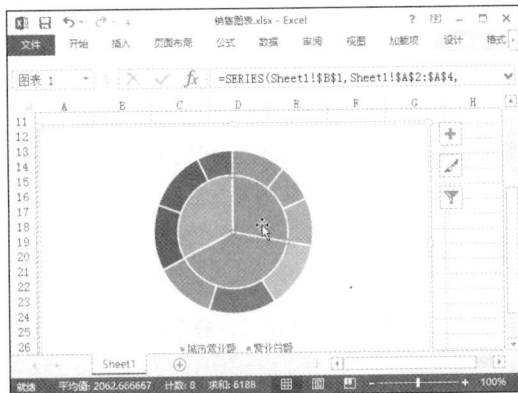

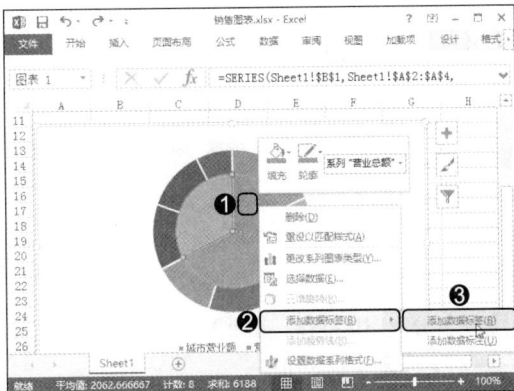

19 执行"设置数据标签格式"命令。❶ 在添加的图表数据标签上单击鼠标右键；❷ 在弹出的快捷菜单中选择"设置数据标签格式"命令，如下左图所示。

20 为图表添加类别名称。显示"设置数据标签格式"任务窗格，在"标签选项"选项卡中选中"类别名称"复选框，如下右图所示。

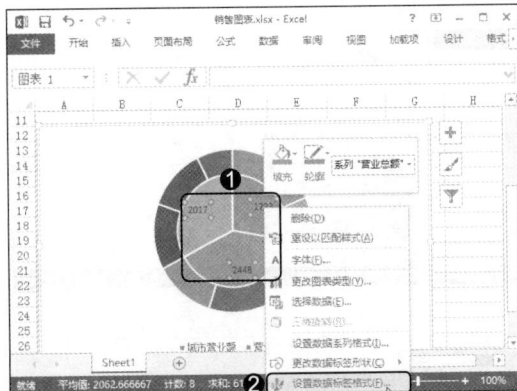

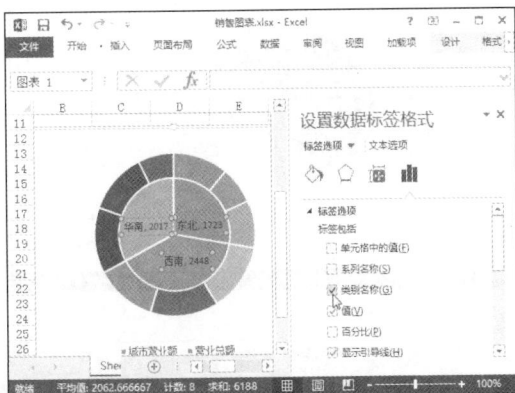

21 为底层图表添加数据。❶ 在外部图表区域上单击鼠标右键；❷ 在弹出的快捷菜单中选择"添加数据标签"命令；❸ 在弹出的级联菜单中选择"添加数据标签"命令，如下左图所示。

22 显示类别名称和百分比。❶ 选择刚添加的数据标签；❷ 在"设置数据标签格式"任务窗格的"标签选项"选项卡中选中"类别名称"和"百分比"复选框，并取消选中"值"复选框；❸ 单击"关闭"按钮，如下右图所示。

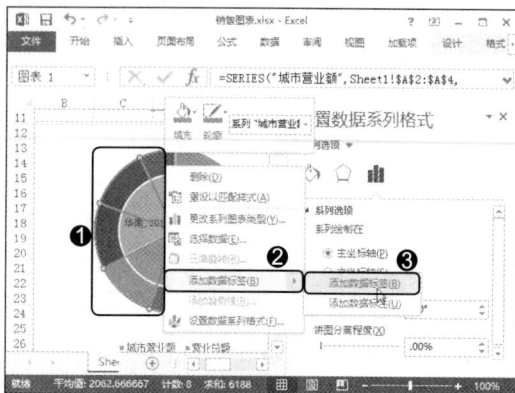

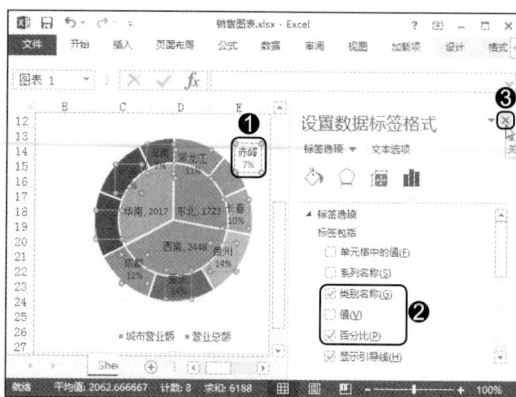

2. 编辑饼图图表

创建好饼图后，为了方便阅读或查看图表，可以对图表进行编辑，如将扇区分离、重新设置图表布局、添加样式、修改图例、调整图例位置及美化图表等。本例将进一步对饼图进行操作，具体步骤如下。

具体步骤

01 执行分离扇区操作。在饼图上单击两下选择东北营业总额的扇区，按住鼠标左键不放并将其拖动到图表的外侧，如下左图所示。

02 执行更改布局的操作。❶ 单击"图表工具-设计"选项卡"图表布局"组中的"快速布局"按钮；❷ 在弹出的下拉列表中选择"布局6"样式，如下右图所示。

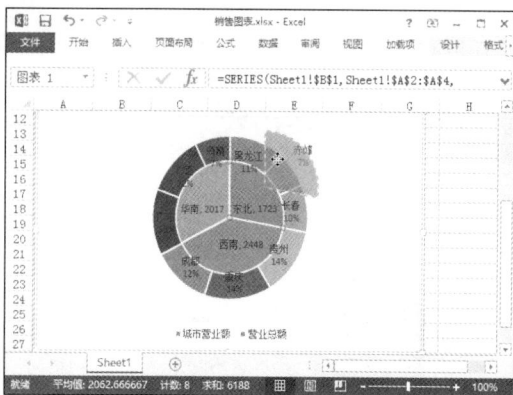

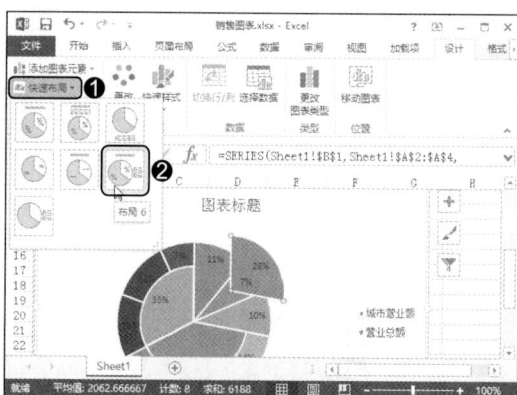

高手点拨 · 饼图中的数据系列

在Excel中创建饼形图表后，所有数据系列都是一个整体。为了突出其中某一数据，可以将饼图中的扇区分离出来。

03 设置图表样式。选择图表，❶ 单击"图表样式"组中的"快速样式"按钮；❷ 在弹出的下拉列表中选择需要的图表样式，如下左图所示。

04 输入标题名称并设置数据标签颜色。❶ 在标题框中输入图表名称；❷ 选择内部扇区中的数据标签；❸ 单击"图表工具-格式"选项卡"艺术字样式"组中的"文本填充"按钮；❹ 在弹出的下拉菜单中选择白色，如下右图所示。

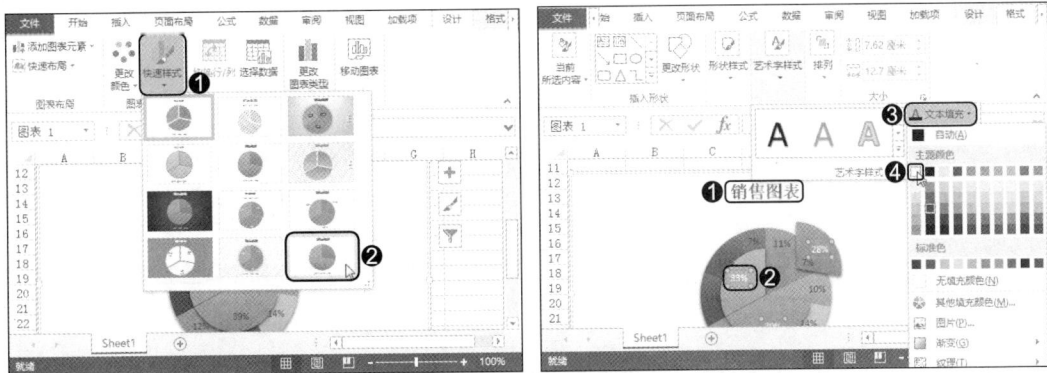

05 设置数据标签颜色。❶ 选择外部扇区中的数据标签；❷ 单击"图表工具-格式"选项卡"艺术字样式"组中的"文本填充"按钮；❸ 在弹出的下拉菜单中选择黄色，如下左图所示。

06 执行图片命令。❶ 选择图表的绘图区；❷ 单击"形状样式"组中的"形状填充"按钮；❸ 在弹出的下拉菜单中选择"图片"命令，如下右图所示。

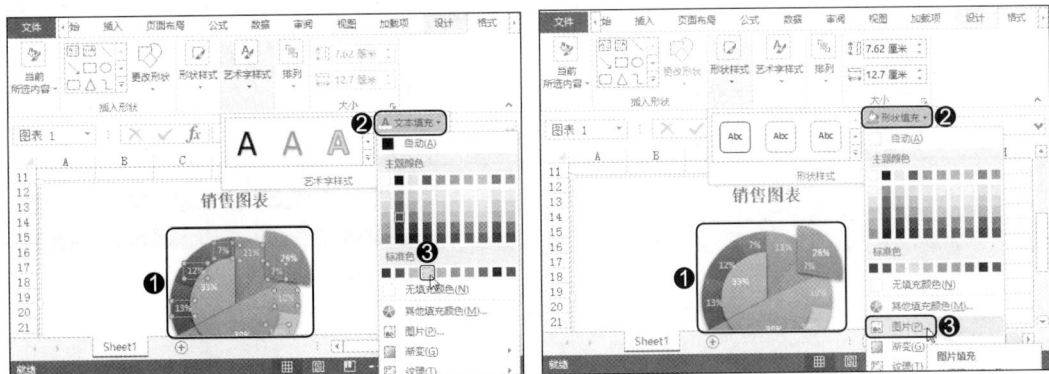

07 执行浏览图片命令。打开"插入图片"窗口，单击"来自文件"栏中的"浏览"超链接，如下左图所示。

08 选择需要插入的图片。在打开的对话框中选择素材文件中提供的图片，单击"当前所选内容"组中的"设置所选内容格式"按钮，如下右图所示。

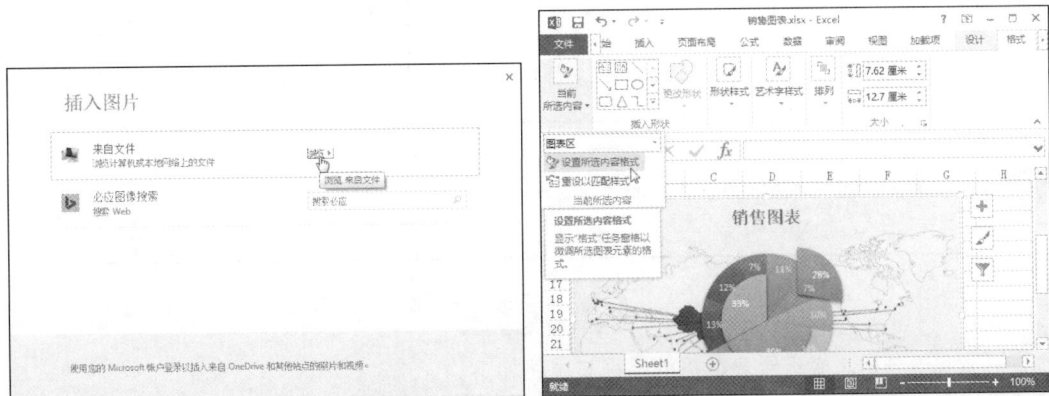

09 设置图片的透明度。显示"设置图表区格式"任务窗格，❶ 在"填充线条"选项卡中拖动滑块调整图片的透明度；❷ 单击"关闭"按钮，如右图所示。

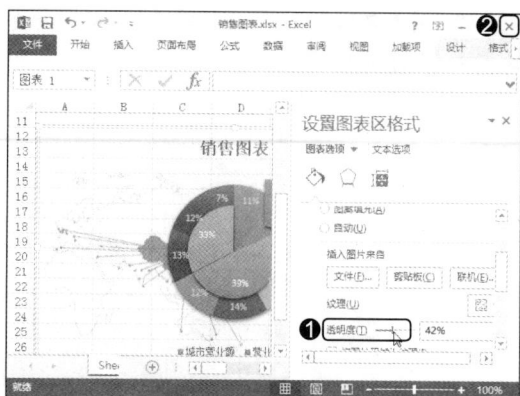

案例 04 应用数据透视表分析考勤记录表

案例概述

在年底时，企业行政部都会对当年的考勤记录表作一次统计，统计出考勤的结果来作为一个参考标准，从而制订出一个新的符合公司的考勤标准。因此，对这些数据进行分析很有必要，本例应用数据透视表分析考勤记录表数据的效果如下图所示。

素材文件：光盘\素材文件\第9章\案例04\考勤记录表.xlsx
结果文件：光盘\结果文件\第9章\案例04\考勤记录表.xlsx
教学文件：光盘\同步教学视频\第9章\案例04.mp4

制作思路

在Excel中分析考勤记录表数据的流程与思路如下。

一 **创建数据透视表**：本例已经将源数据准备妥当，只需要根据这些数据创建数据透视表就可以开始分析了。

二 **编辑数据透视表**：使用数据透视表分析数据，需要对要分析的数据效果进行思考，然后选择合适的字段进行显示，并按照一定的规律来显示即可。

三 **使用切片器**：使用切片器分析数据透视表中的数据可以更加直观，因此有必要掌握切片器的使用方法。

具体步骤

使用数据透视表可以快速对字段进行操作，当源数据表中的数据发生变化时，还可以随时更新数据。本例将以考勤记录表数据为例，介绍在Excel中使用数据透视表分析数据的相关操作。

1. 创建考勤记录透视表

数据透视表不仅可以将行或列中的数据转换为有意义的数据表示，同时可以结合函数公式显示部分数据或整理数据的具体关系以直观显示。

01 执行创建数据透视表的操作。打开素材文件"考勤记录表"，单击"插入"选项卡"表格"组中的"数据透视表"按钮，如下左图所示。

02 选择原数据表区域和透视表位置。打开"创建数据透视表"对话框，❶ 在"表/区域"参数框中选择源数据表区域；❷ 选中"现有工作表"单选按钮，并在其后的"位置"参数框中输入数据透视表存放的位置；❸ 单击"确定"按钮，如下右图所示。

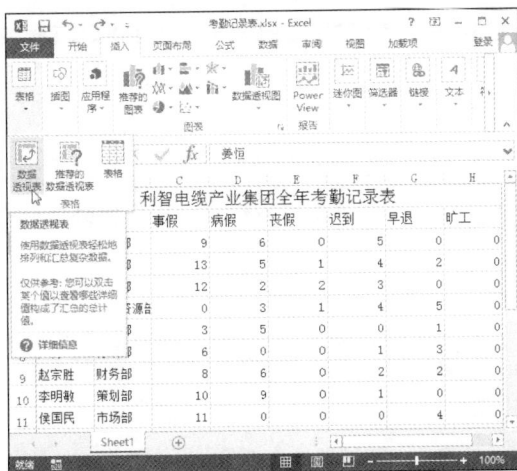

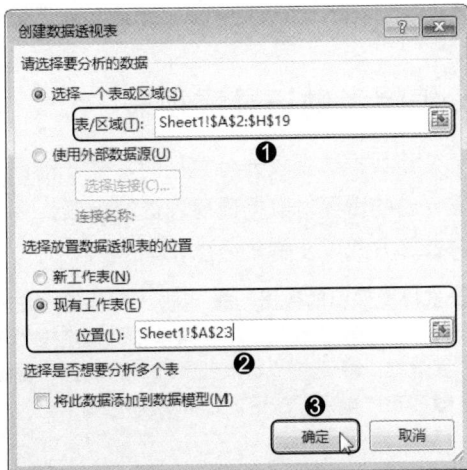

03 执行添加字段的操作。经过以上操作，将创建一个空白数据透视表。在"数据透视表字段"任务窗格中的"选择要添加到报表的字段"列表框中选中"姓名"、"部门"、"事假"、"迟到"复选框，如下左图所示。

04 移动报表字段。经过以上操作，即可为数据透视表添加相应的字段。❶ 单击"姓名"字段右侧的下拉按钮；❷ 在弹出的下拉列表中选择"移动到报表筛选"选项，如下右图所示。

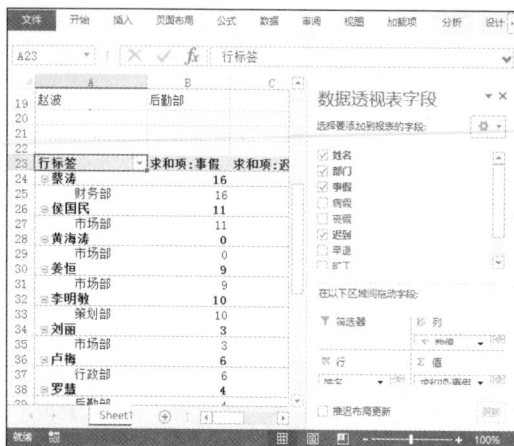

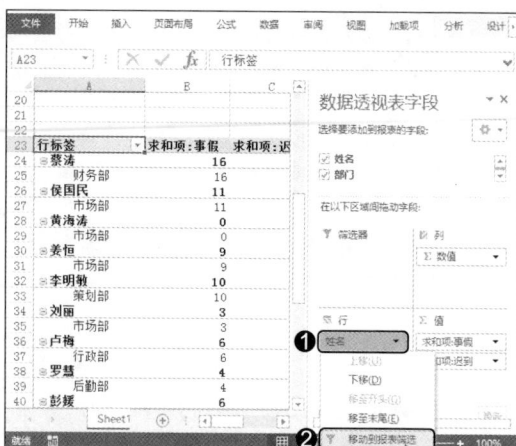

05 显示添加字段效果。经过以上操作，即可将"姓名"字段设置为数据透视表的报表筛选器字段，同时会显示目前数据透视表的整个效果，如右图所示。

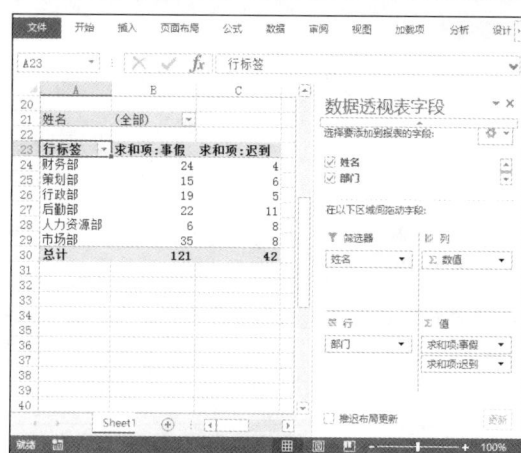

2. 编辑考勤记录透视表

使用数据透视表分析数据时，除了前面介绍的使用数据透视表的基本操作外，用户还可以根据自己的需要对数据透视表进行编辑，如查看数据、更新数据透视表数据、更改数据透视表汇总计算方式以及美化透视表等。

01 选择要保留的数据。❶ 单击"行标签"右侧的下拉按钮；❷ 在弹出的下拉菜单中取消选中"全选"复选框；❸ 选中"行政部"和"市场部"复选框；❹ 单击"确定"按钮，如右图所示。

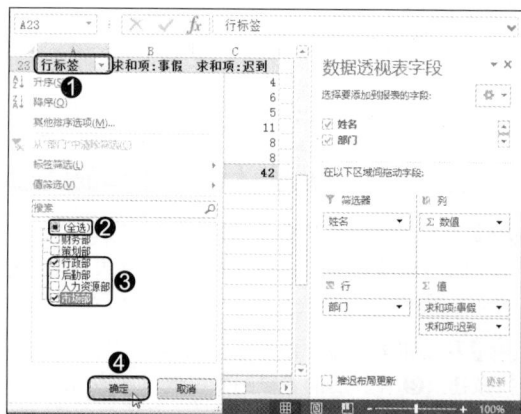

02 显示筛选结果。经过以上操作，数据透视表中将筛选出行政部和市场部的相关数据，效果如下左图所示。

03 修改并刷新数据。❶ 修改C7单元格中的数据为"5"；❷ 选择数据透视表中的任意单元格；❸ 单击"数据透视表工具-分析"选项卡"数据"组中的"刷新"按钮，如下右图所示。

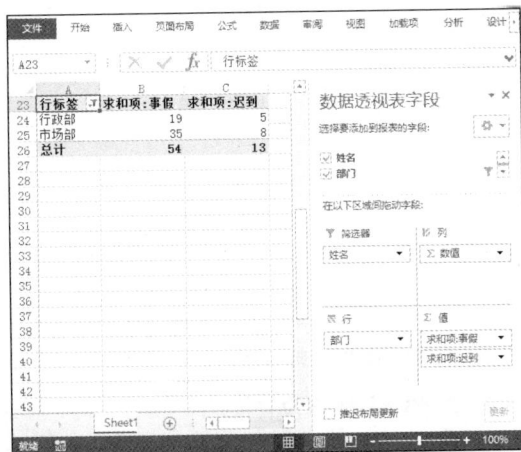

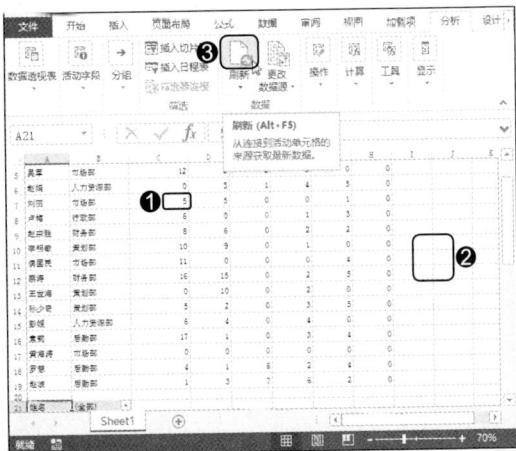

04 显示刷新数据结果。经过上步操作，将刷新数据透视表中的所有数据，结果如下左图所示。

05 执行"值字段设置"命令。❶ 单击"数据透视表字段"任务窗格"值"列表框中的"求和项：事假"字段右侧的下拉按钮；❷ 在弹出的下拉菜单中选择"值字段设置"命令，如下右图所示。

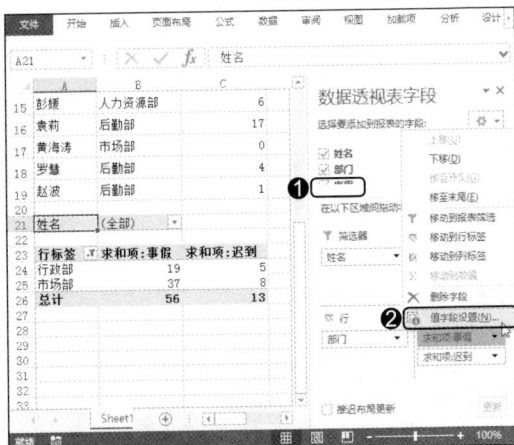

06 选择汇总计算方式。打开"值字段设置"对话框，❶ 在"值汇总方式"选项卡的列表框中选择"平均值"选项；❷ 单击"确定"按钮，如右图所示。

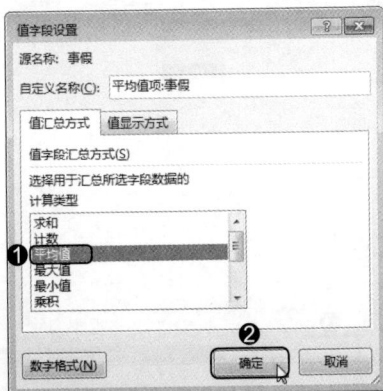

07 显示平均值汇总效果。经过以上操作，即可修改该字段的求和汇总方式为求平均值，效果如下左图所示。

08 设置数据透视表样式。❶ 选择A21:C26单元格区域；❷ 在"数据透视表工具-设计"选项卡"数据透视表样式"组的列表框中选择一种数据透视表样式，即可为数据透视表添加样式，如下右图所示。

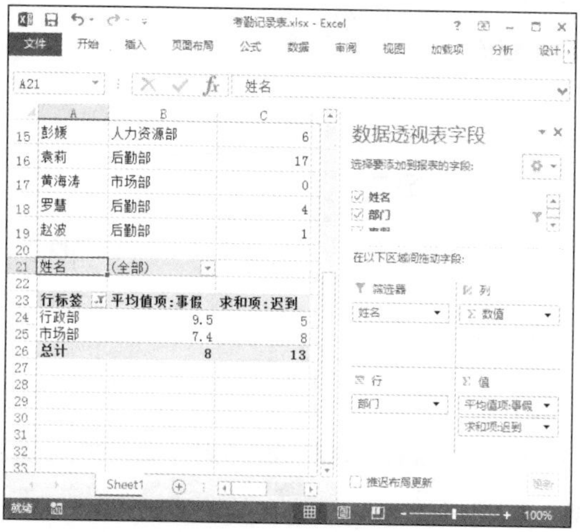

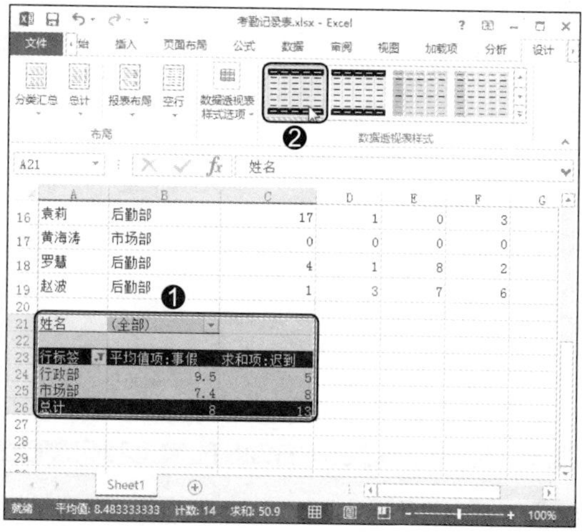

3. 使用切片器分析数据

切片器提供了一种可视性极强的筛选方法来筛选数据透视表中的数据。一旦插入切片器，用户就可以使用多个按钮对数据进行快速分段和筛选，仅显示所需数据。此外，对数据透视表应用多个筛选器之后，不再需要打开列表查看数据所应用的筛选器，这些筛选器会显示在屏幕上的切片器中。使用切片器分析数据的具体操作方法如下。

01 取消字段筛选效果。❶ 单击"行标签"右侧的下拉按钮；❷ 在弹出的下拉菜单中选中"全选"复选框；❸ 单击"确定"按钮，如下左图所示。

02 执行"插入切片器"命令。单击"数据透视表工具-分析"选项卡"筛选"组中的"插入切片器"按钮，如下右图所示。

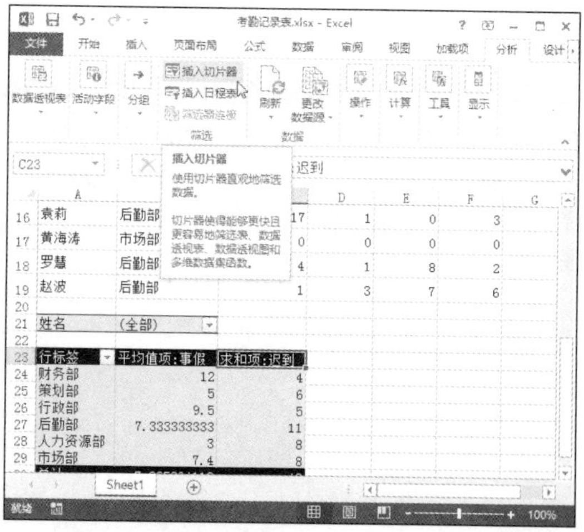

03 选择切片器数据选项。打开"插入切片器"对话框，❶ 选中"部门"和"病假"复选框；❷ 单击"确定"按钮，如下左图所示。

04 添加"病假"字段。在"数据透视表字段"任务窗格的列表框中选中"病假"复选框，如下右图所示。

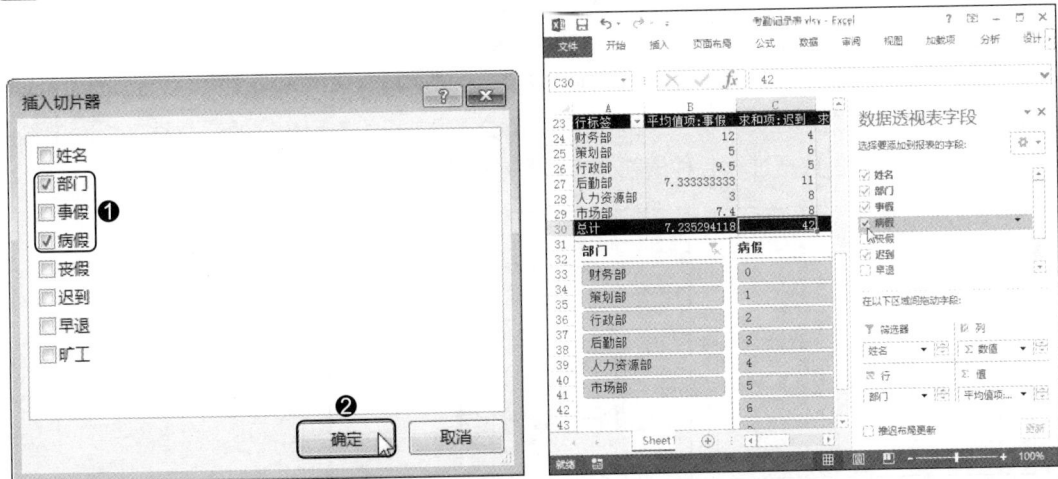

05 选择切片器选项。在"病假"切片器中选择"15"选项，即可在数据透视表中显示切片器选中的相关记录，如下左图所示。

06 选择切片器样式。❶ 选择插入的两个切片器，单击"切片器工具-选项"选项卡"切片器样式"组中的"快速样式"按钮；❷ 在弹出的下拉列表中选择一种切片器样式，如下右图所示。

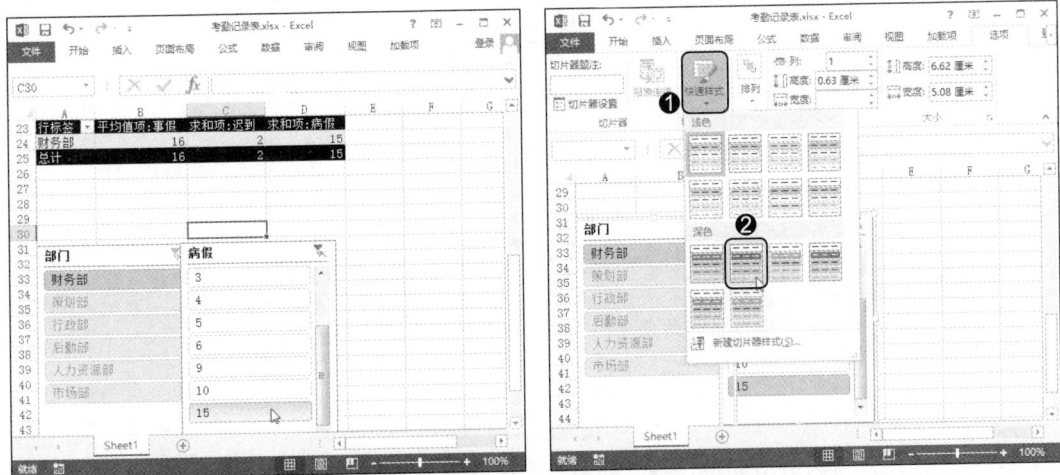

07 查看设置的切片样式。经过上步操作后，即可为切片器添加内置的样式，效果如右图所示。

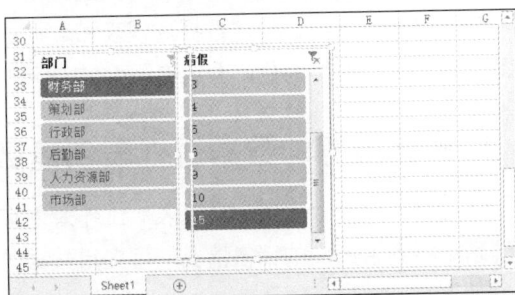

案例 05 应用数据透视图表分析产品销售情况

案例概述

在对数据进行深入分析时，可以结合使用数据透视表和数据透视图来显示。数据透视表和数据透视图都是以交互方式以及交叉的方式显示数据表中不同类别数据的汇总结果。本例将应用数据透视图对销售数据进行各种透视分析，最终效果如下左图所示。

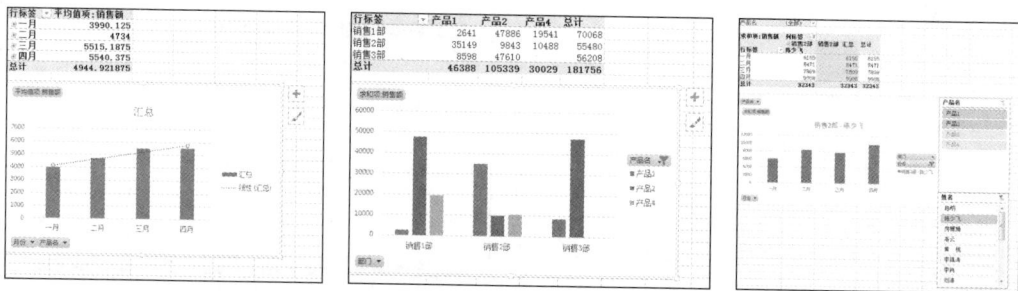

> 素材文件：光盘\素材文件\第9章\案例05\销售记录总表.xlsx
> 结果文件：光盘\结果文件\第9章\案例05\销售情况透视图.xlsx
> 教学文件：光盘\同步教学视频\第9章\案例05.mp4

制作思路

在Excel中使用数据透视图分析销售数据的流程与思路如下。

一 **创建推荐的数据透视图**：Excel 2013中提供了推荐数据透视图的功能，使用该功能可以非常方便地创建推荐的数据透视图。

二 **手动创建数据透视图表**：在数据分析过程中，常常需要根据不同的需求来进行分析和创建数据透视图表，因此掌握手动插入数据透视图表的方法非常必要。本例将对数据通过多种分析的角度讲解不同数据透视图表的创建方法。

具体步骤

在对销售情况进行分析和统计的过程中，有时需要从不同的角度来分析当前数据，以获得不同的结果。此时，使用数据透视表和数据透视图结合进行分析会比使用普通图表更加方便。本例将以销售数据为例，介绍在Excel中使用数据透视图的相关操作。

1. 根据推荐的数据透视表创建数据透视图

在素材文件"销售记录总表"工作簿中存储了各部门员工不同产品各月的总销售额，为更清晰地看到各部门的销售情况，可应用数据透视表和数据透视图对数据进行分析，具体操作方法如下。

01 执行"推荐的数据透视表"命令。❶ 打开素材文件"销售记录总表",将其另存为"销售情况透视";❷ 选择"销售记录总表"工作表中数据区域中的任意单元格,❸ 单击"插入"选项卡"表格"组中的"推荐的数据透视表"按钮,如下左图所示。

02 选择合适的数据透视表类型。打开"推荐的数据透视表"对话框,❶ 在左侧的列表框中选择需要的透视表类型,即可在右侧查看相应的显示效果;❷ 满意后单击"确定"按钮,如下右图所示。

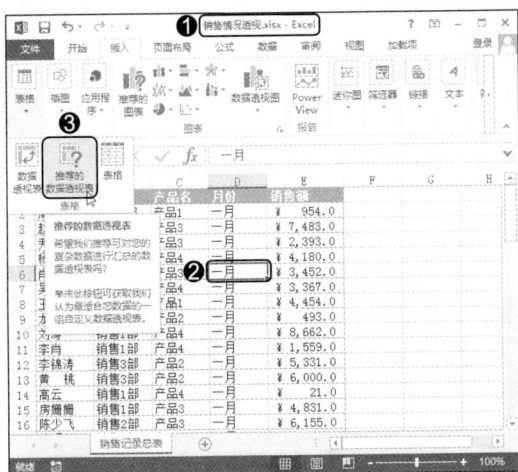

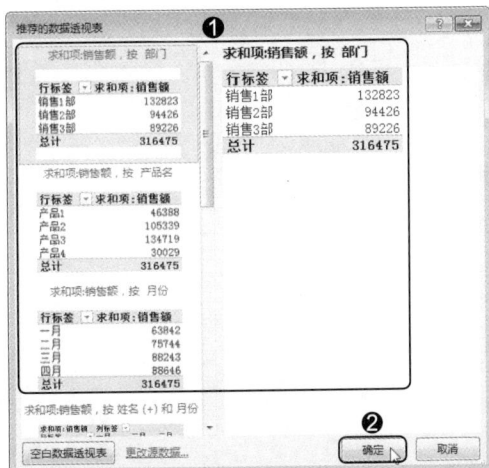

数据透视图或数据透视表中筛选功能的应用

在数据透视图中,应用于各分类的字段均可以进行数据筛选,即只显示该分类中满足筛选条件的一类或多类数据的汇总结果,设置字段筛选条件的方法与在表格中应用自动筛选的筛选方法相同。例如,要筛选出字段值中以某个字符串开头或包含指定字符串的文本,可在单击数据透视图中的字段名按钮后选择"标签筛选"命令进行设置;若要对字段中的数值进行筛选,如设置筛选条件为数值范围等,可应用"值筛选"命令进行设置。此外,还可以利用字段值筛选功能对数据透视图中的分类进行排序,从而使数据透视图中的数据显示更规律,且更清晰易懂。

03 插入数据透视图。经过上步操作,系统会自动创建相应的数据透视表。单击"数据透视表工具-分析"选项卡"工具"组中的"数据透视图"按钮,如右图所示。

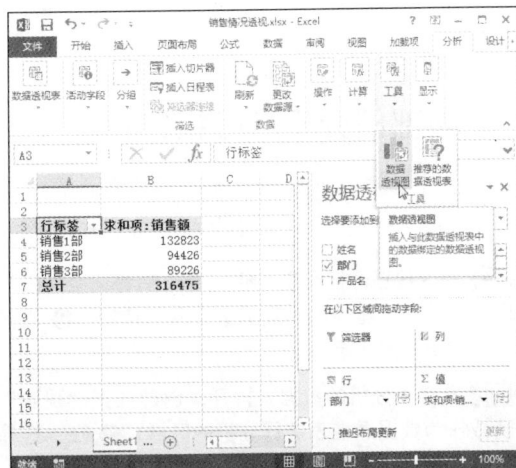

04 选择图表类型。打开"插入图表"对话框，❶ 在左侧单击"柱形图"选项；❷ 在右侧上方选择需要的柱形图样式；❸ 单击"确定"按钮，如下左图所示。

05 选择图表样式。经过上步操作，即可根据所选的图表类型为数据透视表数据创建相应的数据透视图。❶ 单击"数据透视表工具-设计"选项卡"图表样式"组中的"快速样式"按钮；❷ 在弹出的下拉列表中选择需要的图表样式，如下右图所示。

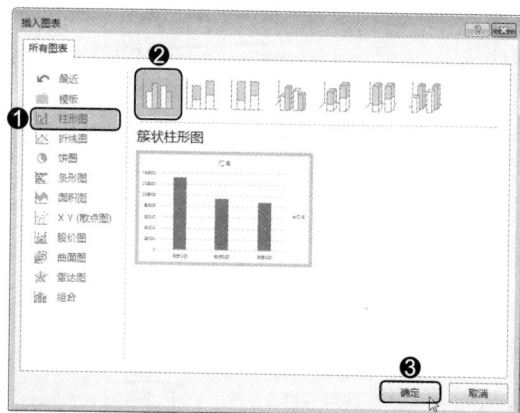

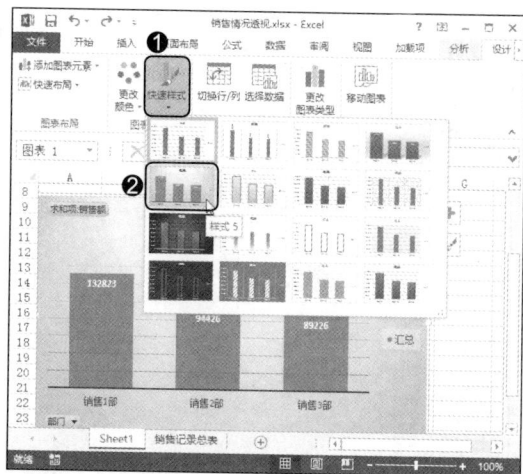

06 查看数据透视图效果。经过上步操作，即可为插入的数据透视图应用选择的图表样式，效果如右图所示。

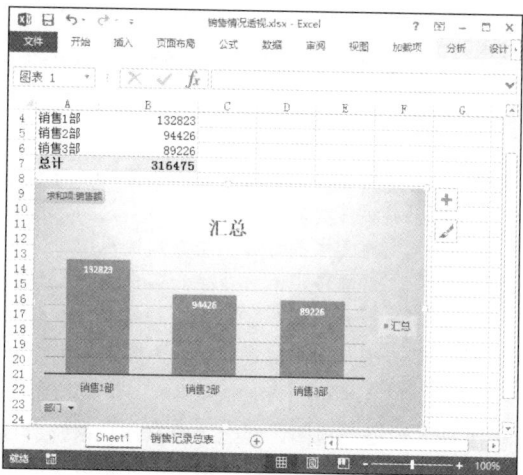

2. 按部门分析产品销售情况

为了更清晰地看到各部门不同产品的销售情况，还可以手动插入数据透视图和数据透视表对数据进行分析，具体操作方法如下。

01 插入数据透视图表。❶ 选择"销售记录总表"工作表数据区域中的任意单元格，❷ 单击"插入"选项卡"图表"组中的"数据透视图"按钮；❸ 在弹出的下拉菜单中选择"数据透视图和数据透视表"命令，如下左图所示。

02 选择要分析的数据。打开"创建数据透视表"对话框，其中将自动引用当前活动单元格所在的表格区域作为数据透视表进行分析的区域，❶ 在"选择放置数据透视表的位置"栏中选中"新工作表"单选按钮；❷ 单击"确定"按钮，如下右图所示。

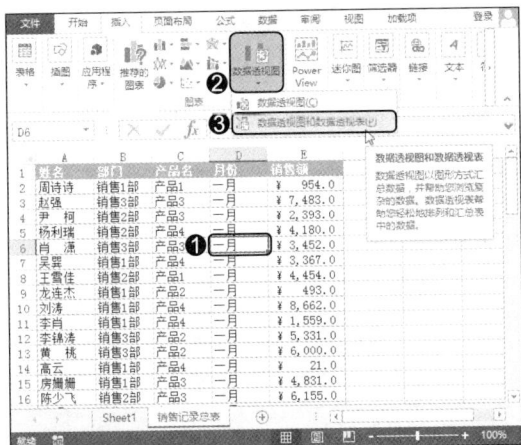

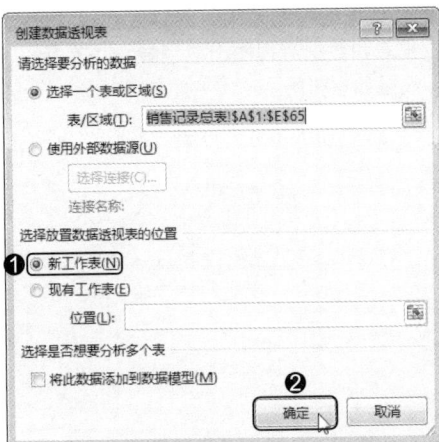

03 选择要添加到报表的字段。❶ 修改数据透视图所在的工作表名称为"按部门分析产品销售情况"；❷ 在"数据透视图字段"任务窗格中的"选择要添加到报表的字段"列表框中选中"部门"、"产品"和"销售额"复选框；❸ 将"轴"列表框中的"产品名"选项拖动到"图例字段"列表框中，如下左图所示。

04 调整与查看数据透视图。关闭右侧的"数据透视图字段"任务窗格，调整图表的位置，从图表中可清晰地看到各部门各产品的销售总额，如下右图所示。

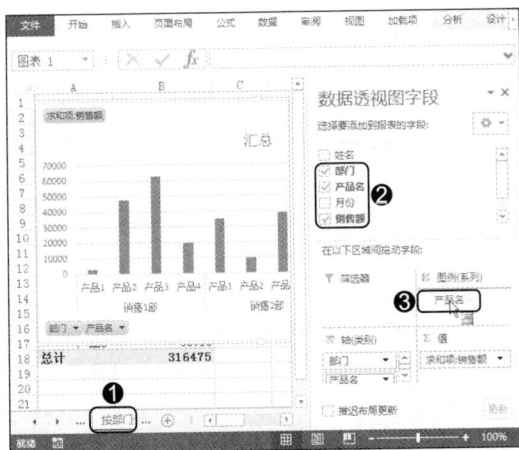

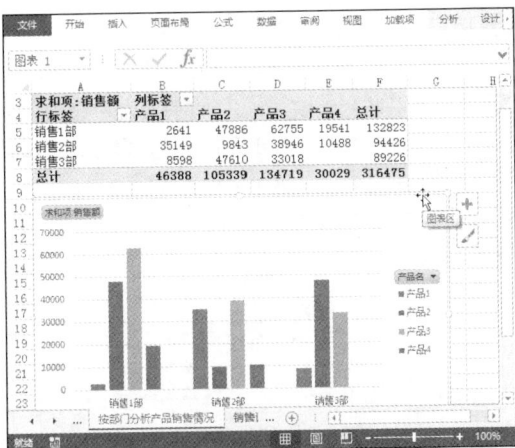

05 筛选图表中的数据。❶ 单击数据透视图中图例区的"产品名"按钮；❷ 在弹出的下拉菜单中取消不需要显示的产品名称的选择状态，这里取消选中"产品3"复选框；❸ 单击"确定"按钮，如右图所示。

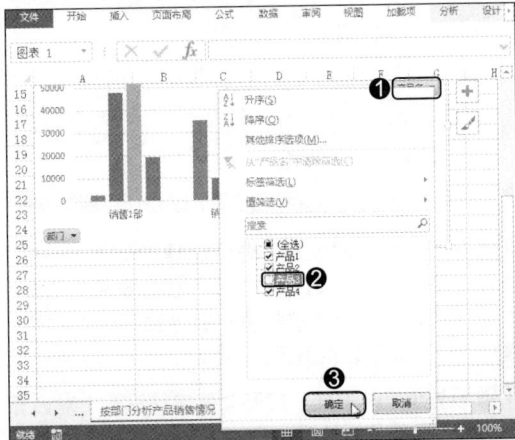

06 查看数据透视图效果。经过上步操作，将在数据透视表和数据透视图中取消显示"产品3"的数据，效果如右图所示。

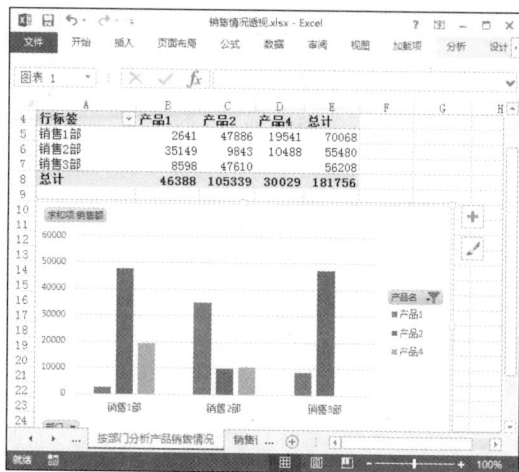

3. 按月份分析各产品的平均销售额

为更清晰地看到各商品的月平均销售情况，可应用数据透视图对数据进行分析，具体操作方法如下。

01 插入数据透视图。❶ 选择"销售记录总表"工作表数据区域中的任意单元格，❷ 单击"插入"选项卡"图表"组中的"数据透视图"按钮；❸ 在弹出的下拉列表中选择"数据透视图"选项，如下左图所示。

02 选择要分析的数据。打开"创建数据透视表"对话框，其中将自动引用当前活动单元格所在的表格区域作为数据透视表进行分析的区域，❶ 在"选择放置数据透视表的位置"栏中选中"新工作表"单选按钮；❷ 单击"确定"按钮，如下右图所示。

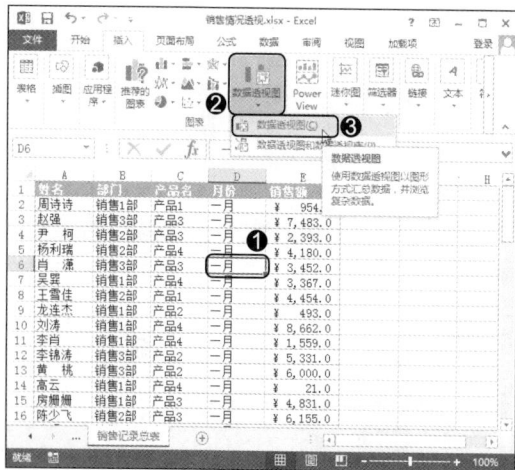

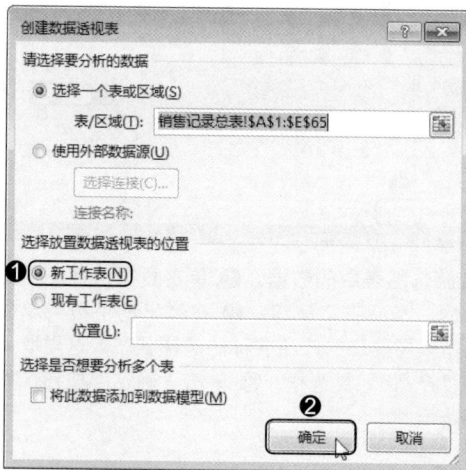

03 执行"值字段设置"命令。❶ 修改数据透视图所在的工作表名称为"按月份分析各产品平均销售额"；❷ 在"数据透视表字段"任务窗格中选择字段为"产品名"、"月份"和"销售额"；❸ 单击"值"列表框中的"求和项：销售额"选项右侧的下拉按钮；❹ 在弹出的下拉菜单中选择"值字段设置"命令，如下左图所示。

04 设置值汇总方式。打开"值字段设置"对话框，❶ 在"值汇总方式"选项卡的"计算类型"列表框中选择"平均值"选项；❷ 单击"确定"按钮完成汇总方式的修改，如下右图所示。

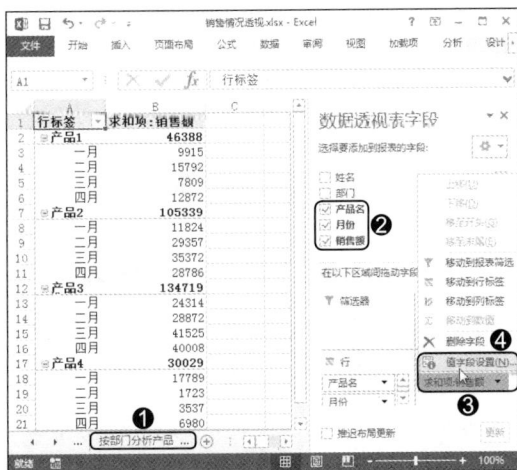

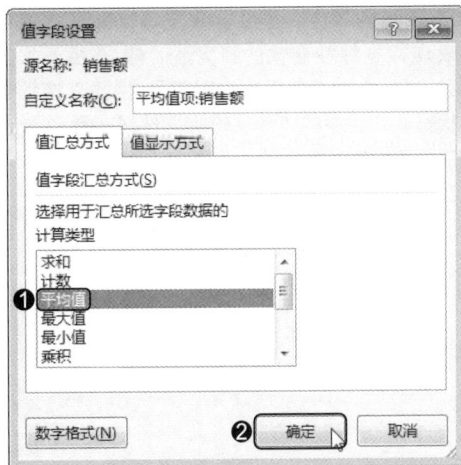

05 移动字段位置。在"数据透视表字段"任务窗格中，❶ 单击"行"列表框中"月份"选项右侧的下拉按钮；❷ 在弹出的下拉菜单中选择"移至开头"命令，如下左图所示。

06 查看各月平均销售额。❶ 单击数据透视表中各月标签前的"-"按钮，将明细数据隐藏，以查看各产品的月平均销售额；❷ 拖动鼠标光标调整数据透视图的位置，效果如下右图所示。

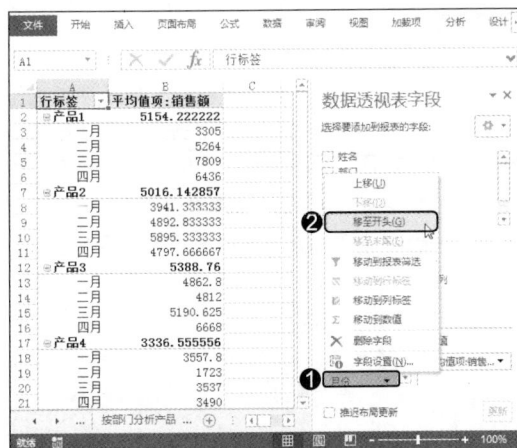

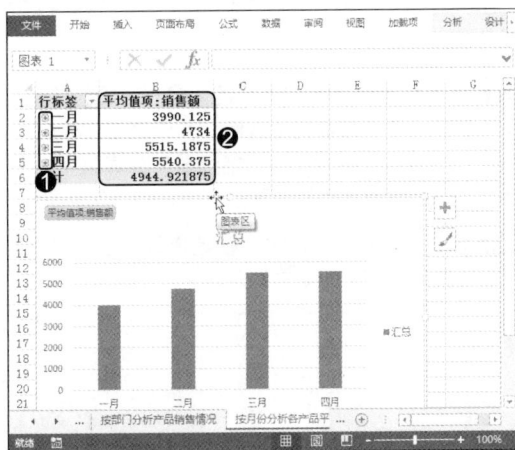

07 添加趋势线。❶ 选择数据透视图中的数据系列；❷ 单击"数据透视图工具-设计"选项卡"图表布局"组中的"添加图表元素"按钮；❸ 在弹出的下拉菜单中选择"趋势线"命令；❹ 在弹出的级联菜单中选择"线性"命令，如右图所示。

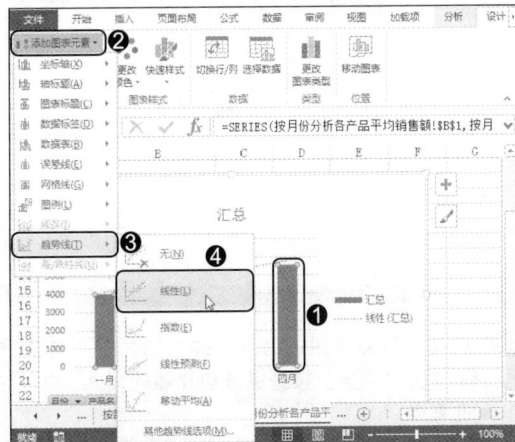

08 设置线条颜色。经过上步操作，即可在图中添加表现数据线性变化的趋势线。❶ 选择添加的趋势线；❷ 单击"数据透视图工具-格式"选项卡"形状样式"组中的"形状轮廓"按钮；❸ 在弹出的下拉菜单中选择需要的线条颜色，如右图所示。

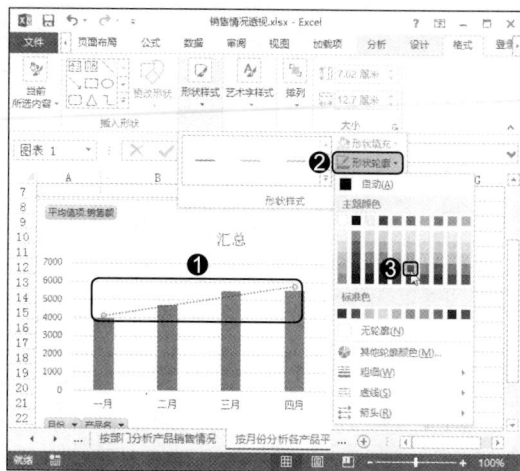

4. 创建综合分析数据透视图

要快速对数据表中的数据按各种不同的方式进行分析，可在创建出数据透视图后，将所有字段合理地添加至各透视表区域中，在进行不同类别的分析时，再合理地调整数据透视表字段的位置。

01 插入数据透视表和透视图。❶ 在"销售记录总表"工作簿中，应用"数据透视图"命令在新工作表中创建一个空白数据透视图，并修改工作表名称为"综合分析"；❷ 在"数据透视图字段"任务窗格中将"产品名"字段拖入"筛选器"列表框中，将"部门"和"姓名"字段拖入"图例"列表框中，将"月份"字段拖入"轴"列表框中，将"销售额"字段拖入"值"列表框中，如下左图所示。

02 单击"切片器"按钮。❶ 选择数据透视图或数据透视表；❷ 单击"插入"选项卡"筛选器"组中的"切片器"按钮，如下右图所示。

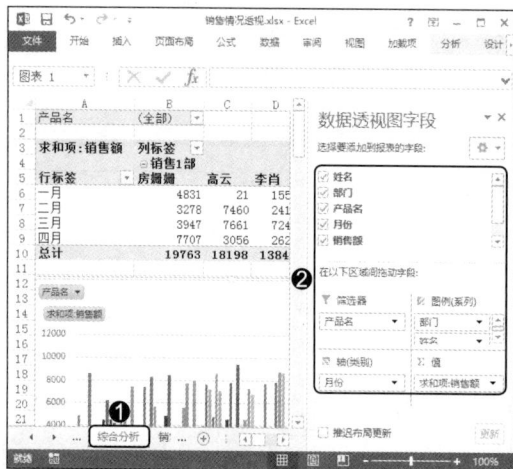

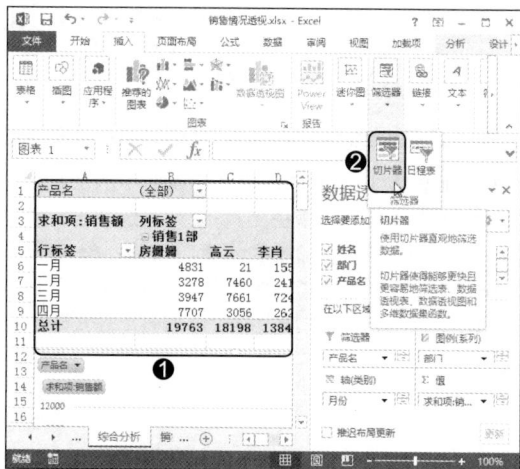

03 选择切片器字段。打开"插入切片器"对话框，❶ 在列表框中选中"姓名"和"产品名"的复选框；❷ 单击"确定"按钮完成切片器的插入，如下左图所示。

04 应用切片器显示数据。调整工作表中出现切片器的位置，在"产品名"切片器中选择要显示的产品名称，如"产品2"，即可在数据透视表及数据透视图中显示该产品的销售数据统计结果，如下右图所示。

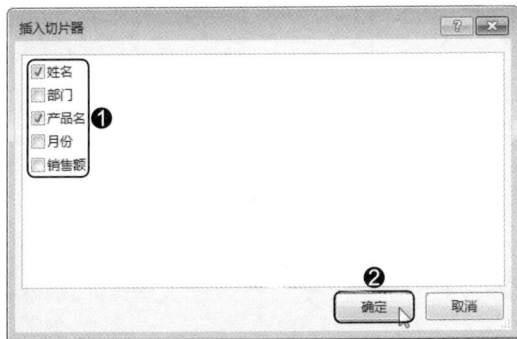

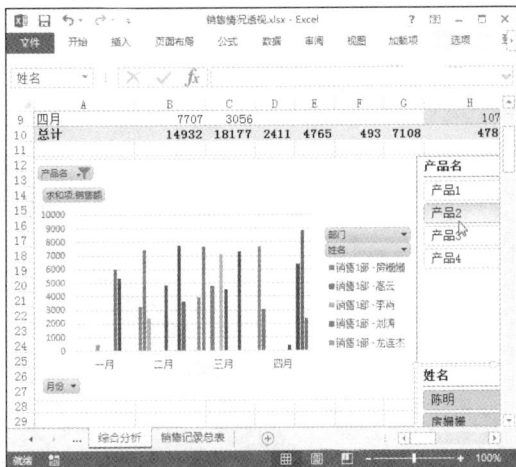

05 应用切片器筛选数据。❶ 单击"产品名"切片器中的"清除筛选器"按钮，清除对"产品名"分类的筛选；❷ 选择"姓名"切片器中的选项可在数据透视图中查看到该员工各月的销售情况，如右图所示。

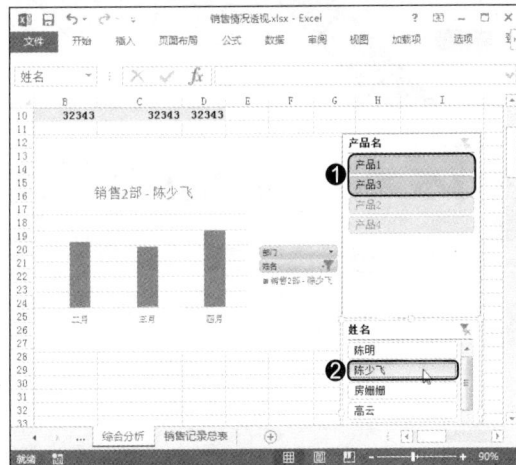

本 章 小 结

　　使用图表可以让表格数据显示得更加清晰，并能方便用户发现其中的规律，是分析数据的一种重要方式。本章学习的第一个重点是在Excel中普通表格的各种操作，如创建、编辑和美化等；另一个重点则是数据透视图表的使用方法。只有清晰地知道最终要实现的效果，并找出分析数据的角度，再结合数据透视图表的应用，就能对同一组数据进行各种交互显示分析效果，从而发现不同的规律。

	当前值:	方案一	方案二	方案三	方案四
	8000	7500	7500	8000	8000
	8000	6250	7500	8000	6500
	8000	8333.333333	7500	8000	8500
	8000	7500	7500	8000	8000
	000	30000	32000	31000	
	29583.33333	6750	7200	6930	
	6600				

深入的数据分析——数据的模拟分析

方案

结果单元

注释："当前值"，E

建立方案汇总时，E

每组方案的可变单元

房贷月供计算器	5.60%			首付金融	¥200,000.00		
年利率	5.60%	20		¥200,000.00	-2982.254316	6.25%	
支付的年数	¥630,000.00		¥189,000.00	-3058.544543		-3262.0	-3180.699
总价	¥189,000.00	5.60%	-3058.54	-3159.460968	-3223.393372	-2810.850671	-3142.99127	-2777.527169
首付	¥189,000.00	-3,058.54	6.00%	-3080.653551	-2722.438022	-2588.941407	-2507.508705
月供计算结果	¥250,000.00	-2982.25	5.80%	-2678.775669	-2635.48	-2427.42	-2467.293379
	¥280,000.00		¥189,000.00	-3,108.79	-3,031.25	-3,058.54	-2982.25

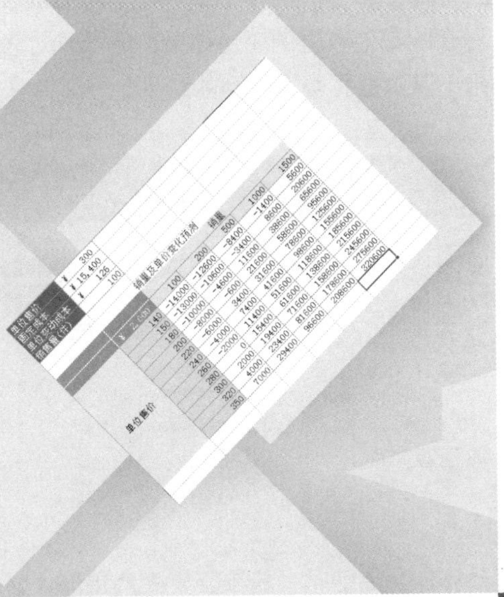

与预算

第 10 章

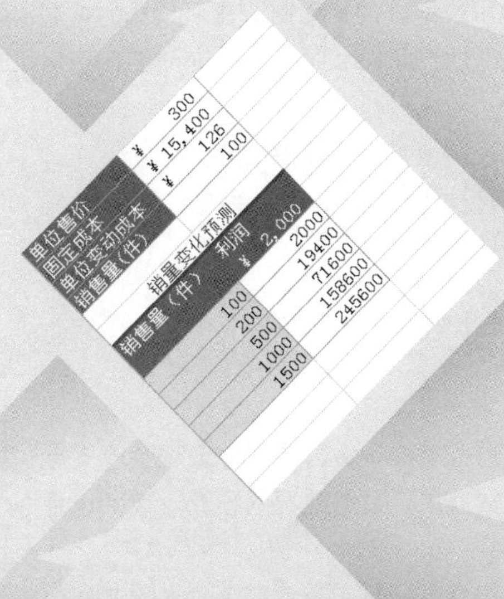

本章导读

前面介绍了通过图表和数据透视图表等分析工具对工作表中的数据进行分析的操作方法。本章主要通过解决投资分析等问题，介绍Excel在数据模拟分析方面的应用，包括模拟运算表、方案管理器和规划求解的应用等，着重说明单变量模拟运算表和双变量模拟运算表的应用操作，以及应用方案管理器和规划求解工具辅助决策的方法。

知识要点

- 创建多个数据方案并生成方案报表
- 应用模拟运算表分析单个数据变化情况
- 单变量求解模拟分析数据
- 应用模拟运算表分析两个数据变化情况

知识要点——数据模拟分析与预算的相关知识

Excel不仅可以对已产生的数据进行操作，在遇到不确定数据项的情况时，也可以模拟数据的各种变化情况，并分析和查看该数据变化之后所导致的其他数据的变化结果；还可以对表格中某些数据进行假设，给出多个可能性，以分析应用不同的数据可以达到的结果。

要点 01 企业预算

预算是单位根据本身的手段和技术素质确定的方案，是考核经济效果的重要依据。其作用主要是加强计划管理和限额管理，达到强化基础工作、控制投入、增强经济效益的目的。

1. 预算的分类

企业预算一般分为业务预算、资本支出预算、财务预算3种。

（1）业务预算

业务预算指的是与企业基本生产经营活动相关的预算，主要包括销售预算、生产预算、材料预算、人工预算及费用预算（制造费用预算、期间费用预算）等。

其中，销售预算是整个预算编制工作的起点和主要依据。公司会根据当年的经营目标，通过市场预测，结合各种产品的历史销售量、销售价格等数据，确定预测年度的销售数量、单价和销售收入。在销售预算的基础上编制生产预算，根据预测销售量、预测期初和期末的存货量得出预测生产量；然后根据生产预算编制材料预算、人工预算、制造费用预算。

制造费用预算的编制分为变动制造费用和固定制造费用两部分，变动制造费用预算的编制以生产预算为基础，根据预计的各种产品产量以及单位产品所需工时和每小时的变动制造费用率计算编制。

产品成本预算是根据生产预算、材料预算、人工预算、制造费用预算编制的。

销售费用预算根据销售预算编制而成。管理费用预算一般根据历史实际开支为基础计算编制。

（2）资本支出预算

资本支出预算是企业长期投资项目（如固定资产购建、扩建等）的预算。

（3）财务预算

财务预算是一系列专门反映企业未来一定期限内预计财务状况、经营成果以及现金收支等价值指标的各种预算的总称，主要是对有关现金收支、经营成果、财务状况的预算，包括现金预算、预计利润表、预计资产负债表。

现金预算是销售预算、生产费用预算、期间费用预算和资本预算中有关现金收支的汇总，是财务预算的核心。现金预算的内容包括现金的收入、支出、盈赤（现金的多余或不足）、筹措与利用等。现金预算的编制以各项业务预算、资本支出预算的数据为基础。

预计损益表是对企业经营成果的预测，要根据销售预算、生产费用预算、期间费用预算、现金预算编制。

预计资产负债表是对企业财务状况的预测，要根据期初资产负债表和销售费用、生产费用、资本等预算编制。

预计财务状况表主要根据预计资产负债表和预计损益表编制。

2. 预算的重要性

预算是企业整体运营规划的一个整体方案，预算往往要责任到各部门各车间各相关负责人。预算编制，一般有自上而下、自下而上等方法，在编制时要注意各预算执行单位之间的权责的划分和分解。预算管理体系中权责不明会直接影响到预算的执行和考核。

"凡事预则立，不预则废"高度概括了预算的重要性。预算的意义，是为了比对真实发生的经营状况是否在原来设定的可控制范围之内。

- 如果超标，应分析是否正常，分析是否由非正常经营的原因引起的；比如有部门薪水超标，是加班生产造成，还是由于HR部门在招聘人员时工资开设过高造成的；又或者是因为为了达到公司招聘人员的任务，全年度网站和现场招聘费用超标了

- 如果没有超标，费用在预算内，那么看工作情况完成是否良好，如果良好，说明不但预算做到了位，更说明HR部门当年度工作开展良好，效率也高。

- 如果费用预算很高，可是实际花费连预算的三分之二也没有，那么同样要看工作情况及工作完成质量是否达标，如果达标了，说明原本的预算根本就不准；如果查实下来发现因为采用了更好的方式方法使得HR部门当年超额节约了开支，那么这部分节约下来的费用应该就是HR部门共同努力的结果。

预算控制与考核，可以协助并优化控制、管理企业的生产、经营。要成功地达到预算控制、考核的目的，应得到公司管理层、员工的认知与支持，明确职责，建立完善的预算管理体系。

要点 02 数据的模拟分析

在工作表中输入公式后，可进行假设分析，查看当改变公式中的某些值时这些更改对工作表中的公式结果有怎样的影响。这个过程也就是在对数据进行模拟分析。

Excel提供了方案管理器、单变量求解和模拟运算3种模拟分析功能。方案管理器和模拟运算是根据各组输入值来确定可能的结果。单变量求解与方案管理器和模拟运算的工作方式不同，它获取结果并确定生成该结果的可能的输入值。

1. 方案管理器

利用方案管理器，可以模拟为达到目标而选择的不同方式，对于每个变量改变的结果称为一个方案。分析使用不同方案时表格数据的变化，可以根据多个方案对比分析，还可以考察不同方案的优劣，从中选择最适合公司目标的方案。

创建方案是方案分析的关键，应根据实际问题的需要和可行性来创建。例如为达到公司的预算目标，可以从多种途径入手，可以通过增加广告促销，可以提高价格增收，可以降低包装费、材料费等。

2. 单变量求解

单变量求解功能简单来说就是用于公式的反向运算，想要公式达到一个目标结果时，让公式引用某个单元格的值自动变化以满足公式的结果。

3. 模拟运算

模拟运算表是一个单元格区域，用于显示计算公式中一个或两个变量的变化对公式计算结果的影响。模拟运算表提供了一种快捷手段，它可以通过一步操作计算多个结果；同时，它还是一种可以查看和比较由工作表中不同变化所引起的各种结果有效方法。

"模拟运算"功能通常用于分析一些连续的数据变化后造成的影响或发展趋势。由于只关注一个或两个变量，而且能将所有不同的计算结果以列表的形式同时显示出来，因而便于查看、比较和分析。根据分析计算公式中参数的个数，模拟运算又分为单变量模拟运算和双变量模拟运算。

单变量模拟运算表的输入值被排列在一列（列方向）或一行（行方向）中。单变量模拟运算表中使用的公式必须仅引用一个输入单元格。

双变量模拟运算表使用含有两个输入值列表的公式。该公式必须引用两个不同的输入单元格。

高手点拨

模拟运算表与方案管理器的选择

模拟运算表主要用来考察一个或两个决策变量的变动对于分析结果的影响，但对于一些更复杂的问题，常常需要考察更多的因素，此时应改用方案管理器功能。尽管模拟运算表只能使用一个或两个变量（一个用于行输入单元格，另一个用于列输入单元格），但模拟运算表可以包括任意数量的不同变量值。方案可拥有最多32个不同的值，但可以创建任意数量的方案。

要点 03 为何要生成求解报告

在Excel中，不仅需要对发生的一些数据进行分析，还需要寻找最简单、效率最高、产值最大的方法。因此，通过利用Excel软件对数据进行操作、分析完后，还需要生成一份报告，其他人拿到这份报告，就能知道该数据的分析情况。这样不仅能让阅读者快速理解，也能为下次查看时清楚制作这个表格数据的过程，进而达到提高工作效率的效果。

Excel的有些功能中内置了部分报告结果的样式，当用户制作的数据结果与内置的报告相同时，则会将分析报告显示出来；如果制作的表格数据没有得到求解，这样的数据分析报告会提示出错，不能显示出相关分析报告。

同步训练——实战应用成高手

通过前面知识要点的介绍，主要让读者了解数据预算的相关技能与应用经验。下面针对日常办公中的相关应用列举几个典型的表格案例，介绍在Excel中进行数据预算和模拟分析的思路、方法及具体操作步骤。

案例 01 制订年度销售计划表

案例概述

在年初或年末时，企业常常会提出新一年的各种计划和目标，例如产品的销售计划，通常会依据上一年的销售情况，为新一年的销售额提出要求。对这些数据进行规划时一定要实事求是，提出切实可行的目标任务，需要进行数据的合理预算。本例对年度销售计划表的最终效果如下图所示。

方案摘要	当前值	方案一	方案二	方案三	方案四
可变单元格：					
销售1部	8000	7500	7500	8000	8000
销售2部	8000	6250	7500	8000	6500
销售3部	8000	8333.333333	7500	8000	8500
销售4部	8000	7500	7500	8000	8000
结果单元格：					
销售总额	32000	29583.33333	30000	32000	31000
总利润	7200	6600	6750	7200	6930

注释："当前值"这一列表示的是在
建立方案汇总时，可变单元格的值。
每组方案的可变单元格均以灰色底纹突出显示。

素材文件：无
结果文件：光盘\结果文件\第10章\案例01\年度销售计划.xlsx
教学文件：光盘\同步教学视频\第10章\案例01.mp4

制作思路

在Excel中制订年度销售计划表的流程与思路如下。

一 创建初始表格： 由于年度销售计划是在本年度实际销售数据的基础上进行的分析，所以首先需要将原始数据罗列出来。

二 模拟分析数据： 为各种可能变化的数据进行模拟分析，得到不同情况下各项数据的最终结果。

三 生成方案： 对于模拟分析出的各种情况，因为部分单元格内显示了多种数据，可以针对这些单元格添加方案，将不同的值保存到方案中，也方便后期查看不同的方案，或进行管理。

具体步骤

在办公应用中，经常需要根据获得的数据做出各种假设性的规划。本例将以年度销售计划表的制订为例，对新一年的销售情况作出规划，确定公司要完成的总目标、各部门需要完成的总目标、各部门各月需要完成的目标等。同时介绍Excel中使用单变量求解和方案管理功能的相关操作。

1. 制作年度销售计划表

在对年度销量进行规划时，首先需要制作出年度销售计划表，体现各部门的本年度需要完成的总销售额及其产生的利润，同时添加相应的公式以确定各数据间的关系。

01 新建文件并添加工作表内容。❶新建一个空白工作簿，并以"年度销售计划"为名进行保存；❷修改工作表名称为"年度销售计划"；❸在单元格中输入如下左图所示的内容，并进行简单的格式设置。

02 添加计算总销售额的公式。选择C2单元格，输入公式"=SUM(B7:B10)"，如下右图所示。

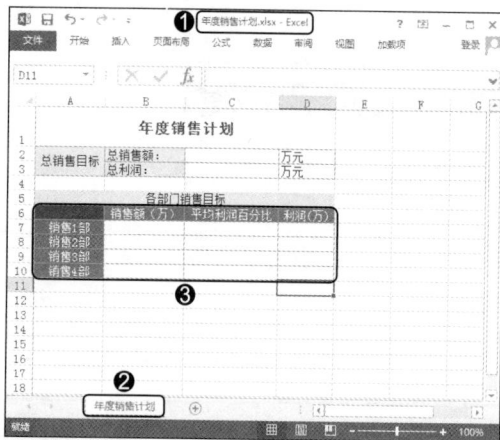

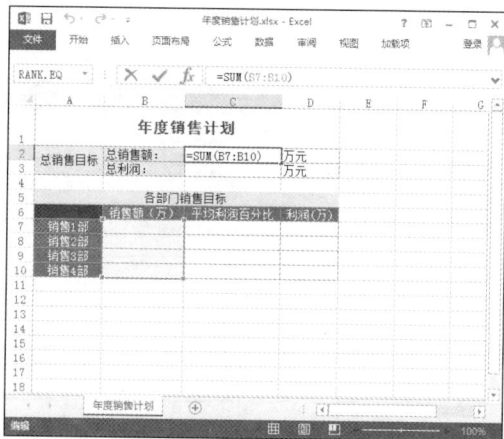

03 添加计算总利润的公式。选择C3单元格，输入公式"=SUM(D7:D10)"，如下左图所示。

04 为第一行添加计算公式。在D7单元格中输入公式"=B7*C7"，计算B7和C7单元格数据的乘积，以得到利润值，如下右图所示。

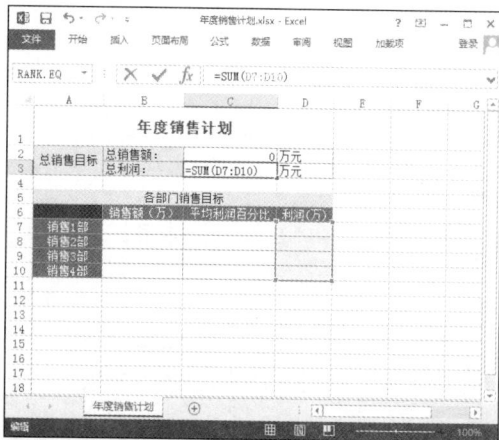

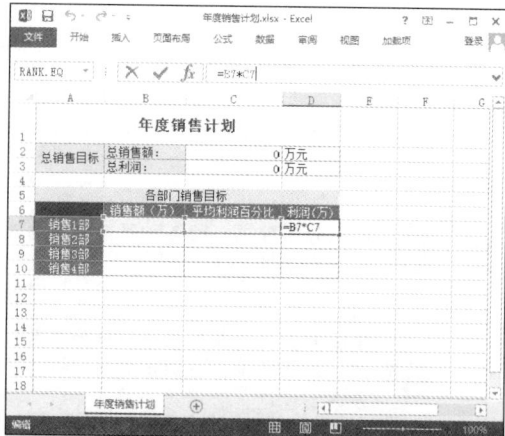

05 将公式填充至整列。拖动D7单元格右下角的填充柄，将公式填充至D8:D10单元格区域，如下左图所示。

06 查看模拟运算表结果。假设各部门均能完成5000万的销售额，其平均利润百分比分别为"20%"、"24%"、"18%"和"28%"，将这些数据输入B7:C10单元格区域，即可计算出各部门要达到的目标利润、全年总销售额和总利润，如下右图所示。

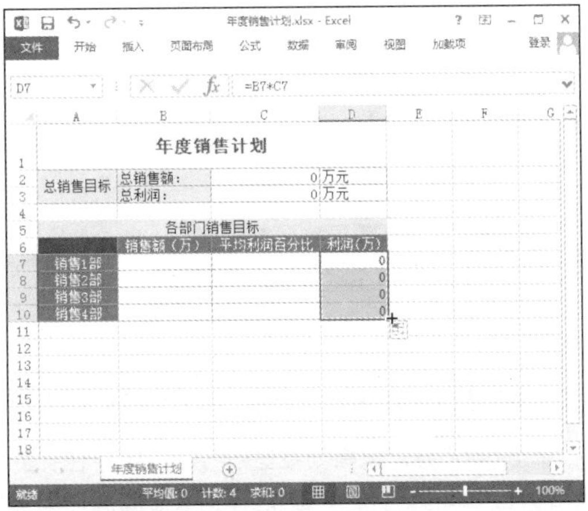

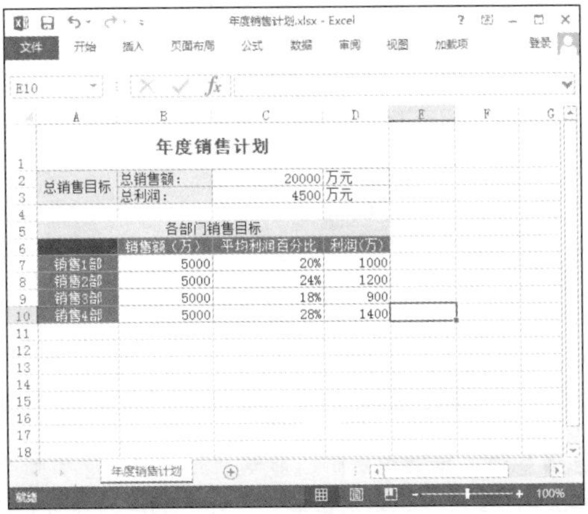

2. 计算要达到目标利润的销售额

在制作计划时，通常以最终利润为目标，设定该部门需要完成的销售目标。例如，某一部门要达到指定的利润，该部门应完成多少的销售任务。在进行此类运算时，可以应用Excel中的"单变量求解"命令使公式结果达到目标值，自动计算出公式中的变量结果。

01 执行"单变量求解"命令。假设各部门利润应达到1500万，要计算出各部门需要达到的销售额。❶ 选择D7单元格；❷ 单击"数据"选项卡"数据工具"组中的"模拟分析"按钮；❸ 在弹出的下拉菜单中选择"单变量求解"命令，如下左图所示。

02 设置单变量求解参数。打开"单变量求解"对话框，❶ 设置"目标值"为"1500"，在"可变单元格"参数框中引用要计算结果的B7单元格；❷ 单击"确定"按钮，如下右图所示。

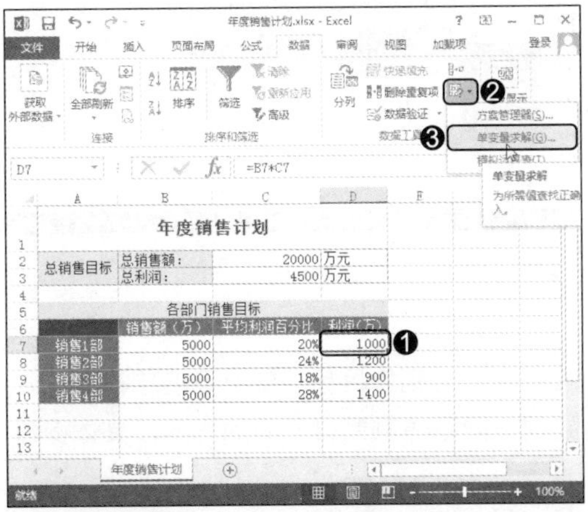

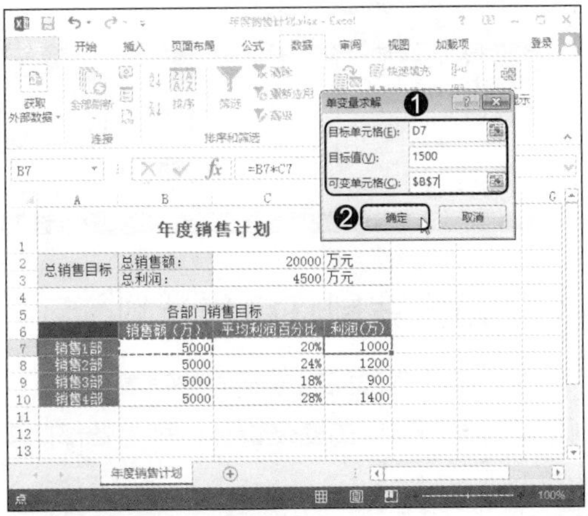

03 查看求解结果。经过上一步操作后，Excel将自动计算出公式在D7单元格结果达到目标值1500时，B7单元格应达到的值，如下左图所示。

04 计算各部门要达到目标的销售额。用相同的方法计算出各部门利润要达到1500时的销售额，结果如下右图所示。

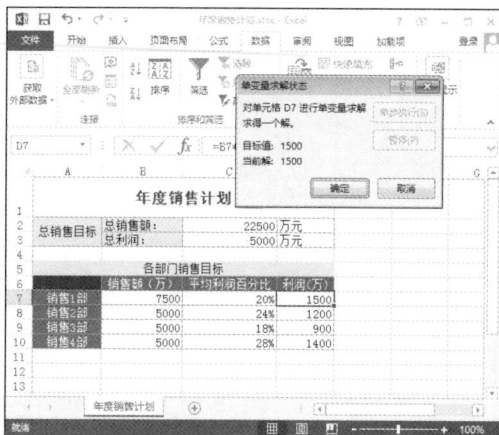

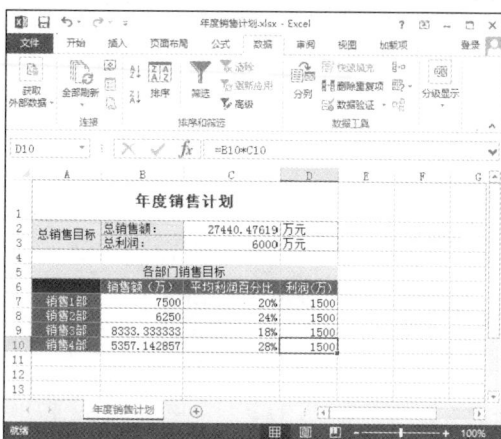

05 执行"单变量求解"命令。假设为了使总利润可以达到6600万，现需要在当前各部门销售任务的基础上调整销售4部的销售目标，以总利润为目标，计算出销售4部的销售额。❶ 选择存放总利润计算结果的C3单元格；❷ 单击"数据"选项卡"数据工具"组中的"模拟分析"按钮；❸ 在弹出的下拉菜单中选择"单变量求解"命令；❹ 打开"单变量求解"对话框，设置目标值为"6600"，在"可变单元格"参数框中引用要计算结果的B10单元格；❺ 单击"确定"按钮，如下左图所示。

06 查看求解结果。经过上步操作后，Excel将自动计算出公式在C3单元格结果达到目标值6600时，B10单元格应达到的值，如下右图所示，单击"确定"按钮，关闭该对话框。

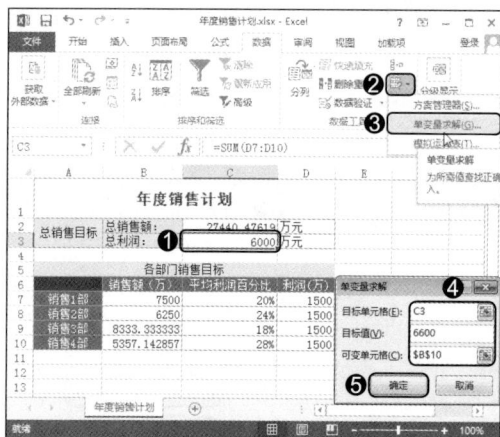

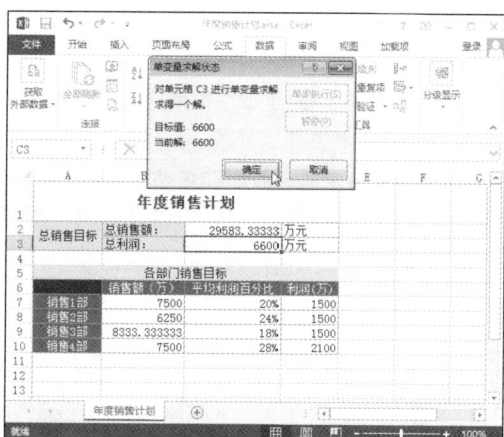

3. 使用方案制订销售计划

假设要使各部门完成不同的销售目标，为了查看在不同销售目标的情况下的总销售额、总利润及各部门利润的变化情况，可为各部门要达到的不同销售额制订不同的方案，具体操作方法如下。

01 启动"方案管理器"。❶ 单击"数据"选项卡"数据工具"组中的"模拟分析"按钮；❷ 在弹出的下拉菜单中选择"方案管理器"命令，如下左图所示。

02 添加方案。打开"方案管理器"对话框，单击"添加"按钮添加方案，如下右图所示。

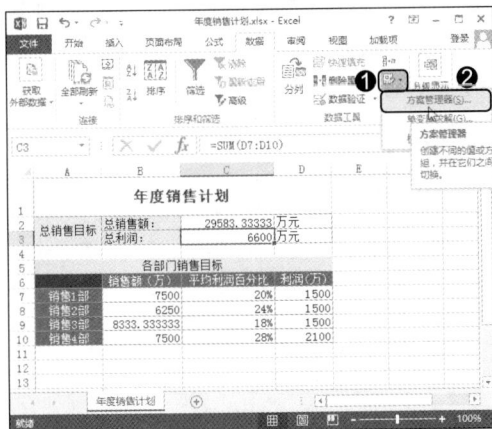

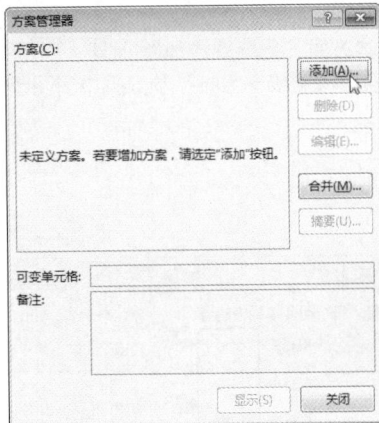

03 添加方案一。打开"编辑方案"对话框，❶ 在"方案名"文本框中输入方案名称"方案一"；❷ 在"可变单元格"参数框中引用B7:B10单元格区域；❸ 单击"确定"按钮创建第一个方案，如下左图所示。

04 设置方案一的变量值。打开"方案变量值"对话框，单击"确定"按钮，直接以当前单元格中的值作为方案中各可变单元格的值，完成第一个方案的添加，如下右图所示。

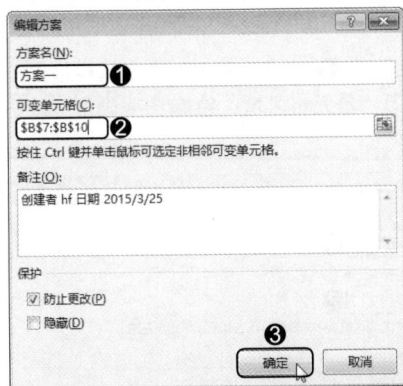

05 添加方案。返回"方案管理器"对话框，单击"添加"按钮，如下左图所示。

06 添加方案二。打开"添加方案"对话框，❶ 在"方案名"文本框中输入新方案名称"方案二"；❷ 在"可变单元格"参数框中引用B7:B10单元格区域；❸ 单击"确定"按钮创建出第二个方案，如下右图所示。

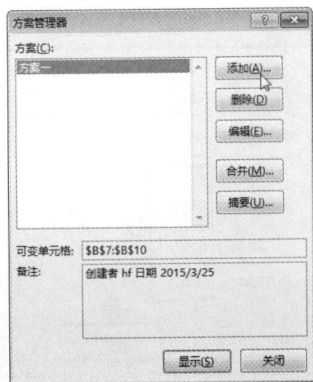

07 设置方案二的变量值。打开"方案变量值"对话框，❶ 在文本框中设置该方案中4个可变单元格的值均为"7500"；❷ 单击"确定"按钮，完成方案二的设置并返回"方案管理器"对话框，如下左图所示。

08 添加方案三。继续添加新方案，打开"添加方案"对话框，❶ 在"方案名"文本框中输入"方案三"；❷ 在"可变单元格"参数框中引用B7:B10单元格区域；❸ 单击"确定"按钮，如下右图所示。

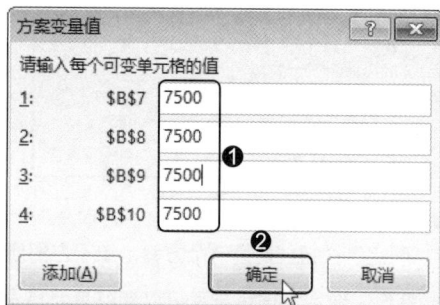

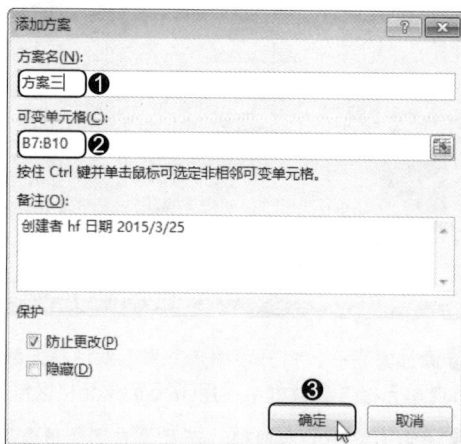

09 设置方案三的变量值。打开"方案变量值"对话框，❶ 在文本框中设置该方案中4个可变单元格的值均为"8000"；❷ 单击"确定"按钮完成方案三的设置并返回"方案管理器"对话框，如下左图所示。

10 添加方案四。继续添加新方案，打开"添加方案"对话框，❶ 在"方案名"文本框中输入新方案名称"方案四"；❷ 在"可变单元格"参数框中再次引用B7:B10单元格区域；❸ 单击"确定"按钮创建出第四个方案，如下右图所示。

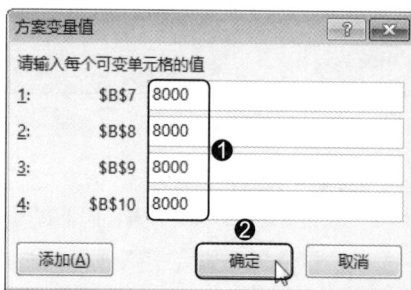

11 设置方案四的变量值。打开"方案变量值"对话框，❶ 在文本框中分别设置该方案中4个可变单元格的值；❷ 单击"确定"按钮，完成方案四的设置，如右图所示。

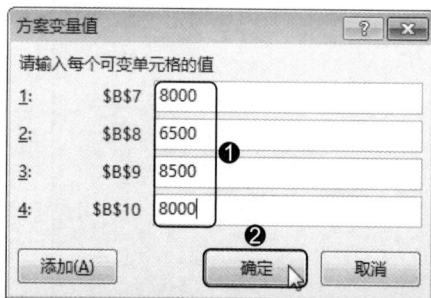

12 完成方案的添加。返回"方案管理器"对话框,在"方案"列表框中即可看到4个方案的选项,单击"关闭"按钮,完成本例方案的添加,如下左图所示。

13 选择显示方案二。添加好方案后,可以通过"方案管理器"对话框来查看方案中设置的可变单元格的值发生变化后表格中数据的变化。❶ 再次打开"方案管理器"对话框,在"方案"列表框中选择需要查看的"方案二"选项;❷ 单击"显示"按钮,如下右图所示。

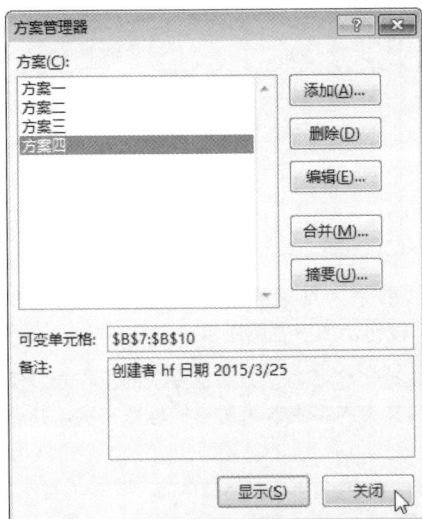

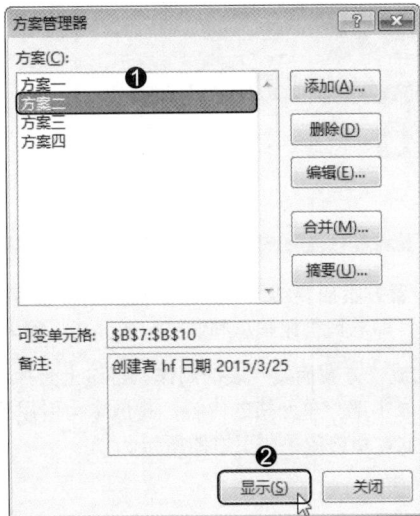

14 显示方案二。经过上一步操作,即可显示出表格中应用了方案二的结果,如下左图所示。

15 选择显示方案三。❶ 在"方案管理器"对话框的"方案"列表框中选择"方案三"选项;❷ 单击"显示"按钮,如下右图所示。

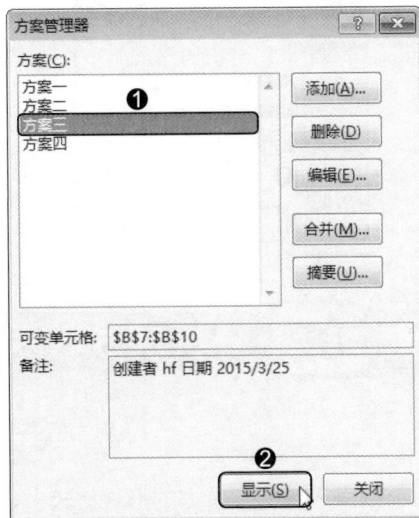

16 显示方案三。经过上步操作,即可显示出表格中应用了方案三的结果,如下左图所示。

17 执行"摘要"命令。在表格中应用多个不同的方案后,若要对比不同的方案得到的结果,可以应用方案摘要。单击"方案管理器"对话框中的"方案摘要"按钮,如下右图所示。

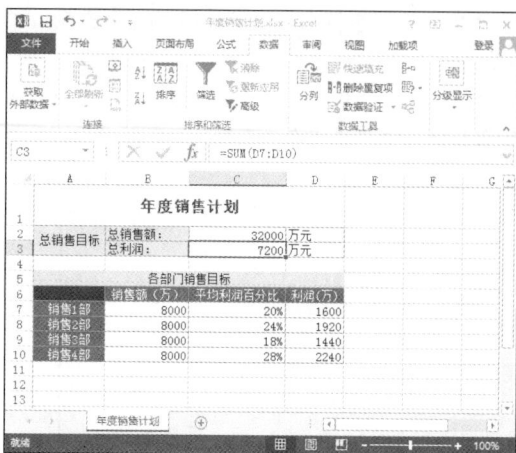

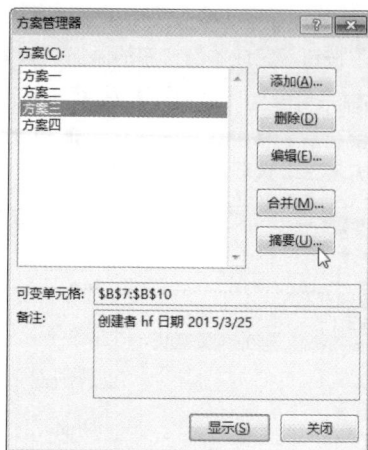

18 设置方案摘要结果单元格。打开"方案摘要"对话框，❶ 在"结果单元格"参数框中引用C2和C3单元格，即总销售额和总利润结果单元格；❷ 单击"确定"按钮，如下左图所示。

19 完成"方案摘要"表的制作。经过上步操作，将自动生成一个名为"方案摘要"的工作表。修改该摘要报表中部分单元格的内容，将原本为引用单元格地址的文本内容更改为对应的标题文字，并调整表格的格式，最终效果如下右图所示。

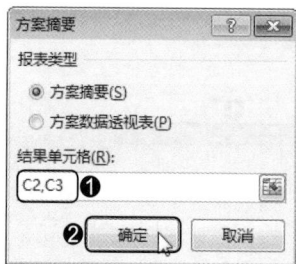

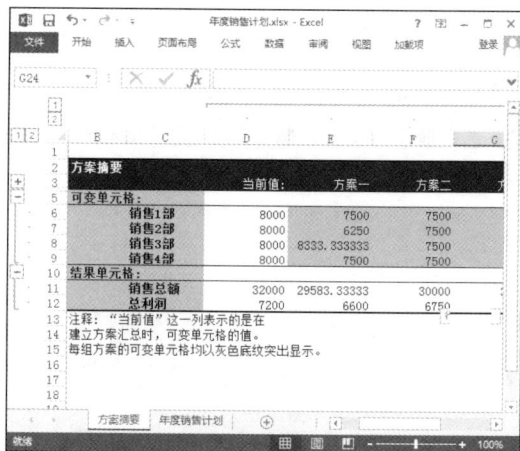

案例 02 分析房贷数据

案例概述

　　目前购房采用贷款按揭的形式比较多，购房者向银行填报房屋抵押贷款的申请，并提供相关证件，银行经过审查合格便会向购房者承诺发放贷款，并办理相关手续。这样，银行就会在合同规定的期限内把所贷出的资金直接划入售房单位的账户，然后贷款用户需要在每个月固定的时间前支付相应的金额给银行。不同首付款的情况下，贷款用户每个月按揭给银行的金额也是不相同的。房贷表制作完成后的效果如下图所示。

房贷月供计算器			首付金额变化			
年利率	5.60%					
支付的年数	20		¥189,000.00	¥200,000.00	¥250,000.00	¥280,000.00
总价	¥630,000.00	¥-3,058.54	-3058.544543	-2982.254316	-2635.480558	-2427.416304
首付	¥189,000.00					
月供计算结果	¥-3,058.54	5.60%	5.80%	6.00%	6.25%	6.40%	6.60%
	¥189,000.00	-3058.54	¥-3,108.79	-3159.460968	-3223.393372	-2262.000173	-3313.99186
	¥200,000.00	-2982.25	¥-3,031.25	-3080.653551	-3142.99127	-3180.699443	-3231.329932
	¥250,000.00	-2635.48	-2678.775669	-2722.438022	-2777.527169	-2810.850671	-2855.593893
	¥280,000.00	-2427.42	-2467.293379	-2507.508705	-2558.248708	-2588.941407	-2630.15227

素材文件：光盘\素材文件\第10章\案例02\房贷表.xlsx

结果文件：光盘\结果文件\第10章\案例02\房贷表.xlsx

教学文件：光盘\同步教学视频\第10章\案例02.mp4

制作思路

在Excel中分析房贷情况的流程与思路如下。

一 **模拟分析数据：** 房贷分析中，总金额、利率和贷款时间确定后，可变化的就是首付金额和按揭金额可以模拟计算出各种首付情况下每个月需要按揭的金额。

二 **保护表格数据：** 保护表格数据的方法有很多，本例为了演示各种方法，综合运用了保护单元格、保护工作表、加密文件等方法。

具体步骤

日常生活中会涉及很多经济问题，遇到相对复杂的财务运算时，可以使用Excel进行模拟运算。本例将以房贷数据为例，应用单变量模拟和双变量模拟运算，计算出假定数据的房贷金额。同时利用保护工作表的操作，对工作表进行加密和共享。

1. 使用模拟运算

在对数据进行分析处理时，如果需要查看和分析某项数据发生变化时结果变化的情况，可以使用模拟运算表。

模拟运算表的结果为一个表格区域，变化的数据是表格的行标题和列标题，而根据行标题和列标题数据值计算出的结果则作为表格区域中的数据。故在应用模拟运算表命令前，应先建立进行模拟运算表的表格区域，将用作分析变化情况的数据作为表格的行标题和列标题，该表格区域的左上角单元格用于放置进行模拟运算的公式，然后应用模拟运算表命令，命令会自动将行标题和列标题上的数据作为公式中相应的引用数据，自动计算出相应的公式结果，并放置到对应的数据单元格中。

本例中，由于首付金额和按揭金额是同一个公式中的两个可变因素，便可以使用模拟运算表来模拟计算其中一个变量变化和两个变量同时进行变化时公式计算结果的跟随变化情况，具体操作方法如下。

**高手
点拨**

引用行或列的单元格

在模拟运算表区域中，如果是单变量模拟运算，则根据输入变量的位置，在打开的"模拟运算表"对话框中决定该选择"输入引用行的单元格"还是"输入引用列的单元格"。引用的单元格必须是公式中需要发生改变的单元格。

01 执行模拟运算的操作。打开素材文件中提供的"房贷表"工作簿，❶ 选择由公式单元格和模拟变化的数据以及要得到结果的空白区域所构成的D3:H4单元格区域；❷ 单击"数据"选项卡"数据工具"组中的"模拟分析"按钮；❸ 在弹出的下拉菜单中选择"模拟运算表"命令，如下左图所示。

02 选择变量的单元格。打开"模拟运算表"对话框，❶ 在"输入引用行的单元格"参数框中引用公式中发生改变的B5单元格；❷ 单击"确定"按钮，如下右图所示。

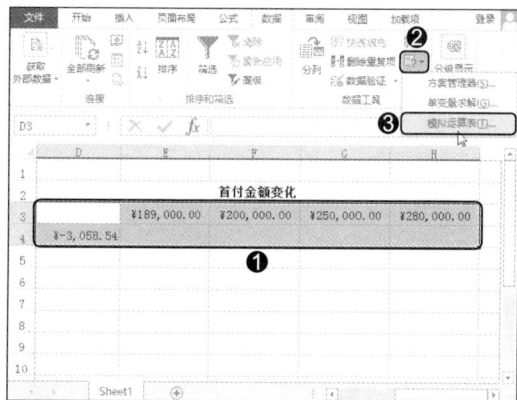

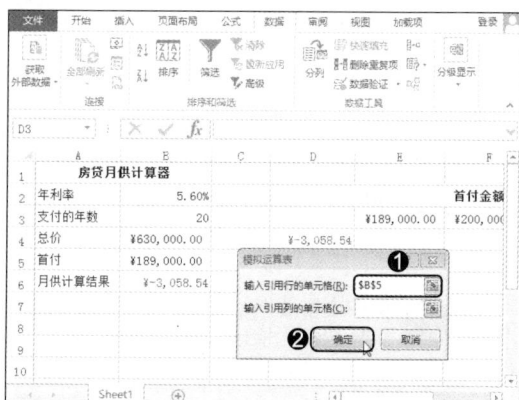

03 显示按单量计算出月供金额。经过以上操作，计算出不同首付金额的月供金额，如下左图所示。

04 执行模拟运算的操作。❶ 将年利率变化数据输入月供金额右侧的单元格，将首付金额变化数据输入月供下方的单元格，并选择要计算的区域；❷ 单击"数据工具"组中的"模拟分析"按钮；❸ 在弹出的下拉菜单中选择"模拟运算表"命令，如下右图所示。

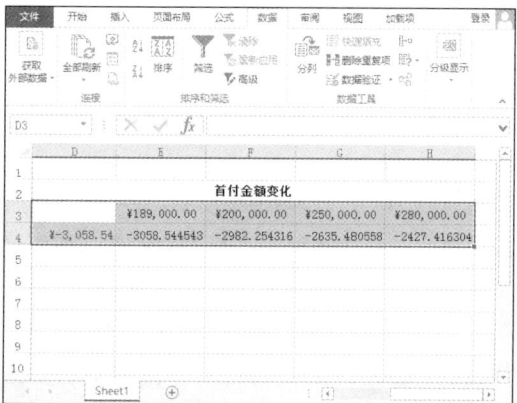

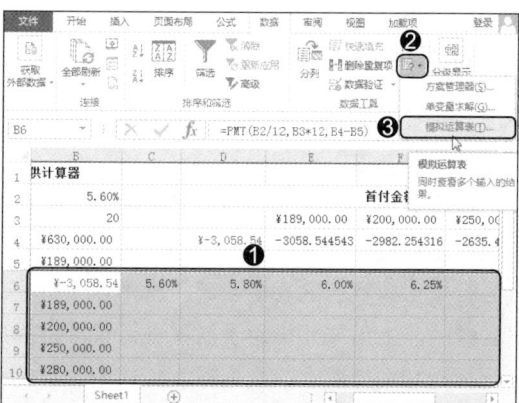

05 选择变量的单元格。打开"模拟运算表"对话框，❶ 在"输入引用行的单元格"和"输入引用列的单元格"参数框中输入公式中发生改变的两个单元格；❷ 单击"确定"按钮，如下左图所示。

06 显示双变量模拟运算的结果。经过以上操作，计算出不同首付金额和不同年利率的月供金额，如下右图所示。

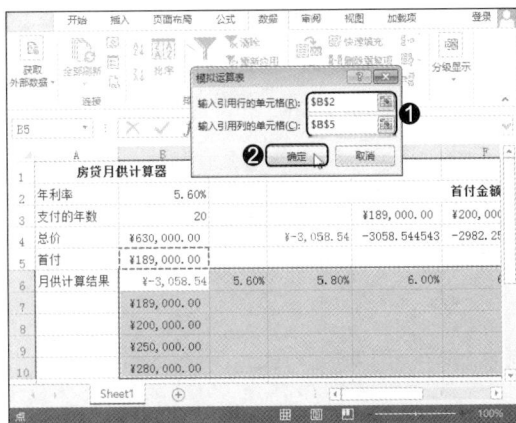

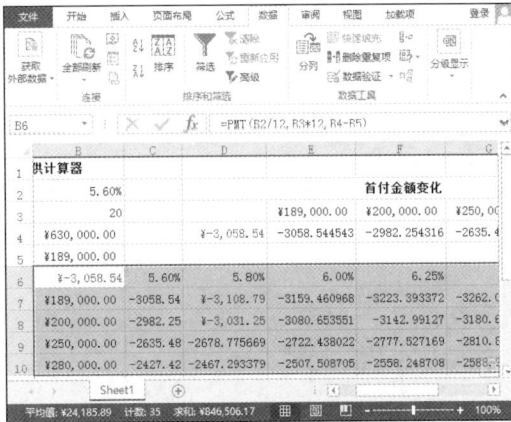

编辑模拟运算表

高手点拨

　　在模拟运算表中，无论是单变量还是双变量模拟运算，对于计算的结果都不能对其中某一个单元格内容进行清除。如果需要删除模拟运算，可以将进行模拟运算的区域选中按"Delete"键删除，若没有全部选中模拟运算表，则会提示不能删除模拟运算表。如果按了"Backspace"键清除了其中一个单元格，则必须按"Esc"键返回，否则Excel将不会执行其他命令。

2. 保护房贷表

　　对于重要的工作表需要进行访问权限设置，当工作表的内容不再保密时，可以取消保护。为了他人浏览工作表的窗口不被改变结构时，可将其设置为保护状态。如果是工作表中的内容属于每个人都可以知道的，则可设置为共享，从而提高工作效率。

01 执行启动对话框的操作。❶ 选择B2:B5单元格区域；❷ 单击"开始"选项卡"字体"组右下角的对话框启动器按钮，如下左图所示。

02 取消锁定单元格。打开"设置单元格格式"对话框，❶ 单击"保护"选项卡；❷ 取消选中"锁定"复选框；❸ 单击"确定"按钮，如下右图所示。

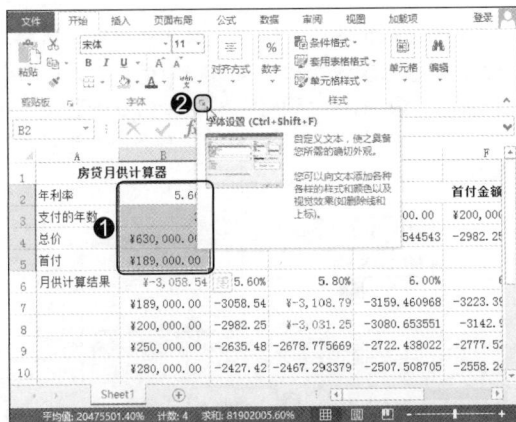

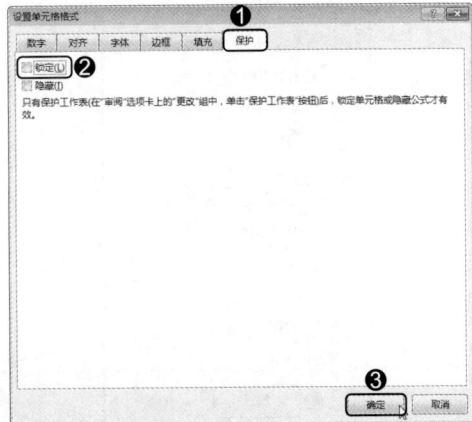

03 执行允许用户编辑区域命令。❶ 选择B2:B5单元格区域；❷ 单击"审阅"选项卡"更改"组中的"允许用户编辑区域"按钮，如下左图所示。

04 执行新建命令。打开"允许用户编辑区域"对话框，单击"新建"按钮，如下右图所示。

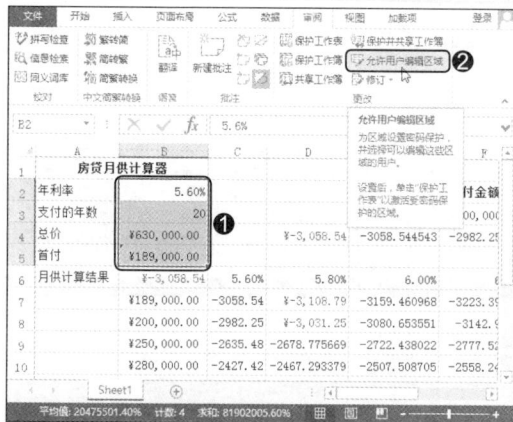

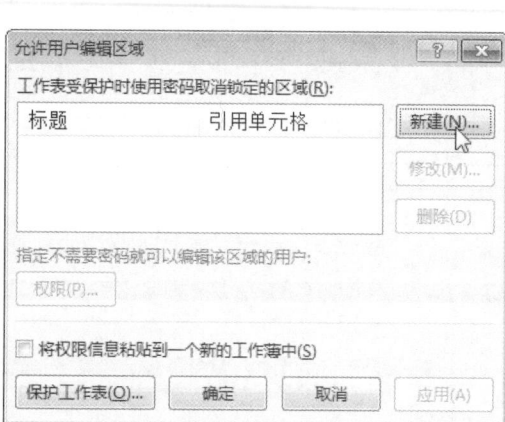

05 输入新区域的标题。打开"新区域"对话框，❶ 在"标题"文本框中输入标题名称；❷ 单击"确定"按钮，如下左图所示。

06 执行保护工作表的命令。返回"允许用户编辑区域"对话框，单击"保护工作表"按钮，如右图所示。

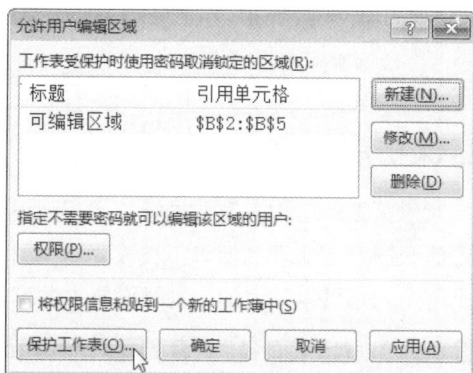

07 输入保护工作表的密码。打开"保护工作表"对话框，❶ 在"取消工作表保护时使用的密码"文本框中输入"123"；❷ 在"允许此工作表的所有用户进行"列表框中取消选中"选定锁定单元格"复选框；❸ 单击"确定"按钮，如下左图所示。

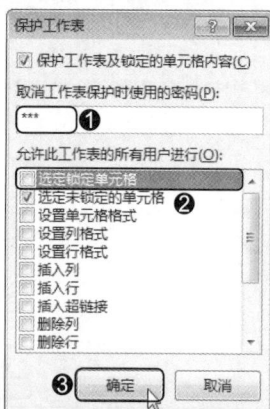

08 确认保护密码。打开"确认密码"对话框，❶ 在"重新输入密码"文本框中重新输入一次保护密码；❷ 单击"确定"按钮，如下图所示。这样，便完成了设置允许编辑的范围，不能选择其他单元格区域进行编辑。

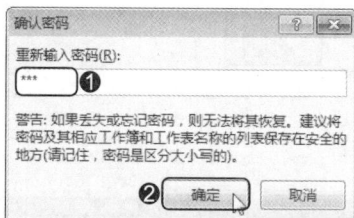

09 执行用密码进行加密的操作。❶ 单击"文件"选项卡，在弹出的"文件"菜单中选择"信息"命令；❷ 单击"保护工作簿"按钮；❸ 在弹出的下拉菜单中选择"用密码进行加密"命令，如下左图所示。

10 输入保护工作簿的密码。打开"加密文档"对话框，❶ 在"密码"文本框中输入密码，如"321"；❷ 单击"确定"按钮，如下中图所示。

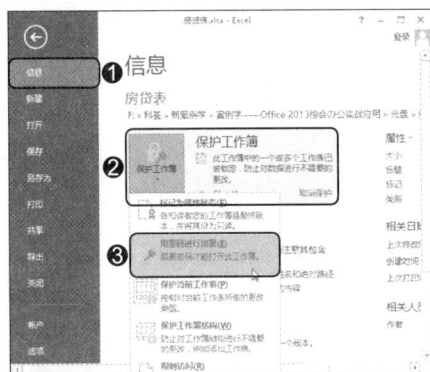

11 输入确认密码。打开"确认密码"对话框，❶ 在"重新输入密码"文本框中再次输入设置的密码；❷ 单击"确定"按钮，如下右图所示。

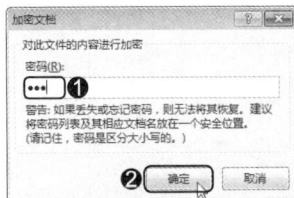

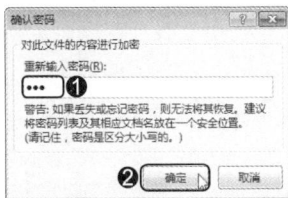

12 单击"保存"按钮。设置完密码后，在"文件"菜单中选择"保存"命令，即可将该工作簿的密码设置成功，如下左图所示。

13 执行保护工作簿的操作。单击"审阅"选项卡"更改"组中的"保护工作簿"按钮，如下右图所示。

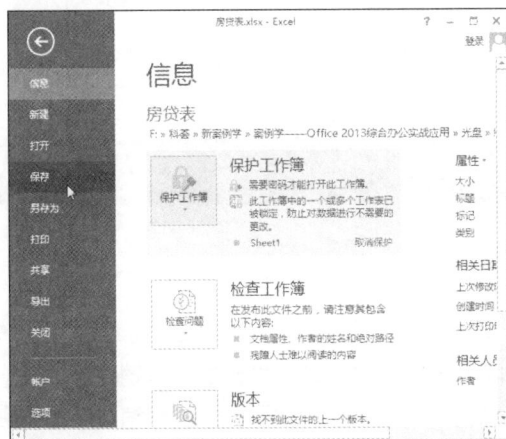

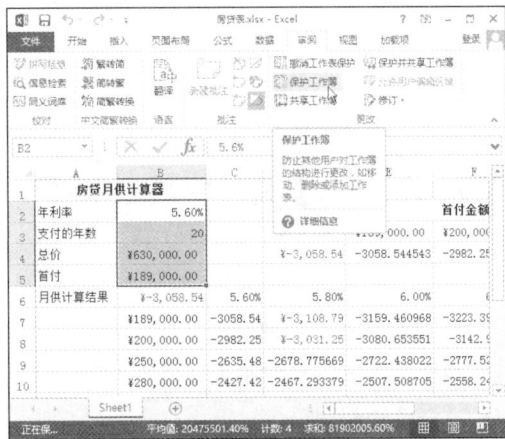

14 输入保护窗口的密码。打开"保护结构和窗口"对话框，❶ 选中"结构"复选框；❷ 在"密码"文本框中输入密码，如"1111"；❸ 单击"确定"按钮，如下左图所示。

15 确认输入密码。打开"确认密码"对话框，❶ 在"重新输入密码"文本框中输入设置的密码；❷ 单击"确定"按钮，如下右图所示。

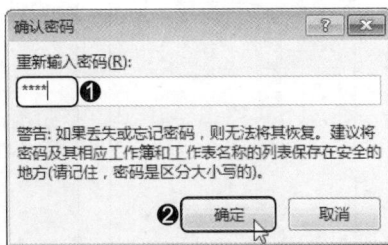

16 执行共享工作簿的操作。单击"审阅"选项卡"更改"组中的"共享工作簿"按钮，如下左图所示。

17 设置共享操作。打开"共享工作簿"对话框，❶ 选中"允许多用户同时编辑，同时允许工作簿合并"复选框；❷ 单击"确定"按钮，如下右图所示。

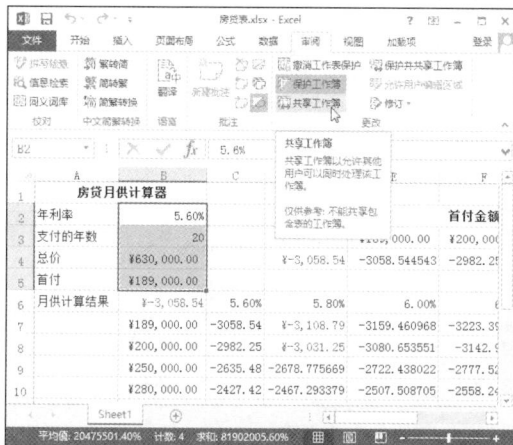

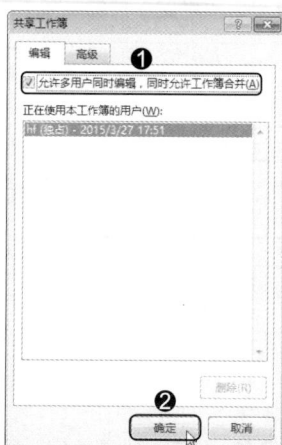

18 关闭提示框。打开"Microsoft Excel"提示对话框，单击"确定"按钮，完成设置共享工作簿的操作，如右图所示。至此，完成本案例的全部制作。

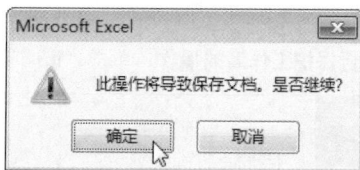

案例 03 制作销售利润预测表

案例概述

　　销售利润永远是商业经济活动的行为目标，没有足够的利润，企业就无法继续生存；没有足够的利润，企业就无法继续扩大发展。一般说来，同样的产品，价格低一点销量就会多一些，这样整体利润也不见得少，本例将制作销售利润预测表，预测在不同价位和销量下企业获得的利润。

单位售价	¥	300
固定成本	¥	15,400
单位变动成本	¥	126
销售量（件）		100

销量变化预测

销售量（件）	利润
	¥ 2,000
100	2000
200	19400
500	71600
1000	158600
1500	245600

单位售价	¥	300
固定成本	¥	15,400
单位变动成本	¥	126
销售量（件）		100

销量及单价变化预测

		销量				
	¥ 2,000	100	200	500	1000	1500
单位售价	140	-14000	-12600	-8400	-1400	5600
	150	-13000	-10600	-3400	8600	20600
	180	-10000	-4600	11600	38600	65600
	200	-8000	-600	21600	58600	95600
	220	-6000	3400	31600	78600	125600
	240	-4000	7400	41600	98600	155600
	260	-2000	11400	51600	118600	185600
	280	0	15400	61600	138600	215600
	300	2000	19400	71600	158600	245600
	320	4000	23400	81600	178600	275600
	350	7000	29400	96600	208600	320600

素材文件：无
结果文件：光盘\结果文件\第10章\案例03\销售利润预测.xlsx
教学文件：光盘\同步教学视频\第10章\案例03.mp4

制作思路

在Excel中制作销售利润预测表的流程与思路如下。

一　创建销量预测表：制作表格数据，并模拟销量数据变化时的各种情况。

二　创建销量和单价预测表：继续模拟销量和单价都存在变数的各种情况，即实现两个变量的模拟运算。

具体步骤

在对销售情况进行分析和统计时，常常需要分析商品在不同销量及不同售价时的利润情况，此时可应用Excel中的模拟运算表进行分析，可以快速预测出公式中某数据变化的所有结果。

1. 预测销量变化时的利润

本例将应用模拟运算表对产品销量不同时的销售利润进行预测分析，已知产品的单价、销量、固定成本、单位变动成本，预测产品销量达到不同值时利润的变化。

01 制作已知数据列表。❶ 新建一个空白工作簿，并以"销售利润预测"为名进行保存；❷ 更改工作表名称为"销量变化预测表"；❸ 在A1:B4单元格区域中输入如下左图所示的数据，并进行简单修饰。

02 创建模拟运算表区域。在A6:B13单元格区域中添加如下右图所示的数据内容，并添加单元格修饰。

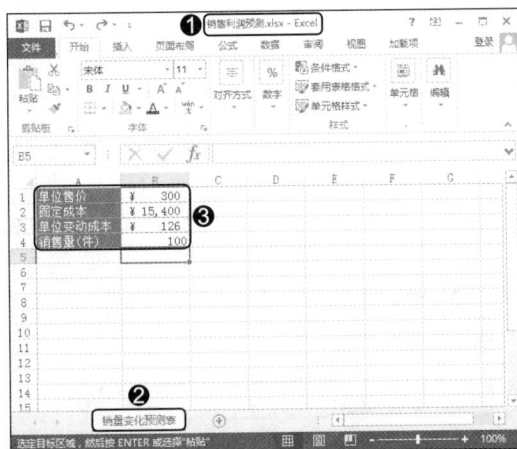

03 添加运算公式。❶ 选择B8单元格并设置单元格格式；❷ 在编辑栏中输入公式"=(B1-B3)*B4-B2"，计算出由已知数据得到的利润，如下左图所示。

04 执行"模拟运算表"命令。❶ 选择A8:B13单元格区域；❷ 单击"数据"选项卡"数据工具"组中的"模拟分析"按钮；❸ 在弹出的下拉菜单中选择"模拟运算表"命令，如下右图所示。

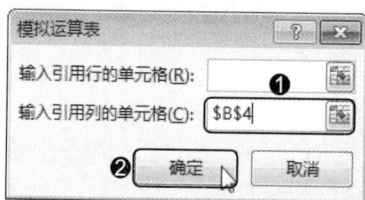

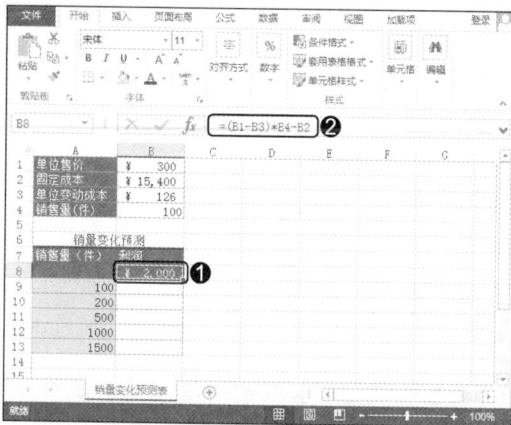

05 设置模拟运算表的引用单元格。打开"模拟运算表"对话框，❶ 在"输入引用列的单元格"参数框中引用B4单元格；❷ 单击"确定"按钮，如下图所示。

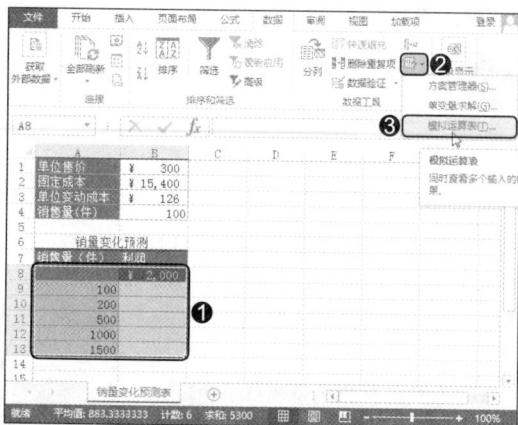

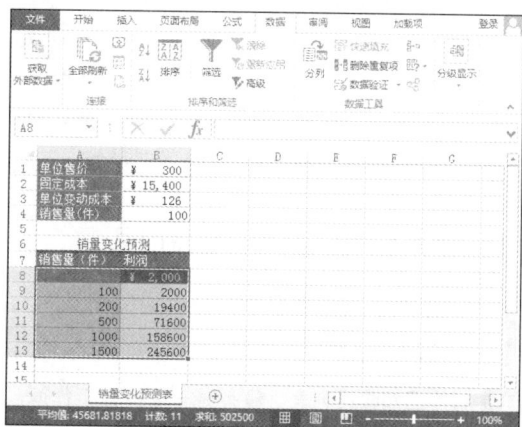

06 查看模拟运算结果。经过上步操作，即可得到模拟运算表的结果，如右图所示。

2. 预测销量及单价均变化时的利润

为分析产品的销量和单价均发生变化时所得到的利润，可应用双变量模拟运算表对两组数据的变化进行分析，计算出两组数据分别为不同值时的公式结果。例如，本例中要计算当销量分别为100、200、500、1000、1500，单价分别为140，150，180，200，220，240，260及280时的利润，具体操作方法如下。

01 创建模拟运算表区域。❶ 新建一个工作表，名称为"销量及单价变化预测表"；❷ 复制"销售利润预测"工作表中的A1:B4单元格区域数据到"销量及单价变化预测表"工作表中；❸ 在A6:G19单元格区域中添加数据内容及单元格修饰，构成一个双变量模拟运算表的表格。

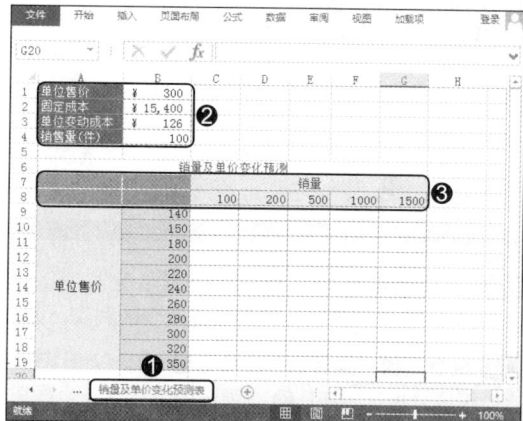

02 添加运算公式。❶ 选择B8单元格并设置单元格格式；❷ 在编辑栏中输入公式"=(B1-B3)*B4-B2"，计算出由已知数据得到的利润，如下左图所示。

03 执行"模拟运算表"命令。❶ 选择B8:G19单元格区域；❷ 单击"数据"选项卡"数据工具"组中的"模拟分析"按钮；❸ 在弹出的下拉菜单中选择"模拟运算表"命令，如下右图所示。

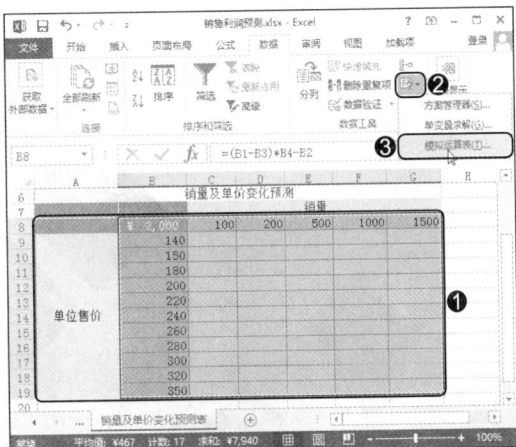

04 设置模拟运算表引用单元格。打开"模拟运算表"对话框，❶ 在"输入引用行的单元格"参数框中引用B4单元格；❷ 在"输入引用列的单元格"参数框中引用B1单元格；❸ 单击"确定"按钮，即可得到模拟运算表结果，如右图所示。

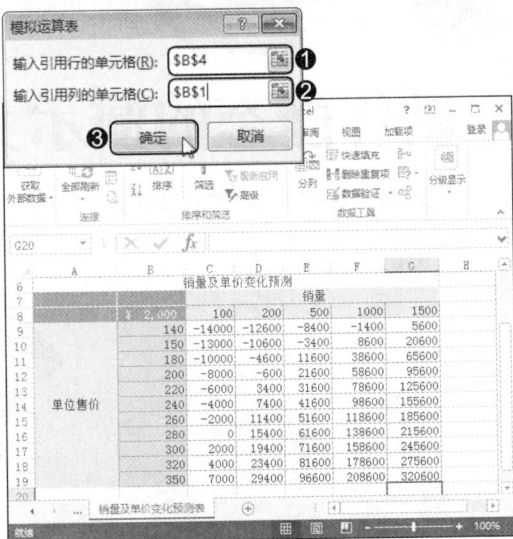

本 章 小 结

对数据进行模拟分析与预算属于数据的高级分析与应用，也是商业数据分析的一种常见模式。本章学习的第一个重点是在Excel中单变量求解功能和方案管理器的使用；另一个重点是模拟运算表的使用，只要能掌握单变量和双变量的数据分析，基本上就能对常用的预算进行模拟分析了。

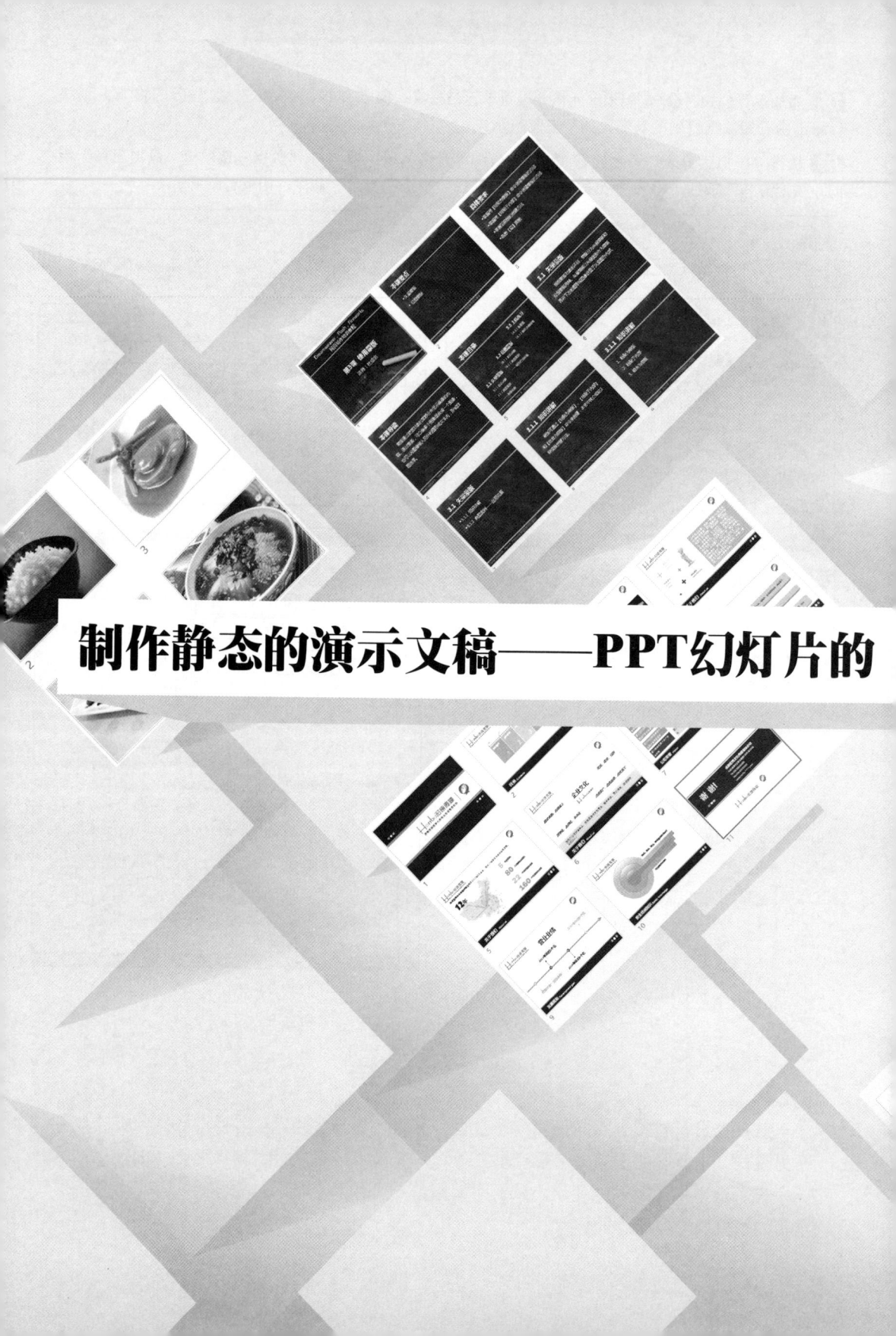

制作静态的演示文稿——PPT幻灯片的

编辑与设计

第 11 章

本章导读

在日常办公中，常常需要将某些文稿内容以屏幕放映的方式进行展示，如新产品策划方案、新产品发布、企划方案、培训演讲等，应用PowerPoint软件可以方便快速地制作出图文并茂且具有丰富动态效果的演示文稿。本章将介绍PowerPoint幻灯片的制作方法，包括演示文稿的创建、设计、编辑及美化操作等。

知识要点

- 编辑与修改幻灯片内容
- 应用与修改幻灯片设计
- 在幻灯片中插入各种对象
- 应用文档大纲创建幻灯片
- 应用与修改幻灯片版式
- 修改与制作幻灯片母版

知识要点——PPT编辑与设计知识

启动PowerPoint后，系统可自动新建一个默认文件名为"演示文稿1"的空白演示文稿，用户还可以根据模板新建演示文稿。PowerPoint学习起来很简单，但要想制作出优秀的PPT，还需要掌握演讲方面、艺术设计等其他方面的知识。

要点 01 正确认识PPT

经常提到PPT、幻灯片、演示文稿，那PPT到底是什么呢？接下来将对PPT进行具体的讲解。

1. PPT概述

PowerPoint，简称PPT。它是微软公司出品的Office软件系列重要组件之一，是功能强大的演示文稿制作软件，可协助你独自或联机创建永恒的视觉效果。利用PowerPoint制作的文件叫演示文稿，它是一个文件。演示文稿中的每一页叫做一张幻灯片，每张幻灯片都是演示文稿中既相对独立又相互联系的个体。

利用PowerPoint制作的演示文稿，可以通过不同的方式播放，也可以将演示文稿打印成一页一页的幻灯片，使用幻灯片机或投影仪播放，还可以将演示文稿保存到光盘中以进行分发，并可在幻灯片放映过程中播放音频或视频。

2. PPT的作用

PowerPoint已成为人们工作生活的重要组成部分，它广泛应用于工作汇报、企业宣传、产品推介、婚礼庆典、项目竞标、管理咨询等领域。那么，PPT到底有哪些具体作用呢？

（1）吸引观众的注意力

在PowerPoint没有研发出来之前，如果要为某个会议做准备，那将是一件很痛苦的事情，因为你可能需要准备一大堆的资料。会上，当把资料发到每个人的手上后，开始在台上慷慨激昂地做着各种演讲时，却发现台下那些所谓的"听众"有的在你辛苦准备的资料上画着各种涂鸦，有的差点没拿着放大镜寻找治疗上的错字，还有的可能直接把那一页页的资料变成了纸飞机……

现在，我们有了PowerPoint，使用它制作的演示文稿不仅可以有美观的平面内容，还可以有炫目的动画设计，很容易将观众的注意力吸引到你的PPT中。将观众的视线控制在PPT版面上后，你再采用逻辑引导观众的思维，瞬间就会变成观众的焦点。

（2）引导演讲内容

PPT可以作为演讲过程中的视觉形式辅助，帮助观众理解演示的内容，跟上演示的节奏。比如在进行销售演示、产品发布、培训等的时候，需要给观众看一些要点或图片，此时PPT的功能就发挥出来了。

此外，PPT还可以给演讲者提供清晰的思路，有助于演讲者通过记录下来的关键字讲出所要演讲的内容，在演讲过程中起到了提示的作用。

（3）制造良好的氛围

PPT的形式比较生动，可以将演讲的形式丰富起来，同时听觉、视觉也会发挥作用，有助于增强观众对演示的良好印象，从而更加快速地领会演讲的思想内容。此时，演讲者再配合语言、眼神、肢体、互动、道具等来进行演示，很容易就能营造出适宜的演示氛围。

总而言之，PPT是利用视觉、听觉和演讲者的语言多种方式综合起来，而不是单纯的文字，为实现自己的观点提供了一种途径。它通过突出重点、简化内容、理顺思路，增强了与观众的互动，提高了沟通效率。

3. PPT的常见结构

一套完整的PPT文件一般包括片头动画、PPT封面、前言、目录、过渡页、图表页、图片页、文字页、封底、片尾动画等。所采用的素材有文字、图片、图表、动画、声音、影片等。当然，每个人设计的要求和演示的环境不同，PPT的设计也会有所不同。不过，从整体上看，一个完整的PPT结构分为封面、目录、章节、内容和结尾五大部分。

① 封面应该表现出整个PPT所要表达的主题，其次还可以添加作者、公司名称、时间等主要信息。

② 目录主要是对演示文稿即将介绍的内容进行大纲提炼，让观众对接下来的介绍有所准备。

③ 章节与内容是相辅相成的，章节标题是目录的分段表现，所介绍的内容应该和章节标题相符合。

④ 结尾也是PPT非常重要的环节，其方式多样，可以直接以结束语和联系方式等内容结束，也可以与观众进行一些互动。

要点 02 别让"错误"模板误导

目前，网络上提供了很多漂亮的PPT模板供大家下载。紧张快速的工作节奏导致很多人无法有太多的精力投入在PPT的制作中，于是找个模板，搜点素材，然后将文字复制到PPT模板中应付了事。

但是，网络上提供的模板良莠不齐，风格迥异，表现方式多样。如果随意将这些模板作为PPT的初始模型来使用，那么很可能给人一种搭配不当的感觉，从而导致呈现出来的PPT形神不一、差强人意，大大削弱了PPT的表现力。这样的模板固然是不可取的，选用的模板应尽可能与演示内容、演示环境等在风格、形式、颜色上保持统一。

要点 03 制作PPT需要掌握的原则

PPT已经成为宣传公司形象识别系统的重要组成部分。设计正成为PPT的核心技能之一，不同的演示目的、不同的演示风格、不同的受众对象、不同的使用环境，决定了不同的PPT结构、色彩、节奏、动画效果等。下面就来探讨一下通过设计能制作出专业且引人注目的PPT的一些原则和方法。

（1）保持简单

PPT制作的主要目标是帮助观众倾听、理解、感受或接受演讲者传达的信息，获得他们的青睐。在制作PPT的过程中，应学会换位思考，站在观众的角度去欣赏PPT，尽量突出演讲内容的关键点，并且在描述这个关键点时，尽量力求简洁。这样，它提供的视觉信息也就很直观。

一般来说，工作汇报类的PPT主要是描述自己的工作，主要着力点是如何把事情描述清楚，所以内容应该注重数字和文字说明；产品演示类的PPT需要给用户冲击性的印象和吸引力，所以内容应该着重图片和美工的搭配，即使做图表也要清晰、直观，让人感觉一目了然。

（2）忌用大篇幅文字性描述

有些人制作PPT，就是简单地把Word里的文字复制粘贴到幻灯片中。这样不可能达到演示的效果，所以，需要牢记——带着观众读文字是演示的大忌！

PPT的本质在于可视化，就是要把原来看不见、摸不着、晦涩难懂的抽象文字转化为由图表、图片、动画及声音所构成的生动场景，以求通俗易懂、栩栩如生。而文字总是高度抽象的，观众需要默读，然后转换成自己的语言进行上下联想，从而寻找其中的逻辑关系。在这个过程中他的思绪已经脱离了你的演讲。

想要杜绝这一点，从改变"复制、粘贴"的做法开始吧，大胆删除那些无关紧要的内容，把长篇大论的文字尽量提炼，建议能转图片的转图片，可以转图表的尽量转换为图表，这样演示效果就会逐步得到提升。

（3）善用专业素材

专业的PPT模板可以使之拥有外在美，专业的PPT图表可以让它具备内在美，专业的PPT图片可以让其充满生机。前面已经对模板的选择进行了讲解，下面将介绍图表和图片的使用。

- **图表是PPT的筋脉**：商业演示的基本内容就是数据，于是图表变得必不可少。在幻灯片中使用图表对数据进行介绍时，不宜加入过多的数据。如在使用饼图时，一般应将分割块的数目限制在4～6块，可以用颜色或碎化的方式突出最重要的块；使用柱状图时，应将柱状数目限制在4～8条最佳。
- **调用适合的图片**：使用图片可以让原本看不见、摸不着、抽象的文字转化为生动的场景。有时，为了讲明白一件事，需要有图片做辅助，才能够产生更大的视觉冲击力，也能够有力地将观众的注意力引入到内容中来，并与观众产生共鸣，从而构成多渠道的联系。

（4）PPT色彩应用有讲究

色彩在眼中，感觉在心中，颜色可以传递感情！合适的颜色具有说服与促进能力。研究表明色彩能够提高兴趣，改善学习过程中的理解与记忆能力。因此，在制作演示文稿前，需要了解一些色彩应用方面的知识。

（5）PPT不是哑巴

目前，企业宣传、婚庆礼仪、休闲娱乐等正成为PPT应用的热点领域，声音是不可或缺的元素。而且，现代人时刻都在受平面设计、Flash、视频等的视觉冲击，难免存在审美疲劳，偶尔用声音来增强画面冲击力也是不错的选择。

同步训练——实战应用成高手

通过前面知识要点的学习，主要让读者认识和掌握PowerPoint中制作幻灯片的相关技能与应用经验。下面针对日常办公中的相关应用列举几个典型的演示文稿案例，给读者讲解使用PowerPoint制作演示文稿的思路、方法及具体操作步骤。

案例 01 制作纯文字类教学课件

案 例 概 述

使用PowerPoint制作教学课件已经屡见不鲜，但是如何让PPT将内容表达得清晰、让学习者能够尽快地接受知识一直困扰着众多课件制作者。一般来说课件内容比较详细，尤其是文本内容非常多的时候，在制作课件时很容易将这些内容混淆，听众也很容易被弄昏头脑，所以在制作这类PPT之前一定要规划好整个演示文稿的内容，只对需要详细讲解的部分进行完整性的展示，其他内容将主要的概念提出来就可以了。本例制作的教学课件演示文稿的最终效果如下图所示。

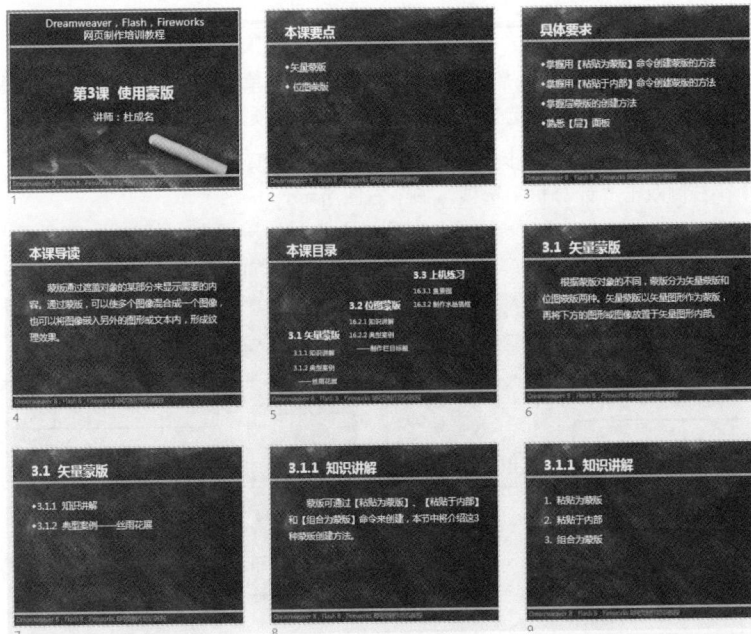

素材文件：光盘\素材文件\第11章\案例01\图片1~图片2.jpg、图片3~图片6.png
结果文件：光盘\结果文件\第11章\案例01\教学课件.pptx
教学文件：光盘\同步教学视频\第11章\案例01.mp4

在PowerPoint中，制作本例教学课件演示文稿的流程与思路如下。

一 **规划演示文稿效果**：对于这类文字较多的演示文稿，首先需要收集和整理相关的文字内容，然后理清哪些是需要详细讲解的，哪些只需要简单提到就可以了。

二 **制作幻灯片母版**：根据规划的内容安排演示文稿的整体效果，并进入母版视图设计幻灯片的母版效果。

三 **制作各幻灯片内容**：母版设计好后，就可以在普通视图中编辑各幻灯片中的内容了。

具体步骤

在办公应用中，许多内容为了方便阅读和宣讲，或需要制作成动态的效果时，我们都可以使用PowerPoint来制作它们。本例将以教学课件演示文稿的制作为例，为读者介绍在PowerPoint中纯文字内容演示文稿的制作及相关操作。

1. 创建演示文稿文件

要制作演示文稿，首先需要创建演示文稿文件，并设计好演示文稿的页面格式，具体操作方法如下。

01 执行"空白演示文稿"命令。❶ 启动PowerPoint 2013，单击"文件"选项卡，在弹出的"文件"菜单中选择"新建"命令；❷ 在右侧选择"空白演示文稿"选项，如下左图所示。

02 执行"另存为"命令。经过上一步操作后，即可新建一个演示文稿。❶ 在"文件"菜单中选择"另存为"命令；❷ 在右侧双击"计算机"选项，如下右图所示。

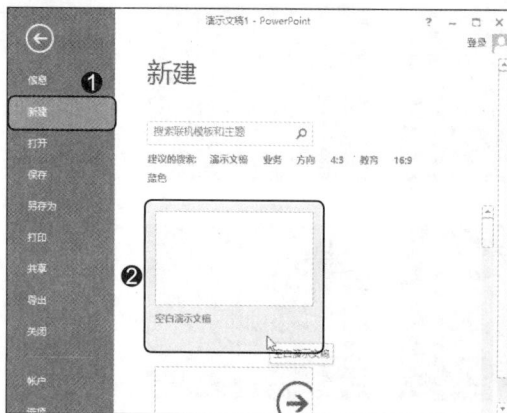

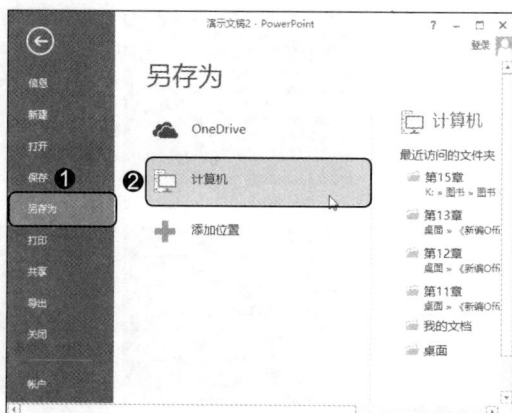

03 保存演示文稿。打开"另存为"对话框，❶ 在上方的下拉列表框中选择文件要保存的位置；❷ 在"文件名"下拉列表框中输入"教学课件"；❸ 单击"保存"按钮，如下左图所示。

04 设置幻灯片大小。❶ 单击"设计"选项卡"自定义"组中的"幻灯片大小"按钮；❷ 在弹出的下拉菜单中选择"标准"命令，如下右图所示。

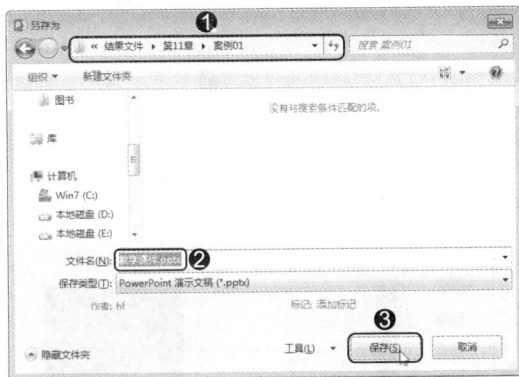

2. 使用母版设计主题

在设计幻灯片主题时，尽量不要使用太多的修饰图片，因为这样可以让幻灯片可放置内容的空间更大。本例中设计幻灯片母版的具体操作步骤如下。

01 切换视图模式。单击"视图"选项卡"母版视图"组中的"幻灯片母版"按钮，如下左图所示。

02 执行"设置背景格式"命令。❶ 选择左侧窗格中的"Office主题幻灯片母版"版式；❷ 单击"幻灯片母版"选项卡"背景"组中的"背景样式"按钮；❸ 在弹出的下拉菜单中选择"设置背景格式"命令，如下右图所示。

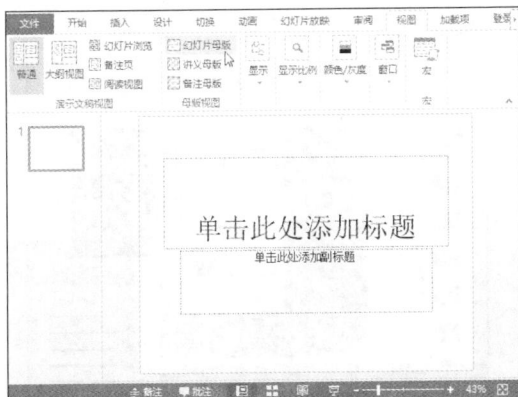

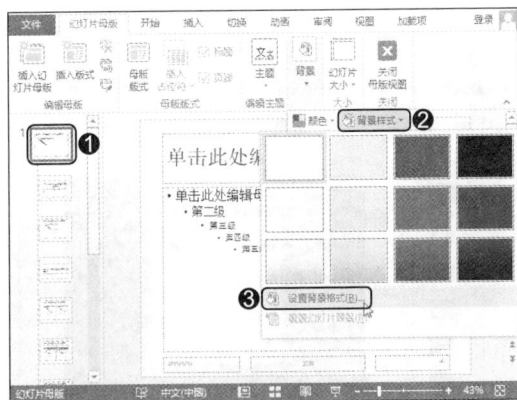

03 执行"图片或纹理填充"命令。打开"设置背景格式"任务窗格，❶ 在"填充"选项卡的"填充"栏中选中"图片或纹理填充"单选按钮；❷ 单击下方的"文件"按钮，如右图所示。

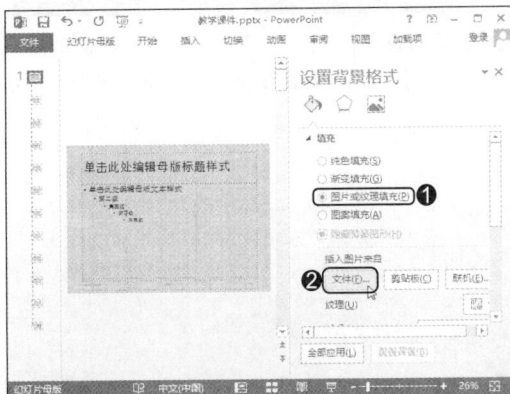

04 设置需要填充的背景图片。打开"插入图片"对话框，❶ 选择素材文件的保存位置；❷ 选择需要插入的"图片1.jpg"文件；❸ 单击"插入"按钮，如下左图所示。

05 插入形状。经过上一步操作后即可将选择的图片设置为所有幻灯片母版的背景。❶ 单击"插入"选项卡"插图"组中的"形状"按钮；❷ 在弹出的下拉列表中选择需要绘制的图形，如"直线"，如下右图所示。

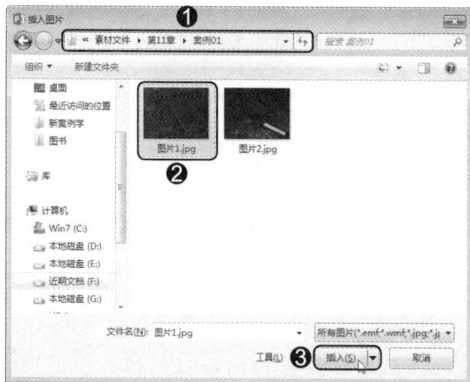

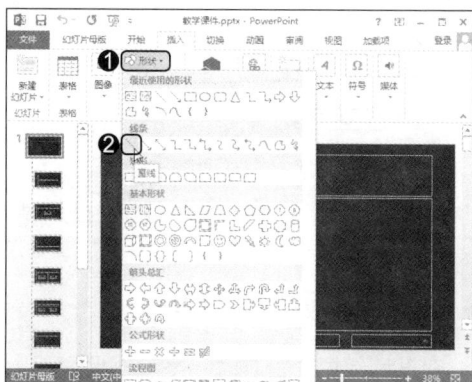

06 绘制直线并设置颜色。❶ 按住"Shift"键的同时，按下鼠标左键并拖动绘制出直线图形；❷ 单击"绘图工具-格式"选项卡"形状样式"组中的"形状轮廓"按钮；❸ 在弹出的下拉菜单中选择"白色，背景1，深色35%"颜色，如下左图所示。

07 设置线条宽度。❶ 单击"绘图工具-格式"选项卡"形状样式"组中的"形状轮廓"按钮；❷在弹出的下拉菜单中选择"粗细"命令；❸ 在弹出的下级子菜单中选择线条粗细，如"6磅"，如下右图所示。

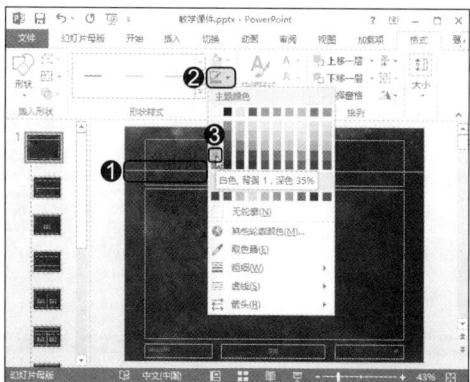

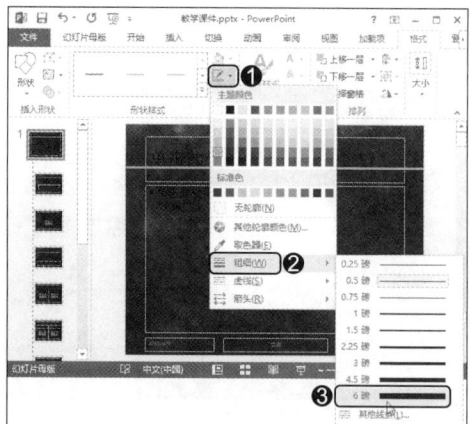

08 复制直线。按住"Shift+Ctrl"组合键的同时，通过拖动鼠标将直线图形向下水平复制一条，如右图所示。

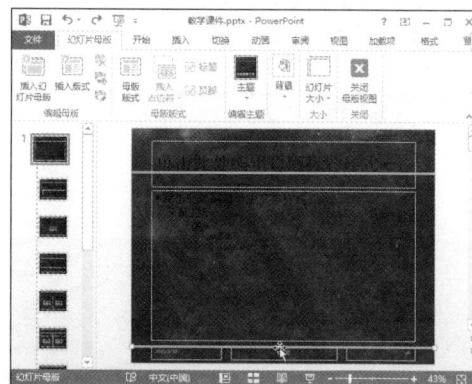

PowerPoint的使用方法

高手点拨

　　PowerPoint主要是对内容进行呈现，而其在内容上的编辑操作基本上和Word、Excel的很多操作是相同的。所以，本书中并没有单独讲解文本、对象的编辑方法。

09 **选择文本框样式。** ❶ 单击"插入"选项卡"文本"组中的"文本框"按钮；❷ 在弹出的下拉列表中选择"横排文本框"选项，如下左图所示。

10 **制作文本框。** ❶ 拖动鼠标光标在幻灯片的底部绘制出文本框，并输入相应的文本内容；❷ 在"开始"选项卡中设置字体为"微软雅黑"、字号为"18磅"、颜色为"白色，背景1，深色50%"，如下右图所示。

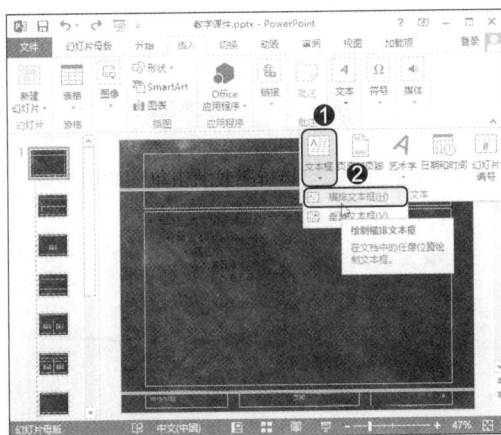

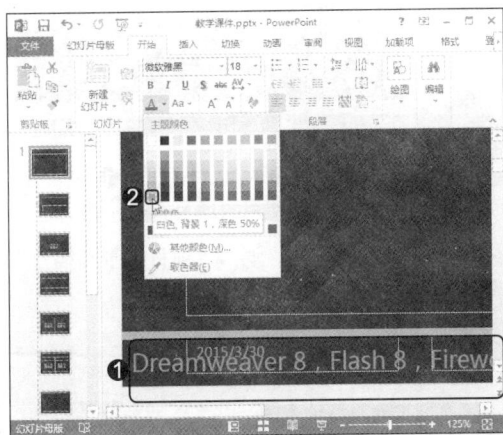

11 **设置标题占位符中的格式。** ❶ 选择标题占位符中的内容；❷ 在"开始"选项卡的"字体"组中设置字体为"微软雅黑"、字号为"40磅"、颜色为"白色"，并加粗显示；❸ 单击"段落"组中的"左对齐"按钮，如下左图所示。

12 **设置正文占位符中的格式。** ❶ 选择正文占位符中的所有内容；❷ 在"开始"选项卡的"字体"组中设置字体为"微软雅黑"、颜色为"白色"；❸ 单击"段落"组中的"行距"按钮；❹ 在弹出的下拉列表中选择行距为"1.5"，如下右图所示。

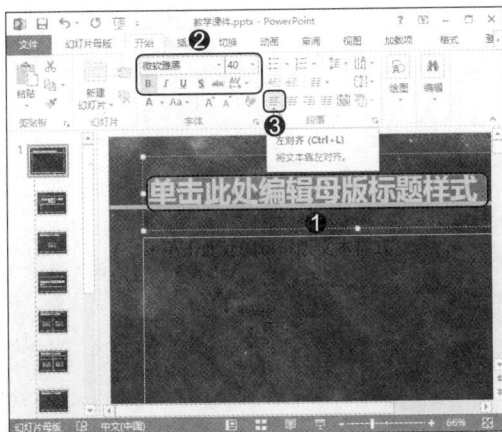

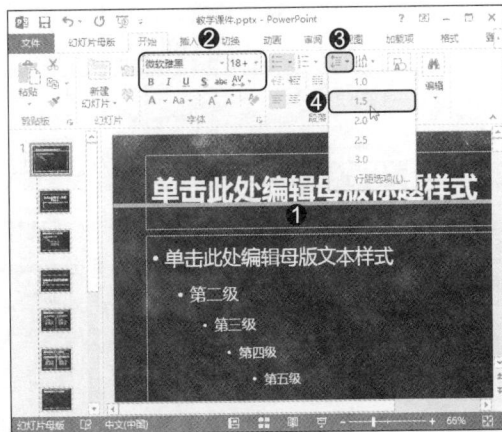

13 执行"项目符号和编号"命令。❶ 单击"段落"组中的"项目符号"按钮；❷ 在弹出的下拉菜单中选择"项目符号和编号"命令，如下左图所示。

14 自定义符号。打开"项目符号和编号"对话框，单击"自定义"按钮，如下右图所示。

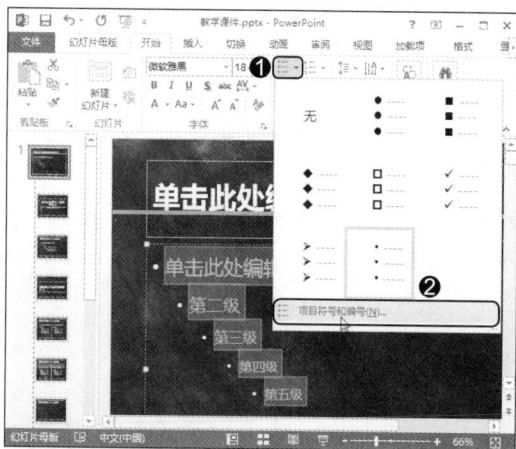

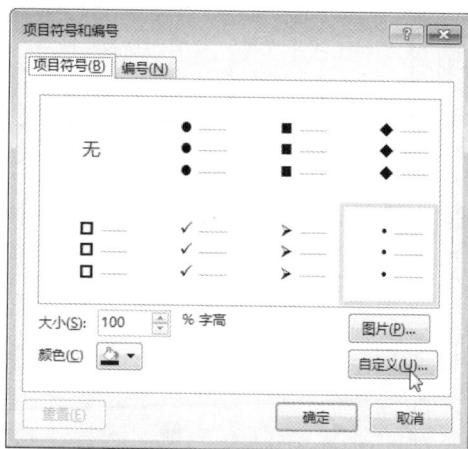

15 选择符号。打开"符号"对话框，❶ 在"字体"下拉列表框中选择符号类型，如"Wingdings"；❷ 在列表框中选择需要使用的项目符号；❸ 单击"确定"按钮，如下左图所示。

16 选择自定义的符号。返回"项目符号和编号"对话框，❶ 选择自定义的项目符号；❷ 单击"确定"按钮，如下右图所示。

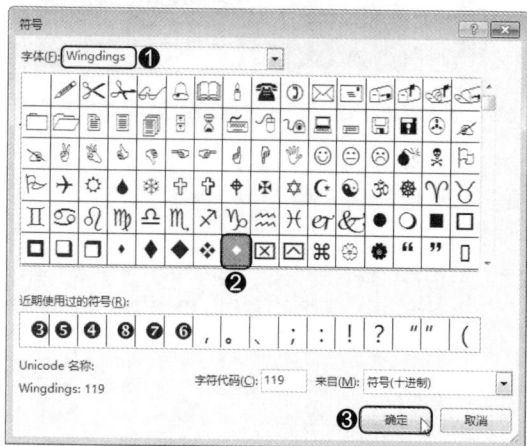

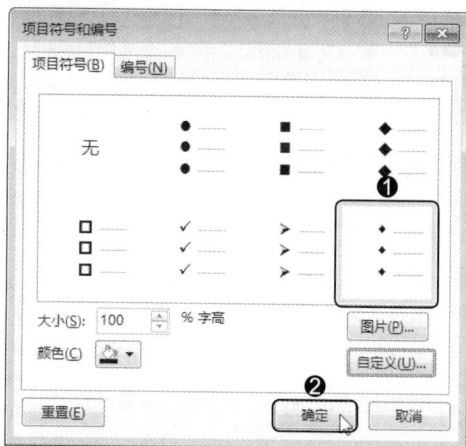

插入与删除幻灯片母版

　　PowerPoint 2013会将演示文稿设计过程中，使用过的主题中涉及的所有幻灯片样式保存在母版中，而这些样式大部分都没有使用过，所以我们常常需要对幻灯片母版进行整理，并删除多余的母版样式。如果要添加新的母版样式，可以选择要插入版式的位置，在"幻灯片母版"选项卡的"编辑母版"组中单击"插入版式"按钮，即可在选择的幻灯片下面插入新的版式。

17 设置标题幻灯片母版。❶ 选择左侧窗格中的"标题幻灯片母版"版式；❷ 分别设置标题和副标题占位符的格式，完成后的效果如下左图所示。

18 单击对话框启动器按钮。单击"幻灯片母版"选项卡"背景"组右下角的对话框启动器按钮，如下右图所示。

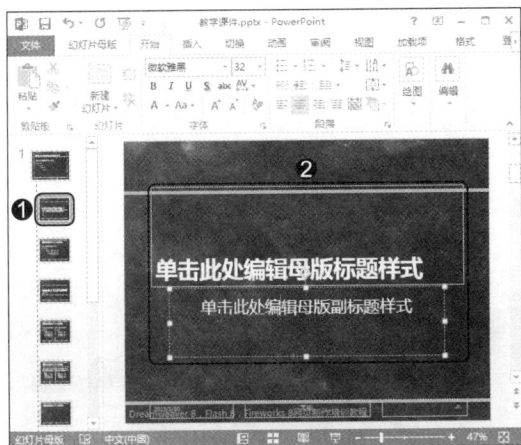

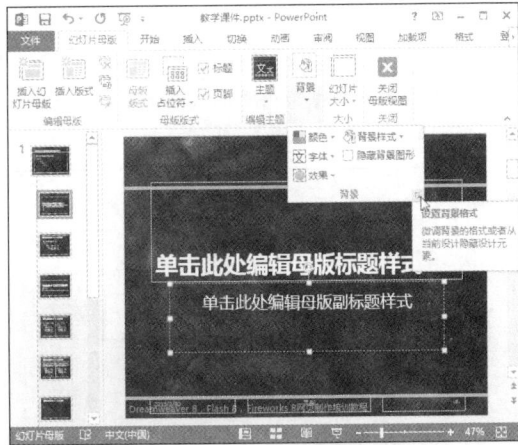

19 设置背景图片。打开"设置背景格式"任务窗格，❶ 在"填充"选项卡的"填充"栏中选中"图片或纹理填充"单选按钮；❷ 单击下方的"文件"按钮；❸ 在打开的对话框中选择素材文件中的"图片2.jpg"作为该幻灯片母版的背景效果，如下左图所示。

20 退出幻灯片母版编辑状态。❶ 单击"设置背景格式"任务窗格右上角的"关闭"按钮；❷ 单击"幻灯片母版"选项卡"关闭"组中的"关闭母版视图"按钮，退出幻灯片母版编辑状态，如下右图所示。

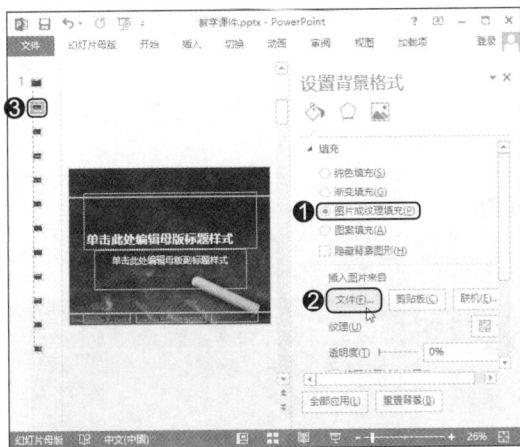

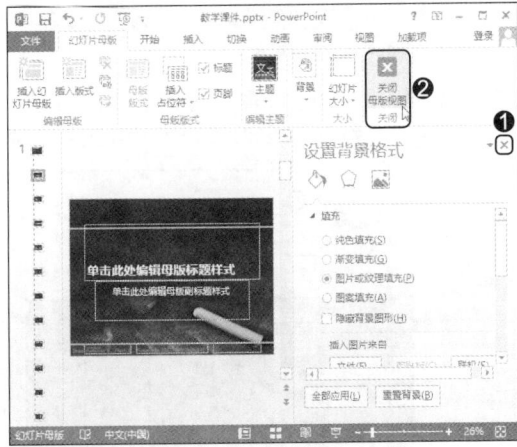

编辑幻灯片母版

在幻灯片母版中，除了占位符的编辑方法，其他操作与普通幻灯片中的很多操作是相同的。

3. 为幻灯片添加内容

课件类的PPT设计不要过于复杂，只要将母版设计好后，添加文本、图片等内容，再对个别较为特殊的内容设置格式即可，具体操作步骤如下。

01 制作标题幻灯片。❶ 在幻灯片中输入文本内容，并选择标题占位符中的文本内容；❷ 单击"开始"选项卡"段落"组中的"居中"按钮，如下左图所示。

02 插入文本框。❶ 单击"插入"选项卡"文本"组中的"文本框"按钮；❷ 在弹出的下拉列表中选择"横排文本框"样式，如下右图所示。

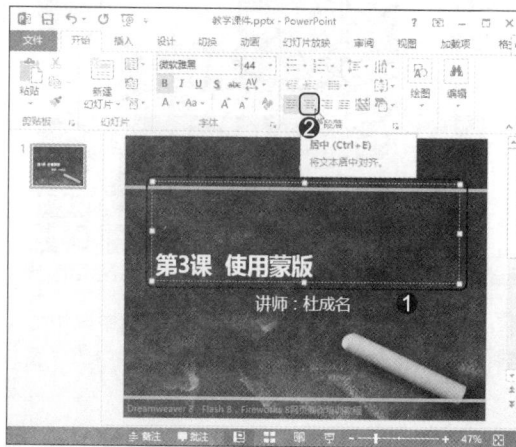

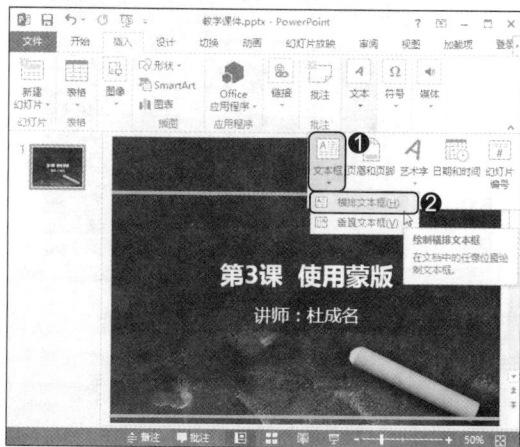

03 设置文本框格式。❶ 拖动鼠标光标在幻灯片的顶部绘制出文本框，并输入相应的文本内容；❷ 在"开始"选项卡中设置字体为"微软雅黑"、字号为"32磅"、颜色为"白色"；❸ 单击"段落"组中的"居中"按钮，如下左图所示。

04 制作第二张幻灯片。❶ 在左侧窗格中选择第一张幻灯片的缩略图；❷ 按"Enter"键新建一张默认版式的幻灯片；❸ 在标题和正文占位符中输入文本内容，如下右图所示。

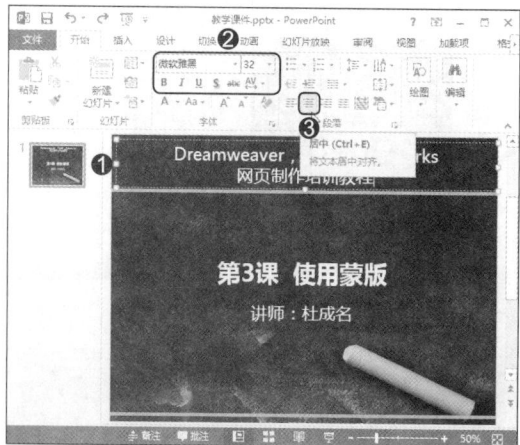

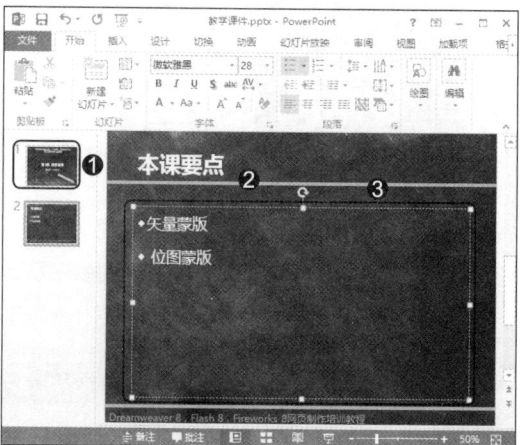

05 制作其他内容幻灯片。使用相同方法制作其他内容的幻灯片，完成后的效果如下左图所示。

06 单击对话框启动器按钮。❶ 选择第4张幻灯片；❷ 按"Backspace"键将段落前的项目符号删除；❸ 选择整个段落；❹ 单击"开始"选项卡"段落"组右下角的对话框启动器按钮，如下右图所示。

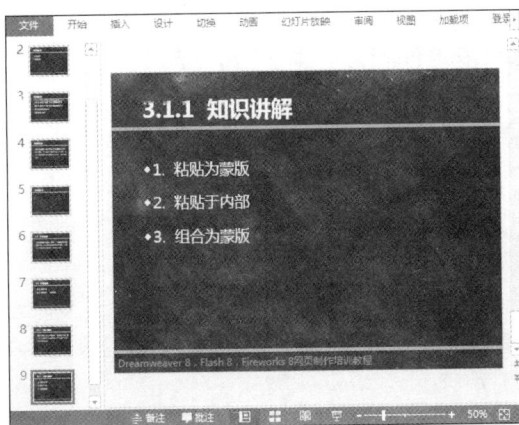

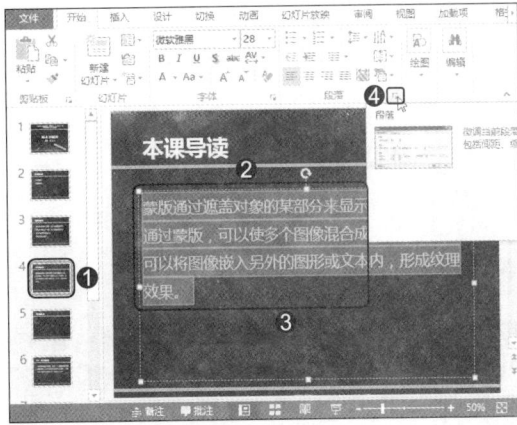

07 设置段落格式。打开"段落"对话框，❶ 在"缩进"栏中的"特殊格式"下拉列表框中选择"首行缩进"选项；❷ 在其后的数值框中输入"2厘米"；❸ 单击"确定"按钮，如下左图所示。

08 使用格式刷工具。经过上一步操作后，即可为所选段落设置首行缩进效果。❶ 选择文本占位符；❷ 双击"开始"选项卡"剪贴板"组中的"格式刷"按钮，如右图所示。

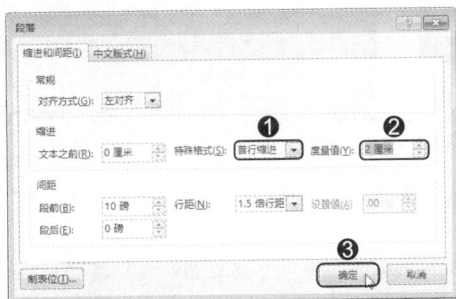

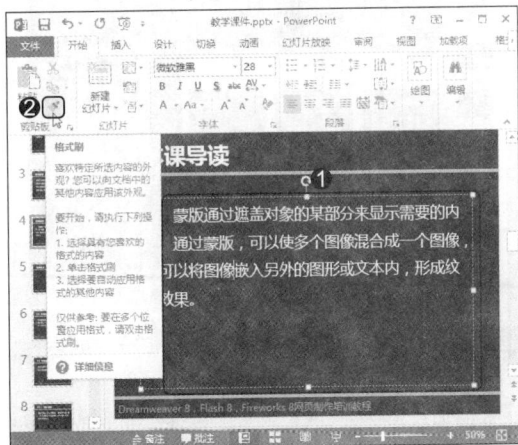

09 复制占位符格式。依次切换到其他需要设置段落格式为首行缩进的幻灯片中，并在相应的占位符上单击，即可为其快速应用首行缩进格式，如下左图所示。完成后按"Esc"键退出应用。

10 插入文本框。❶ 选择第5张幻灯片；❷ 通过插入文本框的方式制作该幻灯片中的正文内容，完成后的效果如下右图所示。

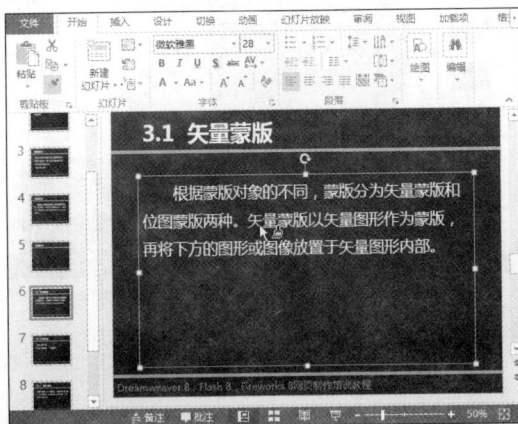

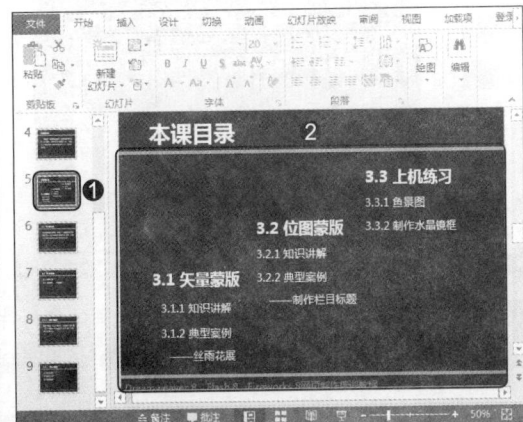

11 新建幻灯片。❶ 选择第9张幻灯片；**❷** 单击"开始"选项卡"幻灯片"组中的"新建幻灯片"按钮；**❸** 在弹出的下拉列表中选择需要的幻灯片版式，如"标题和内容"，如下左图所示。

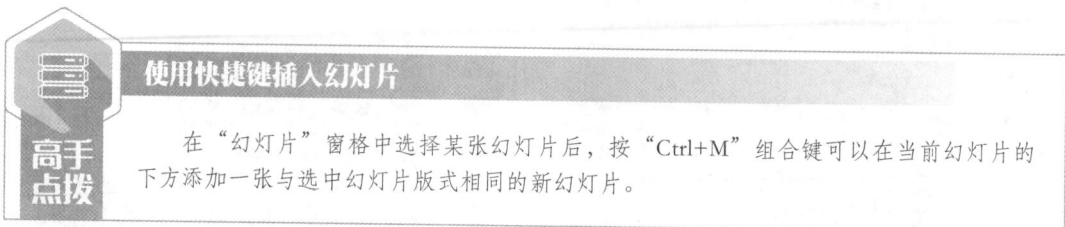

高手点拨

使用快捷键插入幻灯片

在"幻灯片"窗格中选择某张幻灯片后，按"Ctrl+M"组合键可以在当前幻灯片的下方添加一张与选中幻灯片版式相同的新幻灯片。

12 输入幻灯片内容。❶ 输入文本内容；**❷** 将文本插入点定位于正文占位符中第二段的段首，按"Backspace"键将后面两段的项目符号删除，如下右图所示。

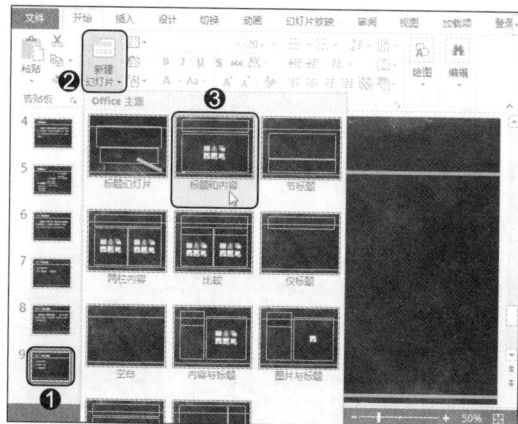

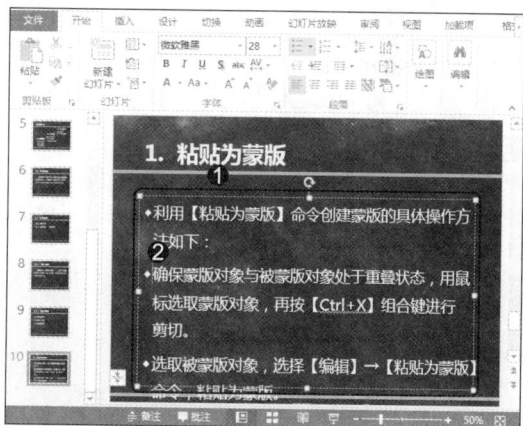

13 设置段落级别。❶ 选择正文占位符中的后两段内容；**❷** 单击"段落"组中的"提高列表级别"按钮，设置其字号为"24磅"，如下左图所示。

14 添加段落列表。❶ 单击"段落"组中的"编号"按钮；**❷** 在弹出的下拉菜单中选择需要的列表符号，如下右图所示。

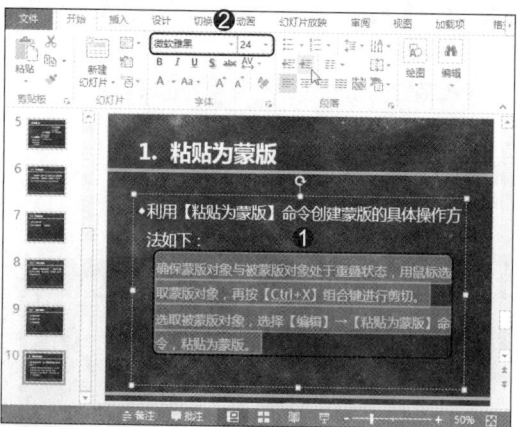

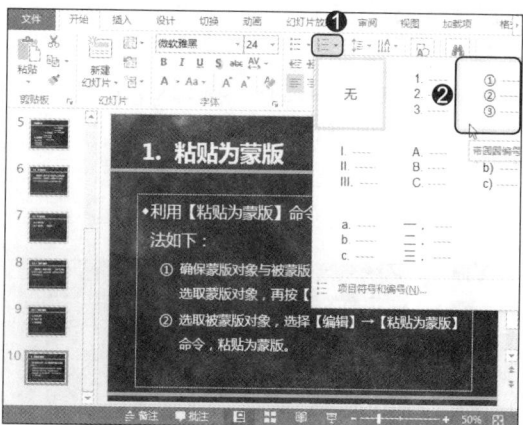

15 制作其他幻灯片。 继续制作本案例后面的幻灯片内容，完成后的效果如下左图所示。

16 插入图片。❶ 选择第14张幻灯片；**❷** 单击"插入"选项卡"图像"组中的"图片"按钮，如下右图所示。

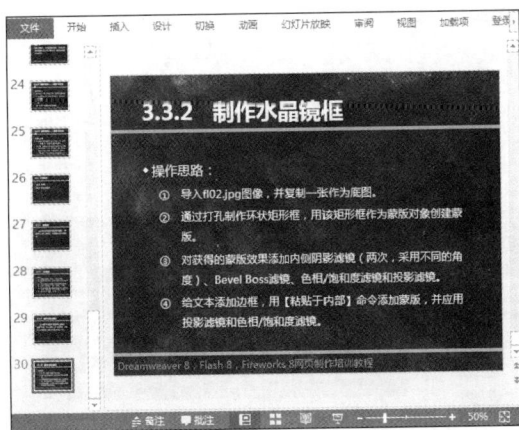

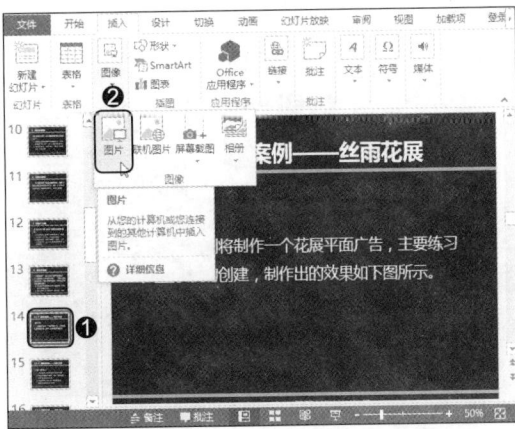

17 插入并编辑图片。❶ 在打开的对话框中选择插入素材文件中提供的"图片3.png";❷ 拖动鼠标光标将其移动到适当位置,完成后的效果如下左图所示。

高手点拨

设置母版中的占位符

　　占位符是PowerPoint中特有的内容,是一种带提示性的线框,可以根据占位符提示在其相应位置处插入各种对象。在母版中应用新的占位符的主要作用是调整幻灯片的版式效果。要在母版中应用新的占位符,可以先选择要插入占位符的母版版式,单击"母版版式"组中的"插入占位符"按钮,在弹出的样式列表中选择占位符类型,再拖动鼠标绘制出相应大小的占位符。

18 插入其他图片。❶ 选择第23张幻灯片;❷ 将正文占位符中的第二个段落设置为首行缩进效果;❸ 使用前面介绍的方法插入素材文件中提供的"图片4.png",并移动到合适的位置,如下右图所示。

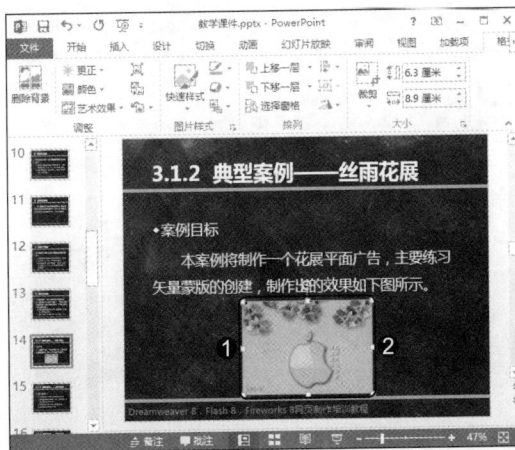

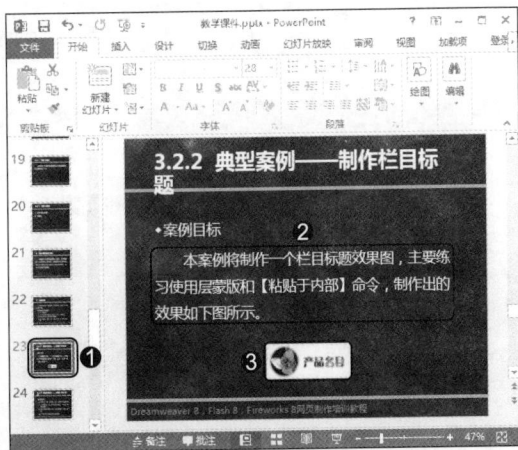

19 设置字符间距。❶ 选择标题占位符;❷ 单击"开始"选项卡"字体"组中的"字符间距"按钮;❸ 在弹出的下拉菜单中选择"紧密"命令,如下左图所示。

20 设置图片的对齐方式。❶ 选择第27张幻灯片;❷ 插入素材文件中提供的"图片5.png",并拖动鼠标调整图片的大小;❸ 单击"图片工具-格式"选项卡"排列"组中的"对齐"按钮;❹ 在弹出的下拉菜单中选择"左右居中"命令,如下右图所示。

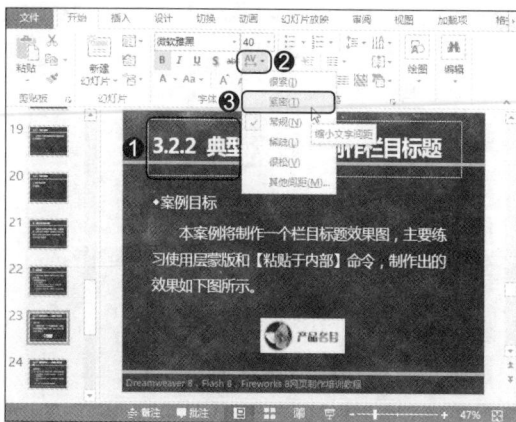

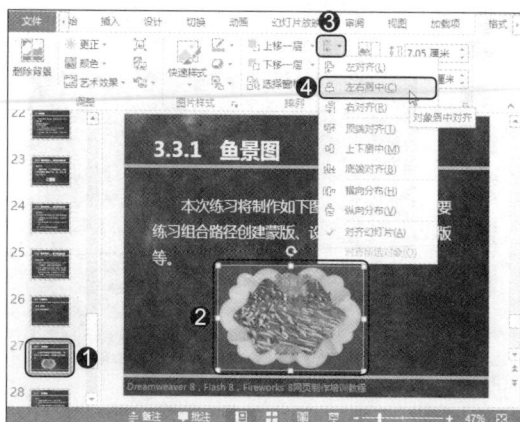

21 插入图片。❶ 选择第29张幻灯片；❷ 插入素材文件中提供的"图片6.png"，并移动图片到合适位置，完成后的效果如右图所示。

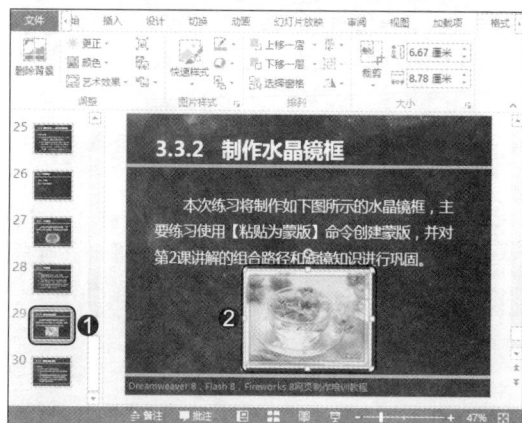

案例 02 制作美食相册幻灯片

案例概述

有些企业为了更好地宣传企业文化或产品，会将各种精美的照片集中到一起制作成相册。我们通过PowerPoint可以制作电子相册，将相册里的照片保存起来后，还可以进行动态演示。本例将把美食图片制作成相册，完成后的效果如右图所示。

素材文件：光盘\素材文件\第11章\案例02\美食照片
结果文件：光盘\结果文件\第11章\案例02\美食相册.pptx
教学文件：光盘\同步教学视频\第11章\案例02.mp4

制作思路

在PowerPoint中制作美食相册演示文稿的流程与思路如下。

一 **制作相册幻灯片：**将同类型或同一个主题，或一段时间内拍摄的数码照片制作成电子相册，查看起来就会有翻阅影集的感觉了。本例首先要将准备的照片制作成电子相册。

二 **管理幻灯片：**创建好的演示文稿很可能需要调整幻灯片的位置，会进行复制操作等，为了更好地管理幻灯片还应该为相应的幻灯片创建节。

三 **插入声音和视频：**在这个多彩的世界中，要让你的作品更加绚烂多姿，必须让其具备更加独特的元素，在演示文稿中，我们一般会添加与内容相关的声音和视频。

具体步骤

将数码照片进行收集和整理后，可以通过PowerPoint来快速制作电子相册。本例将以美食照片为例，为读者介绍PowerPoint中创建及编辑相册幻灯片的相关操作。

1. 制作相册幻灯片

PowerPoint 2013中可以将插入的多张图片新建为电子相册。该过程并不需要一张张插入图片，而是通过"相册"对话框来快速设置相册内容。该对话框中可以设置一些相册参数，使得创建的电子相册更加人性化。本例中制作相册的具体操作步骤如下。

01 执行"新建相册"命令。❶ 单击"插入"选项卡"图像"组中的"相册"按钮；❷ 在弹出的下拉菜单中选择"新建相册"命令，如下左图所示。

02 执行插入图片来自文件/磁盘操作。打开"相册"对话框，单击"文件/磁盘"按钮，如下右图所示。

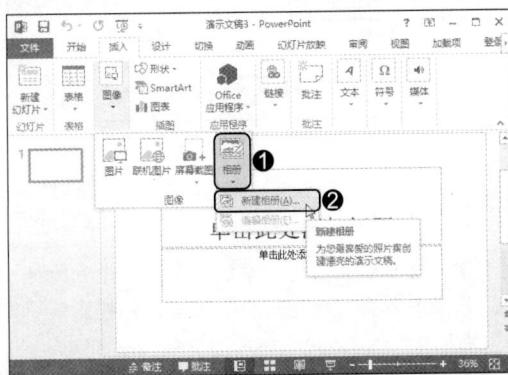

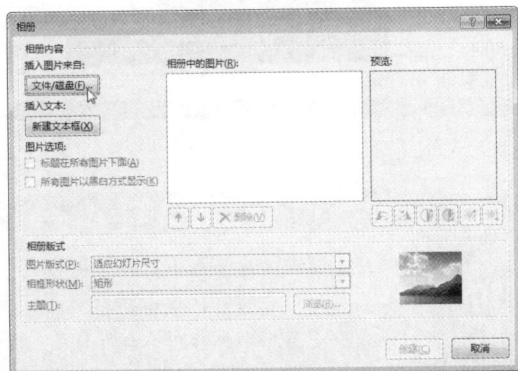

03 选择图片。打开"插入新图片"对话框，❶ 选择图片所在的文件夹位置；❷ 在列表框中选择需要作为相册展示的图像文件；❸ 单击"插入"按钮，如下左图所示。

04 设置相册选项。返回"相册"对话框中可以看到已经将选择的图片添加到"相册中的图片"列表框中了，单击"创建"按钮，如下右图所示，即可制作出相应的相册演示文稿。

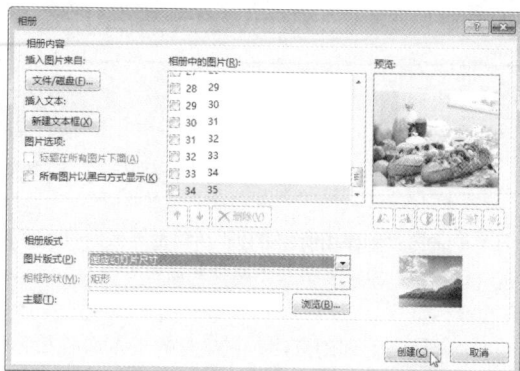

2. 复制和移动幻灯片

复制和移动幻灯片是编辑幻灯片的基本操作，掌握其使用方法可以在制作幻灯片的过程中节约大量的时间和精力。在普通视图的"幻灯片"窗格或幻灯片浏览视图中都可对幻灯片进行移动或复制操作，且方法基本相同。本例中对幻灯片进行编辑的具体操作步骤如下。

01 设置演示文稿的大小。❶ 将新建的相册演示文稿以"美食相册"为名进行保存；❷ 单击"设计"选项卡"自定义"组中的"幻灯片大小"按钮；❸ 在弹出的下拉菜单中选择"标准"命令，如下左图所示。

02 设置幻灯片大小的改变方式。打开提示对话框，❶ 选择"最大化"选项；❷ 单击"最大化"按钮，如下右图所示。

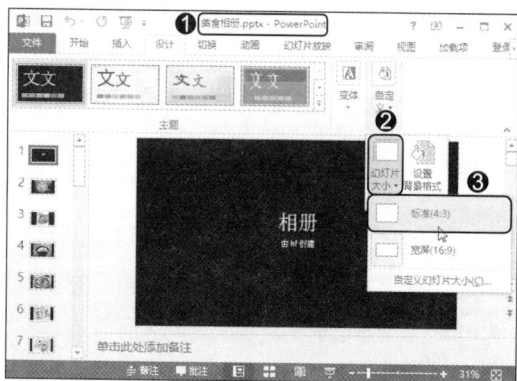

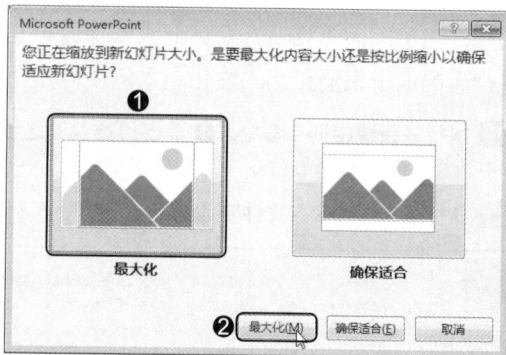

设置幻灯片大小的改变方式

知识扩展

只有在演示文稿中添加了内容后，改变演示文稿的大小时，系统才会给出上方的提示对话框。在该对话框中选择"确保适合"选项并单击"确保适合"按钮，将按比例缩小演示文稿和当前幻灯片中的内容。

03 拖动幻灯片。❶ 在左侧窗格中选择第2张幻灯片；❷ 按住鼠标左键不放并将其拖动到第6张幻灯片的前面，如下左图所示。

04 **继续移动其他幻灯片的位置。** 释放鼠标左键即可将选择的幻灯片移动到相应的位置。使用相同的方法，继续调整其他幻灯片的位置，最终效果如下右图所示。

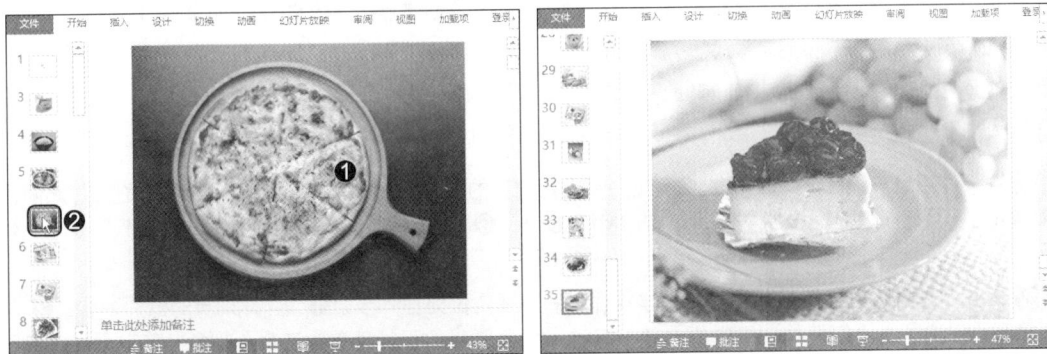

05 **复制幻灯片。** ❶ 在左侧窗格中选择第25张幻灯片，并在其缩略图上单击鼠标右键；❷ 在弹出的快捷菜单中选择"复制幻灯片"命令，如下左图所示。

06 **移动幻灯片的位置。** 经过上一步操作，将在当前幻灯片的后面复制得到一张新幻灯片。选择刚得到的幻灯片，拖动鼠标光标将其移动到第一张幻灯片的后面，如下右图所示。

07 **复制幻灯片。** ❶ 选择并移动第30张幻灯片；❷ 在移动过程中按住"Ctrl"键不放，并移动到第26张幻灯片的后面时，释放鼠标左键后再释放"Ctrl"键，如下左图所示，即可复制第30张幻灯片到第26张幻灯片的后面。

08 **新建幻灯片。** ❶ 选择第26张幻灯片，并在其缩略图上单击鼠标右键；❷ 在弹出的快捷菜单中选择"新建幻灯片"命令，如下右图所示。

3. 使用节管理幻灯片

在PowerPoint 2013中，可以使用多个节来组织管理幻灯片。"节"功能类似于文件夹对文件进行分类管理的功能，而且可以方便地对创建的节进行重命名，这样就为一些幻灯片页面较多的演示文稿的管理提供了方便。此外，通过对幻灯片进行标记并将其分为多个节，还可以与他人协作创建演示文稿。本例中使用节来管理幻灯片的具体操作步骤如下。

01 执行"新增节"命令。❶ 在左侧窗格中单击定位节的插入点，这里定位在第1和第2张幻灯片之间；❷ 单击"开始"选项卡"幻灯片"组中的"节"按钮；❸ 在弹出的下拉菜单中选择"新增节"命令，如下左图所示。

02 执行"重命名节"命令。经过上一步操作，即可在定位处插入节，❶ 选择第2节幻灯片内容；❷ 单击"开始"选项卡"幻灯片"组中的"节"按钮；❸ 在弹出的下拉菜单中选择"重命名节"命令，如下右图所示。

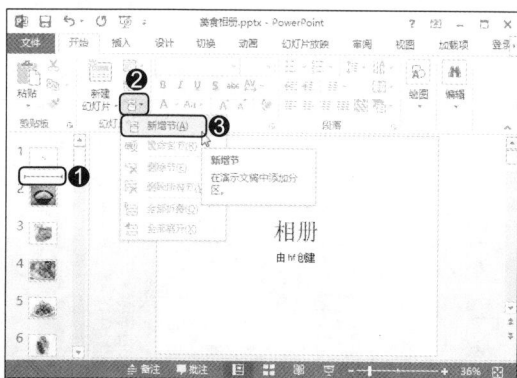

03 重命名节。打开"重命名节"对话框，❶ 在文本框中输入节名称"主食"；❷ 单击"重命名"按钮，即可重命名该节名称，如下左图所示。

04 重命名节。❶ 使用相同的方法，在第27和第28张幻灯片之间插入一个节，并选择第3节幻灯片内容；❷ 在"重命名节"对话框中重命名该节名称为"甜品"；❸ 单击"重命名"按钮，如下右图所示。

4. 插入和编辑声音

一个丰富的演示文稿，还需要适时地插入音频对象，以改善放映演示文稿时的视听效果。

在演示文稿中我们可以插入联机搜索到的音乐、电脑中存放的声音文件和录制的声音文件，插入音频文件的方法与插入图片的方法类似。本例将插入素材文件中事先准备好的音频，具体操作方法如下。

01 执行"PC上的音频"命令。❶ 选择第1张幻灯片；❷ 单击"插入"选项卡"媒体"组中的"音频"按钮；❸ 在弹出的下拉菜单中选择"PC上的音频"命令，如下左图所示。

02 选择需要插入的音频文件。打开"插入音频"对话框，❶ 在列表框中选择需要事先准备的音频文件；❷ 单击"插入"按钮，如下右图所示。

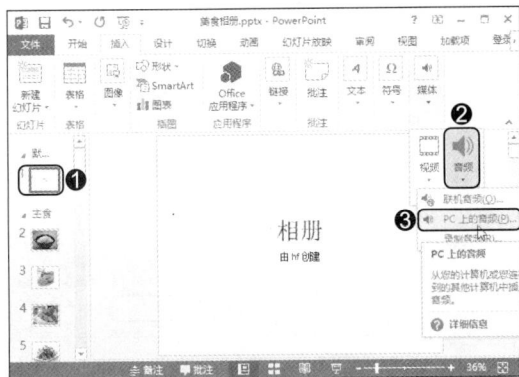

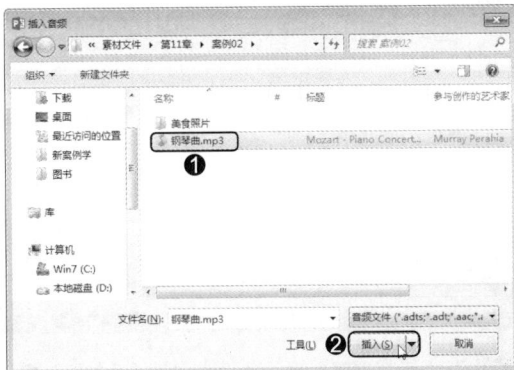

03 设置音频选项。❶ 选择幻灯片中插入了音频文件的图标；❷ 在"音频工具-播放"选项卡"音频选项"组中的"开始"下拉列表中选择"自动"选项；❸ 选中"跨幻灯片播放"、"循环播放，直到停止"和"放映时隐藏"复选框，如右图所示。

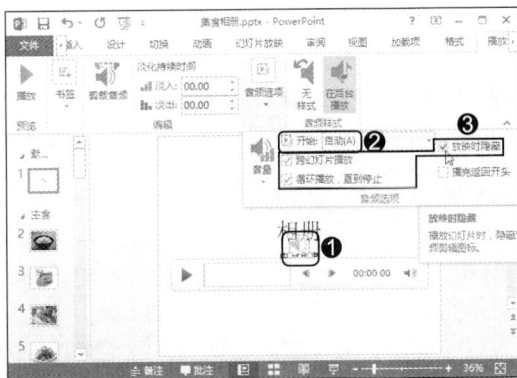

PowerPoint中编辑音频文件的方法

高手点拨

　　插入音频文件后，会在幻灯片中显示 🔊 图标和播放工具栏。单击工具栏中的" ▶ "按钮，可以播放音乐文件；单击" ◀▶ "按钮，可以向前和向后移动0.25秒；单击" 🔊 "按钮，可以调整音频文件的音量大小。在"音频工具-格式"选项卡中可以设置控制音频播放的图片效果，操作方法与设置图片的方法相同。

5. 插入和编辑视频

　　在幻灯片中插入多媒体视频，可以让制作出的幻灯片无论从听觉、视觉上都能带给观众惊喜，从而增强演示的趣味性和感染力。PowerPoint中的影片包括视频和动画，可以在幻灯片中插入的视频格式有十几种，而可以插入的动画则主要是GIF动画。本例将在幻灯片中插入事先准备好的视频文件，具体操作方法如下。

01 执行"PC上的视频"命令。❶ 选择第1张幻灯片；❷ 单击"插入"选项卡"媒体"组中的"视频"按钮；❸ 在弹出的下拉菜单中选择"PC上的视频"命令，如下左图所示。

02 选择需要插入的视频文件。打开"插入视频文件"对话框，❶ 在列表框中选择事先准备的"生菜落水瞬间.avi"视频文件；❷ 单击"插入"按钮，如下右图所示。

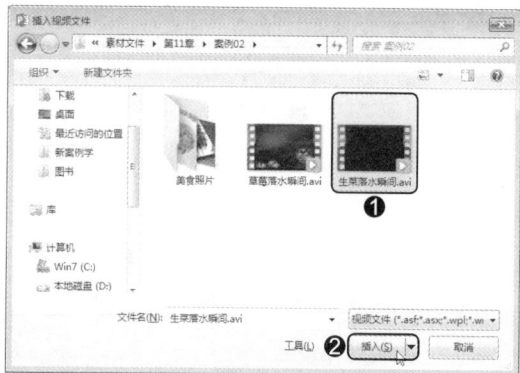

03 设置视频选项。❶ 选择插入的视频文件；❷ 在"视频工具-播放"选项卡"编辑"组中的"淡入"和"淡出"数值框中设置视频播放的淡化持续时间；❸ 在"视频选项"组中的"开始"下拉列表中选择"自动"选项；❹ 选中"全屏播放"和"未播放时隐藏"复选框，如下左图所示。

04 插入其他视频。❶ 将第27张幻灯片移动到第3节中；❷ 在该幻灯片中插入事先准备的"草莓落水瞬间.avi"视频文件；❸ 在"视频工具-播放"选项卡"编辑"组中的"淡入"和"淡出"数值框中设置视频播放的淡化持续时间；❹ 在"视频选项"组中的"开始"下拉列表中选择"自动"选项；❺ 选中"全屏播放"复选框，如下右图所示。

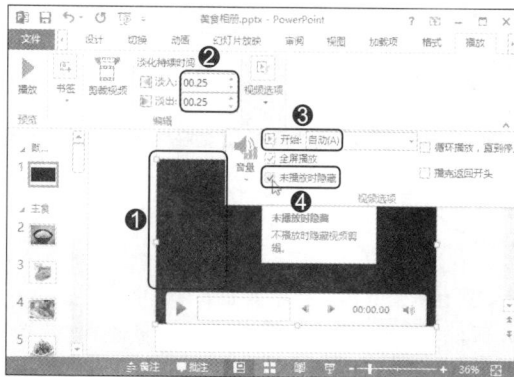

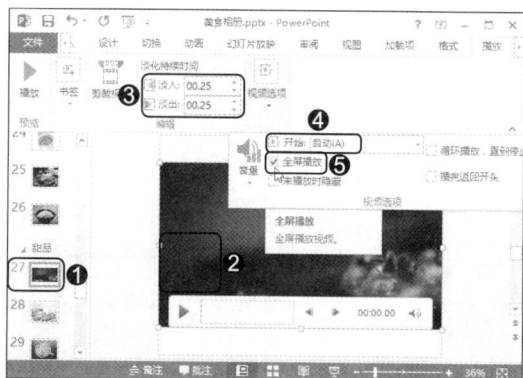

高手点拨　PowerPoint中编辑视频文件的方法

　　插入视频文件后，将激活"视频工具-格式"选项卡和"视频工具-播放"选项卡。"视频工具-播放"选项卡中的许多按钮与设置声音的按钮相同，只是增加了一个"全屏播放"复选框，选中该复选框，在放映幻灯片时将全屏播放该影片。

案例 **03** 制作公司入职培训演示文稿

案例概述

对于公司新招募的员工，首先要向他们介绍公司的一些基本情况，如公司的主营业务、产品、企业规模及人文历史等，并对相应的工作要求进行说明。本例中制作的入职培训演示文稿效果如下图所示。

素材文件：光盘\素材文件\第11章\案例03\Honbo宏博传媒.docx
结果文件：光盘\结果文件\第11章\案例03\入职培训.pptx
教学文件：光盘\同步教学视频\第11章\案例03.mp4

制作思路

在PowerPoint中制作"入职培训"演示文稿的流程与思路如下。

一 制作幻灯片母版： 由于本例制作的演示文稿中各幻灯片之间存在很多相似之处，因此可以先制作幻灯片母版，将这些相同的内容统一进行制作。

二 导入幻灯片内容： 本例事先已经将相关的内容整理到一个文档中了，所以可以在大纲视图中将主要内容直接制作成幻灯片。

三 编辑各幻灯片： 根据需要完善各幻灯片中的内容和效果即可。

具体步骤

公司入职培训演示文稿在一些企业中经常使用，对于这类演示文稿的制作需要掌握其主线，将需要解释的内容先提炼出来，通过大纲的形式进行编排，然后对幻灯片内容进行加工和整理，使其更加丰富。本例将以某公司的入职培训演示文稿为例，为读者介绍PowerPoint中使用母版创建演示文稿版式，及制作各幻灯片的相关操作。

1. 制作幻灯片母版

要制作公司入职培训演示文稿，首先需要创建演示文稿文件，并设置需要的页面格式。为了简化制作演示文稿中多张幻灯片的相同组成部分，接着就可以开始设计幻灯片的母版和大致格式了，具体操作方法如下。

01 执行"自定义幻灯片大小"命令。❶ 新建一个空白演示文稿，并保存为"入职培训"；❷ 单击"设计"选项卡"自定义"组中的"幻灯片大小"按钮；❸ 在弹出的下拉菜单中选择"自定义幻灯片大小"命令，如下左图所示。

02 设置幻灯片大小。打开"幻灯片大小"对话框，❶ 在"幻灯片大小"下拉列表框中选择"全屏显示（16:10）"选项；❷ 单击"确定"按钮，如下右图所示。

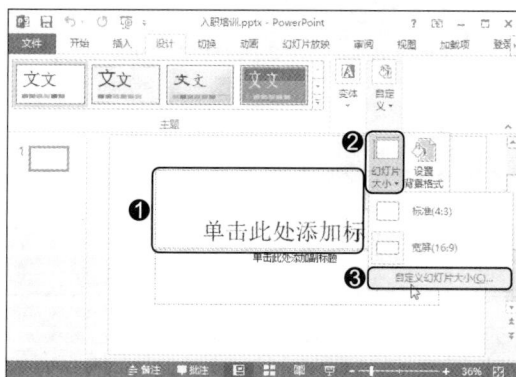

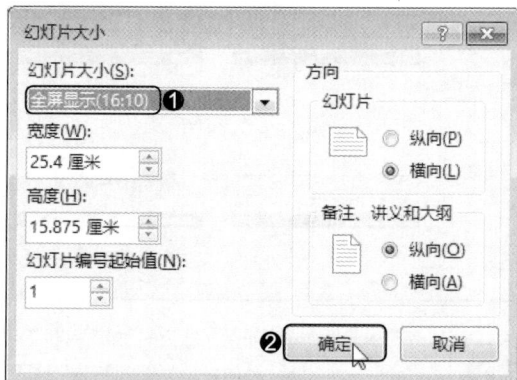

03 设置幻灯片大小的改变方式。打开提示对话框，❶ 选择"最大化"选项；❷ 单击"最大化"按钮，如下左图所示。

04 切换视图模式。单击"视图"选项卡"母版视图"组中的"幻灯片母版"按钮，如下右图所示。

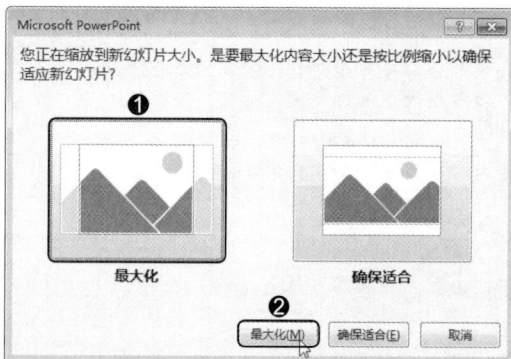

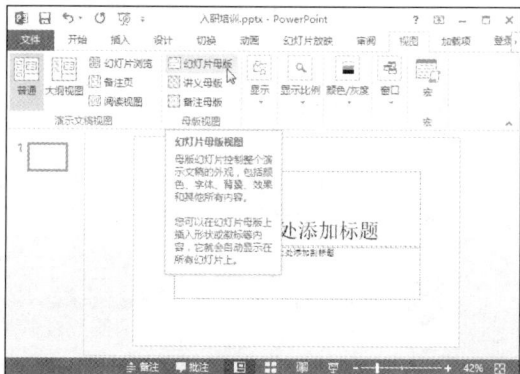

05 选择插入形状的样式。❶ 在左侧窗格中选择需要设计的幻灯片母版版式；❷ 单击"插入"选项卡"插图"组中的"形状"按钮；❸ 在弹出的下拉菜单中选择"矩形"命令，如下左图所示。

06 绘制形状并设置填充色。❶ 经过上一步操作后，鼠标光标变为＋形状，拖动鼠标在母版下方绘制如下右图所示的矩形；❷ 在"绘图工具-格式"选项卡"形状样式"组中的列表框中选择"彩色填充-黑色，深色1"选项。

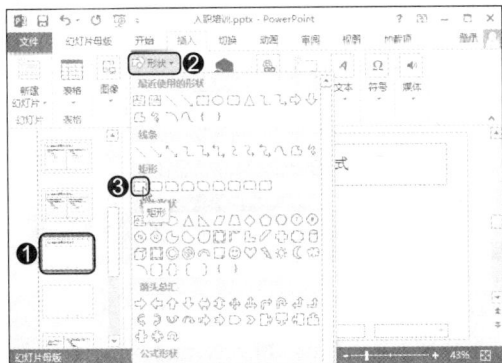

07 绘制新形状。❶ 使用相同的方法在刚绘制的矩形上方绘制一个较窄的矩形，并填充为橙黄色，无轮廓；❷ 继续在黑色矩形的右侧绘制一个正圆，填充为橙黄色；❸ 在右侧复制两个正圆，分别填充为白色和灰色，如下左图所示。

08 插入文本占位符。❶ 单击"幻灯片母版"选项卡"母版版式"组中的"插入占位符"按钮；❷ 在弹出的下拉菜单中选择"文本"命令，如下右图所示。

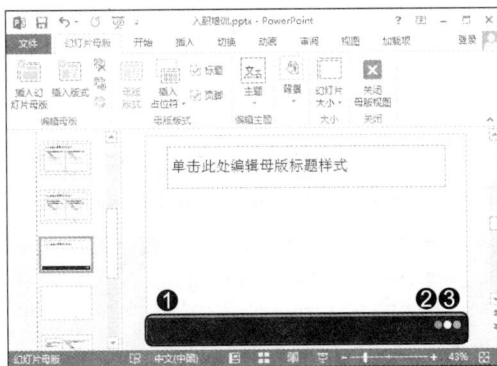

09 设置文本占位符。❶ 在黑色矩形的左侧拖动鼠标绘制一个文本占位符；❷ 在"开始"选项卡"字体"组中设置文本占位符中的字体为"微软雅黑"，字号为"28"，颜色为"白色"；❸ 选择占位符中多余的标题级别并按"Delete"键删除，如下左图所示。

10 添加其他文本占位符。❶ 复制刚制作的文本占位符并放置在合适的位置；❷ 在"开始"选项卡的"字体"组中设置字体为"Arial Unicode MS"，字号为"18"，如下右图所示。

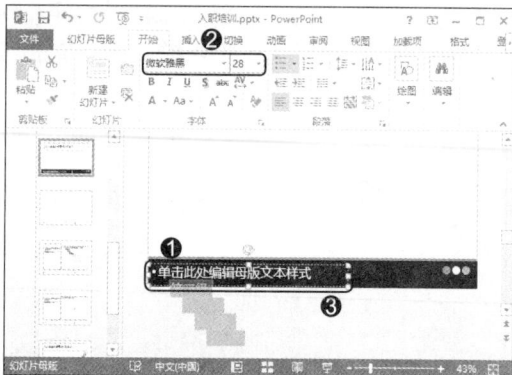

11 **删除多余的占位符**。选择母版上方自带的标题占位符，按"Delete"键将其删除，如下左图所示。

12 **插入文本框**。❶ 单击"插入"选项卡"文本"组中的"文本框"按钮；❷ 在弹出的下拉列表中选择"横排文本框"选项，如下右图所示。

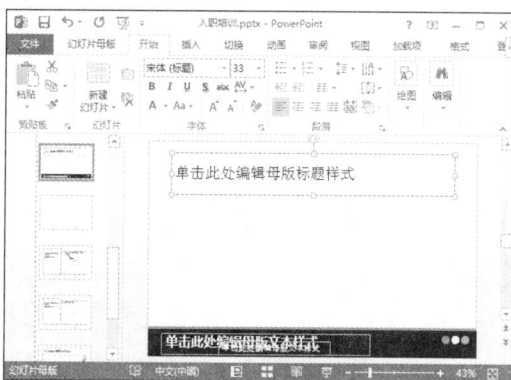

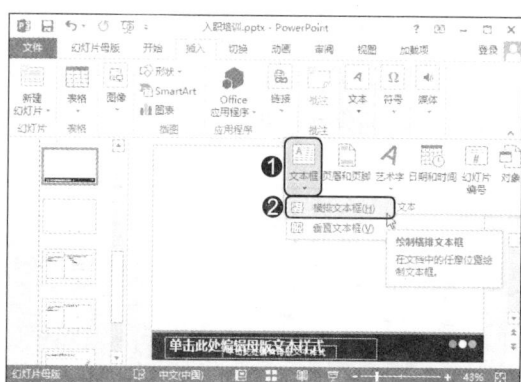

13 **输入公司名称**。❶ 拖动鼠标在页面左上角绘制一个文本框，并输入需要的文本；❷ 选择文本框中输入的英文字母；❸ 在"开始"选项卡的"字体"组中设置字体为"BernhardFashion BT"，字号为"42"，并加粗显示，如下左图所示。

14 **设置文字格式**。❶ 选择文本框中输入的中文文本，并在"开始"选项卡的"字体"组中设置字体为"方正综艺_GBK"，字号为"22"，颜色为"桃红色"；❷ 分别设置各英文字母的字体颜色至如下右图所示的效果。

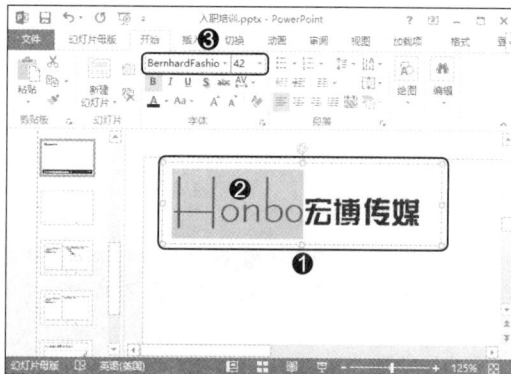

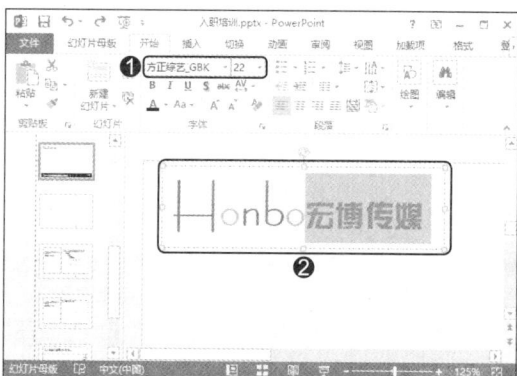

15 设置说明文字。❶ 使用相同的方法在公司名称文本框的下方插入文本框，并输入说明文字；❷ 设置字体为"微软雅黑"，字号为"10"；❸ 单击"字体"组中的"字符间距"按钮；❹ 在弹出的下拉菜单中选择"其他间距"命令，如下左图所示。

16 设置字符间距。打开"字体"对话框，❶ 在"字符间距"选项卡的"间距"下拉列表框中选择"加宽"选项；❷ 在"度量值"数值框中输入"2.2磅"；❸ 单击"确定"按钮，如下右图所示。

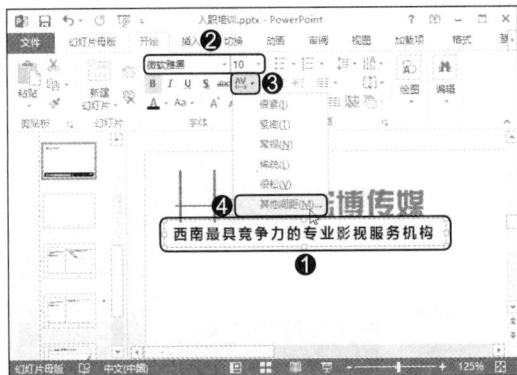

17 添加公司标志图片。单击"插入"选项卡"图像"组中的"图片"按钮，如下左图所示。

18 添加公司标志图片。❶ 在打开的对话框中选择需要插入的"公司标志.png"图片，并将其调整至合适大小；❷ 单击"幻灯片母版"选项卡"关闭"组中的"关闭母版视图"按钮，退出母版设计，如下右图所示。

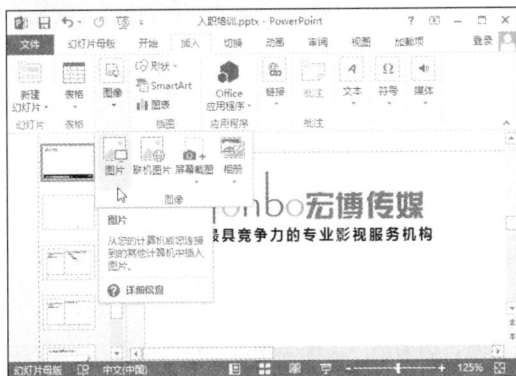

2. 编辑与修饰封面幻灯片

在演示文稿中，通常将第一张幻灯片作为整体演示文稿的封面，在该页中仅有少量的标题文字，故常常需要对幻灯片中的文字添加各种修饰，并在该页中插入一些修饰文字。前面对幻灯片的母版进行了设置，所以幻灯片中所有采用该版式新建的幻灯片的背景都是相同的，为了让PPT的封面拥有别具一格的特色，需要对其进行重新设置。在普通视图中设置和在幻灯片母版视图中设置类似，为本案例中的PPT制作封面效果需要使用文本框、形状和图片等，并且其操作方法基本相同。

01 设置幻灯片版式。❶ 单击"开始"选项卡"幻灯片"组中的"幻灯片版式"按钮；❷ 在弹出的下拉列表中选择"空白"选项，如下左图所示。

02 复制幻灯片母版效果。❶ 再次切换到幻灯片母版视图中，拖动鼠标框选刚刚制作的母版版式中的所有对象；❷ 单击"开始"选项卡"剪贴板"组中的"复制"按钮，如下右图所示。

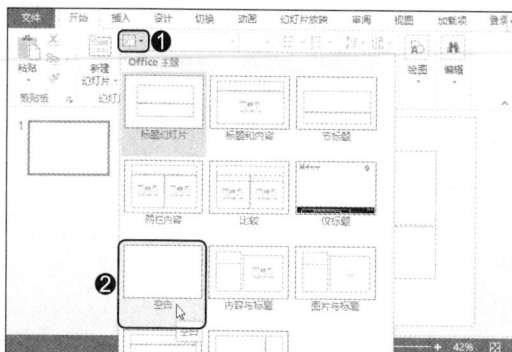

03 制作幻灯片封面。将复制的内容粘贴到第一张幻灯片中，并通过复制、添加和设置文本框、图片和形状对象制作如右图所示的封面效果。

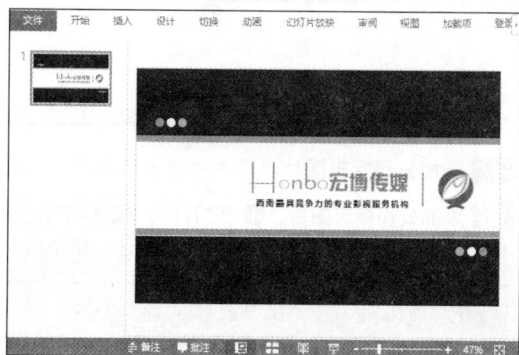

3. 应用大纲视图添加主要内容

完成封面的制作后就可以制作其他幻灯片了，但在制作这些幻灯片之前，可以先在大纲视图中根据需要归纳出演示文稿的大纲内容，方便后期根据大纲创建各幻灯片效果。本例中应用大纲视图添加主要内容的具体操作方法如下。

01 切换视图模式。单击"视图"选项卡"演示文稿视图"组中的"大纲视图"按钮，切换到大纲视图中，如下左图所示。

02 输入大纲内容。在左侧窗格中依次输入各标题内容后按"Enter"键即可创建出具有相应标题的幻灯片，如下右图所示。

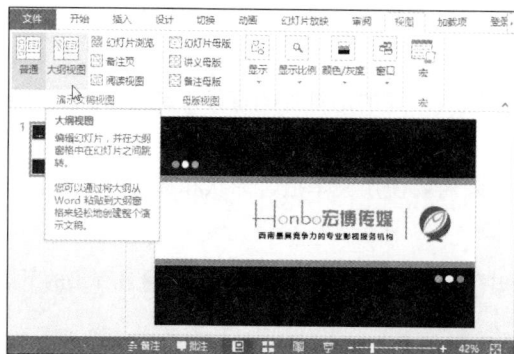

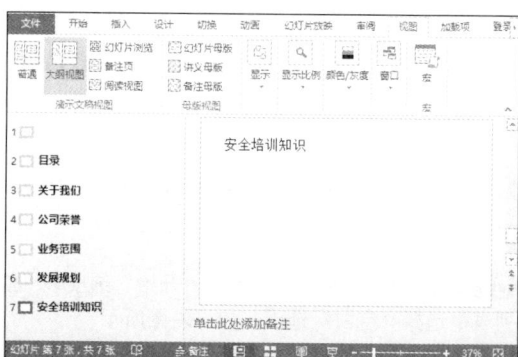

03 添加目录幻灯片中的副标题。在左侧窗格中的"目录"文字后按"Enter"键插入一行，按"Tab"键缩进，即可降低大纲内容的级别，输入副标题内容"Contents"，如下左图所示。

04 添加其他幻灯片中的副标题。❶ 使用相同的方法，为其他幻灯片输入副标题，效果如下右图所示；❷ 单击视图栏中的"普通视图"按钮，切换到普通视图。

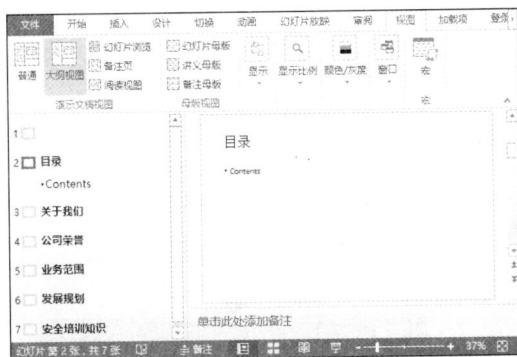

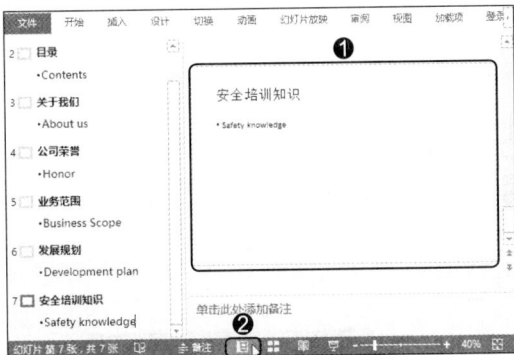

关于大纲级别的调整

在大纲视图中，通过调整文字内容的大纲级别可以更清晰地展示不同级别的文字信息，同时将内容自动添加到幻灯片中相应的元素中。在对大纲内容进行编辑时，常常需要调整文字内容的级别，按"Tab"键可降低所选段落的级别，按"Shift+Tab"组合键则可以提升段落的级别，或通过单击"开始"选项卡中的"降低列表级别"和"提高列表级别"按钮进行调整。

4. 编辑与修饰"目录"幻灯片

通常在演示文稿的一个幻灯片中需要列举出主要内容，即目录幻灯片。前面利用"大纲"视图快速创建出多张幻灯片后，还需要对各张幻灯片的效果进行修改和修饰，本例将对目录幻灯片进行编辑和修饰，具体操作方法如下。

01 更改幻灯片版式。❶ 在左侧窗格中选择需要修改版式的第2~7张幻灯片；❷ 单击"开始"选项卡"幻灯片"组中的"幻灯片版式"按钮；❸ 在弹出的下拉列表中选择"仅标题"选项，如下左图所示。

02 剪切副标题内容。❶ 选择第2张幻灯片中应用版式后的标题占位符，拖动鼠标选择所有文本；❷ 单击"开始"选项卡"剪贴板"组中的"剪切"按钮，如下右图所示。

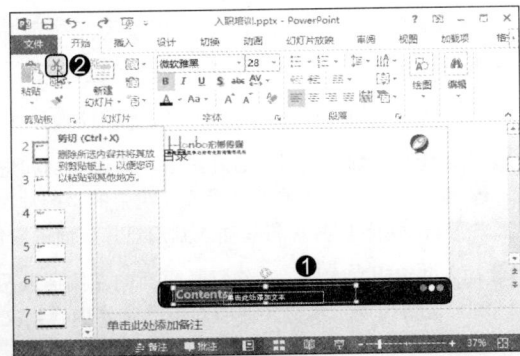

03 选择性粘贴到合适位置。❶ 将文本插入点定位在应用版式后的副标题占位符中；❷ 单击"开始"选项卡"剪贴板"组中的"粘贴"下拉按钮；❸ 在弹出的下拉列表中选择"只保留文本"选项，如下左图所示。

04 将标题内容移动到合适位置。❶ 使用相同的方法将"目录"标题内容选择性粘贴到应用版式后的标题占位符中；❷ 选择应用版式后的副标题占位符，并将其移动到靠近标题占位符"目录"的右侧；❸ 选择多余的标题占位符，按"Delete"键将其删除，如下右图所示。

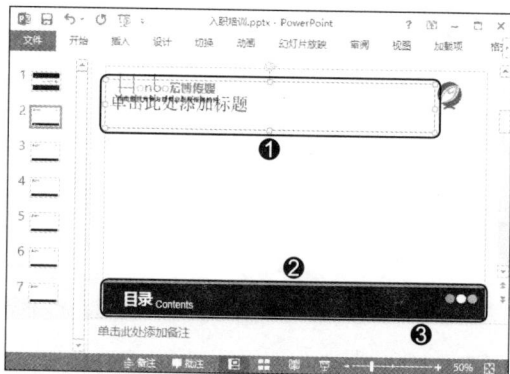

05 绘制目录内容图形。❶ 通过插入形状绘制第一个矩形，在相应位置插入文本框并输入具体的内容；❷ 通过复制得到其他图形效果，并修改图形填充颜色和文本框内容，最终效果如下左图所示。

06 绘制并设置线条样式。通过插入形状在目录内容的上方绘制一条直线，并分割成多个线段，在每条线段的开始处插入文本框并输入对应内容开始的页码，如下右图所示。

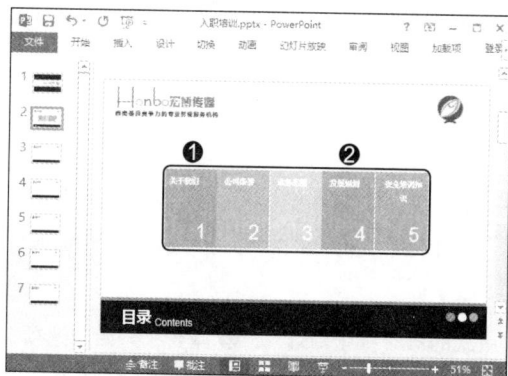

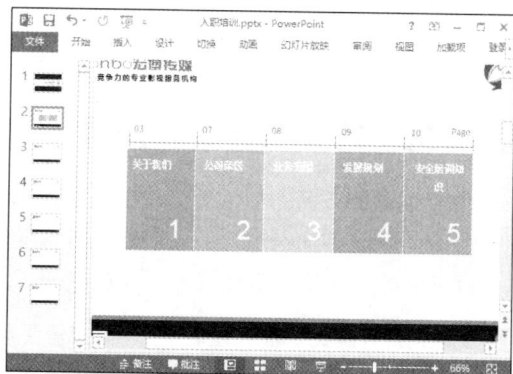

5. 编辑与修饰"关于我们"幻灯片

在设计制作幻灯片时，常常直接将文字放置于幻灯片中的占位符中，但需要使幻灯片内容排列更加个性时，可应用文本框将幻灯片中的文字内容放置于其他位置，例如本例中对"关于我们"幻灯片进行制作与修饰，具体操作方法如下。

01 插入图片。❶ 在第3张幻灯片中，通过剪切和进行选择性粘贴，将错误位置上的标题移动到合适位置；❷ 单击"插入"选项卡"图像"组中的"图片"按钮，并在打开的对话框中选择插入素材文件中的"影片剪辑.png"图片，将其插入到幻灯片页面的右侧，如下左图所示。

02 插入并编辑文本框。在幻灯片页面的左侧插入两个文本框，作为标题和文本内容的展示区域。复制"Honbo宏博传媒"素材文件中对应的文本内容到文本框中，并设置为合适的字体格式，完成后的效果如下右图所示。

03 复制幻灯片并删除多余内容。❶ 选择第3张幻灯片；❷ 按住"Ctrl"键的同时按住鼠标拖动复制一张幻灯片到该幻灯片的后面；❸ 选择新幻灯片中的内容，按"Delete"键将其删除，如下左图所示。

04 继续复制幻灯片。❶ 在左侧窗格中第4张幻灯片上单击鼠标右键；❷ 在弹出的快捷菜单中选择"复制幻灯片"命令复制一张幻灯片，如下右图所示。再次选择"复制幻灯片"命令，复制幻灯片。

05 制作第4张幻灯片。❶ 选择第4张幻灯片；❷ 在页面右侧插入文本框，输入相应的文本内容并进行设置；❸ 在页面左侧插入图片和文本框，排列至如下左图所示的效果。

06 制作第5张幻灯片。❶ 选择第5张幻灯片；❷ 在页眉的下方插入一个文本框，并输入文本内容；❸ 在页面左侧插入图片和文本框；❹ 在页面右侧并插入文本框输入多个并列的关键词，如下右图所示。

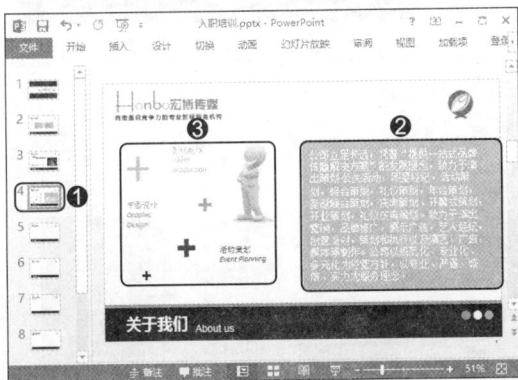

07 制作第6张幻灯片。❶ 选择第6张幻灯片；❷ 在页面正中间插入文本框和公司标志；❸ 在页面其他部分插入文本框，输入公司的文化标语，如右图所示。

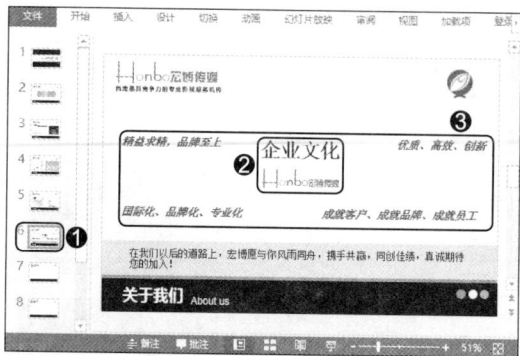

6. 编辑与修饰其他幻灯片内容

通过前面几张幻灯片内容的制作，我们掌握了制作个性幻灯片的一些方法，接下来我们将继续制作本例中的"公司荣誉"、"业务范围"、"发展规划"和"安全培训知识"幻灯片，具体操作方法如下。

01 插入图片和文本框。❶ 选择第7张幻灯片；❷ 通过剪切和进行选择性粘贴，将错误位置上的标题移动到合适位置；❸ 在页面右侧插入素材文件夹中的"奖杯.png"图片，并调整至合适的大小；❹ 在图片下方插入文本框，并输入"宏博荣誉"文本，如下左图所示。

02 插入并对齐文本框。❶ 在页面左上角插入文本框并输入相应的文本内容；❷ 按住"Shift+Ctrl"组合键的同时拖动鼠标在右侧复制一个文本框，再同时选择这两个文本框，用相同的方法向下复制3组文本框，如下右图所示。

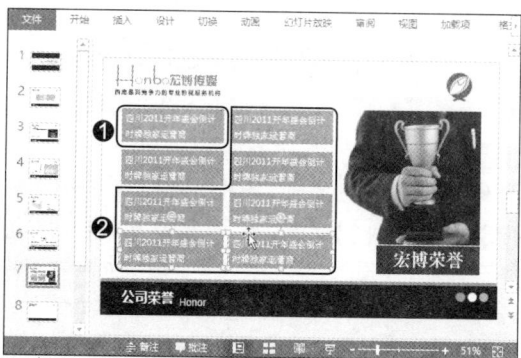

03 设置文本框格式。在复制得到的文本框中输入对应的文本内容，并设置不同的文本框格式，如右图所示。

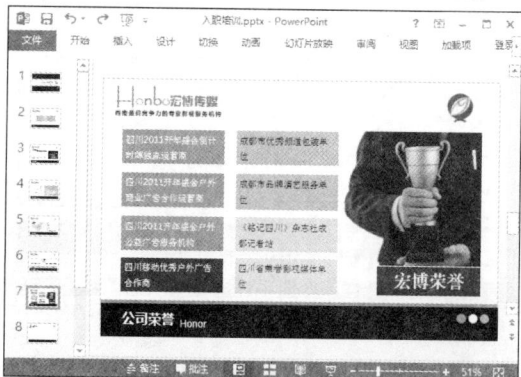

04 插入并设置文本框。❶ 选择第8张幻灯片；❷ 通过剪切和进行选择性粘贴，将错误位置上的标题移动到合适位置；❸ 在页面上方插入两个文本框，输入内容后设置文本框的格式至如下左图所示的效果。

05 复制并编辑文本框。❶ 选择两个已经编辑好的文本框对象；❷ 按住"Shift+Ctrl"组合键的同时拖动鼠标在下方复制一组图形，并修改其中的文本；❸ 继续复制一组图形，并修改其中的文本，完成后的效果如下右图所示。

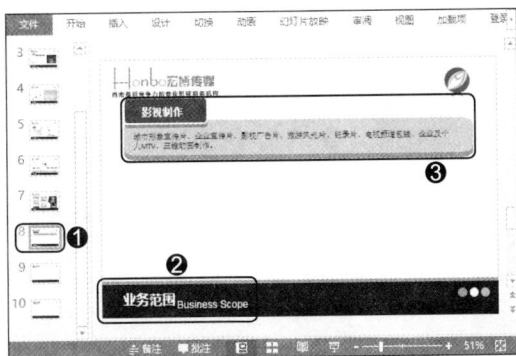

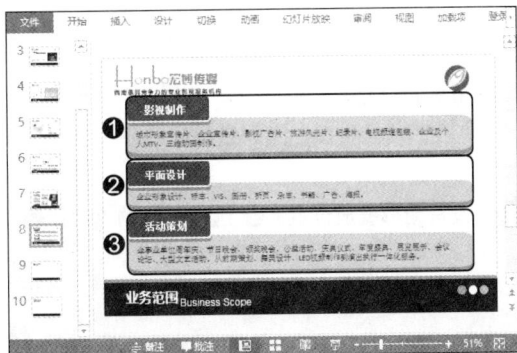

06 插入文本框和形状。❶ 选择第9张幻灯片；❷ 通过剪切和进行选择性粘贴，将错误位置上的标题移动到合适位置；❸ 在页面顶部正中间插入文本框，并输入文本；❹ 在页面下方绘制一个蓝色水平箭头形状；❺ 按住"Shift"键的同时拖动鼠标在蓝色箭头形状上方绘制两个正圆形，并分别填充为灰色和白色，如下左图所示。

07 组合图形。❶ 选择绘制的两个正圆形，并在其上单击鼠标右键；❷ 在弹出的快捷菜单中选择"组合"命令；❸ 在弹出的下级子菜单中选择"组合"命令，如下右图所示。

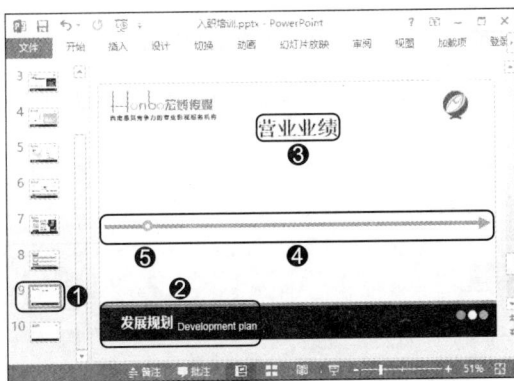

08 插入直线。❶ 按住"Shift"键的同时拖动鼠标在组合图形的下方绘制一条直线；❷ 单击"绘图工具-格式"选项卡"形状样式"组右下角的对话框启动器按钮，如右图所示。

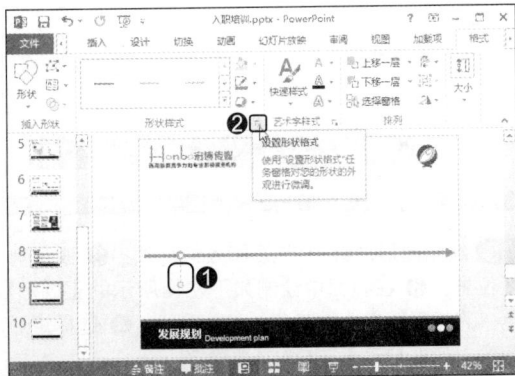

高手点拨

制作大纲内容的必要

从上面的案例中我们可以发现，在大纲视图中制作的大纲内容到最后不一定都用上了，甚至基本没用。但是制作大纲的思路一定是要有的。只有在演示文稿制作前期规划好了整个演示文稿的讲解思路，才能让制作的演示文稿逻辑性更强。当然，这个操作的过程是可以通过其他形式来实现的。如将思路的重点编辑在笔记本上或Word等软件中。

09 设置直线格式。打开"设置形状格式"任务窗格，❶ 在"填充线条"选项卡"线条"栏中设置线型的宽度、复合类型、短划线类型、箭头前端类型和箭头前端大小；❷ 单击"关闭"按钮，如下左图所示。

10 设置图形叠放位置。❶ 选择绘制的直线；❷ 单击"绘图工具-格式"选项卡"排列"组中的"下移一层"按钮；❸ 在弹出的下拉列表中选择"置于底层"选项，如下右图所示。

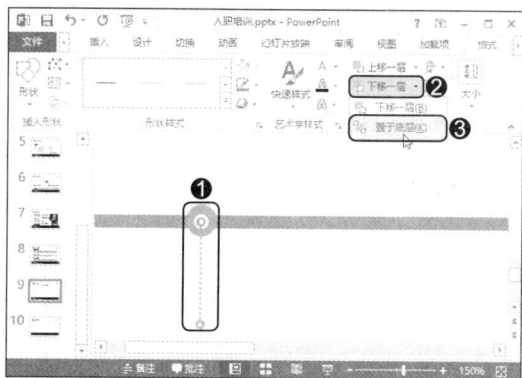

11 插入形状和文本框。在直线下方绘制一个圆角矩形，并设置合适的格式，在圆角矩形内绘制一个文本框，并输入对应的文本，如下左图所示。

12 复制图形和文本框。选择制作的多个对象，按住"Shift+Ctrl"组合键的同时向右拖动鼠标复制多组图形，并修改图形的颜色和位置，以及文本框中的内容，最终效果如下右图所示。

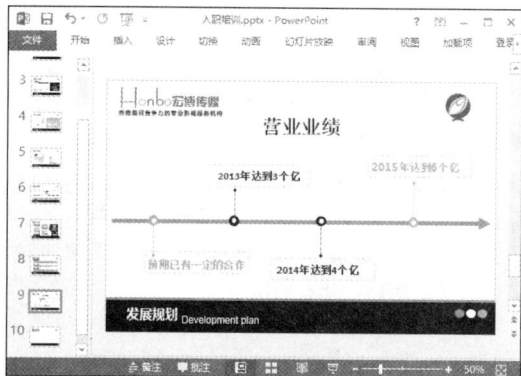

13 绘制图形。❶ 选择第10张幻灯片；❷ 通过剪切和进行选择性粘贴，将错误位置上的标题移动到合适位置；❸ 在页面中绘制如下左图所示的正圆形和矩形，将正圆形填充为橙黄色，轮廓线条设置为黄色；将矩形填充为橙黄色，无轮廓线；❹ 选择矩形，单击"绘图工具-格式"选项卡"形状样式"组右下角的对话框启动器按钮。

14 设置形状格式。打开"设置形状格式"任务窗格，在"填充线条"选项卡的"填充"栏中选中"渐变填充"单选按钮，设置类型为"线型"，角度为"0度"，渐变颜色分别为"浅橙黄色"和"深橙黄色"，如下右图所示。

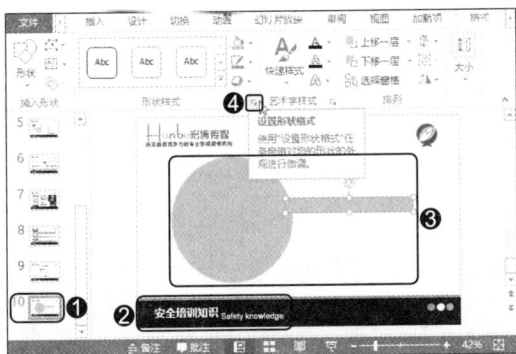

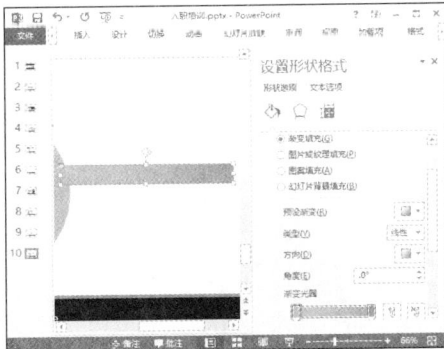

15 复制图形并设置对齐方式。❶ 选择绘制的正圆形并按快捷键进行复制，然后同时选择这两个正圆形；❷ 单击"绘图工具-格式"选项卡"排列"组中的"对齐"按钮；❸ 在弹出的下拉菜单中选择"左右居中"命令，如下左图所示。再次在"对齐"下拉菜单中选择"上下居中"命令。

16 执行"编辑顶点"命令。❶ 单击"插入形状"组中的"编辑形状"按钮；❷ 在弹出的下拉菜单中选择"编辑顶点"命令，如下右图所示。

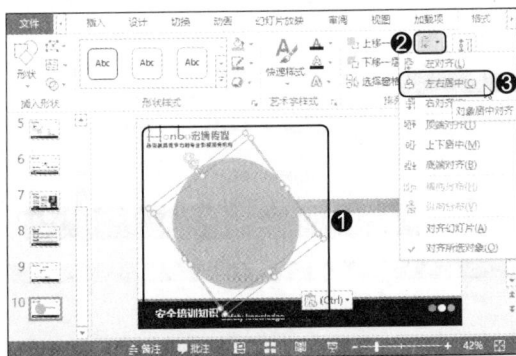

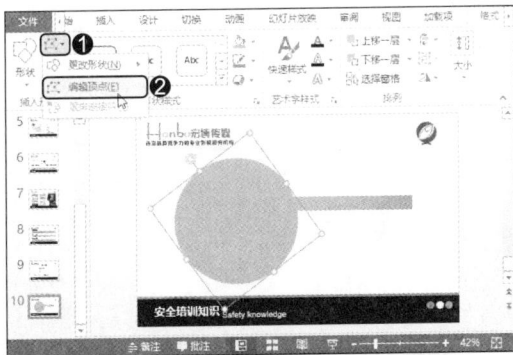

17 删除顶点。❶ 在图形中多余的顶点上单击鼠标右键；❷ 在弹出的快捷菜单中选择"删除顶点"命令删除该顶点，如下左图所示。

18 改变顶点类型。❶ 在正圆形左侧的顶点上单击鼠标右键；❷ 在弹出的快捷菜单中选择"角部顶点"命令，将该顶点转换为角部顶点，如下右图所示。

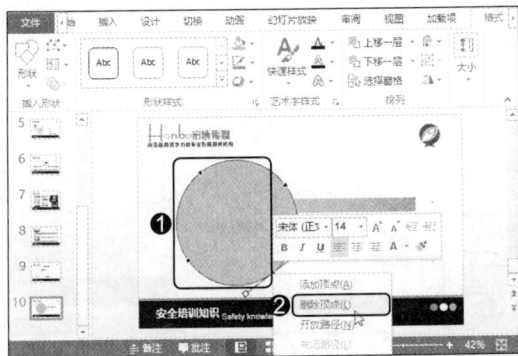

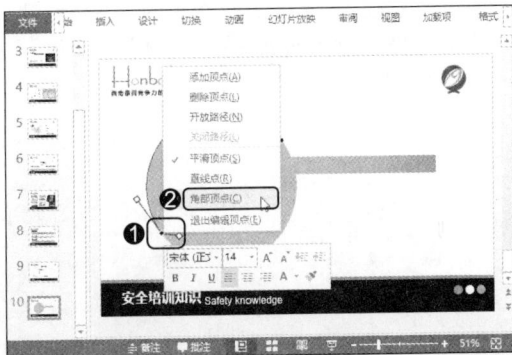

19 编辑顶点。拖动鼠标分别调整该顶点的两个控制柄，调整图形的整体形状，如下左图所示。使用相同的方法将正圆形右侧的顶点转换为角部顶点，并调整至合适的位置。

20 设置填充。❶ 按照前面的方法打开"设置形状格式"任务窗格；❷ 在"填充线条"选项卡的"填充"栏中选中"渐变填充"单选按钮，设置类型为"线性"，角度为"90°"，渐变颜色分别为"白色"和"橙黄色"，如下右图所示。

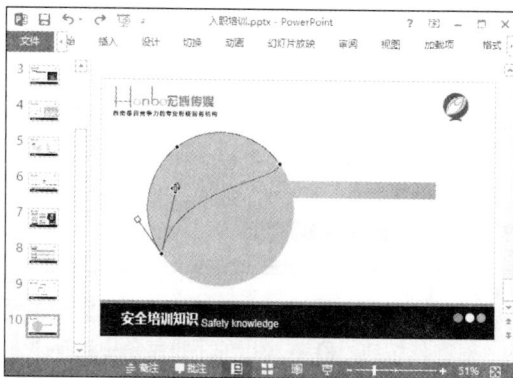

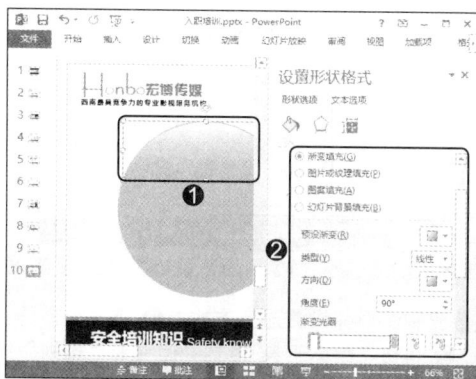

21 复制并编辑图形。选择编辑后的所有图形，并进行复制，适当缩小大小并调整位置；继续复制一组图形并适当缩小大小；在制作好的图形上方和下方分别插入文本框，并输入相应的文字，完成后的效果如右图所示。

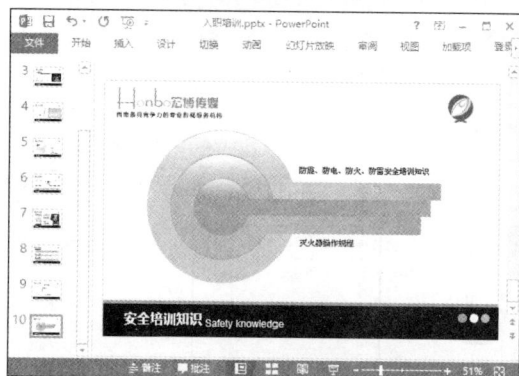

7. 编辑与修饰结束幻灯片

演示文稿的最后一张幻灯片一般用于介绍相关的联系方式和向观看者表达谢意，而在制作效果上一般与封面效果呼应。制作本例中的结束幻灯片的具体操作方法如下。

01 新建幻灯片。❶ 选择第10张幻灯片；❷ 单击"开始"选项卡"幻灯片"组中的"新建幻灯片"按钮；❸ 在弹出的下拉列表中选择"空白"选项，如右图所示。

02 插入图形和文本框。拖动复制封面幻灯片中的内容后进行编辑，或直接插入图形和文本框制作如下左图所示的效果。

03 复制图形和文本框。拖动复制封面幻灯片中的公司标志灯内容，并进行缩放，得到如下右图所示的结束幻灯片。

本 章 小 结

　　演示文稿是对外宣传个人观点、制作课件、产品数据等的一种既便于操作又便于查阅的好方式。本章学习的第一个重点在于PowerPoint中的各种操作，如演示文稿格式、编辑幻灯片、插入与编辑各种对象等；另一个重点则在于演示文稿的设计方式，一般可先设计好幻灯片母版，然后返回普通视图中编辑各幻灯片中的具体内容。

动态播放演示文稿——幻灯片的动画

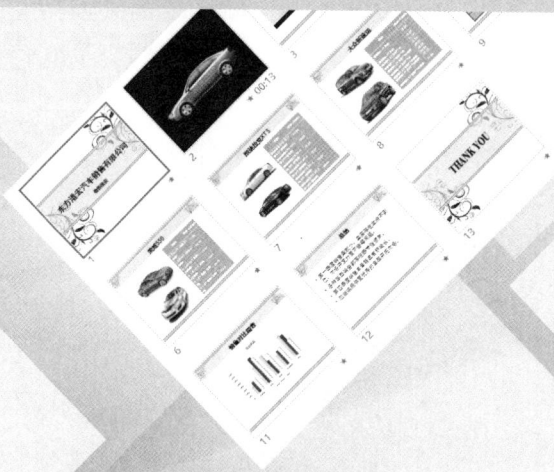

制作与放映

第 12 章

本章导读

    幻灯片的背景和版式是构成幻灯片美感的两大基本要素。在应用幻灯片对企业进行宣传、对产品进行展示以及在各类会议或演讲过程中进行演示时，为幻灯片添加各种动画效果，可以增强演示文稿的吸引力。本章将为读者介绍幻灯片动画的制作以及放映时的设置与技巧。

知识要点

- 设置幻灯片的切换动画
- 自定义幻灯片的内容动画
- 为幻灯片内容添加交互动画
- 设置幻灯片的切换音效
- 设置内容动画的音效
- 放映幻灯片

知识要点——幻灯片的动画制作与放映知识

如果想制作内容、外观和布局都很优秀的PPT，就需要添加各种动画。本小节，将从动画制作、演示文稿的放映方法、使用PPT配合演讲的技巧等方面，介绍如何制作并演讲PPT。

要点 01 让PPT动起来

目前，许多PPT高手用自己的创意和努力创作了一个又一个的动画传奇，得到众多PPT爱好者的青睐。下面总结了演示文稿中常用动画的几种类型。

（1）片头动画

电影有片头、游戏有片头、网站有片头，PPT演示也需要片头。演示开始时，观众往往需要一个适应期，演讲者为了快速将观众的视线聚焦到演示中来，可以制作精美的片头带给观众震撼的感觉。好的片头动画还可以突显企业的专业与实力。好的片头动画可以让演讲还没有开始之前就已经成功了一半。

（2）过渡动画

播放演示文稿时，幻灯片需要逐个切换，所以只能看到当前播放的幻灯片中的内容。而对前面已经播放的幻灯片，观众只能凭记忆来回忆。如果为PPT添加过渡动画，那么可以让章节之间泾渭分明。

（3）逻辑动画

一幅静止的画面，观众会自上而下全面浏览，缺乏逻辑的引导，观众很难把握重点，在看完之后还需要思考其中的逻辑关系。如果给这幅画面加上清晰的逻辑动画，就能帮助观众快速找到线索。可以通过控制对象出现的先后顺序、主次顺序、位置改变、出现和退出等，将其制作为清晰的逻辑动画帮观众理清线索，还可以让观众跟随演讲者的思路更好地理解PPT的内容。

（4）重点动画

以前常用颜色、形状或字体的不同来突显重要内容，如果这样将会导致要强调的内容就一直处于强调地位。但实际演讲中，要重点强调的内容是会变化的，当讲到其他重点内容时，上一个强调的内容还存在的话，就会分散观众的注意力。在PPT中，可以通过将对象放大、缩小、闪烁、变色等动作实现强调效果，并让演示者可以运用自如控制强调动画的时间，让其在强调过后自动恢复到初始状态。

（5）片尾动画

演讲结束时，一般会在最后一张幻灯片中显示"谢谢"之类的字眼，这在一定程度上可以给观众一定的缓冲时间，但难免给人虎头蛇尾的印象。如果在片尾制作合理的动画，则不仅做到了礼貌对待，还可以提醒观众回忆演讲内容，强化记忆。

（6）情景动画

如果讲述的一个故事有情节、有过程，要用一幅静止的画面去描绘一个栩栩如生的情景，几乎不可能。相反，一套连续的动画，则能把这些过程体现得淋漓尽致。

要点 02 制作PPT动画的原则

自PPT诞生以来，是否使用动画就一直有争议，尤其有些人认为商务PPT应用领域中完全不需要动画或者最多只需简单的页面切换动画。其实，动画只要添加得当，完全可以应用。近年来，也确实有将PPT动画成功应用到商务领域的案例。不过，我们在制作动画时，还是需要掌握一些原则。

（1）醒目原则

PPT动画的初衷在于强调一些重要内容，因此，PPT动画做的一定要醒目。要让观众记忆深刻，强调该强调的、突出该突出的。

（2）自然原则

动画所指的是由许多帧静止的画面连续播放的过程，动画的本质在于以不动的图片表现动态的物体，然而，本身就不该动的物体，你却非让它"动"，这就不叫动画了，而叫"动花"（动的让人眼发花）。

我们制作的动画一定要符合常识。由远及近的时候肯定也会由小到大；球形物体运动时往往伴随着旋转；两个物体相撞时肯定会发生抖动；场景的更换最好是无接缝效果，尽量做到连贯，让观众在不知不觉中转换背景；物体的变化往往与阴影的变化同步发生；不断重复的动画往往会让人感到厌倦……

（3）适当原则

一个PPT中的动画是否适当，主要体现在以下几个方面。

- 动画的多少。炫，其实不是动画的根本。在一个演示文稿中添加动画的数量并不在于多，仅仅突出要点就可以了，过多的动画会冲淡主题、消磨耐心；过少的动画则效果平平、显得单薄。还有的人喜欢让动画变得烦琐，重复的动画一次次发生，有的动作每一页都要发生一次，这也要注意。重复的动作会快速消耗观众的耐心。应坚持使用最精致、专业的动画，无关联的动画应严禁使用。

- 动画的强弱。动画动的幅度必须与PPT演示的环境相吻合，该强调的强调、该忽略的忽略、该缓慢的缓慢、该随意的则一带而过。初学PPT动画者最容易犯的一个错误就是将动作制作得拖拉，生怕观众忽略了他精心制作的每个动作。

- 不同场合的动画。动画的添加也是要分PPT类型的，党政会议少用动画，老年人面前少用动画，呆板的人面前少用动画，否则会让人觉得你故弄玄虚、适得其反；企业宣传、工作汇报、个人简介、婚礼庆典等则应多用动画。

（4）创意原则

PowerPoint本身提供了多种动画，但这些动画都是单一存在的，效果还不够丰富、不够震撼。而且大家都采用这些默认动画时，就完全没有创意了。精彩的根本就在于创意。其实，我们只需要将这些提供的效果进行组合应用，就可以得到更多的动画效果。进入动画、退出动画、强调动画、路径动画，四种动画的不同组合就会千变万化。几个对象同时发生动画时，为它们采用逆向的动画就会形成矛盾、采用同向动画就会壮大气势、多向的动画就变成了扩散、聚集在一起动的话就会形成一体。

要点 03 PPT演讲前的检查与整理

演讲者首先要对所演讲的稿子非常熟悉，避免在演讲时出错，演讲前需要做最后的检查与整理。比如幻灯片的顺序有无出错，PPT中有无不需要播放的幻灯片等。

1. 通过浏览模式查看全部PPT

PPT的页面比较多，使用普通模式进行检查很难检查出结构和逻辑方面的问题，使用浏览模式是最好不过的方法。在"幻灯片浏览"视图模式下，可以同时查看所有幻灯片，以便了解PPT的整体情况，客观地发现还不完善的地方，对内容进行增减，或对幻灯片顺序进行调整。

2. 分配演讲时间

如果演讲时不能顺利进行，无论多优秀的PPT将会变得一文不值，所以演示文稿之前的预先演练分配时间是很重要的。

在演讲PPT时一定要拿捏好时间，否则就可能演讲时间不够或演讲时间多余的尴尬。为了避免出现这种情况，可以使用排练计时功能，为各张幻灯片设置好播放的时间。

设置幻灯片排练计时操作时，如果幻灯片太多实在没有时间全部讲解，将不需要进行演讲的幻灯片隐藏起来，可以不做删除，以便日后在其他演讲中用到。

3. 不同场合幻灯片放映方式的选择

制作好演示文稿后，可通过放映演示文稿来观看幻灯片的总体效果。在放映之前，对放映的方式进行设置也至关重要。

一般情况下，系统默认的幻灯片放映方式为演讲者放映方式，但在不同场合下可能会对放映方式有不同的需求，这时就可以通过"设置放映方式"对话框对幻灯片的放映方式进行设置。常见的幻灯片放映方式有以下3种。

- 演讲者放映方式：在放映幻灯片时呈全屏显示。在演示文稿的播放过程中，演讲者具有完整的控制权，可根据设置采用人工或自动方式放映，也可以暂停演示文稿的放映，对幻灯片中的内容做标记，还可以在放映过程中录下旁白。

- 观众自行浏览方式：在放映幻灯片时将在标准窗口中显示演示文稿的放映情况。在播放过程中，不能通过单击鼠标进行放映，但可以通过拖动滚动条浏览幻灯片。

- 在展台浏览放映方式：将自动运行全屏幻灯片放映。在放映过程中，除了保留鼠标光标用于选择屏幕对象进行放映外，其他的功能全部失效，要终止放映可按"Esc"键，放映完毕5分钟后若无其他指令将循环放映演示文稿。

要点 04 演示PPT需要掌握的技巧

无论什么样的演讲，临场发挥始终都是最重要的，利用PPT演讲也是一样。那么如何才能获得完美的临场发挥呢？下面就来介绍在PPT演讲过程中可以使用的一些技巧。

（1）贴近听众

在演讲PPT时演讲者不用一直待在讲台上，不停地按着鼠标。可以离开讲台，亲近听众，边走边讲，这样更有利用与听众进行交流。

（2）用眼神交流

很多演讲者有一个习惯，就是将目光集中在放映的幻灯片上，甚至直接将PPT当成提词器。观众是来听你演讲的，不是看你念。所以一定要和观众保持目光接触，在无法进行一对一交流的情况下，使用眼神交流是最有效的沟通方式。

（3）不要遮挡PPT

在离开讲台进行演讲时，一定要注意自己所在的位置。在与观众进行眼神交流的同时，不要遮挡观众观看幻灯片视线，更不要站在投影仪与屏幕之间，否则投影布上会出现巨大的影子，影响观众观看幻灯片内容。演讲者最好站在屏幕的两侧，如果空间足够大，可以将投影仪和屏幕置于身后。

（4）演讲内容与PPT一致

演讲内容与PPT一致，这是很重要的一点。PPT在演示中是起到视觉辅助的作用，若讲的内容与屏幕显示的内容不一样，很容易给观众造成困扰。如果某些需要演讲的内容很长，并且没有准备视觉辅助，不妨暂时将屏幕切换至白屏或黑屏，让观众集中精力听。

（5）逐条显示内容

如果在一个页面上的要点比较多，并且每一条内容都需要进行详细讲解时，最好采用逐条显示的方法，以免相互之间造成影响。同时，也能确保观众可以集中精力听。要设置内容逐条显示，可以为每一条内容设置出现动画来实现。

同步训练——实战应用成高手

通过前面知识要点的学习，主要让读者认识和掌握制作幻灯片动画和播放演示文稿的相关技能与应用经验。下面，针对日常办公中的相关应用，列举几个典型的PPT案例，给读者讲解在PowerPoint中添加动画的思路、方法及具体操作步骤。

案例 01 制作旅游宣传幻灯片

案例概述

旅游宣传中离不开景地特色、景区精神、地域文化、环境等主体要素，但为了提高景地的竞争力促进经济发展水平，建立旅游景地独特的视觉识别效应，还可以为这些固有的要素进行增强宣传。为景区量身打造专属的动态视频即可达到这一效果，也就是我们常见的旅游宣传片。它是以旅游景点主题元素为基点，结合声光影调的影视艺术而在视觉上进行的一种艺术化创作。它能更好地展现旅游景地精要，提高旅游景地的知名度和曝光率，以便吸引投资和增加旅游。本例将制作一个旅游宣传片，完成后的效果如下图所示。

素材文件：光盘\素材文件\第12章\案例01\旅游宣传片.pptx
结果文件：光盘\结果文件\第12章\案例01\旅游宣传片.pptx
教学文件：光盘\同步教学视频\第12章\案例01.mp4

制作思路

在PowerPoint中制作"旅游宣传片"演示文稿的流程与思路如下。

一　**添加切换效果**：使用PowerPoint制作这类演示文稿时，首先需要清楚演示文稿中主要应展示或演示的宣传主题内容，制作好幻灯片效果。本例事先已经将静态的演示文稿制作好了，只需要为其添加一些动画、播放效果，从而让它更加吸引客户的眼球。

二　**播放前的预演**：为演示文稿设置动画效果后，一般都需要查看一下效果，以免并没有获得需要的动态效果。本例主要使用排练计时功能预演播放演示文稿的效果，并记录播放时间。

三　**保存演示文稿**：由于本例已经进行了预演，而且在放映演示文稿时也不打算手动操作播放过程，所以可以直接将其保存为放映文件。

具体步骤

如果制作的PPT最终是要作为演讲的辅助资料，或者需要让幻灯片内容动态展示在观众面前，就需要为制作好的幻灯片内容添加动画效果。本例将以旅游行业产品宣传片的制作为例，为读者介绍在幻灯片中添加各类动画效果的方法以及放映的技巧。

1. 为幻灯片设置切换动画及声音

在演示文稿中对幻灯片添加动画时，可为各幻灯片添加切换动画效果及音效，该类动画为各幻灯片整体的切换过程动画。例如，本例将为整个演示文稿中所有幻灯片应用相同的幻灯片切换动画及音效，然后为个别幻灯片应用不同的切换动画，具体操作方法如下。

01 **设置切换动画**。打开"旅游宣传片"演示文稿，❶ 单击"切换"选项卡"切换到此幻灯片"组中的"切换样式"按钮；❷ 在弹出的下拉列表中选择"涟漪"选项，如下左图所示。

02 **设置切换音效**。❶ 在"切换"选项卡"计时"组的"声音"下拉列表框中选择要应用的音效"微风"；❷ 在"持续时间"数值框中输入"01.40"；❸ 单击"全部应用"按钮，如下右图所示，即可将设置的幻灯片切换效果及音效应用于所有幻灯片上。

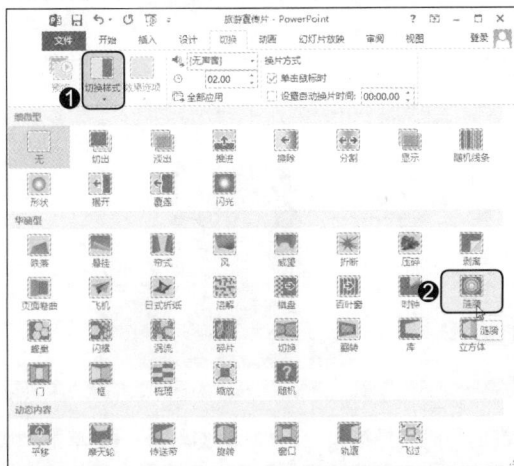

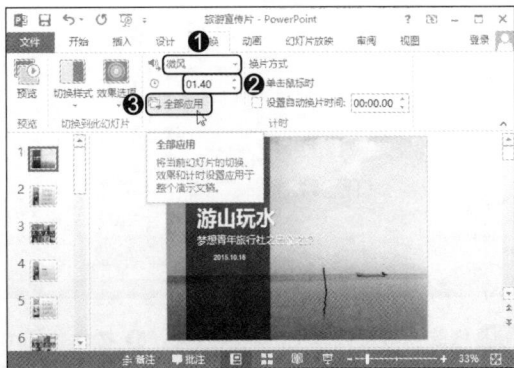

03 预览切换动画效果。单击"预览"组中的"预览"按钮即可在当前文档窗口中查看到幻灯片切换的动画效果，如下左图所示。

04 设置切换动画。❶ 选择第1张幻灯片；❷ 单击"切换"选项卡"切换到此幻灯片"组中的"切换样式"按钮；❸ 在弹出的下拉列表中选择"蜂巢"选项，如下右图所示。

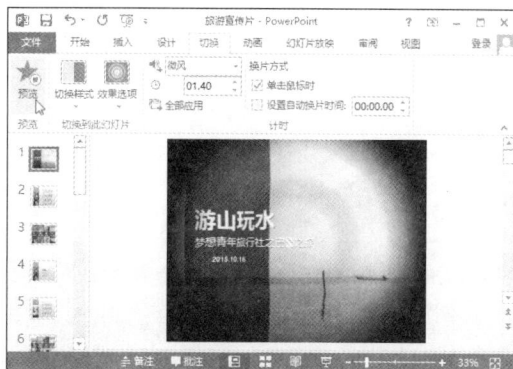

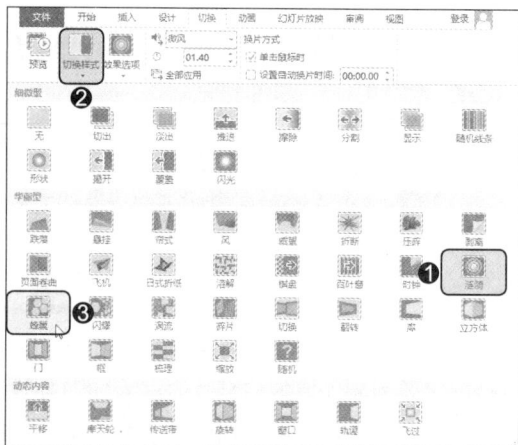

为幻灯片设置页面切换动画的注意事项

在"声音"下拉菜单中选择"其他声音"命令，可以选择其他音效文件作为切换的声音。如果不单击"全部应用"按钮，设置的页面切换效果只会应用在当前的单张幻灯片中。我们可以为同一演示文稿中的多张幻灯片设置不同的页面切换动画，但是尽量不要在同一演示文稿中应用超过3种以上的幻灯片切换动画。

05 设置切换音效。❶ 单击"切换"选项卡"计时"组中的"声音"下拉按钮；❷ 在弹出的下拉列表中选择要应用的音效"鼓掌"，如下左图所示。

06 修改奇数组四季图的切换效果。❶ 按住"Ctrl"键的同时选择第3、9、15、21张幻灯片；❷ 单击"切换"选项卡"切换到此幻灯片"组中的"效果选项"按钮；❸ 在弹出的下拉列表中选择要应用的切换效果"从左下部"，如下右图所示。

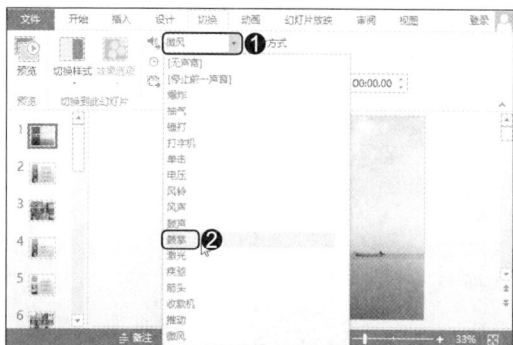

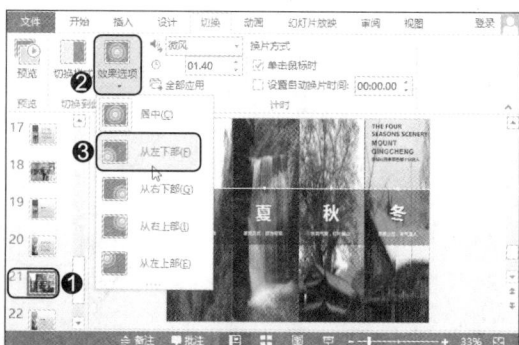

07 修改偶数组四季图的切换效果。❶ 按住"Ctrl"键的同时选择第6、12、18张幻灯片；❷ 单击"切换"选项卡"切换到此幻灯片"组中的"效果选项"按钮；❸ 在弹出的下拉列表中选择要应用的切换效果"从右下部"，如下左图所示。

08 修改偶数组旅游路线图的切换效果。❶ 按住 "Ctrl" 键的同时选择第4、10、16、22张幻灯片；❷ 单击 "切换" 选项卡 "切换到此幻灯片" 组中的 "效果选项" 按钮；❸ 在弹出的下拉列表中选择要应用的切换效果 "从右上部"，如下右图所示。

09 修改奇数组旅游路线图的切换效果。❶ 按住 "Ctrl" 键的同时选择第7、13、19张幻灯片；❷ 单击 "切换" 选项卡 "切换到此幻灯片" 组中的 "效果选项" 按钮；❸ 在弹出的下拉列表中选择要应用的切换效果 "从左上部"，如右图所示。

2. 排练计时

在 "切换" 选项卡 "计时" 组中可设置幻灯片持续播放的时间，但为了使幻灯片播放的时间更加准确，更接近真实的演讲状态时的时间，可以使用排练计时功能。在预演的过程中记录下幻灯片中动画切换的时间，具体操作方法如下。

01 执行 "排练计时" 命令。单击 "幻灯片放映" 选项卡 "设置" 组中的 "排练计时" 按钮，即可进入排练计时的放映状态，如下左图所示。

02 预演放映过程。经过上一步操作，即可进入录制状态，在幻灯片放映过程中根据实际情况进行放映预演，直至幻灯片放映完成，如下右图所示。

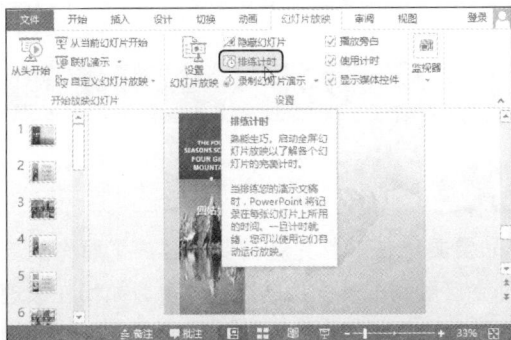

03 保存排练时间。打开提示对话框，单击"是"按钮保存排练时间，如右图所示。

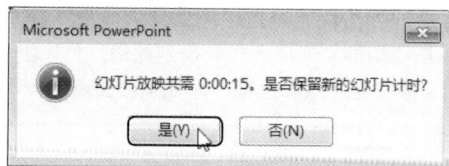

使用排练计时功能

排练计时过程中在屏幕左上角提供的"录制"工具栏中可查看到整个演示文稿的放映时间以及当前幻灯片显示的时间，同时可通过工具栏中提供的控制功能对排练计时进行控制。当应用排练计时功能录制完整个幻灯片后，直接放映幻灯片即可应用录制的排练时间自动放映幻灯片。

3. 另存为放映文件

在制作演示文稿时，若要使整个演示文稿中的幻灯片可以自动播放，且各幻灯片播放的时间与实际需要时间大致相同，可以先应用排练计时功能录制播放过程，然后将演示文稿保存为放映文件格式，以实现直接打开文件时，幻灯片立即可开始播放的功能。

01 执行"另存为"命令。❶在"文件"菜单中选择"另存为"命令；❷在右侧双击"计算机"选项，如下左图所示。

02 选择文件保存类型。打开"另存为"对话框，❶设置文件的保存名称，并选择文件保存类型为"PowerPoint放映"；❷单击"保存"按钮保存文件，如下右图所示。

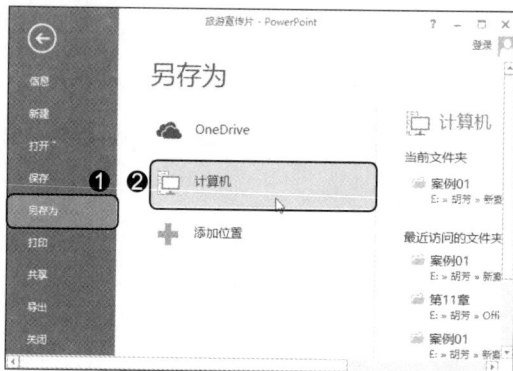

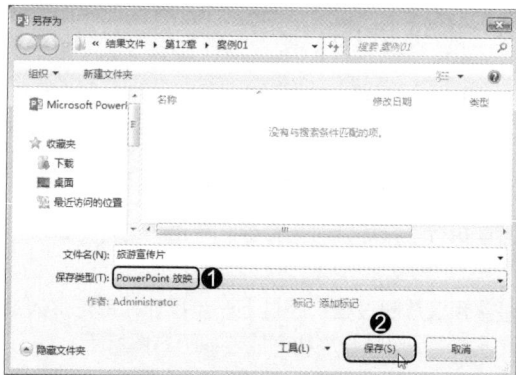

案例 02 制作交互式产品宣传片

案例概述

对于企业来讲，营销是企业的生命线，而产品要卖出去，首先就需要让客户了解你的产品。在这样一个信息高速发展的时代，客户每天都会接触到很多同类的产品信息。如何在最短的时间内、最有效地让客户了解企业产品的详细特点、优势、与众不同之处就成为企业营销的重要手段。与传统的推广方式相比，视听营销主要具有信息量大、方便有效、费用低3个优势。"视听营销"理念的核心工具就是一个产品宣传片，它能最直观的展现出产品的性能。本例将制作一个交互式的产品宣传片，完成后的效果如下图所示。

素材文件：光盘\素材文件\第12章\案例02\蓝牙游戏手柄宣传片.pptx

结果文件：光盘\结果文件\第12章\案例02\蓝牙游戏手柄宣传片.pptx

教学文件：光盘\同步教学视频\第12章\案例02.mp4

制作思路

在PowerPoint中制作交互式产品宣传片的流程与思路如下。

一 **设置幻灯片动画效果：** 为幻灯片添加动态的切换效果，是制作交互演示文稿中经常用到的技巧，也是最简单就能实现的动态效果。

二 **添加幻灯片交互功能：** 为使"目录"幻灯片中具有丰富的交互动画效果，本例将在"目录"幻灯片中添加动画效果及动作。同时，根据现有的幻灯片制作出多个交互效果所应用的幻灯片，即复制多张"目录"幻灯片，分别在各幻灯片中制作出当鼠标指针经过目录中各项目内容时突出显示的交互效果，然后在对应的各内容幻灯片中添加动作以实现交互动画。

具体步骤

与传统的推广方式相比，视听营销主要具有信息量大、方便有效、费用低3个优势。"视听营销"理念的核心工具就是一个产品宣传片，这对于高科技类产品的推销尤其有效，它能最直观的展现出产品的性能。本例将为蓝牙游戏手柄制作一个宣传片，主要展现产品主要功能、设计理念、操作便捷性等方面，再添加一些动画、播放效果吸引客户的眼球。

1. 设置幻灯片动画效果

幻灯片内容制作完毕后，为了让制作的演示文稿在播放时的效果更加绚丽，可以为幻灯片设置切换方式，并为其中的对象设置播放效果，具体操作方法如下。

01 设置幻灯片切换动画。打开"蓝牙游戏手柄宣传片"演示文稿，❶ 单击"切换"选项卡"切换到此幻灯片"组中的"切换样式"按钮；❷ 在弹出的下拉列表中选择"揭开"选项；❸ 单击"计时"组中的"全部应用"按钮，如下左图所示。

02 选择花瓣图片。将第2张幻灯片中的花瓣图片全部移动到幻灯片页面外，并选择其中一个图片，如下右图所示。

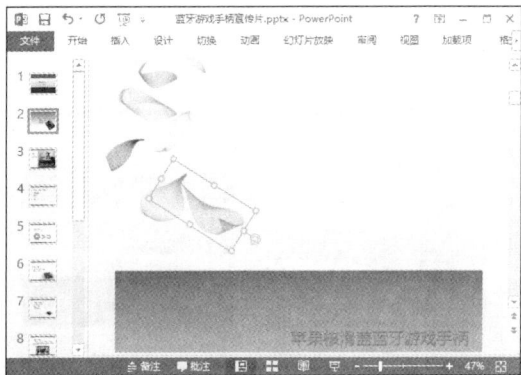

03 执行"自定义路径"命令。❶ 单击"动画"选项卡"动画"组中的"动画样式"按钮；❷ 在弹出的下拉菜单中选择"自定义路径"命令，如下左图所示。

04 为花瓣设置路径动画。拖动鼠标绘制花瓣飘落需要的路径，完成后按"Esc"键退出，如下右图所示。

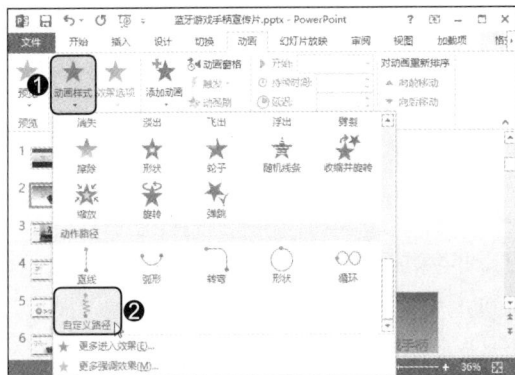

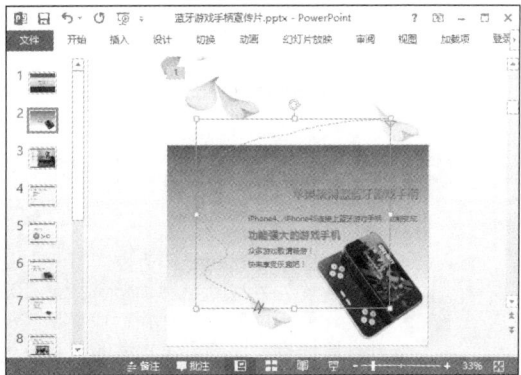

05 添加缩放动画。❶ 单击"高级动画"组中的"添加动画"按钮；❷ 在弹出的下拉菜单中选择"缩放"命令，如下左图所示。

06 设置动画选项。❶ 单击"高级动画"组中的"动画窗格"按钮；❷ 在"动画窗格"任务窗格中选择刚添加的缩放动画，单击其右侧的下拉按钮；❸ 在弹出的下拉菜单中选择"从上一项开始"命令；❹ 再次选择"计时"命令，如下右图所示。

07 设置动画运行速度。打开"缩放"对话框，❶ 在"计时"选项卡中设置期间为"中速（2秒）"；❷ 单击"确定"按钮，如下左图所示。

08 设置其他花瓣的动画效果。使用相同的方法为其他花瓣设置动画，并合理安排各动画的开始时间和速度，如下右图所示。

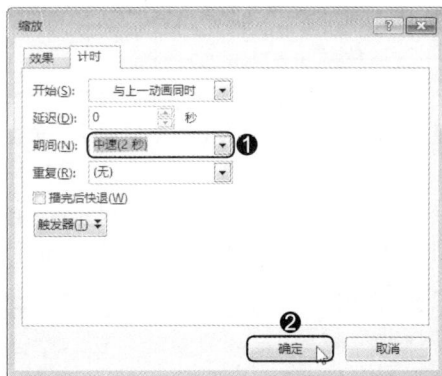

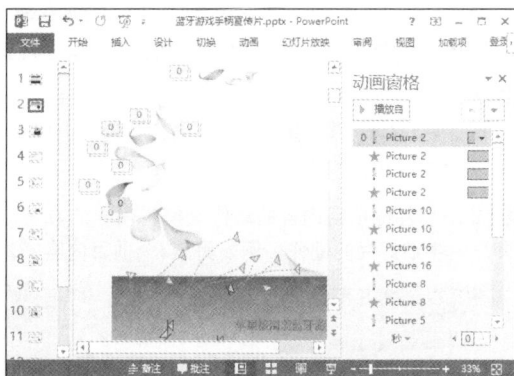

09 设置幻灯片中其他对象的动画效果。使用相同的方法为幻灯片中部分占位符、图片、图形等设置动画，并合理安排各动画的开始时间和速度，如右图所示。

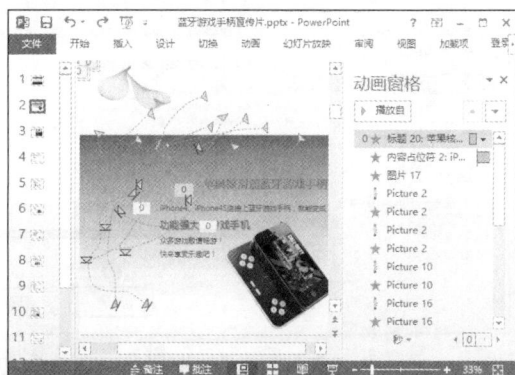

2. 为"目录"幻灯片中各项目内容添加鼠标单击动作

在"目录"幻灯片中单击项目内容后，需要切换到该项目内容相应的介绍幻灯片中，具体操作方法如下。

01 添加第1个项目内容的动作。❶ 选择第3张幻灯片；❷ 将幻灯片左侧文本框中的文本安条分解为多个独立的文本框，并选择第1条项目的文本框；❸ 单击"插入"选项卡"链接"组中的"动作"按钮，如下左图所示。

02 设置单击鼠标时的动作。打开"操作设置"对话框，❶ 单击"单击鼠标"选项卡；❷ 选中"超链接到"单选按钮；❸ 在下方的下拉列表框中选择"幻灯片"选项，如右图所示。

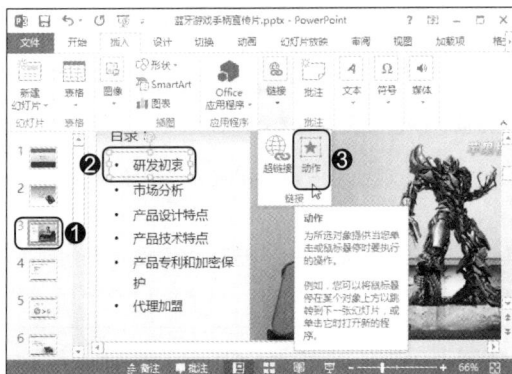

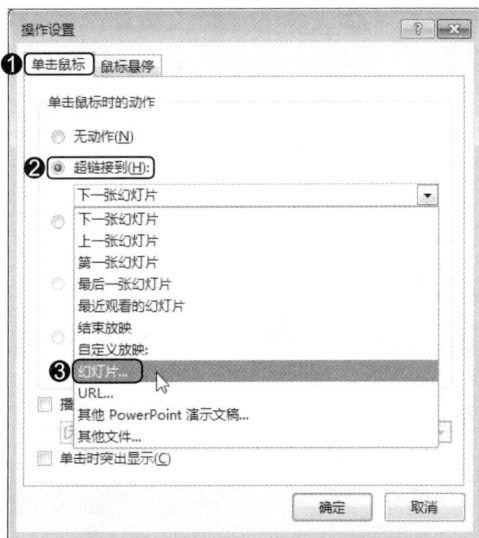

03 选择动作具体链接到的幻灯片。打开"超链接到幻灯片"对话框，❶ 在列表框中选择要链接到的幻灯片为第4张幻灯片；❷ 单击"确定"按钮，完成动作设置；❸ 返回"操作设置"对话框中，单击"确定"按钮，如下左图所示。

04 添加其他项目内容的动作。使用相同的方法，分别为"目录"幻灯片中的其他项目内容添加链接到具体内容幻灯片的动作。例如为第3个项目内容文本框添加到第6张幻灯片的链接动作，如下右图所示。

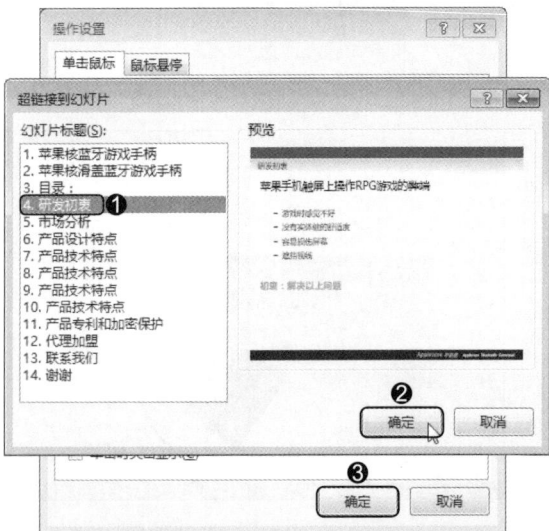

3. 为"目录"幻灯片中各项目内容制作交互动画

在"目录"幻灯片中，为使鼠标指针指向各项目内容时可以看到对应的动画效果，可为各项目内容添加鼠标经过时的动画。由于PowerPiont 2013软件中没有提供鼠标指针指向的触发动画，为了实现该效果，需要在鼠标指针经过项目内容时链接到含有对应项目内容动画的交互动画幻灯片。本例在第3张幻灯片中的各项目内容上添加动作，实现当鼠标指针经过第3张幻灯片中的项目内容时的动画效果，具体操作方法如下。

01 复制"目录"幻灯片。❶ 复制"目录"幻灯片得到新的第4张幻灯片；❷ 选择新幻灯片中的第1个项目内容文本框，如下左图所示。

02 添加动画。❶ 单击"动画"选项卡"动画"组的"动画样式"按钮；❷ 在弹出的下拉列表中选择"放大/缩小"样式；❸ 在"计时"组中的"开始"下拉列表框中选择"与上一动画同时"选项；❹ 在"持续时间"数值框中设置时间为"01.50"，如下右图所示。

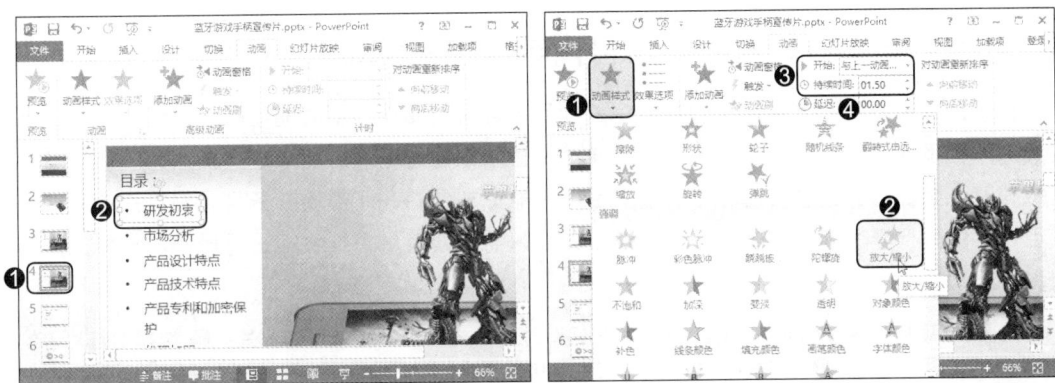

03 复制幻灯片并复制动画效果。❶ 用第4张幻灯片复制出一张新幻灯片；❷ 选择新幻灯片中的第1个项目内容文本框；❸ 单击"高级动画"组中的"动画刷"按钮，复制该文本框上的动画效果，如下左图所示。

04 应用动画刷复制动画。单击该幻灯片中的第2个项目内容文本框，在该文本框上应用相同的动画，如下右图所示。

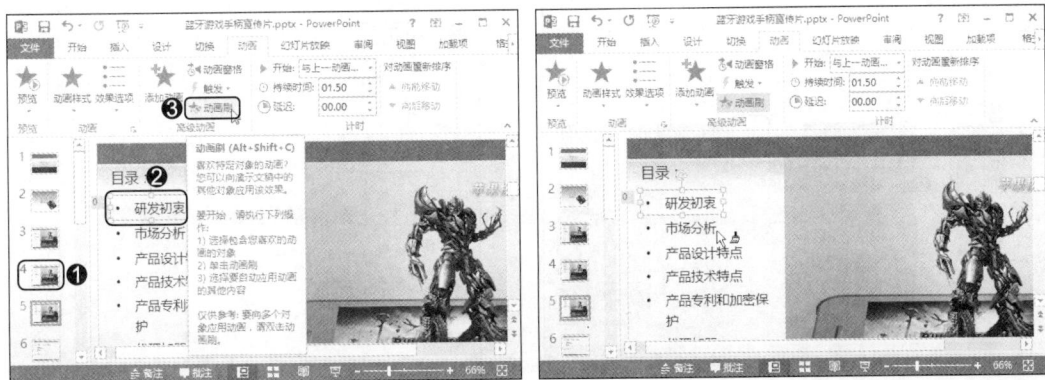

05 删除动画。❶ 单击"高级动画"组中的"动画窗格"按钮；❷ 在显示出的"动画窗格"任务窗格中选择第1个动画项目，按"Delete"键删除该幻灯片中第1个项目内容文本框上的动画，如下左图所示。

06 制作其他幻灯片中的动画。使用相同的方法复制生成新的第6～第9张幻灯片，并依次在各幻灯片中添加下一个项目内容文本框上的动画，如下右图所示。

4. 为"目录"幻灯片中各项目内容添加鼠标经过的动作

　　由于鼠标指针指向"目录"幻灯片中的项目内容时需要显示不同的动画，而这些动画效果已经制作在不同的幻灯片中了，所以需要通过设置动作让这些动画能形成交互。为了让幻灯片在放映时，鼠标指针经过项目内容时的交互效果能更加灵活，还需要在各目录幻灯片中添加各项目内容的鼠标经过动作，这将是较大的工作量，需要读者耐心细致地进行操作，具体操作方法如下。

01 为第1个项目内容添加动作。❶ 选择第3张幻灯片，即初始的"目录"幻灯片；❷ 选择幻灯片中的第1个项目内容文本框；❸ 单击"插入"选项卡"链接"组中的"动作"按钮，如下左图所示。

02 设置单击鼠标时的动作。打开"操作设置"对话框，❶ 单击"鼠标悬停"选项卡；❷ 选中"超链接到"单选按钮；❸ 在下方的下拉列表框中选择"幻灯片"选项，如下右图所示。

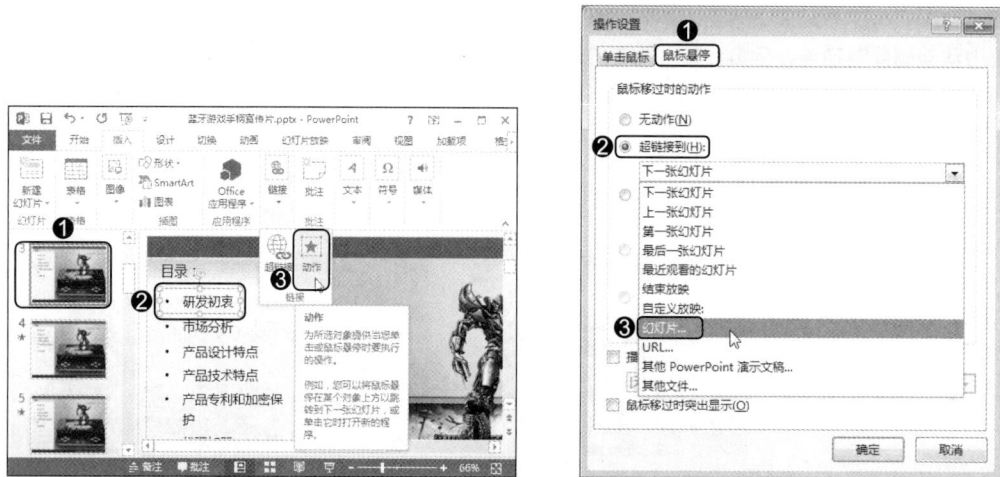

03 选择动作具体链接到的幻灯片。打开"超链接到幻灯片"对话框，❶ 在列表框中选择鼠标指针移过时的动作为超链接到第4张幻灯片；❷ 单击"确定"按钮，完成动作设置；❸ 返回"操作设置"对话框，单击"确定"按钮，如下左图所示。

04 设置第2个项目内容的动作。使用相同的方法设置第2个项目内容文本框的鼠标指针移过动作，设置超链接到第5张幻灯片，如下右图所示。

05 设置其他项目内容的动作。使用相同的方法设置其他项目内容文本框的鼠标指针移过动作。例如，设置第6个项目内容文本框超链接到第9张幻灯片，如下左图所示。

06 完善交互动画效果。完成前面的制作后按"F5"键放映幻灯片时发现因为最先设置了幻灯片页面的切换效果导致"目录"幻灯片中的动画效果不自然，因此，需要取消相关幻灯片的页面切换动画。❶ 选择第4～第9张幻灯片；❷ 单击"切换"选项卡"切换到此幻灯片"组中的"切换样式"按钮；❸ 在弹出的下拉列表中选择"无"选项，如下右图所示。

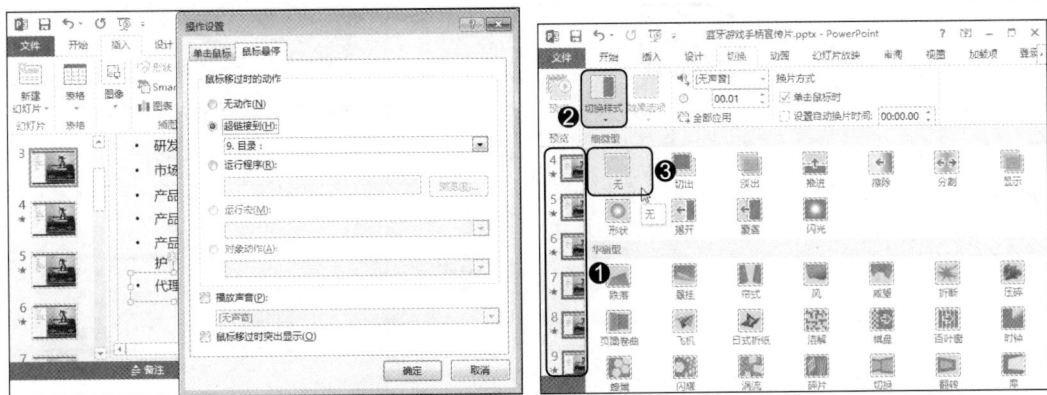

5. 在内容幻灯片中添加返回目录按钮

为使幻灯片放映过程中显示产品介绍内容时，浏览者可以通过操作快速返回到"目录"幻灯片重新选择其他幻灯片内容，可以在各内容幻灯片中添加返回按钮，并为按钮添加链接到第3张幻灯片的动作，具体操作方法如下。

01 添加按钮图片。❶ 选择第10张幻灯片；❷ 单击"插入"选项卡"图像"组中的"图片"按钮；❸ 在打开的对话框中选择素材文件中的"按钮"图片，如下左图所示。

02 执行"超链接"命令。单击"插入"选项卡"链接"组中的"超链接"按钮，如下右图所示。

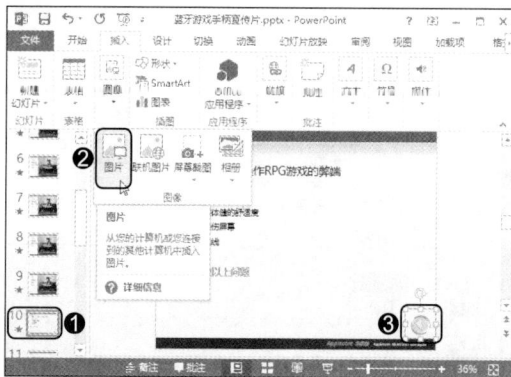

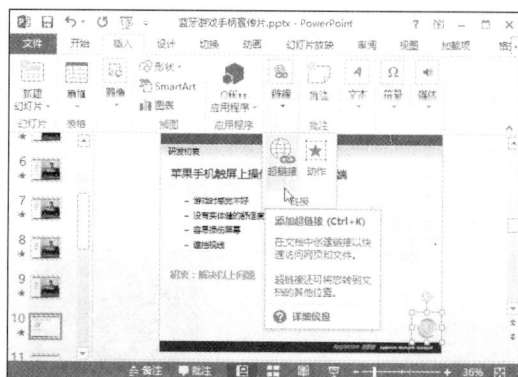

03 添加单击鼠标超链接。打开"编辑超链接"对话框，❶ 在"链接到"列表框中选择"本文档中的位置"选项；❷ 在"请选择文档中的位置"列表框中选择单击鼠标时要超链接到的第3张幻灯片；❸ 单击"确定"按钮，如下左图所示。

04 复制动作按钮。复制添加了动作的"按钮"图形，将图形粘贴到第11张幻灯片中，如下右图所示。

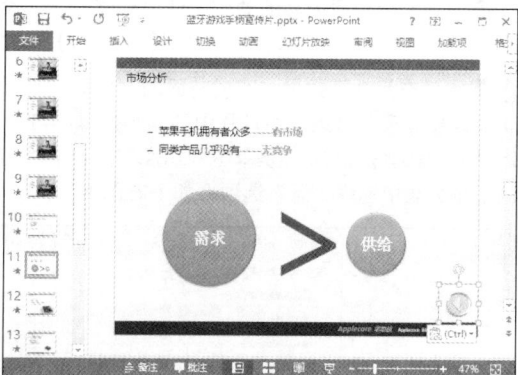

05 复制动作按钮。使用相同的方法继续复制添加了动作的"按钮"图形到其他产品介绍的幻灯片中，如右图所示。

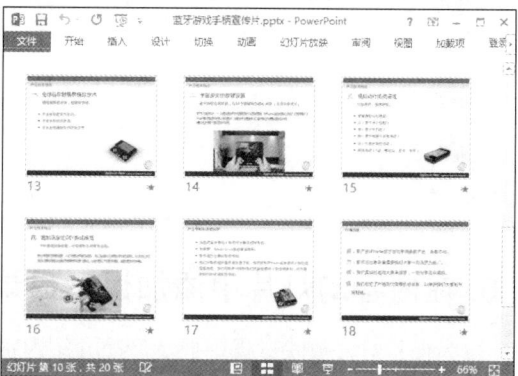

6. 发布幻灯片

将幻灯片发布到幻灯片库中后，可以在需要的时候将其从幻灯片库中调出来使用。要发布本例中制作的幻灯片，具体操作步骤如下。

01 执行"发布幻灯片"命令。❶ 单击"文件"选项卡，在弹出的"文件"菜单中选择"共享"命令；❷ 在右侧选择"发布幻灯片"命令；❸ 单击"发布幻灯片"按钮，如下左图所示。

02 设置"发布幻灯片"选项。打开"发布幻灯片"对话框，❶ 单击"全选"按钮；❷ 单击"浏览"按钮，选择幻灯片的保存位置；❸ 单击"发布"按钮，将所选的幻灯片发布到幻灯片库中，如下右图所示。

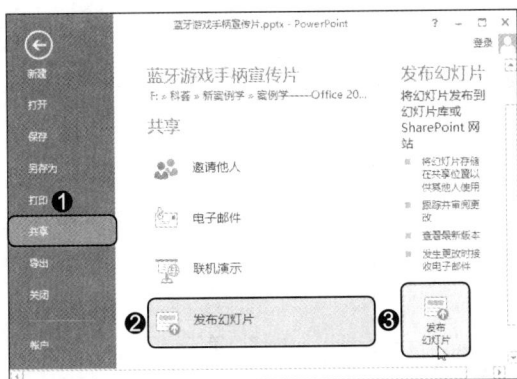

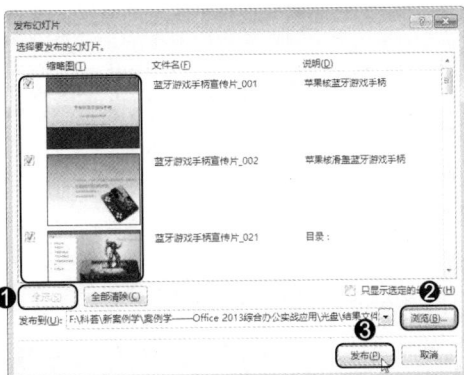

案例 **03** 完善并放映交互式销售报表

案 例 概 述

报表是企业管理的基本措施和途径，是企业的基本业务要求。报表可以帮助企业访问、格式化数据，并把数据信息以可靠和安全的方式呈现给使用者。深入洞察企业运营状况，是企业发展的强大驱动力。交互式的"销售报表"演示文稿制作完成后的效果如下图所示。

素材文件：光盘\素材文件\第12章\案例03\销售报表.pptx
结果文件：光盘\结果文件\第12章\案例03\销售报表.pptx
教学文件：光盘\同步教学视频\第12章\案例03.mp4

制 作 思 路

在PowerPoint中完善并播放销售报表的流程与思路如下。

一 **完善演示文稿内容**：本例事先准备的演示文稿内容并不完善，还需要制作相应的表格和图表幻灯片内容。

二 **添加动画效果**：制作好该类演示文稿的各幻灯片效果后，还需要添加一些动画、播放效果来吸引客户的眼球，并为演示文稿中具有联系的幻灯片添加交互功能。

三 **设置放映方式**：在放映演示文稿之前，我们可以根据具体的播放情况做好放映前的准备工作。本例首先设置了相应的放映方式，然后自定义了一种放映方式，这样，就能根据播放环境的不同选择不同的放映方式。

四 **放映幻灯片**：放映幻灯片的方式有很多种，我们根据需要选择一种放映方式即可开始放映幻灯片。在放映的过程中，还经常需要切换幻灯片或标记幻灯片中的内容，因此，还需要掌握相应的操作。

具体步骤

当产品上市后，还需要对销售数据进行统计，以便对销售的整个过程和产品的各个方面进行深入分析。在企业中开展各种会议时，常常需要应用幻灯片对报表中的数据进行展示，为使幻灯片中的数据更紧密的联系起来，通常需要在幻灯片中加入各类交互动画。本例将以交互式销售报表的放映为例，为读者介绍PowerPoint中放映演示文稿前后的相关操作。

1. 完善演示文稿的制作

报表就是用表格、图表等格式来动态显示数据。本例中提供的"销售报表"素材文件中只制作了一张总体销售情况表格幻灯片，为使幻灯片内容更加丰富，还需要添加图表对数据进行展示。根据总体销售情况表格幻灯片中的数据，我们并不能清楚地了解到各品牌汽车在当年的销售份额。为此，我们可以制作一张饼图；另外，报表中难免会对企业附近几年的情况进行比较，本例中也需要制作汽车近三年的销售对比图表，具体操作方法如下。

01 单击"图表"按钮。打开"销售报表"演示文稿，❶ 选择第10张幻灯片；❷ 单击"插入"选项卡"插图"组中的"图表"按钮，如下左图所示。

02 选择图表类型。打开"插入图表"对话框，❶ 在左侧单击"饼图"选项卡；❷ 在右侧上方选择"三维饼图"选项；❸ 单击"确定"按钮，如下右图所示。

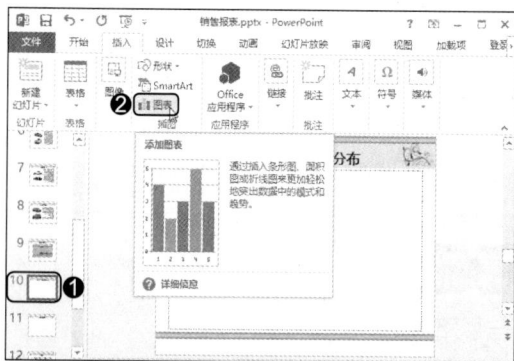

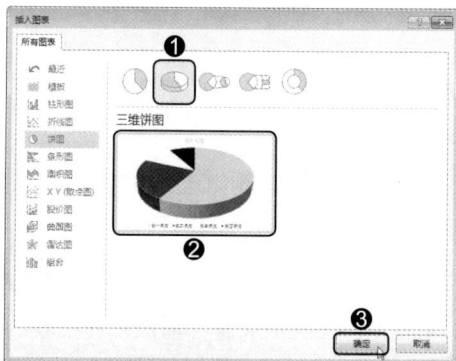

03 输入图表原始数据。经过上一步操作后，系统会自动启动PowerPoint中的Excel软件，并打开一个链接到PowerPoint的工作簿，❶ 在工作表左上角的指定单元格区域中输入图表数据，并拖动鼠标调整图表数据区域的大小；❷ 单击"关闭"按钮关闭工作簿，如下左图所示。

04 显示插入的饼图图表效果。经过上一步操作后，返回演示文稿中即可看到插入的饼图图表。❶ 单击"图表工具-设计"选项卡"图表布局"组中的"快速布局"按钮；❷ 在弹出的下拉列表中选择需要的图表布局样式，如下右图所示。

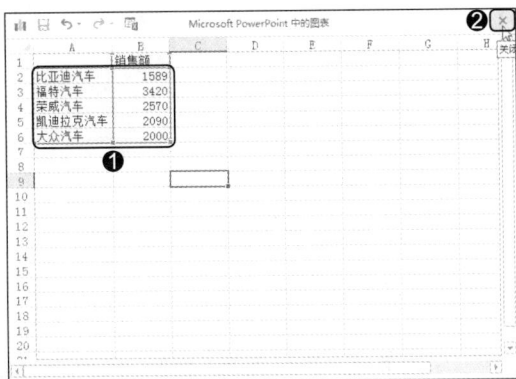

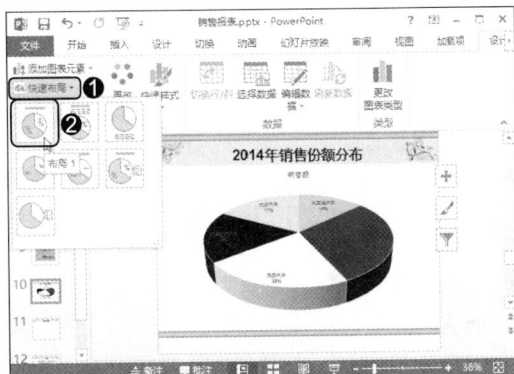

在PPT中调用Excel数据

高手点拨

　　若需要在PowerPoint中调用Excel中的表格数据，只需将这些数据复制到相应幻灯片中即可。若需要在PowerPoint中调用Excel图表内容，则需要关联到Excel来编排图表数据，最终通过Excel数据来生成相应的图表。

05 设置数据标签的颜色。❶ 选择图表中需要修改颜色的数据标签；❷ 单击"开始"选项卡"字体"组中的"字体颜色"按钮；❸ 在弹出的下拉列表中选择白色，如下左图所示。

06 单击"图表"按钮。❶ 选择第11张幻灯片；❷ 单击"插入"选项卡"插图"组中的"图表"按钮，如下右图所示。

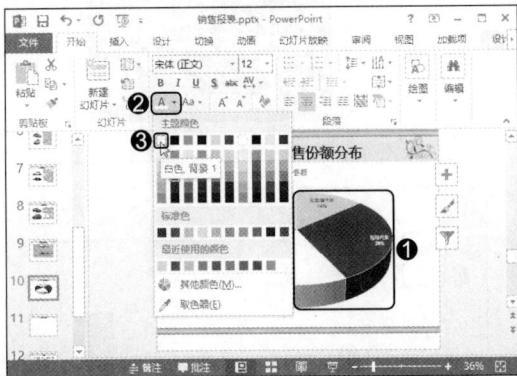

07 选择图表类型。打开"插入图表"对话框，❶ 在左侧单击"柱形图"选项卡；❷ 在右侧上方选择"三维簇状圆柱图"选项；❸ 单击"确定"按钮，如下左图所示。

08 输入图表原始数据。❶ 在链接工作表左上角的指定单元格区域中输入图表数据，并拖动鼠标调整图表数据区域的大小；❷ 单击"关闭"按钮关闭工作簿，即可完成簇状圆柱图图表的制作，如下右图所示。

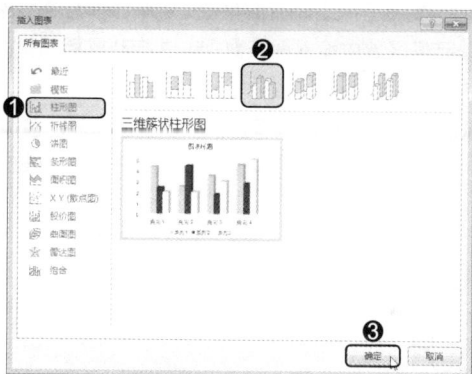

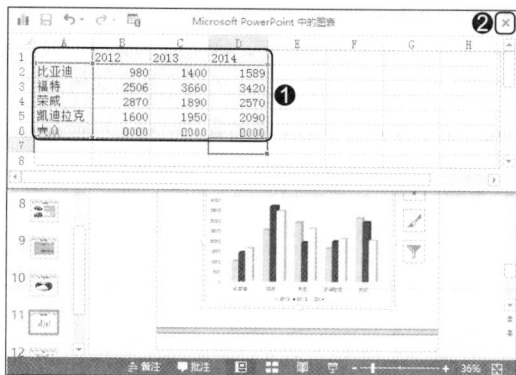

2. 为过渡页幻灯片制作动画

本例素材文件中已经为幻灯片添加了切换动画效果，此外还需要为幻灯片中的内容添加不同的动画效果。过渡页幻灯片主要用于吸引受众眼球，且内容一闪即逝。本例过渡页中只包含一张汽车图片、一个组合图形和两组文本，可以让不同内容依次进行显示。动画制作的具体操作方法如下。

01 为图片设置进入动画。❶ 选择第2张幻灯片中的汽车图片；❷ 单击"动画"选项卡"动画"组中的"动画样式"按钮；❸ 在弹出的下拉菜单中选择"淡出"选项，如下左图所示。

02 设置动画开始时间和持续时间。❶ 在"动画"选项卡"计时"组中的"开始"下拉列表框中选择"上一动画之后"选项；❷ 在"持续时间"数值框中设置动画持续的时间为"02.00"秒，如下右图所示。

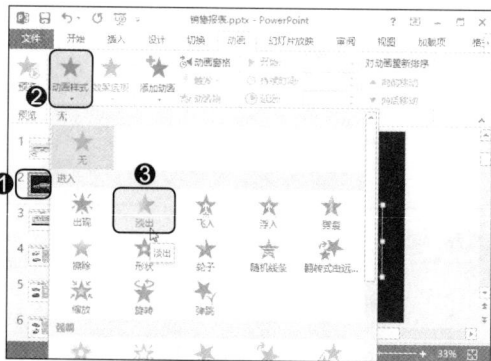

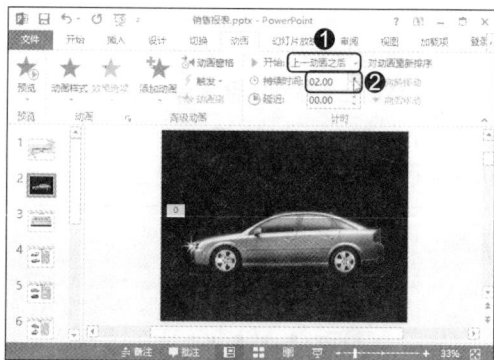

03 为组合图形设置进入动画。选择幻灯片中的组合图形，❶ 单击"动画"选项卡"动画"组中的"动画样式"按钮；❷ 在弹出的下拉菜单中选择"淡出"选项，如右图所示。

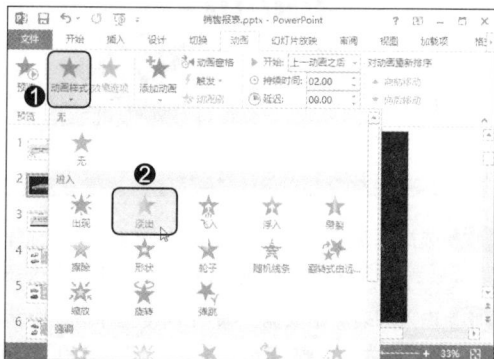

04 设置动画开始时间和持续时间。❶ 在"动画"选项卡"计时"组中的"开始"下拉列表框中选择"上一动画之后"选项；❷ 在"持续时间"数值框中设置动画持续的时间为"01.00"秒，如下左图所示。

05 为组合图形添加路径动画。保持组合图形的选择状态，❶ 单击"动画"选项卡"高级动画"组中的"添加动画"按钮；❷ 在弹出的下拉菜单的"动作路径"栏中选择"自定义路径"命令，如下右图所示。

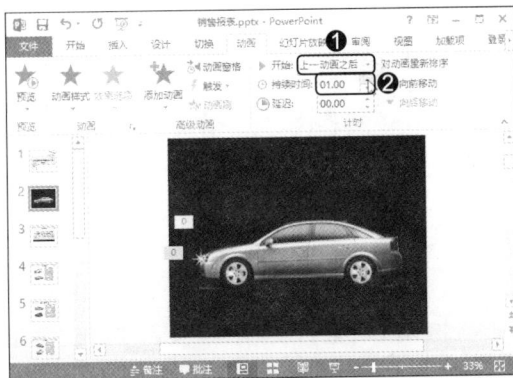

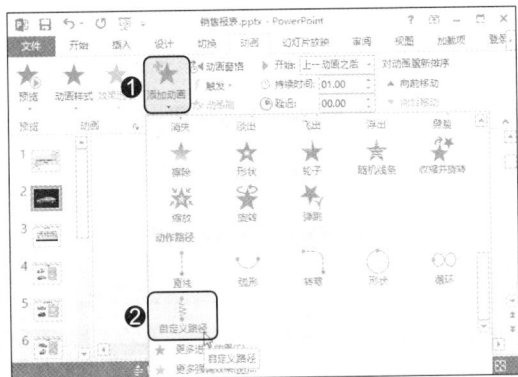

06 绘制动画路径。经过上一步操作后，鼠标光标变为十形状，沿汽车上方拖动鼠标绘制动画路径，完成后按"Esc"键退出绘制状态，如下左图所示。

07 设置动画开始时间和持续时间。❶ 在"动画"选项卡"计时"组中的"开始"下拉列表框中选择"上一动画之后"选项；❷ 在"持续时间"数值框中设置动画持续的时间为"03.00"秒，如下右图所示。

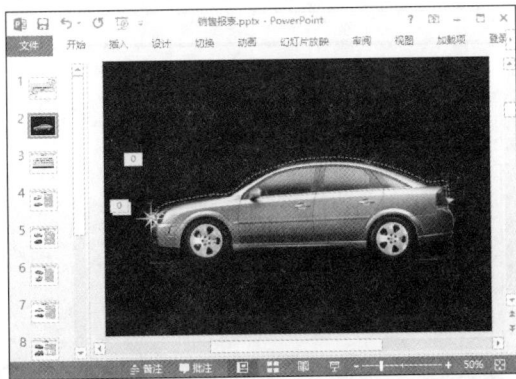

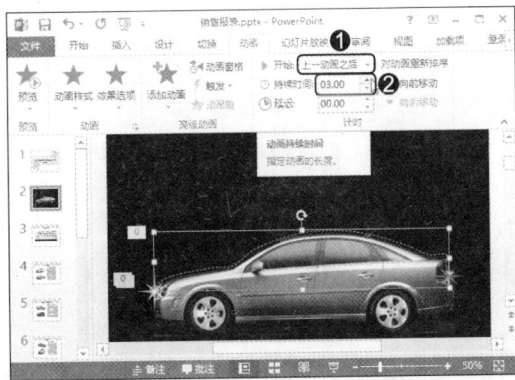

08 为组合图形添加退出动画。❶ 选择幻灯片中的组合图形；❷ 单击"动画"选项卡"高级动画"组中的"添加动画"按钮；❸ 在弹出的下拉菜单的"退出"栏中选择需要使用的动画样式"淡出"，如右图所示。

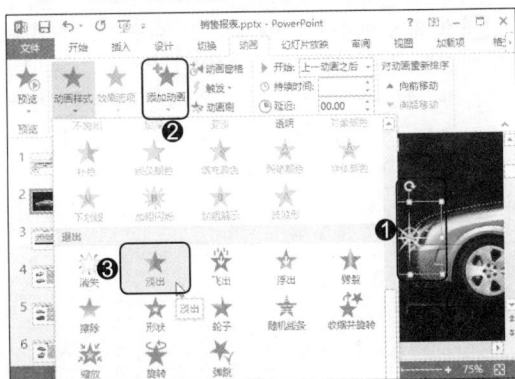

09 设置动画开始时间和持续时间。❶ 在"动画"选项卡"计时"组中的"开始"下拉列表框中选择"上一动画之后"选项；❷ 在"持续时间"数值框中设置动画持续的时间为"01.00"秒，如下左图所示。

10 为图片添加退出动画。❶ 选择幻灯片中的汽车图片，单击"动画"选项卡"高级动画"组中的"添加动画"按钮；❷ 在弹出的下拉菜单的"退出"栏中选择需要使用的动画样式"淡出"，如下右图所示。

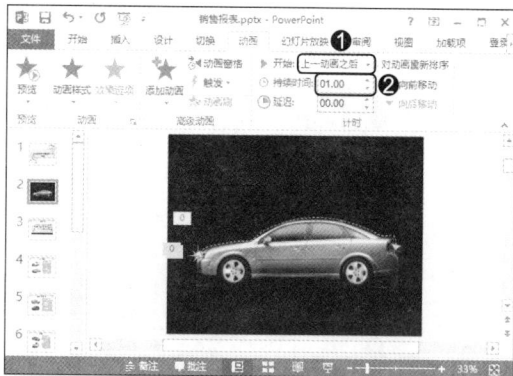

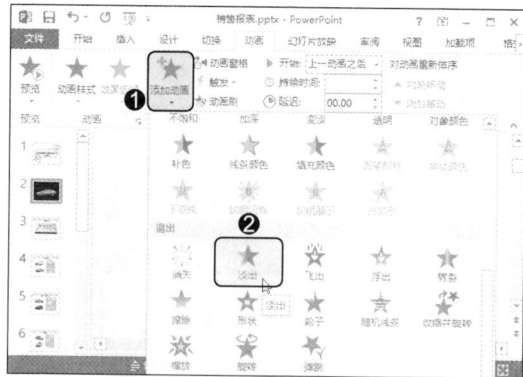

11 设置动画开始时间和持续时间。❶ 在"动画"选项卡"计时"组中的"开始"下拉列表框中选择"上一动画之后"选项；❷ 在"持续时间"数值框中设置动画持续的时间为"00.50"秒，如下左图所示。

12 为第一个文本框设置路径动画。❶ 选择幻灯片中右侧的文本框，单击"动画"选项卡"动画"组中的"动画样式"按钮；❷ 在弹出的下拉菜单的"动作路径"栏中选择"直线"命令，如下右图所示。

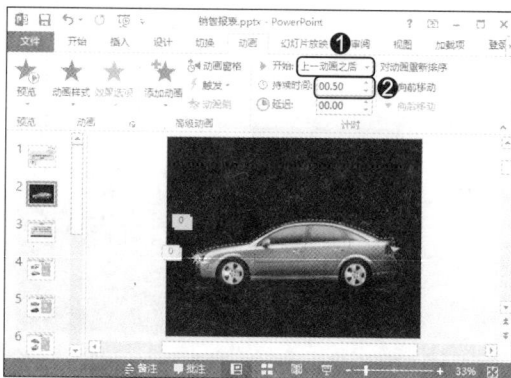

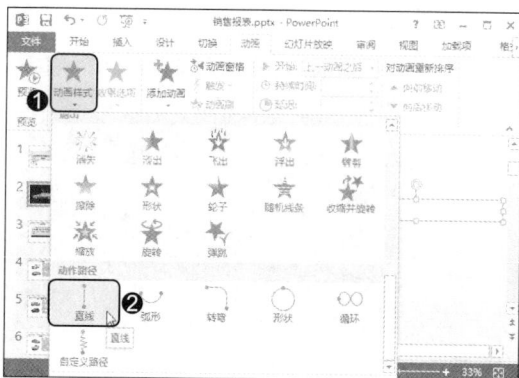

13 设置动画参数。❶ 拖动鼠标在幻灯片中绘制如右图所示的直线路径；❷ 在"动画"选项卡"计时"组中的"开始"下拉列表框中选择"上一动画之后"选项；❸ 在"持续时间"数值框中设置动画持续的时间为"02.00"秒。

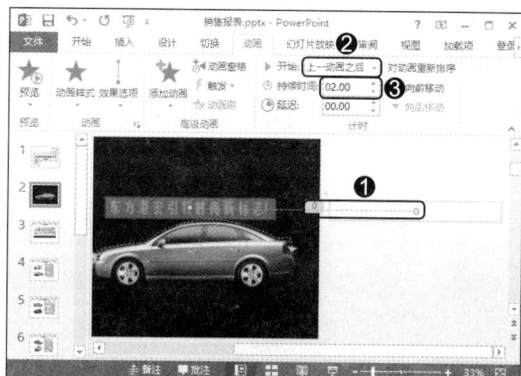

14 为第二个文本框设置路径动画。❶ 使用相同的方法为另一文本框添加如下左图所示的直线路径；❷ 在"动画"选项卡"计时"组中的"开始"下拉列表框中选择"与上一动画同时"选项；❸ 在"持续时间"数值框中设置动画持续的时间为"02.00"秒。

15 设置幻灯片切换动画。在"切换"选项卡"计时"组中选中"设置自动换片时间"复选框，并在其后的数值框中设置时间为"00:13.00"，如下右图所示。

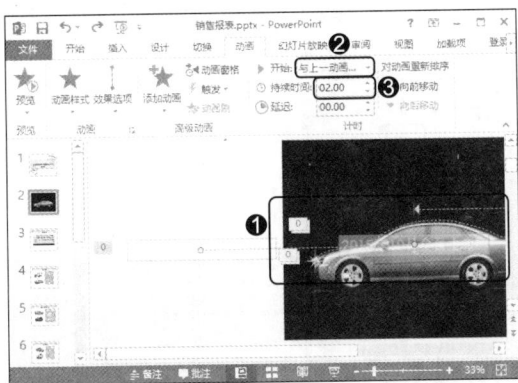

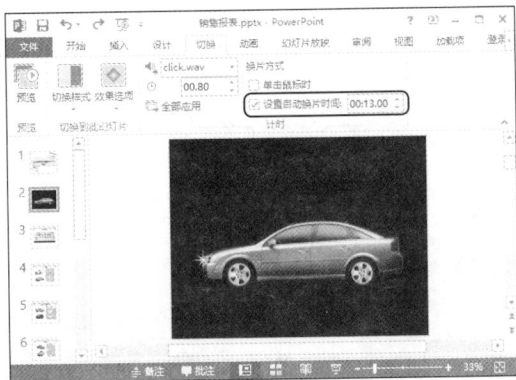

3. 制作"公司宗旨"幻灯片的动画

在以文字为主的幻灯片中，为使页面效果显得不单调，可以为文字加上一些动画效果，如进入动画、强调动画和退出动画。本例将对第3张幻灯片中的文字内容添加多种动画效果，具体操作方法如下。

01 执行"更多进入效果"命令。❶ 选择第3张幻灯片中要添加文字动画的占位符；单击"动画"选项卡"动画"组中的"动画样式"按钮；❷ 在弹出的下拉菜单中选择"更多进入效果"命令，如下左图所示。

02 选择动画效果。打开"更多进入效果"对话框，❶ 选择"华丽型"栏中的"挥鞭式"选项；❷ 单击"确定"按钮应用该动画效果，如下右图所示。

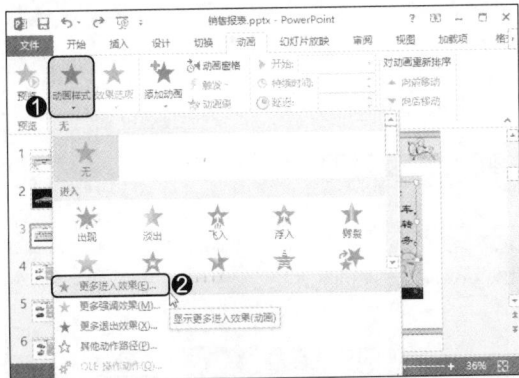

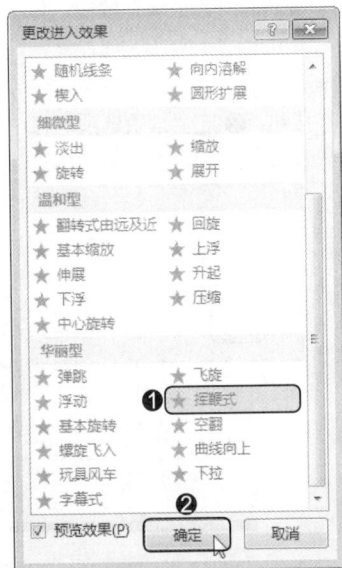

03 添加强调动画。❶ 在"动画"选项卡"计时"组中的"开始"下拉列表框中设置开始时间为"上一动画之后"；❷ 在"持续时间"数值框中设置动画持续的时间为"00.50"秒；❸ 单击"动画"选项卡"高级动画"组中的"添加动画"按钮；❹ 在弹出的下拉菜单的"强调"栏中选择需要使用的动画样式"画笔颜色，"，如下右图所示。

04 修改动画效果选项。为使动画效果更加丰富，可以修改"画笔颜色"动画中文字的颜色。❶ 单击"动画"选项卡"动画"组中的"效果选项"按钮；❷ 在弹出的下拉菜单中选择要应用的文字颜色"深蓝色"，如下右图所示。

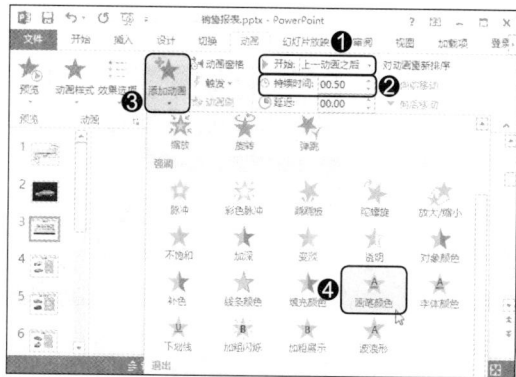

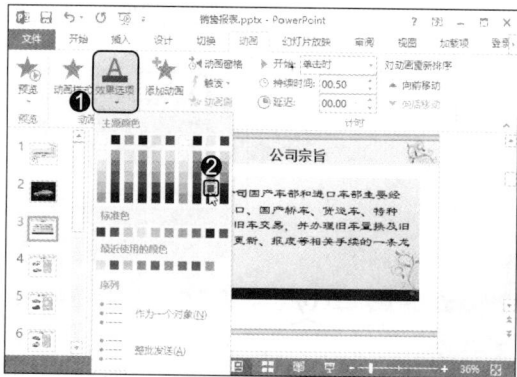

4. 设置放映类型

一般情况下，系统默认的幻灯片为演讲者放映方式，但在不同场合下可能会对放映方式有不同的需求，这时就需要对幻灯片的放映方式进行设置。例如，本例将设置观众自行浏览放映方式，具体操作方法如下。

01 单击"设置幻灯片放映"按钮。单击"幻灯片放映"选项卡"设置"组中的"设置幻灯片放映"按钮，如下左图所示。

02 设置放映方式。打开"设置放映方式"对话框，❶ 在"放映类型"栏中选中"观众自行浏览（窗口）"单选按钮；❷ 在"放映选项"栏中选中"循环放映，按ESC键终止"复选框；❸ 单击"确定"按钮完成放映方式设置，如下右图所示。

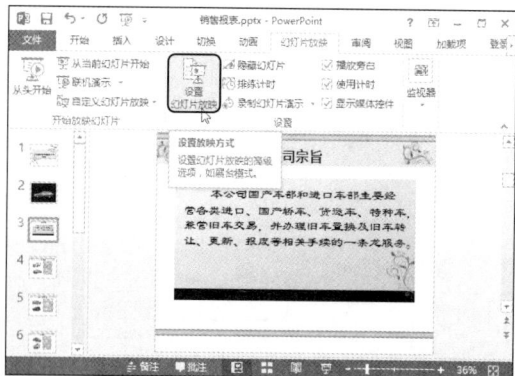

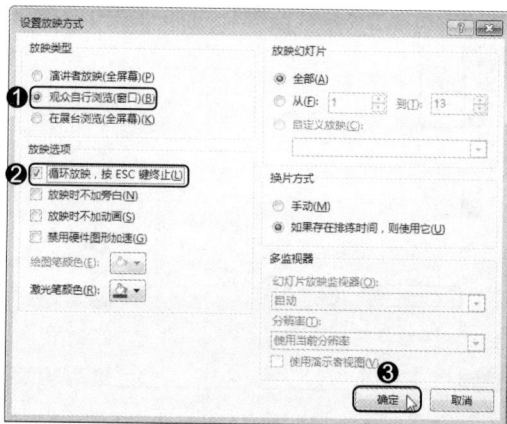

常见的幻灯片放映方式

常见的幻灯片放映方式有以下3种。

- **演讲者放映方式**：在放映幻灯片时呈全屏显示。在演示文稿的播放过程中，演讲者具有完整的控制权，可根据设置采用人工或自动方式放映，也可以暂停演示文稿的放映，对幻灯片中的内容做标记，还可以在放映过程中录下旁白。
- **观众自行浏览方式**：在放映幻灯片时将在标准窗口中显示演示文稿的放映情况。在播放过程中，不能通过单击鼠标进行放映，但可以通过拖动滚动条浏览幻灯片。
- **在展台浏览放映方式**：将自动运行全屏幻灯片放映。在放映过程中，除了保留鼠标光标用于选择屏幕对象进行放映外，其他的功能全部失效，要终止放映可按"Esc"键，如果放映完毕5分钟后无其他指令将循环放映演示文稿，故又被称作自动放映方式。

5. 新建自定义放映

演示文稿中的幻灯片制作完成后，在实际演讲或应用时则需要用各种不同的方式进行放映，可以直接按"F5"键从头开始放映幻灯片以及按"Shift+F5"组合键从当前幻灯片开始放映。有时需要显示的幻灯片内容或顺序可能有所不同，此时可在原有幻灯片的基础上通过自定义放映功能建立多种不同的放映过程，具体操作方法如下。

01 执行"自定义放映"命令。❶ 单击"幻灯片放映"选项卡"开始放映幻灯片"组中的"自定义幻灯片放映"按钮；❷ 在弹出的下拉菜单中选择"自定义放映"命令，如下左图所示。

02 新建自定义放映。打开"自定义放映"对话框，单击"新建"按钮，如下右图所示。

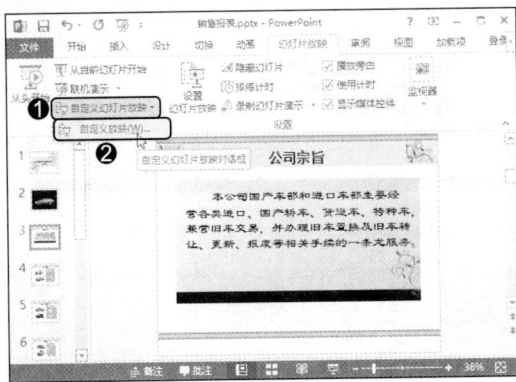

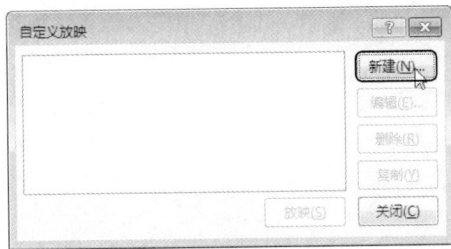

03 定义自定义放映。打开"定义自定义放映"对话框，❶ 在"幻灯片放映名称"文本框中设置幻灯片放映的名称；❷ 在左侧列表框中选中需要添加幻灯片前的复选框；❸ 单击"添加"按钮，将自定义放映中需要的幻灯片添加到右侧列表框中；❹ 单击"确定"按钮完成自定义放映的定义，如下左图所示。

04 放映自定义放映。返回"自定义放映"对话框，单击"放映"按钮即可放映该自定义放映，如下右图所示。

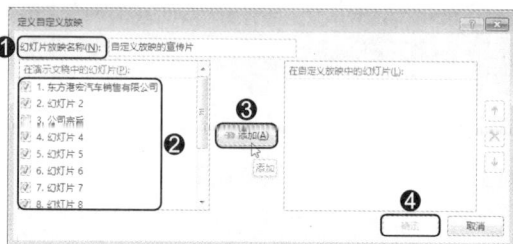

6. 放映中的过程控制

演讲者在全屏状态下放映幻灯片时，有时演讲者需要选择幻灯片进行放映，此时可应用幻灯片放映状态下的控制功能进行自由切换。还可通过画笔工具在幻灯片中绘制和标注一些重要信息，具体操作方法如下。

01 定位播放的幻灯片。按"F5"键开始放映幻灯片，❶ 在幻灯片放映窗口中单击鼠标右键；❷ 在弹出的快捷菜单中可选择相应的幻灯片放映控制操作，如"下一张"、"上一张"、"定位至幻灯片"以及"结束放映"等操作，如下左图所示。

02 选择"笔"命令。❶ 在全屏状态下放映的幻灯片中单击鼠标右键；❷ 在弹出的快捷菜单中选择"指针选项"命令；❸ 在弹出的下级子菜单中选择"笔"命令，如下右图所示。

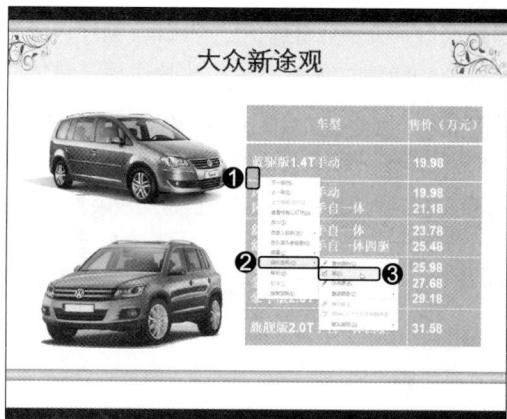

03 应用画笔进行绘制。在放映状态下按住鼠标左键拖动即可绘制出标注线条，如下左图所示。

04 保存标记。❶ 在放映状态下单击鼠标右键；❷ 在弹出的快捷菜单中选择"结束放映"命令；❸ 在打开的对话框中单击"保留"按钮，即可保留幻灯片中进行的标记，如下右图所示。

修改画笔颜色以及擦除墨迹

在全屏放映状态下使用画笔进行绘制时，绘制出的线条颜色默认为红色。若要修改画笔颜色，可在右键菜单中选择"指针选项"命令后，在弹出的下级子菜单中选择"墨迹颜色"命令，然后在弹出的下级子菜单中选择相应的颜色即可；若要擦除绘制的线条，可使用"橡皮擦"或"擦除幻灯片上的所有墨迹"命令。

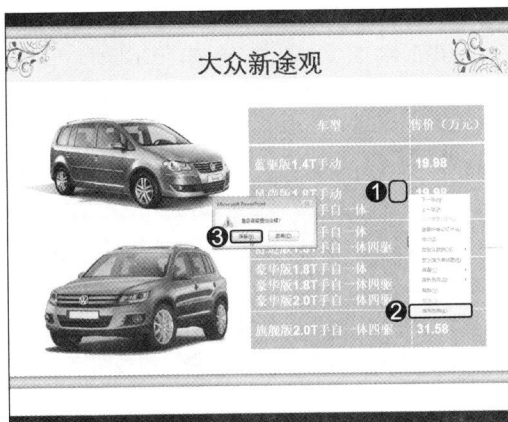

7. 打包幻灯片

将演示文稿打包，可以将幻灯片中插入的超链接全部包含在文件内，并能够在没有安装PowerPoint的电脑上直接播放。打包幻灯片的具体操作步骤如下。

01 执行"打包"命令。❶单击"文件"选项卡，在弹出的"文件"菜单中选择"导出"命令；❷在右侧选择"将演示文稿打包成CD"命令；❸单击"打包成CD"按钮，如下左图所示。

02 输入CD名称并复制。打开"打包成CD"对话框，❶在"将CD命名为"文本框中输入CD名称；❷单击"复制到文件夹"按钮，如下右图所示。

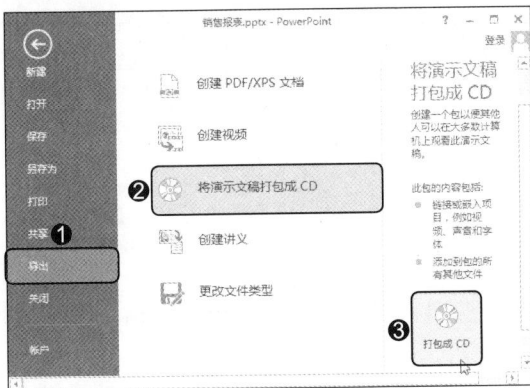

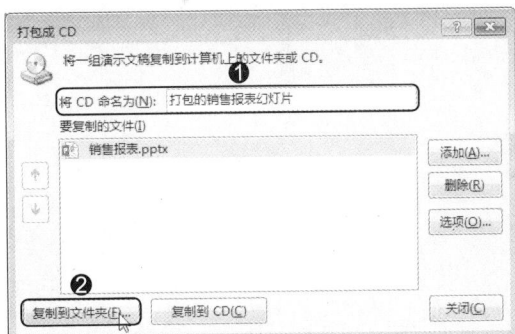

03 选择复制位置。打开"复制到文件夹"对话框，❶单击"浏览"按钮，选择打包演示文稿的保存位置；❷单击"确定"按钮，如右图所示。

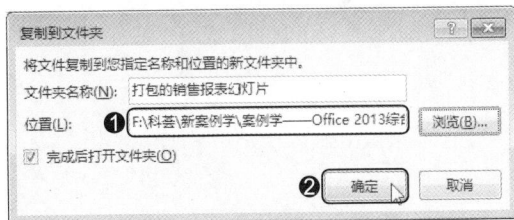

04 **确认打包演示文稿链接。** 系统将打开一个对话框提示用户打包演示文稿中的所有链接文件，单击"是"按钮开始复制到文件夹，如下图所示。

05 **显示复制状态。** 经过上一步操作后将打开显示复制进度的对话框，复制完成后演示文稿将被打包到指定位置，且该文件夹中会包含演示文稿文件、链接文件等多个文件和文件夹，如右图所示。

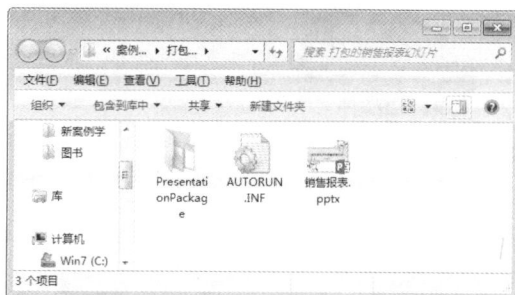

本 章 小 结

　　动态演示文稿是最常见的PPT，也是向他人展示信息的最好方式。本章学习的第一个重点在于PowerPoint中为添加各种动画的操作，如设置幻灯片的切换动画，为对象添加动画，通过"链接"和"动作"功能设置交互动画等；另一个重点则在于设置演示文稿的放映方式，并能在放映过程中合理控制幻灯片的播放和比较等。